大气科学前沿译丛

全球大气环流导论

An Introduction to the Global Circulation of the Atmosphere

大卫·郎道（David Randall）　◎著

刘宇迪　李　毅　乐　迁　黄　泓　◎译

王学忠　郭海龙　施伟来

气象出版社

China Meteorological Press

内 容 简 介

　　近几十年来,随着我们对全球大气环流理解的深入,加热和耗散在全球大气环流中的作用越来越受到重视,全球大气环流和气候之间关系越来越紧密。本书概述性地介绍了全球大气环流,侧重叙述了大气动力学方面的内容,主要集中在大气实际作用及其原因,引进了许多高阶的动力学概念,特别在第 4 章,对整本书中使用的概念做了详细的叙述。本书更加强调大气云系和其他小尺度过程在全球大气环流中的作用,书中大量使用了等位温坐标,对大气中的能量进行了详细的讨论,同时将全球大气环流进行湍流化研究,对其可预报性开展了广泛探讨。

图书在版编目（ＣＩＰ）数据

　　全球大气环流导论 ／ （美）大卫·郎道著 ； 刘宇迪等译. -- 北京 ：气象出版社，2022.3
　　书名原文：An Introduction to the Global Circulation of the Atmosphere
　　ISBN 978-7-5029-7676-7

　　Ⅰ．①全… Ⅱ．①大… ②刘… Ⅲ．①大气环流—研究 Ⅳ．①P434

　　中国版本图书馆CIP数据核字(2022)第044835号

　　北京版权局著作权合同登记:图字01-2021-3663号

全球大气环流导论
Quanqiu Daqi Huanliu Daolun

出版发行:气象出版社	
地　　址:北京市海淀区中关村南大街 46 号	**邮政编码**:100081
电　　话:010-68407112(总编室)　010-68408042(发行部)	
网　　址:http://www.qxcbs.com	**E-mail**:qxcbs@cma.gov.cn
责任编辑:黄红丽	**终　　审**:吴晓鹏
责任校对:张硕杰	**责任技编**:赵相宁
封面设计:楠竹文化	
印　　刷:三河市君旺印务有限公司	
开　　本:787 mm×1092 mm　1/16	**印　　张**:24.5
字　　数:627 千字	
版　　次:2022 年 3 月第 1 版	**印　　次**:2022 年 3 月第 1 次印刷
定　　价:180.00 元	

本书如存在文字不清、漏印以及缺页、倒页、脱页等,请与本社发行部联系调换

序

　　大气环流是高等院校大气科学类专业的必修课程,这门课程告诉我们地球大气运动的状态和机理。与动力气象学相比,大气环流更着重从宏观的视角考察大气的运动。来自太阳的辐射能量是大气运动的原始推动力,而大气在地球上如何运动,则与大气的组成成分和三维空间结构有密切的关系。大气中的水虽然含量很少,却深入地参与了大气环流的全过程。太阳辐射穿过相对透明的大气到达地面,把水从海洋里蒸发出来,在大气中形成云和雨,同时向大气释放凝结潜热,伴随着水的相变过程,来自太阳的辐射能量被分配到大气的各个角落。云一旦形成,大气的辐射性质立即改变,这又反过来影响辐射能量在地球上的分布和传递。卫星云图上的云系,真实地记录了这样的过程。地球自转对大气的运动有极大的制约作用。在地球上不同的纬度带,地球自转的速率在天顶方向的分量不一样,这使得大气环流的基本模态在不同的纬度带里极不相同。研究大气环流形成、维持、结构、变化的事实,掌握其中的规律,对于改进天气预报和气候预测技术具有重要意义。

　　David Randall 教授编写的 *An Introduction to the Global Circulation of the Atmosphere* 针对研究生读者概述性地介绍了全球大气环流,侧重于描述大气环流的动力学原理,告诉读者在旋转着的地球上,受太阳辐射能量的驱动,大气如何运动起来,遵循什么样的模态运动,以及其中的物理过程和机理是什么。本书强调了云系和其他小尺度过程在大气环流中的作用,把大气的环流当成湍流进行研究,还对可预报性进行了探讨,是一本难得的好教材。

　　原著者 David Randall,1976 年获得加州大学洛杉矶分校大气科学博士学位,1988 年入职科罗拉多州立大学大气科学系任教授,主要研究领域包括云气候学、气候动力学、云参数化和数值方法。2006—2016 年担任美国国家科学基金会科学和技术中心大气过程多尺度模式中心主任,是政府间气候变化专门委员会第四、五次评估报告的主要作者,分享了 2007 年诺贝尔和平奖,曾获得美国气象学会朱尔·查尼(Jule Charney)奖、美国宇航局杰出公共服务奖、国家科学基金会创意奖、塞马克杰出研究生顾问奖、美国宇航局(NASA)杰出科学成就奖和美国气象学会迈辛格(Meisinger)奖,是《地球系统建模进展》杂志的创始主编,也是美国气象学会会员、美国科学促进会(AAAS)会员和美国地球物理联盟会员,1995—2004 年担任《气候杂志》(*Journal of Climate*)主编,在大气科学领域做出了杰出贡献。

因教学需要,刘宇迪教授等老师花费大量时间和精力翻译了这本国际通用的大气环流动力学著作,是非常有意义的工作,对大气科学及其相关专业的高年级本科生和研究生,对气象业务人员,都提供了一本与国际接轨的优秀著作。

我期待译者出版的这本教材能为大气科学一流人才的培养做出更大的贡献。

2021 年 10 月

许健民,中国工程院院士。

译者前言

大气环流动力学是我校为研究生开设的高等大气动力学课程中讲授的部分内容,我从 2008 年开始讲授高等大气动力学课程,一直在收集该方面的研究成果。2012 年获得教育部留学基金资助,前往美国国家大气研究中心(NCAR)进行学术访问,期间也经常到科罗拉多州立大学进行学术交流和旁听 Randall 教授讲授的课程。*An Introduction to the Global Circulation of the Atmosphere* 这本书出版以后我就仔细研读过,许多内容已被丰富到研究生课程中。今年恰逢许健民院士和气象出版社的帮助,有机会翻译这本书。翻译的过程也是一个再学习的过程,为了确保翻译质量,我花了大量时间仔细研读原著、查找资料、请教同行专家,特别是对有些词汇的中文习惯表达进行了研讨,这为提高翻译质量起到了重要作用。

本人完成了本教材的翻译工作,李毅老师、乐迁老师、黄泓老师、王学忠老师、郭海龙老师和施伟来老师分别对译稿各章节进行了仔细审核、修改和完善。本书不仅适用于大气科学类专业高年级本科生和研究生作为教材,也可供气象、海洋、环境等专业领域的科研人员参考。

感谢许健民院士提供的帮助,感谢在本书翻译过程中给予帮助的所有老师和学生,感谢气象出版社编辑在本书出版过程中的辛勤付出。我在翻译的忙碌过程中也得到家人的理解和支持,在此一并表示感谢。

最后,在本书付梓之际,我们很荣幸邀请到中国气象局的许健民院士为本书作序,对许院士的关心和帮助,谨表示衷心感谢!

由于译者水平所限,书中难免有不妥之处,期待各位专家和学者批评指正,不胜感激!

刘宇迪

2021 年 10 月

于国防科技大学

原版前言

这是一本针对研究生的全球大气环流入门概述,主要介绍大气动力学方面的内容。动力学课程往往侧重于基本物理概念与其分析方法,而全球大气环流的课程侧重于大气实际变化状态及其机理。

达到大气动力学研究生的水平是阅读本书的先决条件。本书假设读者已熟悉大气动力学的基本概念,如运动方程、近似流体静力平衡、地转平衡、位温、涡度、气压坐标和行星波等。并根据需要引入了更高阶的动力学概念。特别是第 4 章,对整个书中使用的概念进行了详尽的概述,教师可以根据需要参考第 4 章的内容来解释后面章节中的概念。

全球大气环流和气候之间的界限难以划定。随着全球大气环流中加热和耗散的作用日益凸显,这两方面内容的关系也变得愈发紧密。尽管可能有不同的倾向性,但季风、水文循环和行星能量收支等问题可以归结于"气候"或"全球大气环流"下。虽然气候是一个更大的主题,本书不涉及物理气候学。

近几十年来,我们对全球大气环流的理解有了巨大的进步,对它的研究正迅速变得更广泛、更深入。本书有太多的内容要涵盖,所以我不得不有所取舍。本书先利用几章的篇幅强调了云系和其他小尺度过程在全球大气环流中的作用。广泛使用等熵坐标,并对能量学进行了详细的讨论。有一章是把全球大气环流作为湍流进行讨论的,也包括对可预报性的深入探讨。

我选择讨论的主题是根据它们最初的资料来源进行的,而不是根据最新的论文。这种准历史的方法致敬了我们所在领域的先驱,并强调了研究的人为因素。

章节结尾的一些习题涉及对观测数据的处理,这些数据均可在互联网上找到。这本书中的许多图是利用欧洲中期天气预报中心的再分析数据绘制的,尽管也有许多其他来源,但这些数据是用来处理全球大气问题的可靠数据来源之一。

这本书是根据我过去 26 年在美国科罗拉多州立大学教过的课程基础上撰写的。Mike Kelly、Cara-Lyn Lappen、Katherine Harris、Stefan Tulich、Anning Cheng、Mike Toy、Kyle Wiens、Cristiana Stan、Jason Furtado、Maike Ahlgrim、Luke Van Roekel、Levi Silvers 和 Matt Masarik 作为课程的助教表现非常出色,正是通过他们的努力我和学生们才得以学到这些知识。Mick Christi、Kate Musgrave 和 Kevin Mallen 指出了文本中的许多拼写错误和其他错误。多年来学习这门课程的许多学生也提出了很多问题并给出建议,让我受益良多。

美国科罗拉多州立大学的 Thomas Birner、Charlotte DeMott、Scott Denning、Celal Konor 和 Wayne Schubert 对许多章节的初稿提出了建议,并帮助我决定本书内容的取舍。美国国家海洋和大气管理局地球系统研究实验室的 George Kiladis 和斯克里普斯海洋研究所的 Richard Somerville 也提出了宝贵的建议。本书出现的所有错误,责任都在我个人。

Mark Branson 和 Don Dazlich 制作了许多出色的图片。如果没有他们的帮助,我将无法完成这本书。尤其是这本书接近尾声时,Mark 用了几周时间快速解决了许多问题。

Michelle Beckman 和 Valerie Hisam 帮忙完成了手稿的早期版本。Connie Hale 帮忙获取了文献中各种图片的使用许可。

与普林斯顿大学出版社(Princeton University Press,PUP)的合作非常愉快。我非常感谢 Ingrid Gnerlich 的鼓励、耐心和建议。她招募了四名读者,对这本书的初稿提出了宝贵建议。特别是其中一位提出了非常详细且有建设性的意见。在本书的整个出版过程中,Karen Fortgang 和 Karen Carter 全程高效管理。Barbara Liguori 对本书初稿的润色,令人印象深刻。

最后,我要感谢我的妻子 Mary Kay,在我完成这本书过程中,她耐心地为我加油。她读了其中的几章,深思熟虑后提出了一些问题,并发现了书中的一些错误,整个过程她都乐在其中。

常用的常数

地球半径	6.37×10^6 m
地球自转角速度	7.29×10^{-5} s^{-1}
地球重力加速度	9.81 m·s^{-2}
全球平均地面气压	984 hPa
海平面附近空气密度	1.2 kg·m^{-3}
年平均入射太阳辐射	340 W·m^{-2}
全球反照率	0.30
射出长波辐射	240 W·m^{-2}
全球平均地表空气温度	288 K
全球平均降水量	25 mm（=25 kg·m^{-2}）
全球平均降水率	3 mm·d^{-1}
0 ℃凝结潜热	2.52×10^6 J·kg^{-1}
斯蒂芬-玻耳兹曼（Stefan-Boltzmann）常数	5.67×10^{-8} W·m^{-2}·K^{-4}
干空气 c_p	1000 J·kg^{-1}·K^{-1}
干空气气体常数	287 J·kg^{-1}·K^{-1}
空气分子黏性	1.5×10^{-5} m^2·s^{-1}

目　录

第1章　永恒运动

大气一直在循环着。大气环流的范围是全球(图1.1)。大气环流气团由"干空气"和三种相态的水物质组成。空气团携带着能量和动量,但沿着路径因各种过程而发生变化。许多相同的过程会使气团增加或失去水分。

这个大气环流是由来自太阳的热强迫来维持的。平均而言,地球吸收了大约 240 $W \cdot m^{-2}$ 的"入射"太阳能,其中约 2% 被转化为维持全球大气环流的动能,用以抵消摩擦耗散。另外,"原始"能量也从地球内部流失,但相对速率极小,约为 0.1 $W \cdot m^{-2}$ (Sclater et al.,1980;Bukowinski,1999)。全球大气环流的热强迫受到大气环流本身的影响很大,例如,受到云的形成和消失的影响。大气环流和加热之间的相互作用虽然有趣,但也极其复杂。

对时间平均而言,全球大气环流必须满足各种平衡要求;例如,大气顶部发射的红外辐射必须与吸收的太阳辐射相平衡,降水必须与蒸发平衡,大气与海洋、固体地球系统之间的角动量交换必须保持总和为零。我们将从这个经典的角度来讨论全球大气环流。我们还将对大气

图 1.1　2009 年 7 月 27 日,一张完整的地球圆盘图像,俯瞰赤道,可以看到北美和南美洲。在这张照片中可以看到全球大气环流的许多系统,包括东北太平洋的"热带"雨带、旋转中纬度风暴,以及与东部副热带海洋的高压系统共存的低云。图片引自网站 http://cimss.ssec.wisc.edu/goes/blog/wp-content/uploads/2009/07/FIRST_IMAGE_G14_V_SSEC.gif

环流的许多不同但相互关联的现象描述和分析来补充这些讨论,如哈得来(Hadley)环流和沃克(Walker)环流、季风、平流层爆发性增温、南方涛动、副热带高压和温带风暴路径等。此外,我们还将讨论维持大气环流的绝热过程和摩擦过程,以及这些过程受到大气环流本身的影响方式。

能量循环和水循环是密切相连的。从海洋中蒸发 1 kg 的水,大约需要 2.5×10^6 J 的能量,当水蒸气凝结成云时,同样数量的能量也会被释放出来。凝结释放的能量驱动雷暴上升,在一小时或更短的时间内可以穿透一层 10 km 甚至 20 km 厚的大气层。这种风暴云的出流将阳光反射回太空,阻挡了来自下面温暖地球表面的红外辐射。薄云层在广阔的洋面投下阴影。本书的目的之一是适度强调水分在全球大气环流中的作用。

尽管有些片面,但是通常将大气分成若干部分是有效的。为了快速描绘大气,我们主要从垂直和经向两个方向划分大气,但也会简要地提到经向的变化。我们将从大气底部开始讲起。

地球吸收的大部分太阳辐射被地表捕获,而不是被相对透明的大气捕获。有几个过程会将被海洋和陆地表面吸收的能量向上转移到大气的下部。

与地球表面紧密耦合的大气层被定义为行星边界层,简称PBL。行星边界层的顶部通常非常明显,定义清晰(图1.2)。行星边界层的厚度在空间和时间上变化很大,但平均厚度为1 km。行星边界层中的大气是湍流状态,湍流的大气和地面之间的感热(基本上是温度)、水分和动量的快速交换和“通量”有关。后面将通过对这个机制的简要讨论,阐明这些交换由湍流产生,同时又促进了湍流的发展。其中最重要的是水汽和动量的交换,水汽通过表面蒸发向上进入大气,而动量通过摩擦实现交换。与表面水汽通量相关的潜热是全球大气环流的关键能量来源,而表面摩擦对洋流的影响很大。

图1.2 本图显示的是来自云-气溶胶激光雷达与红外探路者卫星观测(Cloud-Aerosol Lidar and Infrared Pathfinder Satellite Observation,CALIPSO)的气溶胶和云的激光雷达后向散射。雷达光束的波长为532 nm,它位于可见光谱的绿色部分。因为激光雷达的光束无法穿透厚厚的云,所以图中出现了垂直的黑色条纹。因为气溶胶浓度在行星边界层顶部高度急剧下降,所以行星边界层是能看见的。图中从左到右显示的数据是北大西洋向非洲方向的观测结果。图的底部显示的是经度和纬度。西班牙北部的坎塔布里亚山脉(北纬42°附近)和北非的阿特拉斯山脉(北纬33°附近)在图中也有所显示。这张照片由大卫·温克博士和美国宇航局兰利研究中心的卡利普索团队友情提供

在行星边界层的上方是自由的对流层。因为对流层包括行星边界层,我们加了形容词"自由"来指明对流层位于行星边界层上方的那部分。自由对流层的特征是静力稳定度为正,意味着浮力抑制了垂直运动。对流层的厚度随纬度和季节变化很大。

一个被称为夹卷的湍流过程会将自由对流层中的大气卷入到行星边界层中。在海洋上,除了少数例外,夹卷作用相对缓慢且稳定。白天,陆地表面的强加热会促进夹卷,从而有利于湍流的产生。因此,湍流行星边界层在白天将迅速变厚。当太阳下山时,促进湍流和夹卷的过程突然减弱,下午残留在行星边界层中的部分空气重新自发组织,形成一个薄得多的夜间结构。行星边界层这种每天变厚和变薄的"抽吸作用",在太阳升起后不久,就开始从自由对流层捕获空气,并将其卷入行星边界层中,通过与地面进行强烈的湍流交换,改变日间大气的特性,然后在日落时,将发生改变的大气释放到自由对流层中。这种日夜变化的抽吸作用,是行星边界层对自由对流层产生影响的一种方式。

此外,水汽和能量通过几种机制从行星边界层向上带到自由对流层。在整个热带地区和夏半球的中纬度地区,这些机制中最重要的是积云对流。积云通常从行星边界层向上生长。云内部的上升气流将行星边界层空气带到自由对流层,当云消散时,它就会被留下(图 1.3)。这个过程的效果之一是空气离开行星边界层,并将其增加到自由对流层中。

图 1.3　一张航天飞机拍摄的热带雷暴的照片。风暴的顶部是厚厚的砧云。在前景中可以看到更浅的对流云。图片来自网站 http://eol.jsc.nasa.gov/sseop/EFS/lores.pl? PHOTO=STS41B-41-2347

锋面环流还可以将空气从行星边界层带到自由大气中,基本上是通过从地球表面"剥离"

行星边界层方式,就像橙子的外皮一样,将分离的空气抬升到对流层顶。这一过程在中纬度地区的冬季特别活跃。

图1.4显示了观测到的中纬度从地面到70 km高度理想化的温度、气压、密度和臭氧混合比垂直分布。在最低的12 km对流层内,温度随高度(几乎)是单调下降的。对流层被辐射冷却,因为它发射红外辐射比吸收太阳辐射有效率得多。净辐射冷却主要通过形成云和降水时释放水汽的潜热来平衡。

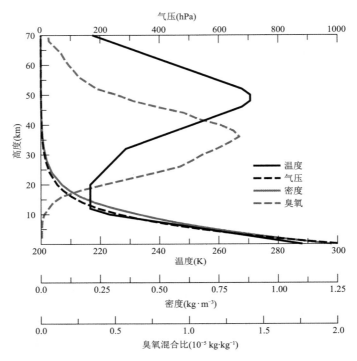

图1.4 对最低的70 km大气层,理想的中纬度温度、气压、密度和臭氧廓线。温度、气压和密度廓线是基于美国标准大气层(1976)。臭氧廓线来自Krueger和Minzner(1976)

对流层的上边界被称为对流层顶。对流层顶高度变化范围从热带一些地区的17 km左右不等到其在两极附近的二分之一。在对流层顶以上,温度随高度变得均匀,然后在平流层区域开始随高度而增加。温度的增加是由于臭氧对太阳辐射的吸收,平流层中臭氧是由光化学过程产生的。如果没有臭氧,就没有平流层。夏半球的平流层几乎没有活跃的天气,极地有暖空气。夏半球平流层的风主要是东风;也就是说,他们从东往西吹。相比之下,冬半球平流层的天气更加活跃,主要是由于波动从下面的对流层向上传播;在极地有非常寒冷的空气;并经历了强西风。在冬天,极地平流层偶尔会受到平流层爆发性增温的干扰,这是温度(和风)的急剧变化引起的,这在北半球偶尔发生,在南半球发生的频率要少得多。

尽管平流层非常干,但它的水汽收支却相当有趣。它从对流层接收到少量的水汽,也通过甲烷的氧化获得一些水汽。平流层的上边界被称为平流层顶,一般在1 hPa(约50 km)高度附近。在这本书中,我们主要关注对流层环流。

我们讨论平流层环流的某些方面,但我们不讨论驻留在平流层顶上方的部分大气。

为了研究气象问题,热带可以定义为约南纬20°到北纬20°的区域。虽然热带温度和地面气压在空间上非常均匀,随时间变化小,但风和降雨变化相当大。在热带地区的许多地方,深积云和积雨云,也就是雷暴,垂直产生大量降雨并垂直传输能量、水汽和动量,基本上连续不断地从接近地表开始由行星边界层湍流向上输送。对流云通常造成行星边界层和自由对流层之间大量的空气交换:正浮力的行星边界层空气"断裂",向上抬升形成积云,而与降雨蒸发相关负浮力的向下气流将自由对流层空气注入行星边界层。就区域平均而言,大气在热带对流活跃地区缓慢上升。

热带行星边界层的平均气流是东风。这是信风系统。热带温度和地面气压分布通常非常均匀,由于简单的动力学原因(在第 3 章中讨论),与热带科氏力参数小有关。然而,热带的水汽和风场比温度变化得更大。热带地区是各种独特的行波和旋涡的发源地,它们以数百到数千千米的尺度组织对流云。最后,热带地区主要是强度强的和尺度大的季风系统控制,它们一直延伸到副热带地区,甚至中纬度地区。

热带大气从大陆和海洋获得地球自转的角动量。全球大气环流将角动量传输到高纬度地区,并在那里"返回到"大陆和海洋。

热带地区是一些不会在高纬度地区发生的大气环流现象发源地。最著名的是,热带气旋产生了大量的降雨和强风。它们的尺度相对较小,季节性也很强。相比之下,季风是由季节性变化的大陆尺度海陆差异驱动的。马登-朱利安振荡或 MJO 振荡,是一个强大的热带天气系统,影响了大约一半热带地区的降雨。厄尔尼诺、拉尼娜和南方涛动,统称为恩索(ENSO),构成了海洋大气系统的一个强而准规则的振荡(Philander,1990),周期约为几年。在厄尔尼诺现象中,热带东太平洋的海表面温度较暖,而在拉尼娜时期,它们较冷。南方涛动是热带太平洋地区的气压和风场的变化,与厄尔尼诺现象和拉尼娜现象一起发生。热带平流层的特点是纬向风(即东西方向)的显著的周期性反转,被称为准两年振荡(Quasi-Biennial Oscillation,QBO)。它的周期比两年略长。

每个半球的副热带地区大约在距离赤道 $20°\sim30°$ 之间。在副热带对流层的许多地区,空气下沉到被称为大型反气旋环流系统中,称为副热带高压。下沉抑制了降水,这就是为什么世界主要沙漠分布在副热带。副热带海洋的表面蒸发非常强,有广阔的弱降水浅层云系统。副热带对流层高层是强大的副热带急流发源地,在冬半球是特别强的西风气流(图 1.5)。

图 1.5 从航天飞机拍摄的与副热带急流有关的卷云照片。图片来自网站
http://earth.jsc.nasa.gov/sseop/efs/lores.pl? PHOTO=STS039-601-49

热带上升运动和副热带下沉运动可以看作是纬度高度平面内"胞状"环流的垂直分支。这种哈得来环流将能量和动量向极地输送,并将水汽向赤道输送。哈得来环流与季风有强烈的相互作用。

每个半球从约30°延伸到70°,我们称之为中纬度地区。那里的地面风主要是西风。中纬度自由对流层充满了被称为斜压涡的强天气系统,其尺度达几千千米,在暖空气向上向极地移动的过程中发展,取而代之的是向赤道运动的冷空气下沉(图1.6)。这些风暴主要在冬季将能量和水分向极地和向上输送,但在某种程度上也会发生在夏季。它们经向和向下传输西风动量。向下的动量通量驱动着海洋中的海流,并吹动着树上的叶子。风暴的能量来自于只有在热带地区以外才能维持的水平温度的差异。风暴产生了巨大的云系和强降水。

图1.6　冬天北大西洋上空的一对美丽的冬季风暴
图片来自网站 http://earthobservatory.nasa.gov/IOTD/view.php? id=7264

平均而言,极地对流层的特征是下沉运动和向太空的辐射冷却。北极位于北冰洋,那里覆盖着海冰(图1.7),经常被广阔的云层覆盖,而南极位于一个干的山地大陆的中部(图1.8)。在地表附近,极地的风往往是东风,但很弱。

极区和中纬度地区是著名的环状模态发源地,根据定义,即使数据对所有经度进行平均,这也是可见的。环状模态在各种时间尺度上波动,在经度上几乎一致。它们在平流层和对流层都可以看到,并对全球大气环流的变率做出了重大贡献。

总的来说,大气以辐射方式冷却,这种冷却主要通过潜热的释放来平衡,而反过来潜热又通过表面蒸发成为可能。能量净向上流并向两极输送,热带的雷暴和哈得来环流以及中纬度的斜压涡携带能量。这些能量在所有纬度地区尤其是在副热带地区通过红外辐射逸散到太空中。

本书的结构如下。第2章概述了全球大气环流的上边界条件和下边界条件。在"大气层顶",观测到的辐射形式意味着由大气和海洋共同进行的净向极地传输能量。下边界条件包括海洋、大陆和山脉的分布;海表面温度形势和与海表面直接相关的饱和水汽压形势;表面的热

图 1.7　1997/1998 年期间用来收集北冰洋及其上空数据的冰站。图片来自网站 http://en.wikipedia.org/wiki/CCGS_Des_Groseilliers。照片由唐·帕里维奇(Don Perovich)提供

图 1.8　南极洲山上看起来很冷的云。照片由杨百翰(Brigham Young)
大学的拜伦·亚当斯(Byron Adams)博士友情提供

容量;陆地表面植被的分布;以及海冰、大陆冰川和冰盖的分布。这些下边界条件明显地影响着穿越地球表面的能量和水汽的流动。本章最后简要概述了地球表面和大气能量和水汽收支的垂直积分,以及它们之间的联系。

第 3 章从观测的角度介绍了全球大气环流的一些基本方面,从大气质量的全球分布开始,然后发展到风、温度和水汽。在本章中,故意将解释的量保持在最低限度。

第 3 章侧重于观察结果,第 4 章从回顾旋转球体上流体运动的动力学开始,对书中后面使用的理论进行了一个简要但详尽的回顾。推导出了角动量守恒,并详细讨论了能量传输和转换。本章末尾介绍了位涡的关键问题,并给出了准地转近似和浅水方程。

第 5 章讨论了纬向平均环流如何受到水汽、能量和动量的源和汇影响。本章还首先介绍了沿熵是均匀的等熵面输送干空气、水汽、能量和动量的涡旋影响。

第 6 章介绍了对流能量源汇的影响,首先简要回顾了干燥和湿大气中浮力对流的性质。概述了里尔(Riehl)和马尔库斯(Malkus)关于对流能量传输的著名观测研究,随后讨论了理想化的重要辐射对流平衡概念,以及从热带地区的深对流到高纬度地区的浅层层积云对流的对流云系的概述。介绍了对流质量通量的概念,并解释了为什么积云上升气流往往被广阔的相对干燥的下沉空气分开。本章展示了如何利用对流质量通量来理解与积云相关的加热和干燥,以及是什么决定了对流的强度随大尺度天气状态的变化。最后,引入了条件对称不稳定的概念,这在中纬度地区尤为重要。

第 7 章介绍了全球大气环流的能量学,并开始深入讨论有效位能和总静力稳定性的相关概念。这些想法是按照洛伦兹(Lorenz)思想,通过使用等熵坐标而发展起来的,尽管它也展示了如何用气压坐标来表达它们。讨论了纬向平均环流的垂直和经向梯度转换为与涡旋方差相关的纬向变化特征的机制,然后研究了有效位能如何产生并转换为涡旋动能。本章结尾讨论观测到的全球大气的能量循环。

第 8 章介绍了各种类型的涡旋,首先省略了数学的细节,简要讨论了拉普拉斯潮汐方程。它提供了中纬度涡流能量随尺度分布的观测结果。研究了地形流驱动的罗斯贝波理论和松野(Matsuno)的赤道波理论。接下来讨论季风、热带太平洋的东西沃克环流,以及热带和副热带的能量平衡。这一章以讨论马登-朱利安振荡而结束。

第 9 章讨论了涡旋与平均流的相互作用,从伊莱亚森(Eliassen)和帕尔姆(Palm)应用于重力波的原始非相互作用定理开始,然后简要讨论了重力波拖曳对全球大气环流的重要性。检验了准地转波动方程,分析了查尼(Charney)、迪金森(Dickinson)、松野(Matsuno)等解释罗斯贝波与纬向平均环流相互作用的应用,引出了对平流层爆发性增温的讨论。

接下来,分析与冬季风暴相关的感热和动量的向极地和向上通量,然后讨论与平衡流相关的伊莱亚森-帕尔姆(Eliassen-Palm)定理。该定理首先在气压坐标中提出,然后在等熵坐标中发展,以显示另外的见解和更简单的表达式,包括 Eliassen-Palm 通量的散度与位涡通量之间的关系。作为涡旋和纬向平均环流之间相互作用的补充例子,本章最后讨论了准两年振荡、阻塞和布鲁尔-多布森(Brewer-Dobson)环流。

第 10 章从考察湍流的性质出发,以涡度动力学为框架,讨论了作为大尺度湍流的全球大气环流。分析了二维和三维湍流尺度之间非常不同的能量流动,并与大气动能随空间尺度分布的描述联系起来。研究了在没有动能耗散的情况下涡度拟能(涡度平方)耗散的机制,然后讨论了沿等熵面的混合。最后,讨论了混沌环流状态下天气的可预测性,并解释了气候预测和天气预报之间的差异。

最后一章简要总结了由于大气中温室气体浓度的增加,全球大气环流的当前趋势和未来预期变化。

前面的有关各章提纲性介绍表明,对热驱动的全球大气环流研究汇集了来自大气科学所有领域的概念。我们讨论了大尺度动力学、对流、湍流、云过程和辐射传输,重点是它们的相互作用。通常,这些不同主题彼此割裂。这本书将帮助读者明白它们是如何结合在一起的。

　　由于全球大气环流跨越了所有的季节,大气科学的概念包含了广泛的条件和背景。例如,表面摩擦无处不在:在对流扰动的热带海洋上、在南极洲北部混乱的风暴路径上、在喜马拉雅山脉之巅和热带丛林之上。对边界层气象学的讨论通常仅限于相对简单、水平均匀、无云的条件,比如在堪萨斯州一个夏天的早晨可能会遇到的情况。欢迎来阅读《全球大气环流导论》;你将进入一个新的知识领域。当我们试图理解全球大气环流时,我们很快就会遇到大气科学所有子学科的知识局限,我们因此也被引导着去突破这些局限。这使得对全球大气环流的研究成为一个极具挑战性且令人兴奋的领域,正如读者自己即将看到的那样。

第 2 章　大气环流驱动因子

2.1　地球辐射收支:全球大气环流的"上边界条件"

辐射(几乎)是地球与宇宙其他部分交换能量的唯一机制。全球大气环流的最重要的上边界条件是入射太阳辐射,也称为日照。日照随地理位置和时间而变化。它是由太阳的能量输出、地球的球形几何形状和地球轨道的几何形状决定的(图 2.1),可以用倾角(地球赤道平面与地球绕太阳轨道平面的夹角)、偏心率(度量地球轨道形状与完美圆不同的程度)和昼夜平分日的日期来描述。这些都随着地质时间的变化而变化(Crowley 和 North,1991)。

地球轨道平均半径处的太阳能通量约为 1365 W·m^{-2}。直观掌握这个数字的一种方法是想象每平方米有 14 个 100 W 的灯泡的能量输出。另一个方式是考虑 1365 W·m^{-2} 相当于 1.365 GW·km^{-2},这是一个大型发电厂的能量输出。

表 2.1 总结了全球平均大气层顶辐射收支。表中给出的数字为三位有效数字。地球的反照率接近 0.30,与季节无关;自 20 世纪 70 年代以来,准确率优于 10%。被地球吸收的能量是

$$\hat{S}_{abs} = \hat{S}\left(\frac{\pi a^2}{4\pi a^2}\right)(1-\alpha) = \frac{1}{4}\hat{S}(1-\alpha) \tag{2.1}$$

式中,$\hat{S}_{abs}$ 是单位面积的全球平均吸收太阳能(如表 2.1 所示),$\hat{S}$ 是全球平均日照,a 是地球的半径,α 是行星反照率。用于计算 $\hat{S}_{abs}$ 的全球平均值包括地球夜间那边的零值。这就是之所以 $\hat{S}_{abs}$ 乘以吸收盘的面积 πa^2,除以球体的面积 $4\pi a^2$ 的原因。

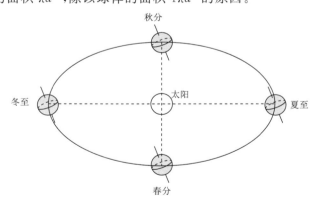

图 2.1　季节中的 3 月。当倾斜的地球围绕太阳旋转时,阳光分布的变化导致了季节的变化。
经密歇根大学天文系授权许可后使用

表 2.1　年平均大气层顶辐射收支汇总

入射太阳辐射	341 W·m^{-2}
吸收太阳辐射	239 W·m^{-2}
行星反照率	0.30
射出长波辐射	239 W·m^{-2}

资料来源:引自 Trenberth 等(2009)。

根据经验,日照有日变化和季节变化。在一个给定的时刻,它也随经度发生显著变化。因为一年比一天的时间长得多,一日内平均日照(几乎)与经度无关,但它随纬度的变化很大,这取决于季节,如图 2.2 总结的一样。当太阳从赤道(即纬度在"在太阳下")移动到夏季极点时,日照开始减少,因为在给定的当地时间(例如当地中午),太阳高度角似乎较低。然而,夏季高纬度地区白天长度的增加导致了一日内平均日照时间的增加。在两极附近,白天的长度效应占主导地位,因此,在夏季的高纬度地区,日照实际上会向两极的方向增加。因此,在夏半球,离极地 23°左右日照最小,如图 2.2 所示。

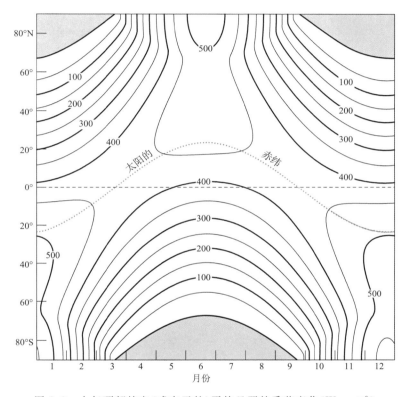

图 2.2　大气顶部纬向(或白天的)平均日照的季节变化(W·m^{-2})

在较小的程度上,在大气环流形势中很明显有季节性周期和日周期。在冬至日和夏至日的时候,在冬季极点(极夜)附近根本没有日照,但与此同时,在夏季极点附近,尽管太阳角度很低,但仅仅因为太阳从未落山(极昼),每天的平均日照度非常强烈。众所周知,这些效应来自图 2.1所示的太阳-地球的几何形状。此外,从太阳到地球的距离随年略有变化,导致目前的 1 月全球平均日照比 7 月高出约 7%。最大日照月随地质时代而变化。根据广泛接受的冰河时代天文理论,当北半球夏季出现最低日照时,有利于广泛的冰期,因为北半球包含的土地大约是南半球的两倍(Crowley 和 North,1991)。

地球发射的红外辐射大约足以平衡被吸收的太阳辐射;两种能量流动率约为 240 W·m^{-2}。这种近似平衡已通过卫星数据的分析直接证实,并观察到保持在每平方米几瓦内,这与测量的不确定性相当。实际年平均不平衡被认为是吸收比发射的多约 0.5 W·m^{-2}(Loeb et al.,2012;Trenbest et al.,2014)。

图 2.3 显示了从卫星上观测到的地球辐射收支的各个方面（Wielicki et al.，1998）。大气顶部的纬向平均入射（即进入）太阳辐射随地球围绕太阳的运动而季节性变化。纬向平均反照率是反射到太空的纬向平均入射辐射的一部分，由于多云和雪冰的影响，在两极附近最高。在热带地区，它往往有较弱的次级最大值，与那里的高云量有关。大气顶部的纬向平均地面辐射，也被称为向外的长波辐射或射出长波辐射（outgoing longwave radiation，OLR），在副热带地区有其最大值。它在寒冷的两极上相对较小，但在温暖的热带地区也有一个最低值，因为寒冷的热带高云和水汽截获了陆地辐射。

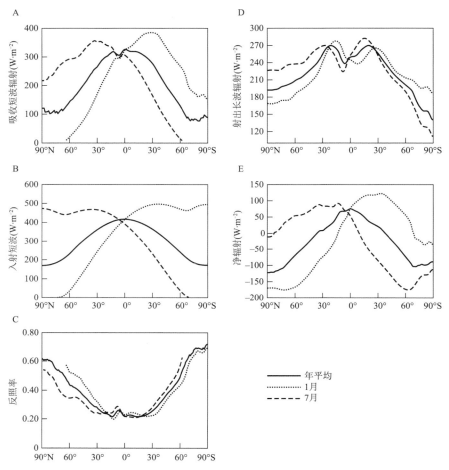

图 2.3　纬向平均的入射太阳辐射（A）、大气顶部吸收太阳辐射（B）、反照率（C）、射出长波辐射（D）和大气顶部的净辐射（E），使用称为云和地球辐射能量系统（Clouds and the Earth's Radiant Energy System，CERES；Wielicki et al.，1998）的卫星观测数据

"大气层顶部"的净辐射是被吸收太阳辐射和射出长波辐射之间的差。它在热带地区是正的，在高纬度地区是负的。这种随纬度的变化意味着能量在系统内部以某种方式向极地传输。一部分能量由大气输送，其余的能量由海洋输送。

2.2　大气-海洋系统的经向能量输送

能量输送是由大气环流和海洋环流产生的,我们可以把大气和海洋的全球环流看作是对这种净辐射形式的一种"响应"。然而,有一点很重要,即反照率和射出长波辐射的分布部分由运动场决定。因此,把这些场看作为简单的强迫函数是一种过于简单的简化;它们受到大气环流本身的影响显著。

考虑从地球中心延伸到大气顶部的柱状能量收支为:

$$\frac{\partial E}{\partial t} = N_\infty - \nabla \cdot \boldsymbol{G}_\infty \tag{2.2}$$

式中,E 是存储在单位面积空气柱中的能量;t 是时间;N_∞ 是大气顶部能量的净向下通量,这完全是由于辐射产生的。N_∞ 有单位面积单位时间能量的量纲(例如,$W \cdot m^{-2}$)。能量输送 $-\nabla \cdot \boldsymbol{G}_\infty$ 表示由于风和洋流,能量在纬向和经向方向上的运动,$\boldsymbol{G}_\infty$ 是具有纬向和经向分量的矢量,以及单位时间单位长度的能量量纲(例如,$W \cdot m^{-1}$)。$\boldsymbol{G}_\infty$ 的下标 ∞ 意味着它包括了地球系统的所有部分,从地球中心到太空。

假设我们在一个时间间隔的 Δt 上平均式(2.2):

$$\frac{E(t+\Delta t) - E(t)}{\Delta t} = \overline{N_\infty}^t - \overline{\nabla \cdot \boldsymbol{G}_\infty}^t \tag{2.3}$$

式中,$\overline{(\quad)}^t$ 表示时间平均;这个符号全书通用。由于地球接近能量平衡,$E(t+\Delta t)$ 和 $E(t)$ 彼此之间不能有很大的差异;这意味着无论 Δt 有多大,式(2.3)左侧的分子都在有限范围内。因此,随着 Δt 的增加,式(2.3)的左侧绝对值下降,最终与右侧的单项相比可以忽略不计。物理意义是,如果时间平均间隔足够长,在特定位置地球系统内部储存的能量可以被忽略;这样平均所需的最短时间是一年,但理想情况下,应该取多年平均。当我们采用这样的时间平均时,穿过气柱顶部的净辐射必须通过内部的输送来平衡;这个条件可以写为:

$$\nabla \cdot \overline{\boldsymbol{G}_\infty}^t = \overline{N_\infty}^t \tag{2.4}$$

$-\nabla \cdot \boldsymbol{G}_\infty$ 的全球平均值必须恰好为零,不仅是在一个时间平均内,而且是在每个时刻。原因纯粹是数学的,而不是物理的:任何矢量散度的全球平均值都是零;在本章末尾的习题 1 中要求您证明这一点。只有当 $\overline{N_\infty}^t$ 的全球平均值等于零时,即当地球处于能量平衡状态时,方程式(2.4)才成立。如果事实不是这样的,那么方程式(2.3)的左侧不可忽略。

现在我们就把 $\boldsymbol{G}_\infty$ 分解成它的纬向和经向分量,即,

$$\boldsymbol{G}_\infty = (G_\infty)_\lambda \boldsymbol{e}_\lambda + (G_\infty)_\varphi \boldsymbol{e}_\varphi \tag{2.5}$$

式中,$\boldsymbol{e}_\lambda$ 和 $\boldsymbol{e}_\varphi$ 分别是指向东和北的单位矢量。符号 λ 和 φ 分别表示经度和纬度。我们在球坐标系下展开散度算子(附录 A)如下:

$$\nabla \cdot \boldsymbol{G}_\infty = \frac{1}{a\cos\varphi}\frac{\partial (G_\infty)_\lambda}{\partial \lambda} + \frac{1}{a\cos\varphi}\frac{\partial}{\partial \varphi}\left[(G_\infty)_\varphi \cos\varphi\right] \tag{2.6}$$

式中,a 是地球的半径。我们将式(2.6)的两边乘以 $a\cos\varphi$,并沿所有经度上积分可得到

$$\int_0^{2\pi}(\nabla \cdot \overline{\boldsymbol{G}_\infty}^t)a\cos\varphi\mathrm{d}\lambda = 2\pi \frac{\partial}{\partial \varphi}\left[\overline{(G_\infty)_\varphi}^{\lambda,t}\cos\varphi\right]$$

$$= 2\pi a\, \overline{N_\infty}^{\lambda,t}\cos\varphi \tag{2.7}$$

式中,我们使用了以下表示法表示纬向平均值(使用方括号来表示纬向平均是长期以来的传统,但是不够方便。我决定不遵循传统,希望其他人也会这样做)。时间平均和纬向平均的组

$$\overline{(\quad)}^{\lambda} \equiv \frac{1}{2\pi}\int_0^{2\pi}(\quad)\,\mathrm{d}\lambda \tag{2.8}$$

合可以用 $\overline{(\quad)}^{\lambda,t}$ 或 $\overline{(\quad)}^{t,\lambda}$ 来表示。在方程式(2.7)中,纬向导数由于对经度的积分而不再出现。方程式(2.7)第二行的结果由式(2.4)得到。

方程式(2.7)给出了一种计算向极地能量传输的经向导数方法,即 $(\partial/\partial\varphi)\int_0^{2\pi}$ $\overline{(G_\infty)}_\varphi^t\cos\varphi\mathrm{d}\lambda$,根据 $\overline{N_\infty}^{\lambda,t}$ 计算。然而,我们所需要的是一个向极地能量传输本身的公式,而不是它的散度。因此,我们将式(2.7)乘以 a,并沿纬度积分,从南极($\varphi=-\pi/2$)积分到任意纬度 φ,可以得到

$$\overline{\Theta}^t(\varphi) = 2\pi a^2\int_{-\pi/2}^{\varphi}\overline{N_\infty}^{\lambda,t}\cos\varphi'\mathrm{d}\varphi' \tag{2.9}$$

这里我们定义

$$\Theta(\varphi) \equiv 2\pi a\cos\varphi\,\overline{(G_\infty)}_\varphi^{\lambda,t} \tag{2.10}$$

并且我们采用边界条件

$$\Theta(-\pi/2) = 0 \tag{2.11}$$

$\Theta(\varphi)$ 的量纲是单位时间的能量(即 W)。边界条件式(2.10)是精确的;如果不成立,每个单位时间内有限的能量将(不可能)流入或流出南极,南极是一个零质量的"点"。在北极也必须适用类似的条件。式(2.9)的右侧是从南极一直延伸到纬度 φ 的"南极帽"上方 $\overline{N_\infty}^t$ 的面积分。当式(2.8)中经向积分的上限设置为 $\pi/2$ 时,式(2.9)的右侧将简化为 $\overline{N_\infty}^t$ 的全球平均值。

图2.4给出了由式(2.9)计算的 $\overline{\Theta}^t(\varphi)$ 图,采用基于云和地球辐射能量系统的卫星数据(Wielicki et al.,1996,1998)的 $\overline{N_\infty}^t$ 值。向极地能量传输在两个半球都很明显。传输的曲线有一个令人愉快的简单形状,大致像 $\sin(2\varphi)$。Vonder 和 Oort(1973)是第一个利用卫星测量地球辐射收支的结果来确定 $\overline{\Theta}^t(\varphi)$ 的人。两个半球中纬度地区的最大绝对值约为 6 PW(1 PW 为 $10^{15}\mathrm{J}\cdot\mathrm{s}^{-1}$)量级。由于气候系统的总能量传输可以直接从卫星测量地球辐射收支中推断出来,现在它相对较准。

图2.4表明 $\overline{\Theta}^t(\varphi)$ 在两极点上正好为零。我们通过使用式(2.11)为南极构建了这个结果,但是在北极什么使 $\overline{\Theta}^t(\varphi)$ 奇迹般地恢复到零?答案是,我们通过"修正"数据,迫使北极的值为零。观测结果表明,$\overline{N_\infty}^t$ 的全球平均值与局部值相比较小。它在测量的不确定性范围内是为零,当然它并不是完全为零。在从式(2.9)计算 $\overline{\Theta}^t(\varphi)$ 之前,我们对 $\overline{N_\infty}^t$ 进行了一个小而全球均匀的修正,这样修正后,$\overline{N_\infty}^t$ 的全球平均值完全为零。从式(2.9)可以看出,这足以确保 $\overline{\Theta}^t(\varphi)$ 在北极为零。对 $\overline{N_\infty}^t$ 的修正可以解释为对式(2.3)的时间变化率不能完全可以忽略事实的补偿,因为 $\overline{N_\infty}^t$ 的全球平均值很小,但不是零。该修正还补偿了用于计算 $\overline{N_\infty}^t$ 的数据不准确性。

我们可以说,全球大气环流和全球海洋环流的"工作"是进行图2.4所示的经向能量传输。如

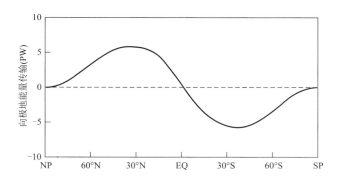

图 2.4　利用式(2.9)从观测到的大气顶部年平均净辐射中推断出来的大气和海洋组合 $\overline{\varTheta}{}'(\varphi)$ 进行的向极地能量传输。1 petawatt(PW) 是 10^{15} W。该图是使用云和地球辐射能量系统数据创建的

果大气和海洋可以阻止能量从一个地方到另一个地方的传输,那么地球的每一部分都必须达到局地的能量平衡,通过调整其温度、水汽和云量,这样射出长波辐射才能在局地平衡吸收的太阳辐射。这种假设状态被称为"辐射对流平衡";第 6 章讨论辐射对流平衡的建模研究。辐射对流平衡可能需要热带地区更高的温度和两极地区更冷的温度。大气和海洋的全球环流对全球温度分布有调节的影响,将使高纬度地区增温和热带地区降温。正如第 7 章所讨论的,热带和两极之间的这种相同热量差异代表了一种能量来源(称为有效位能),使大气和海洋的全球环流成为可能。

如果我们认为全球大气环流的存在是为了产生图 2.4 所示的能量传输,那么我们可以想象"大气环流的强度",例如由大气的总动能度量的,是由所需的能量传输大小决定的。

大气和海洋能量传输的观测和理论部分将在后面章节进一步讨论。

2.3　地面边界条件

全球大气环流受到地球表面特性及其地理变化的明显影响。地球表面最重要的特性是温度、湿度、地形、热容量、反照率、粗糙度、植被、海冰、陆冰以及表面和大气的能量和水汽收支。

2.3.1　温度

地球表面的温度在陆地上变化明显而迅速,而在海洋上的温度变化则要小得多。陆地和海洋温度差异的原因将在表面热容量章节中讨论。

海洋大约覆盖了地球表面的三分之二,其平均深度约为 4 km。水是重物质,水一立方米的质量为 10^3 kg,因此,海洋质量约为 1.3×10^{21} kg。相比之下,大气质量约为海洋质量的 1/260,约 5×10^{18} kg。

水不仅密度大,而且比热非常高:约 4200 J・kg^{-1}・K^{-1}。相比之下,空气的比热(定压)略小于其四分之一,即 1000 J・kg^{-1}・K^{-1}。因此,海洋的总热容量大约是大气总热容量的 1000 倍多(250×4)。当海洋说"跳起来"时,大气层说"要多高?"

大气密度随高度呈指数级下降,由于温度和压力的变化,在指定位置的一年中会变化 10% 左右。相比之下,整个海洋的海水密度变化只有百分之几;密度是温度、盐度和压力的一个复杂而相当弱的函数。由于水几乎不可压缩,压力效应(称为热压效应)相对不重要;密度的

变化主要是由于温度和盐度的变化引起。暖淡水密度较小,容易漂浮在上面;更冷、更咸的水密度更大,更容易下沉。表面冷却和蒸发产生密度大的水;表面加热和降水产生密度小的水。请注意,水的性质主要是在海表附近发生改变;在距表面几百米以下,即使在几十年或几个世纪里,水团的性质几乎保持不变。

在对大气的研究中,我们经常将海面温度(sea-surface temperature,SST)视为一个季节性变化的下边界条件。图 2.5 显示了 1 月和 7 月观测的海面温度分布。请注意北美和亚洲东部海岸的暖流,以及所有西海岸的冷流。特定纬度上暖的海面温度通常与向极地海流有关;其中

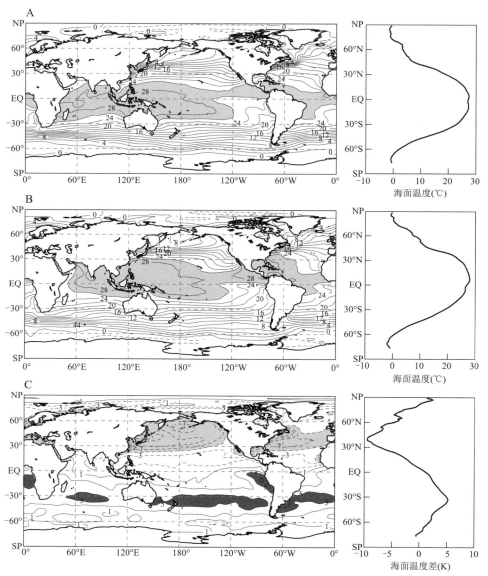

图 2.5 (A)1 月的海面温度分布。等值线间隔为 2 ℃,大于 28 ℃ 的值用阴影表示;(B)7 月的海面温度分布;(C)3—9 月之间的海面温度差(K),淡阴影表示−5 K 以下值,暗阴影表示 5 K 以上值。在每个子图的右侧显示纬向平均

最著名的两个是湾流和黑潮。较冷的海面温度通常与向赤道海流(例如在加利福尼亚洋流中的情况)或与上升流有关(同样,在加利福尼亚洋流地区也沿着赤道,最明显的是在东太平洋)。

如后所述,上升流的形势与低层风密切相关;与此同时,低层风与海面温度的空间分布也有紧密的联系。海面温度的季节变化在北半球最大,特别是在海洋盆地的西侧。请注意,在一些中纬度和高纬度地区,季节性强迫能够将海面温度改变几十摄氏度。这种季节变化渗透的深度是自然变化的,但通常是 100 m 量级。当然,深水的温度几乎没有发生季节性变化。在对全球大气环流的研究中,我们经常考虑海面温度的空间和季节分布是"给定"的,但实际上,它部分取决于大气在做什么,或者,更确切地说,大气随着时间的推移一直在做什么。例如,太阳在大气层顶部的日照是强的,相对于无云处的海面温度而言,云的分布明显影响太阳辐射进入大洋上层,随着时间的推移,这往往会减少云普遍存在处的海面温度。云在决定海面温度分布方面的作用是阻碍我们理解大气和海洋作为一个耦合系统的主要复杂问题。

2.3.2　湿度

地球表面最重要的特性之一是大约 70% 是永久潮湿的,因此,代表了一个巨大的水汽来源。紧靠湿表面上方的水汽压,称为饱和水汽压,只是温度的强函数。近似由下式给出

$$e_{sat}(T) \approx 6.11\exp\left[\frac{L}{R_v}\left(\frac{1}{273} - \frac{1}{T}\right)\right] \tag{2.12}$$

式中,饱和水汽压的单位为 hPa,T 为开尔文温度,$L = 2.52 \times 10^6 \, \mathrm{J \cdot K^{-1}}$ 为水汽的潜热,$R_v = 461 \, \mathrm{J \cdot K^{-1} \cdot kg^{-1}}$ 为水汽气体常数。水汽的巨大潜热值是水汽明显影响地球气候和全球大气环流的原因之一。$e_{sat}(T)$ 明显依赖于温度(如图 2.6 所示)。Held 和 Soden(2006)指出,对于典型的海面温度,每开尔文的增长率是惊人的 7%。图 2.7 显示了基于图 2.5 绘制的海面温度 $e_{sat}(T)$ 的地理分布。正如后面所讨论的,在海洋表面附近,空气的实际水汽压,即水汽的分压,"试图"达到 $e_{sat}(T)$,但通常低于 20% 左右。无论如何,海洋的"有效湿度"会随着海水温度的增加而增加。当然,$e_{sat}(T)$ 的最大值发生在热带地区,并且接近 40 hPa。在那些非常潮湿的地区,近表面空气大约有 4% 是水汽。陆地表面水汽对大气的可用性更加复杂,稍后将单独讨论。

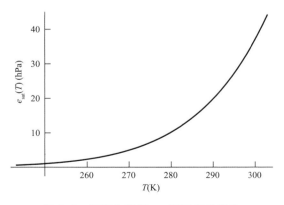

图 2.6　饱和水汽压 e_{sat} 随温度的变化

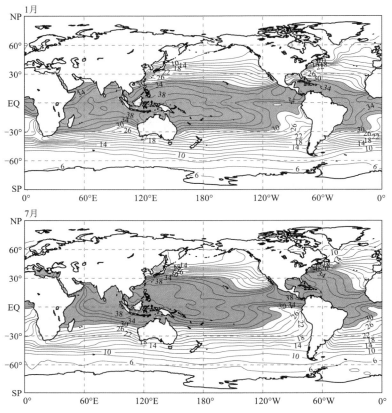

图 2.7　基于图 2.5 所示的海面温度 $e_{sat}(T)$ 的地理分布形势。
等值线间隔为 2 hPa。大于 30 hPa 的值用阴影表示

2.3.3　地形

当得知山脉对全球大气环流有明显的影响时，不要感到惊讶。图 2.8 显示了地球山脉的位置。山脉对风有阻挡作用；这一过程可以被称为机械强迫。空气可以从山脉障碍物周围绕过或越过。实际发生的情况部分取决于运动的尺度。整个山脉的表面气压分布可以对固体地球施加净压力，对大气产生相等和相反的净压力。第 5 章解释这一机制。

山脉也可以对大气施加热力强迫，因为山脉表面的温度可能与相同高度的周围空气温度有很大的差异。例如，在北半球夏季期间，青藏高原在对流层中部产生一个"暖斑"，这表示了与印度夏季季风相关的一个重要热强迫。第 8 章将进一步讨论本主题。

最后，山脉明显影响降水的地理分布。地形上迫使空气向山上流动的地方，以及阳光照射下山坡表面的加热促进湿对流的地方，雨雪都会增强。相比之下，降水往往在山区下游减少，因为空气在那里倾向于下沉，也因为空气的水汽含量被上游最大降水所消耗。

2.3.4　热容量

地球表面的热容量是指改变指定量的表面"表皮温度"所需的能量。这里的表皮温度 T_S，被定义为一个等价的黑体温度，它以一定速率发射的红外辐射等于地球表面实际的红外辐射。

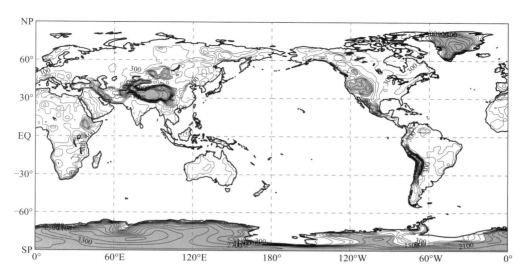

图 2.8　地球地形,平均分布在一个网格间距为经度 1° 和纬度 1° 的网格上。
等值线间隔为 300 m。大于 1500 m 的值用阴影表示

热容量在空间上变化较大,随时间的变化较小。热容量的概念听起来很简单,但实际上有些微妙。表皮温度的时间变化满足的方程与式(2.2)非常相似,即,

$$C \frac{\partial T_s}{\partial t} = N_s - \nabla \cdot \boldsymbol{G}_s \qquad (2.13)$$

式中,C 是表面的热容量,N_s 是地球表面的净向下能量通量(由于后面讨论的辐射和其他过程造成的),$-\nabla \cdot \boldsymbol{G}_s$ 是地球表面"内部"的水平能量传输。对于陆地,我们可以假设 $\boldsymbol{G}_s \approx 0$,但对于海洋,我们期望通过洋流进行的能量传输将导致 $\boldsymbol{G}_s \neq 0$。热容量 C 取决于表面上和表面下面的物质组成,因为流入表面的能量可以通过有限的深度储存起来。它也可以取决于表面能量通量随时间变化的速率。例如,日变化的表面能量通量只能影响浅层土壤,其相应的热容量较小,但季节性变化的通量可以通过更深层的土壤增加或减少能量,而深层的土壤具有更大的热容量。

总的来说,海洋有非常高的热容量。然而,海面温度的地理分布确实呈季节性波动,且随经纬度变化很大,如图 2.5 所示。

地表的热容量要小得多。这意味着即使是一天,陆地上的净表面能量通量平均接近零。要理解原因,请注意,对于 $C \to 0$ 和 $\boldsymbol{G}_s \approx 0$(适合陆地),式(2.13)表示 $N_s = 0$。对于 C 值较大的海洋,N_s 的日平均值可以大得多。海洋的大热容量意味着改变海面温度相对较困难,因为

$$\frac{\partial T_s}{\partial t} = \frac{N_s - \nabla \cdot \boldsymbol{G}_s}{C} \qquad (2.14)$$

也就是说,对于给定的 $N_s - \nabla \cdot \boldsymbol{G}_s$ 值,式(2.14)右侧分母中 C 大,会减少 $\partial T_s / \partial t$。因此,为了某些目的,海面温度可以被认为是大气的一个"固定的"下边界条件。

2.3.5　反照率

表面反射太阳辐射的程度明显影响了其对太阳的响应。表面反照率取决于表面的组成和

太阳高度角等其他因素。当太阳在天空中具有较大高度角时,海洋的反照率接近 0.06;也就是说,它相当暗。然而,当太阳高度角小时,海洋可以反射更多的入射太阳辐射。陆地表面的反照率差异很大,因为表面的土壤或岩石的组成不同,植被覆盖的类型和数量不同(下文将进一步讨论),当然还有雪的存在或不存在。

2.3.6 粗糙度

"粗糙"的表面比光滑的表面更容易对风产生阻力。表面粗糙度是具有部分机械性质的下边界条件另一个例子。海洋相对光滑,这取决于风速,并且几乎没有"粗糙度"来模拟与大气的动量交换。陆地表面比海洋要粗糙得多。

2.3.7 植被

陆地表面的植被调节着土壤中的水分流动,如下文所述。它还会影响表面的粗糙度和反照率。地表植被的分布对大气的影响非常复杂。在这里没有给出植被类型的地图,因为如果不使用彩色,几乎不可能描述植被类型的全球分布,这在这本书中是不可能的。许多很好的植被地图都可以在网上找到。显然,陆地表面植被的类型、密度甚至健康状况都会影响地表反照率和表面粗糙度。植被的这些特征随季节而异,特别是在中纬度地区。它们也可以发生年际变化。

植物控制水汽从叶片蒸发到大气中的程度,明显地调节感热和潜热的表面通量;强蒸腾作用冷却了表面,减少了感热通量。水分通过根系进入植物,并通过叶片上被称为气孔的孔蒸发进入大气。气孔的目的是气体交换:二氧化碳进入并用于光合作用;氧气被释放。水汽作为一种意外的副作用通过气孔流出。如果没有植被,水分只会通过分子扩散,通过土壤向上进入大气中,这是一个非常缓慢的过程。实际上,这些植物都是由太阳能驱动的水泵。Sellers 等(1997)提供了一个介绍性的概述。

2.3.8 海冰

海冰的分布(图 2.9)也可作为一个热力下边界条件。在南半球的冰覆盖层有明显的季节性变化,但在北半球没有。除了海冰对表面反照率的明显影响外,这些冰还作为一种绝缘体,将相对暖的海水与空气隔开。因为海冰是很好的绝缘体,它的上边界可能比下面的水要冷得多。海冰也非常光滑,所以在给定的风速下,表面阻力很小。直到最近,北冰洋全年都被冰覆盖,而北大西洋和南部海洋长期以来都经历了季节性的融化。当然,冰的厚度在地理上和季节上也有所变化,而且厚度明显地决定了冰的绝缘能力。此外,通常有一小部分开阔水域,特别是当冰很薄的时候。这种开阔水面通常以被称为水道的裂缝形式出现。水道里的水可能比附近的冰要暖和得多,尤其是在冬天。在这种条件下,即使水道可能只覆盖一小部分区域,大尺度平均感热和潜热通量主要由水道的贡献主导。落在海冰上的雪使它绝缘,并保护它免受太阳的影响,有助于防止冰融化。

2.3.9 陆冰

海陆分布和"永久"(或更准确地说,非季节性)陆冰(例如,覆盖南极洲和格陵兰岛的冰原)的位置明显影响地表反照率。在陆地上,地表反照率的地理和季节变化在很大程度上取决于

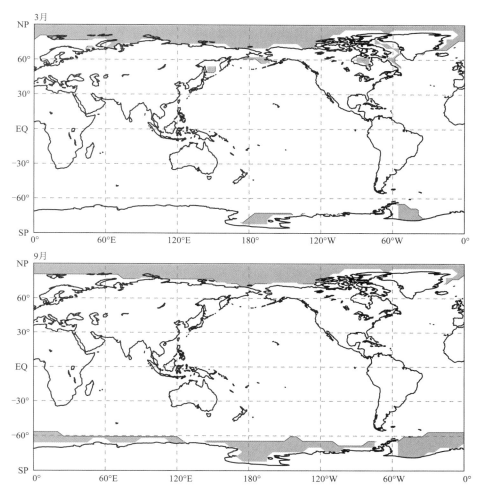

图 2.9　3 月和 9 月海冰分布(灰色)。这些数据表示了经度宽 5°和纬度高 4°的网格单元平均值。
这里显示的数据代表了 20 世纪中期。近年来,9 月的北极海冰还没有这里显示的那么广阔

植被的分布,当然它们也取决于积雪覆盖。尽管世界上有许多更小的冰川,在目前的气候条件下,永久的陆冰主要集中于南极洲和格陵兰岛。格陵兰岛和南极的冰原有几千米厚,因此,增加了地球表面的有效地形高度。陆冰的分布可能在几千年甚至更长的时间尺度上变化巨大(Imbrie 和 Imbrie,1979;Crowley 和 North,1991)。

2.3.10　表面和大气的能量和水汽收支

全球大气环流的某些方面可以看作或多或少是对前面提到的各种边界条件的直接响应。例如大气中赤道到极地的能量通量,过山气流产生的行星波,以及与海陆分布和季节性变化的日照密切相关的季风。当然,大气环流的许多额外时间依赖性特征与边界条件没有直接联系,而是由大气的内部动力学产生的。这些现象包括冬季风暴、热带气旋和许多其他现象。

行星辐射收支已经简要讨论过了,现在考虑地球表面和大气的能量和水汽收支,如表 2.2 所示。此表中的值已取为两位有效数字。在被地球大气系统吸收的 239 W·m^{-2} 中,161 W·m^{-2}

被地球表面吸收。因此，只有约 239－161＝78 W·m^{-2} 的太阳辐射被大气吸收，这约为地球大气系统吸收太阳辐射总量的三分之一。表面接收入射辐射总的 494 W·m^{-2}（LW↓＋SW；参见表 2.2 中定义的符号）。注意 LW↓ 大约是 SW 的两倍大！这是地表能量收支的"温室"效应。由于入射的长波能量和地表吸收的太阳辐射以 LW↑、LH 和 SH 的形式返回到大气中。迄今为止，其中最大的一个是 LW↑。海洋可以将能量从一个地方传输到另一个地方，因此，被海洋吸收的能量不一定被归还到它被吸收的同一地方。此外，上层海水的大热容量允许在季节性的时间尺度上储存能量。相比之下，大陆不能以任何显著的速率横向传输能量，它们有限的热容量处处强迫从而接近能量平衡，最多几天的时间尺度就可完成。表 2.2 显示，表面的净辐射加热为 98 W·m^{-2}，主要通过速率为 80 W·m^{-2} 的表面蒸发冷却来平衡。换句话说，表面通过蒸发水来冷却自己。

表 2.2　全球每年平均地表能量收支的组成部分（W·m^{-2}）

吸收太阳能（SW）	＋161
向下红外辐射（LW↓）	＋333
向上红外辐射（LW↑）	－396
净长波（LW）	－63
净辐射（SW＋LW）	＋98
潜热（LH）	－80
感热（SH）	－17

资料来源：引自 Trenberth 等（2009）。

注：正号表示表面已被加热。

表 2.3　大气的全球年平均能量收支（W·m^{-2}）

吸收的太阳辐射（240－161）	＋78
净红外冷却（－239＋63）	－176
净辐射加热	－98
潜热输入	＋80
感热输入	＋17

注：这些数值是通过结合表 2.1 和表 2.2 中的数字得到的；正号表示大气变暖。

大气的全球平均能量收支见表 2.3。对表 2.3 的解释是，大气通过红外辐射来平衡各种形式的能量输入所需速率来释放能量，以及大气的温度调整允许必要的红外发射。以 －98 W·m^{-2} 速率的大气净辐射冷却，主要是由表面蒸发引起的潜热能量来平衡。当然，当水蒸气凝结时，潜热能量会转化为感热。一部分冷凝水在大气中再蒸发。大气中的净凝结率与地球表面的降水率近似平衡，这意味着大气中凝结水的量既不随时间的推移而增加，也不减少。蒸发将水汽带入大气的速率必须通过降水减少水汽的速率来平衡。请记住，这些不同的平衡适用于全球平均，而不是局部的空间，适用于时间平均，而不是瞬间。

全球平均降水和蒸发速率是衡量水文循环的"速度"或强度。前面的讨论提出了对大气能量收支的第二种解释：到一级近似，水文循环的速度是由大气以辐射冷却的速率"决定"的。当然，这并不意味着降水的地理和时间分布是由相应的辐射冷却分布决定的；事实上，局部降水速率往往与当地大气辐射冷却呈负相关，因为降水系统产生冷的高云（见下文），将减少向太空的红外辐射。本主题将在第 5 章中进一步讨论。

局部降水速率主要由动力学过程控制,地表蒸发速率受地表风速的影响。在某种程度上,全球大气环流的整体强度取决于,或至少必须与水文循环的速率一致,以平衡全球大气辐射冷却的平均速率。

大气的净辐射冷却明显受到高、冷的卷云影响,其中许多是在降水的云系统中形成的。卷云吸收了暖大气和下面的表面放射的红外辐射;卷云本身发出的辐射强度更弱,因为它们非常冷。这意味着卷云有效地截获大气中红外辐射。因此,随着卷云数量的增加,大气的辐射冷却就会减少。

上面几段中提出的可归纳出如下几点。

(1)大气的辐射冷却主要通过降水云系统中的潜热释放来平衡。

(2)降水天气系统会产生卷云。

(3)卷云倾向于减少大气的辐射冷却。

综上所述,这些因素表明了一个负反馈循环,它倾向于调节水文循环的强度。要了解这个过程是如何工作的,请考虑大气辐射冷却和潜热释放保持平衡的情况。假设我们通过增加水文循环的速度,包括潜热释放的速率来扰动平衡,同样的扰动将增加卷云的产生率,从而降低大气被辐射冷却的速率。辐射冷却通过水汽的对流促进云的形成,因此,当辐射冷却速率降低时,云的活动会减慢。这样,初始扰动就被阻尼了。本主题将在第 5 章中进一步讨论。

地球大气系统红外发射的“有效高度”海拔近 5 km。这仅仅意味着在大气层顶部射出长波辐射相当于来自黑体的辐射,其温度是接近 5 km 高度的大气温度。粗略地说,大气运动必须将能量从表面向上穿过大气的前 5 km,红外发射将能量带到太空。大气环流中向上的能量传输发生在小尺度上,特别是在边界层湍流和积云对流中,也发生在大尺度上,特别是通过中纬度斜压涡和热带哈得来环流,这将在后面的章节中讨论。简而言之,大气环流携带能量向上和向极地传输。

我们现在更详细地研究地球表面不同量的通量。除了表面的太阳和地面辐射外,我们还必须考虑动量、感热和潜热的湍流通量。原则上,我们也应该考虑各种化学物质的通量,但这里忽略了气候系统的这一重要方面。

图 2.10 给出了一个特定站点的表面短波和长波辐射季节变化的一个例子,它显示了俄克拉何马州一个现场测量的向上向下短波(shortwave,SW)和长波(longwave,LW)近表面辐射的变化。这些数据涵盖了 2006—2008 年的三年时间。季节周期很明显。高频波动主要是由于云造成的。请注意,向上的太阳辐射在冬季偶尔会出现最大值。这些都与暴风雪后地面反照率的增加有关。

如图 2.10 所示的数据仅面向世界各地的少数站点可用。我们关于表面辐射全球形式的大多数认识都是基于各种已精心计算的结果得到的,但这些估计可能存在重大错误(Wielicki et al.,1996)。图 2.11A 显示了 1 月和 7 月地球表面吸收的纬向平均太阳辐射随纬度变化的经向分布以及年平均分布。季节性的变化清晰可见,易于解释。7 月在 50°N 附近,表面吸收的太阳辐射的经线廓线上有轻微的下降或出现肩部情况。这种下降与云有关,并表明云对这些纬度地区的海洋能量收支有重大影响。多云也导致赤道以北的热带弱最小值。年平均曲线在赤道附近相当对称,但显示与热带降雨系统相关的最小值位于 10°N 附近。还需要注意的是,南部高纬度地区的年平均吸收辐射低于北部高纬度地区。

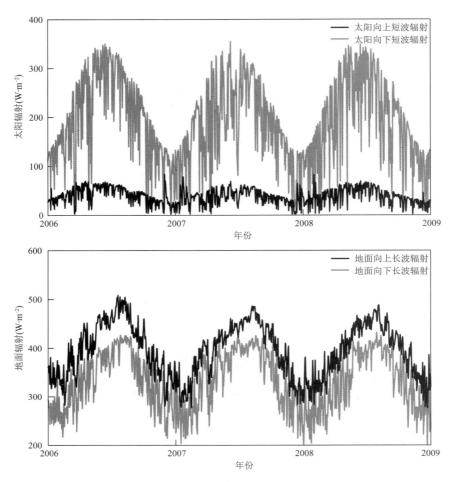

图 2.10　2006—2008 年美国能源部位于俄克拉何马州大气辐射测量项目的南部
大平原(SGP)观测的向上向下太阳短波(SW)和地面长波(LW)辐射

　　纬向平均净表面长波能量通量如图 2.11B 所示。在 1 月,南极洲和冬半球副热带地区的
降温强度最强。最弱的冷却作用发生在有云的地区,例如,在南大洋上空和两个半球的风暴路
径上。虽然夏季的表面温度比冬季高,但在某些纬度地区,冬季的表面净长波冷却强度比夏季
强!解释是,从冬季到夏季,由于大气变暖和大气水汽含量的季节性增加使得大气辐射增加,
以及云量的季节性变化,从大气到地表的向下辐射也在增加。这种向下分量的增加是如此之
强,以至于有时会超过向上分量的增加,导致从冬季到夏季的表面红外冷却的净辐射下降。

　　图 2.11C 显示了纬向平均地表净辐射(结合太阳和地面)。正如预期的那样,在冬季高纬
度地区地表的净辐射冷却。在所有纬度地区,进入地表的年平均净辐射都是正的。因此,该表
面必须通过非辐射的方式进行冷却。

　　图 2.11D 显示了纬向平均潜热通量。正值表示大气的湿润和表面的冷却。潜热通量在
很大程度上补偿了图 2.11C 中所示的表面净辐射加热。请注意,潜热通量的最大值出现在副
热带地区。回想一下,降水的最大值出现在热带地区和中纬度地区。这意味着水汽从副热带
地区输送到热带地区,并从副热带地区输送到中纬度地区。本主题将在第 5 章中进一步讨论。

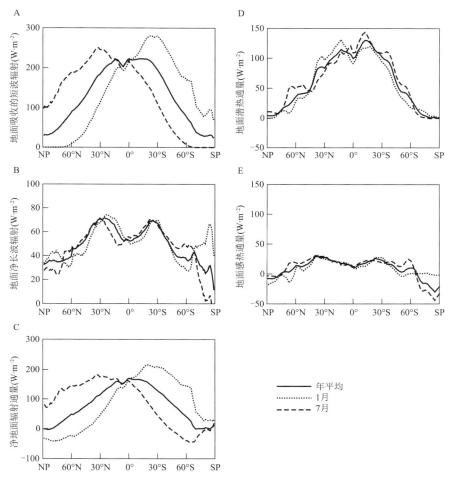

图 2.11　对地球表面纬向平均能量收支的总结。(A)被地球表面吸收的纬向平均(陆地和海洋)太阳净辐射;(B)地球表面的纬向平均(陆地和海洋)净红外冷却;(C)通过结合图(A)和图(B)的数据获得的纬向平均净表面辐射;(D)纬向平均表面潜热通量,向上的通量为正;(E)纬向平均表面感热通量,向上通量为正。图(A)—(C)是基于 Wielicki 等(1996)的工作。图(D)—(E)是基于欧洲中期天气预报中心的再分析得出的。注意:尽管这些数据是基于观测,但不是真实的观测结果

图 2.11E 为表面感热通量的相应曲线。请注意,表面感热通量通常小于表面潜热通量。最高值发生在冬半球,特别是在北部冬季,与北美和亚洲东海岸暖洋流上的冷空气爆发有关。与这种寒潮爆发相关的局部热通量最大值可达到单天 1000 W·m⁻²左右量级。

2.4　小结

本章简要概述了在大气层顶部、地球的表面和整个大气层的能量通量。大气层顶部净辐射的经向结构意味着海洋大气系统的输送。净表面能量通量的经向结构意味着海洋的能量输送。进入大气穿过它的上边界和下边界的能量净流入经向结构,意味着大气中的能量净输送。在后面的章节中,我们将更详细地讨论这些能量输送的性质,以及角动量和水汽的经向输送。

本章最重要的一点是,地球表面的净辐射加热主要通过蒸发冷却平衡,大气的净辐射冷却主要通过潜热释放来平衡。水汽和云在地球的辐射收支中起着重要的作用。最后,全球大气环流的下边界条件与大陆和海洋、海面温度、地形、植被和冰雪的分布有关。

有了这些预备知识,我们现在准备看看全球大气环流观测到的一些特征。

习题

1. (a)证明:对任意矢量 $\mathbf{Q}$,

$$\int_S \nabla \cdot \mathbf{Q}\, \mathrm{d}S = 0 \tag{2.15}$$

式中,在一个封闭的表面进行积分,例如,一个球体的表面。我们假设 $\mathbf{Q}$ 到处都与曲面相切,也就是说,它"位于"曲面中,因此可以被描述为一个"水平"矢量。方程式(2.15)表明,任何水平矢量的全球平均散度均为零。

(b)证明:

$$\int_S \mathbf{k} \cdot (\nabla \times \mathbf{Q})\, \mathrm{d}S = 0 \tag{2.16}$$

式中,在一个封闭的曲面进行积分。这里的 $\mathbf{k}$ 是一个处处都垂直于曲面的单位矢量。方程式(2.16)表示涡度的垂直分量全球均值为零。

2. (a)假设 $1\ \mathrm{W \cdot m^{-2}}$ 被提供给一个 $100\ \mathrm{m}$ 深的水柱。假设整个水柱的温度随深度均匀变化。提高水温 $1\ \mathrm{K}$ 需要多少时间?

(b)用 $\mathrm{J \cdot K^{-1}}$ 估计整个全球海洋的热容量。如果大气层顶部的所有太阳辐射入射都均匀地加热了海洋,那么整个海洋的温度需要多长时间才能增加 $1\ \mathrm{K}$ 呢?

第3章 概述

3.1 引言

本章旨在快速介绍通过观测发现的全球大气环流季节性变化的一些重要现象。对于非季节性变化也做了一些评价。显示和描述了一些选定的场变量，重点强调了质量、风、温度和湿度。可以看到的最重要现象包括热带哈得来环流和沃克环流、季风、行星波和水文循环的一些特征。所有这些主题将在后面的章节中进行更详细的讨论。本章会提出许多问题，但大多数问题的答案会推迟在后面的章节给出。

本章和后面章节中显示的许多图都是基于欧洲中期天气预报中心（European Centre for Medium Range Weather Forecasts，ECMWF）创建的分析数据（实际上是再分析）（Uppala et al.，2005）。这些分析数据的存在，以及它们在网上唾手可得，使得现在写这样一本书比过去几十年都要容易得多。

3.2 全球大气质量分布

质量可以说是描述大气物理的一个基本量。密度 ρ 被定义为单位体积的空气质量。准确地说，地面气压等于地面以上单位面积的空气重量，由下式给出

$$p_S = \int_{z_S}^{\infty} \rho g \, \mathrm{d}z \qquad (3.1)$$

式中，p 是气压，其中下标 S 表示地面值，g 是重力加速度，z 是高度。地面气压因地而异，部分是由于地形的影响，部分是由于大气环流的影响。图 3.1 给出一个例子，是 2000 年 1 月 1 日和 7 月 1 日 00Z（即英格兰格林尼治的午夜）的地面气压与地面高度的散点图。图中的主要观点是，地面气压空间变化很大一部分是由于地形造成的；你已经知道了这一点，但也许你以前从未见过以这种方式绘制的数据。对于每个半球，数据大致落在两条曲线上。北半球的上曲线主要由格陵兰岛的点组成，南半球的上曲线主要由南极洲的点组成。关于每个地面高度的平均值数据散点表明了地面气压的动态变化。当地面高度为零时，变化的范围特别大，这意味着海洋的变化范围很大。一种解释是，海洋上的天气系统特别活跃。

地面气压图主要由与山脉范围相关的最小值决定。因此，地面气压图并没有清楚地显示水平气压梯度力如何随天气的变化而变化。为了解决这个问题，传统的作法是定义海平面气压，是通过对地面气压增加一个设计用来表示附加气压的修正来计算的，旨在代表如果山脉不存在时将存在的额外气压。图 3.2 为 1 月和 7 月海平面气压的月平均图。这些图比为特定观测时间绘制的天气图平滑得多，因为代表单个天气系统的移动高压和低压已经被时间平均平滑了。图 3.2 右侧的图显示了 1 月和 7 月海平面气压相应的纬向平均分布。

在这本书中，我们将区分纬向平均环流和纬向平均的偏差，其中图 3.2 右侧图中显示了纬

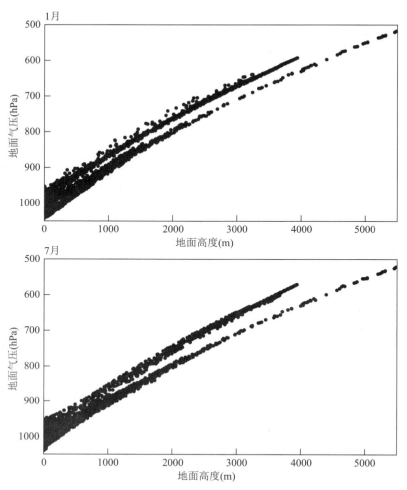

图 3.1　在特定的观测时间,绘制的与地面高度相对应的地面气压。请注意,垂直尺度向上减小。1月,沿着上曲线的圆点来自格陵兰岛。7月,沿上曲线的点对应于60°S以南的区域,所以它们包括南极洲。这些数据取自经纬度网格,所以这些点不代表相等的面积

向平均海平面气压的一个方面,纬向平均的偏差我们将称之为涡旋。在图3.2中可以看到的海平面气压高压和低压与涡旋有关。

　　特别在北半球,冬季有明显的海洋低压和大陆高压的趋势,而夏季则相反。海洋和大陆之间空气质量的季节性变化与地面温度的季节性变化有关。图3.3显示了1月和7月各纬度的地面温度偏离其纬向平均值的情况。我们可以说这些是涡旋地面温度的图。图中显示,在中纬度地区,特别是北半球冬季,大陆的地面空气温度通常比海洋上的冷,夏季则相反。特别是1月北半球大陆东部的温度更冷。这在部分程度上是因为气流通常是从西到东流动的,所以大陆东侧的空气一路穿过大陆,一路逐渐冷却。冬季北半球大陆东海岸的明显温度差异导致冬季风暴的频繁形成,通常被称为斜压涡旋。这些将在稍后讨论。

　　对图3.2和图3.3的比较表明,高海平面气压有与低地面温度相关的趋势,反之亦然。要理解这一点,请记住,冷空气比热空气的密度更大,因此,一个给定几何厚度的"一堆"冷空气将

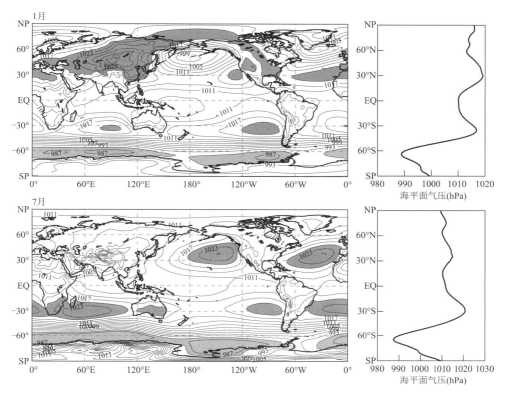

图 3.2 海平面气压图。等值线间隔为 3 hPa。大于 1020 hPa 的值用深阴影表示，低于 990 hPa 的值用浅阴影表示。右边显示了相对于经度的平均值

比一堆相同几何厚度的热空气包含更多的质量，因此重量更重。从数学上来说这可以通过结合理想气体定律与式(3.1)，得到

$$p_S = \int\limits_{z_S}^{\infty} \frac{pg}{RT} \mathrm{d}z \qquad (3.2)$$

式中，R 是干空气的气体常数，T 是温度。

图 3.2 显示，1 月和 7 月副热带都有出现高海平面气压的趋势。高压通常以"单体"的形式出现，例如，7 月在北大西洋和北太平洋，1 月在南美洲西海岸附近。在许多情况下，副热带高压存在于海洋的东部。在北半球，它们在北半球夏季特别强(Hoskins,1996)。冬季中纬度地区强高压也很明显，例如在西伯利亚和北美西部。这两个地区都有很多山。

在球坐标系中，以气压为垂直坐标，地转平衡表示为

$$0 = fv_g - \frac{1}{a\cos\varphi}\left(\frac{\partial\phi}{\partial\lambda}\right)_p \quad \text{和} \quad 0 = -fu_g - \frac{1}{a}\left(\frac{\partial\phi}{\partial\varphi}\right)_p \qquad (3.3)$$

式中，u_g 和 v_g 分别为地转风的纬向分量和经向分量，f 为科氏力参数，ϕ 为位势。适当的条件下，我们可以利用式(3.3)将气压梯度与风联系起来。例如全年，整个热带地区都有一个纬向的低压带。地转关系告诉我们，从副热带向赤道的海平面气压降低意味着地表附近的热带东风，尽管我们必须小心使用赤道附近的地转关系，在那里科氏力参数经过零。由于海平面气压一般从副热带到中纬度下降，地转关系使我们期待副热带高压向极地一侧的地表西风。两极

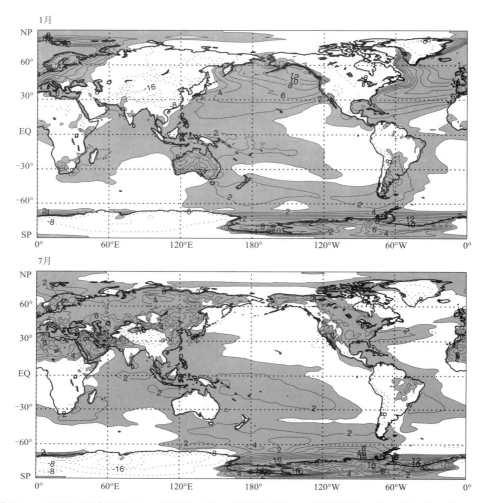

图 3.3　1月和7月各纬度2 m温度偏离纬向平均值情况。正值用阴影表示。等值线间隔为 2 K

上相对高压表明地面盛行东风,尽管南极洲的"海平面"气压大可不必相信,因为南极洲的地表远高于海平面。

在北半球冬季,出现了明显的低压单体,最明显的是在阿留申群岛和冰岛附近。在这些地区,风暴系统在个别的日子里经常被发现。海平面气压的最小值趋向于分布在 60°N 附近,特别是在 1 月明显,但一定程度上也在 7 月出现。全年在南极洲北部的南大洋上发现一个非常明显的低压带,尽管它在 7 月(冬季)比 1 月(夏季)更强。

一般来说,南半球的季节性变化要小于北半球的。此外,在北半球对纬向平均的偏离要比在南半球的强得多。

与中纬度地区相比,热带海平面气压分布一般非常均匀,无明显特征。Jule Charney (1963)根据热带地区动力学平衡之间的差异为此给出了一个简单的解释。Charney(图 3.4)是 20 世纪最著名的气象学之一。他的工作在这里第一次被讨论,他的名字将在这本书的其余部分中反复出现。Charney 对热带海平面气压均匀性的解释是基于这样一个事实:在中纬度地区,地球自转的影响比质点的加速度要重要得多,而在热带地区则恰恰相反。他开始对水平

图 3.4　Jule G. Charney(朱尔 G. 查尼)的许多成就包括对温带和热带运动的尺度分析,准地转理论的发展,斜压不稳定经典理论的发展(在他的加州大学洛杉矶分校博士学位论文中),开创性的数值天气预报工作,热带气旋中积云对流与大尺度运动的相互作用分析,切变流中行星波传播的理论发展,阻塞分析和沙漠化理论。此图经麻省理工学院博物馆授权许可后使用

运动方程进行尺度分析(附录 B),可以以简化的形式写为

$$\frac{\mathrm{D}\boldsymbol{V}_h}{\mathrm{D}t} + f\boldsymbol{k} \times \boldsymbol{V}_h = -\nabla_p \phi \tag{3.4}$$

式中,$\boldsymbol{V}_h$ 是水平风矢量,f 是科氏力参数,$\boldsymbol{k}$ 是一个指向上的单位矢量,ϕ 是位势。式(3.4)中显示的三项代表了整个大气中的大部分"作用"。其量级可估计如下：

$$\frac{\mathrm{D}\boldsymbol{V}_h}{\mathrm{D}t} \sim \frac{V^2}{L} \tag{3.5}$$

$$f\boldsymbol{k} \times \boldsymbol{V}_h \sim f_{\mathrm{midlat}}V \tag{3.6}$$

$$\nabla_p \phi \sim \frac{\delta\phi}{L} \tag{3.7}$$

式中,V 是"速度尺度",量级可能在 $10\ \mathrm{m \cdot s^{-1}}$ 左右,L 是长度尺度,量级可能在 $10^6\,\mathrm{m}$ 左右,$\delta\phi$ 是位势高度的典型扰动尺度。请注意,$\delta V \sim V$,但 $\delta\phi$ 通常远小于 ϕ。这些尺度的数值被选择来代表地球上的大尺度运动;如果我们想分析小尺度运动,我们会选择不同的数值。V 和 L 相同的数值可以用于热带和中纬度地区,因为大尺度项在两个地区使用的方式相同。

　　在中纬度地区,与旋转项相比,式(3.4)中的质点加速度 $\mathrm{D}\boldsymbol{V}_h/\mathrm{D}t$ 通常可以忽略不计。$\mathrm{D}\boldsymbol{V}_h/\mathrm{D}t$ 的典型值可以估计为 $|\mathrm{D}\boldsymbol{V}_h/\mathrm{D}t| \sim (V^2/L) = 10^2/10^6 = 10^{-4}\ \mathrm{m \cdot s^{-2}}$。中纬度科氏力参数的一个代表性值为 $f_{\mathrm{midlat}} \sim 10^{-4}\mathrm{s^{-1}}$,因此 $f_{\mathrm{midlat}}V \sim 10^{-3}\,\mathrm{m \cdot s^{-2}}$,大约比 $\mathrm{D}\boldsymbol{V}_h/\mathrm{D}t$ 大一个数量级。因此,在中纬度地区大致满足地转平衡;也就是说,

$$f_{\mathrm{midlat}}V \sim \frac{(\delta\phi)_{\mathrm{midlat}}}{L} \tag{3.8}$$

或者

$$(\delta\phi)_{midlat} \sim f_{midlat}VL \tag{3.9}$$

式中,为了明晰起见,我们对 $\delta\phi$ 添加了"midlat"下标。根据式(3.9)的数据,中纬度地区旋转可以与气压梯度平衡。

科氏力参数在赤道上等于0,因此,有理由预期接近赤道的地方地转平衡不成立(第8章进一步讨论这一点),质点加速度倾向于平衡气压梯度力,就像它们在大气中的小尺度上几乎处处成立一样,在许多工程环境下(例如,管道中的水流):

$$\frac{V^2}{L} \sim \frac{(\delta\phi)_{tropics}}{L} \tag{3.10}$$

或者

$$(\delta\phi)_{tropics} \sim V^2 \tag{3.11}$$

比较式(3.9)和式(3.11),我们可以看到

$$\frac{(\delta\phi)_{tropics}}{(\delta\phi)_{midlat}} \sim \frac{V}{f_{midlat}L} \equiv Ro_{midlat} \tag{3.12}$$

式中,Ro_{midlat} 是中纬度的罗斯贝数。通过代入前面给出的数值,我们发现 $Ro_{midlat} \approx 0.1$。因此,方程式(3.12)告诉我们,热带地区气压面上的位势高度扰动比中纬度地区要小得多。由此可见,热带地区高度面上的气压扰动比中纬度地区要小得多。真正的意思是,在热带地区的水平气压梯度力比在中纬度地区要小得多。这个结论适用于任何等压面层,所以它适用于所有等压面层。

在这一点上,我们可以引入静力方程来证明,热带地区的温度和地面气压的大尺度扰动也比中纬度地区要小得多。假设气压梯度力在某个特定的高度上很小。水平方向上温度的快速变化意味着其他高度的水平气压梯度很大。这意味着,如果所有层次上的水平气压梯度都很小,那么水平温度梯度也必然很小。图3.5说明了这种情况。

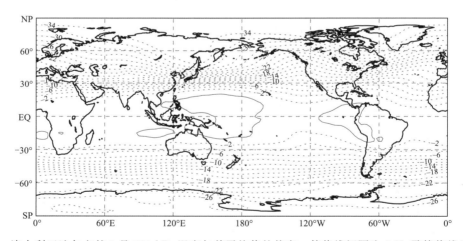

图 3.5 澳大利亚达尔文的 1 月 500 hPa 温度与其平均值的偏离。等值线间隔为 2 K,零等值线为实线,负等值线为虚线。请注意热带温度是惊人的均匀。正如 Charney(1963)所解释的那样,这是热带地区科氏力参数很小的结果

热带地区水平温度梯度很小现在被广泛用来证明所谓的"弱温度梯度近似"(Sobel et al.,2001)。然而,重要的是要记住,Charney 的主要结论是,热带地区的水平气压梯度很弱;水平温度梯度的很弱是第二个结论(Romps,2012)。

3.3　纬向风

图 3.6 分别显示了 1 月和 7 月平均纬向风的纬度高度分布。该图从地面延伸到平流层中层。我们绘制了风分量和其他变量随高度的变化,而不是随气压的变化,因为气压坐标在图的顶部倾向于将平流层"挤压"成一个薄区域,模糊了其结构。虽然平流层只占整个大气质量的一小部分,但其动力学影响向下延伸到对流层,因此,即使对于主要关注对流层全球大气环流的读者,平流层也应该适当关注。

在 1 月和 7 月,整个热带对流层中均为东风。它们在 7 月更强一些,7 月集中在北半球,1月集中在南半球。冬半球的近地面东风更强。

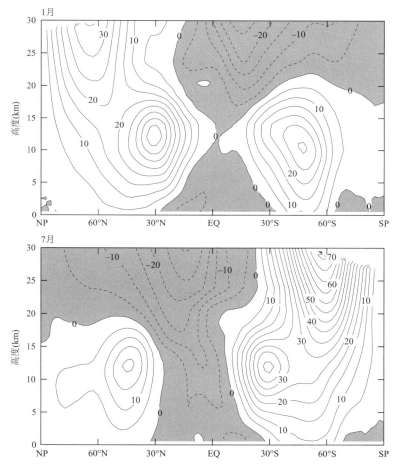

图 3.6　纬向风的纬度高度剖面。等高线间隔为 5 m·s^{-1}。东风用阴影表示

西风急流(急流)在对流层上部非常突出,特别是在冬半球。这些被称为副热带急流,它们在冬季纬度约 30° 的位置达到最大值。在冬季副热带急流的正下方,地面纬向风非常弱。然而,急流向极地延伸,在距离赤道 50° 或 60° 的对流层有第二个最大值,那里的纬向平均地面风都是西风。副热带急流在夏季较弱,并转移到纬度 45° 左右。发现副热带急流的最大值始终

在 200 hPa 高度附近。

在冬季的平流层也会出现明显的西风急流。在 7 月的南半球,西风在 150 hPa 附近有一个明显的最小值,大约为 40°S。这个最小值的上方和向极地方向是一个非常强大的平流层西风急流,称为极夜急流。在北半球的冬季,也发生了一种类似但较弱的极夜急流。平流层急流与对流层急流被西风的(弱)最小值分开。

东风占据了整个夏半球的平流层。正如后面所讨论的,夏季平流层是受辐射控制的,而冬季平流层受到动力学的明显影响,包括从对流层向上的波动传播。

在两极附近的纬向平均地面风相当弱。

假设纬向地面风几乎是地转的。然后,在没有山脉的情况下(例如,在海洋上),地面气压在 u 为 0 所在纬度必须具有经向最大值,即该纬度上地面东风遇到地面西风。图 3.2 和图 3.6 的比较表明,事实上,副热带地面气压最大值发生在大约相同的纬度地区,地面风的纬向分量穿过零值区。

图 3.7 分别显示了 1 月和 7 月 850 hPa 纬向风图。再次请记住,许多强的小尺度(约 1000 km)特征将出现在每日地图中,但这里被时间平均平滑掉了。月平均图显示了非常明显的东

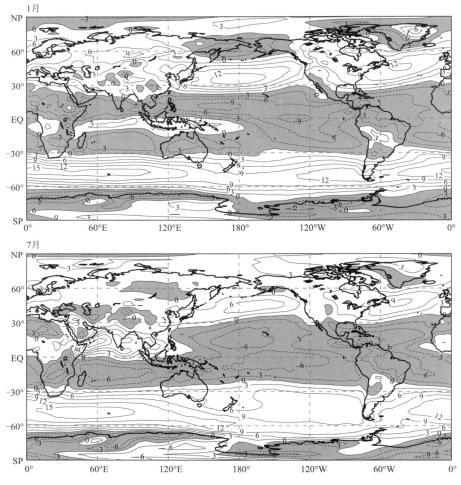

图 3.7　1 月和 7 月的 850 hPa 纬向风图。等值线间隔为 3 m・s^{-1}。东风用阴影表示

风和西风的交替带,定性上这让人想起木星(图 3.8),尽管木星有更多的带状特征;一般来说,地球大气层的特征在热带是东风,在中纬度西风,在两极附近又是东风。与海平面气压图中的强单体相关的特征也很明显,例如,1 月太平洋北端的东风,与阿留申低压有关。同样,纬向风北半球随经度的变化比南半球明显得多。然而,一般来说,在地图中看到的特征具有非常明显的纬向特征,具有较强的南北梯度和相对较弱的东西梯度。注意每个半球冬季中纬度西风的纬向平均流和涡旋都增强了。在冬季,北半球的西风在海洋上特别强。

图 3.8 2000 年 12 月 7 日从卡西尼号探测器中拍摄的木星图像。注意南半球的纬向带和大红斑(见网站原图。译者注)。左下角的小黑点是木星的卫星木卫二的阴影。图片来自网站
http://www.nasa.gov/images/content/414971main_pia02873.jpg

7 月阿拉伯海的强西风最大值与印度季风有关;这在第 8 章讨论。1 月澳大利亚北部(但赤道以南)西风预示着澳大利亚季风。在这两个地区,纬向风的风向都会发生季节性的逆转。

图 3.9 显示了 200 hPa 的相应图。高空的风通常比地面附近的风要强;纬向平均流和涡旋都是如此。注意在北美东海岸,特别是亚洲,有非常明显的 1 月西风急流最大值。在日界线附近,大约 30°S 也有一个最大的西风急流。在北部的冬天,有一对东风西风组成的"偶极子",横跨赤道靠近美洲,也靠近澳大利亚的经度。在一些经度处,西风带在 1 月延伸到赤道。7月,所有经度都有赤道东风,南半球中纬度西风增强,北半球中纬度西风减弱。在北半球的热带地区可以看到两个西风区的楔入:一个在日界线以东,另一个在大西洋上空。如后所述,这些平均西风带地区允许波动从中纬度向热带传播。

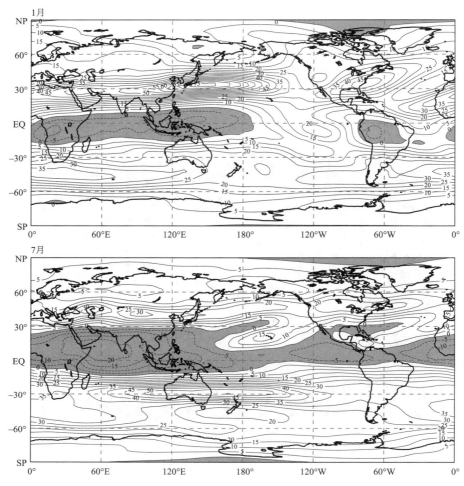

图 3.9 1月和7月的 200 hPa 纬向风图。等值线间隔为 5 m·s^{-1}。东风用阴影表示

3.4 经向风

图 3.10 显示了 1 月和 7 月纬向平均经向风的纬度高度分布。纬向平均的绝对值约为 2 m·s^{-1}；最大的值出现在热带地区。在冬半球的热带地区，在这两个月里，都有一个明显的偶极子结构，高空向极地流动，地表附近向赤道流动。显然，在赤道附近低层有辐合，高层有辐散。靠近地表的辐合区从 1 月的南半球转移到 7 月的北半球。这些特征与哈得来环流有关，这将在本章后面和第 5 章中再次讨论。中纬度地表附近也发现有向极地气流，以上的向赤道气流较弱。在 60°S 和 60°N 附近也有弱低层辐合。

与大多数其他要素场一样，南半球中纬度地区的经向风季节变化相对于北半球的较弱。

在所有纬度地区，时间和纬向平均经向风的质量加权垂直平均值一定非常接近于零，可以从地面气压倾向方程理解，

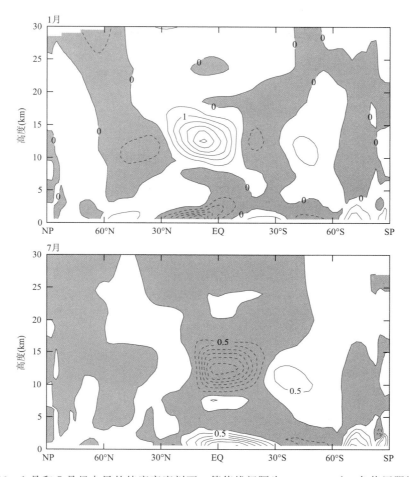

图 3.10　1 月和 7 月经向风的纬度高度剖面。等值线间隔为 $0.5 \mathrm{~m} \cdot \mathrm{s}^{-1}$。负值用阴影表示

$$\frac{\partial p_S}{\partial t} + \nabla \cdot \left(\int_0^{p_S} \boldsymbol{V}_h \mathrm{d}p \right) = 0 \tag{3.13}$$

推导参见第 4 章。在式(3.13)中，$\boldsymbol{V}_h$ 是水平风矢量。式(3.13)的物理意义是，地面气压由于地面上方气柱中质量的辐合或辐散，导致地面气压随时间而变化。沿纬度圈平均式(3.13)得出

$$\frac{\partial \overline{p_S}^{\lambda}}{\partial t} = - \frac{1}{a\cos\varphi} \frac{\partial}{\partial \varphi} \left(\overline{\int_0^{p_S} v \mathrm{d}p}^{\lambda} \cos\varphi \right) \tag{3.14}$$

在足够长的时间内平均，$\partial \overline{p_S}^{\lambda}/\partial t$ 在每个纬度上都可以忽略，因为 $\overline{p_S}^{\lambda}$ 被限制在相当窄的范围内，因此，式(3.14)简化为

$$\frac{\partial}{\partial \varphi} \left(\overline{\int_0^{p_S} v \mathrm{d}p}^{\lambda} \cos\varphi \right) = 0 \tag{3.15}$$

方程式(3.15)意味着 $\left(\cos\varphi\right)\overline{\int_0^{p_S} v\,\mathrm{d}p}^{\lambda,t}$ 与纬度无关。由于在两极点 $\cos\varphi=0$,我们得出结论

$$在所有纬度上\quad \overline{\int_0^{p_S} v\,\mathrm{d}p}^{\lambda,t}=0 \tag{3.16}$$

对式(3.16)的物理解释非常简单。例如,假设 $\overline{\int_0^{p_S} v\,\mathrm{d}p}^{\lambda}$ 在赤道是正的,因此,空气系统地从南半球流入北半球。这种情况可能发生在给定的瞬间,但如果随着时间的推移继续下去,南半球的地面气压最终将下降到零,而北半球的地面气压将增加到大约其正常观测到平均值的两倍。气压梯度力当然会避免这种情况发生。第5章讨论了式(3.16)对角动量输送的含义。

从式(3.3)可以看出,地转风的纬向平均经向分量完全为零:

$$\overline{v_g}^{\lambda}=0 \tag{3.17}$$

式(3.17)中,沿等压面取纬向平均,当等压面与地球表面相交时,式(3.17)可能不成立。方程式(3.17)表示所有的纬向平均经向环流都是完全非地转的。这意味着重要的大尺度环流并不一定接近地转平衡。然而,我们注意到,图3.10中最强的特征是在热带地区,那里的地转关系估计将不再成立。

方程式(3.14)表明,经向风的质量加权垂直积分(即垂直积分的经向质量通量)可以导致大气质量的经向分布随时间发生较小的系统性变化。图3.11显示了由质量分布的季节变化推断的垂直和纬向平均经向速度随季节的变化。上图显示了随纬度的变化,下图显示了赤道的季节循环。这些值量级在 $1\ \mathrm{mm\cdot s^{-1}}$ 左右,太小了,无法直接从观测的风确定。

除了与大气水汽的季节性循环相关的微小变化外,全球平均地面气压随时间几乎保持不变。Trenberth 等(1987)讨论了与干空气和水汽相关的半球平均和全球平均地面气压的季节变化观测结果。如图3.12所示。这些扰动的量级在大气总质量的 0.1% 左右。本章后面将讨论观测到的水汽分布。

图3.13显示了1月和7月850 hPa经向风图。图3.14显示了200 hPa的经向风图。与纬向风不同,时间平均经向风没有显示东西的带状结构;东西梯度至少与南北梯度一样强。在北半球,南风和北风往往交替出现,具有类似于纬向波数3或4的结构,即围绕一个纬圈有3或4个最大值和最小值。南半球的时间平均经向流一般比北半球的要弱。在200 hPa时的经向流强度比850 hPa时强。特别是在北半球,冬季的特征强于夏季。

如图3.10所示,冬半球热带地区的纬向平均经向流一般朝向低层的夏季极点,并朝向高空的冬季极点。然而,这在图3.13或图3.14中并不是很明显。图3.13显示了7月赤道以北850 hPa的强南风气流,这与印度夏季季风有关。1月 $120°E$ 附近的北风气流与冬季季风有关,但相对不明显。

在世界许多地方,平均经向风会发生季节性逆转。例如,阿拉伯海、北太平洋的大部分地区和北美的南部大平原。

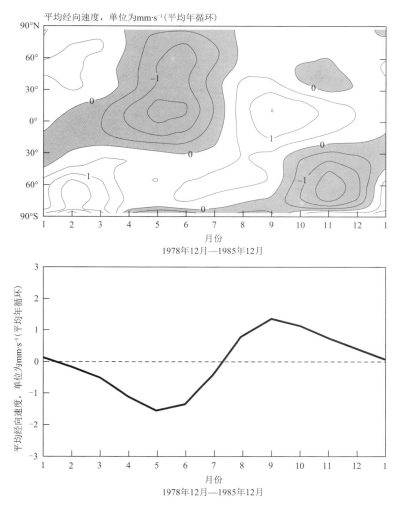

图 3.11　质量加权的垂直平均经向速度季节变化。上图显示了随纬度的变化,下图显示了赤道的
气候季节循环。引自 Trenberth 等(1987)。© 1988 by the American Geophysical Union 授权使用

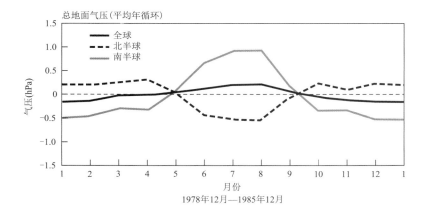

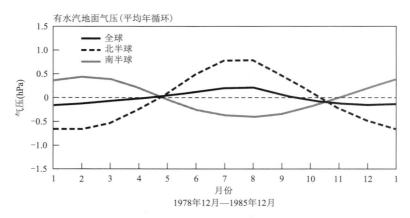

图 3.12　与干空气和水汽相关的半球平均和全球平均地面气压随季节的变化。
引自 Trenberth 等(1987)。© 1988 by the American Geophysical Union 授权使用

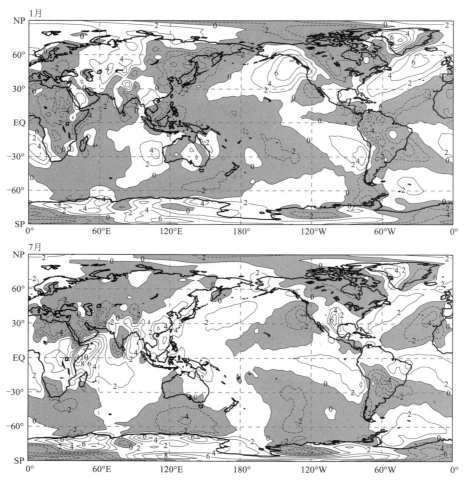

图 3.13　1 月和 7 月的 850 hPa 经向风图。等值线间隔为 2 m・s^{-1}。北风用阴影表示

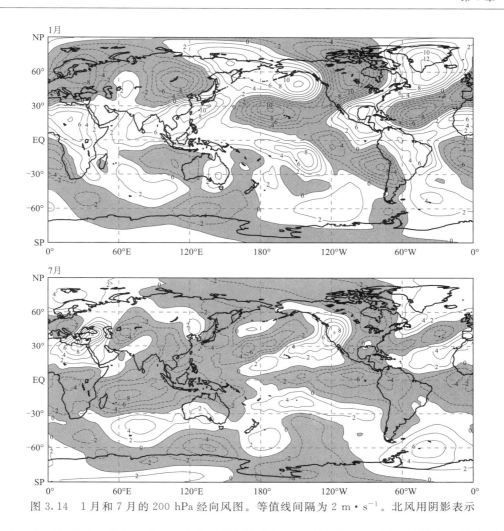

图 3.14 1 月和 7 月的 200 hPa 经向风图。等值线间隔为 2 m·s^{-1}。北风用阴影表示

图 3.15 显示了 1 月和 7 月 850 hPa 的流线,图 3.16 显示了 200 hPa 的流线。流线表示方向,而不是大小。在 850 hPa 的风场中,海平面气压的副热带高压和中纬度低压等特征很明显。

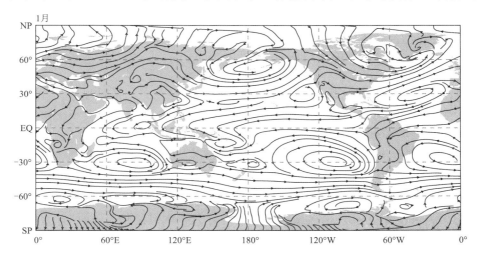

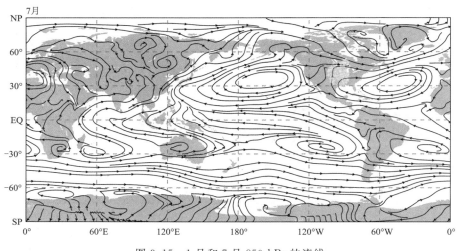

图 3.15　1 月和 7 月 850 hPa 的流线

7月,850 hPa 图上均在太平洋和印度洋出现了强的越赤道气流。200 hPa 的流线在中纬度冬季呈波形,还出现了热带现象,包括 7 月在印度次大陆上空出现了季风诱导的强反气旋。

3.5　垂直速度和平均经向环流

平均经向环流(mean meridional circulation,MMC)是指纬度高度平面内质量环流。它可以从气压坐标系中的连续方程开始进行分析,即

$$\nabla_p \cdot \boldsymbol{V}_h + \frac{\partial \omega}{\partial p} = 0 \qquad (3.18)$$

式中,ω 为在气压坐标系中的垂直速度,即一个空气质点运动过程中气压随时间的变化率。取式(3.18)的纬向平均值,并利用第 2 章中讨论的球坐标系中散度算子形式,我们发现

$$\frac{1}{a\cos\varphi} \frac{\partial}{\partial \varphi}(\overline{v}^\lambda \cos\varphi) + \frac{\partial \overline{\omega}^\lambda}{\partial p} = 0 \qquad (3.19)$$

用流函数 ψ 来讨论平均经向环流是很有用的。ψ 可以方便地在一张图中一起描述纬向平均垂直速度和纬向平均经向速度。ψ 的定义体现在这两个方程式中

$$\overline{v}^\lambda 2\pi a\cos\varphi \equiv g\frac{\partial \psi}{\partial p} \qquad (3.20)$$

$$\overline{\omega}^\lambda 2\pi a^2\cos\varphi \equiv -g\frac{\partial \psi}{\partial \varphi} \qquad (3.21)$$

建立这一定义的动机是,对于任何给定的 ψ 分布,纬向平均连续方程式(3.19)都能自动满足;这很容易通过替换来验证。因为 ψ 是根据其导数来定义的,所以它只能在任意常数内确定。换句话说,一个任意的常数可以添加到 ψ 中而不改变 $\overline{v}^\lambda$ 或 $\overline{\omega}^\lambda$。请注意,$\psi$ 与经度无关,因为它是用经向平均值来定义的。

一个小的技术困难是,用于定义 ψ 的纬向平均值不能在与地面相交的气压面进行。我们将忽略这个问题。它可以绕过,例如使用跟随地形的垂直坐标系,但细节过于技术性,不在这

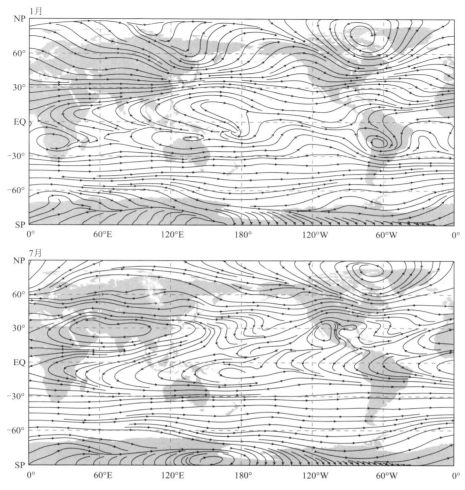

图 3.16　1 月和 7 月的 200 hPa 风的流线

里考虑。

利用式(3.20)和式(3.21),我们可以由 $\vec{v}$ 或 $\overline{\omega^\lambda}$ 计算得到 ψ,但对 $\vec{v}$ 的观测结果通常被认为更可靠,所以 $\vec{v}$ 更可取。要进行垂直积分,我们需要一个边界条件。在 $p=0$,我们有 $\omega=0$;这意味着大气与太空之间并无质量交换。由此可见

$$\frac{\partial \psi}{\partial \varphi}=0 \quad 在 \ p=0 \tag{3.22}$$

也就是说,大气的顶部是一条等流函数线。同样,很容易看到等 ψ 线不能与地球表面相交;否则,这就意味着气流穿透地球表面。因此,

$$\frac{\partial \psi}{\partial \varphi}=0 \quad 在 \ p=p_s \tag{3.23}$$

事实上,由于时间平均垂直积分经向风的纬向均值约为零,因此 ψ 在 $p=0$ 和 $p=p_s$ 处必须取相同的与纬度无关的值。通常选择这个值为零;也就是说,我们使用上边界条件

$$在大气的顶部 \ \psi=0 \tag{3.24}$$

这个选择决定了前面提到的任意常数。

从式(3.20)和式(3.21)注意到

$$\phi \sim \left(\frac{\delta p}{g}\right)\frac{L}{t}L \sim \frac{M}{L^2}\frac{L^2}{t} = \frac{M}{t} \tag{3.25}$$

也就是说，ϕ 具有单位时间的质量量纲，通常以 $10^{12}\,\mathrm{g\cdot s^{-1}}$ 为单位表示，与 $10^9\,\mathrm{kg\cdot s^{-1}}$ 相同。在海洋学文献中，这个单位有时被称为斯维尔德鲁普(缩写为 Sv)。

图 3.17 显示了 1 月和 7 月平均经向环流的流函数纬度高度分布。观测到的经向风通过式(3.20)的垂直积分和式(3.24)的合并来绘制这些图。图中显示，深度上升运动发生在夏半球的热带地区，两边都有下沉运动。最强的热带上升运动接近 300 hPa，但请注意，微弱的上升运动继续进入热带平流层。最强的下沉是在冬半球的副热带地区，同样接近 300 hPa。上升运动发生在中纬度地区，在冬季最强。最大值往往在 500 hPa 附近。两极附近发现有下沉运动，主要在对流层低层。

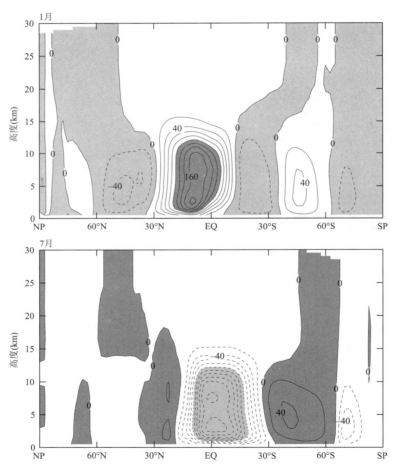

图 3.17　平均经向环流的流函数。正值表示逆时针环流，负值表示顺时针环流。单位为 $10^{12}\,\mathrm{g\cdot s^{-1}}$

热带地区的主要胞状结构被称为哈得来环流圈。它是全球环流中非常重要的组成部分。在每个冬至日和夏至日都有一个"大的"哈得来环流圈，它的上升支位于夏半球热带，主体延伸到冬季半球副热带。其峰值幅度约为 160×10^{12} g·s^{-1}。在夏半球还有一个较弱的哈得来环流圈。这两个哈得来环流圈都是直接环流,这意味着它们上升支比它们下沉支更暖。如后所述,直接环流将位能转化为动能。

这本书的封面显示了 8 月非洲上空哈得来环流圈的一部分,当时大哈得来环流圈在赤道以北有上升支,它的下沉支在南半球副热带。环流圈上升支的标志是非洲明亮的雷暴,延伸到大西洋,在赤道稍北。下沉支与南部非洲的晴空和南大西洋的浅层积云有关。

由于两个半球哈得来环流圈的季节性增长和衰减,赤道的纬向平均经向风呈季节性逆转。在冬至日和夏至日附近,它的方向在低层是从冬半球到夏半球,在对流层上层是从夏半球到冬半球。Bowman 和 Cohen(1997)讨论了与季节性变化的哈得来环流相关的半球间输送。

中纬度地区也有间接环流,在两个季节南半球最为明显。这些被称为费雷尔环流圈。费雷尔环流圈的下沉支与哈得来环流圈的下沉支相邻;两者都处于副热带地区,距离赤道北部和南部纬度 30° 附近。在这些纬度带中,下沉的空气水平地向极地辐散,也向赤道辐散。向极地分支流入到费雷尔环流圈上升支,而向赤道分支是流入到哈得来环流圈上升支。回想一下,纬向平均海平面气压在副热带地区最大;我们可以认为辐散的副热带经向流是由经向气压梯度力推动的,从海平面气压最大值向两侧较低的气压推进。稍后将进一步讨论对费雷尔环流圈的物理解释。

最后,极地区域存在弱直接环流。

平流层有一个重要但非常缓慢的经向环流,称为布鲁尔-多布森环流(Butchart,2014)。它太弱,无法在图 3.7 中显示,但它在热带地区会向上携带空气质量穿过对流层顶,然后朝向冬季极地输送。布鲁尔-多布森环流对臭氧和角动量的平流层输送起着重要作用,并在第 9 章中进一步讨论。

研究平均经向环流的季节变化很有趣,如图 3.18 所示。春分点和秋分点后一个月,可以看到半球之间的粗略对称。在冬至点和夏至点附近,哈得来环流圈在冬季这一边发展很好,而在夏季这一边发展最差。Lindzen 和 Hou(1988)、Hack 等(1989)以及 Dima 和 Wallace(2003)已经对这种特征进行了解释。靠近冬至日和夏至日赤道夏季这一边的上升运动与夏季季风有关(Newell et al.,1974;Schulman,1973;Dima 和 Wallace,2003),这在第 8 章中讨论。

纬向平均垂直运动与纬向平均经向运动之间的对应关系相当明显。经向流可以解释为从垂直气流的流出或流入。图 3.19 显示了 1 月和 7 月 500 hPa 的垂直速度图。单位为 10^{-4} Pa·s^{-1}。最大值和最小值的绝对值约为 10^{-1} Pa·s^{-1},约为每天 100 hPa。图 3.17 显示,上升、下沉运动沿纬圈呈带状规则排列。这些带状在图 3.19 中很明显,特别是在 7 月的数据中。热带地区有一些上升运动的趋势;副热带地区有下沉运动,特别是在冬半球;中纬度地区的上升运动;以及两极上方的下沉运动。下沉运动往往与地面气压最大值相对应,而上升运动往往对应于地面气压最小值。例如,副热带高压显然与对流层中部的大尺度下沉运动有关。青藏高原地区大尺度垂直运动的季节变化非常壮观。上升运动发生在夏季,而下沉运动发生在冬季。这些变化与印度季风有关,如第 8 章所述。山脉上游有一些上升运动,下游有一些下沉运动的例子;例如,冬天的落基山脉和喜马拉雅山。然而,很难看到与世界上其他主要山脉相关的地形上强迫垂直运动的清晰形势。它们确实存在,但需要更精细的分析来确认。

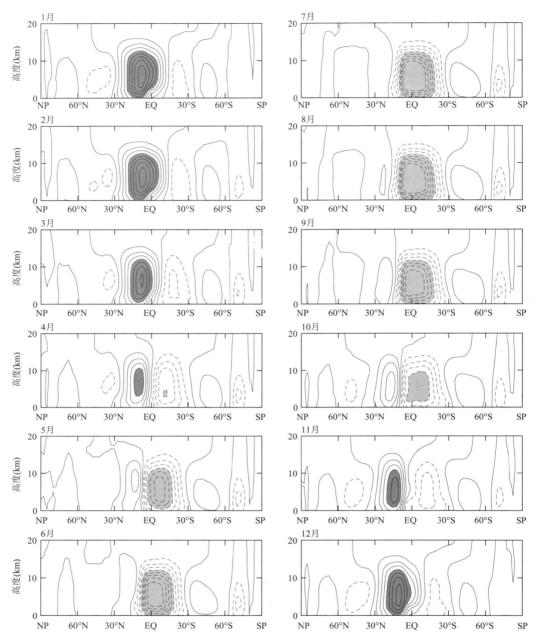

图 3.18　平均经向环流的季节变化。等值线间隔为 $25 \times 10^{12} \, \mathrm{g \cdot s^{-1}}$。大于 $100 \times 10^{12} \, \mathrm{g \cdot s^{-1}}$ 和小于 $-100 \times 10^{12} \, \mathrm{g \cdot s^{-1}}$ 的值用阴影表示。在 Dima 和 Wallace(2003)中也出现了类似的图

　　注意 1 月非洲南部和南美洲热带地区上空的上升运动,我们稍后会看到,在同一地区 1 月 850 hPa 有水汽最大值。大的水汽混合比往往发生在上升运动区域,而小的水汽混合比往往发生在下沉运动区域。特别是沙漠,如撒哈拉沙漠,是对流层下沉运动的区域。

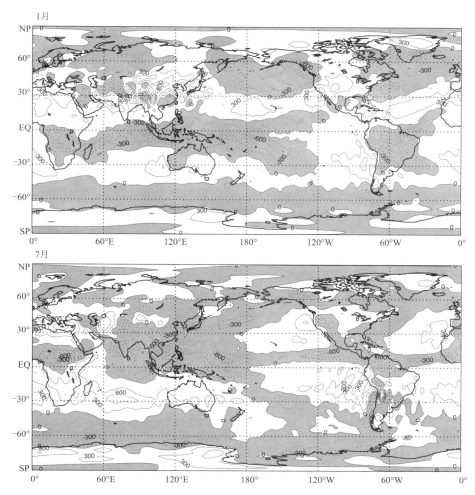

图 3.19 500 hPa 等压面上的垂直"气压速度"ω图(以 hPa·s^{-1} 为单位)。负值(对应于上升运动)用阴影表示

3.6 温度

图 3.20 显示了 1 月和 7 月纬向平均温度的纬度高度分布。在低层,最暖的空气位于赤道附近,但接近 100 hPa,最冷的空气出现在赤道上空。事实上,大气中的一些最低温度出现在热带对流层顶附近。事实上对流层顶在热带地区最高,在两极附近最低。在副热带,对流层顶高度几乎随纬度不连续变化,特别是在冬半球。在平流层,冬季极地以上的温度极其寒冷,特别是在南半球。由于臭氧吸收了太阳辐射,夏季极地要热得多。

有人认为,对于大范围的大气而言,对流层顶必须出现在 100 hPa 层附近,因为在较高的气压层,大气对热红外辐射相对不透明,而在较低的气压下则相对透明(Robinson 和 Catling,2013)。

冬半球的中纬度低层温度梯度相当强。在 200 hPa 以上,夏季极地比冬季极地暖得多;事实上,100 hPa 附近从赤道到夏季极地的纬向平均温度单调升高,这表明在夏季平流层有东风,确实也被观测所证实。在冬半球,最暖的 100 hPa 温度发生在中纬度地区。中纬度地区和

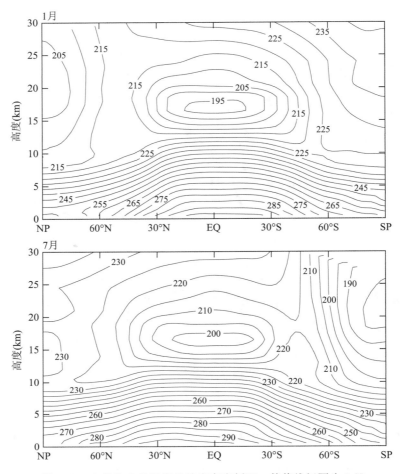

图 3.20　1 月和 7 月温度的纬度高度剖面。等值线间隔为 5 K

两极地区之间温度的明显下降与前面提到的极夜急流相一致。

　　一般来说，递减率 $-\partial T/\partial z$ 在热带地区最大，在两极附近更小（或者甚至是负值）。1 月，北极上空出现了温度"逆温"（即温度随高度的升高而上升）现象。

　　热成风方程将地转风的垂直切变与水平温度梯度联系起来，即，

$$\frac{\partial u_g}{\partial p} = \frac{R}{fpa}\left(\frac{\partial T}{\partial \varphi}\right)_p \text{ 和 } \frac{\partial v_g}{\partial p} = -\frac{R}{fpa\cos\varphi}\left(\frac{\partial T}{\partial \lambda}\right)_p \tag{3.26}$$

经向温度梯度与纬向风垂直切变之间较好地满足热成风平衡，可以通过图 3.6 和图 3.20 的比较得到定性证实。

　　图 3.21 显示了 1 月和 7 月的 850 hPa 温度图，图 3.22 显示了 200 hPa 的相应温度图。在北半球 850 hPa 上预计从冬到夏明显变暖，但在南半球，在陆地上，无明显变暖。7 月南极高地形上空的月平均气温约为 -50 ℃，而 1 月北冰洋上空的月平均气温并不低于 -35 ℃。热带地区的季节变化很小，温度分布非常均匀。

　　自然，850 hPa 温度梯度主要从两极指向热带，但在北半球 1 月可以明显看到波状分布。在一些地区，平均气温实际上在 850 hPa 向极地升高，例如，7 月从北非向东到印度，1 月到澳

大利亚北部。从热成风的考虑来看,我们可能预计这些地区高层是东风。图 3.9 证实了这一预期。在冬季,北半球大陆的东侧有比西侧更冷的趋势,这导致了在东海岸有特别强的经向温度梯度。我们知道,如此强的温度梯度有利于西风带的快速上升;此外,这种高度斜压性区域是气旋发生的首选中心。

200 hPa 最强的温度梯度出现在高纬度地区,特别是在冬季。200 hPa 的波状涡旋形势比 850 hPa 时要强得多。特别值得注意的是,1 月北太平洋、1 月北美东部和 7 月南亚的最大值。值得注意的是,在这些地区,200 hPa 的温度从热带向中纬度增加,这意味着西风带在这个高度以上有减弱的趋势。

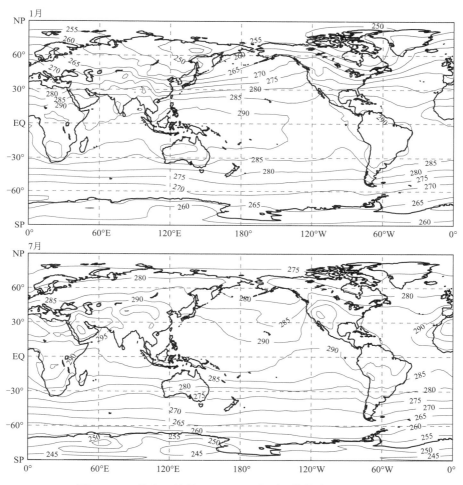

图 3.21 1 月和 7 月的 850 hPa 温度图。等值线间隔为 5 K

回想一下,位温的定义为

$$\theta \equiv T \left(\frac{p_0}{p} \right)^{\kappa} \qquad (3.27)$$

式中,p_0 为定常参考气压,通常选择为 1000 hPa,$\kappa \equiv R/c_p$,其中 R 为气体常数,c_p 为定常气压下空气的比热。正如将在第 4 章中讨论的,关于位温的重要事实是,它在干绝热过程下是守恒的,(除了少数例外)整个大气中它随着高度而增加,如图 3.23 所示。在对流层中,位温面从极地地区到热带地区是向下倾斜,而在平流层中,它们则恰恰相反。平流层很容易识别,因为位温随高度急剧升高,表明静力稳定性很强。相反,热带对流层上层的静力稳定性特别弱。

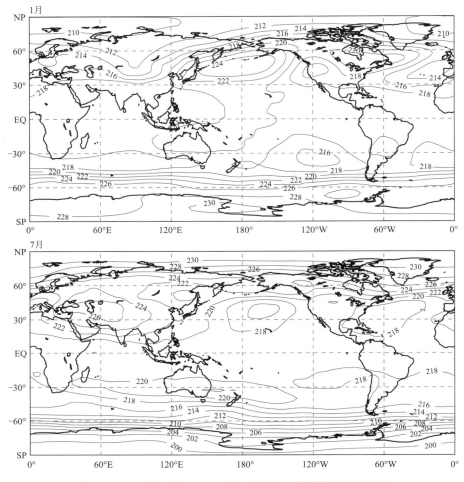

图 3.22　1 月和 7 月的 200 hPa 温度图。等值线间隔为 2 K

　　Hoskins(1991)区分了以下三种情况,如图 3.23 所示:有一个"上世界",根据定义,位温面到处都在对流层顶上方。从数据中我们看到,这种空气的位温约为 390 K 或更高;也就是说,热带对流层顶与位温为 390 K 的表面大致重合。"中世界"被定义为具有穿过对流层顶的位温面,这意味着中世界中沿着等熵面移动的空气可以在对流层和平流层之间流动。中世界位于热带地区以外的中纬度地区。最后,"下世界"有与地球表面相交的位温面,因此,在下世界中等熵移动的空气可以"取样"地球表面的特性,并将它们与大气交换。大部分的下世界都分布在高纬度的对流层。从图 3.23 来看,下世界最大的位温似乎在 300 K 左右,尽管实际上更大的位温值确实局地发生在地球表面附近,例如,在撒哈拉沙漠的一个夏季下午。

　　如你所知,位温可以作为垂直坐标,这种方法在理论分析、数值建模和观测解释方面有许多优势(Hoskins et al.,1985)。在这本书中,我们将经常使用位温作为垂直坐标。第 4 章将介绍相关的方程式。

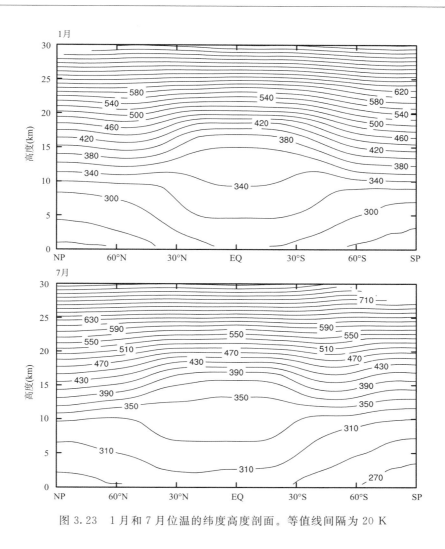

图 3.23　1 月和 7 月位温的纬度高度剖面。等值线间隔为 20 K

3.7　湿度

　　全球平均蒸发和降水率必须在平均时间内保持平衡,目前尚不准确,但略小于 3 kg·m⁻²·d⁻¹。由此可见,一个水分子从表面蒸发进入大气到通过降水离开大气的平均停留时间约为 8 天。

　　水汽混合比是水汽密度除以干空气密度。图 3.24 显示了 1 月和 7 月的纬向平均水汽混合比的纬度高度分布。然而,看待该图应该谨慎,因为这里提供的数据是通过数值天气预报中心的分析/预测系统提供的,这很容易歪曲水汽的分布。图中显示了赤道附近最湿润的空气和冬季极地附近最干燥的空气。北半球的水汽混合比季节变化相当剧烈。所有纬度地区的混合比随高度的下降都非常快。在热带地区,靠近地表的最大纬向和时间平均值接近 18 g·kg⁻¹,这意味着大约 2% 的空气是水汽。即使是对流层上层和平流层的微量水汽在辐射中也非常重要。

　　由于水汽混合比在地表附近最大,低层质量辐合区域,如纬向平均经向风的明显区域,也往往对应于垂直积分的水汽辐合区域。虽然在上层的质量辐散和在较低层的质量辐合相同,但在高空辐散的空气是干燥的,而在地表附近辐合的空气是潮湿的。在这些区域有水汽的净辐合。在沙漠地区的情况是相反的,在那里对流层上层的干空气辐合并下沉。

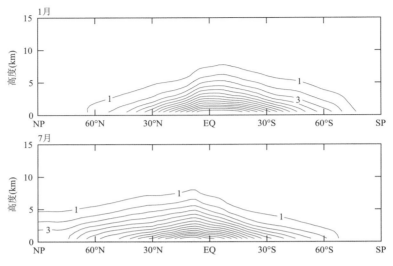

图 3.24　水汽混合比的纬度高度剖面。等值线间隔为 $1 \text{ g} \cdot \text{kg}^{-1}$

图 3.25 显示了 1 月和 7 月 850 hPa 水汽混合比图。正如预期的那样,最大值发生在热带地区和夏半球。在热带地区有一个非常明显的最大值区绕地球一周,主要位于赤道以北。经向水汽梯度通常非常大,而且也有很强的东西向变化。例如,1 月,南非和亚马孙盆地就有强的最大值。最小值分布在副热带高压中。中纬度大陆有非常剧烈的季节变化,夏季的水汽混合比变化更大。撒哈拉和北美西部等主要沙漠地区显然与水汽最小值有关。

相对湿度可定义为实际水汽压与饱和水汽压的比值,后者仅是温度的增函数,并在第 2 章中进行了介绍。在当地,相对湿度为 1 或以上,对应于水汽的"饱和",通常表示云的存在。纬向平均相对湿度如图 3.26 所示。热带多雨地区的对流层非常潮湿;在中纬度地区相对湿度也比较大,特别是在冬季,那里会频繁出现强低压系统。

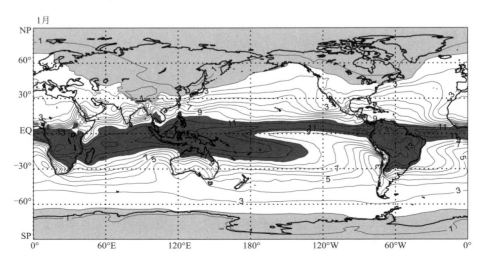

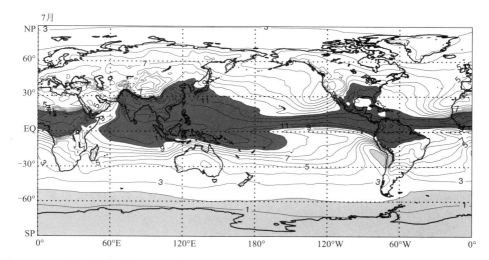

图 3.25　850 hPa 水汽混合比图。等值线间隔为 1 g·kg^{-1}。大于 10 g·kg^{-1}的值用深阴影表示

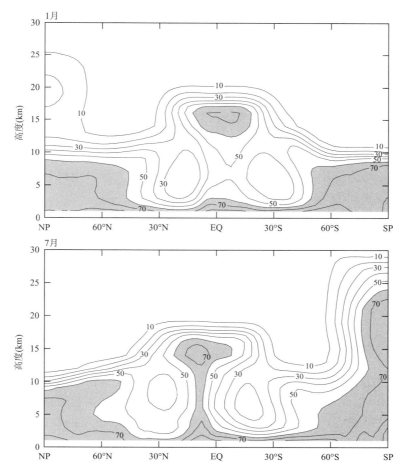

图 3.26　通过欧洲中期天气预报中心分析,观测到的纬向平均相对湿度的
纬度高度分布(％)。大于 60％的值用阴影表示

3.8 若干问题

本章旨在让人们熟悉全球大气环流的基本观测特征,但没有试图解释为什么大气环流会出现这样的特征。所呈现的观测提出了许多问题,例如:

(1)是什么决定了地面温度从极地到赤道的梯度大小?

(2)为什么南半球的季节变化通常比北半球更弱?

(3)是什么决定了观测到的温度递减率?为什么从热带到中纬度再到两极的递减率会发生变化?

(4)是什么决定了急流的强度和所在的纬度?为什么冬季急流的最大值发生在特定的经度?

(5)为什么副热带高压通常出现在海洋盆地的东侧?

(6)为什么热带辐合带主要分布在赤道以北?

(7)什么可以解释观测到的大尺度上升和下沉运动的分布?

(8)为什么南极洲周围会有如此强的低压带?是什么决定了阿留申低压和冰岛低压的位置和强度?

(9)是什么决定了水汽的垂直分布?

(10)为什么上层环流是"波状的"?为什么低层环流会"参差不齐"?

(11)是什么决定了对流层顶的高度是纬度的函数?为什么热带对流层顶这么冷?为什么对流层顶的高度在副热带急流附近有不连续?

(12)哪些机制产生了观测到的逐月平均场经度变化?

(13)什么可以解释在季风中观测到的大尺度风场形势?

(14)在特定年份的 1 月和 7 月与这里显示的"平均"1 月和 7 月情况有何差异?是什么导致了这种情况的逐年变化?

(15)这里显示的月平均图附带的逐日天气扰动地理分型是什么?这些扰动如何影响时间平均值?

(16)为什么全球大气环流看起来"光滑"而不是"嘈杂的"?

这些问题和许多其他的问题将在这本书的后续章节中进行讨论。为了解决这些问题,我们将需要第 4 章中提出的想法进行处理。

习题

1. 估计大气中的总水汽含量,单位为千克。解释一下你是如何得出答案的。

2. 以焦耳为单位,对大气的总动能进行一个粗略的估计。如果被地球吸收的所有太阳辐射都被用来提供这些动能,那么还需要多久才能积累到观测值呢?注:实际上,在大气中产生动能的速率远低于地球吸收太阳辐射的速率。

3. 从气压坐标系中的连续方程出发,

$$\nabla_p \cdot \boldsymbol{V} + \frac{\partial \omega}{\partial p} = 0$$

推导出地面气压倾向方程，

$$\frac{\partial p_S}{\partial t} + \nabla \cdot \left(\int_0^{p_S} \boldsymbol{V}_h \, \mathrm{d}p \right) = 0$$

第4章　守恒原理和重要近似

4.1　引言

本章将快速回顾后续使用的概念。涵盖的主题包括各种形式的动量、水汽、能量和位涡守恒原理。简要介绍包括准静力近似和准地转近似的一些重要近似。

4.2　干空气质量守恒

设 V 表示三维风矢量。矢量 ρV 是穿越单位面积的质量通量。考虑一个空间固定的"控制体积"CV，流体可以通过它流动（图4.1）。质量守恒表示为

$$\frac{\mathrm{d}}{\mathrm{d}t} \int_{\mathrm{CV}} \rho \, \mathrm{d}V = \int_{\mathrm{CV}} \frac{\partial \rho}{\partial t} \mathrm{d}V = - \int_{\sigma} \rho V \cdot \mathrm{d}\boldsymbol{\sigma} \tag{4.1}$$

式中，前两个积分是在控制体积进行，而 $\mathrm{d}\boldsymbol{\sigma}$ 是一个向外的法向矢量，其大小是控制体积边界面的一个微元的大小。利用高斯定理，我们可以将式（4.1）重写为

$$\int_{\mathrm{CV}} \left[\frac{\partial \rho}{\partial t} + \nabla \cdot (\rho V) \right] \mathrm{d}V = 0 \tag{4.2}$$

由于控制体积是任意的，我们得出结论为

$$\frac{\partial \rho}{\partial t} + \nabla \cdot (\rho V) = 0 \tag{4.3}$$

质量守恒也可以用拉格朗日框架来表示，其中我们考虑跟随质点的时间变化率。为此，我们使用拉格朗日（跟随质点）时间导数，$\mathrm{D}/\mathrm{D}t$。拉格朗日时间导数可以展开为

图4.1　质量守恒性的示意图。这里的 $\mathrm{d}\boldsymbol{\sigma}$ 是控制体积边界上的一个很小的面积元。
控制体积的形状总是像土豆，因此又称为"伟大的地球物理土豆"

$$\frac{\mathrm{D}}{\mathrm{D}t} = \frac{\partial}{\partial t} + V \cdot \nabla \tag{4.4}$$

为了证明这一点，设 r 是对应于质点位置的位置矢量，并将任意变量 ϕ 的拉格朗日时间导数写为

$$\frac{\mathrm{D}\psi}{\mathrm{D}t} = \frac{\psi(\boldsymbol{r}+\Delta\boldsymbol{r},t+\Delta t)-\psi(\boldsymbol{r},t)}{\Delta t} \tag{4.5}$$

将式(4.5)右边的两个 ψ 值看作是特定质点的"测量值"。当质点的位置分别为 $\boldsymbol{r}+\Delta\boldsymbol{r}$ 和 $\boldsymbol{r}$,测量时间分别为 $t+\Delta t$ 和 t。我们可以写为

$$\psi(\boldsymbol{r}+\Delta\boldsymbol{r},t+\Delta t)-\psi(\boldsymbol{r},t) = \frac{\partial\psi}{\partial t}\Delta t + \nabla\psi\cdot\Delta\boldsymbol{r} + 高阶项 \tag{4.6}$$

将式(4.6)的两侧除以 Δt ,用 $\Delta\boldsymbol{r}/\Delta t \equiv \boldsymbol{V}$,得到

$$\frac{\mathrm{D}\psi}{\mathrm{D}t} = \frac{\partial\psi}{\partial t} + \boldsymbol{V}\cdot\nabla\psi \tag{4.7}$$

式(4.7)的左边,即 $\mathrm{D}\psi/\mathrm{D}t$,是一个移动质点的 ψ 随时间变化拉格朗日描述,右边,即 $(\partial\psi/\partial t)$ $+\boldsymbol{V}\cdot\nabla\psi$,是在一个固定欧拉坐标系看到的 ψ 时间变化率和一项表示在欧拉框架看到的平流影响的总和。方程式(4.7)在任何参考系中都是有效的;即式(4.7)的左边和右边各项之和都与坐标系无关。然而,式(4.7)右边的各项确实依赖于所使用的欧拉坐标系。

通过使用式(4.7),我们可以将式(4.3)重写为

$$\frac{\mathrm{D}\rho}{\mathrm{D}t} + \rho\nabla\cdot\boldsymbol{V} = 0 \tag{4.8}$$

或写为

$$\nabla\cdot\boldsymbol{V} = -\frac{1}{\rho}\frac{\mathrm{D}\rho}{\mathrm{D}t} = \frac{1}{\alpha}\frac{\mathrm{D}\alpha}{\mathrm{D}t} \tag{4.9}$$

式中, $\alpha \equiv 1/\rho$ 为比容。对于等密度的不可压缩流体,具有 $(1/\rho)\mathrm{D}\rho/\mathrm{D}t = (1/\alpha)\mathrm{D}\alpha/\mathrm{D}t = 0$,式(4.9)意味着 $\nabla\cdot\boldsymbol{V} = 0$,即三维风场一定是无辐散的。当然,空气是可压缩的。液态水是一种比空气可压缩差的流体。

空气柱的质量收支可以从式(4.3)中导出,具体如下。我们通过整个气柱对高度积分,得到

$$\int_{z_S}^{\infty}\frac{\partial\rho}{\partial t}\mathrm{d}z + \int_{z_S}^{\infty}\nabla\cdot(\rho\boldsymbol{V})\mathrm{d}z = 0 \tag{4.10}$$

式中, z_S 是地面高度,它在空间上是变化的,而且可能随时间而变化。在推导式(4.10)过程中,我们采用了 $\lim_{z\to\infty}\rho = 0$ 这个事实。将积分移动到导数内,并考虑到 z_S 可能的时空变异性,我们得到

$$\frac{\partial}{\partial t}\left(\int_{z_S}^{\infty}\rho\mathrm{d}z\right) + \nabla\cdot\left(\int_{z_S}^{\infty}\rho\boldsymbol{V}_h\mathrm{d}z\right) + \rho_S\left[\frac{\partial z_S}{\partial t} + (\boldsymbol{V}_h)_S\cdot\nabla z_S - w_S\right] = 0 \tag{4.11}$$

式中, $\boldsymbol{V}_h$ 为水平速度矢量,下标 S 表示地球表面,w 为垂直速度,因此

$$\boldsymbol{V} = \boldsymbol{V}_h + w\boldsymbol{e}_z \tag{4.12}$$

式中, $\boldsymbol{e}_z$ 为指向上的单位矢量。

表达式 $\rho_S\left[\frac{\partial z_S}{\partial t} + (\boldsymbol{V}_h)_S\cdot\nabla z_S - w_S\right]$ 表示穿过地球表面的质量通量。作为一个物理下边界条件,我们强调实际上没有质量穿过地球表面,这意味着

$$\frac{\partial z_S}{\partial t} + (\boldsymbol{V}_h)_S\cdot\nabla z_S - w_S = 0 \tag{4.13}$$

方程式(4.13)将在书的后面反复使用。例如,如果我们计划研究地震的影响,我们就需要保留

式(4.13)的 $\dfrac{\partial z_S}{\partial t}$ 项。在这种情况下,我们将指定 $\dfrac{\partial z_S}{\partial t}$ 来描述下边界是如何运动的。当然,通常情况下,地球表面的高度可以假定与时间无关(我们在本书中假设是这样),在这种情况下,式(4.13)简化为

$$w_S = (\boldsymbol{V}_h)_S \cdot \nabla z_S \tag{4.14}$$

方程式(4.14)表示,三维地面风矢量与地球表面相切。

有趣的是,在火星表面的两极附近,质量通量非零。火星上的大气层几乎完全由二氧化碳(CO_2)组成。在冬季,极地温度足够低,使得大气(部分)凝结到火星表面;在夏季,随着冻结的二氧化碳返回气态形式,大气在夏季极地附近的质量增加(Lewis 和 Prinn,1984;Zent,1996)。这导致火星表面气压的季节变化量级约为 30%(Hess et al.,1977)。

地球大气层中水汽的凝结类似于火星大气层中二氧化碳的凝结,当然,水只占地球大气层的一小部分,所以由此产生的地面气压变化很小。如果地球大气变冷到足以凝结氮(这是不会发生的!),地面气压可能会发生很大的变化。

通过使用式(4.13),式(4.11)会简化为

$$\frac{\partial}{\partial t}\left(\int_{z_S}^{\infty}\rho\,\mathrm{d}z\right) + \nabla \cdot \left(\int_{z_S}^{\infty}\rho\boldsymbol{V}_h\,\mathrm{d}z\right) = 0 \tag{4.15}$$

它表示空气柱的质量守恒。根据式(4.15),柱中单位水平面积的空气总质量是穿过柱侧面的空气通量而发生时间变化的结果。

回想一下,在近似程度下,气压的垂直增量与单位面积空气质量的垂直增量成正比;即:

$$\mathrm{d}p = -\rho g\,\mathrm{d}z \tag{4.16}$$

方程式(4.16)将在本章后面再次讨论,这意味着地面气压(近似)为

$$p_S = \int_{z_S}^{\infty}\rho g\,\mathrm{d}z \tag{4.17}$$

将式(4.17)代入式(4.15),得到

$$\frac{\partial p_S}{\partial t} + \nabla \cdot \left(\int_0^{p_S}\boldsymbol{V}_h\,\mathrm{d}p\right) = 0 \tag{4.18}$$

这是在第 3 章中介绍的地面气压倾向方程。

4.3 大气湿度守恒

在讨论质量的同时,让我们来讨论一下大气湿度。其中约 99% 是水汽。剩下的部分分为液态水和冰。

回想一下,水汽的混合比 q_v 是水汽的密度除以干空气的密度。在对流层,q_v 范围从夏季像香港等暖的热带地区约 $20\ \mathrm{g} \cdot \mathrm{kg}^{-1}$,到像对流层上层或南极冬季地表附近等冷的地方最低小于 $1\ \mathrm{g} \cdot \mathrm{kg}^{-1}$ 不等。我们还可以定义液体水和冰的混合比。总水混合比 q_T 可按相态或粒径分为不同亚种,如下所示:

$$q_T = q_v + q_c + q_i + q_r + q_s \tag{4.19}$$

式中,q_c 是"云水"的混合比,其液滴足够小,下降的速度可以忽略不计;q_i 是"云冰"的混合比,

由下降速度足够小到可忽略的晶体组成;q_r 是雨水的混合比;q_s 是雪的混合比。事实上,基于不同大小和形状颗粒之间的细粒度区别,有可能进行更精细的划分。有证据表明,这种复杂性对全球大气环流的详细分析确实很重要,但它超出了这本书的范围,事实上,为了简单起见,我们甚至会忽略冰相。因此,我们用下式代替式(4.19)

$$q_T = q_v + l \tag{4.20}$$

式中,l 表示液体水的混合比,不考虑滴度的大小,其包括 q_c 和 q_r。

　　总水的守恒表示为

$$\frac{\partial}{\partial t}(\rho q_T) + \nabla \cdot (\rho \boldsymbol{V} q_T + \boldsymbol{F}_{q_v} - \boldsymbol{P}) = 0 \tag{4.21}$$

式中,$\boldsymbol{F}_{q_v}$ 为分子扩散引起的总水汽的矢量通量,$\boldsymbol{P}$ 为降水引起的液态水(或冰)的矢量通量,涉及相对于移动空气的运动。我们在 $\boldsymbol{P}$ 的定义中包含了一个负号,因此,$\boldsymbol{P}$ 的垂直分量正值将对应于向下降落的雨或雪。我们可以为 q_v 和 l 单独写守恒方程,如下:

$$\frac{\partial}{\partial t}(\rho q_v) + \nabla \cdot (\rho \boldsymbol{V} q_v + \boldsymbol{F}_{q_v}) = -C \tag{4.22}$$

$$\frac{\partial}{\partial t}(\rho l) + \nabla \cdot (\rho \boldsymbol{V} l - \boldsymbol{P}) = C \tag{4.23}$$

式中,C 是单位质量的净凝结率;凝结将气体转化为液体。当我们将式(4.22)和式(4.23)相加时,凝结项抵消,然后我们恢复到式(4.21)。

　　如第 6 章详细讨论的,大气中的垂直水汽输送通常由小尺度运动产生的通量主导。在这本书中,"小尺度"一词是指在水平方向上小于几百千米。小尺度运动特别包括尺度从厘米到几千米的湍流涡旋,尺度从几千米到几十千米的对流和波动,和尺度从几十千米到几百千米的中尺度天气系统(如飑线)。由于这些小尺度运动而引起的通量通常比分子通量大许多数量级,所以在对全球大气环流的研究中,我们可以经常(但不总是)忽略分子通量。

　　小尺度通量是包括水平分量和垂直分量的矢量,但它们主要通过垂直交换影响大尺度环流;也就是说,最重要的是垂直通量。例如,当考虑小尺度水汽通量对大尺度天气系统的影响时,我们可以假设:

$$\nabla \cdot \boldsymbol{F}_{q_T} \approx \frac{\partial}{\partial z}(F_{q_T})_z \tag{4.24}$$

我们现在将 $\boldsymbol{F}_{q_T}$ 解释为由小尺度运动而不是分子扩散引起的通量,$(F_{q_T})_z$ 是 $\boldsymbol{F}_{q_T}$ 的垂直分量。虽然式(4.24)是描写水汽通量,但类似的近似也适用于其他量的通量,包括辐射通量。式(4.24)成立的理由并不是说水平通量本身小于垂直通量。事实上,对于小尺度运动,水平通量和垂直通量通常同样强。然而,影响时间变化率的是通量散度,而不是通量本身。式(4.24)成立的理由是,垂直通量辐合或辐散的大气厚度与水平通量辐合或辐散的大尺度运动水平范围相比是较浅的。

　　近似式(4.24)对于与大尺度涡旋相关的通量无效。由于冬季风暴等大尺度涡旋而引起的水平通量,比垂直通量要强得多。对于大尺度涡旋,水平和垂直通量散度在大小上是可比的;是两种量。

　　当考虑大尺度运动时,我们也可以将式(4.21)的降水项近似表示为,

$$\nabla \cdot \boldsymbol{P} \approx \frac{\partial P}{\partial z} \tag{4.25}$$

将式(4.24)和式(4.25)代入式(4.21),我们得到

$$\frac{\partial}{\partial t}(\rho q_T) + \nabla \cdot (\rho \boldsymbol{V} q_T) + \frac{\partial}{\partial z}\left[(F_{q_T}) - P\right] = 0 \tag{4.26}$$

这适用于大尺度运动,稍后将使用。

4.4 旋转球体上的动量守恒

恒星日的长度为 86164 s,因此,地球绕轴旋转的角速度为 $2\pi/(86164 \text{ s}) \approx 7.292 \times 10^5 \text{s}^{-1}$。这个角速度可以用一个在北极指向上的矢量 $\boldsymbol{\Omega}$ 来表示,如图 4.2 所示。考虑一个与地球一起旋转的坐标系。正如 Holton(2004)所讨论的,在旋转坐标系中应用的牛顿动量守恒表述式为

$$\frac{\text{D}\boldsymbol{V}}{\text{D}t} = -2\boldsymbol{\Omega} \times \boldsymbol{V} - \boldsymbol{\Omega} \times (\boldsymbol{\Omega} \times \boldsymbol{r}) - \nabla\phi_a - \alpha\nabla p - \alpha\nabla \cdot \boldsymbol{F} \tag{4.27}$$

式中,$\boldsymbol{r}$ 是一个从地球中心到该空气质点的位置矢量,其位置通常随时间变化。重力位势是 ϕ_a。气压梯度项为 $-\alpha\nabla p$,其中 $\alpha \equiv \dfrac{1}{\rho}$ 为比容。量 $\boldsymbol{F}$ 是与分子黏性相关的应力张量(附录 A)。$\boldsymbol{F}$ 的量纲是密度乘以速度的平方;例如,单位可以为 $(\text{kg} \cdot \text{m}^{-3})(\text{m} \cdot \text{s}^{-1})^2 = \text{kg} \cdot \text{m}^{-1} \cdot \text{s}^{-2}$。请注意,$\nabla \cdot \boldsymbol{F}$ 是一个矢量。

$-2\boldsymbol{\Omega} \times \boldsymbol{V}$ 这一项表示方向垂直于 $\boldsymbol{V}$ 的科氏加速度,$-\boldsymbol{\Omega} \times (\boldsymbol{\Omega} \times \boldsymbol{r})$ 这一项表示离心加速度(见图 4.3)。你应该能够证明

$$\boldsymbol{V}_e = \boldsymbol{\Omega} \times \boldsymbol{r} = (\Omega r \cos\varphi)\boldsymbol{e}_\lambda \tag{4.28}$$

式中,$\boldsymbol{e}_\lambda$ 是一个指向东的单位矢量,φ 是纬度,$\boldsymbol{V}_e$ 是半径为 r 和纬度 φ 的质点由于地球自转(图 4.2)而经历的速度(正如惯性系所看到的)。质点的总速度为 $\boldsymbol{V} + \boldsymbol{V}_e$。用这个符号,我们会发现

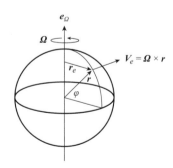

图 4.2 定义了正文中使用的符号的示意图

$$-\boldsymbol{\Omega} \times (\boldsymbol{\Omega} \times \boldsymbol{r}) = (\Omega^2 r \cos\varphi)\boldsymbol{e}_\lambda \times \boldsymbol{e}_\Omega = \Omega^2 \boldsymbol{r}_e \tag{4.29}$$

式中,$\boldsymbol{r}_e$ 是图 4.2 所示的矢量,$\boldsymbol{e}_\Omega$ 是在北极指向上的单位矢量。离心加速度的方向 $\boldsymbol{r}_e$ 垂直于地球自转轴指向外。可以表明

$$\Omega^2 \boldsymbol{r}_e = \nabla\left[\frac{1}{2}|\boldsymbol{\Omega} \times \boldsymbol{r}|^2\right] \tag{4.30}$$

根据式(4.30),离心加速度可以看作是位势的梯度,称为离心位势。由于真实重力和离心加速

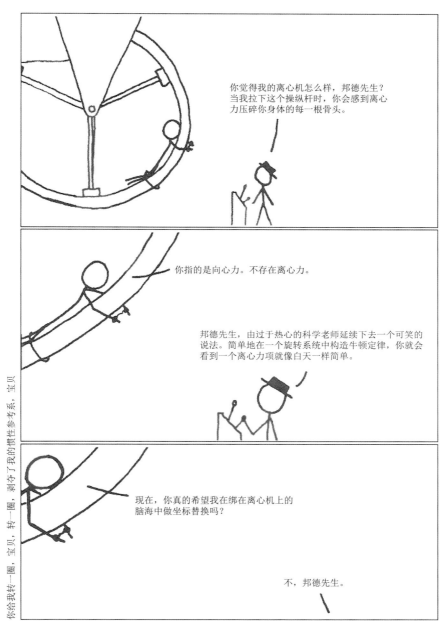

图 4.3　郎道·门罗(Randall Munroe)的连环画 xkcd 中的一幅漫画。
在创作共用署名-非商业性 2.5 许可证下获得使用许可

度的综合作用,"视示"重力 $\boldsymbol{g}$ 可以定义为

$$\boldsymbol{g} = \boldsymbol{g}_a + |\boldsymbol{\Omega}|^2 \boldsymbol{r}_e \tag{4.31}$$

式中,$\boldsymbol{g}_a \equiv -\nabla \phi_a$,使用式(4.30)我们看到 $\boldsymbol{g}$ 的位势是

$$\phi = \phi_a - \frac{1}{2}|\boldsymbol{\Omega} \times \boldsymbol{r}|^2 = \phi_a - \frac{1}{2}(\Omega r \cos\varphi)^2 \tag{4.32}$$

所以 $\boldsymbol{g} \equiv -\nabla \phi$。我们把 ϕ 称为地转位势。当气压沿地转位势的等位势面均匀时,水平气压梯

61

度力等于 0。由于离心加速度(也因为地球质量的不均匀而导致的真实重力空间不均匀),这些等位势面并不完全是球形的。离心加速度使它们在低纬度地区向外凸起,并在两极附近向内拉;由此产生的地转位势等位势面的形状是一个椭球体。然而,在大多数情况下,可取

$$g \approx g_a = -gr_e \tag{4.33}$$

因为离心加速度比 g_a 要小。在式(4.33)中,r_e 是一个指向上、远离地球中心的单位矢量。当我们使用空间常值为 g 的式(4.33)时,与传统的一样,我们也必须将地球的形状近似为一个带有地形起伏的球体。

我们现在可以把三维运动方程写为

$$\frac{\mathrm{D}\boldsymbol{V}}{\mathrm{D}t} = -2\boldsymbol{\Omega} \times \boldsymbol{V} - \nabla\varphi - \alpha\nabla p - \alpha\nabla \cdot \boldsymbol{F} \tag{4.34}$$

这个方程的另一个常用的形式是

$$\frac{\partial \boldsymbol{V}}{\partial t} + (\nabla \times \boldsymbol{V} + 2\boldsymbol{\Omega}) \times \boldsymbol{V} + \nabla\left(\frac{1}{2}\boldsymbol{V} \cdot \boldsymbol{V} + \phi\right) = -\alpha\nabla p - \alpha\nabla \cdot \boldsymbol{F} \tag{4.35}$$

式中,$\nabla \times \boldsymbol{V}$ 是三维涡度矢量,$\frac{1}{2}\boldsymbol{V} \cdot \boldsymbol{V}$ 是单位质量的动能。为了从式(4.34)中获得式(4.35),我们使用了矢量恒等式

$$(\boldsymbol{V} \cdot \nabla)\boldsymbol{V} = (\nabla \times \boldsymbol{V}) \times \boldsymbol{V} + \nabla\left(\frac{1}{2}\boldsymbol{V} \cdot \boldsymbol{V}\right) \tag{4.36}$$

我们将有机会同时使用式(4.34)和式(4.35)。

我们已经使用了球坐标系(λ, φ, r)。球坐标系中的单位矢量分别为 $\boldsymbol{e}_\lambda$、$\boldsymbol{e}_\varphi$ 和 $\boldsymbol{e}_r$。为了将来参考,梯度、散度、旋度和拉普拉斯算子可以在球坐标系中表示如下:

$$\nabla A = \left(\frac{1}{r\cos\varphi}\frac{\partial A}{\partial \lambda}, \frac{1}{r}\frac{\partial A}{\partial \varphi}, \frac{\partial A}{\partial r}\right) \tag{4.37}$$

$$\nabla \cdot \boldsymbol{H} = \frac{1}{r\cos\varphi}\frac{\partial H_\lambda}{\partial \lambda} + \frac{1}{r\cos\varphi}\frac{\partial}{\partial \varphi}(H_\varphi\cos\varphi) + \frac{1}{r^2}\frac{\partial}{\partial r}(H_r r^2) \tag{4.38}$$

$$\nabla \times \boldsymbol{H} = \left\{\frac{1}{r}\left[\frac{\partial H_r}{\partial \varphi} - \frac{\partial}{\partial r}(r^2 H_\varphi)\right], \frac{1}{r}\frac{\partial}{\partial r}(rH_\lambda) - \frac{1}{r\cos\varphi}\frac{\partial H_r}{\partial \lambda}, \frac{1}{r\cos\varphi}\left[\frac{\partial H_\varphi}{\partial \lambda} - \frac{\partial}{\partial \varphi}(H_\lambda\cos\varphi)\right]\right\} \tag{4.39}$$

$$\nabla^2 A = \frac{1}{r^2\cos\varphi}\left[\frac{\partial}{\partial \lambda}\left(\frac{1}{\cos\varphi}\frac{\partial A}{\partial \lambda}\right) + \frac{\partial}{\partial \varphi}\left(\cos\varphi\frac{\partial A}{\partial \varphi}\right) + \frac{\partial}{\partial r}\left(r^2\cos\varphi\frac{\partial A}{\partial r}\right)\right] \tag{4.40}$$

式中,A 是任意标量,$\boldsymbol{H} = (H_\lambda, H_\varphi, H_r)$ 是任意矢量。进一步讨论请见附录 A。

散度算子可以展开为

$$\nabla \cdot \boldsymbol{H} = \frac{1}{r\cos\varphi}\frac{\partial H_\lambda}{\partial \lambda} + \frac{1}{r\cos\varphi}\frac{\partial}{\partial \varphi}(H_\varphi\cos\varphi) + \frac{\partial H_r}{\partial r} + \frac{2H_r}{r} \tag{4.41}$$

由于地球的大气层和地球的半径相比非常薄,因此,式(4.41)的最后一项可以忽略不计,而散度算子可以近似为

$$\nabla \cdot \boldsymbol{H} \approx \frac{1}{a\cos\varphi}\frac{\partial H_\lambda}{\partial \lambda} + \frac{1}{a\cos\varphi}\frac{\partial}{\partial \varphi}(H_\varphi\cos\varphi) + \frac{\partial H_r}{\partial r} \tag{4.42}$$

请注意,r 在前两项中已被 a 取代。在这本书中,我们通常使用式(4.42)而不是式(4.41),很大程度上是因为这样做很传统;不清楚近似式(4.42)是否会使我们的工作更简单。这种近似将不适用于深厚大气,如恒星或木星。

速度矢量可以用纬向、经向和径向分量表示；即，

$$\boldsymbol{V} \equiv u\boldsymbol{e}_\lambda + v\boldsymbol{e}_\varphi + w\boldsymbol{e}_r \tag{4.43}$$

式中，速度分量定义为

$$u \equiv r\cos\varphi\frac{\mathrm{D}\lambda}{\mathrm{D}t}, v \equiv r\frac{\mathrm{D}\varphi}{\mathrm{D}t}, w \equiv \frac{\mathrm{D}r}{\mathrm{D}t} \tag{4.44}$$

并且

$$\frac{\mathrm{D}}{\mathrm{D}t} \equiv \frac{\partial}{\partial t} + \frac{\mathrm{D}\lambda}{\mathrm{D}t}\frac{\partial}{\partial \lambda} + \frac{\mathrm{D}\varphi}{\mathrm{D}t}\frac{\partial}{\partial \varphi} + \frac{\mathrm{D}r}{\mathrm{D}t}\frac{\partial}{\partial r}$$

$$= \frac{\partial}{\partial t} + \frac{u}{r\cos\varphi}\frac{\partial}{\partial \lambda} + \frac{v}{r}\frac{\partial}{\partial \varphi} + w\frac{\partial}{\partial r} \tag{4.45}$$

单位矢量 $\boldsymbol{e}_\lambda$、$\boldsymbol{e}_\varphi$ 和 $\boldsymbol{e}_r$ 实际指向的方向取决于经纬度。因此，当空气质点从一个地方移动到另一个地方时，单位矢量的方向就会发生变化。因此，式(4.34)加速项的展开式总共包含 6 项：

$$\frac{\mathrm{D}\boldsymbol{V}}{\mathrm{D}t} = \left(\frac{\mathrm{D}u}{\mathrm{D}t}\boldsymbol{e}_\lambda + u\frac{\mathrm{D}\boldsymbol{e}_\lambda}{\mathrm{D}t}\right) + \left(\frac{\mathrm{D}v}{\mathrm{D}t}\boldsymbol{e}_\varphi + v\frac{\mathrm{D}\boldsymbol{e}_\varphi}{\mathrm{D}t}\right) + \left(\frac{\mathrm{D}w}{\mathrm{D}t}\boldsymbol{e}_r + w\frac{\mathrm{D}\boldsymbol{e}_r}{\mathrm{D}t}\right) \tag{4.46}$$

几何推理可得出以下公式：

$$\frac{\mathrm{D}\boldsymbol{e}_\lambda}{\mathrm{D}t} = \frac{\mathrm{D}\lambda}{\mathrm{D}t}\sin\varphi\boldsymbol{e}_\varphi - \cos\varphi\frac{\mathrm{D}\lambda}{\mathrm{D}t}\boldsymbol{e}_r = \left(\frac{u\tan\varphi}{r}\right)\boldsymbol{e}_\varphi - \frac{u}{r}\boldsymbol{e}_r \tag{4.47}$$

$$\frac{\mathrm{D}\boldsymbol{e}_\varphi}{\mathrm{D}t} = \frac{\mathrm{D}\lambda}{\mathrm{D}t}\sin\varphi\boldsymbol{e}_\lambda - \frac{\mathrm{D}\varphi}{\mathrm{D}t}\boldsymbol{e}_r = \left(\frac{u\tan\varphi}{r}\right)\boldsymbol{e}_\lambda - \frac{v}{r}\boldsymbol{e}_r \tag{4.48}$$

$$\frac{\mathrm{D}\boldsymbol{e}_r}{\mathrm{D}t} = \cos\varphi\frac{\mathrm{D}\lambda}{\mathrm{D}t}\boldsymbol{e}_\lambda + \frac{\mathrm{D}\varphi}{\mathrm{D}t}\boldsymbol{e}_\varphi = \frac{u}{r}\boldsymbol{e}_\lambda - \frac{v}{r}\boldsymbol{e}_\varphi \tag{4.49}$$

你们应该需了解式(4.47)—(4.49)来源；一种方法是使用铅笔和地球仪来演示单位矢量的运动和旋转。当考虑式(4.47)—(4.49)时，式(4.34)可以展开为分量形式为

$$\frac{\mathrm{D}u}{\mathrm{D}t} + \frac{uw}{r} - \frac{uv\tan\varphi}{r} = fv - \overline{f}w - \frac{\alpha}{r\cos\varphi}\frac{\partial p}{\partial \lambda} - \alpha(\nabla \cdot \boldsymbol{F})_\lambda$$

$$\frac{\mathrm{D}v}{\mathrm{D}t} + \frac{vw}{r} - \frac{u^2\tan\varphi}{r} = -fu - \frac{\alpha}{r}\frac{\partial p}{\partial \varphi} - \alpha(\nabla \cdot \boldsymbol{F})_\varphi$$

$$\frac{\mathrm{D}w}{\mathrm{D}t} + \frac{u^2+v^2}{r} = \overline{f}u - \alpha\frac{\partial p}{\partial r} - \alpha(\nabla \cdot \boldsymbol{F})_r - g \tag{4.50}$$

这里我们定义

$$f \equiv 2\Omega\sin\varphi \text{ 和 } \overline{f} \equiv 2\Omega\cos\varphi \tag{4.51}$$

式(4.50)中的方程组是球坐标系中运动方程的分量形式。在式(4.50)的左侧，uw/r、$uv\tan\varphi/r$、vw/r、$u^2\tan\varphi/r$ 和 $(u^2+v^2)/r$ 这些项来自于球坐标系中单位矢量的空间变化。它们被称为曲率项。最后，利用连续方程，我们可以把式(4.50)写为通量的形式：

$$\frac{\partial \rho u}{\partial t} + \nabla \cdot (\rho\boldsymbol{V}u) + \rho\frac{uw}{r} - \rho uv\frac{\tan\varphi}{r} = \rho fv - \rho\overline{f}w - \frac{1}{r\cos\varphi}\frac{\partial p}{\partial \lambda} - (\nabla \cdot \boldsymbol{F})_\lambda$$

$$\frac{\partial \rho v}{\partial t} + \nabla \cdot (\rho\boldsymbol{V}v) + \rho\frac{vw}{r} - \rho u^2\frac{\tan\varphi}{r} = -\rho fu - \frac{1}{r}\frac{\partial p}{\partial \varphi} - (\nabla \cdot \boldsymbol{F})_\varphi$$

$$\frac{\partial \rho w}{\partial t} + \nabla \cdot (\rho\boldsymbol{V}w) - \rho\frac{u^2+v^2}{r} = \rho\overline{f}u - \frac{\partial p}{\partial r} - \rho g - (\nabla \cdot \boldsymbol{F})_r \tag{4.52}$$

4.5　角动量守恒

正如在物理入门教科书(Feynman et al.,1963)所讨论的，相对于某个原点的质点单位体

积角动量 L 是一个矢量,是由质点的三维线性动量矢量(单位体积) ρV 和与质点偏离原点的位移向量 r 的叉积给出的:

$$L = r \times \rho V \tag{4.53}$$

相对于地球中心的原点,地球大气层的角动量矢量可以通过对每个空气块应用式(4.53)并对整个大气层进行积分来计算,结果将是一个矢量。

这样的计算将揭示,大气的角动量主要是由于地球的旋转,而不是由于大气相对于地球的运动。此外,正如我们已经讨论过的,大气相对于地球的运动包括主要是纬向的强急流。由于这些原因,整个大气的角动量矢量大致指向"北极星",也就是沿着地球的自转轴指向北极。在实践中,当我们讨论大气的角动量时,我们几乎总是关注平行于地球自转轴的角动量矢量分量。该分量(单位质量)由下式给出

$$M \equiv (\Omega r \cos\varphi + u) r \cos\varphi \tag{4.54}$$

取式(4.54)的拉格朗日时间导数,利用式(4.44)得

$$\frac{DM}{Dt} = r\cos\varphi \frac{Du}{Dt} - (2\Omega r\cos\varphi + u)(v\sin\varphi + w\cos\varphi) \tag{4.55}$$

经向速度和垂直速度均出现在式(4.55)的右侧。使用式(4.50)消去 Du/Dt,我们得

$$\frac{DM}{Dt} = r\cos\varphi\left[\frac{uv\tan\varphi}{r} - \frac{uw}{r} + fv - \bar{f}w - \frac{\alpha}{r\cos\varphi}\frac{\partial p}{\partial \lambda} - \alpha(\nabla \cdot F)_\lambda\right] -$$
$$(2\Omega r\cos\varphi + u)(v\sin\varphi + w\cos\varphi) \tag{4.56}$$

所有的科氏力项和曲率项都抵消了,因此,式(4.56)大大简化为

$$\frac{DM}{Dt} = -\alpha\frac{\partial p}{\partial \lambda} - \alpha r\cos\varphi(\nabla \cdot F)_\lambda \tag{4.57}$$

通量形式为

$$\frac{\partial \rho M}{\partial t} + \nabla \cdot (\rho V M) = -\frac{\partial p}{\partial \lambda} - r\cos\varphi(\nabla \cdot F)_\lambda \tag{4.58}$$

4.6 动能和位能的守恒

动能方程可以由运动方程导出。我们首先从式(4.35)的动量方程和 V 的点积开始,得到

$$\frac{\partial K}{\partial t} + V \cdot \nabla(K + \phi) = -\alpha V \cdot \nabla p - \alpha V \cdot (\nabla \cdot F) \tag{4.59}$$

式中,

$$K \equiv \frac{1}{2}V \cdot V \tag{4.60}$$

是单位质量的动能。因此,请注意总能量 K,取决于坐标系的选择。例如,大气中给定位置的动能值在与地球旋转的坐标系和惯性坐标系中会有很大差异。对于式(4.59)这不是问题,因为它涉及 $\partial K/\partial t$ 和 ∇K,而不是 K 本身。由于 ϕ 在高度坐标系中与时间无关,我们可以将式(4.59)修改为

$$\frac{\partial}{\partial t}(K + \phi) + V \cdot \nabla(K + \phi) = -\alpha V \cdot \nabla p - \alpha V \cdot (\nabla \cdot F) \tag{4.61}$$

或者

64

$$\frac{\mathrm{D}}{\mathrm{D}t}(K+\phi)=-\alpha \boldsymbol{V}\cdot\nabla p-\alpha \boldsymbol{V}\cdot(\nabla\cdot\boldsymbol{F}) \tag{4.62}$$

$K+\phi$ 的和称为单位质量的机械能,式(4.62)称为机械能方程。

在式(4.62)的右侧,由单位质量的气压做功速率用 $-\alpha \boldsymbol{V}\cdot\nabla p$ 表示。此表达式可以变换如下：

$$-\alpha \boldsymbol{V}\cdot\nabla p=-\alpha\nabla\cdot(p\boldsymbol{V})+\alpha(p\,\nabla\cdot\boldsymbol{V})$$

$$=-\alpha\,\nabla\cdot(p\boldsymbol{V})+p\frac{\mathrm{D}\alpha}{\mathrm{D}t} \tag{4.63}$$

在式(4.63)的第二行,我们使用连续方程来消除 $\alpha\nabla\cdot\boldsymbol{V}$。式(4.63)第二行上的 $\nabla\cdot(p\boldsymbol{V})$ 项有通量散度的形式,因此,用气压表示对能量的空间再分布。$p(\mathrm{D}\alpha/\mathrm{D}t)$ 项表示通过体积膨胀而做的功(类似于在充气球时所做的功)。我们将 $p(\mathrm{D}\alpha/\mathrm{D}t)$ 叫作膨胀做功项。

因为 α 对定常密度流体来说是常数(例如,"浅水",在本章末尾讨论),定常密度流体的内能是不可转换的,尽管它不是零。由于它是不可转换的,一个定常密度流体的内能在能量循环中没有任何作用;它可以忽略。

式(4.62)的摩擦项也可以展开为揭示两个不同物理的部分,如下：

$$-\alpha \boldsymbol{V}\cdot(\nabla\cdot\boldsymbol{F})=-\alpha\nabla\cdot(\boldsymbol{F}\cdot\boldsymbol{V})-\delta \tag{4.64}$$

式中,

$$\delta\equiv-\alpha(\boldsymbol{F}\cdot\nabla)\cdot\boldsymbol{V} \tag{4.65}$$

是单位质量的动能耗散率。式(4.64)中的量 $\nabla\cdot(\boldsymbol{F}\cdot\boldsymbol{V})$ 是一个散度,因此它代表了动能(和动量)的空间再分布,因为摩擦应力(由 $\boldsymbol{F}$ 表示)导致相邻的气团相互做功。因为这仅仅是能量的空间再分布,它不会改变大气中的动能总量,除了摩擦在下边界上做功。相比之下,耗散率 δ 是一个真正的动能汇,如附录 C 所示。

$$\delta\geqslant 0 \tag{4.66}$$

动能耗散将宏观动能转化为微观动能。其原因如本章后面所讨论的,δ 作为热力学能量的来源,也就是"摩擦加热"。它是大气的一个弱而持久的内能来源。$\rho\delta$ 的垂直积分在全球平均被认为约为 5 $\mathrm{W}\cdot\mathrm{m}^{-2}$。动能耗散最终是分子黏性的结果。同样,分子的导热率最终导致了热扰动的耗散。这是一个惊人的事实,即使分子过程作用在几毫米的尺度上,但它们对全球尺度的大气环流也有显著的影响！

将式(4.63)和式(4.64)代入式(4.62),给出了机械能方程的形式为

$$\frac{\mathrm{D}}{\mathrm{D}t}(K+\phi)=-\alpha\nabla\cdot(p\boldsymbol{V}+\boldsymbol{F}\cdot\boldsymbol{V})+p\frac{\mathrm{D}\alpha}{\mathrm{D}t}-\delta \tag{4.67}$$

4.7　由于小尺度运动而引起的能量输送和耗散

当 $\boldsymbol{F}$ 由小尺度湍流动量通量主导时,我们可以使用近似：

$$\nabla\cdot(\overline{\boldsymbol{F}\cdot\boldsymbol{V}})\approx\frac{\partial}{\partial z}(\bar{\boldsymbol{V}}_h\cdot\boldsymbol{F}_V) \tag{4.68}$$

式中,$\boldsymbol{F}_V$ 是水平动量的向上通量。我们在对大气湿度的讨论中引入了一个类似于式(4.68)的近似。式(4.68)中所示的摩擦做功项在大部分大气中都很小;它在靠近地面的湍流行星边界层(planetary boundary layer,PBL)中最为重要。特别是,当表面风应力推动海洋,产生风驱

动的海洋环流时,就会发生能量交换。大气在海洋上做功的速率可以大致估计如下。如第 5 章所述,表面摩擦应力通常小于或为 0.1 Pa。除少数例外,洋流的速度为 0.1 m·s^{-1} 或更慢。由于大气施加的应力而由海洋获得能量的速率由应力与流速的乘积给出,使用刚才提到的值,它在 10^{-2} W·m^{-2} 左右,与诸如净表面辐射的其他能量通量相比很小。表面风应力对海洋的做功显然对海洋和整个气候系统相当重要。然而,从大气能源收支的角度来看,通过对海洋做功而造成的能源损失速率是完全可以忽略不计的。

同样,我们可以将耗散率近似为

$$\delta \approx -\frac{\boldsymbol{F}_V}{\rho} \cdot \frac{\partial \overline{\boldsymbol{V}}_h}{\partial z} \tag{4.69}$$

如第 7 章所讨论的,这是所谓的梯度产生项的一个例子。具体来说,它表示由平均流的动能转换为湍流动能(turbulence kinetic energy,TKE)的速率。物理图像是,平均流的动能被转换为湍流动能;也就是说,它转移到更小的尺度。然后,湍流动能在真正的分子意义上被耗散。我们可以应用式(4.69)来估计行星边界层中的耗散率,如下:大多数水平风的垂直切变通常发生在行星边界层的低层,那里的动量通量相当接近其地表值。因此,我们可以通过下式的行星边界层厚度来近似式(4.69)的积分。

$$\int_{\text{PBL}} \rho\delta \mathrm{d}z \approx -(\boldsymbol{F}_V)_S \cdot \boldsymbol{V}_M \tag{4.70}$$

式中,$\boldsymbol{V}_M$ 是在行星边界层的中间并靠近切变层顶部的平均水平风。总体空气动力学公式可以表示为

$$(\boldsymbol{F}_V)_S = -\rho_S C_D |\boldsymbol{V}_M| \boldsymbol{V}_M \tag{4.71}$$

将式(4.71)代入式(4.70)得到:

$$\int_{\text{PBL}} \rho\delta \mathrm{d}z \approx \rho_S C_D |\boldsymbol{V}_M|^3 \tag{4.72}$$

上式表明,随着风速的增加,行星边界层中的耗散率显著增加。对于 $|\boldsymbol{V}_M| = 10 \ \mathrm{m} \cdot \mathrm{s}^{-1}$,我们发现 $\int_{\text{PBL}} \rho\delta \mathrm{d}z \approx 1 \ \mathrm{W} \cdot \mathrm{m}^{-2}$。因此,在行星边界层中,动能耗散率比大气对海洋摩擦做功的速率要大得多。

Bister 和 Emanuel(1998)指出,飓风中一定发生非常大的耗散率,因为这种风暴中的风速很大,以及耗散率对风速的三次依赖性,如式(4.72)所示。他们表明,耗散加热的作用是强化风暴,导致最大风速增加高达 25%。Businger 和 Businger(2001)详细阐述了强风区耗散的重要性,表明中等强风暴的垂直积分耗散率可能超过 1000 W·m^{-2}。

4.8 机械能来自哪里?

利用连续方程,我们可以将机械能方程式(4.67)转换为通量形式:

$$\frac{\partial}{\partial t}[\rho(K+\phi)] + \nabla \cdot [\rho \boldsymbol{V}(K+\phi) + p\boldsymbol{V} + \boldsymbol{F} \cdot \boldsymbol{V}] = \rho p \frac{\mathrm{D}\alpha}{\mathrm{D}t} - \rho\delta \tag{4.73}$$

对式(4.73)$(\partial/\partial t)[\rho(K+\phi)]$ 所有左侧的贡献都代表了传输过程,它只是在空间中重新分配能量。相比之下,膨胀做功项 $p(\mathrm{D}\alpha/\mathrm{D}t)$ 不需要积分到零,尽管它在给定的地点和时间上既可以是正的,也可以是负的。然而,回想一下,耗散项总是一个汇项。因此,整个大气在一定时

间内平均，$p(\mathrm{D}\alpha/\mathrm{D}t)$ 项一定是正的；也就是说，它一定作为机械能的源项：

$$\int_V \overline{\rho p \frac{\mathrm{D}\alpha}{\mathrm{D}t}}^t \mathrm{d}V = \int_V \overline{\delta \rho}^t \mathrm{d}V \geqslant 0 \tag{4.74}$$

式中，我们对整个大气的质量进行积分。方程式(4.74)表示，平均而言，大气压力必须做正膨胀功来补偿动能的耗散。要使 $\int_V \rho p(\mathrm{D}\alpha/\mathrm{D}t)\mathrm{d}V$ 为正，平均而言，必须在大于压缩的压力下进行膨胀。例如，对流层低层可以有膨胀，对流层上层可以有压缩。

考虑到在平均意义上，式(4.73)的膨胀做功项必须作为机械能的源项，我们不禁要问这些能量来自哪里。我们在下面展示，它来自于大气的热力学能量。膨胀做功代表了一个能量转换过程，它可以在局部有正有负，但整个大气在一定时间内平均时是正的。

同样地，考虑到式(4.73)的耗散项代表机械能的汇，那么这些能量去了哪里。答案是，它似乎是作为热力学能量的一个来源。因此，消耗是另一个能量转换过程——一种只在一个方向上运行的转换。

方程式(4.74)只是表示动能耗散率平均一定等于机械能的产生率。如前所述，这个速率估计约为 $5\ \mathrm{W}\cdot\mathrm{m}^{-2}$。与地球大气系统吸收的太阳辐射约为 $240\ \mathrm{W}\cdot\mathrm{m}^{-2}$ 相比是小值。显然，气候系统在将被吸收的太阳能转化为大气机械能方面并不是很有效。

机械能的产生也可以用另一种方式来表示。若要明白这一点，请注意

$$\begin{aligned} p\frac{\mathrm{D}\alpha}{\mathrm{D}t} &= \frac{\mathrm{D}}{\mathrm{D}t}(p\alpha) - \alpha\frac{\mathrm{D}p}{\mathrm{D}t} \\ &= \frac{\mathrm{D}}{\mathrm{D}t}(p\alpha) - \omega\alpha \end{aligned} \tag{4.75}$$

方程式(4.75)表明，膨胀做功项与 $\omega\alpha$ 乘积密切相关。将式(4.75)代入机械能方程式(4.73)，我们发现

$$\frac{\partial}{\partial t}[\rho(K+\phi)] + \nabla\cdot[\rho\boldsymbol{V}(K+\phi)+\boldsymbol{F}\cdot\boldsymbol{V}] = \rho\omega\alpha - \rho\delta + \frac{\partial p}{\partial t} \tag{4.76}$$

在将式(4.76)和式(4.73)进行比较时，我们发现式(4.73)的气压做功项，涉及 $\nabla\cdot(p\boldsymbol{V})$，通过抵消而不见了，但"在它的位置"我们获得了一个新项，涉及式(4.76)右侧的局部气压时间变化率 $\partial p/\partial t$。

在整个大气中和一定时间内平均而言，式(4.76)的 $-\omega\alpha$ 项一定是正的；也就是说，它必须作为机械能的源项：

$$-\int_V \overline{\omega\alpha\rho}^t \mathrm{d}V = \int_V \overline{\delta\rho}^t \mathrm{d}V \geqslant 0 \tag{4.77}$$

式(4.77)和式(4.74)的比较表明

$$-\int_V \overline{\omega\alpha\rho}^t \mathrm{d}V = \int_V \overline{\rho p \frac{\mathrm{D}\alpha}{\mathrm{D}t}}^t \mathrm{d}V \tag{4.78}$$

因此，我们可以使用 $\omega\alpha$ 和 $p(\mathrm{D}\alpha/\mathrm{D}t)$ 作为机械能量和热力学能量之间转换率的替代估测方法，大多数时候会使用 $\omega\alpha$。

4.9　热力学能量的守恒性

理想气体内能为

$$e = c_v T \tag{4.79}$$

式中，空气的定容比热 c_v 是一个常数。对于干空气，$c_v = 5R/2 \approx 713\,\mathrm{J \cdot kg^{-1} \cdot K^{-1}}$。更一般地，内能还包括与水汽的凝结相关的潜热，我们发现，对于湿空气

$$e \approx c_v T + L q_v \tag{4.80}$$

我们还可以增加其他大气成分的潜热，如氮、氧和二氧化碳，以代表它们潜在凝结的影响。我们不愿意这样做，因为这些成分在地球大气中遇到的条件下不会凝结。方程式(4.80)是近似的，因为我们忽略了水汽的比热，以及可能存在的任何液体（或冰）的比热。在大气科学中，我们经常将内能定义为干空气的内能，并将潜热视为内能的"外部"源或汇。

当热力学能量增加到系统时，能量输入等于所做功和内能变化的和。

$$\frac{\mathrm{D}}{\mathrm{D}t}(c_v T) + p\frac{\mathrm{D}\alpha}{\mathrm{D}t} = -\alpha\nabla \cdot (\boldsymbol{R} + \boldsymbol{F}_S) + LC + \delta \tag{4.81}$$

式中，$\boldsymbol{F}_S$ 是分子扩散引起的内能矢量通量；$\boldsymbol{R}$ 是辐射引起的能量矢量通量（注意与气体常数的符号冲突，不要混淆），L 是水汽的潜热，C 是单位质量的凝结率。耗散率 δ 在式(4.81)中作为内能的源，即"摩擦加热"。方程式(4.81)是热力学能量守恒的形式，应用于移动的空气质点。它有时被称为热力学第一定律，尽管这个术语看起来有点过时。

把式(4.75)应用到式(4.81)中得到的热力学能量守恒的另一种形式是：

$$\frac{\mathrm{D}}{\mathrm{D}t}(c_p T) = \omega\alpha - \alpha\nabla \cdot (\boldsymbol{R} + \boldsymbol{F}_S) + LC + \delta \tag{4.82}$$

式中，

$$c_p = R + c_v \approx 1004\,\mathrm{J \cdot kg^{-1} \cdot K^{-1}} \tag{4.83}$$

一个很容易记住的不错数字。方程式(4.82)可以称为热力学能量方程的"焓形式"，其中焓被定义为

$$\eta \equiv c_p T \tag{4.84}$$

更一般地，焓可以写成

$$\eta = e + p\alpha \tag{4.85}$$

对于含有液体的饱和空气，事实证明，式(4.84)必须替换为

$$\eta \approx c_p T - Ll \tag{4.86}$$

式中，L 为凝结潜热（Lorenz，1979；Emanuel，1994），l 为液体水的混合比。

热力学方程的第三种形式是

$$\frac{\mathrm{D}p}{\mathrm{D}t} - \left(\frac{c_p}{c_v}RT\right)\frac{\mathrm{D}\rho}{\mathrm{D}t} = -\alpha\nabla \cdot (\boldsymbol{R} + \boldsymbol{F}_S) + LC + \delta \tag{4.87}$$

它可以利用状态方程和连续方程从式(4.81)或式(4.82)中推导出。变量 $(c_p/c_v)RT$ 原来是声速的平方。我们不会在这本书中使用式(4.87)，但为了完整性，我们在这里提及它。

最后，热力学能量的守恒也可以用第3章中定义的位温来表示。我们可以证明

$$c_p\left(\frac{T}{\theta}\right)\frac{\mathrm{D}\theta}{\mathrm{D}t} = -\alpha\nabla \cdot (\boldsymbol{R} + \boldsymbol{F}_S) + LC + \delta \tag{4.88}$$

在没有加热和耗散的情况下，$\mathrm{D}\theta/\mathrm{D}t = 0$；即质点的 θ 是守恒的。这就是 θ 为一个特别有用的量的原因之一。

综上所述，热力学能量方程可以用四种等价形式式(4.81)、式(4.82)、式(4.87)和式(4.88)表示。

4.10 垂直积分焓

Lorenz(1955)指出,在静力平衡大气中,焓的质量加权垂直积分等于内能和位能的质量加权垂直积分的和。为了证明这一结果,我们从静力方程开始

$$\frac{\partial p}{\partial z} = -\rho g \tag{4.89}$$

垂直积分的位能 P 满足

$$P \equiv \int_0^\infty gz\rho \mathrm{d}z = -\int_0^\infty \left(\frac{\partial p}{\partial z}z\right)\mathrm{d}z = -\int_0^\infty \left[\frac{\partial}{\partial z}(pz) - p\right]\mathrm{d}z$$

$$= -\left[(pz)\Big|_{z=0}^{z=\infty} - \int_0^\infty \rho RT\mathrm{d}z\right] = \int_0^\infty \rho RT\mathrm{d}z \tag{4.90}$$

方程式(4.90)表示,气柱的总位能与气柱的质量加权平均温度成正比。解释是,暖空气占据了更大的体积,所以暖气柱"更高"。从式(4.90)得到

$$P + I = \int_0^\infty \rho RT\mathrm{d}z + \int_0^\infty c_v T\rho \mathrm{d}z = \int_0^\infty (c_v + R)\rho T\mathrm{d}z = \int_0^\infty c_p T\rho \mathrm{d}z \tag{4.91}$$

式中, $I \equiv \int_0^\infty c_v T\rho \mathrm{d}z$ 是垂直积分的内能。请注意, $\phi + c_v T = c_p T$ 是不成立的;这将意味着 $\phi = RT$,这显然是无意义的。第 7 章使用了方程式(4.91),其中我们讨论了位能。

4.11 总能量守恒

我们现在使用水汽守恒方程的形式为

$$\frac{\mathrm{D}}{\mathrm{D}t}(Lq_v) = -\alpha \nabla \cdot (L\boldsymbol{F}_{q_v}) - LC \tag{4.92}$$

式中, L 是凝结潜热。当我们把式(4.81)和式(4.92)相加时,凝结项抵消,我们得到

$$\frac{\mathrm{D}}{\mathrm{D}t}(c_v T + Lq_v) = -p\frac{\mathrm{D}\alpha}{\mathrm{D}t} - \alpha \nabla \cdot (\boldsymbol{R} + \boldsymbol{F}_h) + \delta \tag{4.93}$$

式中, $\boldsymbol{F}_h \equiv \boldsymbol{F}_S + L\boldsymbol{F}_{q_v}$ 是"湿静力能"的分子通量。采用这个术语的原因将在后面解释。式(4.93)的左侧是由式(4.80)给出的总内能的拉格朗日时间变化率。

把式(4.67)式(4.93)相加,我们得到

$$\frac{\mathrm{D}}{\mathrm{D}t}(K + \phi + c_v T + Lq_v) = -\alpha \nabla \cdot (p\boldsymbol{V} + \boldsymbol{F} \cdot \boldsymbol{V} + \boldsymbol{R} + \boldsymbol{F}_h) \tag{4.94}$$

式(4.67)和式(4.93)的 $p(\mathrm{D}\alpha/\mathrm{D}t)$ ("膨胀功")项已经抵消了,耗散项也被抵消了,因为这些项代表了热力学和机械能之间的转换。从式(4.94)中我们看到总能量是由动能、位能、内能和潜热能的和组成。

连续方程可以用来将式(4.94)转换为通量形式:

$$\frac{\partial}{\partial t}\left[\rho(K + \phi + c_v T + Lq_v)\right] + \nabla \cdot \left[\rho\boldsymbol{V}(K + \phi + c_v T + Lq_v) + p\boldsymbol{V} + \boldsymbol{F} \cdot \boldsymbol{V} + \boldsymbol{R} + \boldsymbol{F}_h\right] = 0 \tag{4.95}$$

对于整个大气来说,穿越上下边界的能量通量是非常重要的。因此,区分水平和垂直的能量通量是很有用的,如下:

$$\frac{\partial}{\partial t}(\rho e_T) + \nabla_h \cdot [\rho \boldsymbol{V}_h e_T + p\boldsymbol{V}_h + (\boldsymbol{F} \cdot \boldsymbol{V})_h + \boldsymbol{R}_h + (\boldsymbol{F}_h)_h] +$$

$$\frac{\partial}{\partial z}[\rho w e_T + pw + (\boldsymbol{F} \cdot \boldsymbol{V})_z + R_z + (F_h)_z] = 0 \tag{4.96}$$

这里我们使用简略表达方式

$$e_T \equiv K + \phi + c_v T + Lq_v \tag{4.97}$$

下标 h 和 z 分别表示矢量(即水平面内的矢量)的"水平部分"和矢量的(正向上)垂直分量。请注意,湿静力能的矢量通量 $\boldsymbol{F}_h$ 是这个规则的一个例外。事实上,我们正在使用符号 $(F_h)_h$ 来表示湿静力能的矢量通量的水平部分。我们通过整个大气柱垂直积分式(4.96),使用莱布尼茨(Leibniz)规则取导数内的积分,并将结果写为

$$\frac{\partial}{\partial t}\left(\int_{z_S}^{\infty} \rho e_T \, \mathrm{d}z\right) + \nabla_h \cdot \left(\int_{z_S}^{\infty} \rho \boldsymbol{V}_h e_T \, \mathrm{d}z\right) + (\rho e_T)_S \left(\frac{\partial z_S}{\partial t} + \boldsymbol{V}_h \cdot \nabla z_S - w_S\right) +$$

$$\nabla_h \cdot \left\{\int_{z_S}^{\infty} [p\boldsymbol{V}_h + (\boldsymbol{F} \cdot \boldsymbol{V})_h + \boldsymbol{R}_h + (\boldsymbol{F}_h)_h] \mathrm{d}z\right\}$$

$$= -p_S [(\boldsymbol{V}_h)_S \cdot \nabla z_S - w_S] - \{[(\boldsymbol{F} \cdot \boldsymbol{V})_h]_S \cdot \nabla z_S - [(\boldsymbol{F} \cdot \boldsymbol{V})_z]_S\} -$$

$$\{[(\boldsymbol{F}_h)_h]_S \cdot \nabla z_S - [(F_h)_z]_S\} - (\boldsymbol{R}_z)_\infty - [(\boldsymbol{R}_h)_S \cdot \nabla z_S - (R_z)_S] \tag{4.98}$$

利用没有质量穿过地球表面的边界条件,我们可以简化式(4.98)为

$$\frac{\partial}{\partial t}\left(\int_{z_S}^{\infty} \rho e_T \, \mathrm{d}z\right) + \nabla_h \cdot \left\{\int_{z_S}^{\infty} [\rho \boldsymbol{V}_h e_T + p\boldsymbol{V}_h + (\boldsymbol{F} \cdot \boldsymbol{V})_h + \boldsymbol{R}_h + (\boldsymbol{F}_h)_h] \mathrm{d}z\right\}$$

$$= p_S \frac{\partial z_S}{\partial t} - \{[(\boldsymbol{F} \cdot \boldsymbol{V})_h]_S \cdot \nabla z_S - [(\boldsymbol{F} \cdot \boldsymbol{V})_z]_S\} -$$

$$\{[(\boldsymbol{F}_h)_h]_S \cdot \nabla z_S - [(F_h)_z]_S\} - (\boldsymbol{R}_z)_\infty - [(\boldsymbol{R}_h)_S \cdot \nabla z_S - (R_z)_S] \tag{4.99}$$

式(4.99)右边的各项代表了上下边界的通量影响。如前所述,上边界处唯一的能量通量是由辐射引起的,用 $-(R_z)_\infty$ 表示。对于下边界,这些项表示气压做功、摩擦做功、湿静力能通量和辐射。

当 $\partial z_S/\partial t = 0$ 时,气压做功项消失。然而,在海洋上,表面高度由于有海浪的通过而发生波动;这使大气和海洋能够通过压力做功来交换能量。因此,能量被增加到有可能发生能量交换的海浪中。即使在陆地上,植被也会随着风吹过而晃动,所以气压做功项可以是非零的。此外,地震可以通过压力做功项向大气传递能量;当然,在全球大气环流方面,这是一个极小的影响。式(4.99)右侧的摩擦项表示通过表面阻力所做的功。如第 2 章所述,湿静力能的表面通量 $(\boldsymbol{F}_h)_S$ 是大气中非常重要的能量来源;在第 5 章中将进一步讨论。最后,再次正如第 2 章所讨论的,辐射能量通量是大气上下边界处的一种主要的能量交换形式。

当我们在整个球体上水平积分式(4.99)时,水平通量散度项就消失了,我们得到

$$\frac{\mathrm{d}}{\mathrm{d}t}\left[\int_A \left(\int_{z_S}^{\infty} \rho e_T \, \mathrm{d}z\right) \mathrm{d}A\right] = -\int_A p_S \frac{\partial z_S}{\partial t} \mathrm{d}A - \int_A \{[(\boldsymbol{F} \cdot \boldsymbol{V})_h]_S \cdot \nabla z_S - [(\boldsymbol{F} \cdot \boldsymbol{V})_z]_S\} \mathrm{d}A -$$

$$\int_A \{ \big[(\pmb{F}_h)_h \big]_S \cdot \nabla z_S - \big[(F_h)_z \big]_S \} \mathrm{d}A - \int_A (R_z)_\infty \mathrm{d}A - \int_A \big[(\pmb{R}_h)_S \cdot \nabla z_S - (R_z)_S \big] \mathrm{d}A$$

$$(4.100)$$

式中，$\int_A (\quad)\mathrm{d}A$ 表示对整个球面上的积分。方程式(4.100)表明，在没有加热和摩擦的情况下，当地球表面的高度与时间无关时，

$$\frac{\mathrm{d}}{\mathrm{d}t} \bigg[\iint_A \bigg(\int_{z_S}^{\infty} \rho e_T \mathrm{d}z \bigg) \mathrm{d}A \bigg] = 0 \qquad (4.101)$$

也就是说，大气的总能量是不变的。

　　式(4.100)的压力做功项和摩擦做功项从全球大气中消耗能量，这意味着在总体意义上，大气确实在下边界上做功，而不是反之亦然。由此可见，在一个平均时间范围内，式(4.100)的辐射和分子通量项必须作为一个能量来源。如本章前面所讨论的，大气在下边界上摩擦做功的速度为每平方米几十瓦特。气压做功项通常会更小。如在第 2 章中所讨论的，式(4.100)右侧剩余的单项通常要大几个数量级。因此，这些剩余项必须在平均时间内几乎等于零；也就是说，

$$- \int_A \{ \overline{\big[(\pmb{F}_h)_h \big]_S} \cdot \nabla z_S - \overline{\big[(F_h)_z \big]_S}^t \} \mathrm{d}A - \int_A \overline{(R_z)_\infty}^t \mathrm{d}A - \int_A \big[\overline{(\pmb{R}_h)_S \cdot \nabla z_S - (R_z)_S}^t \big] \mathrm{d}A \approx 0$$

$$(4.102)$$

这意味着式(4.102)左边的大气总"加热"几乎接近零。方程式(4.102)可以写为更简单的形式

$$\int_V \big[-\nabla \cdot \overline{(\pmb{R}+\pmb{F}_h)}^t \big] \rho \mathrm{d}V \approx 0 \qquad (4.103)$$

式中，$\int_V (\quad)\rho\mathrm{d}V$ 表示对整个大气的体积分。

4.12　静力能

　　另一个与总能量方程密切相关的有用方程，可以通过在式(4.95)的两边加 $\partial p/\partial t$，然后用状态方程和式(4.83)来得到。其结果是：

$$\frac{\partial}{\partial t} \big[\rho(K+\phi+c_p T+Lq_v) \big] + \nabla \cdot \big[\rho \pmb{V}(K+\phi+c_p T+Lq_v) + \pmb{R} + \pmb{F}_h + \pmb{F} \cdot \pmb{V} \big] = \frac{\partial p}{\partial t}$$

$$(4.104)$$

比较一下式(4.95)和式(4.104)，式(4.95)中的平流量为总能量 $K+\phi+c_v T+Lq_v$，而式(4.104)中的平流量为 $K+\phi+c_p T+Lq_v$。它们就不一样了，因为 $c_p \neq c_v$。在(式 4.95)中与 $\pmb{V}$ 相关的输送项是 $\nabla \cdot \big[\rho \pmb{V}(K+\phi+c_v T+Lq_v) + p\pmb{V} \big]$，而在式(4.104)中是 $\nabla \cdot \big[\rho \pmb{V}(K+\phi+c_p T+Lq_v) \big]$。根据状态方程，这两个输送项实际上是相等的。式(4.104)一个很好的特性是，在时间变化速率下的量与被风平流的量相同。式(4.104)的缺点是右边的 $\partial p/\partial t$ 项。然而，$\partial p/\partial t$ 在足够长的时间平均中变得可以忽略不计，在其他情况下也可能忽略不计。

　　现在我们要做一些近似。以相当极端的 $100~\mathrm{m \cdot s^{-1}}$ 速度快速前进的空气块单位质量的动能为 $5 \times 10^3~\mathrm{J \cdot kg^{-1}}$，当然，以更典型的 $10~\mathrm{m \cdot s^{-1}}$ 移动的气块动能要小 100 倍。为了比较，

200 hPa 面上的气块单位质量（相对于海平面）的位能约为 $1.2 \times 10^5 \ \mathrm{J \cdot kg^{-1}}$，温度仅为 200 K 的气块单位质量的内能约为 $1.5 \times 10^5 \ \mathrm{J \cdot kg^{-1}}$。这些例子说明，动能对总能量的贡献通常可以忽略不计。此外，式（4.104）的摩擦项和气压倾向项往往可以被忽略。使用这些简化的近似，式（4.104）简化为

$$\frac{\partial}{\partial t}(\rho h) + \nabla \cdot (\rho \boldsymbol{V} h + \boldsymbol{R} + \boldsymbol{F}_h) \approx 0 \qquad (4.105)$$

式中，

$$h \equiv \phi + c_p T + L q_v \qquad (4.106)$$

是湿静力能。根据式（4.105），湿静力能在湿绝热和干绝热过程下近似守恒。由于降水不影响水汽混合比，即使发生降水，湿静力能也近似守恒。我们之前对式（4.104）和式（4.95）的比较表明，虽然湿静力能不等于总能量，但湿静力能的输送可以很好地近似于总能量的输送。

前面的讨论表明，湿静力能的守恒是近似于总能量方程，而不是热力学能量方程。这就是为什么式（4.105）中没有耗散项；这样一项当然会出现在热力学能量方程的任何形式中，尽管我们可以证明在某些条件下忽略它。

由于水汽混合比 q_v 在干绝热过程下是守恒的，湿静力能的守恒意味着干静力能量，

$$s \equiv \phi + c_p T \qquad (4.107)$$

在干绝热过程下近似守恒。干静力能通常随着大气高度的增加而增加，因为，正如在本章习题 15 所表明的，干静力能随高度的变化率与位温随高度的变化率具有相同的符号。

湿静力能和干静力能在本书的后期被广泛使用，也被广泛应用于研究文献。第 5 章和第 6 章详细讨论湿静力能的垂直廓线及其地理变化。

4.13 熵

对于任何气体或液体，单位质量的熵 ε 满足

$$T \frac{\mathrm{D}\varepsilon}{\mathrm{D}t} = \frac{\mathrm{D}e}{\mathrm{D}t} + p \frac{\mathrm{D}\alpha}{\mathrm{D}t} \qquad (4.108)$$

通过比较式（4.108）与热力学能量方程式（4.81），我们可以看出

$$T \frac{\mathrm{D}\varepsilon}{\mathrm{D}t} = -\alpha \nabla \cdot (\boldsymbol{R} + \boldsymbol{F}_s) + LC + \delta \qquad (4.109)$$

利用式（4.108）和状态方程，我们可以证明

$$\varepsilon = c_p \ln\left(\frac{T}{T_0}\right) - R \ln\left(\frac{p}{p_0}\right) \qquad (4.110)$$

式中，T_0 和 p_0 是作为"积分常数"产生的合适参考值。需要参考值是因为对数的参数必须总是无量纲的，如附录 B 所讨论的。熵和位温之间有一个简单的关系，即，

$$\varepsilon = c_p \ln\left(\frac{\theta}{\theta_0}\right) \qquad (4.111)$$

式中，θ_0 是 T_0 和 p_0 对应的位温。对于含液态水的饱和空气，式（4.111）必须替换为

$$\varepsilon \approx c_p \ln\left(\frac{\theta}{\theta_0}\right) - \frac{L l}{T} \qquad (4.112)$$

（Lorenz，1979；Emanuel，1994）。

方程式(4.109)可以重新排列为

$$\frac{D\varepsilon}{Dt} = \frac{-\alpha \nabla \cdot (\boldsymbol{R} + \boldsymbol{F}_s) + LC + \delta}{T} \tag{4.113}$$

我们使用连续方程把式(4.113)重写为通量形式,然后在整个大气质量上积分得到

$$\frac{d}{dt}\iint_V \rho\varepsilon \, dV = \iint_V \left[\frac{-\nabla \cdot (\boldsymbol{R} + \boldsymbol{F}_s) + \rho LC + \rho\delta}{T}\right] dV \tag{4.114}$$

在足够长的时间内平均,式(4.114)简化为:

$$\int_V \overline{\left[\frac{-\alpha \nabla \cdot (\boldsymbol{R} + \boldsymbol{F}_s) + LC + \delta}{T}\right]}^t \rho \, dV = 0 \tag{4.115}$$

因为 $\delta \geqslant 0$,耗散永远不会减少,并且通常会增加熵。这允许我们通过降低耗散率来将式
(4.115)转换为一个不等式:

$$\int_V \overline{\left[\frac{-\alpha \nabla \cdot (\boldsymbol{R} + \boldsymbol{F}_s) + LC}{T}\right]}^t \rho \, dV \leqslant 0 \tag{4.116}$$

这一重要的结果意味着,对于整个大气来说,加热必须用来降低熵。

为了满足式(4.116),平均而言必须在温度高的地方进行加热,必须在温度低的地方进行
冷却。这意味着加热和冷却过程必须起作用来增加随时间的温度差异。发生这种情况的一种
方法是在热带地区和地表附近进行加热,那里的空气很温暖,在两极附近和上空的高层冷却,
那里的空气很冷。为了看到这个结论可以从式(4.116)中得出,假设

$$Q \equiv -\alpha\nabla \cdot (\boldsymbol{R} + \boldsymbol{F}_s) + LC \tag{4.117}$$

表示加热速率,并将 Q 和 T 分成式(4.117)中表示体积分的平均值(用上面一横表示)和平均
值的偏离(用一撇表示)。然后我们可以写为

$$Q = \bar{Q} + Q' \text{ 和 } T = \bar{T} + T' \tag{4.118}$$

由此可见

$$
\begin{aligned}
\overline{\left(\frac{Q}{T}\right)} &= \overline{\left[\frac{\overline{Q + Q'}}{\overline{T + T'}}\right]} \\
&= \overline{\frac{\bar{Q}\left(1 + \dfrac{Q'}{\bar{Q}}\right)}{\bar{T}\left(1 + \dfrac{T'}{\bar{T}}\right)}} \\
&= \frac{\bar{Q}}{\bar{T}} \overline{\left(1 + \frac{Q'}{\bar{Q}}\right)\left(1 - \frac{T'}{\bar{T}}\right)} \\
&= \frac{\bar{Q}}{\bar{T}} \overline{\left(1 + \frac{Q'}{\bar{Q}} - \frac{T'}{\bar{T}} - \frac{Q'T'}{\bar{Q}\bar{T}}\right)} \\
&= \frac{\bar{Q}}{\bar{T}}\left(1 - \overline{\frac{Q'T'}{\bar{Q}\bar{T}}}\right) \\
&= \frac{\bar{Q}}{\bar{T}} - \frac{\overline{Q'T'}}{\bar{T}^2}
\end{aligned} \tag{4.119}
$$

对于 $\bar{Q} = 0$(参见式(4.103)),我们得到

$$\overline{\left(\frac{Q}{T}\right)} = -\frac{\overline{Q'T'}}{\overline{T^2}} \tag{4.120}$$

如果我们在温度已经温暖的地方增加能量,并在温度已经冷却的地方去除能量,那么 $\overline{Q'T'} > 0$,所以 $\overline{(Q/T)}$ 将是负的。一个倾向于"在热的地方加热,在冷的地方冷却"的过程会增加温度方差,即温度偏离平均值的平方,它倾向于降低熵。我们在第 7 章中表明,这样的过程也会产生有效位能。

我们得出的结论是,加热往往会增加大气内部的温度差异。为了使系统达到稳定状态,其他一些过程必须与这种趋势相反。这一过程是能量传输,平均而言,它将能量从暖区输送到冷区,例如,从热带地区输送到极地地区,从暖的地面输送到寒冷的高层大气。全球大气环流输送的能量倾向于冷却温度较高的地方(例如,热带对流层低层),而倾向于温暖温度较低的地方(例如,极地对流层)。

最后重要的一点是,全球熵收支与全球能量来源收支有根本的不同。能量是守恒的,这意味着在一个平均时间内,进入系统的能量通量必须通过输出能量通量来平衡。相比之下,地球通过各种耗散过程产生熵。因此,通过辐射产生了来自地球系统的净熵通量,在平均时间内,这个向外的熵通量等于地球的熵产生率。因此,可以利用卫星测量穿过大气顶部的熵流来推断地球的熵产生率。现在已经这样做了。有关更多讨论,请参见 Stephens 和 O'Brien(1993)。

4.14 原始方程

在分析大尺度环流系统时,常用于运动方程的一些重要近似。

(1)任意位置用 a 替换 r,其中 a 是地球的半径。如果大气与行星的半径相比较薄,则可以证明这种形式的近似是合理的,因此它被称为薄大气近似。这对地球是一个很好近似,但不适用于木星。

(2)删除式(4.50)包含 $\overline{f}$ 的项。这意味着 $\boldsymbol{\Omega}$ 的水平分量从方程中消失了。关于这种近似不成立的情况,目前正在进行讨论。

(3)在 u 和 v 的方程中分别忽略了涉及 w 的 uw/r 和 vw/r 曲率项,在垂直运动方程中忽略 $(u^2 + v^2)/r$。

(4)用静力方程代替垂直运动方程:

$$\frac{\partial p}{\partial z} = -\rho g \tag{4.121}$$

这些近似的理由可以在大气动力学的标准教科书中找到(Holton,2004)。所得到的系统通常被称为原始方程。

静力方程式(4.121)值得进一步讨论。在适当的边界条件下,式(4.121)允许我们从 $\rho(z)$ 计算 $p(z)$。即使当空气在移动时,式(4.121)也给出了一个对 $p(z)$ 很好的近似,仅仅因为 $\mathrm{D}w/\mathrm{D}t$ 和摩擦力的垂直分量与 g 相比较几乎总是很小。应用于运动空气的方程式(4.121)称为静力近似,它也适用于几乎所有的气象现象,甚至包括剧烈的雷暴。

对于大尺度环流,通过使用式(4.121)确定的近似 $p(z)$ 可以用来计算水平运动方程中的气压梯度力。这种用法被称为准静力近似。这种近似非常准确地适用于大尺度运动,但它对小尺度运动,如雷暴,引入了不可接受的误差。当进行准静力近似时,有效动能仅有水平风的贡献,忽略了垂直分量 w 的贡献。对于大尺度的运动,$w \ll (u,v)$,因此,这个准静力动能非常接近真正的动能。Holton(2004)进一步讨论了这个主题。

用式(4.121)代替垂直运动方程,产生了两个基本的变化。首先,垂直运动方程不能再用来确定垂直速度。用于获得垂直速度的替代方法取决于所使用的垂直坐标系,这是可预期的,因为垂直速度的实际意义也取决于垂直坐标系。例如,在气压坐标系的情况下,垂直速度为 $\omega \equiv Dp/Dt$,ω 可以使用 $p=0$ 处的上边界条件 $\omega=0$ 的连续方程来确定。在这本书中,我们将根据需要逐个确定垂直速度。

使用式(4.121)产生的第二个基本变化是,它只允许预测一个(三维)热力学变量,而完整的方程组允许两个。例如,如果预测了密度,那么式(4.121)可以通过从大气顶部的 $p=0$ 垂直积分来确定气压,然后可以使用理想气体定律来确定温度。由于这种变化,准静力近似过滤了垂直传播的声波。这很好,因为垂直传播的声波对天气或气候没有明显的影响,可能在模式中造成实际困难;对于大多数目的,最好滤掉它们(Arakawa 和 Konor,2009)。

当我们考虑大尺度运动时,由分子通量引起的倾向被那些与湍流、对流和重力波相关的倾向所淹没。此外,对于大尺度运动,与湍流、对流和小尺度波相关的通量散度可以通过通量垂直分量的垂直导数来准确地得到。

用这些近似,我们可以用下式替换式(4.50)

$$\frac{Du}{Dt} - \frac{uv\tan\varphi}{a} = fv - \frac{\alpha}{a\cos\varphi}\frac{\partial p}{\partial \lambda} - \alpha\frac{\partial F_u}{\partial z}$$

$$\frac{Dv}{Dt} + \frac{u^2\tan\varphi}{a} = -fu - \frac{\alpha}{a}\frac{\partial p}{\partial \varphi} - \alpha\frac{\partial F_v}{\partial z}$$

$$\alpha\frac{\partial p}{\partial z} = -g \tag{4.122}$$

水平运动的矢量方程也由下式给出。

$$\frac{\partial \boldsymbol{V}_h}{\partial t} + (\zeta_z + f)\boldsymbol{k} \times \boldsymbol{V}_h + \nabla_z K + w\frac{\partial \boldsymbol{V}_h}{\partial z} = -\alpha\nabla_z p - \alpha\frac{\partial \boldsymbol{F}_V}{\partial z} \tag{4.123}$$

式中,

$$\zeta_z \equiv \boldsymbol{k} \cdot (\nabla_z \times \boldsymbol{V}_h) \tag{4.124}$$

是在高度坐标系中的相对涡度垂直分量,

$$K \equiv \frac{1}{2}\boldsymbol{V}_h \cdot \boldsymbol{V}_h \tag{4.125}$$

是仅与水平速度相关的单位质量动能,矢量 $\boldsymbol{F}_V$ 是由小尺度运动引起的水平动量的垂直通量。

4.15　作为垂直坐标的位温

将一个变量用作垂直坐标的最基本要求是它随高度单调变化。然而,即使是这一要求也可以放宽。例如,在某些大气层上,一个垂直坐标可以与高度无关,只要该大气层不太厚。我们已经在这本书中同时使用了高度坐标和气压坐标。最有用的垂直坐标之一是位温。除了一些微小的例外,θ 在整个大气中随着高度的增加而增加。我们现在推导用 θ 坐标表示的大气运动基本方程,而不使用静力近似。原因很明显,在这本书的其余部分许多地方位温将被用作垂直坐标。

起点是高度坐标系中的基本方程,分别显示水平和垂直速度和导数。为简单起见,省略了

旋转和摩擦的水平和垂直运动方程为

$$\frac{\mathrm{D}\boldsymbol{V}_h}{\mathrm{D}t} = -\frac{1}{\rho}\nabla_z p \tag{4.126}$$

$$\frac{\mathrm{D}W}{\mathrm{D}t} = -\frac{1}{\rho}\frac{\partial p}{\partial z} - g \tag{4.127}$$

连续方程是

$$\left(\frac{\partial \rho}{\partial t}\right)_z + \nabla_z \cdot (\rho \boldsymbol{V}_h) + \frac{\partial}{\partial z}(\rho w) = 0 \tag{4.128}$$

我们可以把热力学能量方程写成

$$\dot{\theta} \equiv \frac{\mathrm{D}\theta}{\mathrm{D}t} = \frac{Q}{\Pi} \tag{4.129}$$

式中,Q 是单位质量的加热率,Π 是埃克斯纳(Exner)函数,两者满足

$$c_p T = \Pi\theta \tag{4.130}$$

和

$$\Pi = c_p \left(\frac{p}{p_0}\right)^{\kappa} \tag{4.131}$$

最后,我们包含了任意标量 Λ 的预报方程,即

$$\left[\frac{\partial}{\partial t}(\rho\Lambda)\right]_z + \nabla_z \cdot (\rho \boldsymbol{V}_h \Lambda) + \frac{\partial}{\partial z}(\rho w \Lambda) = \rho S_{\Lambda} \tag{4.132}$$

式中,S_{Λ} 是单位质量 Λ 的源项。

我们现在将这些方程转换为 θ 坐标。使用附录 D 中描述的方法,我们可以将水平气压梯度写为

$$\frac{1}{\rho}\nabla_z p = \frac{1}{\rho}\nabla_{\theta} p - \frac{1}{\rho}\frac{\partial p}{\partial z}\nabla_{\theta} z \tag{4.133}$$

我们可以用式(4.130)、式(4.131)和理想气体定律,重写式(4.133)右边的第一项为:

$$\begin{aligned}
\frac{1}{\rho}\nabla_{\theta} p &= RT\frac{\nabla_{\theta} p}{p} \\
&= \frac{RT}{\kappa}\frac{\nabla_{\theta}\Pi}{\Pi} \\
&= \frac{c_p T}{\Pi}\nabla_{\theta}\Pi \\
&= \theta\nabla_{\theta}\Pi \\
&= \nabla_{\theta}(\Pi\theta) \\
&= \nabla_{\theta}(c_p T) \\
&= \nabla_{\theta}s - g\nabla_{\theta}z
\end{aligned} \tag{4.134}$$

式中,s 是干静力能。同样,我们可以将垂直气压梯度力写为

$$\begin{aligned}
\frac{1}{\rho}\frac{\partial p}{\partial z} &= \frac{RT}{p}\frac{\partial p}{\partial z} \\
&= \frac{RT}{\kappa\Pi}\frac{\partial\Pi}{\partial z} \\
&= \frac{c_p T}{\Pi}\frac{\partial\Pi}{\partial z}
\end{aligned}$$

$$= \theta \frac{\partial \Pi}{\partial z}$$

$$= \frac{\partial}{\partial z}(\Pi \theta) - \Pi \frac{\partial \theta}{\partial z}$$

$$= \frac{\partial}{\partial z}(c_p T) - \Pi \frac{\partial \theta}{\partial z}$$

$$= \frac{\partial s}{\partial z} - g - \Pi \frac{\partial \theta}{\partial z}$$

$$= \frac{\partial \theta}{\partial z}\left(\frac{\partial s}{\partial \theta} - \Pi\right) - g \tag{4.135}$$

将式(4.135)和式(4.135)代入式(4.133)后,我们发现

$$\frac{1}{\rho}\nabla_z p = (\nabla_\theta s - g\nabla_\theta z) - \left[\frac{\partial \theta}{\partial z}\left(\frac{\partial s}{\partial \theta} - \Pi\right) - g\right]\nabla_\theta z$$

$$= \nabla_\theta s - \frac{\partial \theta}{\partial z}\left(\frac{\partial s}{\partial \theta} - \Pi\right)\nabla_\theta z \tag{4.136}$$

使用式(4.135)和式(4.136),我们现在可以把水平和垂直运动方程重写为

$$\frac{\mathrm{D}\boldsymbol{V}_h}{\mathrm{D}t} = -\left[\nabla_\theta s - \frac{\partial \theta}{\partial z}\left(\frac{\partial s}{\partial \theta} - \Pi\right)\nabla_\theta z\right] \tag{4.137}$$

$$\frac{\mathrm{D}w}{\mathrm{D}t} = -\frac{\partial \theta}{\partial z}\left(\frac{\partial s}{\partial \theta} - \Pi\right) \tag{4.138}$$

在本章前面介绍干静力能 s 时,我们指出它在干绝热过程下近似守恒,并且在静力稳定的大气中往往随高度的增加而增加。在以等熵面坐标表示的水平和垂直气压梯度力的表达式中看到相同的变量可能会令人困惑,但它实际上是相同的变量,在方程中起着两个非常不同的作用。在水平和垂直气压梯度力的背景下,干静力能有时被称为蒙哥马利(Montgomery)位势,但我们在这本书中没有使用这个术语。

接下来,我们变换连续方程式(4.128)。使用附录 D 中讨论的方法,我们可以将式(4.128)改写为

$$\left(\frac{\partial \rho}{\partial t}\right)_\theta - \frac{\partial \theta}{\partial z}\frac{\partial \rho}{\partial \theta}\left(\frac{\partial z}{\partial t}\right)_\theta + \frac{\partial \theta}{\partial z}\nabla_\theta \cdot (\rho\boldsymbol{V}_h) - \frac{\partial \theta}{\partial z}\left[\frac{\partial}{\partial \theta}(\rho\boldsymbol{V}_h)\right] \cdot \nabla_\theta z + \frac{\partial \theta}{\partial z}\frac{\partial}{\partial \theta}(\rho w) = 0 \tag{4.139}$$

或者

$$\frac{\partial z}{\partial \theta}\left(\frac{\partial \rho}{\partial t}\right)_\theta - \frac{\partial \rho}{\partial \theta}\left(\frac{\partial z}{\partial t}\right)_\theta + \nabla_\theta \cdot (\rho\boldsymbol{V}_h) - \left[\frac{\partial}{\partial \theta}(\rho\boldsymbol{V}_h)\right] \cdot \nabla_\theta z + \frac{\partial}{\partial \theta}(\rho w) = 0 \tag{4.140}$$

注意

$$\left[\frac{\partial}{\partial t}\left(\rho\frac{\partial z}{\partial \theta}\right)\right]_\theta = \frac{\partial z}{\partial \theta}\left(\frac{\partial \rho}{\partial t}\right)_\theta + \rho\frac{\partial}{\partial \theta}\left(\frac{\partial z}{\partial t}\right)_\theta \tag{4.141}$$

和

$$\nabla_\theta \cdot \left(\rho\frac{\partial z}{\partial \theta}\boldsymbol{V}_h\right) = \frac{\partial z}{\partial \theta}\nabla_\theta \cdot (\rho\boldsymbol{V}_h) + \rho\boldsymbol{V}_h \cdot \nabla_\theta\left(\frac{\partial z}{\partial \theta}\right) \tag{4.142}$$

将式(4.141)和式(4.142)代入式(4.140),我们得到

$$\left(\frac{\partial \rho_\theta}{\partial t}\right)_\theta + \nabla_\theta \cdot (\rho_\theta\boldsymbol{V}_h) - \frac{\partial}{\partial \theta}\left\{\rho\left[\left(\frac{\partial z}{\partial t}\right)_\theta + \boldsymbol{V}_h \cdot \nabla_\theta z - w\right]\right\} = 0 \tag{4.143}$$

式中,

$$\rho_\theta \equiv \rho \frac{\partial z}{\partial \theta} \tag{4.144}$$

称为伪密度,有单位温度单位面积的质量量纲(例如,$\mathrm{kg \cdot m^{-2} \cdot K^{-1}}$)。从式(4.144)可以得出

$$\frac{1}{\rho} \frac{\partial}{\partial z} = \frac{1}{\rho_\theta} \frac{\partial}{\partial \theta} \tag{4.145}$$

参考在本章开始讨论质量守恒的方程式(4.11)和式(4.13),我们定义

$$\mu \equiv - \rho \left[\left(\frac{\partial z}{\partial t} \right)_\theta + \boldsymbol{V}_h \cdot \nabla_\theta z - w \right] \tag{4.146}$$

为穿过等熵面的向上质量通量。式(4.146)中有负号,是因为等熵面高度的增加有利于穿过该面的质量向下"流动"。定义式(4.146)允许我们把连续方程式(4.143)简化为

$$\left(\frac{\partial \rho_\theta}{\partial t} \right)_\theta + \nabla_\theta \cdot (\rho_\theta \boldsymbol{V}_h) + \frac{\partial \mu}{\partial \theta} = 0 \tag{4.147}$$

同样地,任意标量式(4.132)的守恒方程也变成了

$$\left[\frac{\partial}{\partial t} (\rho_\theta \Lambda) \right]_\theta + \nabla_\theta \cdot (\rho_\theta V_h \Lambda) + \frac{\partial}{\partial \theta} (\mu \Lambda) = \rho_\theta S_\Lambda \tag{4.148}$$

将式(4.147)与式(4.148)结合,可以得到平流形式:

$$\left(\frac{\partial \Lambda}{\partial t} \right)_\theta + \boldsymbol{V}_h \cdot \nabla_\theta \Lambda + \frac{\mu}{\rho_\theta} \frac{\partial \Lambda}{\partial \theta} = S_\Lambda \tag{4.149}$$

作为式(4.149)的一种特殊情况,位温方程的平流形式为

$$\mu = \rho_\theta \dot{\theta} \tag{4.150}$$

式中,我们使用了 $\dot{\theta} \equiv S_\theta$。使用式(4.150),我们可以把式(4.147)、式(4.148)和式(4.149)重写为

$$\left(\frac{\partial z}{\partial t} \right)_\theta = - \boldsymbol{V}_h \cdot \nabla_\theta z + w - \frac{\partial z}{\partial \theta} \dot{\theta} \tag{4.151}$$

$$\left(\frac{\partial \rho_\theta}{\partial t} \right)_\theta + \nabla_\theta \cdot (\rho_\theta \boldsymbol{V}_h) + \frac{\partial}{\partial \theta} (\rho_\theta \dot{\theta}) = 0 \tag{4.152}$$

$$\left[\frac{\partial}{\partial t} (\rho_\theta \Lambda) \right]_\theta + \nabla_\theta \cdot (\rho_\theta \boldsymbol{V}_h \Lambda) + \frac{\partial}{\partial \theta} (\rho_\theta \dot{\theta} \Lambda) = \rho_\theta S_\Lambda \tag{4.153}$$

拉格朗日时间导数表示为

$$\frac{\mathrm{D}}{\mathrm{D}t} (\quad) = \left(\frac{\partial}{\partial t} \right)_\theta (\quad) + \boldsymbol{V}_h \cdot \nabla_\theta (\quad) + \dot{\theta} \frac{\partial}{\partial \theta} (\quad) \tag{4.154}$$

总之,在 θ 坐标系下描述非静力运动所需的预报方程为式(4.137)、式(4.138)、式(4.151)、式(4.152)和式(4.153)。不计算标量 Λ,θ 坐标模式的预报变量为 $\boldsymbol{V}_h$、w、ρ_θ 和 z。z 坐标系模式对应的预报变量为 $\boldsymbol{V}_h$、w、ρ 和 θ。

最后,我们必须确定 Π 和 s。我们可以在式(4.144)中使用 ρ_θ 和 $z(\theta)$ 来得到密度 ρ。知道 ρ 和 θ,我们可以从以下形式的状态方程中计算 Π。

$$\Pi = c_p \left(\frac{\rho R \theta}{p_0} \right)^{\frac{\kappa}{1-\kappa}} \tag{4.155}$$

然后我们可以使用 $s = \Pi\theta + gz$ 得到 s。气压和温度可以很容易地从 Π 和 θ 中诊断出来,尽管在本节中讨论的方程中不需要它们。

在准静力条件下,使用式(4.152)仍然可以预测伪密度。气压可以通过垂直积分从伪密度中计算出来。

$$\rho_\theta = -\frac{1}{g}\frac{\partial p}{\partial \theta} \tag{4.156}$$

为了得到式(4.156),我们使用了式(4.144)和静力方程。

$$\frac{\partial p}{\partial z} = -\rho g \tag{4.157}$$

一旦知道了气压,就可以从其定义中得到 Π,然后就可以从 θ 中计算出温度。垂直运动方程式(4.139)简化为静力方程。

$$\frac{\partial s}{\partial \theta} - \Pi = 0 \tag{4.158}$$

从下边界条件开始,通过垂直积分式(4.158)可以得到干静力能。

$$s = gz,\text{在}\ \theta = 0\ \text{处} \tag{4.159}$$

从 s 和温度中可以得到每个 θ 面的高度,因此不需要式(4.151),也不应该使用。通过使用式(4.158),水平动量方程式(4.137)被简化为

$$\frac{\mathrm{D}V_h}{\mathrm{D}t} = -\nabla_\theta s \tag{4.160}$$

从式(4.160)中可以看出,在静力条件下,θ 坐标系下的水平气压梯度力是一个梯度。这一事实在后面被用于推导位涡方程。

图 4.4 显示了 1 月和 7 月观测到的纬向平均等熵面伪密度。图中的垂直轴是位温,轴的

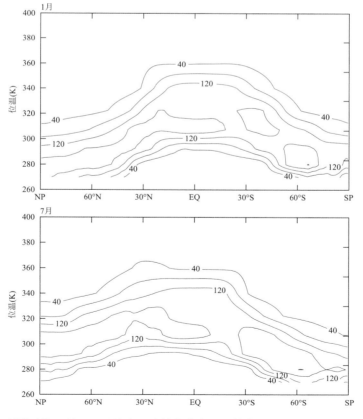

图 4.4　观测到的 1 月和 7 月纬向平均等熵伪密度。等值线间隔为 40 kg·m^{-2}·K^{-1}

下面部分 θ 值较低,应该发生在两极附近,但在热带地区从未发现。因此,对热带地区,在图的下面部分没有绘制等值线,我们可以考虑那里的伪密度实际上是零,这就解释了为什么在热带地表面附近的伪密度迅速向下下降。本主题将在第 7 章中进一步讨论。远离地表面,伪密度通常随着高度的增加而减小,像 ρ 一样。

4.16 涡度和位涡

位涡(PV)的概念对于理解行星波在全球大气环流中的作用是必要的。为了推导位涡方程的最一般形式,我们从等熵坐标下水平运动的准静力方程开始,现在考虑科氏力项和摩擦项:

$$\left(\frac{\partial \boldsymbol{V}_h}{\partial t}\right)_\theta + (\zeta_\theta + f)\boldsymbol{k} \times \boldsymbol{V}_h + \nabla_\theta(K+s) + \dot{\theta}\frac{\partial \boldsymbol{V}_h}{\partial \theta} = -\frac{1}{\rho_\theta}\frac{\partial \boldsymbol{F}_V}{\partial \theta} \tag{4.161}$$

式中,

$$\zeta_\theta \equiv \boldsymbol{k} \cdot (\nabla_\theta \times \boldsymbol{V}_h) \tag{4.162}$$

可以解释为涡度的垂直分量在垂直于等熵面单位矢量上的投影,$\boldsymbol{F}_V$ 是由小尺度涡旋引起的水平动量的垂直通量。

将 $\boldsymbol{k} \cdot \nabla \times$ 应用于式(4.161)可以导出等熵坐标下的涡度方程。式(4.161)的梯度项,即 $\nabla_\theta(K+s)$ 没有了,因为任何梯度的旋度都为零。其余的项可以使用矢量恒等式进行简化和组合。

$$\boldsymbol{k} \cdot \nabla_\theta \times (\boldsymbol{k} \times \boldsymbol{H}) = \nabla_\theta \cdot \boldsymbol{H} \tag{4.163}$$

和

$$\boldsymbol{k} \cdot \nabla_\theta \times \boldsymbol{H} = -\nabla_\theta \cdot (\boldsymbol{k} \times \boldsymbol{H}) \tag{4.164}$$

式中,$\boldsymbol{H}$ 是一个任意的水平矢量。利用式(4.163)—(4.164)和科氏力参数与时间无关的事实,我们发现

$$\left(\frac{\partial \eta}{\partial t}\right)_\theta + \nabla_\theta \cdot \left[\boldsymbol{V}_h \eta - \boldsymbol{k} \times \left(\dot{\theta}\frac{\partial \boldsymbol{V}}{\partial \theta} + \frac{1}{\rho_\theta}\frac{\partial \boldsymbol{F}_V}{\partial \theta}\right)\right] = 0 \tag{4.165}$$

式中,

$$\eta \equiv \zeta_\theta + f \tag{4.166}$$

是绝对涡度。请注意,在式(4.165)中,式(4.161)的"垂直平流项"的贡献出现在水平散度算子中!因此,它似乎代表了位涡沿 θ 面的水平再分布。它看起来不像垂直平流,它看起来也不像一个源或汇。由于 Haynes 和 McIntyre(1987),这个违反直觉的结果是由于使用了式(4.164)。

我们现在定义

$$Z \equiv \frac{\eta}{\rho_\theta} \tag{4.167}$$

为埃尔特尔(Ertel)位涡。然后,我们可以将式(4.165)重写为

$$\left(\frac{\partial}{\partial t}\right)_\theta (\rho_\theta Z) + \nabla_\theta \cdot \left[\rho_\theta \boldsymbol{V}_h Z - \boldsymbol{k} \times \left(\dot{\theta}\frac{\partial \boldsymbol{V}}{\partial \theta} + \frac{1}{\rho_\theta}\frac{\partial \boldsymbol{F}_V}{\partial \theta}\right)\right] = 0 \tag{4.168}$$

这个令人惊讶的结果是由 Haynes 和 McIntyre(1987)导出并讨论的,被称为不渗透性定理。方程式(4.168)表示,对于不与地球表面相交的等熵面,即使在存在加热和摩擦的情况下,等熵面上的质量加权位涡的面积平均值也不能发生变化。就像拉斯维加斯:等熵面发生的情

况停留在等熵面上。Hoskins 的下世界(1991)是一个例外,根据定义,它具有与地球表面相交的等熵面。下世界的位涡可能会由于在这些面上的边界影响而发生变化。有关进一步的讨论,请参见 Bretherton 和 Schär(1993)。我们将在第 9 章中回到式(4.168)。

对位涡感兴趣的部分原因是它遵循一个非常简单的守恒方程,即式(4.168)。正如 Hoskins 等(1985)所强调的那样,然而,对位涡感兴趣的一个更重要的原因是,在适当的边界条件下,它本质上决定了大量平衡大气环流的风和温度分布。例子将在后面给出。

图 4.5 显示了纬向平均位涡,它(几乎)是纬度的单调函数,赤道附近为零左右。平流层是一个高位涡的区域,因为那里的伪密度很小。冬季极地平流层的值特别大。平流层空气进入对流层的特点是位涡值异常大。相对于平流层,对流层是一个几乎均匀的位涡区域,这表明位涡是由对流层天气系统混合或均质化的。在每个半球的中纬度和高纬度地区,对流层顶大致与一个定常的位涡面重合,即 ± 2 PVU 面,其中一个 PVU 或位涡单位为 $10^{-6}\,\mathrm{m^2 \cdot K \cdot s^{-1} \cdot kg^{-1}}$。Kunz 等(2011)对这一基于位涡的对流层顶高度定义提供了一些警示性的评价。如前所述,副热带的对流层顶高度是不连续的,热带可以定义为对流层顶不连续位于赤道一侧的区域。

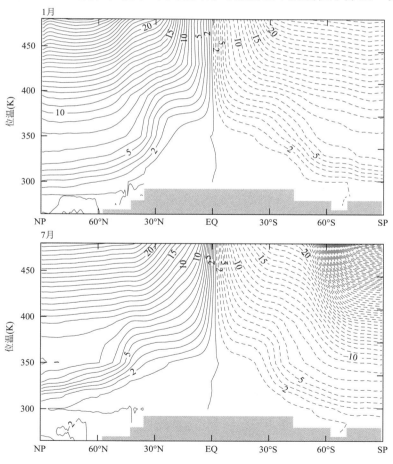

图 4.5　作为纬度和位温函数绘制的纬向平均埃尔特尔(Ertel)位涡。等值线间隔为 1 PVU(位涡单位),定义为 $10^{-6}\,\mathrm{m^2 \cdot K \cdot s^{-1} \cdot kg^{-1}}$。底部的阴影区代表在"地面"上的等熵面。Edouard 等(1997)工作中也有类似的图

4.17 准地转系统

Charney(1948)为现在所谓的准地转(quasi-geostrophic,QG)方程组给出系统的证明。当时,准地转系统之所以很感兴趣,因为它提供了一种在刚刚可用的原始数字计算机上进行数值天气预报的方法。从现代的角度来看,准地转系统是有用的,主要是因为它使中纬度地区的天气尺度天气现象给出简单(但近似的)解释成为可能。我们将在第8章中使用准地转系统。

Holton(2004)和 Vallis(2006)提供了对准地转动力学的全面介绍。准地转系统可以通过罗斯贝数的幂级数展开来导出,这看起来非常正式,尽管我从没有发现它特别令人信服。在这里,我们简要地回顾这个基本思想,它涉及动量方程和热力学方程中的各种近似,而没有试图详细证明这些近似。

以气压作为垂直坐标,我们可以将水平运动方程重写为

$$\frac{D\boldsymbol{V}}{Dt} + f\boldsymbol{k} \times \boldsymbol{V} = -\nabla\phi \tag{4.169}$$

为了简单起见,这里我们忽略了摩擦,并省略了 $\boldsymbol{V}$ 上的下标 h。根据定义,地转风矢量 $\boldsymbol{V}_g$ 满足

$$f\boldsymbol{k} \times \boldsymbol{V}_g = -\nabla\phi \tag{4.170}$$

式中,ϕ 是地转位势。使用式(4.170),我们可以将式(4.169)重写为:

$$\frac{D\boldsymbol{V}}{Dt} + f\boldsymbol{k} \times (\boldsymbol{V} - \boldsymbol{V}_g) = 0 \tag{4.171}$$

或者

$$\frac{\partial\boldsymbol{V}}{\partial t} + (\boldsymbol{V}\cdot\nabla)\boldsymbol{V} + \omega\frac{\partial\boldsymbol{V}}{\partial p} + f\boldsymbol{k}\times(\boldsymbol{V}-\boldsymbol{V}_g) = 0 \tag{4.172}$$

正如第3章所讨论的,无量纲罗斯贝数定义为

$$Ro \equiv \frac{V}{fL} \tag{4.173}$$

式中,V 和 L 分别是所考虑的运动系统中典型的风速和水平长度尺度。回顾第3章,中纬度地区天气尺度运动的 $Ro \ll 1$。假设

$$\beta \equiv \frac{1}{a}\frac{df}{d\varphi} \tag{4.174}$$

表示科氏力参数随纬度的变化率。Charney 证明,当条件

$$Ro \ll 1 \tag{4.175}$$

和

$$\frac{\beta L}{f} \lesssim Ro \tag{4.176}$$

是满足的,式(4.172)可以近似为

$$\left(\frac{\partial}{\partial t} + \boldsymbol{V}_g\cdot\nabla\right)\boldsymbol{V}_g + f\boldsymbol{k}\times(\boldsymbol{V}-\boldsymbol{V}_g) = 0 \tag{4.177}$$

方程式(4.177)是水平动量方程的准地转形式。条件式(4.175)表示动量平流与科氏力项相比较弱,式(4.176)表示科氏力参数在所考虑的天气系统经向尺度上相当小的范围内变化;也就是说,天气系统在经向方向上不是太"宽"。在从式(4.172)—式(4.177)的发展过程中,风的局

部倾向由地转风的局部倾向来近似,水平风的水平平流由地转风的地转平流来近似,忽略了水平风的垂直平流。

热力学能量方程的"位温"形式为式(4.88)。对于没有加热的情况下,它可以使用气压坐标写成:

$$\frac{\partial \theta}{\partial t} + (\boldsymbol{V} \cdot \nabla)\theta + \omega \frac{\partial \theta}{\partial p} = 0 \tag{4.178}$$

在准地转系统中,式(4.178)关于仅在垂直方向上变化的基本状态位温是线性的。我们写为

$$\theta(\lambda, \varphi, p, t) = \theta_{\mathrm{bs}}(p) + \theta'(\lambda, \varphi, p, t) \tag{4.179}$$

式中,$\theta_{\mathrm{bs}}(p)$ 是基本状态的位温,$\theta'(\lambda, \varphi, p, t)$ 是与基本状态的偏离。我们近似式(4.178)

$$\left(\frac{\partial}{\partial t} + \boldsymbol{V}_g \cdot \nabla\right)\theta' + \omega \frac{\partial \theta_{\mathrm{bs}}}{\partial p} = 0 \tag{4.180}$$

这里水平平流用的是地转风,垂直平流只作用于基本状态位温。尽管在动量方程中忽略了垂直平流,但由于地球大气是强层结的,它必须保留在热力学能量方程中。

使用静力方程的形式

$$\frac{\partial \phi}{\partial p} = -\frac{R}{p}\left(\frac{p}{p_0}\right)^{\kappa}\theta \tag{4.181}$$

我们可以证明

$$\theta\left(\frac{\partial \theta_{\mathrm{bs}}}{\partial p}\right)^{-1} = \frac{1}{S}\frac{\partial \phi}{\partial p} \tag{4.182}$$

式中,

$$S(p) \equiv -\frac{\alpha_{\mathrm{bs}}}{\theta_{\mathrm{bs}}}\frac{\partial \theta_{\mathrm{bs}}}{\partial p} \tag{4.183}$$

是静力稳定度,α_{bs} 是基本状态比容。从式(4.182)通过代换,我们可以用位势重写热力学能量方程式(4.180):

$$\left(\frac{\partial}{\partial t} + \boldsymbol{V}_g \cdot \nabla\right)\left(\frac{1}{S}\frac{\partial \phi}{\partial p}\right) + \omega = 0 \tag{4.184}$$

这是热力学能量方程的准地转形式。

接下来,我们得到与式(4.177)对应的涡度方程。它是

$$\frac{\partial \zeta_g}{\partial t} + (\boldsymbol{V}_g \cdot \nabla)\zeta_g + \beta_0 v_g + f_0 \nabla \cdot \boldsymbol{V} = 0 \tag{4.185}$$

式中,

$$\begin{aligned} \zeta_g &\equiv \boldsymbol{k} \cdot (\nabla \times \boldsymbol{V}_g) \\ &\approx \frac{\nabla^2 \phi}{f_0} \end{aligned} \tag{4.186}$$

是地转涡度。在式(4.185)的散度项中,我们将 f 替换为 f_0,β 替换为 β_0。这些都是适用于所考虑的纬度带"中间"的常数值。为了得到式(4.186)的第二行,我们忽略了涉及科氏力参数随纬度变化的项。使用式(4.186)和连续方程,

$$\nabla \cdot \boldsymbol{V} + \frac{\partial \omega}{\partial p} = 0 \tag{4.187}$$

我们可以将式(4.185)重写为

$$\left(\frac{\partial}{\partial t} + \boldsymbol{V}_g \cdot \nabla\right)\left(\frac{\nabla^2 \phi}{f_0} + \beta_0 y\right) - f_0 \frac{\partial \omega}{\partial p} = 0 \tag{4.188}$$

83

这里我们使用了

$$\left(\frac{\partial}{\partial t} + \boldsymbol{V}_g \cdot \nabla\right) y = v_g \tag{4.189}$$

方程式(4.188)为准地转涡度方程。

推导准地转系统的最后一步是消除式(4.184)和式(4.188)之间的 ω。使用式(4.170)，我们可以证明

$$\frac{\partial}{\partial p}\left[\left(\frac{\partial}{\partial t} + \boldsymbol{V}_g \cdot \nabla\right)\left(\frac{1}{S}\frac{\partial \phi}{\partial p}\right)\right] = \left(\frac{\partial}{\partial t} + \boldsymbol{V}_g \cdot \nabla\right)\left[\frac{\partial}{\partial p}\left(\frac{1}{S}\frac{\partial \phi}{\partial p}\right)\right] \tag{4.190}$$

这允许我们重写式(4.184)为

$$\left(\frac{\partial}{\partial t} + \boldsymbol{V}_g \cdot \nabla\right)\left[\frac{\partial}{\partial p}\left(\frac{1}{S}\frac{\partial \phi}{\partial p}\right)\right] + \frac{\partial \omega}{\partial p} = 0 \tag{4.191}$$

在式(4.188)和式(4.191)之间消除 $\partial \omega / \partial p$ 得到

$$\left(\frac{\partial}{\partial t} + \boldsymbol{V}_g \cdot \nabla\right) Z_{\mathrm{QG}} = 0 \tag{4.192}$$

式中，

$$Z_{\mathrm{QG}} = \frac{\nabla^2 \phi}{f_0} + \beta_0 y + \frac{\partial}{\partial p}\left(\frac{f_0}{S}\frac{\partial \phi}{\partial p}\right) \tag{4.193}$$

被称为准地转伪位涡（QG pseudopotential vorticity，QGPPV），式(4.192)被称为准地转伪位涡方程。如果已知 Z_{QG}，并提供了适当的边界条件，则式(4.193)可以作为 ϕ 的边值问题来求解。一旦确定了 ϕ，就可以从式(4.170)得到地转风，从式(4.182)得到位温。我们说，准地转伪位涡可以"反过来"来求解风和温度(Hoskins et al.，1985)。因此，准地转伪位涡是准地转动力学的关键。

我们将在第 8 章中使用这些想法。

4.18 浅水方程

最后，我们将简要讨论浅水方程，它也将在第 8 章中使用几次。浅水方程是基于三个假设或理想化的二维系统，具体如下：

(1)流体是不可压缩的，而且密度始终是均匀的。

水的可压缩性比空气要小得多，所以这一假设部分解释了浅水系统的名称。不可压缩性的假设有两个重要的后果。首先，将连续方程简化为

$$\nabla \cdot \boldsymbol{V} = 0 \tag{4.194}$$

参见式(4.5)。由于三维散度等于零，水平方向上的辐合(辐散)一定伴随着垂直方向上的辐散(辐合)。我们假设流体的下边界是一个可能具有变化高度 h_T 的不透水表面(像地球的表面)，并且上边界是一个高度为 h 的自由面(像一个湖的表面)(图 4.6)。有了这些假设，式(4.194)导出一个连续方程，形式为

$$\frac{\partial h}{\partial t} + \nabla \cdot (h\boldsymbol{V}) = 0 \tag{4.195}$$

式中，h 是流体的深度。

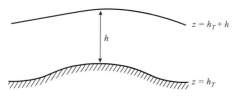

图 4.6 描绘浅水流过"山"的示意图

不可压缩性的第二个结果是,膨胀做功项在机械能和热力学能量方程中消失(式(4.67)和式(4.81)),因此,内能和机械能之间没有转换。这样,内能可以被忽略,也不需要一个热力学能量方程或温度。任何耗散的动能都"消失了",所以当包括耗散摩擦时,浅水方程总能量不守恒。

(2)水平风没有垂直切变。这就是"浅"的切入点。

(3)运动是准静力的,因此给定层的气压与该层以上水的深度成正比,只随着自由表面高度的变化而变化。

使用第一个和第三个假设,我们可以将水平气压梯度力(HPGF)写为:

$$\text{HPGF} = -\frac{1}{\rho}\nabla\left[g\rho(h_T+h)\right]$$
$$= -g\nabla(h_T+h) \tag{4.196}$$

式中,h_T 是底部地形相对于任意参考层的高度,因此,$h+h_T$ 是自由面的高度。然后我们可以把水平动量方程的浅水形式写为

$$\frac{\mathrm{D}\boldsymbol{V}}{\mathrm{D}t}+f\boldsymbol{k}\times\boldsymbol{V}=-g\nabla(h+h_T) \tag{4.197}$$

如果需要,可以增加一个摩擦项。

4.19 小结

本章概述了动量、机械能和热力学能量以及位涡的守恒原理。详细讨论了能量转换过程,并介绍了广泛应用的近似方法。推导出了以位温为垂直坐标的运动方程。最后,介绍了重要近似,包括准地转方程组,以及理想化的浅水系统。

这些理论将在下面的章节中被使用。接下来,在第 5 章中,我们将讨论根据纬向平均环流对水汽、能量和角动量的平衡要求。

习题

1. 与地球自转相关的向东速度是 $\boldsymbol{V}_e = \Omega r\cos\varphi\boldsymbol{e}_\lambda$。证明
$$\boldsymbol{e}_r \cdot (\nabla\times\boldsymbol{V}_e) = 2\Omega\sin\varphi$$

2. 证明下列关于球坐标系中的单位矢量:
$$\nabla \cdot \boldsymbol{e}_\lambda = 0$$
$$\nabla \cdot \boldsymbol{e}_\varphi = -\frac{\tan\varphi}{r}$$

$$\nabla \cdot \boldsymbol{e}_r = \frac{2}{r}$$

$$\nabla \times \boldsymbol{e}_\lambda = \frac{\boldsymbol{e}_\varphi}{r} + \frac{\tan\varphi}{r}\boldsymbol{e}_r$$

$$\nabla \times \boldsymbol{e}_\varphi = -\frac{\boldsymbol{e}_\lambda}{r}$$

3. 从运动方程开始,计算地球静止轨道的半径。你必须考虑到地球的重力随离开地球中心距离的变化。

4. 如果不使用坐标系,证明

$$\Omega^2 \boldsymbol{r}_e = \nabla \left(\frac{1}{2} |\boldsymbol{\Omega} \times \boldsymbol{r}|^2 \right)$$

5. (a)假设你可以在北极推举杠铃 100 kg。你在赤道能举多少?假设地球是一个理想的球体,由于地球重力造成的加速度是水平均匀的。

(b)在 40°N 时,使离心加速度抵消地球表面的重力加速度需要一天的长度是多少?

6. 利用二维球坐标系 (λ, φ),通过直接计算(即"长的方式")证明

$$\frac{\mathrm{D}\boldsymbol{V}}{\mathrm{D}t} + 2\boldsymbol{\Omega} \times \boldsymbol{V} + \boldsymbol{\Omega} \times (\boldsymbol{\Omega} \times \boldsymbol{r}) = \frac{\partial \boldsymbol{V}}{\partial t} + (\nabla \times \boldsymbol{V} + 2\boldsymbol{\Omega}) \times \boldsymbol{V} + \nabla \left(\frac{1}{2}\boldsymbol{V} \cdot \boldsymbol{V} \right) - \nabla \left(\frac{1}{2} |\boldsymbol{\Omega} \times \boldsymbol{r}|^2 \right)$$

7. 对一个闭合的体积证明

$$\int_V \frac{\mathrm{D}A}{\mathrm{D}t}\rho \mathrm{d}V = \frac{\mathrm{d}}{\mathrm{d}t}\int_V A\rho \mathrm{d}V$$

8. 对一个等熵过程证明

$$\frac{p}{p_0} = \left(\frac{\rho}{\rho_0} \right)^\gamma = \left(\frac{T}{T_0} \right)^{\frac{\gamma}{\gamma-1}}$$

式中,下标 0 表示参考状态,$\gamma \equiv c_p/c_v$。

9. 对于一个任意的过程,证明

$$\alpha \mathrm{d}p = \theta \mathrm{d}\Pi$$

$$T\mathrm{d}\varepsilon = \Pi \mathrm{d}\theta$$

$$\eta = \Pi\theta + 常数$$

10. 混合(即均质)位温的过程增加熵。以下两个练习以稍微不同的方式说明了这一原理:

(a)考虑两个质量相同的气块。气块 1 有位温

$$\theta_1 = \theta_0 + \Delta\theta$$

和气块 2 有位温

$$\theta_2 = \theta_0 - \Delta\theta$$

式中,

$$0 \leqslant \Delta\theta < \theta_0$$

证明,对于给定的 θ_0 值,如果两个气块的位温相同,则两个气块的组合熵最大。

(b)考虑一个混合位温的过程;也就是说,

$$\frac{\partial \theta}{\partial t} = \frac{\partial}{\partial x}\left(K\frac{\partial \theta}{\partial x} \right)$$

式中,$K \geqslant 0$,作用于一个周期性的域,或者是在边界上 $K(\partial\theta/\partial x) = 0$ 的闭合域。证明这个过程会导致域平均熵随时间的增加而增加。

11. 从

$$\int_V p \frac{\mathrm{D}\alpha}{\mathrm{D}t} \rho \, \mathrm{d}V > 0$$

证明熵 ε 满足

$$\int_V T \frac{\mathrm{D}\varepsilon}{\mathrm{D}t} \rho \, \mathrm{d}V > 0$$

并且

$$\int_V \Pi \frac{\mathrm{D}\theta}{\mathrm{D}t} \rho \, \mathrm{d}V > 0$$

讨论这些不等式的物理意义。

12. 证明在静力大气中,干静力能 s 满足

$$\frac{\partial s}{\partial z} \approx \Pi \frac{\partial \theta}{\partial z}$$

13. 推导等温(均匀温度)和静力大气特殊情况下的等熵伪密度 $\rho_0(\theta)$ 的表达式。假设地面气压为 1000 hPa,温度为 270 K,在 0 到无穷大范围内绘制 θ 的 $\rho_0(\theta)$。

14. 从 θ 坐标下的运动方程开始,推导出 θ 坐标系下的机械能方程,其形式为

$$\left[\frac{\partial}{\partial t}(\rho_\theta K)\right]_\theta + \nabla_\theta \cdot [\rho_\theta \boldsymbol{V}(K+\phi)] + \frac{\partial}{\partial \theta}\left[\rho_\theta \dot{\theta}(K+\phi) - z\left(\frac{\partial p}{\partial t}\right)_\theta + \boldsymbol{V} \cdot \boldsymbol{F}_V\right] = -\rho_\theta \omega \alpha - \rho_\theta \delta$$

15. 考虑在赤道海面上静止的一个空气块。如果气块从表面上升到 15 km 的高度,保持其角动量守恒,它的纬向速度是多少? 为了解决这个问题,定义角动量的轴向分量为

$$M \equiv r\cos(\Omega r\cos\varphi + u)$$

式中,r 是气块到地球中心的径向距离。要回答这个问题,首先考虑表面静止的气块,其中 $r = a$。证明,如果气块移动到半径 r,而不改变其角动量,其纬向速度近似为

$$u \approx -2\Omega(r-a)$$

16. 证明三维气压梯度力可以写成 $-\theta\nabla\Pi$,不要使用静力近似。

17. 证明 $\Pi = c_p(\rho R\theta/p_0)^{\frac{R}{c_v-R}}$ 是状态方程的一种形式。

18. 如文中所讨论的,离心加速度导致赤道处的等位势面相对于两极凸起。赤道上的凸起有多大? 单位是 km,为简单起见,假设 g 是均匀的。

19. 使用

$$f\boldsymbol{k} \times \boldsymbol{V}_g = -\nabla\phi$$

证明

$$\frac{\partial}{\partial p}\left[\left(\frac{\partial}{\partial t} + \boldsymbol{V}_g \cdot \nabla\right)\left(\frac{1}{S}\frac{\partial\phi}{\partial p}\right)\right] = \left(\frac{\partial}{\partial t} + \boldsymbol{V}_g \cdot \nabla\right)\left[\frac{\partial}{\partial p}\left(\frac{1}{S}\frac{\partial\phi}{\partial p}\right)\right]$$

第5章 随气流而动

5.1 概述

大气在其上边界和下边界上受到能量、水汽和角动量时空变化的源和汇影响。大气环流传输能量、水汽和角动量,以便在时间的平均上保持全球平均平衡。源和汇本身也受到大气环流的影响。在本章中,我们将展示如何满足这些平衡要求。我们关注了纬向平均源、汇、垂直和经向传输,但强调了大气环流的纬向变化分量对纬向平均环流的系统性和强大的影响。

正如 Lorenz(1967)在其那本精彩的书中所叙述的那样,关于全球大气环流的早期理论旨在解释(当时非常不充分的观测)纬向平均环流。许多相关的过程以一种必要的方式依赖于沿纬度圈的风、温度等的变化。如果不考虑这些偏离纬向平均的影响,我们就无法理解纬向平均环流。我们将涡旋定义为随经度变化的大气环流特征。涡旋在维持纬向平均环流中的重要作用只是逐渐得到诸如 Dove(1837)、Defant(1921)、Jeffreys(1926)、Rossby(1941,1947)、Bjerknes(1948)和 Starr(1948)等早期学者的重视。深厚积云对流对全球大气环流的重要性首先是由 Riehl 和 Malkus(1958)提出的,这将在第 6 章中讨论。小尺度重力波引起的垂直动量通量也很重要,正如第 9 章讨论的。

近几十年来,人们对全球大气环流的纬向变化结构本身进行了深入的研究,而不仅仅是根据它对纬向平均环流的影响。这种更现代的观点在第 8 章及以后章节被采用。

维持观测到的纬向平均环流的过程在许多尺度上起作用。它们包括由辐射和小尺度对流引起的能量转换和传输,以及通过各种大尺度天气系统对角动量、能量、水汽和位涡的传输。在这章中,我们只是通过它们对纬向平均环流的影响间接地看到了这些不同的过程。后面的章节详细讨论了小尺度对流和大尺度涡旋的性质,并解释了它们如何与纬向平均环流相互作用。

本章遵循了 Peixoto 和 Oort(1992)的分析思路。技术的进步和全球预测中心的崛起使这项任务更加容易得多。在分析中:

(1)我们使用了欧洲中期天气预报中心再分析产品和其他 20 年前并不存在的现代数据源。

(2)我们使用等熵坐标而不是气压坐标来分析数据。

(3)我们可以通过互联网访问这些数据,并使用大量改进的计算机硬件和软件进行分析。

本章的主要目标是介绍一些关于观测到的干空气、水、能量和角动量的全球大气环流基本信息,并说明一些有用的分析概念。

5.2 讨论涡旋及其对纬向平均环流影响的工具

这本书的其余部分使用的符号允许我们区分涡旋和纬向平均流。我们偶尔会(但不是系统的)区分静止涡旋和瞬变涡旋,静止涡旋锚定在地球表面的特征(如山脉),因此出现在时间平均(如月平均)图中,瞬变涡旋是移动的,因此在足够长的时间平均内被抹去看不见。我们采用了表 5.1 中所示的符号,其中一些已经使用过了。在接下来的讨论中,我们考虑了从被称为 v 和 T 的场时空分布中得到的各种统计数据。我们使用这些符号只是为了方便。原则上,v 和 T 可以代表任何变量,也可能是同一个变量。

v 和 T 乘积的时间平均可展开为如下形式:

$$\overline{vT}^{t} = \overline{(\overline{v}^{t} + v')(\overline{T}^{t} + T')}$$
$$= \overline{\overline{v}^{t}\,\overline{T}^{t} + v'T' + \overline{v}^{t}T' + v'\,\overline{T}^{t}} \tag{5.1}$$
$$\approx \overline{v}^{t}\,\overline{T}^{t} + \overline{v'T'}^{t}$$

表 5.1　描述涡旋和纬向平均采用的符号

记号	意义
$\overline{(\quad)}^{t}$	时间平均
$(\quad)'$	相对时间平均的偏离,或瞬时分量
$\overline{(\quad)}^{\lambda}$	纬向平均
$(\quad)^{*}$	相对纬向平均的偏离,或涡旋分量

如公式所示,式(5.1)的最后一行只是近似,除非平均区间是无限的,或者除非时间平均在离散的、不重叠的时间块上进行。乘积 $\overline{v'T'}^{t}$ 是 v 和 T 的时间协方差,我们可以将式(5.1)的第一项分解为其纬向平均和涡旋分量:

$$\overline{v}^{t}\,\overline{T}^{t} = \overline{(\overline{v}^{\lambda} + v^{*})^{t}\,(\overline{T}^{\lambda} + T^{*})^{t}}$$
$$= (\overline{v}^{t,\lambda} + \overline{v^{*}}^{t})(\overline{T}^{t,\lambda} + \overline{T^{*}}^{t})$$
$$= \overline{v}^{t,\lambda}\,\overline{T}^{t,\lambda} + \overline{v^{*}}^{t}\,\overline{T^{*}}^{t} + \overline{v}^{t,\lambda}\,\overline{T^{*}}^{t} + \overline{v^{*}}^{t}\,\overline{T}^{t,\lambda} \tag{5.2}$$

因此,

$$\overline{\overline{v}^{t}\,\overline{T}^{t}}^{\lambda} = \overline{v}^{t,\lambda}\,\overline{T}^{t,\lambda} + \overline{\overline{v^{*}}^{t}\,\overline{T^{*}}^{t}}^{\lambda} \tag{5.3}$$

类似地,

$$\overline{v'T'}^{\lambda,t} = \overline{\overline{v'}^{\lambda}\,\overline{T'}^{\lambda}}^{t} + \overline{\overline{v'}^{*}\,\overline{T'}^{*}}^{\lambda,t} \tag{5.4}$$

式(5.3)和式(5.4)都是精确的。最后,代入式(5.1)的纬向平均,给出

$$\overline{vT}^{t,\lambda} = \overline{v}^{t,\lambda}\,\overline{T}^{t,\lambda} + \overline{\overline{v^{*}}^{t}\,\overline{T^{*}}^{t}}^{t} + \overline{\overline{v'}^{\lambda}\,\overline{T'}^{\lambda}}^{t} + \overline{v'^{*}\,T'^{*}}^{\lambda,t} \tag{5.5}$$

表 5.2 给出了一些感兴趣的统计公式。

以下是每个类别中变量的一些例子。假设 v 是经向风,T 是温度。然后,vT 可以称为温度的经向通量,并定义在空间的每个点上。应用时间平均,我们得到 $\overline{vT}^{t}$,即温度的时间平均经向通量。时间平均的乘积,如 $\overline{v}^{t}\,\overline{T}^{t}$,可以表示由时间平均经向风和时间平均温度引起的温度通量。这个量不包括可能由比平均间隔更短的时间尺度上扰动引起的额外通量。

表 5.2　讨论纬向平均流和涡旋协方差的术语

1	$\overline{v}^{t},\ \overline{T}^{t}$	时间平均场
2	$\overline{vT}^{t}$	乘积的时间平均
3	$\overline{v}^{\lambda}\ \overline{T}^{\lambda}$	纬向平均的乘积
4	$\overline{v}^{t}\ \overline{T}^{t}$	时间平均的乘积
5	$\overline{v'T'}^{t}=\overline{vT}^{t}-\overline{v}^{t}\ \overline{T}^{t}$	总瞬时值(时间协方差)(2)—$\overline{(4)}^{\lambda}$
6	$\overline{v}^{t,\lambda}\ \overline{T}^{t,\lambda}$	静止对称性 $\overline{(1)}^{\lambda}\times\overline{(1)}^{\lambda}$
7	$\overline{\overline{v}^{*}\ \overline{T}^{*}}^{\lambda}=\overline{\overline{v}^{t}\ \overline{T}^{t}}^{\lambda}-\overline{v}^{t,\lambda}\ \overline{T}^{t,\lambda}$	静止涡旋(时间平均的纬向协方差)$\overline{(4)}^{\lambda}$—(6)
8	$\overline{\overline{v'}^{\lambda}\ \overline{T'}^{\lambda}}^{t}=\overline{v}^{t}\ \overline{T}^{\lambda,t}-\overline{v}^{t,\lambda}\ \overline{T}^{t,\lambda}$	瞬时对称性(纬向平均的时间协方差)$\overline{(3)}^{\lambda}$—(6)
9	$\overline{v'^{*}T'^{*}}^{t,\lambda}=\overline{v'T'}^{t,\lambda}-\overline{\overline{v'}^{\lambda}\ \overline{T'}^{\lambda}}^{t}$	瞬变涡旋(结合纬向和时间协方差)(5)—(8)
10	$\overline{v^{*}T^{*}}^{t,\lambda}=\overline{\overline{v}^{*}\ \overline{T}^{*}}^{\lambda}+\overline{v'^{*}T'^{*}}^{t,\lambda}$	总涡旋(7)+(9)

　　乘积 $\overline{v}^{\lambda}\ \overline{T}^{\lambda}$ 是纬向平均经向风和纬向平均温度的经向通量贡献,如哈得来环流。该表第 10 行中列出的总涡旋温度通量可以写为总通量减去 $\overline{v}^{\lambda}\ \overline{T}^{\lambda}$。如表第 8 行所示的瞬时对称通量来自于纬向平均环流的时间变化部分。表第 9 行所示的瞬变涡旋通量来自随纬向和时间变化 v 和 T 的部分。

　　图 5.1 提供了一个示例。上面的图显示了 1 月平均 850 hPa 经向风的涡旋部分,即 $\overline{v}^{*t}$;相应的全场图较早给出(图 3.13)。中间图类似显示了 850 hPa 的涡旋温度场,即 $\overline{T}^{*t}$;同样,前面展示了一个全场图(图 3.21)。涡旋经向风场看起来与整个经向风场相似,仅仅因为在所有纬度地区,经向风的纬向平均都相当小。相比之下,涡旋温度场与全温场有很大的不同;涡旋场呈块状分布,而全温场有明显的东西带状分布的趋势。当从整个场中减去纬向平均来构造涡旋场时,带状被"去除"。图 5.1 的下图显示了乘积 $\overline{v}^{*}\ \overline{T}^{*}$ 图。右边是相应的纬向平均图,显示了 $\overline{\overline{v}^{*t}\ \overline{T}^{*t}}^{\lambda}$,即由于静止涡旋引起的纬向平均经向温度通量。除北半球中纬度地区外,通量很小;正如后面讨论的,冬季北半球气流经过地形产生明显的静止涡旋。

　　在本章中,我们讨论在等熵坐标中看到的"总"涡旋通量。瞬变和静止涡旋的不同作用将在后面的章节中讨论。

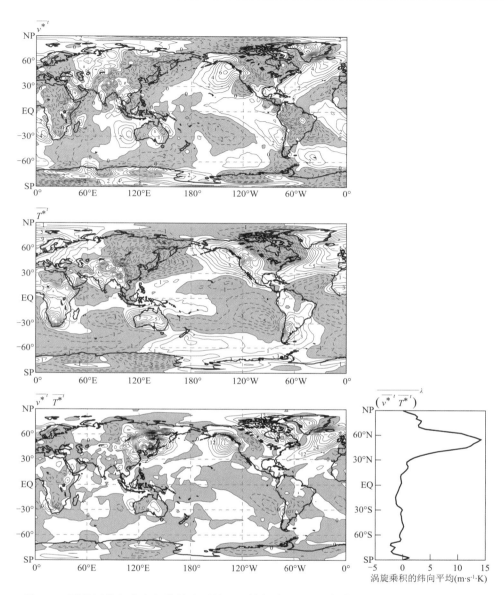

图 5.1　要素场分解为它们的纬向平均和涡旋部分,以及涡旋乘积的纬向平均例子。顶部
和中间的图分别显示了 850 hPa 1 月平均经向风和温度的静止涡旋部分。左下角和右下
角的图分别显示了乘积和乘积的纬向平均。详情请参见正文

5.3　质量环流的等熵观点

本章的其余部分广泛使用了第 4 章中介绍的等熵垂直坐标系。θ 坐标下的纬向平均和时间平均连续方程为

$$\frac{\partial \overline{\rho_\theta}^\lambda}{\partial t} + \frac{1}{a\cos\varphi}\frac{\partial}{\partial\varphi}(\overline{\rho_\theta \overline{v}}^\lambda \cos\varphi) + \frac{\partial}{\partial\theta}(\overline{\rho_\theta \dot{\theta}}^\lambda) = 0 \tag{5.6}$$

91

式(5.6)中,可以理解,纬向平均、时间导数和经向导数都是沿着等熵面进行的。使用前面介绍的涡旋符号,我们可以将式(5.6)中出现的纬向平均经向质量通量分为两部分:

$$\overline{\rho_\theta v}^\lambda = \overline{\rho_\theta}^\lambda \overline{v}^\lambda + \overline{\rho_\theta^* v^*}^\lambda \tag{5.7}$$

式(5.7)右边的第一项是纬向平均伪密度与纬向平均经向风的乘积。第二项来自于伪密度和经向风的相关扰动。例如,如果 ρ_θ^* 很大,v^* 很大,反之亦然,那么 $\overline{\rho_\theta^* v^*}^\lambda$ 将是正的。有时涡旋质量通量 $\overline{\rho_\theta^* v^*}$ 也被称为经向团流质量通量,$\overline{\rho_\theta^* v^*}^\lambda / \overline{\rho_\theta}^\lambda$ 可以被称为经向团流速度。这里有一个解释:认为 ρ_θ 是柔性管道的宽度,v 是通过管道的流体速率。如果管道的宽度和流体以相关的方式扰动,那么即使平均速度 $\overline{v}^\lambda$ 是零,也可以有一个净质量输送。例如,假设流体向北的管道很宽,流体向南的管道很窄。即使是 $\overline{v}^\lambda = 0$,朝北会有一个净质量通量。因此,纬向平均经向风的质量输送由一种"流体－动力学蠕动"所补充,其中经向速度扰动与伪密度的变化相关,导致了沿等熵面的涡旋质量通量。

高度坐标系下的纬向平均经向质量通量为 $\overline{\rho v}^\lambda$,其中 ρ 为(普通)密度,在固定高度取纬向平均。我们可以分解 $\overline{\rho v}^\lambda$,以便在高度坐标中定义一个团流质量通量,但我们不必这样做,因为在高度面上 ρ 的变化非常小,以至于隐含的团流质量通量可以忽略不计。在中纬度地区,特别是在冬季,等熵面上 ρ_θ 的巨大变化使 $\overline{\rho_\theta^* v^*}^\lambda$ 大到足够重要。热带地区的变化很小,因为那里的水平温度梯度很小(见第 3 章)。

由于第 2 章中解释的原因,如果我们在足够长的时间上平均,可以忽略式(5.6)的倾向项:

$$\frac{1}{a\cos\varphi} \frac{\partial}{\partial\varphi}(\overline{\rho_\theta v}^{\lambda,t} \cos\varphi) + \frac{\partial}{\partial\theta}(\overline{\rho_\theta \dot\theta}^{\lambda,t}) = 0 \tag{5.8}$$

方程式(5.8)表明,$\dot\theta$ 的时间平均诱导了一个时间平均的经向环流;即 $\overline{\rho_\theta \dot\theta}^{\lambda,t} \neq 0$ 意味着在某个地方 $\overline{\rho_\theta v}^{\lambda,t} \neq 0$。考虑式(5.8)的另一种方法是,除非有加热,否则在 θ 面上不能有任何时间和纬向平均经向质量流。这一结论来自 θ 空间的质量守恒(Dutton,1976;Townsend 和 Johnson,1985;Hsu 和 Arakawa,1990;Edouard et al.,1997)。

如第 3 章所讨论的,当在时间上平均和垂直积分时,纬向平均经向质量通量非常接近于零。通过在 $\theta = 0$ 到 $\theta \to \infty$ 范围内对式(5.8)关于 θ 进行积分,并使用 $(\rho_\theta)_{\theta=0} = (\rho_\theta)_{\theta\to\infty} = 0$,可以得到相同的结果。

图 5.2 的顶部两张图显示了 1 月(左图)和 7 月(右图)的经向质量通量 $\overline{\rho_\theta v}^{\lambda,t}$ 随纬度和位温的分布。中间的两个图显示了"平均"质量通量 $\overline{\rho_\theta}^\lambda \overline{v}^\lambda{}^t$ 的贡献,底部的两个图显示了来自团流质量通量 $\overline{\rho_\theta^* v^*}^{\lambda,t}$ 的贡献。由平均质量通量进行的传输在热带占主导地位,此处 ρ_θ^* 和团流质量通量很小。另一方面,在中纬度地区,由于地转,$\overline{v}^\lambda$ 很小(如第 3 章所讨论的),但是 ρ_θ^* 和团流质量通量很大,特别是在冬季。在中纬度地区,$\overline{\rho_\theta^* v^*}^{\lambda,t}$ 基本上"取代"了热带纬向平均流。这里 $\overline{\rho_\theta^* v^*}^{\lambda,t}$ 包括来自静止和瞬变涡旋的贡献。顶部两个图显示 $\overline{\rho_\theta}^\lambda \overline{v}^\lambda$ 和 $\overline{\rho_\theta^* v^*}^{\lambda,t}$ 的和,即总纬向平均质量通量,在热带和中纬度地区具有大致相同的大小。方程式(5.8)表明,$\overline{\rho_\theta v}^{\lambda,t}$ 沿等熵面随纬度的变化表征了加热或冷却作用。例如,我们可以看到 1 月的 20°N 到 40°N 之间有这样的变化。在对流层上层,$\overline{\rho_\theta v}^{\lambda,t}$ 在 1 月 20°N 附近向极地减少,表明在那里冷却,在对流层

低层,在 40°N 附近向极地增加,表明那里加热。如第 6 章和第 8 章所讨论的,副热带冷却是由于长波辐射,而中纬度加热是由于地表能量通量和潜热释放的联合(和耦合)效应造成的。

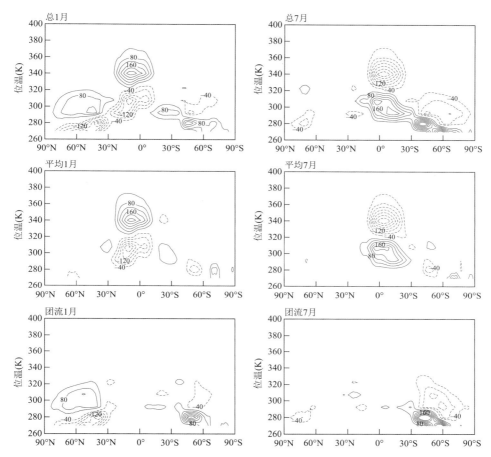

图 5.2 1 月(左列)和 7 月(右列)的等熵经向质量通量。顶部的图显示总通量,中间的图显示平均质量通量,底部的图显示团流通量。等值线间隔为 40 kg·m^{-1}·K^{-1}·s^{-1}。零等值线没有显示出来

在 θ 坐标系中所看到的质量环流的流函数可以定义为

$$\overline{\rho_\theta v}^{\lambda,t} 2\pi a \cos\varphi \equiv -\frac{\partial \overline{\psi_\theta}^t}{\partial \theta}$$

$$\overline{\rho_\theta \dot\theta}^{\lambda,t} 2\pi a^2 \cos\varphi \equiv \frac{\partial \overline{\psi_\theta}^t}{\partial \varphi} \tag{5.9}$$

式中,$\overline{\psi_\theta}^t$ 的下标 θ 提醒我们,用来定义它的纬向和时间平均是沿着等熵面取的。您应确认 ψ_θ 与第 3 章中使用气压坐标定义的流函数具有相同的量纲(即单位时间的质量)。式(5.9)中流函数的符号约定与第 3 章中使用的符号约定一致。图 5.3 显示了季节变化的平均经向环流流函数图,如 p 坐标(右列)和 θ 坐标(左列)所示。实际使用的数据与两个坐标系完全相同。如第 3 章所讨论的,在 p 坐标中看到的流函数在每个冬至日和夏至日都有一个"大"的哈得来环流圈特征,在夏半球热带地区有上升分支,主体延伸到冬半球副热带地区。流函数的峰值大小约为 16×10^{10} kg·s^{-1}。一个较弱的哈得来环流发生在夏半球。这两个哈得来环流圈都是"直

接"环流。这个"术语"意味着它们上升支是暖的,而它们下沉支是冷的。第3章也讨论了类似的观测结果。

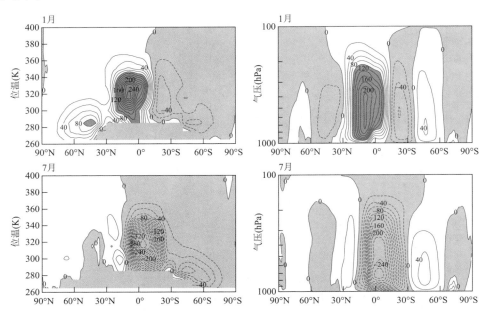

图 5.3 在 θ 坐标(左列)和 p 坐标(右列)中看到的随季节变化平均经向环流的流函数。单位为 $10^9\ \mathrm{kg \cdot s^{-1}}$。在左图中,靠近底部的封闭区域上边界代表了地球表面,沿着地球表面的位温当然是纬度的函数。Townsend 和 Johnson(1985)也发表了类似的图

你可能会惊讶地看到,在图 5.3 中,当使用 θ 坐标时,流函数图看起来非常不同。哈得来环流圈仍然出现,有一些更强的质量环流,但这些直接环流一直延伸到两极,主要是在冬半球。费雷尔环流圈根本不出现。这里是部分解释:当我们使用 p 坐标时,纬向平均位温方程为

$$\frac{\partial \bar{\theta}^\lambda}{\partial t} + \frac{1}{a\cos\varphi}\frac{\partial}{\partial \varphi}\left[\left(\bar{v}^\lambda\bar{\theta}^\lambda + \overline{v^*\theta^*}^\lambda\right)\cos\varphi\right] + \frac{\partial}{\partial p}\left(\overline{\omega}^\lambda\bar{\theta}^\lambda + \overline{\omega^*\theta^*}^\lambda\right) = \overline{\dot{\theta}}^\lambda \tag{5.10}$$

式(5.10)中,纬向平均和时间、经向导数是沿等压面取的。我们发现,位温的经向通量与平均经向环流和涡旋有关。在冬半球的热带和副热带,平均经向环流非常强,等压面上位温的扰动相当弱,因此,沿等压面位温的经向通量主要是由哈得来环流引起的。在中纬度地区,在气压坐标下看,哈得来环流较弱,等压面上的位温扰动较大,特别是在冬半球,由于斜压涡旋,沿等压面的涡旋位温通量可以而且确实足够大,以接管位温向极地传输的工作。

为了推导在 θ 坐标系中对应于式(5.10)的方程,我们简单地将式(5.6)乘以 θ,即式(5.6)是纬向平均连续方程的等熵坐标版本。利用式(5.6)中的导数是沿等熵面取的事实,我们可以将结果重新排列为

$$\frac{\partial}{\partial t}\left(\overline{\rho_\theta}^\lambda\theta\right) + \frac{1}{a\cos\varphi}\frac{\partial}{\partial \varphi}\left(\overline{\rho_\theta v}^\lambda\theta\cos\varphi\right) + \frac{\partial}{\partial \theta}\left(\overline{\rho_\theta\dot{\theta}}^\lambda\theta\right) = \overline{\rho_\theta\dot{\theta}}^\lambda \tag{5.11}$$

这与式(5.10)非常相似。虽然式(5.10)包含"涡旋项",但式(5.11)没有。原因是,根据定义,在 θ 面上 $\theta^*=0$。因此,沿等熵面的位温涡旋通量一定完全为零。这是理解为什么当用 θ 坐标描述时,哈得来环流一定一直延伸到极点的一种方式。哈得来环流是唯一的主导环流;没有 θ 的涡旋通量要转移。

虽然计算等熵流函数的输入是伪密度和经向风,但图 5.3 也包含了关于大气加热和冷却的信息。当流函数等值线穿越等熵面时,就会暗示加热(向上运动)或冷却(向下运动)。例如,图 5.3 表示在哈得来环流的热带上升支中加热,并在两极附近的下沉支中冷却。如前所述,在副热带地区也有冷却的迹象,以及在中纬度地区稍微向极地也有加热的迹象。

这些想法和方法最近被 Pauluis 等(2010)和 Pauluis 和 Mrowiec(2013)进一步推广到分析湿熵空间中观测到的质量环流。他们发现,在湿熵空间中看到的质量环流大约是这里用 θ 坐标表示的质量环流的两倍一样强。

5.4　水汽输送

如第 4 章所述,总水汽混合比满足

$$\left(\frac{\partial}{\partial t}\right)_z(\rho q_T)+\nabla_z\bullet(\rho\boldsymbol{V}_h q_T)+\frac{\partial}{\partial z}\left[\rho w q_T+(F_{q_T})_z-P\right]=0 \tag{5.12}$$

式中,$\boldsymbol{V}_h$ 为水平风矢量,$(F_{q_T})_z>0$ 为小尺度运动引起的总水汽向上通量,P 为降水引起的液态水向下通量。我们分别写为水平平流项和垂直平流项,如式(5.12)中时间和水平导数上的下标 z 所示,我们使用高度作为垂直坐标。现在,我们将式(5.12)转换为 θ 坐标:

$$\left(\frac{\partial}{\partial t}\right)_\theta(\rho_\theta q_T)+\nabla_\theta\bullet(\rho_\theta\boldsymbol{V}_h q_T)+\frac{\partial}{\partial\theta}\left[\rho_\theta\dot\theta q_T+(F_{q_T})_z-P\right]=0 \tag{5.13}$$

从这里开始,我们将省略时间和水平导数上的下标 θ,以及 F_{q_T} 上的下标 z。对式(5.13)求经度和时间平均,我们发现

$$\frac{1}{a\cos\varphi}\frac{\partial}{\partial\varphi}\left(\overline{\rho_\theta v q_T}^{\lambda,t}\cos\varphi\right)+\frac{\partial}{\partial\theta}\left(\overline{\rho_\theta\dot\theta q_T}^{\lambda,t}+\overline{F_{q_T}}^{\lambda,t}-\overline{P}^{\lambda,t}\right)=0 \tag{5.14}$$

最后,我们将对整个大气厚度垂直积分式(5.14):

$$\frac{\partial}{\partial\varphi}\left(\int_0^\infty\overline{\rho_\theta v q_T}^{\lambda,t}\,\mathrm{d}\theta\cos\varphi\right)=\left[\overline{(F_{q_T})_s}^{\lambda,t}-\overline{P_s}^{\lambda,t}\right]a\cos\varphi \tag{5.15}$$

为了得到式(5.15),我们使用了 $(\rho_\theta)_{\theta=0}=(\rho_\theta)_{\theta\to\infty}=0$ 和 $(F_{q_T})_{\theta\to\infty}>0$。由于垂直积分,无论式(5.13)中使用哪种垂直坐标系,式(5.15)都会传递完全相同的信息;左侧的积分随不同的垂直坐标系取略微不同的形式,但其数值在所有情况下都是相同的。方程式(5.15)表明,垂直积分经向水汽通量的散度平衡了由湍流和降水引起的地面水汽通量。

我们可以使用右边的垂直通量作为输入,由式(5.15)来确定作为纬度函数的总水汽垂直积分大气经向传输。在第 2 章中我们使用在大气顶部观测到的净辐射作为输入,通过一种非常相似的方法来确定大气和海洋组合所产生的能量经向传输。根据式(5.15),水汽必须侧向"进入"到降水超过蒸发的纬度带,在蒸发超过降水的地方必须流出。蒸发和降水在全球平均时必须保持平衡。

我们现在研究式(5.15)右边的单项。表面潜热通量 $L(F_q)_s$ 是表面蒸发率乘以凝结潜热。它满足所谓的总体空气动力学公式

$$L(F_q)_s=L\rho_s c_T|\boldsymbol{V}_s|(q_g-q_a) \tag{5.16}$$

在水面上,q_g 只是用水的表面温度和表面空气气压来评估的饱和混合比。q_g 在陆地上的"有效"值更难以确定,因为它取决于土壤湿度、植被数量和植被状态等变量(例如,是否发生光合

作用）。表面潜热通量图如图 5.4 所示。注意最大值是在副热带海洋上。没有明显的向下表面水汽通量，但弱的向下通量确实发生，并导致露水或霜冻的形成。

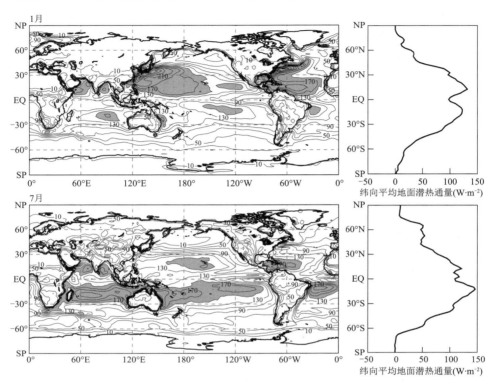

图 5.4　基于欧洲中期天气预报中心再分析的 1 月和 7 月地面潜热通量图。等值线间隔为 20 W·m^{-2}。大于 150 W·m^{-2} 的值用阴影表示。相应的纬向平均显示在右边。这些都不是真正的观测结果，尽管它们受到了观测结果的影响

图 5.5 为 1 月和 7 月降水率及其纬向平均图。由于降水在空间和时间上比其他物理量有更多"噪音"（不稳定，编者注），因此平均值很难准确确定。南太平洋等偏远地区的数值无法得到强有力的确认。这种情况将因为来自全球降水测量任务的额外数据（Hou et al.，2014），未来几年将有所改善。从这个图可以清楚地看出，世界上雨量最多的地区是热带地区。热带最大值与哈得来环流和季风的上升支有关。降水最小值发生在副热带地区，地球上的许多主要沙漠都在这一带。热带降水的季节变化非常壮观，在南美洲、非洲、印度和东南亚及其附近地区最为明显。1 月，强降雨落在亚马孙盆地、非洲南部、印度洋、澳大利亚北部的海洋大陆、在从日界线与赤道交叉处向东南延伸的南太平洋辐合区、跨越赤道以北的大部分热带太平洋和大西洋。7 月，热带降雨一般已向北移动。强降雨发生在南美洲的最北部、邻近的加勒比海和热带北大西洋、北赤道热带非洲、印度和邻近的东南亚地区，以及热带亚洲东海岸附近的海洋大陆的北部。

纬向平均降水的最小值发生在副热带地区，这是世界上主要沙漠所在的地方。回想一下，副热带地区是哈得来环流的下沉支所在地。下沉气流携带干空气向下抑制降水。降水次最大值发生在中纬度地区，与冬季飓风和夏季季风有关。北美和亚洲东海岸附近的暖洋流主要在1 月有强降水。美国西北部 1 月有强降雨，但 7 月没有。

全年都有大量降水的地区包括北美东部、南美的最南端和英格兰。

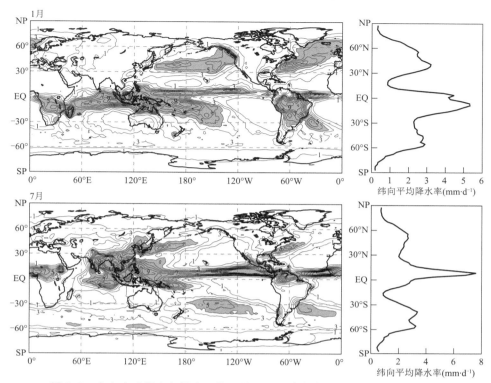

图 5.5　来自全球降水气候中心的 1 月和 7 月降水率图（Adler et al. ,2003）。
等值线间隔为 1 mm · d^{-1}。大于 4 mm · d^{-1} 的值用阴影表示

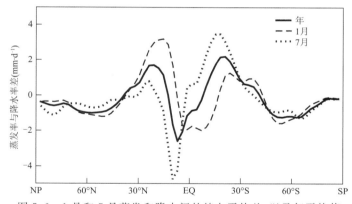

图 5.6　1 月和 7 月蒸发和降水间的纬向平均差,以及年平均值

图 5.6 显示了 1 月、7 月和年平均蒸发和降水之间差的纬向平均。这是式（5.15）右侧所需的输入。在副热带地区蒸发量大大超过了降水,所以在这些地区地表是大气总水的水源。在热带雨带和中纬度风暴路径中,降水超过了蒸发量。

现在我们将式（5.15）的两侧乘以 $2\pi a$,并从南极到任意纬度 φ 的纬度进行积分,得到

$$2\pi a\cos\varphi \int_0^\infty \overline{\rho_\theta v q_T}^{\lambda,t} \, \mathrm{d}\theta = 2\pi a^2 \int_{-\pi/2}^\varphi \left[\overline{(F_{q_T})_S}^{\lambda,t} - \overline{P}^{\lambda,t} \right] \cos\varphi' \mathrm{d}\varphi' \tag{5.17}$$

97

式(5.17)左侧的量是穿越纬度 φ 的水汽向北输送总量。为了得到式(5.17),我们使用了在南极向北输送为零的边界条件。将式(5.17)与式(2.9)进行比较。

我们在第 2 章中基于地球辐射收支的观测,使用了同样的方法确定了大气和海洋组合所产生的能量向北输送。由于第 2 章中讨论的原因,为了在式(5.17)积分之前,其全局均值为零,我们校正了 $\overline{(F_{q_T})_s}^t - \overline{P}^t$,即蒸发和降水之间的时间平均差。计算结果如图 5.7 所示。热带和副热带潜热能量输送是朝向赤道的;也就是说,贡献于满足行星能量平衡所需的向极能量输送是"错误的方式"。其解释是,大部分的水汽都在对流层低层,哈得来环流圈将其带向赤道。中纬度水汽(和潜热能量)的传输是向极地的,但其大小受到冬季寒冷温度的限制。

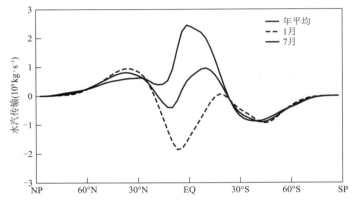

图 5.7 1 月、7 月和年平均的水汽垂直积分经向传输

欧洲中期天气预报中心再分析包括水汽和液体水产品的垂直积分向北传输。我们原本可以在图 5.7 中绘制,但我们改为选择显示积分式(5.17)的结果来说明这个概念。

图 5.7 中所示的曲线不应该用因果关系来解释。蒸发可以将水汽从副热带地区"推"到降水中心,或者降水可以"拉"它,或者两者都可能发生。这需要更多的信息来解释发生的一切。

通过上述准备,我们现在使用等熵坐标研究纬向平均经向水汽通量 $\overline{\rho_\theta v q_T}^\lambda$ 的垂直分布,通量是三个量的乘积:伪密度、经向风和总水混合比。这个乘积可展开显示为以下四项贡献。

$$\rho_\theta v q_T = \left[\overline{\rho_\theta v}^\lambda + (\rho_\theta v)^*\right]\left(\overline{q_T}^\lambda + q_T^*\right)$$
$$= \overline{\rho_\theta v}^\lambda \overline{q_T}^\lambda + \overline{\rho_\theta v}^\lambda q_T^* + (\rho_\theta v)^* \overline{q_T}^\lambda + (\rho_\theta v)^* q_T^* \tag{5.18}$$

式(5.18)的纬向平均会导致四项中的两项等于 0:

$$\overline{\rho_\theta v q_T}^\lambda = \overline{\rho_\theta v}^\lambda \overline{q_T}^\lambda + \overline{(\rho_\theta v)^* q_T^*}^\lambda \tag{5.19}$$

将式(5.7)代入,我们得到

$$\overline{\rho_\theta v q_T}^\lambda = (\overline{\rho_\theta}^\lambda \overline{v}^\lambda + \overline{\rho_\theta^* v^*}^\lambda)\overline{q_T}^\lambda + \overline{(\rho_\theta v)^* q_T^*}^\lambda \tag{5.20}$$

方程式(5.20)表明,纬向平均总水汽 $\overline{q_T}^\lambda$ 由平均质量通量和团流质量通量平流(Gent 和 McWillims,1990)组成。式(5.20)的第三项可以解释为总水的经向涡旋通量,因为所涉及的质量通量,即 $(\rho_\theta v)^*$ 的平均值为零,如果 q_T 是纬向均匀的,则该项消失。我们采用以下速记术语进行随后讨论:

$\overline{\rho_\theta v q_T}^\lambda$ 是总通量;

$\overline{\rho_\theta}^\lambda\ \overline{v}^\lambda\ \overline{q_T}^\lambda$ 是平均通量；

$\overline{\rho_\theta^*\ v^*}^\lambda\ \overline{q_T}^\lambda$ 是团流通量；

$\overline{(\rho_\theta v)^*\ q_T^*}^\lambda$ 是涡旋通量。

　　水汽的团流通量确实涉及涡旋,因为它与团流质量通量 $\overline{\rho_\theta^*\ v^*}^\lambda$ 成正比,但它不涉及总水的涡旋部分 q_T^* 。

　　将式(5.20)代入式(5.14)后,我们发现

$$\frac{1}{a\cos\varphi}\frac{\partial}{\partial\varphi}\{\overline{[(\overline{\rho_\theta}^\lambda\ \overline{v}^\lambda+\overline{\rho_\theta^*\ v^*}^\lambda)\overline{q_T}^\lambda}+\overline{(\rho_\theta v)^*\ q_T^*}^{\lambda,t}]\cos\varphi\}+$$

$$\frac{\partial}{\partial\theta}(\overline{\rho_\theta\dot\theta q_T}^{\lambda,t}+\overline{F_{q_T}}^{\lambda,t}-\overline{P}^{\lambda,t})=0 \tag{5.21}$$

　　在继续之前,我们对式(5.21)进行了一次调整。设 q_{GM} 是整个大气中 q_T 的质量加权平均值。我们将时间和纬向平均的连续方程式(5.8)乘以 q_{GM} ,并从式(5.21)中减去这个结果得到：

$$\frac{1}{a\cos\varphi}\frac{\partial}{\partial\varphi}\{\overline{[(\overline{\rho_\theta}^\lambda\ \overline{v}^\lambda+\overline{\rho_\theta^*\ v^*}^\lambda)(\overline{q_T}^\lambda-q_{\mathrm{GM}})}+\overline{(\rho_\theta v)^*\ q_T^*}^{\lambda,t}]\cos\varphi\}+$$

$$\frac{\partial}{\partial\theta}[\overline{\rho_\theta\dot\theta(q_T-q_{\mathrm{GM}})}^{\lambda,t}+\overline{F_{q_T}}^{\lambda,t}-\overline{P}^{\lambda,t}]=0 \tag{5.22}$$

方程式(5.22)涉及纬向平均差 $\overline{q_T}^\lambda-q_{\mathrm{GM}}$ 的经向和垂直通量,即 $\overline{q_T}^\lambda$ 与全球均值的差值。将 $\overline{q_T}^\lambda$ 看作 q_{GM} 和 $\overline{q_T}^\lambda-q_{\mathrm{GM}}$ 的和。质量环流同时携带 q_{GM} 和 $\overline{q_T}^\lambda-q_{\mathrm{GM}}$ 。全球质量环流对 q_{GM} 的任何再分布都对总水汽的分布没有影响,仅仅是因为 q_{GM} 的定义在空间上是常数。因此, $\overline{q_T}^\lambda-q_{\mathrm{GM}}$ 的通量比 $\overline{q_T}^\lambda$ 的通量更有信息量。本章后面湿静力能和角动量的通量将采用类似的方法。

　　结合前面介绍的术语,图 5.8 显示了 1 月和 7 月的总经向水汽通量、平均通量、团流通量和涡旋通量。水汽通量只能在对流层的下半部分可见,因为高空的冷空气不能包含很多的水汽。在每个半球,总水汽通量从副热带地区开始辐散,并如预期的那样在热带和中纬度辐合到降水最大值。平均通量在热带地区占主导地位。它在对流层低层流向赤道,高空流向极地。团流通量很弱。涡旋通量携带水汽向极地移动,即从更湿的区域到更干的区域。

　　式(5.21)的形式允许我们定义一个总水环流的流函数。我们使用观测到的水汽总通量来评估与总水的大气环流相关的流函数 ψ_{q_T} 。这里 ψ_{q_T} 的定义为

$$\overline{\rho_\theta v(q_T-q_{\mathrm{GM}})}^{\lambda,t}2\pi a\cos\varphi\equiv-\frac{\partial\psi_{q_T}}{\partial\theta} \tag{5.23}$$

和

$$[\overline{\rho_\theta\dot\theta(q_T-q_{\mathrm{GM}})}^{\lambda,t}+\overline{F_{q_T}}^{\lambda,t}-\overline{P}^{\lambda,t}]2\pi a^2\cos\varphi\equiv\frac{\partial\psi_{q_T}}{\partial\varphi} \tag{5.24}$$

　　我们可以在大气的顶部设置 $\psi_{q_T}=0$,因为那里没有水汽的垂直通量。

　　因为下降的液体水和冰的贡献,总水的垂直传输与水汽的垂直传输非常不同。相比之下,总水的水平传输几乎等于水汽的水平传输,因为空气中水汽的量大约是液体水和冰的量的 100 倍。因此,我们可以利用观测到的水汽分布来作为总水的经向通量一个很好的近似。这就是我们评估式(5.23)左侧的方法。

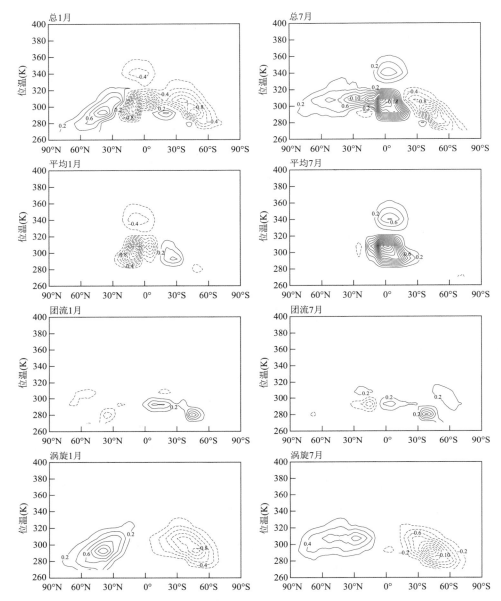

图 5.8 1 月（左列）和 7 月（右列）的等熵经向总水质量通量。顶部一行显示总通量，第二行显示与纬向平均经向风相关的通量，第三行显示团流通量，底部一行显示涡旋通量。等值线间隔为 $0.2 \text{ kg} \cdot \text{K}^{-1} \cdot \text{m}^{-1} \cdot \text{s}^{-1}$

图 5.9 显示了 1 月和 7 月 ψ_{q_T} 的等值线图。在哈得来环流圈干旱的上部分支中，很少有向极地的水汽传输。考虑到 1 月的 10°N 或 7 月的 10°S。当我们从大气的顶部向下积分，使用式（5.23）计算流函数时，在对流层的下半部分，我们遇到的第一个强水汽通量是朝向赤道。流函数图告诉我们，水汽通过副热带地区的表面蒸发进入大气，流过赤道，然后通过另一个半球热带地区的降水离开大气。ψ_{q_T} 等值线显示的为 1 月顺时针环流，7 月逆时针环流。

如第 6 章所讨论的，哈得来环流的上升支包含了湍流和积云对流非常强的向上水汽输送，以及降水的非常强向下水汽输送。这些垂直通量几乎延伸到整个对流层的厚度。然而，图 5.9 并

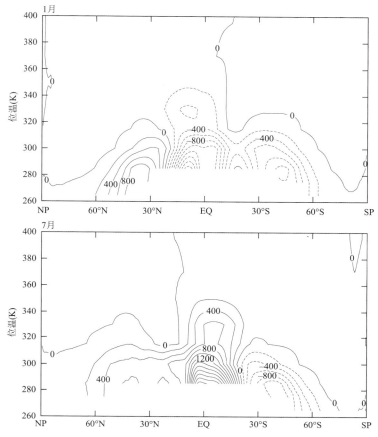

图 5.9　与总水的大气环流相关的流函数,见等熵坐标。
等值线间隔为 $10^6\,\mathrm{kg\cdot s^{-1}}$。图中底部切掉区域是"地下"

没有显示出穿过对流层的水汽流函数密集间隔的垂直等值线。这表明,由湍流和对流引起的最明显向上水汽通量几乎与由降水引起的向下水汽通量平衡。

5.5　湿静力能输送

我们现在对湿静力能量的经向输送提出了一个非常相似的分析方法。提醒一下,我们在第 4 章中表明,即使发生降水,在湿绝热和干绝热过程下,湿静力能也近似是守恒的。虽然湿静力能不等于总能量,但湿静力能的输送几乎等于总能量的输送。

图 5.10 为纬向平均湿静力能的纬度高度分布。在热带地区和一定程度上夏半球中纬度地区,对流层下部的湿静力能随高度的增加而减小。如第 4 章所述,干静力能通常随高度的增加而增加,但在对流层低层,水汽丰富,特别是在热带地区,水汽混合比随高度的降低超过了 s 的增加,因此,湿静力能随高度的增加而减小。在对流层中部以上,水汽混合比很小,湿静力能几乎等于干静力能;因此,对流层上部的湿静力能随高度的增加而增加。因此,热带对流层中层的湿静力能最小,如图 5.10 所示。对流层中层的最小值是重要和有趣的,原因将在第 6 章中讨论。

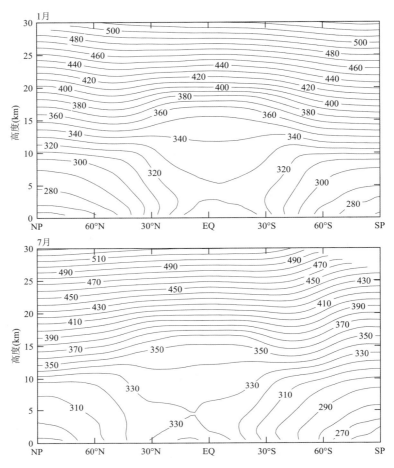

图 5.10　通过欧洲中期天气预报中心分析的 1 月和 7 月观测到的
纬向平均湿静力能(kJ·kg^{-1})的纬度高度分布

在等熵坐标下,湿静力能的守恒表示为:

$$\frac{\partial}{\partial t}(\rho_\theta h) + \nabla \cdot (\rho_\theta \boldsymbol{V} h) + \frac{\partial}{\partial \theta}(\rho_\theta \dot{\theta} h + F_h + R) = 0 \qquad (5.25)$$

提醒一下,F_h 和 R 分别是由小尺度运动和辐射引起的湿静力能(正的向上)通量。在经度和时间上平均,我们得到

$$\frac{1}{a\cos\varphi}\frac{\partial}{\partial\varphi}(\overline{\rho_\theta v h}^{\lambda,t}\cos\varphi) + \frac{\partial}{\partial\theta}(\overline{\rho_\theta \dot{\theta} h}^{\lambda,t} + \overline{F_h}^{\lambda,t} + \overline{R}^{\lambda,t}) = 0 \qquad (5.26)$$

最后,我们通过整个大气柱垂直积分式(5.26):

$$\frac{\partial}{\partial\varphi}\left(\int_0^\infty \overline{\rho_\theta v h}^{\lambda,t}\,d\theta\cos\varphi\right) = a\cos\varphi(\overline{F_{hS}}^{\lambda,t} + \overline{R_S}^{\lambda,t} - \overline{R_\infty}^{\lambda,t}) \qquad (5.27)$$

式中,我们使用了 $(\rho_\theta)_{\theta=0} = (\rho_\theta)_{\theta\to\infty} = 0$ 和 $(F_h)_{\theta\to\infty} = 0$。

由小尺度运动引起的湿静力能量通量 F_h 是感热通量和潜热通量的和。感热通量是干焓的小尺度通量;大致地说,它是一个温度的通量。它的表面值满足总体空气动力学公式,其形式为

$$(F_s)_S = c_p \rho_S c_T \,|\boldsymbol{V}_S|\,(T_g - T_a) \tag{5.28}$$

式中，c_T 是一个无量纲传输系数(Stull,1988)。$(F_s)_S$ 的量纲是单位时间内单位面积的能量。下标 g 代表下边界(地面或海洋)的值，下标 a 代表大气内但靠近表面的一层的值。从式(5.28)可以看出，当地面或海洋比空气更暖时，地面感热通量是向上的。它往往会冷却地面，加热空气，从而试图使自己耗尽。地面对太阳辐射的吸收是一个可以保持 $(F_s)_S$ 向上输送的一个例子。

图 5.11 显示了 1 月和 7 月感热通量及其纬向平均图，最大值出现在冬季中纬度海洋，靠近大陆的东海岸。这些强的感热通量与冷空气通过暖的洋流从寒冷的大陆快速流出有关。方程式(5.28)也表明，在这种条件下，会具有较强的感热通量。在夏季和热带大陆上也会出现较大的数值，特别是在地表干燥和缺乏植被的地方——例如，在撒哈拉沙漠上。地面感热通量没有很大的负值，因为向下的感热通量往往会抑制湍流；浮力不"希望"暖空气向下移动，或冷空气向上移动。

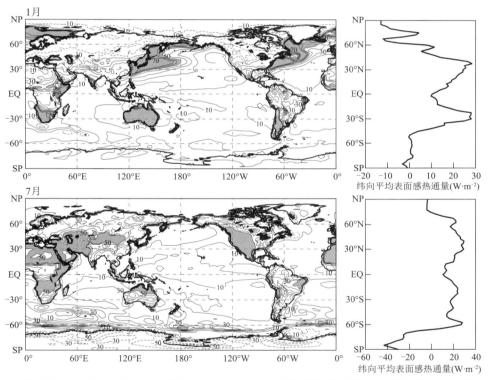

图 5.11　基于欧洲中期天气预报中心再分析的 1 月和 7 月表面感热通量图。等值线间隔为 10 W·m^{-2}。大于 50 W·m^{-2} 的值用阴影表示。请注意，等值线间隔和阴影约定不同于图 5.4。相应的纬向平均值显示在右边。这些都不是真实的观测结果，尽管它们受到了观测结果的影响

通过向地面潜热通量中加入地面感热通量，可以得到地面湿静力能通量，结果如图 5.12 所示。

图 5.13 显示了 $-[\bar{R}_S^{\lambda,t} - \bar{R}_\infty^{\lambda,t}]$ 图，它可以称为净大气辐射冷却(ARC)。净大气辐射冷却在冬半球最强。在北部夏季，纬向平均净大气辐射冷却几乎是双峰的，由于来自北半球大陆的强上升流红外辐射，在赤道附近几乎不连续。最强的冷却往往发生在降水很少的地区，例如，

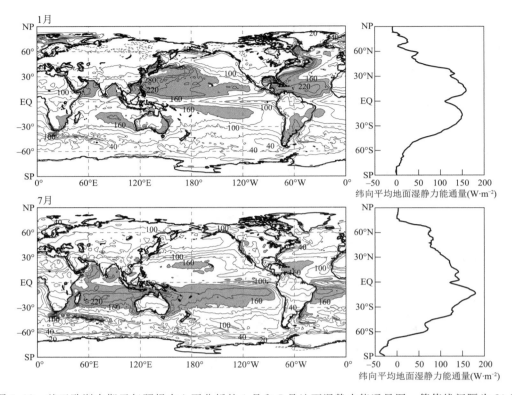

图 5.12　基于欧洲中期天气预报中心再分析的 1 月和 7 月地面湿静力能通量图。等值线间隔为 20 W
· m^{-2}。大于 150 W · m^{-2} 的值用阴影表示。相应的纬向平均值显示在右边。这些都不是真正的
观测结果，尽管它们受到了观测结果的影响

在冬半球的副热带海洋上。如第 2 章所讨论的，大气的全球平均净辐射冷却几乎与全球平均
降水率成正比，但局部的辐射冷却率与降水率呈负相关，因为与降水天气系统相关的高云减少
了大气顶部射出长波辐射。图 5.14 显示，特别是在热带地区，当纬向平均降水率较小时，纬向
平均大气辐射冷却率往往较大，反之亦然。

　　为了计算大气中垂直积分能量向北传输，我们必须对（5.27）式右边的项求和；也就是说
$\overline{F_{hS}}^{\lambda,t} + \overline{R}_S^{\lambda,t} - \overline{R}_\infty^{\lambda,t}$，对 $\overline{R}_\infty^{\lambda,t}$ 我们使用了云和地球辐射能量系统数据，对 $\overline{F_{hS}}^{\lambda,t} + \overline{R}_S^{\lambda,t}$ 使用了欧洲
中期天气预报中心再分析数据。通过这种方法，总（大气加海洋）传输完全由云和地球辐射能
量系统数据确定，就像第 2 章一样；海洋传输完全由欧洲中期天气预报中心再分析资料确定；
大气传输是来自两个来源的数据计算的。

　　图 5.15 显示了推断出大气湿静力能的净源。热带大气是一个湿静力能的源，主要是由于
地面湿静力能通量，而极地区域由于辐射冷却而成为一个汇。

　　现在我们将式（5.27）的两侧乘以 $2\pi a$，并从南极到任意纬度 φ 的纬度进行积分，得到

$$2\pi a \cos\varphi \int_0^\infty \overline{\rho_\theta v h}^{\lambda,t} \, \mathrm{d}\theta = 2\pi a^2 \int_{\pi/2}^\varphi (\overline{F_{hS}}^{\lambda,t} + \overline{R}_S^{\lambda,t} - \overline{R}_\infty^{\lambda,t}) \cos\varphi' \, \mathrm{d}\varphi' \qquad (5.29)$$

式（5.29）左侧的量是穿过纬度 φ 湿静力能的总向北传输。比较一下式（5.29）和式（5.17）。像
往常一样，我们校正 $\overline{F_{hS}}^t + \overline{R}_S^t - \overline{R}_\infty^t$ 使得全球均值为零，并将南极的向北输送设置为零。

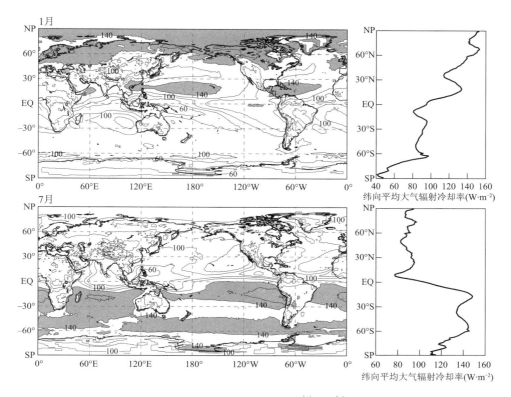

图 5.13 基于卫星数据的 1 月和 7 月大气辐射冷却率 $-\left[\bar{R}_S^{\lambda,t}-\bar{R}_\infty^{\lambda,t}\right]$ 图（Wielicki et al.，1996，1998）。相应的纬向平均值显示在右边。等值线间隔为 20 W·m^{-2}；大于 140 W·m^{-2} 的值用阴影表示

　　图 5.16 的上图显示了 1 月和 7 月大气对湿静力能的向北总输送。在这里，我们选择展示了大气中向北输送的欧洲中期天气预报中心再分析总能量产品，而不是式(5.29)积分结果。大气向北输送从大约 40°S 增加到 40°N；也就是说，辐散了，这意味着大气正在从这个宽纬度带输出湿静力能。北半球的向极地输送有明显的季节周期，北部冬季输送最强，但南半球输送的季节变化相对较小。

　　图 5.16 的下图显示了海洋和大气综合的年平均能量传输，由卫星数据计算，与第 2 章完全相同。基于欧洲中期天气预报中心分析，也显示了大气年平均向北能量输送。最后，海洋能量输送显示为总输送和大气输送之差。海洋能量输送比大气要小，但不可忽视，特别是在北半球。由于数据不足，很难直接通过对海洋温度和水流的测量来确定输送。Vonder Haar 和 Oort(1973)、Oort 和 Vonder Haar(1976)、Carissimo 等 (1985)、Savijarvi(1988) 和 Masuda (1988)也给出了与图 5.16 类似的结果。Trenberth 和 Caron(2001)提供了一个更详细的讨论。

　　图 5.17 显示了总的、平均、团流和涡旋经向湿静力能通量。与我们之前对经向水汽通量的讨论类似，经向湿静力能通量用 $h-h_{GM}$ 差表示，式中 h_{GM} 是整个大气中 h 的质量加权平均值。平均通量、团流通量和涡旋通量都对总通量有重要的贡献。湿静力能的涡旋通量几乎完全是由于潜热（即水汽）的涡旋通量造成的，因为等熵面的干静力能扰动很小。总湿静力能通量在冬半球中纬度的 300 K 面上明显辐合。

我们可以定义一个流函数 ψ_h，对于湿静力能的时间和纬向平均输送，使用

$$\overline{\rho_\theta v \left(h - h_{\mathrm{GM}} \right)}^{\lambda,t} 2\pi a \cos\varphi \equiv -\frac{\partial \psi_h}{\partial \theta} \tag{5.30}$$

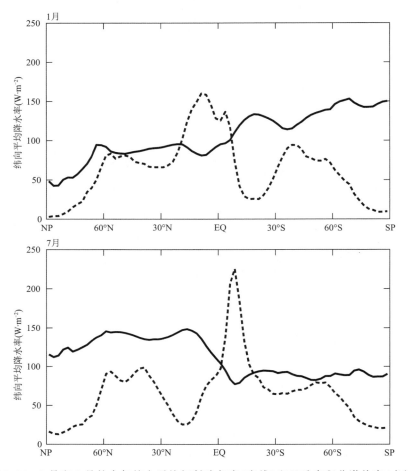

图 5.14　1 月和 7 月的大气纬向平均辐射冷却率(实线)和以垂直积分潜热率(虚线)
表示纬向平均降水率。它们是反相关的

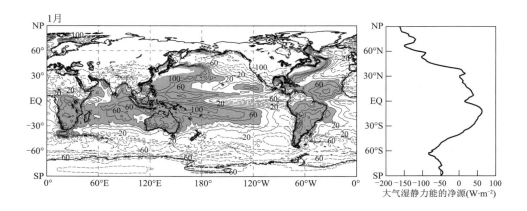

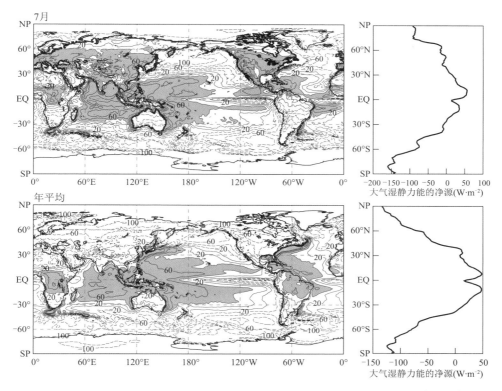

图 5.15　1 月、7 月和年平均的地面和大气顶部由于通量产生湿静力能的净源图 $\overline{F_{hS}}^{\lambda,t} + \overline{R_S}^{\lambda,t} - \overline{R_\infty}^{\lambda,t}$。等值线间隔为 20 W·m^{-2}；大于 40 W·m^{-2} 的值用阴影表示。相应的纬向平均显示在右边。这些都不是真正的观测结果,尽管它们受到了观测结果的影响

和

$$\left[\overline{\rho_0\dot{\theta}(h-h_{GM})}^{\lambda,t} + \overline{F_h}^{\lambda,t} - \overline{R}^{\lambda,t}\right]2\pi a^2\cos\varphi \equiv \frac{\partial\psi_h}{\partial\varphi} \tag{5.31}$$

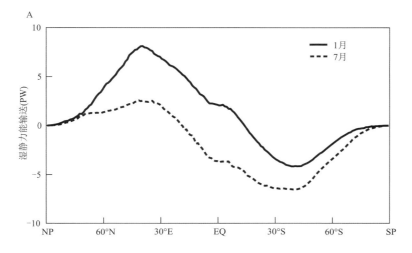

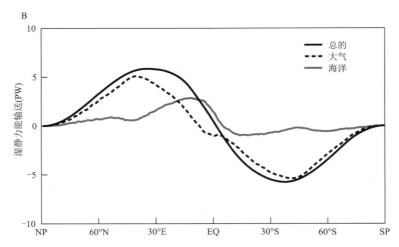

图 5.16　(A)1 月和 7 月大气对湿静力能的垂直积分向北输送;(B)大气对湿静力能的年平均垂直积分向北输送。为了进行比较,还显示了第 2 章讨论的大气-海洋系统的总输送,以及总输送和大气输送之间的差,可以解释为海洋的输送

然而,这也有了新的情况。当我们定义干空气和水汽环流的流函数时,我们在大气顶部将它们设置为零,理由是那里没有垂直的质量流。我们不能用 ψ_h 来做,因为辐射在大气的顶部携带着能量通量。我们可以将所需的上边界条件写为

$$R_\infty 2\pi a^2 \cos\varphi \equiv \left(\frac{\partial \psi_h}{\partial \varphi}\right)_\infty \tag{5.32}$$

式中,R_∞ 是大气顶部的净辐射。如第 2 章所述,R_∞ 的全球平均预计将接近于零。当它为零时,式(5.32)意味着 $(\psi_h)_\infty$ 在两极点上取相同的值。然而,还需要一个附加的条件来确定积分的常数。这里使用一个简单的可能就是选择常数,使余弦加权经向平均 $(\psi_h)_\infty$ 为零。

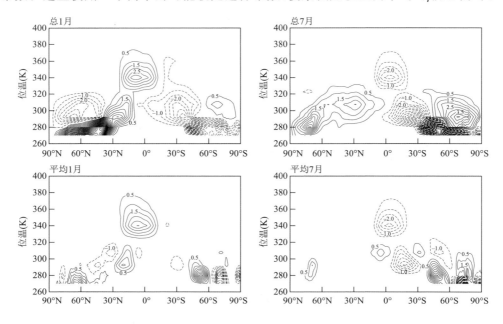

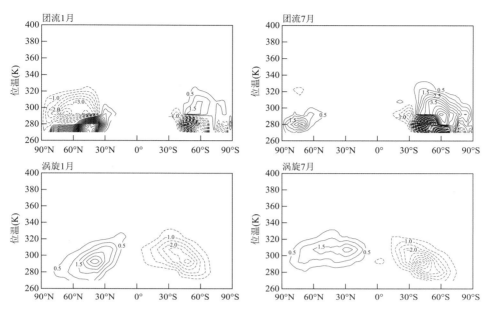

图 5.17　1 月(左列)和 7 月(右列)的等熵经向湿静力能质量通量。顶部一行显示总通量,
第二行显示与纬向平均经向风相关的通量,第三行显示团流通量,底部一行显示涡旋通量。
等值线间隔为 $0.5×10^6\,\mathrm{W} \cdot \mathrm{K}^{-1} \cdot \mathrm{m}^{-1}$

　　图 5.18 为 1 月和 7 月的 ψ_h 图和年平均图。上边界条件式(5.32)完全决定其解。流函数的等值线在所有纬度地区上都几乎是垂直的,说明由辐射引起的能量垂直流占主导地位。

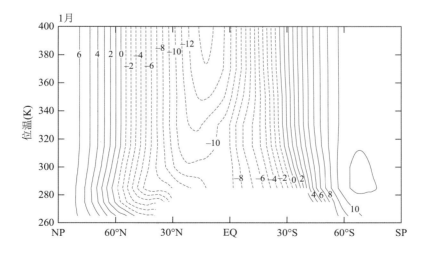

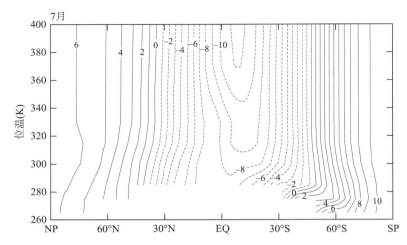

图 5.18 1月、7月和年平均大气湿静力能的大气输送流函数。等值线间隔为 1 PW。
图中底部的截断区域是"地下"

5.6 角动量

如在第 4 章中所讨论的,指向地球自转轴方向的单位质量大气角动量矢量的分量是

$$M \equiv (\Omega a \cos\varphi + u) a \cos\varphi \tag{5.33}$$

这里,我们用地球的半径作为从地球中心到大气中质点径向距离的近似值。式(5.33)的 $\Omega a^2 \cos^2\varphi$ 项表示地球自转引起的角动量,$ua\cos\varphi$ 项表示大气相对于地球表面旋转的相对角动量。图 5.19 显示了 1 月和 7 月观测到的单位质量纬向平均总角动量和相对角动量。绝对角动量一般比相对角动量大一个数量级;它随纬度变化很大,只随高度略有变化。它处处都是正的,在赤道附近的值最大。纬向平均相对角动量的图自然类似于第 3 章中给出的纬向平均纬向风。在热带对流层上层中,两个季节的绝对角动量等值线都略微向冬季极地倾斜或凸起,这表明主哈得来环流圈向极地流动的空气倾向于保持其绝对角动量守恒。

早期的纬向平均环流理论(Held 和 Hou,1980;Lindzen,1990)是基于哈得来环流圈上层分支的角动量守恒假设。当空气在哈得来环流圈的上层分支向极地流动时,角动量守恒的趋势意味着西风向极地增加,观察到它们在哈得来环流停止的纬度附近急流中达到最大值。因此,这些副热带急流可以解释为哈得来环流中向极地流动的结果。它们有时也被称为哈得来驱动的急流。然而,如果角动量在哈得来环流圈的向极地分支中真正守恒,它们就会要弱得多。图 5.20 显示了如果一个质点以 $u=0$ 从赤道开始向任何一极移动时,同时精确保持其角动量守恒,将产生纬向风。从离赤道 10° 开始的质点几乎不会改变这个图。南北 30° 的纬向风值比在副热带急流中观测到的要大得多,这意味着在哈得来环流的上层分支有重要的角动量汇。有关进一步的讨论,请参阅 Held 和 Hoskins(1985)和 Schneider(2006)的评论。

在等熵坐标下,角动量守恒表示为

$$\frac{\partial}{\partial t}(\rho_\theta M) + \nabla \cdot (\rho_\theta \boldsymbol{V} M) + \frac{\partial}{\partial \theta}(\rho_\theta \dot{\theta} M + F_u a \cos\varphi) = -\rho_\theta \frac{\partial s}{\partial \lambda} \tag{5.34}$$

式中,F_u 是由于小尺度涡旋引起的纬向动量垂直通量,并且

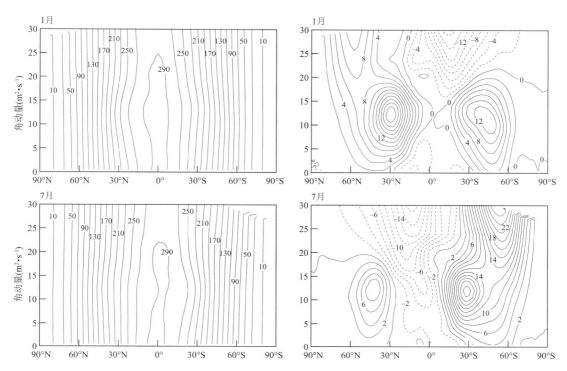

图 5.19 1月和7月观测到的单位质量绝对(左列)和相对(右列)大气角动量。单位为 $10^7\,\mathrm{m^2 \cdot s^{-1}}$

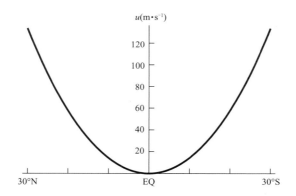

图 5.20 对于纬向风在赤道为零的特殊情况,在角动量守恒下,纬向风随纬度的假设性变化

$$s \equiv c_p T + gz$$
$$= \Pi\theta + gz \tag{5.35}$$

是干静力能,式中,

$$\Pi \equiv c_p \left(\frac{p}{p_0}\right)^{\kappa} \tag{5.36}$$

是埃克斯纳(Exner)函数。提醒一下,式(5.34)右边的项代表了纬向气压梯度力的影响。将纬向平均和时间平均应用于式(5.34),我们得到

$$\frac{1}{a\cos\varphi}\frac{\partial}{\partial\varphi}\left(\overline{\rho_\theta v M}^{\lambda,t}\cos\varphi\right) + \frac{\partial}{\partial\theta}\left(\overline{\rho_\theta \dot\theta M}^{\lambda,t} + \overline{F_u}^{\lambda,t}a\cos\varphi\right) = -\overline{\rho_\theta \frac{\partial s}{\partial\lambda}}^{\lambda,t} \tag{5.37}$$

参考式(5.33),我们可以认为 $\overline{\rho_\theta v M}^{\lambda,t}$ 作为与地球角动量相关的通量 $\Omega a^2\cos^2\varphi$ 和与相对角动量相关的通量 $ua\cos\varphi$ 之和。地球的角动量与经度无关,并且近似地与高度和时间无关。因为 $\Omega a^2\cos^2\varphi$ 很大,所以地球角动量的通量在某一高度上都很大,特别是在热带地区。然而,在足够长的时间平均内,在每个纬度上的地球角动量垂直积分通量可以忽略不计,仅仅因为,正如第 3 章所讨论的,垂直积分的经向质量通量在足够长的时间平均内可以忽略不计。

式(5.37)的气压梯度项可以用一种非常有趣的方式重写,如下所示。使用等熵坐标下的静力方程,即,

$$\frac{\partial s}{\partial \theta} = \Pi \tag{5.38}$$

我们可以写为

$$
\begin{aligned}
-\rho_\theta \frac{\partial s}{\partial \lambda} &= \frac{1}{g}\frac{\partial p}{\partial \theta}\frac{\partial s}{\partial \lambda}\\
&= \frac{1}{g}\frac{\partial}{\partial \theta}\left(p\frac{\partial s}{\partial \lambda}\right) - \frac{p}{g}\frac{\partial}{\partial \theta}\left(\frac{\partial s}{\partial \lambda}\right)\\
&= \frac{1}{g}\frac{\partial}{\partial \theta}\left(p\frac{\partial s}{\partial \lambda}\right) - \frac{p}{g}\frac{\partial}{\partial \lambda}\left(\frac{\partial s}{\partial \theta}\right)\\
&= \frac{1}{g}\frac{\partial}{\partial \theta}\left[p\frac{\partial}{\partial \lambda}(\Pi\theta+\phi)\right] - \frac{p}{g}\frac{\partial \Pi}{\partial \lambda}\\
&= \frac{\partial}{\partial \theta}\left(\theta\frac{p}{g}\frac{\partial \Pi}{\partial \lambda} + p\frac{\partial z}{\partial \lambda}\right) - \frac{p}{g}\frac{\partial \Pi}{\partial \lambda}\\
&= \theta\frac{\partial}{\partial \theta}\left(\frac{p}{g}\frac{\partial \Pi}{\partial \lambda}\right) + \frac{\partial}{\partial \theta}\left(p\frac{\partial z}{\partial \lambda}\right)
\end{aligned}\tag{5.39}
$$

当我们取式(5.39)的纬向平均时,底部一行的项 $\theta(\partial/\partial\theta)[p/g(\partial\Pi/\partial\lambda)]$ 等于 0(就如你将在本章结尾的习题 2 中证明的那样),我们只剩下

$$-\overline{\rho_\theta \frac{\partial s}{\partial \lambda}}^\lambda = \frac{\partial}{\partial \theta}\overline{\left(p\frac{\partial z}{\partial \lambda}\right)}\tag{5.40}$$

这个关系式是由 Klemp 和 Lilly(1978)导出的。方程式(5.40)表示,在纬向平均中,纬向气压梯度力对质量加权的角动量影响可以写为 $\partial/\partial\theta\overline{[p(\partial z/\partial\lambda)]}^\lambda$ 给出的角动量垂直通量散度。一种解释如下,将式(5.40)代入式(5.37)给出了纬向平均角动量方程形式如下:

$$\frac{1}{a\cos\varphi}\frac{\partial}{\partial \varphi}\left(\overline{\rho_\theta v M}^{\lambda,t}\cos\varphi\right) + \frac{\partial}{\partial \theta}\left(\overline{\rho_\theta \dot\theta M}^{\lambda,t} + \overline{F_u}^{\lambda,t}a\cos\varphi - \overline{p\frac{\partial z}{\partial \lambda}}^{\lambda,t}\right) = 0\tag{5.41}$$

对整个大气柱的垂直积分给出

$$\frac{\partial}{\partial \varphi}\left(\int_0^\infty \overline{\rho_\theta v M}^{\lambda,t}\,\mathrm{d}\theta\cos\varphi\right) = a\cos\varphi\left(\overline{F_{uS}}^{\lambda,t}a\cos\varphi - \overline{p_S\frac{\partial z_S}{\partial \lambda}}^{\lambda,t}\right)\tag{5.42}$$

式中,我们使用了 $(\rho_\theta)_{\theta=0} = (\rho_\theta)_{\theta\to\infty} = 0$ 和 $(F_u)_{\theta\to\infty} = 0$。

式(5.42)右边的项 $\overline{p_S(\partial z_S/\partial\lambda)}^{\lambda,t}$ 代表了山脉力矩的影响。如果 p_S 或 z_S 独立于 λ,它就会消失。图 5.21 说明了产生山脉力矩的机制。在山脉附近,我们预计上游侧的气压较高,下游侧的气压较低,如图所示。图中所示的空间相关性不需要发生在关于特定山脉的特定时刻,但它确实适用于时间平均纬向平均中。图中所示的气压形势产生"形式阻力",类似于前端相对较高气压和后端较低气压导致的汽车或其他运动物体的空气动力阻力。大气和山脉在交换

动量:大气试图将山推向下游,并且(正如牛顿定律所说的)大气感到一种相等和相反的力量,将它推向上游方向。正如本章后面所讨论的,大气对山施加的力实际上会导致地球的旋转速度稍微加速或减速。

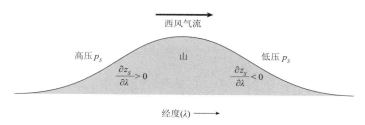

图 5.21　说明"山脉力矩"概念的示意图。高压 p_s 发生在山的上游,在下游是低压 p_s

在本章末尾的习题 1 中,要求读者证明,如果 p_s 仅是 z_s 的函数,也就是说,如果图 3.1 中的数据正好落在一条曲线上,那么山的力矩就会消失。这将期望在没有所有动力过程的情况下发生,也就是说,如果大气"只是坐在那里",处于平衡的静止状态。

地面摩擦可以用下式描写为

$$(F_V)_S = -\rho_S c_D |V_S| V_S \qquad (5.43)$$

这是另一个总体空气动力学公式。式(5.43)中的负号表示近地面动量通量的方向与地面风相反。例如,式(5.43)的纬向分量是

$$(F_u)_S = -\rho_S c_D |V_S| u_S \qquad (5.44)$$

这说明纬向动量的通量是负的,即向下,当地面风的纬向分量是正的时候,即西风。地面摩擦将正角动量从大气转移到地面风是西风的海洋固体地球系统,主要发生在冬半球的中纬度地区。相反,正角动量在地面风是东风的地方流回大气中,大部分是发生在热带地区。山脉力矩通常与摩擦力矩具有相同的符号。

图 5.22 显示了观测到的海洋上表面风应力大小图。这些数据是利用卫星上的厘米波长雷达获得的,这些卫星可以感知海面上应力引起的厘米级毛细波。该反演算法适用于水面上,但不适用于陆地上。不幸的是,对陆地上的风应力没有类似的观测结果。图 5.22 中的图显示了矢量大小的平均值,而不是矢量平均值的大小。风暴路径区域的表面应力特别强。第 3 章讨论了南极洲北部低压带和低层强西风带。图 5.22 显示,沿整个纬度带的表面风应力特别强,特别是在 7 月,当然,风应力纬向分量的时间平均也特别强。时间平均热带风应力相对较弱,除了 7 月与索马里急流有关的阿拉伯海最大气压。

图 5.23 显示了由纬向平均纬向表面应力引起的山脉力矩和摩擦力矩。摩擦力矩总体上占主导地位,但山脉力矩在北半球是明显的。在热带地区,信风会导致明显的角动量进入大气层。在北半球的中纬度地区,摩擦阻力和山脉力矩都消耗了大气中的角动量。在南半球的中纬度地区,强西风在海洋中沉积了角动量。格陵兰岛和南极洲的山脉为大气增加了角动量。

地球大气系统可以通过潮汐力矩与其他星体,如月球等,交换角动量。这样的力矩导致月球从地球获得角动量,因此,一天的长度和月球轨道的半径都在缓慢增加,但这些都是非常缓慢的过程。慢到了我们可以忽略它们的程度,地球大气系统的角动量一定随时间保持不变。因此,如果大气的角动量增加,地球的旋转必须减慢,反之亦然。图 5.24 显示了这确实是事实的证据。图中绘制的数据表明固体地球旋转率的变化,即一天的长度,与大气角动量的变化高

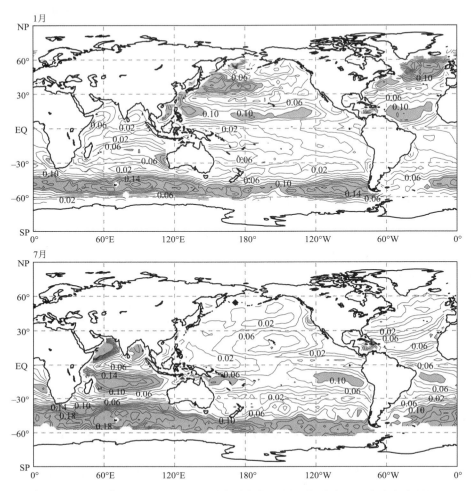

图 5.22　仅基于欧洲遥感卫星 1 号（ERS-1）散射计数据绘制的海洋表面风应力大小图（Liu,2002）。
等值线间隔为 0.02 Pa。大于 0.1 Pa 的值为阴影

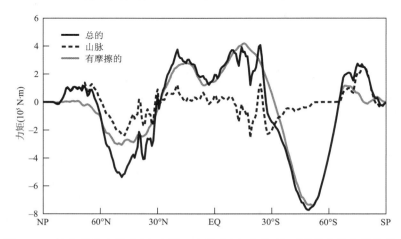

图 5.23　纬向积分山脉力矩（实线）、摩擦力矩（虚线）和两者总和的年平均值。
正值表示大气正在从表面接收角动量

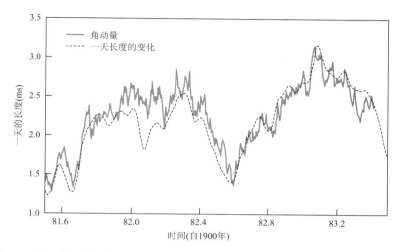

图 5.24　从 1981 年 7 月以来，从大气的角动量（实线）和从天文数据（虚线）推断出一天长度的变化。
从角动量曲线中减去了这两个量之间的平均差。引自 Rosen 等（1984）

度相关。一天的长度是通过测定地球相对于遥远恒星的旋转所需时间来测量的，而大气的角动量是使用无线电探空仪来测量的。所示的一致在意料之中，但仍然令人惊讶。

多年来的平均，大气与固体地球和海洋之间的角动量交换预计将非常小。在平衡状态下，地球表面必须有东风和西风的并存，以这样的方式分布在大气和地球表面之间的角动量净交换接近于零。

我们将式（5.41）的两侧乘以 $2\pi a$，然后对整个大气柱垂直积分，并从南极经向积分到任意纬度 φ 得到

$$2\pi a\cos\varphi\int_{0}^{\infty}\overline{\rho_{\theta}vM}^{\lambda,t}\,\mathrm{d}\theta = 2\pi a^{2}\int_{\pi/2}^{\varphi}\left(\overline{F_{uS}}^{\lambda,t}a\cos\varphi - \overline{p_{S}\frac{\partial z_{S}}{\partial\lambda}}^{\lambda,t}\right)\cos\varphi'\mathrm{d}\varphi' \tag{5.45}$$

式（5.45）左侧的量是角动量穿过纬度 φ 的总向北传输。在校正 $\left[\overline{(F_{u}^{t})_{s}}a\cos\varphi - p_{S}\overline{(\partial z_{S}/\partial\lambda)^{t}}\right]$ 使其全球均值为零后，我们得到了 1 月、7 月和年均值图 5.25 所示的结果。角动量从表面东风提取自海洋和固体地球的热带地区，传输到表面西风将其沉积回海洋和固体地球的中纬度地区。角动量输送通过赤道附近的零值。它在热带地区辐散，并在 $\pm 30°$ 向极地方向辐合，此处发现了副热带急流。$\pm 60°$ 向极地方向的传输非常弱，因为在式（5.45）的左侧有两个 $\cos\varphi$：一个在积分外清晰可见，另一个是内置在 M 的定义中。

为了平衡大气的向极地角动量传输，必须有从中纬度向赤道的角动量返回流，由洋流或固体地球携带，或两者的某种组合携带。Oort（1989）认为，回流主要是通过固体地球的应力，而不是通过海洋的环流。这些应力并不一定涉及固体地球的运动，如大陆漂移，因为刚性材料（像钢球）可以在空间上传递力。Bryan（1997）的模式研究支持了奥尔特（Oort）的主张，即海洋的经向角动量传输很小。

我们将式（5.42）的气压梯度项归因于地球表面地形的形式阻力。式（5.41）的气压梯度项有一个非常相似的解释，即通过"凹凸不平"等熵面的形式阻力实现大气内的角动量垂直交换。等熵面在给定气压层上有冷空气团的地方向上膨胀，在有暖空气的地方向下凹。从等熵坐标

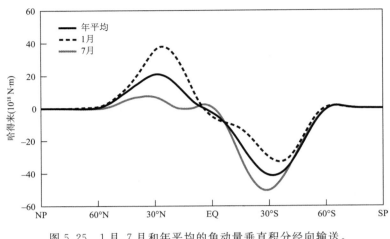

图 5.25   1 月、7 月和年平均的角动量垂直积分经向输送。

一个哈得来（Hadleys）单位是 $10^{18} \, \mathrm{N} \cdot \mathrm{m}$

的角度来看，纬向动量的向上通量与气压有关，而不是与"垂直速度"（除非有加热，否则在等熵坐标中消失）和纬向速度之间的协方差有关。一层被限制在两个等熵面之间的空气会受到与气压相关的两个动量通量：一个在其下边，另一个在其上边。正是这两种力之间的差产生了该层的净加速度。这就是为什么我们在式(5.41)中看到 $\partial/\partial\theta\left[\overline{p\left(\partial z/\partial\lambda\right)}^{\lambda}\right]$ 的原因。

图 5.26 显示了 1 月和 7 月由于等熵形式阻力引起的角动量垂直通量。与图 5.25 的比较表明，由山脉力矩和摩擦引起的中纬度表面角动量汇是由通过等熵形式阻力的向下动量输送提供的。这种通量在冬半球特别强。本主题将在第 9 章中进一步讨论。

图 5.27 显示了角动量的总的、平均、团流和涡旋经向通量。哈得来环流圈在对流层上层产生大的向极地通量，但在对流层下层也产生大的向赤道通量。这些在垂直平均几乎被抵消，因为正如前面所述，垂直积分的经向质量通量小值保证了地球角动量的垂直积分通量也很小。下面我们将回到这一点。在 1 月和 7 月，角动量的总通量在冬半球的中纬度地区辐合。平均通量向赤道辐合，团流通量向极地辐合。角动量的涡旋动量在图中非常弱，但实际上在垂直积分后占主导地位。图 5.28 与图 5.27 相似，但经过修改，仅显示相对角动量的通量。等值线间隔减少了 4 倍。涡旋通量的重要性是很明显的。

方程式(5.37)可以用来定义流函数，描述通过大气的角动量纬向平均流。我们称之为 ψ_M，并将其定义为

$$\overline{\left[\rho_\theta v\left(M - M_{\mathrm{GM}}\right)\right]}^{\lambda,t} 2\pi a\cos\varphi \equiv -\frac{\partial\psi_M}{\partial\theta} \qquad (5.46)$$

和

$$\overline{\left[\rho_\theta\dot\theta\left(M - M_{\mathrm{GM}}\right)}^{\lambda,s} - a\cos\varphi F_u\right] 2\pi a^2\cos\varphi \equiv \frac{\partial\psi_M}{\partial\varphi} \qquad (5.47)$$

式中，M_{GM} 是整个大气中 M 的质量加权平均值。我们可以使用式(5.46)通过垂直积分来确定 ψ_M，给定左侧的经向通量和上下边界条件。由于穿越大气的顶部没有角动量通量，我们可以在那里选择 $\psi_M = 0$。图 5.29 显示了 1 月和 7 月的 ψ_M 图。这些图显示，角动量进入热带地

区的大气,并通过哈得来环流圈的上层分支向极地移动,主要朝向冬季极点。冬半球,在距离赤道 30°~60°之间有很明显的向下角动量传输。流函数等值线与地球表面相交,表明角动量在那里离开了大气;将图 5.29 与图 5.23 进行比较。角动量在同一纬度带 300 K 等熵面附近经向辐合。

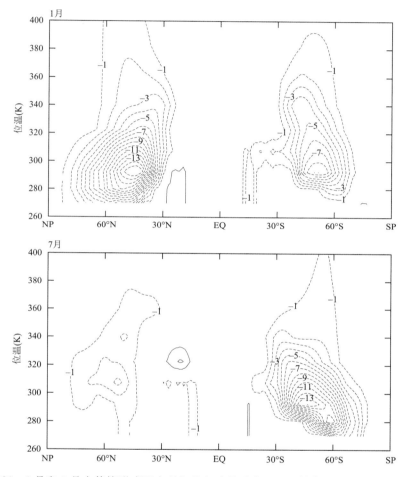

图 5.26　1 月和 7 月由等熵形式阻力引起的角动量垂直通量。等值线间隔为 $10^6 \, \mathrm{N} \cdot \mathrm{m}^{-1}$

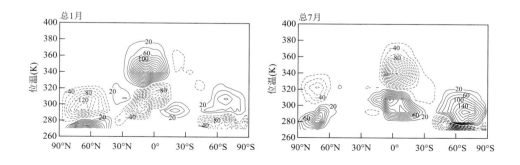

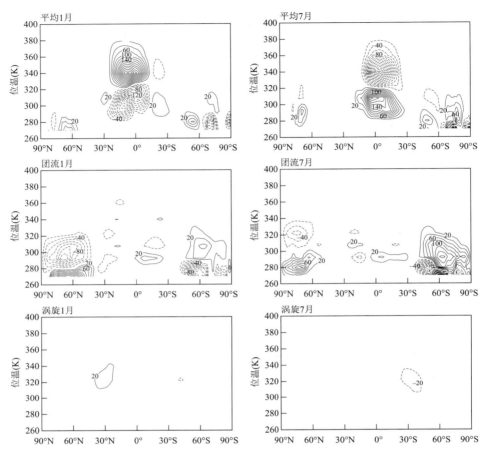

图 5.27 1月（左列）和 7 月（右列）的等熵经向角动量通量。顶部一行显示总通量,第二行显示与纬向平均经向风相关的通量,第三行显示团流通量,底部一行显示涡旋通量。等值线间隔为 $20\times10^9\,\mathrm{N}\cdot\mathrm{m}^{-1}\cdot\mathrm{K}^{-1}$

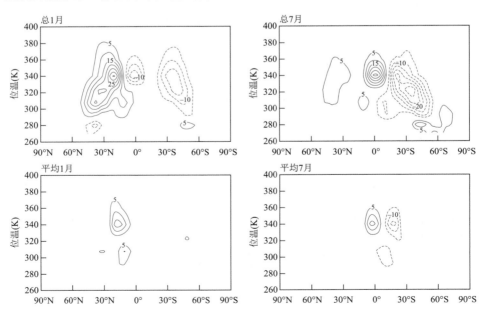

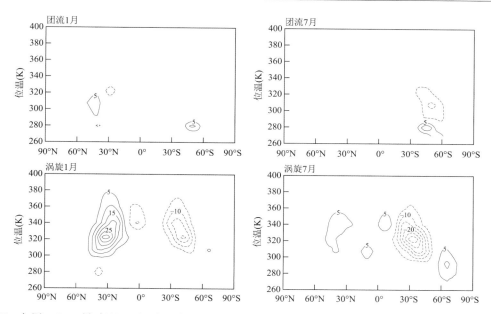

图 5.28　与图 5.27 一样,但只显示了相对角动量的通量。等值线间隔为 $5\times10^9\,\mathrm{N\cdot m^{-1}\cdot K^{-1}}$,比图 5.27 小 4 倍

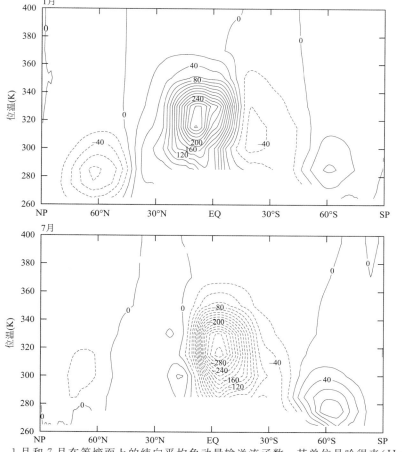

图 5.29　1 月和 7 月在等熵面上的纬向平均角动量输送流函数。其单位是哈得来(Hadleys)

5.7 小结

在本章中,我们讨论了质量、总水汽、湿静力能和角动量的经向传输。利用隐含的流函数图,我们还推断出了这些量的垂直输送。

我们还没有详细讨论的是各种经向和垂直传输实际是如何产生的。书的其余部分都致力于回答这个问题,从第 6 章开始,将讨论对流的关键作用。

习题

1. 证明如果 p_S 仅依赖于 ϕ_S,则山脉力矩消失。
2. 证明 $\overline{p(\partial \Pi / \partial \lambda)}^{\lambda} = 0$。
3. 假设在 40°N 向北能量传输完全是由于大气和围绕半个纬圈的向北气流和在另一半纬圈的补偿向南气流的组合产生的,每一个的均匀速度为 5 m·s^{-1}。为了简单起见,假设这些气流填满了整个大气,并且地面气压是均匀的 1000 hPa。进一步假设所输送的大气能量仅由内能和位能组成。假设每个气流内的温度呈纬向均匀,并且两个气流之间的温差与高度是均匀的。计算向北气流和向南气流之间所需的温差。

第6章 上升变湿，下沉变干

6.1 通过深对流实现的向上能量输送

Riehl 和 Malkus(1958；图 6.1)根据观测到的热带大气能量平衡和垂直结构指出，深厚、穿透的积云对流是热带地区能量向上输送的主要机制。他们首先估计了热带辐合带(intertropical convergence zone，ITCZ)冬季一侧穿越纬度 10°处的质量环流。回想一下，冬至日和夏至日哈得来环流圈"主体"位于冬半球。他们忽略了在夏季一侧跨越热带辐合带边界的质量传输。然后，里尔(Riehl)和马库斯(Malkus)试图评估穿越、进入和离开热带辐合带作为高度函数的横向能量传输。他们考虑了内能、位能和潜热能的输送。由于低层流入暖湿空气，上层流出干冷空气，内能和潜热能都流入热带辐合带；然而，由于高层流出输出位能，总能量出现净损失。经向流的能量净输出意味着在气柱的顶部和底部有一个补偿的能量净输入。表 6.1 总结了对各种量的估计。

由于能量在低层流入热带辐合带，而在高层流出，里尔和马库斯推断，在热带辐合带内部一定有能量的净向上传输。然而，他们认为，这种向上的能量通量不能是由于平均垂直运动造成的，因为观测到的湿静力能 h 廓线在中层是最小的，正如在第 5 章中讨论的。如果平均垂直运动是单独作用的，那么由于 h 在跟随气块是守恒的，h 将在整个上升柱内随高度是均匀的，这与雷暴上升气流中观测到的探空接近，但与观测到的大尺度 h 垂直廓线相差很远。类似的推理表明，扩散能量传输不能解释观测到的湿静力能向上通量。里尔和马库斯得出结论，向上的能量输送必须发生在穿透对流层的深厚对流云中。50 多年后，他们的结论仍然成立。

Neelin 和 Held(1987)从与里尔和马库斯非常相似的角度考虑了热带辐合带的湿静力能收支。他们推断如下：在平均时间内，垂直积分的湿静力能收用

$$\frac{1}{g} \nabla \cdot \left(\int_0^{p_S} \mathbf{V} h \, \mathrm{d}p \right) = -(N_S - N_T) \tag{6.1}$$

表 6.1　热带辐合带向极地一侧的侧向能量传输

δp (100 s·hPa)	v (m·s^{-1})	M_0 (10^{13}g·s^{-1})	s (J·g^{-1})	sM_0 (10^{16}J·s^{-1})	Lq (J·g^{-1})	LqM_0 (10^{16}J·s^{-1})	hM_0 (10^{16}J·s^{-1})	涡旋水汽输送 (10^{16}J·s^{-1})	来自热带辐合带的总能量传输 (10^{16}J·s^{-1})
9~10	-1.3	-5.2	301.5	-1.56	37.6	-0.20			
8~9	-1.1	-4.4	305.7	-1.34	27.6	-0.12			
7~8	-0.4	-1.6	311.6	-0.49	18.4	-0.03			
6~7	0	0	317.8	0	11.3	0			
5~6	0	0	323.3	0	7.1	0			

续表

δp (100 s·hPa)	v (m·s⁻¹)	M_0 (10¹³g·s⁻¹)	s (J·g⁻¹)	sM_0 (10¹⁶J·s⁻¹)	Lq (J·g⁻¹)	LqM_0 (10¹⁶J·s⁻¹)	hM_0 (10¹⁶J·s⁻¹)	涡旋水汽输送 (10¹⁶ J·s⁻¹)	来自热带辐合带的总能量传输 (10¹⁶ J·s⁻¹)
4～5	0.3	1.2	329.1	0.39	4.2	0.00			
3～4	0.6	2.4	335.4	0.80	2.1	0.00			
2～3	1.3	5.2	340.8	1.77	0.8	0.00			
1.25～2	0.8	2.4	348.4	0.83	0	0			
5～10				−3.39		−0.35	−3.74	0.07	−3.67
1.25～5				3.79		0.01	3.80	0	3.80
1.25～10				0.40		−0.34	0.06	0.07	0.13

资料来源:改编自 Riehl 和 Malkus(1958)。

图 6.1　已故的乔安妮·马尔库斯(Joanne Malkus)(后来的乔安妮·西姆森(Joanne Simson))
和已故的赫伯特·里尔(Herbert Riehl)。照片由乔安妮·西姆森提供

式中,N 为由湍流、对流和辐射引起的能量净向下通量,下标 T 和 S 分别表示大气的顶部和地面。同样,质量连续性为

$$\nabla \cdot \left(\int_0^{p_S} \boldsymbol{V} \mathrm{d} p \right) = 0 \tag{6.2}$$

我们将气柱分为上部分和下部分,然后写为

$$\frac{1}{p_S} \nabla \cdot \left(\int_0^{p_S} \boldsymbol{V} h \, \mathrm{d} p \right) = \nabla \cdot (\boldsymbol{V} h)_u + \nabla \cdot (\boldsymbol{V} h)_l = -g \left(\frac{N_S - N_T}{p_S} \right) \tag{6.3}$$

$$\frac{1}{p_S} \nabla \cdot \left(\int_0^{p_S} \boldsymbol{V} \mathrm{d}p \right) = \nabla \cdot \boldsymbol{V}_u + \nabla \cdot \boldsymbol{V}_l = 0 \tag{6.4}$$

该气柱的上、下两部分对应于表 6.1 的前两个"汇总"行。在热带地区，h 的水平变化较弱，因此，通过下式定义 h_u 和 h_l 是有用的。

$$\nabla \cdot (\boldsymbol{V}h)_l \equiv h_l (\nabla \cdot \boldsymbol{V}_l)$$

和

$$\nabla \cdot (\boldsymbol{V}h)_u \equiv h_u (\nabla \cdot \boldsymbol{V}_u) = -h_u (\nabla \cdot \boldsymbol{V}_l) \tag{6.5}$$

由此可见

$$\nabla \cdot (\boldsymbol{V}h)_u + \nabla \cdot (\boldsymbol{V}h)_l = -(\nabla \cdot \boldsymbol{V}_l)(h_u - h_l) \tag{6.6}$$

尼林(Neelin)和霍尔德(Held)将 $h_u - h_l$ 这个量称为总湿稳定度。方程式(6.6)表明，当总湿稳定度为正时，质量的低层辐合(即 $\nabla \cdot \boldsymbol{V}_l < 0$，如在热带辐合带中)导致湿静力能(即 $\nabla \cdot (\boldsymbol{V}h)_u + \nabla \cdot (\boldsymbol{V}h)_l > 0$)的净垂直积分辐散。这一定是热带地区的平均情况，因为热带大气向高纬度地区输出湿静力能。在总湿稳定度为负的区域，低层辐合导致湿静力能量的净垂直积分辐合。如果对流层湿润，而不改变温度廓线，总湿稳定度趋于下降。

我们也可以从式(6.3)—式(6.6)表明

$$\nabla \cdot \boldsymbol{V}_l = \frac{g}{p_S} \left(\frac{N_S - N_T}{h_u - h_l} \right) \tag{6.7}$$

这意味着低层辐合($\nabla \cdot \boldsymbol{V}_l < 0$)一定发生在气柱获得能量的地方($N_S - N_T < 0$)，假如

$$h_u - h_l > 0 \tag{6.8}$$

根据式(6.7)，对于给定的 $N_T - N_S$ 分布，总湿稳定度的形式与低层辐合的形式密切相关。正如后面讨论的(式(6.48))，我们预计在积云对流活跃的地方，总湿稳定度很小。

总湿稳定度一词在尼林和霍尔德之后工作以各种方式已经被重新定义。确定在已发表的研究中使用了哪个定义是很重要的。

刚才概述的想法与在第 3 章讨论的 Charney(1963)工作很吻合。回想一下 Charney 关于热带地区的水平温度梯度往往较弱的结论。如第 4 章所述，热力学能量方程可以写为

$$c_p \left(\frac{\partial T}{\partial t} + \boldsymbol{V} \cdot \nabla T + \omega \frac{\partial T}{\partial p} \right) = \omega \alpha + Q \tag{6.9}$$

式中，垂直坐标是气压，Q 是单位质量的加热率。平均一个月的间隔足以使式(6.9)的时间变化率项相当小。如果我们也援引 Charney 的想法来忽略水平平流项，我们会发现

$$\text{在热带地区 } \omega \overline{\frac{\partial s}{\partial p}}^t \approx \overline{Q}^t \tag{6.10}$$

式中，s 是干静力能，用静力方程结合涉及 ω 的式(6.9)两项。回想一下，s 通常会随着高度的升高而增加。因此，式(6.10)的垂直运动项表示空气上升($\omega < 0$)时冷却$[-\omega(\partial s/\partial p) < 0]$，空气下沉($\omega > 0$)时变暖$[-\omega(\partial s/\partial p) > 0]$。方程式(6.10)只是说，在平均时间内，加热必须通过垂直平流来平衡。平衡热带加热或冷却的唯一方法是通过垂直运动，所以很明显，垂直运动形式和加热形式之间应该有非常强的对应关系。热带上升运动几乎只发生在潜热和辐射加热活跃的地方，即 $Q > 0$ 的地方，热带下沉运动几乎只发生在辐射冷却占主导地位的地方，即 $Q < 0$ 的地方。

这些结论不仅适用于热带地区，甚至适用于夏季的中纬度地区，这仅仅因为那里的水平温

度梯度也很弱。它们绝对不适用于冬季的中纬度地区,在那里,式(6.9)的水平平流项可能占主导地位。

6.2 水汽对流的基础

在大气科学中,对流一词指的是一种重要的浮力驱动环流,在边界层产生热力和在上面的自由对流层产生积云。在较早的文献中,有时使用自然对流一词来代替。

在讨论产生积云的湿对流之前,我们简要讨论干对流。考虑垂直运动和干静力能量守恒方程,相对于静止、水平均匀的基本状态线性化:

$$\bar{\rho}\,\frac{\partial w'}{\partial t} = -\frac{\partial p'}{\partial z} - \rho' g \tag{6.11}$$

$$\frac{\partial s'}{\partial t} = -w'\,\frac{\partial \bar{s}}{\partial z} \tag{6.12}$$

式中的上面一横表示水平平均,一撇表示与这些平均的偏差。式(6.11)的重力项表示浮力的影响。方程式(6.12)描述了干绝热运动。

为了简单起见,我们假设 $\partial \bar{s}/\partial z$ 与高度无关。同样,为了简单起见,我们忽略了式(6.11)中的扰动气压项。它的主要作用是部分抵消了浮力的影响。最后,我们使用了这个近似

$$-\left(\frac{\rho'}{\bar{\rho}}\right) \approx \frac{T'}{\bar{T}} = \frac{s'}{c_p \bar{T}} \tag{6.13}$$

通过这些调整,式(6.11)就会简化为

$$\frac{\partial w'}{\partial t} = \frac{g s'}{c_p \bar{T}} \tag{6.14}$$

方程式(6.12)和式(6.14)形成了一个封闭的系统。我们正在寻找解的形式为

$$w'(t) = w'(0)\mathrm{Re}\{\mathrm{e}^{\sigma t}\}$$
$$s'(t) = s'(0)\mathrm{Re}\{\mathrm{e}^{\sigma t}\} \tag{6.15}$$

式中,σ 可以是实数,也可以是虚数。进行适当的替换,我们发现对于非平凡解

$$\sigma^2 = -\frac{g}{c_p \bar{T}}\,\frac{\partial \bar{s}}{\partial z} \tag{6.16}$$

对于 $\partial \bar{s}/\partial z < 0$,σ 是实数,且解随 $\sigma > 0$ 呈指数增长,这是干对流不稳定。我们说

$$\frac{\partial \bar{s}}{\partial z} < 0 \text{ 是干对流不稳定的条件} \tag{6.17}$$

从式(6.12)或式(6.14)中可以看出,在指数增长的解中,使用 $\sigma > 0$,$w'(t)$ 和 $s'(t)$ 始终具有相同的符号,使得 $\overline{w's'}^t > 0$,即对流向上传输干静力能量。我们在第 7 章中表明,向上的温度通量倾向于降低大气的重心;也就是说,它降低了大气柱的总位能。位能的减少与通过浮力做功产生的对流动能相一致,从而使总能量守恒。将式(6.14)的两侧乘以 w',可以直接看到通过干静力能的向上通量产生对流动能。

对于 $\partial \bar{s}/\partial z > 0$,$\sigma$ 是虚数,解是振荡的;这是重力波。它们的频率 N 满足 $N^2 = (g/c_p \bar{T})\partial \bar{s}/\partial z$;这被称为布伦特-维赛拉(Brunt-väisälä)频率。使用前面的分析作为起点,您应该能够证明重力波 $\overline{w's'}^t = 0$,其中时间平均是在波周期上进行的。这意味着重力波不传输

干静力能，它们也不传输水汽。如第 9 章所讨论的，它们确实传输动量。

分析表明，在没有位相变化的情况下，对流和重力波是相互排斥的；它们不能同时发生在同一地方。我们稍后将看到，当允许发生位相变化时，这一结论并不一定适用。

到这一点为止，我们已经考虑了干绝热运动。为了分析湿对流，我们假设是饱和的湿绝热运动。如第 4 章所述，湿静力能 h 在湿绝热过程下近似守恒。我们用下式代替式（6.12）。

$$\frac{\partial h'}{\partial t} = -w' \frac{\partial \overline{h}}{\partial z} \tag{6.18}$$

对于饱和运动，湿静力能必须等于饱和湿静力能 h_{sat}，所以我们可以将式（6.18）重写为

$$\frac{\partial h'_{sat}}{\partial t} = -w' \frac{\partial \overline{h_{sat}}}{\partial z} \tag{6.19}$$

接下来，我们必须将式（6.14）的浮力项与 h'_{sat} 联系起来。回顾一下

$$h_{sat} \equiv c_p T + gz + L q_{sat}(T, p) \tag{6.20}$$

式中，饱和混合比正如表示的一样取决于温度和气压。在固定的高度和近似固定的气压下扰动满足线性化形式，

$$h'_{sat} \approx s'(1 + \gamma) \tag{6.21}$$

式中，

$$\gamma \equiv \frac{L}{c_p} \left(\frac{\partial q_{sat}}{\partial T} \right)_p \tag{6.22}$$

是使用平均状态温度和气压进行评估的。无量纲参数 γ 是正的，量级为 1。

我们现在写

$$-\left(\frac{\rho'}{\overline{\rho}} \right) \approx \frac{T'}{\overline{T}} = \frac{h'_{sat}}{c_p \overline{T}(1 + \gamma)} \tag{6.23}$$

这个方程类似于式（6.13）。将式（6.23）代入垂直运动方程，得到

$$\frac{\partial w'}{\partial t} = \frac{h'_{sat}}{c_p \overline{T}(1 + \gamma)} \tag{6.24}$$

我们寻找系统式（6.19）和式（6.24）的指数解，并发现

$$\sigma^2 = -\frac{g}{c_p \overline{T}(1 + \gamma)} \frac{\partial \overline{h_{sat}}}{\partial z} \tag{6.25}$$

这表明

$$\frac{\partial \overline{h_{sat}}}{\partial z} < 0 \text{ 是饱和大气湿对流不稳定的条件} \tag{6.26}$$

将此结果与式（6.17）进行比较。

在继续之前，我们需要再做一件事。温度的干绝热递减率为

$$\Gamma_d \equiv -\left(\frac{\partial T}{\partial z} \right)_{干绝热} = \frac{g}{c_p} \tag{6.27}$$

这是当干静力能与高度无关时，温度随高度而减小的速率。我们可以将式（6.12）重写为

$$\frac{\partial T'}{\partial t} = w'(\overline{\Gamma} - \Gamma_d) \tag{6.28}$$

并重申干对流不稳定性的条件为

$$\Gamma > \Gamma_d \tag{6.29}$$

同样，我们也可以用湿绝热递减率来表示湿对流不稳定的条件

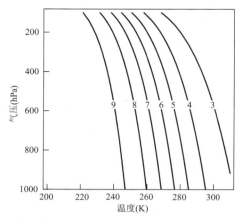

图 6.2　作为温度和气压函数的湿绝热递减率 Γ_m 图（单位为 $\mathrm{K} \cdot \mathrm{km}^{-1}$）

$$\Gamma_m \equiv -\left(\frac{\partial \bar{T}}{\partial z}\right)_{\text{湿绝热}} \approx \Gamma_d \left[\frac{1 + \dfrac{L q_{\text{sat}}(T, p)}{R_d T}}{1 + \dfrac{L^2 q_{\text{sat}}(T, p)}{c_p R_v T^2}}\right] \tag{6.30}$$

方程式（6.30）在附录 E 中导出。式（6.30）方括号中的分母大于分子，所以为 $\Gamma_m < \Gamma_d$，尽管在低温下 $\Gamma_m \to \Gamma_d$。例如，在气压为 1000 hPa，温度为 288 K 时，我们发现 $\Gamma_m = 4.67\ \mathrm{K} \cdot \mathrm{km}^{-1}$（图 6.2）。随着温度的升高，湿绝热递减率减小。正如第 11 章所讨论的，这对气候变化很重要。对于饱和运动，我们可以将式（6.12）重写为

$$\frac{\partial T'}{\partial t} = w'(\bar{\Gamma} - \Gamma_m) \tag{6.31}$$

比较一下式（6.31）和式（6.28）。它们都将在稍后被使用。

6.3　辐射对流平衡

里尔（Riehl）和马尔库斯（Malkus）的研究表明，在热带地区（以及夏半球中纬度的湿对流区域），能量的向上传输是由于小尺度对流造成的，而不是由于大尺度垂直运动的垂直平流造成的。回想一下，地球的亮温对应于对流层中部的一层；热带对流区域的亮温对应于对流层上部的实际温度。我们可以考虑对流将能量向上传输，到对流层中层或上层，在那里能量被辐射到太空。

可以表示这个过程的最简单模式称为辐射对流模式。这个最基本的想法非常简单。首先，我们耦合了物理参数化，这足以确定大气柱内和地球表面温度的时间变化率，而忽略了大尺度环流的影响。然后，我们将参数化组合进模式，并使用一个小时左右的时间步长随着时间向前预报。我们不断进行时间积分，直到稳定状态达到足够的准确度。根据初始条件，在模拟 500 天左右可以达到收敛。时间演化本身没有任何意义；只有稳定的状态是大家感兴趣的。辐射对流模式实际上接近稳定状态并不明显，但下面讨论的模型确实如此。这种状态被称为辐射对流平衡或 RCE（radiative convective equilibrium）。

辐射对流模式的物理过程包括辐射、对流、湍流和决定地面温度变化过程的参数化。我们写为

$$\rho c_p \frac{\partial T}{\partial t} = \rho L C - \frac{\partial F_s}{\partial z} + Q_R \qquad (6.32)$$

提醒一下，L 是凝结潜热，C 是凝结率，F_s 是感热通量。我们用 Q_R 来表示辐射加热率。水平平流和垂直平流在式(6.32)被故意省略，因为辐射对流模式的目的是帮助我们理解在没有它们的情况下大气会是什么样子。为了使用式(6.32)，我们必须确定凝结率和对流通量。这将需要考虑水汽收支。此外，需要水汽和云的垂直分布来确定 Q_R，其满足

$$Q_R = \frac{\partial}{\partial z}(S - R) \qquad (6.33)$$

式中，S 是太阳净辐射(向下为正)，R 是地面净辐射(向上为正)。

我们还对地球表面进行了能量收支平衡：

$$C_g \frac{\partial T_S}{\partial t} = N_S(T_S) \qquad (6.34)$$

式中，C_g 是地面的有效"热容量"，T_S 是地面温度，$N_S(T_S)$ 表示由湍流、对流和辐射引起的净向下(即正值表示向下)垂直能量通量。方程式(6.34)是假设 $N_S(T_S)$ 已知情况下用来确定 T_S。C_g 的值决定了地面温度随给定的 N_S 值而如何快速变化。当 C_g 较大时，T_S 变化缓慢。当 $C_g \to 0$ 时，T_S 立即调整，以保持 $N_S(T_S) = 0$。

在辐射对流平衡中必须满足的平衡要求可以说明如下。

如第 2 章所述，在平均时间内，在(全球平均)大气的顶部不可能没有净辐射能量通量。我们在辐射对流平衡中强制执行了这个要求：

$$N_T = S_T - R_T = 0 \qquad (6.35)$$

式中，N_T 也是正的向下。大气柱必须处于能量平衡状态，所以

$$N_S = N_T \qquad (6.36)$$

式中，

$$\begin{aligned} N_S &\equiv S_S - R_S - (F_h)_S \\ &= S_S + (R_S)\downarrow - \sigma T_S^4 - (F_h)_S \end{aligned} \qquad (6.37)$$

从式(6.35)—(6.36)可知，在平衡状态下，地球表面也必须处于能量平衡状态：

$$N_S = 0 \qquad (6.38)$$

我们现在讨论来自辐射对流模式的一些结果。在 20 世纪 60 年代的一系列研究中(见参考文献)，真锅(Manabe)和他的同事们研究了纯辐射平衡和/或辐射对流平衡在多大程度上可以解释观测到的温度垂直分布。这些研究使我们对大气垂直结构的理解取得了重大进展。由于在 20 世纪 60 年代人们对湿物理知之甚少，真锅和他的同事在他们的模式中没有显式表示湿过程；相反，他们考虑了水汽垂直分布的两个替代假设(下文讨论)，并采用了相当极端但经验合理的简化假设来确定潜热释放和湿对流对大气温度廓线的影响。

真锅和他的同事们使用了一种时间推进法和一些简化的假设来找到平衡解。他们首先指定了以下"初始条件"。

(1)大气温度；

(2)地面温度；

(3)大气的水汽含量；

(4)云的分布随高度的变化；

(5)干空气(包括臭氧)的成分随高度的变化。

他们还指定了地球表面的反照率。

水汽的垂直分布对大气和地面的辐射收支都有明显的影响。为了预测水汽的垂直分布，有必要将湍流和积云对流表示在模式中。真锅和他的同事并没有这样做。相反，他们使用两种替代方法指定了水汽的垂直分布：①固定的比湿（他们称之为"固定的绝对湿度"）和②固定的相对湿度。比湿和相对湿度的垂直分布都是根据与第3章相似的观测结果指定的。虽然真锅和同事的早期模式没有包括水汽收支，但更现代的辐射对流模式中包括。在这些模式中，水汽是通过从海面蒸发引入的；在更小的程度上，对流扩散携带水汽向上；降水减少水汽。稍后将给出一个例子。

真锅和他的同事们还指定了辐射活动中云的垂直分布。

臭氧的垂直分布对于辐射计算很重要，因为臭氧对太阳辐射的吸收是平流层温度随高度升高的原因；没有臭氧，就不会有平流层。真锅和同事们并没有试图计算臭氧的垂直分布；相反，他们根据观测进行了指定。

从温度、水汽、臭氧和云的垂直廓线，可以确定太阳和地面的辐射能量通量和各层大气的净辐射冷却，然后确定大气净辐射冷却，其形式为

$$ARC = (R_T - R_S) - (S_T - S_S) \tag{6.39}$$

真锅和他的同事们使用了一个简单的辐射传输模式来计算大气净辐射冷却。到目前为止，一切都很好。

我们如何确定$(F_h)_S$？理论上，我们可以使用第5章中讨论的总体空气动力学公式，但该方法存在以下问题。

(1)在海洋上空，$(F_h)_S$取决于低空风速。这可以指定，但我们更喜欢指定尽可能少的要素，所以这个选项没有吸引力。

(2)在陆地上，导致$(F_h)_S$的地面潜热通量取决于土壤的含水量和植被覆盖等因素。这比我们愿意在模式中包含的更为复杂。

为了避免这种困难，我们可以假设，在每个时间步长中，大气的净辐射冷却都等于地面的净辐射变暖；也就是说，

$$ARC = S_S - R_S \tag{6.40}$$

从式(6.35)和式(6.39)可以清楚地看出，式(6.40)必须保持平衡，但纯粹出于计算原因，我们假设它也适用于接近平衡期间。从式(6.38)、式(6.39)和式(6.40)中，我们可以看出

$$(F_h)_S = ARC \tag{6.41}$$

这意味着地面湿静力能量通量就需要平衡大气柱的辐射冷却。同样，这在平衡中是必需的，但没有物理原因说明为什么在接近平衡过程中它一定是成立的。方程式(6.41)表示大气柱作为一个整体处于能量平衡状态，即使在接近平衡过程中，不平衡仅发生在气柱内的特定层。

方程式(6.41)可以通过式(6.37)用时间步长式(6.34)来确定更新的地面温度。

使用图6.3所总结的计算过程可以找到一个辐射对流平衡状态。给出大气温度垂直廓线的初始条件。通过辐射修改温度廓线后，在每个时间步长上，检查得到的温度廓线对流稳定性。Manabe和Wetherald(1967)假设，如果温度随高度下降的速度超过$6.5 \text{ K} \cdot \text{km}^{-1}$，则存在湿对流不稳定。如果发现不稳定，则调整温度廓线，以恢复$6.5 \text{ K} \cdot \text{km}^{-1}$的递减率。对于相对湿度固定的情况下，然后修正水汽的垂直分布，以考虑到温度的变化。

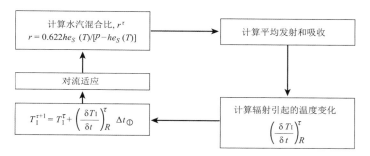

图 6.3 Manabe 和 Wetherald(1967)辐射对流模式解的流程图。

© American Meteorological Association 授权使用

假设递减率"调整"到 6.5 K · km^{-1} 是基于物理假设:对流作用防止递减率变得比湿绝热递减率更陡,在热带对流层低层接近 6.5 K · km^{-1}(图 6.2)。在这章的后面,我们将进一步讨论这一重要假设的物理意义。

图 6.4 显示了三种情况的结果:

(1)具有给定相对湿度分布的晴空大气纯辐射平衡。

(2)给定绝对湿度分布的晴空大气辐射平衡。

(3)给定相对湿度分布的大气辐射对流平衡。

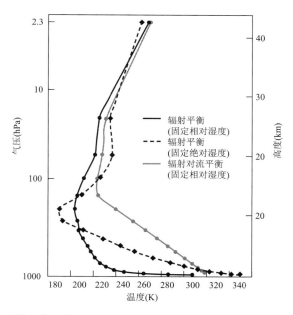

图 6.4 黑实线:给定相对湿度分布的晴空大气辐射平衡;虚线:给定绝对湿度分布的晴空大气辐射平衡;灰实线:给定相对湿度分布的大气辐射对流平衡。引自 Manabe 和 Wetherald(1967)。

© American Meteorological Association 授权使用

纯辐射平衡表现在对流层和平流层,对流层顶在一个相当逼真的高度。这两个辐射平衡一个不逼真的方面是,对流层低层是对流不稳定的,即使是干对流。在辐射对流平衡计算中,这种不稳定假设被对流消除。考虑到该模式忽略了所有大尺度的动力过程,具有固定相对湿度的辐射对流平衡是惊人地逼真。

Fels(1985)报告了地球上类似的辐射对流平衡计算结果,但他的模式包括光化学的表示,他强调了平流层和中层的结构,这通常被称为中间大气。由于中间大气有非常稳定的层结,对流不活跃,也不清楚他的模式对流层中的对流表示是否对中间大气的结果有任何显著影响,如图 6.5 所示。观测到的夏季平流层状态(图 6.5B)与模式预测的相似,但模式模拟的冬季极地平流层太冷了。此外,现实世界的中层在冬季极地附近较暖,在夏季极地附近寒冷,而该模式预测正好相反。观测结果与模式结果之间的差异可以归因于大气动力学的影响,而这在模式中被忽略了。显然,这些运动在冬季中层大气中产生了很大的差异,它们必须将能量向极地传输,以解释观测结果和辐射对流模式结果之间的差异。这个因素将在后面详细讨论。然而,大气运动似乎对夏季平流层的热力结构影响不大。这是夏季平流层接近辐射平衡状态的一个线索。

6.4 关于辐射对流平衡的几点评价

正如最初的设想,辐射对流平衡意味着耦合辐射和对流(选择性地包括湍流和辐射激发云的影响),但没有大尺度的环流。刚刚讨论的辐射对流平衡研究表明,大气的垂直结构受到辐射和对流的明显控制,至少在热带地区是这样。早期的辐射对流平衡工作使用了对流和湍流的参数化表示,但现在有许多基于数值模式的辐射对流平衡计算的例子,这些模式的网格间隔足够细,可以显式地模拟单个云的生长和衰减。

近年来,辐射对流平衡的研究越来越多地被用在一个理想化的框架中寻求基本的理解,这项工作已经相当富有成效和有趣。毫无疑问,辐射对流平衡是一个有用的概念,但还需要注意一些附加说明。

首先,大尺度运动确实发生在现实世界中,所以辐射对流平衡只能作为现实的理想化模拟。没有观测的基础来说明辐射对流平衡是什么样子的。在真实的热带大气中,大尺度的上升运动可以增强对流,降水率的增加超过辐射对流平衡的预期,大尺度的下沉运动可以抑制对流,完全切断降水。我们可以将辐射对流平衡模拟与来自现实世界中一些地方的观测结果进行比较,如热带西太平洋,通过比较可以提供一些信息,但没有先验的理由与预期的一致。

其次,对辐射对流平衡的模拟必须被参考到一个特定的"区域"或地区。区域的水平宽度很重要。对辐射对流平衡的研究通常假设有一个中等大小的区域,例如,在一侧 100 km,但在许多情况下,这个假设并不明确。如果区域非常小,例如 1 m²,那么物理上在里面不可能发生积云对流。如果这个区域非常大,例如,整个全球区域,那么它就可以包含全球大气环流的许多而不同的部分或全部天气系统。

例如,Khairoutdinov 和 Emanuel(2013)表明,当包括旋转时,在一个足够暖的指定海面温度和一个足够大的区域上模拟辐射对流平衡,会导致热带气旋的形成。辐射对流平衡在什么时候模拟会成为天气系统的模拟?

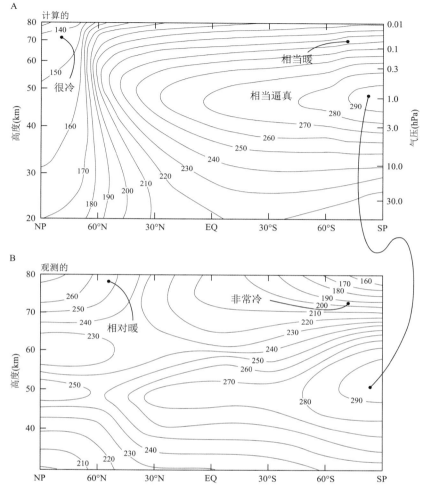

图 6.5 （A）利用时间推进的辐射对流光化学模式计算出 1 月 15 日的纬向平均温度；
（B）1 月的纬向平均气温。引自 Fels(1985)。经爱思唯尔(Elsevier)授权许可后重印

6.5　代表性的探空

图 6.6 显示了热带、副热带信风区和副热带海洋层积云区大气观测的垂直结构。绘制的量为干静力能 s、湿静力能 h 和饱和湿静力能，定义为

$$h_{sat} \equiv s + Lq_{sat} \tag{6.42}$$

式中，q_{sat} 为饱和混合比。一般来说，

$$s \leqslant h \leqslant h_{sat} \tag{6.43}$$

在多云的大气中，$h = h_{sat}$。在非常干燥的大气中 $h \approx s$。在非常冷的大气中 $h_{sat} \approx h \approx s$。结果表明，在静力稳定的大气中，干静力能随高度的升高而增加。在干绝热过程下，干静力能近似守恒，而在干绝热、湿绝热和假绝热过程下，湿静力能近似守恒。饱和湿静力能不是一个守

131

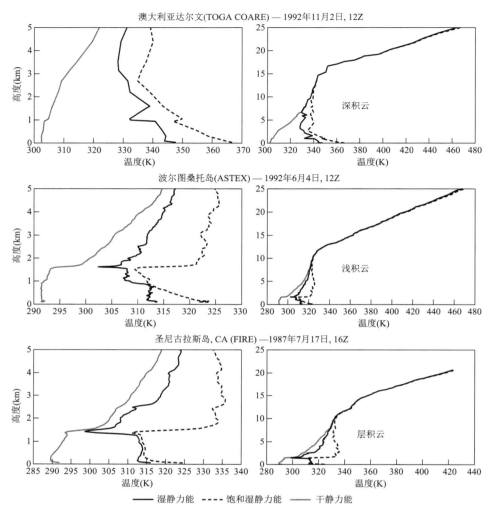

图 6.6　澳大利亚达尔文、大西洋信风地区的波尔图桑托（Porto Santo）岛，以及在南加州海岸附近的副热带海洋层积云地区圣尼古拉斯（San Nicolas）岛的代表性观测探空。曲线显示了干静力能、湿静力能和饱和湿静力能。右边的图同时涵盖了对流层和平流层低层，而左边的图则放大了对流层低层以显示更多的细节。值除以 c_p，单位为 K

恒的变量，尽管它的名字有湿度，但实际上并不携带任何关于水汽场的信息；饱和湿静力能的探空基本上是由温度探空决定的。

　　如果一个包含有水汽的空气块从靠近地面被绝热抬升，它最终会由于绝热膨胀引起的冷却而饱和。在空气块达到其抬升凝结高度之前，其干静力能和湿静力能都将是守恒的。假设一旦超过了抬升凝结高度，现在处于多云状态的空气块湿静力能就会保持不变；也就是说，

$$\frac{\partial h_c}{\partial z} = 0 \qquad (6.44)$$

如果湍流混合和辐射的影响可以忽略不计，那就是这种情况。由于潜热的释放，有云大气的干静力能会随着高度的升高而增加。液态水混合比增加，水汽混合比相应降低。在湿绝热过程下，总混合比 $q_v + l$ 将是守恒的。

h 和 $q_v + l$ 的守恒意味着

$$s_l \equiv h - L(q_v + l) \tag{6.45}$$

也是守恒的。我们把 s_l 称为液态水的静力能。它在湿绝热过程中是守恒的。从气块中发生降水并不是一个湿绝热过程,因为它涉及从气块中失去质量。降水可以改变 s_l 的值,但不会改变 h 的值。这意味着 h 比 s_l "更守恒"。这两个变量都很有用。

同一高度层的多云大气与其环境之间的温差仅仅与饱和湿静力能差成正比;也就是说,

$$c_p(T_c - T) = \frac{(h_{sat})_c - \overline{h_{sat}}}{1 + \gamma} \tag{6.46}$$

式中,$\gamma \equiv (L/c_p)(\partial q_{sat}/\partial T)_p$,下标 c 表示多云的大气,上面一横表示面积平均。然而,由于多云的大气已经饱和,我们可以写为

$$c_p(T_c - T) = \frac{h_c - \overline{h_{sat}}}{1 + \gamma} \tag{6.47}$$

方程式(6.47)表明,有云大气的温度与环境温度的差计算的浮力与有云大气的湿静力能与环境饱和湿静力能的差成正比。然而,回想一下,正在考虑的气块从靠近地面被绝热抬升,其湿静力能守恒。这意味着 h_c 等于探空的低层湿静力能。多云的上升气流在遇到 $h_c = \overline{h_{sat}}$ 的高度层时会停止;如果这一层又高又冷,那么 $\overline{h_{sat}} \approx \overline{h}$,所以我们期望找到

$$在深对流活跃的区域 \overline{h}_{对流层顶} \approx \overline{h}_{边界层} \tag{6.48}$$

在 Neelin 和 Held(1987)的说法中,方程式(6.48)表示总湿稳定度很小。

假设云中的空气相对于每层的环境都是中性浮力的。方程式(6.44)和式(6.47)表示

$$\frac{\partial \overline{h_{sat}}}{\partial z} = 0 \tag{6.49}$$

这是以前导出的饱和空气中中性稳定的条件。但是,请注意,我们在没有假设空气是饱和的情况下推导出了这个条件;即使云环境的相对湿度小于 100%,它也适用。方程式(6.49)是关于非夹卷积云的中性稳定条件。本主题将在稍后进行更详细的讨论。

这些想法可以应用于图 6.6 所示的热带(即达尔文站)探空上。靠近表面时 $h_{sat} > h$,表明空气是不饱和的。如果一个气块从近地面被绝热抬升,它的湿静力能将从一个近地面值开始沿着图中的一条直线,垂直的线运动。同时,环境饱和湿静力能随高度的升高而减小。在气块上升约 1 km 后,代表绝热气块从地面上升追踪的湿静力能垂直线将位于观测到的饱和湿静力能探空的右侧,因此 $h_c > \overline{h_{sat}}$。根据式(6.47)的说法,如果气块饱和,就会产生正浮力。因此,图 6.6 证实了达尔文站探空是有条件不稳定的。提升气块的正浮力将继续向上移动,直到代表恒定湿静力能的垂直线再次穿过代表环境饱和湿静力能曲线的左侧。对于达尔文站探空来说,这种转变发生在大约 15 km 的高度上,靠近对流层顶。因此,深厚积云对流预计将出现在这种探空中,尽管仅仅存在一个有条件不稳定的探空本身并不足以表明积云对流将显著活跃。

达尔文站探空的另一个有趣的方面是,整个对流层的饱和湿静力能几乎不随高度变化。回想一下,在相对于饱和湿对流是中性稳定的大气中,$\partial \overline{h_{sat}}/\partial z = 0$,这可能表明达尔文站探空对湿对流是接近中性稳定的。事实上,这对以后要解释的意义上将是正确的。

副热带"信风"探空也是有条件的不稳定,但只通过一个浅层。信风对流层被一个非常强的逆温层所覆盖,通过这种"信风逆温",水汽混合比随高度明显下降。信风探空中对流层中层比热带探空中的要干得多。

副热带海洋层积云的探空根本没有条件不稳定。探空显示了最低几千米内有云的迹象。云层被一个非常强的逆温所覆盖,本质上类似于信风逆温,但停留在一个较低的高度。海洋层积云区域出现在世界各地的几个地方,通常与副热带高压有关(图6.7)。

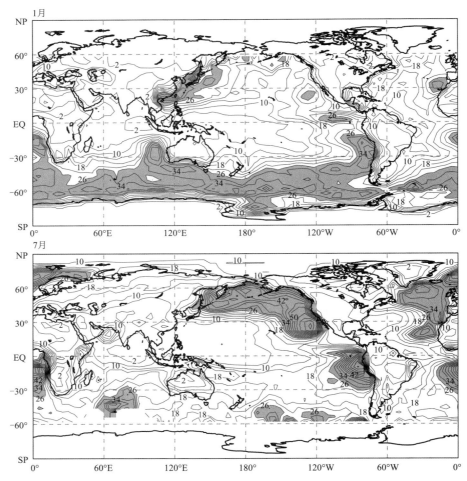

图6.7　国际卫星云气候项目(ISCCP)观测到的低层层云的位置,包括加州西部的云。
云量大于26%用阴影表示

图6.6所示的三个探空之间关系如图6.8所示。图的右侧显示了副热带海洋层积云区域,位于大尺度下沉的区域。在这些区域,海表面的温度相对较冷。朝左边,是信风积云的区域,有弱的下沉,海面温度较高。最后,在图的左侧是深对流区域,其特征是暖的海面温度和大尺度的上升运动。

当空气沿哈得来环流圈的副热带分支下沉时,它被辐射逐渐冷却。因此,副热带自由大气中空气的位温向下减少,或者换句话说,它随着高度的升高而增加。

这个主题将在第8章中进一步讨论。

深对流区域的递减率基本上是由对流决定的。然而,正如第3章所讨论的,由于 Charney (1963)所解释的原因,整个热带地区和副热带地区的水平温度梯度都很弱。这意味着副热带地区信风逆温上面的递减率必须与热带地区的递减率几乎相同。由于本章前面讨论的原因,

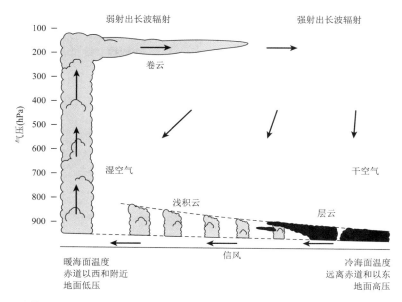

图 6.8 总结了图 6.6 所示的云状态之间关系以及它们如何适应平均经向环流的示意图。

改编自 Schubert 等(1995)

我们可以把哈得来环流圈的下沉支写为一个近似的热力学平衡。

$$\omega \frac{\partial s}{\partial p} = Q_R \tag{6.50}$$

式中,$Q_R < 0$ 是辐射冷却率。我们从式(6.50)中可以看到,副热带地区的大尺度下沉运动速度基本上是由热力学平衡的要求所决定的。典型的晴天热带对流层辐射冷却率为每天 2 K 左右(图 6.9),这相当于每天下沉几百米。

不断下沉的空气通过信风逆温。这是怎么发生的?例如,值得注意的是,空气的平均混合比突然从信风逆温上方的 $1\ g \cdot kg^{-1}$ 增加到信风逆温下方的 6 或 7 $g \cdot kg^{-1}$。毕竟,它也是相同的空气。它是怎么会突然变得如此湿的?答案是,与浅层层积云和/或信风积云相关的对流垂直运动向上输送水汽,并将其沉积在逆温层的底部,在那里它加湿了正在下沉的空气。

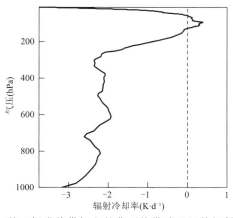

图 6.9 基于标准热带探空的典型热带晴天红外辐射冷却率

空气在下降通过逆温时也会冷却。这种冷却是由云顶附近的集中辐射冷却、浅层云沉积在信风逆温层上的液态水蒸发导致的蒸发冷却,以及通过逆温时空气冷却的感热向下通量综合产生的。

对这种夹卷过程的宏观视图如下。设 A 是一个任意标量,满足的守恒方程可以写成的"通量形式"为

$$\frac{\partial \rho A}{\partial t} + \nabla \cdot (\rho \mathbf{V} A) + \frac{\partial \rho w A}{\partial z} = -\frac{\partial F_A}{\partial z} + S_A \tag{6.51}$$

式中,$F_A \equiv \rho \overline{w' A'}$ 为 A 的向上湍流通量;平均量上省略了一横;S_A 为单位体积 A 的源或汇。将式(6.51)从逆温下面积分到逆温上面,并使用莱布尼茨(Leibniz)规则,我们得到

$$\frac{\partial}{\partial t}\left(\int_{z_B^-\varepsilon}^{z_B^+\varepsilon} \rho A \, \mathrm{d}z\right) - \Delta(\rho A)\frac{\partial z_B}{\partial t} + \nabla \cdot \left(\int_{z_B^-\varepsilon}^{z_B^+\varepsilon} \rho \mathbf{V} A \, \mathrm{d}z\right) - \Delta(\rho \mathbf{V} A) \cdot \nabla z_B + \Delta(\rho w A)$$

$$= -(F_A)_{B+} + (F_A)_B + \int_{z_B^-\varepsilon}^{z_B^+\varepsilon} S_A \, \mathrm{d}z \tag{6.52}$$

式中,当积分域缩小到零和/或因为所有的湍流变量在逆温层上都为零时,所指示的项等于零。这里我们使用了这个表示法 $\Delta(\quad) \equiv (\quad)_{z=z_B+\varepsilon} - (\quad)_{z=z_B-\varepsilon} \equiv (\quad)_{B+} - (\quad)_B$。此后,下标 $B+$ 和 B 分别表示逆温层上方和逆温层下方的高度层次。对于 $A \equiv 1$,式(6.52)简化为质量守恒的形式

$$\rho_{B+}\left(\frac{\partial z_B}{\partial t} + \mathbf{V}_{B+} \cdot \nabla z_B - w_{B+}\right) = \rho_B\left(\frac{\partial z_B}{\partial t} + \mathbf{V}_B \cdot \nabla z_B - w_B\right) \equiv E \tag{6.53}$$

式中,E 是穿越逆温层的向下质量通量。本质上,式(6.53)简单地表明,质量通量穿越行星边界层顶部是连续的;也就是说,在 B 层和 $B+$ 层之间没有产生或破坏质量。我们将 E 解释为由于自由大气穿越逆温层的湍流夹卷而引起的质量通量。通过式(6.53)对 E 的定义,我们可以将式(6.52)简化为

图 6.10　道格拉斯·利利(Douglas Lilly),他在这个主题的众多领域上做了重要工作,包括积云对流、数值方法、重力波和层积云。经美国大学大气研究联盟(University Corporation for Atmospheric Research,UCAR)授权使用

$$-\Delta AE = (F_A)_B + \int_{z_B-\varepsilon}^{z_B+\varepsilon} S_A\,\mathrm{d}z \qquad\qquad (6.54)$$

对于 $S_A = 0$,式(6.54)简单地表明,A 的总通量必须在穿越逆温层过程中是连续的。请注意,对于 $\Delta A \neq 0$,穿越逆温层的质量通量通常与 A 在高度 B 的湍流通量辐合有关。这种通量辐合将改变质点从 A_{B+} 进入到 A_B 的 A。Lilly(1968;图 6.10)是第一个使用这种方法推导出式(6.54)的人。

作为一个简单的例子,考虑空气在向下移动穿越逆温层时的加湿。干的夹卷空气被在 B 层"不连续"辐合的向上水汽通量加湿。这个过程描述为

$$-\Delta q_T E = (F_{q_T})_B \qquad\qquad (6.55)$$

这是式(6.54)的一个特例。这里 $q_T = q_v + l$ 是总水混合比。

在中高纬度地区,美国科罗拉多州丹佛市和阿拉斯加州巴罗市的代表性夏季和冬季探空如图 6.11 所示。丹佛的探空在夏天是条件不稳定的,但干燥的近地面空气必须被抬升很长一段距离,才能变成正浮力;预计到高云底部。丹佛的冬天探空在地表附近非常稳定。巴罗的探空全年都很稳定,尤其是在冬天。请注意,巴罗的对流层顶比丹佛的要低得多。夏天,巴罗有低云。

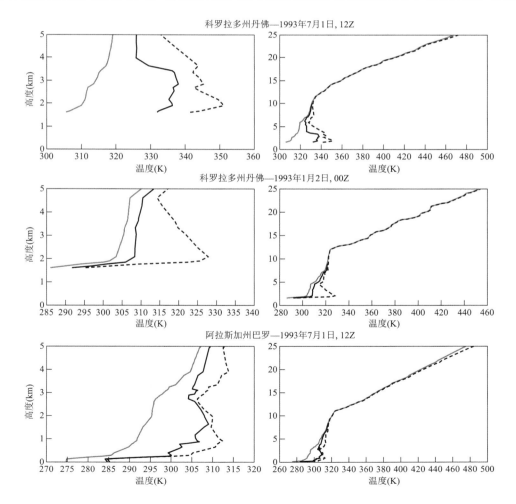

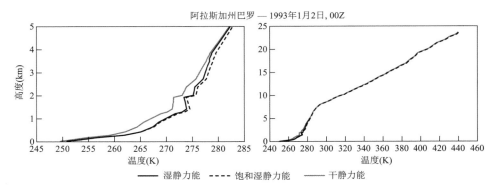

图 6.11　科罗拉多州丹佛和阿拉斯加州巴罗 1 月和 7 月的代表性观测探空。曲线显示了干静力能、
湿静力能和饱和湿静力能。右边的图同时涵盖了对流层和平流层低层,而左边的图则
放大了对流层低层以显示更多的细节。数值除以 c_p,单位为 K

6.6　对流质量通量

湿对流在几个方面很重要。

(1)如前所述,Riehl 和 Malkus(1958)从大尺度观测中推断出,湿对流是在热带深处向上输送能量的主要机制。对流还可以传输水汽和动量,以及各种化学成分。

(2)正如 Manabe 和 Wetherald(1967)所假设的那样,对流可以防止在对流活动区域中的递减率超过接近湿绝热递减率的值。即使这一假设的有效性被接受,也成为决定对流何时和何处活跃的问题。

此外,当然,湿对流也很重要,因为

(3)对流产生地球的大部分降水;

(4)对流产生辐射重要的层状云,特别是在深对流区域的对流层上部。

由于刚才总结的四个原因,湿对流在地球大气的全球大气环流中起着关键作用。毫不夸张地说,如果不考虑全球大气环流和湿对流之间的相互作用,就无法理解全球大气环流。关于这个主题有大量的文献。许多问题仍未得到解决,有些甚至还没有遇到这些问题(Randall et al.,2003)。目前的观点是,积云对流通过垂直传输质量("积云质量通量")对大尺度层结产生影响,对流强度受产生对流不稳定过程的调节;这些过程包括相对于下边界温度、地面感热和潜热通量的空气辐射冷却,以及温度和湿度的水平和垂直平流的影响。

对流对全球大气环流的影响可以根据 Arakawa 和 Schubert(1974;以下称为 AS;图 6.12)的理论进行分析。该理论的发展部分是为了阐明其机制,部分用于确定数值模式中的加热率和变干率。

设上面一横表示在足够大的面积上平均,面积大到足以包含良好的积云样本,但足够小到只包含一小部分的大尺度天气系统。正如 AS 所指出的,这个区域的存在是他们理论的一个基本假设。质量、干静力能、水汽混合比和液体水混合比的面积平均收支方程如下:

$$0 = -\nabla \cdot (\rho \overline{\boldsymbol{V}}) - \frac{\partial \rho \overline{w}}{\partial z} \tag{6.56}$$

$$\rho\,\frac{\partial \overline{s}}{\partial t} = -\,\rho \overline{\boldsymbol{V}}\cdot\nabla\overline{s} - \rho\overline{w}\,\frac{\partial \overline{s}}{\partial z} + \overline{Q_R} + \rho L\overline{C} - \frac{\partial F_s}{\partial z} \tag{6.57}$$

$$\rho\,\frac{\partial \overline{q}_v}{\partial t} = -\,\rho \overline{\boldsymbol{V}}\cdot\nabla\overline{q}_v - \rho\overline{w}\,\frac{\partial \overline{q}_v}{\partial z} - \rho\overline{C} - \frac{\partial F_{q_v}}{\partial z} \tag{6.58}$$

$$\rho\,\frac{\partial \overline{l}}{\partial t} = -\,\rho \overline{\boldsymbol{V}}\cdot\nabla\overline{l} - \rho\overline{w}\,\frac{\partial \overline{l}}{\partial z} + \rho\overline{C} - \frac{\partial F_l}{\partial z} - \overline{\chi} \tag{6.59}$$

式中，ρ 是空气密度，假设在每个高度为准常数，$s \equiv c_p T + gz$ 是干静力能量，q 是水汽混合比，w 是垂直速度，$\overline{\boldsymbol{V}}$ 是水平速度，χ 是液体水转化为降水的比率，然后以降水下降，作为 l 的汇。垂直"涡旋通量"，$F_s \equiv \rho\overline{ws} - \rho\overline{w}\,\overline{s}$ 和 $F_{q_v} \equiv \rho\overline{wq_v} - \rho\overline{w}\,\overline{q}_v$ 在原则上可以代表相当多种不同的物理过程，但为了简单起见，这里我们假设，在边界层以上，这些通量仅仅是由于与积云对流相关的垂直气流造成的。

图 6.12　荒川明夫(Akio Arakawa)教授，在演讲中踱步。
这张照片是 1998 年在加州大学洛杉矶分校一次研讨会上拍摄的

　　AS 使用了一个非常简单的积云模式，根据对流质量通量以及云内和环境探空之间的差异来表示式(6.57)—(6.59)中出现的涡旋通量。云模式也被用来表示单位质量通量的净凝结率 C。AS 允许许多不同"类型"的云共存可能性；这里的一个云类型可以大致被解释为一个云大小的类别。为了简单起见，我们现在简单地解释使用单一云类型的 AS 参数化。

　　作为第一步，我们将该区域划分为任意数量 N 的子域，每个子域具有特征微面积 σ_i、特征垂直速度 w_i 以及对应的湿静力能、干静力能、水汽混合比和所有其他感兴趣变量的相应特征值。一些子域代表多云的上升气流或下沉气流，而另一些可能代表中尺度子域或云的广阔"环境"。微面积的总和必须等于 1：

$$\sum_{i=1}^{N}\sigma_i = 1 \tag{6.60}$$

面积平均垂直速度和湿静力能分别满足

$$\sum_{i=1}^{N}\sigma_i w_i = \overline{w} \tag{6.61}$$

$$\sum_{i=1}^{N}\sigma_i h_i = \overline{h} \tag{6.62}$$

其他面积的平均也以类似的方式构造。然后就这样

$$F_h \equiv \rho\overline{wh} - \rho\overline{w}\overline{h} = \sum_{i=1}^{N} M_i(h_i - \overline{h}) \tag{6.63}$$

式中,

$$M_i \equiv \rho\sigma_i(w_i - \overline{w}) \tag{6.64}$$

是与云类型 i 相关的对流质量通量。对流质量通量是一个关键的概念。它表示质量通过对流环流涌出的速率——通过上升流,通过上升流外的补偿下沉运动,以及通过连接上升流和下沉运动的对流环流水平分支。

为了简单起见,我们假设中尺度组织和对流尺度下沉气流的影响可以忽略,因此云层由大小和强度不同的集中对流上升气流组成,嵌入在一个广阔的均匀环境中。我们使用波浪符号表示环境值,下标 c 表示有云上升流的总体性质。然后式(6.60)简化为

$$\sigma_c + \tilde{\sigma} = 1 \tag{6.65}$$

式中,

$$\sigma_c \equiv \sum_{\text{所有云}} \sigma_i \tag{6.66}$$

是所有对流上升气流所覆盖的总微面积,$\tilde{\sigma}$ 是环境部分面积。同样地,式(6.61)和式(6.62)成为

$$\sigma_c w_c + \tilde{\sigma}\tilde{w} = \overline{w} \tag{6.67}$$

$$\sigma_c h_c + \tilde{\sigma}\tilde{h} = \overline{h} \tag{6.68}$$

式中,我们定义

$$w_c \equiv \frac{1}{\sigma_c} \sum_{\text{所有云}} \sigma_i w_i \tag{6.69}$$

$$h_c \equiv \frac{1}{\sigma_c} \sum_{\text{所有云}} \sigma_i h_i \tag{6.70}$$

6.7 为什么 σ_c 很小,以及这是如何简化的?

可以观测到

$$\sigma_c \ll 1 \text{ 和 } \tilde{\sigma} \approx 1 \tag{6.71}$$

这意味着积云上升气流只占该区域的一小部分。Bjerknes(1938)对这一重要事实作出了简单的解释。

假设在某一时间,温度水平均匀,递减率为

$$\Gamma \equiv -\frac{\partial T}{\partial z} \tag{6.72}$$

只考虑由于绝热垂直运动而引起的温度变化。如前所述,在多云地区,温度满足

$$\frac{\partial T_c}{\partial t} = w_c(\Gamma - \Gamma_m) \tag{6.73}$$

而在邻近的晴空区,

$$\frac{\partial \tilde{T}}{\partial t} = \tilde{w}(\Gamma - \Gamma_d) \tag{6.74}$$

如果探空是条件不稳定的,那么

$$\Gamma - \Gamma_m > 0 \text{ 和 } \Gamma - \Gamma_d < 0 \tag{6.75}$$

假设有云的空气正在上升，环境空气正在下沉，那么 $w_c > 0$，$\widetilde{w} < 0$，$w_c - \widetilde{w} > 0$。将式（6.75）与式（6.73）和式（6.74）进行比较，我们发现，当探空是条件性不稳定时，T_c 和 $\widetilde{T}$ 都会随着时间的增加而增加。上升气流的浮力与 $T_c - \widetilde{T}$ 成正比。T_c 的增加有利于对流，因为它倾向于增加多云空气的浮力，而 $\widetilde{T}$ 的增加倾向于减少浮力。哪种效果会获胜？答案取决于 σ_c 的值。

平均垂直运动满足式（6.67），由此可见

$$w_c = \overline{w} + (1 + \sigma_c)(w_c - \widetilde{w}) \tag{6.76}$$

$$\widetilde{w} = \overline{w} - \sigma_c(w_c - \widetilde{w}) \tag{6.77}$$

从式（6.73）中减去式（6.74），并代入式（6.76）和式（6.77），我们发现

$$\frac{\partial}{\partial t}(T_c - \widetilde{T}) = w_c(\Gamma - \Gamma_m) - \widetilde{w}(\Gamma - \Gamma_d)$$

$$= \overline{w}(\Gamma_d - \Gamma_m) + (w_c - \widetilde{w})[(1 - \sigma_c)(\Gamma - \Gamma_m) + \sigma_c(\Gamma - \Gamma_d)] \tag{6.78}$$

考虑变量 $[(1 - \sigma_c)(\Gamma - \Gamma_m) + \sigma_c(\Gamma - \Gamma_d)]$，在式（6.78）的第二行上乘以 $(w_c - \widetilde{w})$。检查表明，对 $\sigma_c \to 0$，$[(1 - \sigma_c)(\Gamma - \Gamma_m) + \sigma_c(\Gamma - \Gamma_d)]$ 会最大化。物理上的解释很简单。在条件不稳定的探空中，饱和上升运动借助于凝结产生的正浮力，而不饱和下沉运动必须对抗干稳定层结。上升气流的温度减少率与上升气流速度成正比，而下沉气流的温度增加率与下沉气流速度成正比。因此，多云区域的快速上升运动和晴空区域的缓慢下沉运动有利于对流，对于给定的 $(w_c - \widetilde{w})$ 值，通过使上升气流变窄，下降气流变宽，可以实现这两者。

用这个简单的想法，Bjerknes（1938）解释了观测到 σ_c 小的原因。

σ_c 小对于全球大气环流很重要，因为这意味着即使在深厚对流最活跃的区域，也有很多晴朗的天空没有发生相态变化。对流云"隧道方式通过"深层（大部分）不饱和空气。如果云过程只涉及大区域的均匀云量，那么它们就相对简单了。自然更喜欢在晴朗的环境中选择狭窄的饱和上升气流，这使得湿对流与全球大气环流的相互作用成为一个比其他情况更微妙（更有趣）的问题。

鉴于式（6.71），我们可以将式（6.68）写为

$$\widetilde{h} \approx \overline{h} \tag{6.79}$$

然而，$\widetilde{w} \approx \overline{w}$ 并不存在，因为积云上升气流通常比大尺度的垂直运动强几个数量级；也就是说，

$$w_i \gg \overline{w} \tag{6.80}$$

同样地，$\overline{l} \approx \widetilde{l}$ 一般也不正确，因为在对流云的环境中可能根本没有液态水。使用式（6.80），我们可以近似式（6.64）为

$$M_i \approx \rho \sigma_i w_i \tag{6.81}$$

从这一点上，我们简化了讨论，只考虑一种对流云，其性质用下标 c 表示。我们写

$$F_s \approx M_c(s_c - \overline{s}) \tag{6.82}$$

$$F_{q_v} \approx M_c[(q_v)_c - \overline{q}_v] \tag{6.83}$$

$$F_l \approx l_c - \widetilde{l} \tag{6.84}$$

式中，s_c、$(q_v)_c$ 和 l_c 分别为云内干静力能、水汽混合比和液体水混合比，并且

$$M_c \equiv \rho \sigma_c w_c \tag{6.85}$$

在式(6.84)中,我们允许在积云环境中出现液态水的可能性,但我们不假设 $\bar{l} \approx \tilde{l}$,因为很有可能有液态水存在对流上升气流中。然而,也有可能是环境被充满或部分充满了层状云,这可能是由对流云的早期卷出造成的。最后,我们需要

$$\bar{s} = (1 - \sigma_c)\tilde{s} + \sigma_c s_c \tag{6.86}$$

$$\overline{q_v} = (1 - \sigma_c)\tilde{q}_v + \sigma_c (q_v)_c \tag{6.87}$$

$$\bar{l} = (1 - \sigma_c)\tilde{l} + \sigma_c l_c \tag{6.88}$$

$$\bar{C} = (1 - \sigma_c)\tilde{C} + \sigma_c C_c \tag{6.89}$$

$$\bar{\chi} = (1 - \sigma_c)\tilde{\chi} + \sigma_c \chi_c \tag{6.90}$$

通过这些结果,我们现在可以重写式(6.67)—(6.69)为

$$\rho\frac{\partial \bar{s}}{\partial t} = -\rho\bar{\boldsymbol{V}} \cdot \nabla \bar{s} - \rho\overline{w}\frac{\partial \bar{s}}{\partial z} + Q_R + \rho L (\tilde{C} + \sigma_c C_c) - \frac{\partial}{\partial z}[M_c(s_c - \bar{s})] \tag{6.91}$$

$$\rho\frac{\partial \overline{q_v}}{\partial t} = -\rho\bar{\boldsymbol{V}} \cdot \nabla \overline{q_v} - \rho\overline{w}\frac{\partial \overline{q_v}}{\partial z} - \rho(\tilde{C} + \sigma_c C_c) - \frac{\partial}{\partial z}\{M_c[(q_v)_c - \overline{q_v}]\} \tag{6.92}$$

$$\rho\frac{\partial \bar{l}}{\partial t} = -\rho\bar{\boldsymbol{V}} \cdot \nabla \bar{l} - \rho\overline{w}\frac{\partial \bar{l}}{\partial z} + \rho(\tilde{C} + \sigma_c C_c) - \frac{\partial}{\partial z}[M_c(l_c - \bar{l})] - [(1 - \sigma_c)\tilde{\chi} + \sigma_c \chi_c] \tag{6.93}$$

对流凝结率 C_c 出现在所有这三个方程中,如预期的那样。

6.8　一个简单的积云模式

为了更进一步,我们需要了解上升气流内部的探空,因此,需要一个简单的积云模式。我们假设所有的积云都起源于行星边界层的顶部,携带混合层属性向上。质量通量随高度的变化,根据

$$\frac{\partial M_c(z)}{\partial z} = E(z) - D(z) \tag{6.94}$$

式中,E 是夹卷率,D 是卷出率。湿静力能的云内廓线 $h_c(z)$ 是由下列方程控制

$$\frac{\partial}{\partial z}[M_c(z)h_c(z)] = E(z)\bar{h}(z) - D(z)h_c(z) \tag{6.95}$$

在式(6.95)中没有源或汇项,因为湿静力能不受相变和/或降水过程的影响,而且我们忽略了辐射效应。通过结合式(6.94)和式(6.95),我们可以证明

$$\frac{\partial h_c(z)}{\partial z} = \frac{E(z)}{M_c}[\bar{h}(z) - h_c(z)] \tag{6.96}$$

这意味着 $h_c(z)$ 受到夹卷的影响,夹卷用环境空气稀释云,而不受卷出的影响,这被认为是从每个层次上携带云自身湿静力能的云中排出。

同样,我们也可以写为

$$\frac{\partial}{\partial z}(M_c s_c) = E\bar{s} - D s_c + \rho\sigma_c L C_c \tag{6.97}$$

$$\frac{\partial}{\partial z}[M_c(q_v)_c](s) = E\overline{q_v} - D(q_v)_c - \rho\sigma C_c \tag{6.98}$$

$$\frac{\partial}{\partial z}(M_c l_c) = E\bar{l} - D l_c + \rho\sigma C_c - \chi_c \tag{6.99}$$

需要一个简单的微物理模式来确定 χ_c，即确定有多少凝结水转化为降水，以及降水的结果。对流产生的降水作用是一个重要的问题，驱动对流向下气流，当降水下落时通过蒸发加湿对流层低层，但在这里不讨论。

6.9　补偿下沉

通过使用式（6.97）—（6.99），我们可以用一种非常有趣的方式重写大尺度收支方程，如下。首先，我们考虑干静力能。我们写为

$$\frac{\partial}{\partial z}\big[M_c(s_c-\bar{s})\big]=\frac{\partial}{\partial z}(M_cs_c)-M_c\frac{\partial \bar{s}}{\partial z}-\bar{s}\frac{\partial M_c}{\partial z} \tag{6.100}$$

我们将式（6.94）和式（6.97）代入到式（6.100），得

$$\frac{\partial}{\partial z}\big[M_c(s_c-\bar{s})\big]=(E\bar{s}-Ds_c+\rho L\sigma_c C_c)-M_c\frac{\partial \bar{s}}{\partial z}-\bar{s}(E-D)$$

$$=-M_c\frac{\partial \bar{s}}{\partial z}-D(s_c-\bar{s})+\rho L\sigma_c C_c \tag{6.101}$$

这允许我们重写式（6.91）为

$$\rho\frac{\partial \bar{s}}{\partial t}=-\rho\overline{\boldsymbol{V}}\cdot\nabla\bar{s}-\rho\overline{w}\frac{\partial \bar{s}}{\partial z}+\overline{Q_R}+\rho L\widetilde{C}+M_c\frac{\partial \bar{s}}{\partial z}+D(s_c-\bar{s}) \tag{6.102}$$

式（6.102）右边的最后两项代表了积云效应，其中的第一项非常有趣。它"看起来像"是一个平流项。它代表了由于空气从上面向下平流而导致的环境变暖，具有更高的干静力能，通过下沉运动，补偿了在多云上升气流中的上升运动。下沉运动通常被称为补偿下沉，因为它补偿了饱和上升气流中集中的上升运动：向上加湿，向下变干。

通过结合式（6.92）的两个"垂直平流"项，可以更显式地看到补偿沉降的作用，并使用式（6.67）获得，

$$\rho\frac{\partial \bar{s}}{\partial t}=-\rho\overline{V}\cdot\nabla\bar{s}-\widetilde{M}\frac{\partial \bar{s}}{\partial z}+\overline{Q_R}+\rho L\widetilde{C}+D(s_c-\bar{s}) \tag{6.103}$$

式中，

$$\widetilde{M}\equiv\rho\overline{w}-M_c \tag{6.104}$$

是环境质量通量。为什么 $\widetilde{M}$ 会出现在式（6.103）中？原因是环境下沉在改变 $\tilde{s}$，但 $\bar{s}=\tilde{s}$。式（6.103）右边最后一项代表卷出的影响。你可能会惊讶地看到，积云的凝结率没有出现在式（6.102）或式（6.103）中。原因是上升气流中的凝结不能直接加热环境。由于几乎整个区域都是环境，上升气流中的凝结在任何显著程度上都不会直接影响面积平均干静力能。相反，正如已经解释的那样，通过补偿下沉项，可以间接地感受到凝结的影响。因此，凝结的物理作用是使驱动补偿下沉的对流上升气流成为可能，从而使环境变暖。这就是凝结间接升温的方式。请注意，由于补偿下沉而引起的间接凝结加热率垂直廓线一般与对流凝结率本身的垂直廓线不同。

同样地，我们发现水汽收支方程可以重写为

$$\rho\frac{\partial \overline{q}_v}{\partial t}=-\rho\overline{\boldsymbol{V}}\cdot\nabla\overline{q}_v-\widetilde{M}\frac{\partial \overline{q}_v}{\partial z}-\rho\widetilde{C}+D\big[(q_v)_c-\overline{q}_v\big] \tag{6.105}$$

方程式（6.105）描述了环境中通过对流诱导下沉引起的对流干燥，从高空把更干燥的空气带下来。从对流云中卷出水汽、液态水和冰可以加湿环境，尽管这不是一个完全简单的过程，原因

将在第 8 章中讨论。

最后,可以用类似的方法将液态水收支方程写为

$$\rho\,\frac{\partial \bar{l}}{\partial t} = -\rho\bar{\boldsymbol{V}}\cdot\nabla\bar{l} - \rho\bar{w}\,\frac{\partial \bar{l}}{\partial z} + \rho\widetilde{C} + M_c\,\frac{\partial \bar{l}}{\partial z} + D(l_c - \bar{l}) - [(1-\sigma_c)\widetilde{\chi} + \sigma_c\chi_c] \quad (6.106)$$

式(6.106)中,我们不能将两个"垂直平流"项结合起来,因为其中一个涉及 $\partial l/\partial z$,而另一个涉及 $\partial \bar{l}/\partial z$。卷出液体(或冰)能以"砧"状层积云和卷云的形式存在。

在上述假设的适用性范围内,式(6.103)和式(6.105)—(6.106)等价于式(6.57)—(6.59)。我们将在第 8 章中使用式(6.103)和式(6.105)。

6.10 质量通量廓线

如前所述,在高度 z 处的多云大气浮力大约是由下式给出

$$B(z) \approx T_c - \widetilde{T} \sim \frac{1}{c_p}[h_c(z) - \overline{h_{\text{sat}}}(z)] \quad (6.107)$$

式中,$\overline{h_{\text{sat}}}$ 是饱和湿静力能。因为快的夹卷云在低层失去了浮力,实际上,对于给定的探空,云类型因云顶高度而不同。云的顶部出现在 $\hat{p}$ 层,式中

$$B(\hat{p}) \approx 0 \quad (6.108)$$

在使用式(6.96)—(6.99)确定了云内探空后,这个方程可以用于找到 $\hat{p}$。

为了确定夹卷率,AS 假设

$$E = \lambda M_c \quad (6.109)$$

式中,λ 称为部分夹卷率,其单位为长度的倒数,被假定对每种云类型为常数(随高度变化)。λ 值越大表示夹卷越强,$\lambda=0$ 表示没有夹卷,$\lambda<0$ 没有物理意义,因此不允许。对于给定的探空,λ 值较小(部分夹卷较弱)的云将有更高的顶部。

为简单起见,AS 假设卷出只发生在云顶部。这意味着质量通量在云的顶部不连续地跳跃到零。在云的顶部下面,有夹卷,但没有卷出,因此,式(6.94)简化为

$$\frac{\partial M_c(z)}{\partial z} = E(z) \quad (6.110)$$

结合式(6.109)和式(6.110),并使用 λ 对每种云类型随高度不变的假设,我们发现

$$M_c(z,\lambda) = M_B(\lambda)\exp(\lambda z) \quad (6.111)$$

式中,$M_B(\lambda)$ 为云底质量通量分布函数。我们定义归一化的质量通量,用 $\eta(\lambda,z)$ 表示;归一化是根据云底质量通量:

$$M_c(z,\lambda) \equiv M_B(\lambda)\eta(\lambda,z) \quad (6.112)$$

请注意,根据它的定义,$\eta(\lambda,z_B)=1$;式中 z_B 是云底高度。

在这一点上,我们用所需的方程来确定积云对流加热和干燥大尺度状态的速率,如果我们能确定 $M_B(\lambda)$,这是衡量对流强度的量。需要一个物理方法来确定 $M_B(\lambda)$。

6.11 确定对流强度

为了确定对流活动的强度,AS 提出了一个"准平衡"假设,根据该假设,对流云迅速将对流活动大气柱中存在的任何湿对流有效位能转换为对流动能。准平衡闭合的出发点是认识到

积云对流是由湿对流不稳定产生的结果，其中平均态的位能被转换为积云对流的动能。

AS 将积云子集的"云功函数"A 定义为云空气相对于大尺度环境浮力的垂直积分：

$$A(\lambda) = \int_{z_B}^{z_{D(\lambda)}} \frac{g}{c_p T(z)} \eta(z, \lambda) \left[s_{vc}(z, \lambda) - \overline{s_v}(z) \right] dz \tag{6.113}$$

式中，$z_{D(\lambda)}$ 是 λ 型云的卷出层高度，s_v 表示虚静力能。从式(6.113)中我们可以看到，函数 $A(\lambda)$ 是大尺度环境的属性。$A(\lambda)$ 的正值表示具有部分夹卷率的云可以将平均态的位能转换为对流动能。对于 $\lambda = 0$，$A(\lambda)$ 等价于传统定义的对流有效位能(CAPE)。

数值模式利用热力学能量和水汽的守恒方程来预测 $\overline{T}(z)$ 和 $\overline{q}(z)$，由此可以确定 $A(\lambda)$；因此，这些模式间接预测 $A(\lambda)$。通过取式(6.113)的时间导数，利用热力学能量和水汽的守恒方程，AS 导出了一个可以写为简化形式的方程

$$\frac{dA(\lambda)}{dt} = J(\lambda) M_B(\lambda) + F(\lambda) \tag{6.114}$$

式(6.114)的 JM_B 项表示所有涉及对流过程的项，每项都与 M_B 成正比。JM_B 项实际上是云类型的一个积分，这里写为乘积，仅为了简化讨论。变量 $J(\lambda)$ 象征性地表示积分的核心，是大尺度探空的性质(详见 AS)。式(6.114)的 JM_B 项倾向于减少 $A(\lambda)$，因为积云对流稳定了环境，因此 $J(\lambda)$ 通常是负的。请记住，像式(6.114)这样的方程适用于每个积云子集。

式(6.114)的 $F(\lambda)$ 项表示 AS 称为的"大尺度强迫"，即由于包括下列的各种过程，云功函数随着时间的推移而增加的速率，包括：

(1)按平均气流计算的水平和垂直平流；

(2)感热和潜热的地面湍流通量，以及行星边界层厚度的变化率；

(3)辐射加热和冷却；

(4)层状云中的降水和湍流。

请注意，其中一些"强迫"过程，如涉及边界层湍流和层状云的过程，本身是参数化过程，可能涉及小空间尺度上的扰动；因此，描述将 F 贡献为"大尺度"的过程集合似乎是不合适的，更好的术语是"非对流"。

AS 假设云功函数的准平衡(quasi-equilibrium，QE)，即，

$$\frac{d}{dt} A(\lambda) = JM_B(\lambda) + F(\lambda) \approx 0 \quad \text{当} \ F(\lambda) > 0 \tag{6.115}$$

方程式(6.115)表示由强迫项 $F(\lambda)$ 产生的湿对流不稳定被积云对流迅速消耗；也就是说，式(6.115)右边的两项近似相互平衡。在稳定状态情况下，这种平衡有定义当然是一定满足的。因此，式(6.115)的物理内容是主张：即使 $F(\lambda)$ 随时间变化，只要 $F(\lambda)$ 的变化足够慢，也能保持接近平衡。因此，积云群密切跟随强迫项的主导，就像防守性篮球运动员(对流)与进攻球员(外在强迫)一对一。然而，这种外在强迫取决于大尺度环流，这受到对流的明显影响，就像进攻性篮球运动员的比赛受到防守对手移动的明显影响一样。想象强迫是"给定"的，而对流只是对它温顺地做出反应，这将是错误的。对流和强迫根据大尺度动力学和云动力学结合所定义的规则一起演化。

如果在 $F(\lambda)$ 中变化的时间尺度 τ_{LS} 远长于对流消耗有效对流有效位能所需的"调整时间"τ_{adj}，那么准平衡假设预计将保持不变；这允许对流跟上 $F(\lambda)$ 的变化。AS 通过描述如果条件不稳定的初始探空被积云对流改变而发生的一切，来引入 τ_{adj} 的概念，没有任何强迫保持

对流有效位能随时间不变。他们断言,对流有效位能将被对流(即转化为对流动能)消耗,他们定义的时间尺度估计为几小时。Soong 和 Tao(1980)等利用高分辨率云模式对这种非强迫对流情况进行了数值模拟;他们的结果与 AS 的情况一致。如果调整时间在 $10^3 \sim 10^4\,\mathrm{s}$,那么使用式(6.115)作为近似是合适的,模拟"天气"的时间尺度为一天或更长,即至少比 τ_adj 长一个数量级。

通过一起使用式(6.115)和

$$|JM_B| \sim \frac{A}{\tau_\mathrm{adj}} \tag{6.116}$$

AS 发现

$$A \sim \tau_\mathrm{adj} F \ll \tau_\mathrm{LS} F \tag{6.117}$$

式中,τ_LS 是强迫本身变化的时间尺度。方程式(6.117)表示与 $\tau_\mathrm{LS} F$ 相比,云功函数很"小",如果强迫在时间尺度 τ_LS 上没有反作用,$\tau_\mathrm{LS} F$ 是云功函数将接受的值。虽然 A 的逐日变化应该是预期的,但高达 $\tau_\mathrm{LS} F$ 的值永远不会发生。这意味着 A 被困在零(因为根据定义 A 不能为负)和 $\tau_\mathrm{adj} F$ 之间的范围内。从这个意义上说,A 是"接近于零的"(Xu 和 Emanuel,1989)。

基于前面的分析,可以断言云功函数(或对流有效位能)"随时间是准不变的",即

$$\frac{\mathrm{d}A}{\mathrm{d}t} \approx 0 \tag{6.118}$$

这是式(6.115)的一种简写形式,并且在对流活动区"对流有效位能很小";也就是说,

$$A \approx 0 \tag{6.119}$$

这是式(6.117)的一种简化形式。对 $A \approx 0$ 的探空倾向于跟随饱和湿绝热进入整个对流层深度。这为 Manabe 和 Wetherald(1967)的假设提供了一个合理化,其假设认为递减率不能超过湿绝热递减率,它们近似为 $6.5\ \mathrm{K \cdot km^{-1}}$。

不幸的是,由于式(6.118)和式(6.119)是简化形式,它们容易被误解。例如,如图 6.13 所示的数据有时被视为与准平衡不一致。我们很自然地想知道,当对流有效位能经历如此"大"的变化时,它是如何被描述为"准不变"的。这一观点似乎基于一种默认的假设,即说对流有效位能的变化"很小"意味着与对流有效位能的平均时间值相比,它们很小。然而,事实上,从前面的讨论中应该可以清楚地看出,这根本不是本来的意思。相反,真正的意思是,如果对流被抑制,而与非对流过程随时间持续增加对流有效位能的变化相比,对流有效位能的变化很小。方程式(6.115)并不意味着 A 是逐日不变的,并且观测到的对流有效位能的逐日变化,如图 6.13 所示的变化,与准平衡没有冲突。准平衡意味着,逐日实际看到的对流有效位能的变化比式(6.115)的负对流项可以被抑制的变化要小得多,因此正(在扰动条件下)强迫项可以控制探空。

式(6.115)的一个实际应用是求解作为云类型 λ 函数的对流质量通量。离散化后,产生了一个线性方程组(Lord et al.,1982)。虽然系统是线性的,但质量通量分布函数 $M_B(\lambda)$ 对于所有的 λ 都需要是非负的。如果不做出额外的假设,就不能保证这一点(Hack et al.,1984)。Randall 和 Pan(1993)以及 Pan 和 Randall(1998)提出了避免这些困难的另一种方法。

Arakawa 和 Schubert(1974)、Lord 和 Arakawa(1980)、Lord(1982)、Kao 和 Ogura(1987)、Arakawa 和 Chen(1987)、Grell 等(1991)、Wang 和 Randall(1994)、Cripe 和 Randall(2001)等使用热带和中纬度的数据对准平衡假设进行了观测性的检验。此外,Xu 和 Arakawa(1992)以及 Jones 和

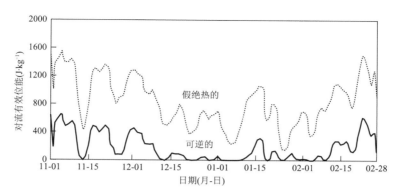

图 6.13 在密集通量阵列上观测到热带海洋和全球大气耦合海洋大气响应试验(Tropical Ocean and Global Atmosphere-Coupled Ocean Atmosphere Response Experiment,TOGA-COARE)期间对流有效位能的时间序列。K. Emanuel 的代码被用来构造这些曲线。经施普林格科学和商业媒体(Springer Science and Business Media)的友情许可后使用

Randall(2011)已经使用高分辨率云集合模式对准平衡进行了理想化测试。

关于积云参数化的进一步讨论,请参见 Emanuel 和 Raymond(1993)和 Smith(1998)编辑的论文集,以及 Arakawa(2004)和 Randall 等(2003,2013)的文章。

在第 8 章中,我们将讨论对流在热带涡旋中的作用。

6.12 条件性对称不稳定

深对流同时发生在热带地区和中纬度地区。特别是在中纬度地区,对流不稳定可以与惯性不稳定相互作用;事实上,两种不稳定之间有很强的相似。Emanuel(1979,1982)指出,当空气对水汽饱和时,惯性不稳定的条件可以用沿等效位温(或湿静力能)面的角动量变化来表示,而不是等干位温面。对于饱和运动,当角动量沿等饱和湿静力能面向极地减小时,会发生不稳定。另一种说法是,对于饱和运动,当饱和湿静力能沿着等角动量的面随高度减小时,就会发生不稳定。

为了展示这个过程是如何工作的,我们现在讨论惯性不稳定及其与对流的联系。为了避免不必要的复杂,我们还假设随经度没有变化。这一假设是合理的,至少在这个教学例子中是这样,因为惯性不稳定的物理机理与角动量主要随纬度发生的空间变化有关。惯性不稳定在大气科学文献中有时被称为"对称不稳定"。这并不是意味着惯性不稳定必须或本质上与经度无关。例如,它可能发生在纬向风的局部最大值附近,即"急流最大值"。

我们使用具有准静力近似的 θ 坐标,并假设在经向上没有变化,也没有加热。我们可以把拉格朗日时间导数写成

$$\frac{D}{Dt} \equiv \frac{\partial}{\partial t} + \frac{v}{a}\frac{\partial}{\partial \varphi} \tag{6.120}$$

式中,偏导数是沿着 θ 面取的。质点沿着等熵面移动,因此,净浮力为零。水平运动的方程写为

$$\frac{Du}{Dt} - \left(2\Omega + \frac{u}{a\cos\varphi}\right)v\sin\varphi = 0 \tag{6.121}$$

$$\frac{\mathrm{D}v}{\mathrm{D}t} + \left(2\Omega + \frac{u}{a\cos\varphi}\right)u\sin\varphi + \Omega^2 a\cos\varphi\sin\varphi = -\frac{1}{a}\frac{\partial s}{\partial\varphi} \tag{6.122}$$

式(6.122)中的项 $\Omega^2 a\cos\varphi\sin\varphi$ 表示离心加速度。如第 4 章所述,方程式(6.121)表示角动量是守恒的;也就是说,

$$\frac{\mathrm{D}M}{\mathrm{D}t} = 0 \tag{6.123}$$

式中,

$$M \equiv a\cos\varphi(u + \Omega a\cos\varphi) \tag{6.124}$$

使用式(6.124),我们以更紧凑的形式重写式(6.122)

$$\frac{\mathrm{D}v}{\mathrm{D}t} + \frac{M^2\sin\varphi}{a^3\cos^3\varphi} = -\frac{1}{a}\frac{\partial s}{\partial\varphi} \tag{6.125}$$

我们现在关于基本状态将方程组线性化,气流是纯纬向和满足梯度风平衡,因此,$\bar{v} = 0$ 和 $[(\bar{M})^2\sin\varphi/a^3\cos^3\varphi] = -(1/a)(\partial\bar{s}/\partial\varphi)$。我们可以将式(6.125)式(6.123)的线性化形式写成

$$\frac{\partial v'}{\partial t} + \frac{2\bar{M}^\lambda\sin\varphi}{a^3\cos^3\varphi}M' = -\frac{1}{a}\frac{\partial s'}{\partial\varphi} \tag{6.126}$$

$$\frac{\partial M'}{\partial t} + \frac{v'}{a}\frac{\partial\bar{M}^\lambda}{\partial\varphi} = 0 \tag{6.127}$$

为了研究惯性的稳定性和不稳定性,我们忽略了式(6.126)右侧的气压梯度项,它只起次要作用;等熵面的干静力能扰动相当小。如果我们假设以 $(v', M') = (\hat{v}, \hat{M})e^{\sigma t}$ 为解的形式,我们的系统将简化为

$$\sigma\hat{v} + \frac{2\bar{M}^\lambda\sin\varphi}{a^3\cos^3\varphi}M' = 0 \tag{6.128}$$

$$\sigma\hat{M} + \frac{v'}{a}\frac{\partial\bar{M}^\lambda}{\partial\varphi} = 0 \tag{6.129}$$

对于非凡解,我们需要

$$\begin{aligned}
\sigma^2 &= \left(\frac{2\bar{M}^\lambda\sin\varphi}{a^3\cos^3\varphi}\right)\frac{1}{a}\frac{\partial\bar{M}^\lambda}{\partial\varphi} \\
&= \frac{\sin\varphi}{a^4\cos^3\varphi}\frac{\partial(\bar{M}^\lambda)^2}{\partial\varphi}
\end{aligned} \tag{6.130}$$

根据式(6.130),如果角动量沿等熵面向极点减小,系统惯性稳定,如果角动量沿等熵面向极点增加,则惯性不稳定。在中性稳定状态下,角动量沿着等熵面是常值。这些结论适用于两个半球。

惯性不稳定性的条件通常用如下的涡度而不是角动量来表示。在球坐标系中,绝对涡度的垂直分量由下式给出

$$\zeta + f = \frac{1}{a\cos\varphi}\frac{\partial v}{\partial\lambda} - \frac{1}{a\cos\varphi}\frac{\partial}{\partial\varphi}(u\cos\varphi) + 2\Omega\sin\varphi \tag{6.131}$$

然而,角动量的经向导数是

$$\frac{1}{a}\frac{\partial M}{\partial\varphi} = \frac{\partial}{\partial\varphi}(u\cos\varphi) - 2\Omega a\cos\varphi\sin\varphi \tag{6.132}$$

比较式(6.131)和式(6.132),我们看到了一个纯粹的纬向流

$$\zeta + f = -\frac{1}{a\cos\varphi}\frac{\partial M}{\partial\varphi} \tag{6.133}$$

这允许我们重写式(6.130)为

$$\sigma^2 \approx -\frac{2\sin\varphi}{a^3\cos^2\varphi}\overline{M}^\lambda(\overline{\zeta}^\lambda + f) \tag{6.134}$$

对于纬向平均流，我们可以完全假设 $\overline{M}^\lambda > 0$，除非靠近两极可能不成立。由此可见，σ^2 的符号是由 $-\sin\varphi(\overline{\zeta}^\lambda + f)$ 的符号决定的。当 $\sigma^2 > 0$ 时发生惯性不稳定。在北半球，$\sin\varphi > 0$，$(\overline{\zeta}^\lambda + f) < 0$ 满足不稳定条件，而在南半球，$(\overline{\zeta}^\lambda + f) > 0$ 是满足不稳定条件。在任何一个半球，当绝对涡度有"错误的"符号时，都会发生惯性不稳定。在中纬度地区，这种情况可以发生在急流最大值反气旋（即向赤道）一侧小尺度（$\leqslant 100\text{ km}$）上。由于 $(\overline{\zeta}^\lambda + f)$ 经过赤道附近会等于零的原因，惯性不稳定相对有可能发生在热带地区。当绝对涡度平流经过赤道时，可以满足惯性不稳定的条件（Thomas 和 Webster，1997）。

当纬向风不随高度变化时，恒定角动量的面是垂直的。然而，当纬向风随高度变化时，例如，在急流以下或在锋面附近，角动量面在纬度高度的平面内是倾斜的。饱和湿静力能即使不随高度而减小，有可能沿着这些恒定角动量的倾斜面减小。Emanuel（1983b）称其为条件对称不稳定，这个术语现在预报领域中很常用。伊曼纽（Emanuel）认为，条件对称不稳定与在强垂直风切变区域形成的温带飑线有关。

6.13 小结

观测到的大气垂直结构显然受到非绝热过程的控制。例如，观测到的对流层顶高度近似于辐射对流模式预测的高度，这完全忽略了大尺度环流系统的影响。其信息是，虽然大尺度动力学很重要，但它受到辐射和对流的明显限制。同时，由辐射、对流和边界层湍流引起的加热受到全球大气环流的明显控制。如果不了解加热情况，就不可能理解大气环流情况，反之亦然。这些主题将在后面的章节中进一步讨论。

在第 5 章中，我们看到的证据表明，许多能量和水汽的向上传输是由小尺度对流进行的。本章概述了对流产生这些输送的机制。对流本身的能量在讨论中起到了关键作用。下一章将专门介绍全球大气环流的能量。

习题

1. 推导

$$F_h \equiv \rho\,\overline{wh} - \rho\,\overline{w}\,\overline{h} = \sum_{i=1}^N M_i(h_i - \bar{h})$$

2. 参见表 6.1。

（a）考虑表右下角的值，即 $1.30\times10^{15}\text{J}\cdot\text{s}^{-1}$。假设在赤道槽区的任何高度层次上都没有湿静力能的净辐射源或汇，你如何解释这个值呢？做一个简单的草图来解释你的答案。

（b）利用表中给出的数据，估计在赤道槽区穿越 500 hPa 面的湿静力能向上总输送，以 $\text{J}\cdot\text{s}^{-1}$ 为单位。

（c）利用表中给出的数据，估计由于赤道槽区的大尺度上升运动，穿越 500 hPa 面的湿静力能向上传输，以 $\text{J}\cdot\text{s}^{-1}$ 为单位。

（d）使用（a）—（c）部分的答案，计算 $(F_h)_{500\text{ hPa}}$ 的数值，即由 500 hPa 对流引起的湿静力能

向上通量，以 $W \cdot m^{-2}$ 为单位。假设赤道槽区覆盖面积为 $4 \times 10^{13} \, m^2$。

（e）估计在热带辐合带中 500 hPa 高度上对流质量通量 M_c 的粗略数值（以 $kg \cdot m^{-2} \cdot s^{-1}$ 计）。您将需要使用

$$F_h \approx M_c (h_c - \bar{h}) \tag{6.135}$$

式中，h_c 为云内湿静力能，$\bar{h}$ 为大尺度平均湿静力能。陈述你的假设。

3. 假设湿静力能是简单守恒的；也就是说，

$$\frac{\partial h}{\partial t} = -\nabla \cdot (\mathbf{V} h) - \frac{\partial w h}{\partial z} \tag{6.136}$$

为了简单起见，在这里和整个问题的其余部分都省略了密度。相应的连续方程为：

$$-\nabla \cdot \mathbf{V} - \frac{\partial w}{\partial z} = 0 \tag{6.137}$$

（a）通过使用雷诺（Reynold）平均，证明

$$\frac{\partial \bar{h}}{\partial t} = -\nabla \cdot (\bar{\mathbf{V}} \bar{h} + \overline{\mathbf{V}' h'}) - \frac{\partial}{\partial z} (\bar{w} \bar{h} + \overline{w' h'}) \tag{6.138}$$

对于大尺度的平均，式（6.138）可以近似为

$$\frac{\partial \bar{h}}{\partial t} \approx -\nabla \cdot (\bar{\mathbf{V}} \bar{h}) - \frac{\partial}{\partial z} (\bar{w} \bar{h} + \overline{w' h'}) \tag{6.139}$$

（b）证明，湿静力能方差 $\overline{h'^2}$ 满足

$$\frac{\partial \overline{h'^2}}{\partial t} = -\nabla \cdot (\bar{\mathbf{V}} \overline{h'^2} + \overline{\mathbf{V}' h' h'}) - \frac{\partial}{\partial z} (\bar{w} \overline{h'^2} + \overline{w' h' h'}) - 2 \overline{\mathbf{V}' h'} \cdot \nabla \bar{h} - 2 \overline{w' h'} \frac{\partial \bar{h}}{\partial z} \tag{6.140}$$

对于大尺度平均，式（6.140）的时间变化率项可以忽略不计，用平均流表示 $\overline{h'^2}$ 的水平和垂直平流项以及其他涉及水平导数项也可以忽略不计，因此，式（6.140）可以大大简化为

$$0 \approx -\frac{\partial \overline{w' h' h'}}{\partial z} - 2 \overline{w' h'} \frac{\partial \bar{h}}{\partial z} \tag{6.141}$$

（c）现在，假设由 w' 表示的垂直速度扰动与覆盖部分面积的单族积云上升气流有关。证明

$$\overline{w' h'} = \sigma (1 - \sigma)(w_u - w_d)(h_u - h_d) \tag{6.142}$$

$$\overline{w' h' h'} = \sigma (1 - \sigma)(1 - 2\sigma)(w_u - w_d)(h_u - h_d)^2 \tag{6.143}$$

式中，w_u 和 w_d 分别为上行气流速度和下行气流速度，h_u 和 h_d 分别为相应的湿静力能值。

（d）定义"对流质量通量"为

$$M_c \equiv \sigma w_u \tag{6.144}$$

你可以假设

$$\sigma \ll 1 \tag{6.145}$$

相应地

$$w_u \gg w_d \quad \text{和} \quad h_d \approx \bar{h} \tag{6.146}$$

证明，如果对流质量通量与高度无关，那么式（6.141）可以近似为

$$-\frac{\partial \overline{w' h'}}{\partial z} \approx 2 M_c \frac{\partial \bar{h}}{\partial z} \tag{6.147}$$

第 7 章 热的地方加热,冷的地方冷却

7.1 有效位能

我们在第 4 章中表明,在干绝热和无摩擦过程下,大气的总能量是不变的,也就是说,

$$\frac{\mathrm{d}}{\mathrm{d}x} \int_V (c_v T + \phi + K) \rho \mathrm{d}V = 0 \tag{7.1}$$

这里的积分是在整个大气的质量上进行的。从第 4 章可以回顾一下,对于每一个大气垂直气柱,静力平衡意味着质量加权内能和位能的垂直积分和等于质量加权焓的垂直积分;也就是说,

$$\int_0^{p_S} (c_v T + \phi) \mathrm{d}p = \int_0^{p_S} c_p T \mathrm{d}p \tag{7.2}$$

设 H 和 K 是整个大气的总焓(质量积分)和动能。从式(7.1)和式(7.2)可以得出

$$在干绝热无摩擦过程情况下 \frac{\mathrm{d}}{\mathrm{d}x}(H+K) = 0 \tag{7.3}$$

想象一下,我们有能力随意地绝热和可逆地在空间重新排列大气的质量。随着气块的移动,它们的熵和位温没有变化,但它们的焓和温度有变化。如果你喜欢的话,假设我们给定大气的状态——一套图。从这个给定的状态开始,我们通过绝热和无摩擦移动气块,直到我们找到使 H 最小化的系统唯一状态。这意味着我们在给定状态下尽可能多地由它的值减少 H。因为 $H+K$ 不改变,K 在这种特殊状态下是最大的,Lorenz(1955)称为参考状态,我们将称之为 A 状态。

你应该自己证明整个大气的质量积分位能在 A 状态下比在给定状态下要低。这意味着,当大气从给定状态转换到 A 状态时,大气的"重心"会下降。

降低 H 的绝热过程也会降低大气柱的总位能。在此过程中"消失"的非动能被转化为动能。因此,我们可以说,减少 H 的绝热过程倾向于增加大气的动能。这种类型的两个非常重要过程是对流不稳定和斜压不稳定。

从给定的状态转换到 A 状态,我们有

$$H_{给定状态} \rightarrow H_{\min}$$
$$K_{给定状态} \rightarrow K_{给定状态} + (H_{给定状态} - H_{\min}) = K_{\max} \tag{7.4}$$

式中,$H_{\min}$ 是 A 状态下 H 的值。非负量

$$A = H_{给定状态} - H_{\min} \geqslant 0 \tag{7.5}$$

被称为有效位能或简称为 APE。有效位能首先是由 Lorenz(1955;图 7.1)定义的。方程式(7.5)给出了有效位能的基本定义。

请注意,有效位能是整个大气的一个属性;尽管文献确实包含了计算有效位能的研究,没有严格的理由,对部分大气,例如北半球,但不能对部分大气的有效位能给出严格的定义。

A 状态在绝热过程下是不变的,因为它只依赖于 θ 在质量上的概率分布,而不是空气的任何特定空间排列。因此,

图 7.1　爱德华 N. 洛伦兹(Edward N. Lorenz)教授,他提出了有效位能的概念。他还发表了大量关于大气科学和相对较新的非线性动力系统科学的各种主题基础研究。

此图经麻省理工学院博物馆许可后使用

$$\frac{\mathrm{d}A}{\mathrm{d}t} = \frac{\mathrm{d}}{\mathrm{d}t}(H_{\text{给定状态}} - H_{\min}) = \frac{\mathrm{d}H_{\text{给定状态}}}{\mathrm{d}t} \tag{7.6}$$

然后,式(7.3)意味着

$$\text{在干绝热无摩擦过程情况下}\frac{\mathrm{d}}{\mathrm{d}x}(A + K) = 0 \tag{7.7}$$

在绝热无摩擦过程下,有效位能和动能之和是不变的。这意味着这种过程只在 A 和 K 之间进行转换。

A 状态本身的有效位能显然为零。

为了计算 A,我们必须找到 A 状态及其(最小)熵。我们可以推导出 A 状态的性质如下。在 A 状态下不可能存在任何水平气压梯度,因为如果有,K 就会增加。由此可见,等压面上的位温必须是恒定的,这当然等价于 θ 面上 p 是常数的陈述。这意味着 θ 在等压面上的方差和 p 在等熵面上的方差都是有效位能的度量。由于类似原因,A 状态不能存在静力不稳定($\frac{\partial\theta}{\partial z} < 0$)。从这些考虑中,我们得出结论,在 A 状态下,θ 和 T 在每个气压面上是均匀的,或者等价地,p 在每个 θ 面上是均匀的,而且 θ 也不会随着高度的增加而减小。

似乎在很大程度上是正确的,在从给定状态转换到 A 状态时,没有质量可以穿过等熵面,因为我们只允许 $\dot{\theta} = 0$ 的干绝热过程。这意味着 $\overline{p}^{\theta}$,即等熵面上的平均气压,当系统转换到 A 状态时不能发生变化。然而,这一规则也有一个重要的例外。如果在给定状态 $\partial\theta/\partial z < 0$,则 A 状态中等熵面上的平均气压将不同。下面将讨论这种静力不稳定的情况。

一个复杂的问题出现了:在给定状态下与地面相交的 θ 面呢?好像它们继续沿着地面被

处理,如图 7.2 所示。因为跟随地面等熵面之间的"层"不包含质量,所以它们对物理没有影响。它们被称为无质量层。在 θ 面与地球表面相交的地方,气压为 $p=p_S$。

如图 7.3 中的箭头所示,暖空气必须上升(移动到较低的气压),冷空气必须下沉(移动到更高的气压)才能从给定的状态转换到 A 状态。这就是当有效位能被释放时发生的情况;要达到 A 状态,等压面变平,与等熵面重合。

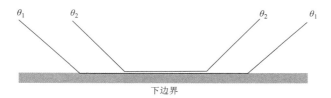

图 7.2　说明 Lorenz 的"无质量层"概念示意图

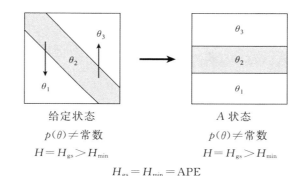

图 7.3　说明从给定状态到 A 状态过渡的示意图
这里 p 向下增加,我们假设 $\theta_1 > \theta_2 > \theta_3$,这意味着大气是静力稳定的

无质量层的概念允许我们写为

$$\int_0^{p_S} (\quad) \mathrm{d}p = \int_0^{\infty} (\quad) \frac{\partial p}{\partial \theta} \mathrm{d}\theta \tag{7.8}$$

式中,( )可以是任意量。请注意,式(7.8)右侧积分下限为零。方程式(7.8)将被进一步使用,这对你理解它为什么是成立的很重要。

有效位能的一个有用表达式可以如下导出。总焓为

$$H = c_p p_0^{-\kappa} \int_M p^{\kappa} \theta \mathrm{d}M$$

$$= \frac{c_p a^2}{g p_0^{\kappa}} \int_{-\pi/2}^{\pi/2} \int_0^{2\pi} \int_0^{p} p^{\kappa} \theta \cos\varphi \mathrm{d}p \mathrm{d}\lambda \mathrm{d}\varphi \tag{7.9}$$

部分积分为

$$H = \frac{c_p a^2}{(1+\kappa) g p_0^{\kappa}} \int_{-\pi/2}^{\pi/2} \int_0^{2\pi} \int_0^{\infty} p^{1+\kappa} \cos\varphi \mathrm{d}\theta \mathrm{d}\lambda \mathrm{d}\varphi \tag{7.10}$$

请注意,垂直积分现在是相对于 θ 而不是 p,积分的下限是 $\theta=0$。设 $\overline{p}^{\theta}$ 为等熵面上的平均气压(考虑到与地面的相交)。回想一下,只要没有干静力不稳定的区域,$\overline{p}^{\theta}$ 在 A 状态下和在给

定状态下是相同的。然后,在式(7.5)中使用式(7.10)就给出了

$$A = \frac{c_p a^2}{(1+\kappa) g p_0^\kappa} \int\limits_{-\pi/2}^{\pi/2} \int\limits_{0}^{2\pi} \int\limits_{0}^{\infty} \left[p^{1+\kappa}(\theta) - (\bar{p}^\theta)^{1+\kappa} \right] \cos\varphi \, d\theta \, d\lambda \, d\varphi \tag{7.11}$$

注意,式(7.11)只有在给定状态下处处 $\partial\theta/\partial z \geqslant 0$ 才有效,因为我们假设 $\bar{p}^\theta$ 在 A 状态下与在给定状态下是相同的。只要满足这个假设,(7.11)式就是精确的。有效位能最一般的表达式是定义 $A \equiv H_{给定状态} - H_{\min}$。

设 p' 是 p 在等熵面上与其平均值的偏离,使 $p = \bar{p}^\theta + p'$,式中 $\overline{(p')}^\theta = 0$。根据二项式定理,

$$p^{1+\kappa}(\theta) = (\bar{p}^\theta)^{1+\kappa} \left[1 + \frac{p'(\theta)}{\bar{p}^\theta} \right]^{1+\kappa}$$

$$= (\bar{p}^\theta)^{1+\kappa} \left\{ 1 + (1+\kappa) \frac{p'(\theta)}{\bar{p}^\theta} + \frac{\kappa(1+\kappa)}{2!} \left[\frac{p'(\theta)}{\bar{p}^\theta} \right]^2 + \cdots \right\} \tag{7.12}$$

Lorenz 用式(7.12)写为

$$\overline{p^{1+\kappa}(\theta)} \approx (\bar{p}^\theta)^{1+\kappa} \left\{ 1 + \frac{\kappa(1+\kappa)}{2!} \overline{\left[\frac{p'(\theta)}{\bar{p}^\theta} \right]^2} \right\} \tag{7.13}$$

他证明了这实际上是一个相当好的近似。将式(7.13)代入式(7.11)得到

$$A \approx \frac{Ra^2}{2gp_0^\kappa} \int\limits_{-\pi/2}^{\pi/2} \int\limits_{0}^{2\pi} \int\limits_{0}^{\infty} (\bar{p}^\theta)^{1+\kappa} \overline{\left(\frac{p'}{\bar{p}^\theta} \right)^2} \cos\varphi \, d\theta \, d\lambda \, d\varphi \tag{7.14}$$

因为他想用等压面的扰动来表达他的结果,而不是等熵面的气压扰动,Lorenz 也使用了

$$p'(\theta) \approx \theta'(p) \frac{\partial p}{\partial \theta} \approx \theta'(p) \frac{\partial \bar{p}^\theta}{\partial \theta} = \theta'(p) \left(\frac{\partial \bar{\theta}}{\partial p} \right)^{-1} \tag{7.15}$$

式中,如前一样,p' 表示 p 在等熵面上对全球平均的偏离,θ' 表示 θ 与 $\bar{\theta}$ 的偏离,$\bar{\theta}$ 为在 p 面上的全球平均。将式(7.15)代入式(7.14)得到

$$A \approx \frac{Ra^2}{2gp_0^\kappa} \int\limits_{-\pi/2}^{\pi/2} \int\limits_{0}^{2\pi} \int\limits_{0}^{\infty} \frac{\bar{\theta}^2}{p^{1+\kappa} \left(-\frac{\partial\bar{\theta}}{\partial p} \right)} \overline{\left[\frac{\theta'(p)}{\bar{\theta}} \right]^2} \cos\varphi \, dp \, d\lambda \, d\varphi \tag{7.16}$$

式中,用于垂直积分的自变量由 θ 更改为 p。相应地,上面一横现在表示等压面的平均,一撇表示等压面上与平均的偏离。方程式(7.16)表示,有效位能是 θ 在气压面上与平均值的偏离平方加权平均值。偏离均值平方的平均称为关于均值的方差,或者只是方差。方差是度量一个量的变率;如果这个量是常数,所以在任何地方都等于它的平均值,那么它的方差一定是零。如果这个量不是常数,则其方差为正。因为我们对变率很感兴趣,所以方差在大气环流的研究中非常重要。

最后,Lorenz 使用了静力方程的形式

$$\frac{\partial\theta}{\partial p} = -\frac{\kappa\theta}{p} \left(\frac{\Gamma_d - \Gamma}{\Gamma_d} \right) \tag{7.17}$$

以及

$$\frac{\theta'}{\theta} = \frac{T'}{T} \tag{7.18}$$

将式(7.16)重写为

$$A = \frac{a^2}{2} \int_{-\pi/2}^{\pi/2} \int_0^{2\pi} \int_0^{p} \frac{\overline{T}}{\Gamma_d - \Gamma} \left[\frac{T'(p)}{\overline{T}} \right]^2 \cos\varphi \,\mathrm{d}p \mathrm{d}\lambda \mathrm{d}\varphi \qquad (7.19)$$

这一结果表明,有效位能与等压面温度的方差密切相关。有效位能也随着递减率的增加而增加,也就是说,大气在干燥情况下变得不那么静力稳定。

观测结果表明,有效位能仅占 $P+I$ 的 0.5% 左右,并且在大小上与总动能相当。有效位能和总动能均在 $10^6 \sim 10^7$ J · m^{-2}。

7.2　总静力稳定度

A 状态定义了 θ 和 p 之间的对应关系或映射。对于每个 p,都有一个可能的 θ 值(相反不一定成立)。我们可以说,在 A 状态下,p 和 θ 是完全相关的(或者,更正确地说,是完全反相关的)。

考虑相反的极限,其中 θ 和 p 是完全不相关的。在这个"S 状态"中,任何给定的 p,以相等的概率,会出现 θ 的所有可能值。如果 θ 面是垂直的,从而使 $\partial\theta/\partial p = 0$,且地面气压整体均匀,则会出现这种情况(图 7.4)。在没有地形的情况下,一个全球均匀的地面气压似乎足够合理,但当有地形存在时,这是一种非常奇怪的状态。Lorenz(2003)提出了 S 状态的另一种定义,其中地面气压被允许以一种简单和自然的方式随地面高度而变化(大致如图 3.1 所示),但(垂直均匀)位温呈地理分布,因此与地面高度无关(因此与地面气压不相关)。

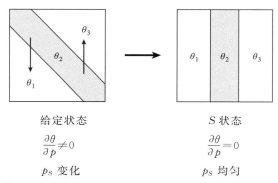

图 7.4　说明从给定状态到用来定义总静力稳定度 S 状态过渡的示意图

系统通过绝热过程从给定状态转换到 S 状态;因此,S 状态本身在绝热过程下是不变的。总的静力稳定度被定义为 S 状态的焓减去给定状态的焓;也就是说,

$$S \equiv H_{S状态} - H_{给定状态} \qquad (7.20)$$

S 状态的总焓为

$$H_{S状态} = c_p p_0^{-\kappa} \int_M p^\kappa \theta \mathrm{d}M$$

$$= \frac{c_p a^2}{g p_0^\kappa} \int_{-\pi/2}^{\pi/2} \int_0^{2\pi} \int_0^{p_S} p^\kappa \theta \cos\varphi \,\mathrm{d}p \mathrm{d}\lambda \mathrm{d}\varphi$$

$$= \frac{c_p a^2}{g p_0^\kappa} \int_{-\pi/2}^{\pi/2} \int_0^{2\pi} \theta \left(\int_0^{p_S} p^\kappa \mathrm{d}p \right) \mathrm{d}\lambda \cos\varphi \mathrm{d}\varphi$$

$$= \frac{c_p a^2}{g p_0^\kappa} \int\limits_{-\pi/2}^{\pi/2}\int\limits_0^{2\pi} \theta\left(\frac{p_S^{1+\kappa}}{1+\kappa}\right) \mathrm{d}\lambda \cos\varphi \mathrm{d}\varphi \tag{7.21}$$

我们可以在这一点上考虑引入 S 状态的两种定义。如果地面气压在 S 状态下是整体均匀的,那么我们可以简单地用式(7.21)中的 $\overline{p_S}$ 替换 p_S 并写为

$$H_{S状态} = \frac{c_p a^2}{g p_0^\kappa} \int\limits_{-\pi/2}^{\pi/2}\int\limits_0^{2\pi} \theta\left(\frac{\overline{p_S}^{1+\kappa}}{1+\kappa}\right) \mathrm{d}\lambda \cos\varphi \mathrm{d}\varphi$$

$$= \frac{c_p a^2}{g p_0^\kappa} \left(\frac{\overline{p_S}^{1+\kappa}}{1+\kappa}\right) \int\limits_{-\pi/2}^{\pi/2}\int\limits_0^{2\pi} \theta \mathrm{d}\lambda \cos\varphi \mathrm{d}\varphi$$

$$= \frac{c_p 4\pi a^4}{g p_0^\kappa} \left(\frac{\overline{p_S}^{1+\kappa}\overline{\theta}}{1+\kappa}\right) \tag{7.22}$$

式中,$\overline{p_S}$ 为全球平均地面气压,在给定状态和 S 状态下相同,$\overline{\theta}$ 为 S 状态下的全球平均位温,与给定状态下的质量平均位温相同。

或者,如果 θ 与 S 状态下的 $p_S^{1+\kappa}$ 不相关,那么立即从式(7.21)得到

$$H_{S状态} = \frac{c_p 4\pi a^4}{g p_0^\kappa} \left(\frac{\overline{p_S}^{1+\kappa}\overline{\theta}}{1+\kappa}\right) \tag{7.23}$$

我们认为 S 状态的两个定义实际上对 $H_{S状态}$ 给出完全相同结果。

为什么 S 被称为"总静力稳定度"? 为了明白这个解释,我们将式(7.21)重写为

$$H_{S状态} = \frac{c_p a^2}{g p_0^\kappa} \left(\frac{\widetilde{p}^\kappa}{p_0^\kappa}\right) \int\limits_{-\pi/2}^{\pi/2}\int\limits_0^{2\pi} \left(\int\limits_0^{p_S} \theta \mathrm{d}p\right) \cos\varphi \mathrm{d}\lambda \mathrm{d}\varphi \tag{7.24}$$

式中,

$$\widetilde{p}^\kappa \equiv \frac{(\overline{p_S})^\kappa}{1+\kappa} \tag{7.25}$$

在式(7.24)中,气压上的积分只是简单地乘以 $\overline{p_S}$,因为 θ 在 S 状态下与高度无关。对于给定状态和 S 状态,在整个大气质量上的位温积分必须完全相同;也就是说,

$$\frac{a^2}{g}\left[\int\limits_{-\pi/2}^{\pi/2}\int\limits_0^{2\pi} \left(\int\limits_0^{p_S} \theta \mathrm{d}p\right) \cos\varphi \mathrm{d}\lambda \mathrm{d}\varphi\right]_{给定状态} = \frac{a^2}{g}\left[\int\limits_{-\pi/2}^{\pi/2}\int\limits_0^{2\pi} \left(\int\limits_0^{\overline{p_S}} \theta \mathrm{d}p\right) \cos\varphi \mathrm{d}\lambda \mathrm{d}\varphi\right]_{S状态} \tag{7.26}$$

这允许我们重写式(7.24)为

$$H_{S状态} = \frac{c_p a^2}{g} \left(\frac{\widetilde{p}^\kappa}{p_0^\kappa}\right) \left[\int\limits_{-\pi/2}^{\pi/2}\int\limits_0^{2\pi} \left(\int\limits_0^{p_S} \theta \mathrm{d}p\right) \cos\varphi \mathrm{d}\lambda \mathrm{d}\varphi\right]_{给定状态} \tag{7.27}$$

现在,我们将式(7.27)代入式(7.20),获得

$$S \equiv \frac{c_p a^2}{g} \left(\frac{\widetilde{p}^\kappa}{p_0^\kappa}\right) \left[\int\limits_{-\pi/2}^{\pi/2}\int\limits_0^{2\pi} \left(\int\limits_0^{p_S} \theta \mathrm{d}p\right) \cos\varphi \mathrm{d}\lambda \mathrm{d}\varphi\right]_{给定状态} -$$

$$\frac{c_p a^2}{g p_0^\kappa} \int\limits_{-\pi/2}^{\pi/2}\int\limits_0^{2\pi}\int\limits_0^{p_S} p^\kappa \theta \mathrm{d}p \ \cos\varphi \mathrm{d}\lambda \mathrm{d}\varphi \tag{7.28}$$

我们可以重新整理为

$$S \equiv \frac{c_p a^2}{g p_0^\kappa} \left\{\int\limits_{-\pi/2}^{\pi/2}\int\limits_0^{2\pi}\left[\int\limits_0^{p_S} (\widetilde{p}^\kappa - p^\kappa)\theta \mathrm{d}p\right] \cos\varphi \mathrm{d}\lambda \mathrm{d}\varphi\right\}_{给定状态} \tag{7.29}$$

部分积分得到

$$S \equiv \frac{c_p a^2}{g p_0^\kappa (1+\kappa)} \left\{ \int_{-\pi/2}^{\pi/2} \int_0^{2\pi} \left[\int_0^{p_S} \left(\bar{p}_S^\kappa p - p^{1+\kappa} \right) \left(-\frac{\partial \theta}{\partial p} \right) \mathrm{d}p \right] \cos\varphi \, \mathrm{d}\lambda \, \mathrm{d}\varphi \right\}_{\text{给定状态}} \quad (7.30)$$

这表明 S 是 $(-\partial\theta/\partial p)$ 的加权平均；因此，它是静力稳定性的度量，这解释了它的名称。与有效位能一样，总静力稳定度只定义为整体大气。

在绝热过程下，全球平均地面气压和 θ 的概率分布是不变的。这意味着 S 状态也是不变的。因为 S 被定义为 S 状态的总焓和给定状态的总焓之间的差值，所以我们可以写为

$$\frac{\mathrm{d}S}{\mathrm{d}t} = -\frac{\mathrm{d}H}{\mathrm{d}t} \quad (7.31)$$

由于 $(\mathrm{d}/\mathrm{d}t)(H+K)=0$，从式 (7.31) 得出

$$\frac{\mathrm{d}S}{\mathrm{d}t} = \frac{\mathrm{d}K}{\mathrm{d}t} \quad (7.32)$$

方程式 (7.32) 表明，当从有效位能转换产生 K 时，总静力稳定度增加。随着系统从给定状态转换到 A 状态，有效位能减少了，动能和总静力稳定度都增加了，正如预期的那样。

观测到的大气状态"介于" A 状态和 S 状态之间。

7.3　位能转化为动能

如第 6 章所讨论的，对流产生了干静力能的向上通量，这也意味着 θ 和 T 的向上通量。假设特定大气柱中的 θ 廓线被 θ 的垂直通量所改变；也就是说，

$$\frac{\partial \theta}{\partial t} = g \frac{\partial F_\theta}{\partial p} \quad (7.33)$$

由此焓根据下式变化

$$c_p \frac{\partial T}{\partial t} = c_p g \frac{\partial}{\partial p} \left[\left(\frac{p}{p_0} \right)^\kappa F_\theta \right] - \frac{Rg}{p_0^\kappa} \left(\frac{F_\theta}{p^{1-\kappa}} \right) \quad (7.34)$$

对气柱的深度进行积分，发现气柱总焓的变化满足

$$\frac{\partial}{\partial t} \left(\int_0^{p_S} c_p T \mathrm{d}p \right) = c_p \left[T_S \frac{\partial p_S}{\partial t} + g \left(\frac{p_S}{p_0} \right)^\kappa (F_\theta)_S \right] - \frac{Rg}{p_0^\kappa} \int_0^{p_S} \left(\frac{F_\theta}{p^{1-\kappa}} \right) \mathrm{d}p \quad (7.35)$$

如果没有与相邻气柱交换质量，则式 (7.35) 右侧方括号内的第一项为零。方括号内的第二项是非绝热的，因为它代表了大气和下边界之间的能量交换。其余项 $-(g\kappa/p_0^\kappa)\int_0^{p_S}(F_\theta/p^{1-\kappa})\mathrm{d}p$，纯粹来自于气柱内的 θ 再分配。这个再分配项的形式清楚地表明 $F_\theta > 0$，即 θ 的向上通量倾向于降低气柱的总焓。因此，气柱的总位能也会减少，或者，换句话说，气柱的"质心"会向下移动。结论是，产生 θ 向上通量的绝热过程降低了气柱的总焓，从而产生了动能。这与小尺度对流和大尺度"斜压涡旋"有关。两者都产生 θ 的向上通量，从而降低大气的质量中心。两者都将有效位能转化为动能。

7.4　实例：三个简单系统的有效位能

有效位能可以以几种不同的方式产生。我们现在考虑三个理想化的例子，每个例子都说

明了一种纯正的有效位能形式。

7.4.1 实例 1：与静力不稳定相关的有效位能

考虑一个包含两个等质量气块的简单系统。在给定状态下，具有位温 θ_1 和 θ_2 的气块分别位于气压 p_1 和 p_2 上。我们假设 $\theta_1 < \theta_2$ 和 $p_1 < p_2$，因此给定状态是静力不稳定的。气块 i 的单位质量焓为 $c_p \theta_i (p_i/p_0)^\kappa$。如果气块被互换（或"交换"），使气块 2 到了压力 p_1，反之亦然，则单位质量总焓的变化为

$$\Delta H = c_p (\theta_1 - \theta_2) \left[\left(\frac{p_2}{p_0} \right)^\kappa - \left(\frac{p_1}{p_0} \right)^\kappa \right] \tag{7.36}$$

这是负的。这一结果表明，总焓已经减少，因此通过交换而最小化；最终的状态是 A 状态，由式(7.36)给出的焓变化是系统单位质量的负有效位能。刚才描述的过程是干大气对流的理想化，它将位温向上输送，增加静力稳定度，降低大气的质心。

Lorenz(1978)推广了湿大气有效位能的概念，在湿大气中湿绝热过程被公认是绝热的。Randall 和 Wang(1992)表明，这种湿的有效位能可以用来定义一个广义的对流有效位能，它代表了可转换为积云对流动能的位能。

7.4.2 实例 2：与经向温度梯度相关的有效位能

考虑一个理想的行星，在给定状态没有地形和均匀的地面气压。假设给定状态的位温仅是纬度的函数：

$$\theta_{给定状态}(\mu) = \theta_0 (1 - \Delta_H \mu^2) \tag{7.37}$$

式中，Δ_H 是一个常数，还有 $\mu \equiv \sin\varphi$。对于实际的状态，$0 < \Delta_H < 1$。这种理想化的给定状态有效位能仅来自于经向温度梯度。为了得到给定状态的有效位能表达式，我们需要计算给定状态和 A 状态的总焓，并减去它们。第一步是找到 A 状态。请注意，在这个理想化的例子中，给定状态与 S 状态相同。

宽度为 $d\varphi$ 纬度带中的质量为

$$dm = 2(2\pi a \cos\varphi)\left(\frac{p_S}{g}\right)(a d\varphi) = \frac{4\pi a^2}{g} p_S d\mu \tag{7.38}$$

式中，$\mu \equiv \sin\varphi$ 和 $d\mu = \cos\varphi d\varphi$。在式(7.38)中，包括 2 的前导因子，是因为穿越赤道存在对称性，所以当我们在一个半球增加纬度时，我们实际上从两个大气"环"中获取质量，每个半球一个。当我们加上质量时，θ 的变化率是

$$\frac{d\theta}{dm} = \left(\frac{d\theta}{d\mu} \right)_{gs} \left(\frac{dm}{d\mu} \right)^{-1} \tag{7.39}$$

结合式(7.38)和式(7.39)，我们得到

$$\frac{d\theta}{dm} = \frac{g}{4\pi a^2 p_S} \left(\frac{d\theta}{d\mu} \right)_{给定状态} \tag{7.40}$$

在 A 状态下，θ 面平坦，因此，经向温度梯度降为零。为了实现这种情况，在给定状态下的暖空气必须上升并向两极扩散，而冷空气则下降并向赤道扩散。因此，位温被向上和向极地方向传输。在 A 状态下，暖空气填充区域的上部，而冷空气填充区域的下部。

为了找到 A 状态的结构，我们首先把两个 θ 面之间的质量增量写为

$$\mathrm{d}m = \frac{4\pi a^2}{g}\mathrm{d}p \tag{7.41}$$

或者

$$\mathrm{d}m = \frac{4\pi a^2}{g}\left(\frac{\mathrm{d}p}{\mathrm{d}\theta}\right)_{\mathrm{rs}}\mathrm{d}\theta \tag{7.42}$$

因此

$$\left(\frac{\mathrm{d}\theta}{\mathrm{d}p}\right)_{\mathrm{rs}} = \frac{\mathrm{d}\theta}{\mathrm{d}m}\frac{4\pi a^2}{g} \tag{7.43}$$

下标 rs 表示 A 状态。接下来,我们将 $\mathrm{d}\theta/\mathrm{d}m$ 从式(7.40)代入式(7.43)。我们可以这样做,因为 θ 在质量上的分布在 A 状态下必须与在给定状态下相同。结果是

$$\left(\frac{\mathrm{d}p_*}{\mathrm{d}\theta}\right)_{\mathrm{rs}} = \left(\frac{\mathrm{d}\theta}{\mathrm{d}\mu}\right)_{给定状态} \tag{7.44}$$

式中,

$$p_* \equiv \frac{p}{p_S} \tag{7.45}$$

我们在看这个方程时必须小心。左侧是指 A 状态中 θ 随气压的分布。右边是在给定状态下 θ 随 μ 的分布。请记住,在这个理想化的例子中,θ 在给定状态下不会随气压而变化,而且它在 A 状态下也不会随纬度而变化。

从式(7.45)中,我们看到 p_* 在 A 状态中所起的作用与 μ 在给定状态下发挥的作用相同。我们还记得,A 状态中位温必须随着高度的升高而增加。关于式(7.37),我们得出的结论是

$$\theta_{\mathrm{rs}} = \theta_0(1 - \Delta_H p_*^2) \tag{7.46}$$

这是 A 状态下位温分布的理想公式。可以验证式(7.46)在 $p=0$ 和 $p=p_S$ 处给出了 θ 的正确值。

现在找到有效位能所需要的就是计算给定状态和 A 状态下的焓,然后相减。在给定的状态下,位温与高度无关,因此式(7.37)给出了

$$H_{给定状态} = \int_{-1}^{1}\int_0^{p_S} 2\pi a^2 c_p\theta_0(1-\Delta_H\mu^2)\left(\frac{p}{p_0}\right)^\kappa\frac{\mathrm{d}p}{g}\mathrm{d}\mu$$

$$= 4\pi a^2 c_p\theta_0\frac{p_S}{g}\left(\frac{p_S}{p_0}\right)^\kappa\frac{1-\frac{1}{3}\Delta_H}{1+\kappa} \tag{7.47}$$

同样,A 状态的总焓为

$$H_{\min} = \int_{-1}^{1}\int_0^{p_S} 2\pi a^2 c_p\theta_0\left[1-\Delta_H\left(\frac{p}{p_S}\right)^2\right]\left(\frac{p}{p_0}\right)^\kappa\frac{\mathrm{d}p}{g}\mathrm{d}\mu$$

$$= 4\pi a^2 c_p\theta_0\frac{p_S}{g}\left(\frac{p_S}{p_0}\right)^\kappa\left(\frac{1}{1+\kappa}-\frac{\Delta_H}{3+\kappa}\right) \tag{7.48}$$

最后,我们得到

$$A = H_{给定状态} - H_{\min} = 4\pi a^2 c_p\theta_0\Delta_H\frac{p_S}{g}\left(\frac{p_S}{p_0}\right)^\kappa\left[\frac{2\kappa}{3(3+\kappa)(1+\kappa)}\right] \tag{7.49}$$

注意,可以预期,A 与 Δ_H 成正比。

现在,考虑一个经向传输过程:

$$\frac{\partial \theta_{\text{给定状态}}}{\partial t} = -\frac{1}{a\cos\varphi}\frac{\partial}{\partial\varphi}(F_\theta\cos\varphi)$$

$$= -\frac{1}{a}\frac{\partial}{\partial\mu}(F_\theta\sqrt{1-\mu^2}) \qquad (7.50)$$

式中，F_θ 是位温的经向通量，我们认为它已给定，并假设它与高度和经度无关，并与赤道对称。注意

$$\text{在两极 } F_\theta = 0 \qquad (7.51)$$

我们假设地面气压在任何纬度上都不随时间而变化。与位温经向再分配相关的有效位能时间变化率是多少？

为了回答这个问题，我们首先注意到给定状态的总焓时间变化率是

$$\frac{\partial H_{\text{给定状态}}}{\partial t} = \int_{-1}^{1}\int_0^{p_S} 2\pi a^2 c_p \frac{\partial \theta}{\partial t}\theta_0\left(\frac{p}{p_0}\right)^\kappa \frac{\mathrm{d}p}{g}\mathrm{d}\mu$$

$$= \frac{2\pi a^2 c_p}{1+\kappa}\frac{p_S}{g}\left(\frac{p_S}{p_0}\right)^\kappa \int_{-1}^{1}\frac{\partial \theta}{\partial t}\mathrm{d}\mu$$

$$= \frac{2\pi a^2 c_p}{1+\kappa}\frac{p_S}{g}\left(\frac{p_S}{p_0}\right)^\kappa \int_{-\pi/2}^{\pi/2}\frac{1}{a\cos\varphi}\frac{\partial}{\partial\varphi}(F_\theta\cos\varphi)\cos\varphi\mathrm{d}\varphi$$

$$= 0 \qquad (7.52)$$

这里我们使用了 $\partial\theta/\partial t$ 与高度无关，p_S 与纬度无关的事实，我们用式（7.50）代入。根据式（7.52），指定的传输过程对给定状态的总焓没有影响。原因是每个气压面的平均 θ 没有变化，因此每个气压面的平均温度也没有变化。

然而，经向传输过程可以改变 A 状态的总焓。这里再次出现一种混淆的可能性。如前所述，指定的经向传输过程不会改变气压面上 θ 的平均值。这句话似乎暗示了这个过程是等熵的，而且我们已经知道等熵的过程不会改变 A 状态。而熵与 $\ln\theta$ 成正比，$\ln\theta$ 的平均值被传输过程改变。另一个观点是，一般来说，指定的传输过程是不可逆的。例如，如果 F_θ 是由于扩散混合而产生的向下梯度通量，那么它原则上可以在整个大气中使 θ 均匀化。这一过程显然是不可逆的。在这种均匀化之后，A 状态将与给定的（均匀化）状态相同，因此将不同于之前发现的 A 状态。

从式（7.52）可以得到

$$\frac{\mathrm{d}A}{\mathrm{d}t} = -\frac{\mathrm{d}}{\mathrm{d}t}H_{\min} \qquad (7.53)$$

现在，我们回顾一下，根据式（7.37）和式（7.46）的比较，p_* 在 A 状态中发挥的作用与 μ 在给定状态下发挥的作用相同。特别是，$p_* = 1$（地面）对应 $\mu = 1$（极地），$p_* = 0$（"大气的顶部"）对应 $\mu = 0$（赤道）。我们的目标是确定 θ 在 A 状态特定时刻，即 θ 的分布满足式（7.37）[和式（7.46）]时刻的时间变化率，以及 θ 在给定状态下满足式（7.50）的时间变化率。我们可以找到利用给定状态下 θ 时间变化率表示的此时 A 状态下 θ 的时间变化率，并简单地处处用 p_* 代替 μ。因此，θ 在 A 状态中的时间变化率满足

$$\frac{\partial \theta_{\text{rs}}}{\partial t} = -\frac{1}{a}\frac{\partial}{\partial p_*}(F_\theta\sqrt{1-p_*^2}) \qquad (7.54)$$

同样，也有可能会出现混淆。我们已经指定了 F_θ 不是高度的函数，尽管它确实取决于纬度。

因此，我们可以从式(7.54)的导数中剔除 F_θ，但这是不正确的。原因是当我们用 p_* 替换 μ 时，我们也用相应的 p_* 依赖替换了 F_θ 的 μ 依赖。因此，在式(7.54)中，F_θ 应该被视为 p_* 的函数，而不是作为纬度的函数！这是可以理解的，因为 F_θ 的作用是为了改变 $\theta_{\rm rs}(p_*)$。举个例子，假设 F_θ 关于赤道对称，两个半球向极地方向，而 $\Delta_H > 0$，所以两极实际上比热带更冷。然后 F_θ 倾向于加热两极和冷却热带地区，减少 Δ_H，我们预计，会减少 A。在给定状态下当热带地区冷却，两极温暖时，A 状态以相应的方式演化，因此 $\theta_{\rm rs}$ 在高空冷却，并在低层变暖。

我们现在将 A 状态中总熵的时间变化率写为

$$\frac{\partial H_{\min}}{\partial t} = \int_{-1}^{1}\int_{0}^{p_S} 2\pi a^2 c_p \frac{\partial \theta}{\partial t}\left(\frac{p}{p_0}\right)^\kappa \frac{\mathrm{d}p}{g}\mathrm{d}\mu$$

$$= \frac{4\pi a^2 c_p p_S}{g}\left(\frac{p_S}{p_0}\right)^\kappa \int_{-1}^{1}\frac{\partial \theta}{\partial t}\, p_*^\kappa\, \mathrm{d}p_*$$

$$= \frac{4\pi a^2 c_p p_S}{g}\left(\frac{p_S}{p_0}\right)^\kappa \int_{0}^{1}\left[\frac{\partial}{\partial p_*}\left(F_\theta\sqrt{1-p_*^2}\right)\right]p_*^\kappa\, \mathrm{d}p_* \qquad (7.55)$$

我们不能计算式(7.55)最后一行上的积分，因为没有指定 F_θ 的形式。最后一步是将式(7.55)代入式(7.53)。

这个例子与中纬度斜压涡旋使位温向上和向极地传输、降低经向温度梯度、增加静力稳定度的过程有关。

7.4.3　实例 3：与地面气压变化相关的有效位能

本例旨在说明，有效位能可以在地面气压存在的情况下发生，甚至没有位温梯度也可以发生；这类似于有非均匀的自由面高度浅水的有效位能。为了在一个简单的框架中探索这种可能性，我们考虑了一个具有均匀位温 θ_0 大气的行星。地面气压 $p_S(\lambda, \varphi)$ 作为经度 λ 和纬度 φ 的函数。为了简单起见，我们假设地球表面是平坦的，尽管对于任意表面地形的情况，可以开展一个类似但更复杂的分析。

我们从有效位能的基本定义式(7.5)开始。总熵满足

$$H = \int_{-\pi/2}^{\pi/2}\int_{0}^{2\pi}\int_{0}^{p_S} c_p \theta\left(\frac{p}{p_0}\right)^\kappa \frac{\mathrm{d}p}{g} a^2\cos\varphi\mathrm{d}\lambda\mathrm{d}\varphi \qquad (7.56)$$

因为本示例中到处是 $\theta = \theta_0$，我们可以大大简化式(7.56)：

$$H = \frac{c_p \theta_0 a^2}{g(1+\kappa)p_0^\kappa}\int_{-\pi/2}^{\pi/2}\int_{0}^{2\pi} p_S^{1+\kappa}\cos\varphi\mathrm{d}\lambda\mathrm{d}\varphi \qquad (7.57)$$

方程式(7.57)可以同时应用于给定状态和 A 状态，因此有效位能为

$$A = \frac{c_p \theta_0 a^2}{g(1+\kappa)p_0^\kappa}\int_{-\pi/2}^{\pi/2}\int_{0}^{2\pi}\left[(p_S)_{\text{给定状态}}^{1+\kappa} - (p_S)_{\rm rs}^{1+\kappa}\right]\cos\varphi\mathrm{d}\lambda\mathrm{d}\varphi \qquad (7.58)$$

在评估式(7.58)中的双重积分之前，我们必须替换 $\left[p_S(\lambda, \varphi)\right]_{\text{给定状态}}$ 和 $\left[p_S(\lambda, \varphi)\right]_{\rm rs}$。前者被认为是已知的。因此，我们的问题简化到寻找 $\left[p_S(\lambda, \varphi)\right]_{\rm rs}$。这很简单，因为（假设没有山脉）地面气压在 A 状态下是全球均匀的，并且等于给定状态下的全球平均地面气压。我们用 $\overline{p_S}$ 表示全球平均地面气压，并将式(7.55)重写为

$$A = \frac{c_p \theta_0 a^2}{g(1+\kappa)p_0^{\kappa}} \int_{-\pi/2}^{\pi/2} \int_{0}^{2\pi} \left[(p_S)_{\text{给定状态}}^{1+\kappa} - (\overline{p_S})_{\text{rs}}^{1+\kappa} \right] \cos\varphi \mathrm{d}\lambda \mathrm{d}\varphi \tag{7.59}$$

作为一个练习,证明由式(7.59)得到 $A \geqslant 0$。

这个例子可以推广到包括地形的情况。

7.5　方差收支

方程式(7.19)表明,有效位能与气压面温度或位温的空间方差密切相关。我们现在研究一个转换过程,它将与纬向平均位温的经向梯度相关的方差与位温的涡旋方差耦合。同样的过程与纬向有效位能 A_Z 和涡旋有效位能 A_E 之间的转换密切相关。我们将证明涡旋位温方差与纬向平均位温的经向梯度通过下式相互作用

$$\frac{\partial}{\partial t}\left(\frac{1}{2}\overline{\theta^{*2}}^{\lambda}\right) \sim \frac{-\overline{\theta^{*}v^{*}}^{\lambda}}{a}\frac{\partial\overline{\theta}^{\lambda}}{\partial\varphi} \tag{7.60}$$

式(7.60)右侧显示的项可以称为经向梯度产生项。还有几个附加项,我们将会进一步讨论。

为了直观地理解梯度产生项,请考虑图 7.5 所示的简单示例。状态 A 由两个质量相同的纬度带组成,每个都有一个不同的(但均匀的)θ。状态 B 是通过均匀化状态 A 得到的,而不改变平均值。考虑对每个状态 θ 平方的平均值。对于状态 A,

$$\overline{\theta^2} = \frac{1}{2}(\theta_1^2 + \theta_2^2) \tag{7.61}$$

状态 A

混合

状态 B

图 7.5　简单的可以解释梯度产生思想的示意图。状态 B 是通过均匀化状态 A 得到的。平方的平均值在从状态 A 转换到状态 B 时减小

这里的上面一横表示两个纬度带的平均值。对于状态 B,

$$
\begin{aligned}
\overline{\theta^2} &= \left[\frac{1}{2}(\theta_1 + \theta_2)\right]^2 = \frac{1}{4}(\theta_1^2 + 2\theta_1\theta_2 + \theta_2^2) \\
&= \frac{1}{2}(\theta_1^2 + \theta_2^2) - \frac{1}{4}(\theta_1^2 + 2\theta_1\theta_2 + \theta_2^2) \\
&= \frac{1}{2}(\theta_1^2 + \theta_2^2) - \frac{1}{4}(\theta_1 - \theta_2)^2 \\
&\leqslant \frac{1}{2}(\theta_1^2 + \theta_2^2)
\end{aligned}
\tag{7.62}
$$

式(7.61)和式(7.62)的比较表明,混合减少了平方的平均值,这表现为平均态方差的"耗散"。

为了说明式(7.60)的起源，我们从位温的守恒方程开始，我们可以在球坐标系中写为

$$\frac{\partial \theta}{\partial t} + \frac{1}{a\cos\varphi}\frac{\partial u\theta}{\partial \lambda} + \frac{1}{a\cos\varphi}\frac{\partial}{\partial \varphi}(v\theta\cos\varphi) + \frac{\partial \omega\theta}{\partial p} = \dot\theta \tag{7.63}$$

我们还需要质量连续性，形式为

$$\frac{1}{a\cos\varphi}\frac{\partial u}{\partial \lambda} + \frac{1}{a\cos\varphi}\frac{\partial}{\partial \varphi}(v\cos\varphi) + \frac{\partial \omega}{\partial p} = 0 \tag{7.64}$$

我们对式(7.63)和式(7.64)进行纬向平均，得到

$$\frac{\partial \bar\theta^\lambda}{\partial t} + \frac{1}{a\cos\varphi}\frac{\partial}{\partial \varphi}(\overline{v\theta}^\lambda\cos\varphi) + \frac{\partial \overline{\omega\theta}^\lambda}{\partial p} = \bar{\dot\theta}^\lambda \tag{7.65}$$

$$\frac{1}{a\cos\varphi}\frac{\partial}{\partial \varphi}(\bar v^\lambda\cos\varphi) + \frac{\partial \bar\omega^\lambda}{\partial p} = 0 \tag{7.66}$$

通过分别从式(7.63)和式(7.64)中减去式(7.65)和式(7.66)，我们发现

$$\frac{\partial \theta^*}{\partial t} + \frac{1}{a\cos\varphi}\frac{\partial}{\partial \lambda}(u\theta) + \frac{1}{a\cos\varphi}\frac{\partial}{\partial \varphi}\left[(v\theta - \overline{v\theta}^\lambda)\cos\varphi\right] + \frac{\partial}{\partial p}(\omega\theta - \overline{\omega\theta}^\lambda)$$

$$= \frac{\partial \theta^*}{\partial t} + \frac{1}{a\cos\varphi}\frac{\partial}{\partial \lambda}(u^*\bar\theta^\lambda + \bar u^\lambda\theta^* + u^*\theta^*) + \frac{1}{a\cos\varphi}\frac{\partial}{\partial \varphi}$$

$$\left[(v^*\bar\theta^\lambda + \bar v^\lambda\theta^* + v^*\theta^* - \overline{v^*\theta^*}^\lambda)\cos\varphi\right] + \frac{\partial}{\partial p}(\omega^*\bar\theta^\lambda + \bar\omega^\lambda\theta^* + \omega^*\theta^* - \overline{\omega^*\theta^*}^\lambda)$$

$$= \frac{\partial \theta^*}{\partial t} + \frac{1}{a\cos\varphi}\frac{\partial}{\partial \lambda}(\bar u^\lambda\theta^*) + \frac{1}{a\cos\varphi}\frac{\partial}{\partial \varphi}(\bar v^\lambda\theta^*\cos\varphi) + \frac{\partial}{\partial p}(\bar\omega^\lambda\theta^*) +$$

$$\frac{1}{a\cos\varphi}\frac{\partial}{\partial \lambda}(u^*\theta^*) + \frac{1}{a\cos\varphi}\frac{\partial}{\partial \varphi}(v^*\theta^*\cos\varphi) + \frac{\partial}{\partial p}(\omega^*\theta^*) +$$

$$\frac{1}{a\cos\varphi}\frac{\partial}{\partial \lambda}(u^*\bar\theta^\lambda) + \frac{1}{a\cos\varphi}\frac{\partial}{\partial \varphi}(v^*\bar\theta^\lambda\cos\varphi) + \frac{\partial}{\partial p}(\omega^*\bar\theta^\lambda) -$$

$$\frac{1}{a\cos\varphi}\frac{\partial}{\partial \varphi}(\overline{v^*\theta^*}^\lambda\cos\varphi) - \frac{\partial}{\partial p}(\overline{\omega^*\theta^*}^\lambda)$$

$$= \dot\theta^* \tag{7.67}$$

$$\frac{1}{a\cos\varphi}\frac{\partial u^*}{\partial \lambda} + \frac{1}{a\cos\varphi}\frac{\partial}{\partial \varphi}(v^*\cos\varphi) + \frac{\partial \omega^*}{\partial p} = 0 \tag{7.68}$$

为了得到式(7.67)的第一个等式，我们使用了

$$v\theta = (\bar v^\lambda + v^*)(\bar\theta^\lambda + \theta^*)$$

$$= \bar v^\lambda\bar\theta^\lambda + v^*\bar\theta^\lambda + \bar v^\lambda\theta^* + v^*\theta^* \tag{7.69}$$

$$\overline{v\theta}^\lambda = \bar v^\lambda\bar\theta^\lambda + \overline{v^*\theta^*}^\lambda \tag{7.70}$$

$$v\theta - \overline{v\theta}^\lambda = v^*\bar\theta^\lambda + \bar v^\lambda\theta^* + v^*\theta^* - \overline{v^*\theta^*}^\lambda \tag{7.71}$$

等。我们可以使用式(7.66)和式(7.68)来重写式(7.67)如下：

$$\left(\frac{\partial}{\partial t} + \frac{\bar u^\lambda}{a\cos\varphi}\frac{\partial}{\partial \lambda} + \frac{\bar v^\lambda}{a}\frac{\partial}{\partial \varphi} + \bar\omega^\lambda\frac{\partial}{\partial p}\right)\theta^* + \left(\frac{u^*}{a\cos\varphi}\frac{\partial}{\partial \lambda} + \frac{v^*}{a}\frac{\partial}{\partial \varphi} + \omega^*\frac{\partial}{\partial p}\right)\theta^* +$$

$$\frac{v^*}{a}\frac{\partial \bar\theta^\lambda}{\partial \varphi} + \omega^*\frac{\partial \bar\theta^\lambda}{\partial p} = \frac{1}{a\cos\varphi}\frac{\partial}{\partial \varphi}(\overline{v^*\theta^*}^\lambda\cos\varphi) + \frac{\partial}{\partial p}(\overline{\omega^*\theta^*}^\lambda) + \dot\theta^* \tag{7.72}$$

用 θ^* 乘以式(7.69)，然后再次使用式(7.68)，我们得到

$$\left(\frac{\partial}{\partial t} + \frac{\bar u^\lambda}{a\cos\varphi}\frac{\partial}{\partial \lambda} + \frac{\bar v^\lambda}{a}\frac{\partial}{\partial \varphi} + \bar\omega^\lambda\frac{\partial}{\partial p}\right)\left(\frac{1}{2}\theta^{*2}\right) +$$

$$\frac{1}{a\cos\varphi}\frac{\partial}{\partial\lambda}\left[u^*\left(\frac{1}{2}\theta^{*2}\right)\right]+\frac{1}{a\cos\varphi}\frac{\partial}{\partial\varphi}\left[v^*\left(\frac{1}{2}\theta^{*2}\right)\cos\varphi\right]+\frac{\partial}{\partial p}\left[\omega^*\left(\frac{1}{2}\theta^{*2}\right)\right] \tag{7.73}$$

$$=\theta^*\left[\frac{1}{a\cos\varphi}\frac{\partial}{\partial\varphi}(\overline{v^*\theta^*}^\lambda\cos\varphi)+\frac{\partial}{\partial p}(\overline{\omega^*\theta^*}^\lambda)\right]-\frac{\overline{v^*\theta^*}}{a}\frac{\partial\bar\theta^\lambda}{\partial\varphi}-\omega^*\theta^*\frac{\partial\bar\theta^\lambda}{\partial p}+\dot\theta^*\theta^*$$

纬向平均式(7.73)给出

$$\left(\frac{\partial}{\partial t}+\frac{\bar v^\lambda}{a}\frac{\partial}{\partial\varphi}+\bar\omega^\lambda\frac{\partial}{\partial p}\right)\left(\frac{1}{2}\overline{\theta^{*2}}^\lambda\right)+\frac{1}{a\cos\varphi}\frac{\partial}{\partial\varphi}\left[\overline{v^*\left(\frac{1}{2}\theta^{*2}\right)}^\lambda\cos\varphi\right]+\frac{\partial}{\partial p}\left[\overline{\omega^*\left(\frac{1}{2}\theta^{*2}\right)}^\lambda\right]$$
$$=-\frac{\overline{v^*\theta^*}^\lambda}{a}\frac{\partial\bar\theta^\lambda}{\partial\varphi}-\overline{\omega^*\theta^*}^\lambda\frac{\partial\bar\theta^\lambda}{\partial p}+\overline{\dot\theta^*\theta^*}^\lambda \tag{7.74}$$

最后,我们可以使用式(7.66)以通量的形式重写式(7.74)为

$$\frac{\partial}{\partial t}\left(\frac{1}{2}\overline{\theta^{*2}}^\lambda\right)+\frac{1}{a\cos\varphi}\frac{\partial}{\partial\varphi}\left(\bar v^\lambda\frac{1}{2}\overline{\theta^{*2}}^\lambda\cos\varphi\right)+\frac{\partial}{\partial p}\left(\bar\omega^\lambda\frac{1}{2}\overline{\theta^{*2}}^\lambda\right)+$$
$$\underbrace{\frac{1}{a\cos\varphi}\frac{\partial}{\partial\varphi}\left(\overline{v^*\frac{1}{2}\theta^{*2}}^\lambda\cos\varphi\right)+\frac{\partial}{\partial p}\left(\overline{\omega^*\frac{1}{2}\theta^{*2}}^\lambda\right)}_{\text{涡旋传输}} \tag{7.75}$$
$$=\underbrace{-\frac{\overline{v^*\theta^*}^\lambda}{a}\frac{\partial\bar\theta^\lambda}{\partial\varphi}-\overline{\omega^*\theta^*}^\lambda\frac{\partial\bar\theta^\lambda}{\partial p}+\overline{\dot\theta^*\theta^*}^\lambda}_{\text{梯度产生}}$$

根据式(7.75),$(1/2)\overline{\theta^{*2}}^\lambda$ 可以由于平均经向环流的平流、涡旋本身的传输或"梯度产生"而发生变化。

方程式(7.75)控制了特定纬度上的涡旋方差。$\bar\theta^\lambda$ 的经向和垂直梯度也有助于 θ 的全球方差。为了推导 θ 这部分全球方差的方程,我们首先使用式(7.66)将式(7.65)重写为

$$\left(\frac{\partial}{\partial t}+\frac{\bar v^\lambda}{a}\frac{\partial}{\partial\varphi}+\bar\omega^\lambda\frac{\partial}{\partial p}\right)\bar\theta^\lambda=-\frac{1}{a\cos\varphi}\frac{\partial}{\partial\varphi}(\overline{v^*\theta^*}^\lambda\cos\varphi)-\frac{\partial}{\partial p}(\overline{\omega^*\theta^*}^\lambda)+\bar{\dot\theta} \tag{7.76}$$

乘以 $\bar\theta^\lambda$ 得到

$$\left(\frac{\partial}{\partial t}+\frac{\bar v^\lambda}{a}\frac{\partial}{\partial\varphi}+\bar\omega^\lambda\frac{\partial}{\partial p}\right)\frac{1}{2}(\bar\theta^\lambda)^2=-\frac{\bar\theta^\lambda}{a\cos\varphi}\frac{\partial}{\partial\varphi}(\overline{v^*\theta^*}^\lambda\cos\varphi)-\bar\theta^\lambda\frac{\partial}{\partial p}(\overline{\omega^*\theta^*}^\lambda)+\bar\theta^\lambda\bar{\dot\theta}^\lambda \tag{7.77}$$

我们可以重新整理式(7.77)得到

$$\left(\frac{\partial}{\partial t}+\frac{\bar v^\lambda}{a}\frac{\partial}{\partial\varphi}+\bar\omega^\lambda\frac{\partial}{\partial p}\right)\frac{1}{2}(\bar\theta^\lambda)^2$$
$$=-\frac{1}{a\cos\varphi}\frac{\partial}{\partial\varphi}(\bar\theta^\lambda\overline{v^*\theta^*}^\lambda\cos\varphi)-\frac{\partial}{\partial p}(\bar\theta^\lambda\overline{\omega^*\theta^*}^\lambda)+$$
$$\frac{\overline{v^*\theta^*}^\lambda}{a}\frac{\partial\bar\theta^\lambda}{\partial\varphi}+\overline{\omega^*\theta^*}^\lambda\frac{\partial\bar\theta^\lambda}{\partial p}+\bar\theta^\lambda\bar{\dot\theta}^\lambda \tag{7.78}$$

将式(7.78)转换为通量形式,我们发现

$$\frac{\partial}{\partial t}\left[\frac{1}{2}(\bar\theta^\lambda)^2\right]+\frac{1}{a\cos\varphi}\frac{\partial}{\partial\varphi}\left[\bar v^\lambda\frac{1}{2}(\bar\theta^\lambda)^2\cos\varphi\right]+\frac{\partial}{\partial p}\left[\bar\omega^\lambda\frac{1}{2}(\bar\theta^\lambda)^2\right]$$
$$=-\frac{1}{a\cos\varphi}\frac{\partial}{\partial\varphi}(\bar\theta^\lambda\overline{v^*\theta^*}^\lambda\cos\varphi)-\frac{\partial}{\partial p}(\bar\theta^\lambda\overline{\omega^*\theta^*}^\lambda)+$$
$$\frac{\overline{v^*\theta^*}^\lambda}{a}\frac{\partial\bar\theta^\lambda}{\partial\varphi}+\overline{\omega^*\theta^*}^\lambda\frac{\partial\bar\theta^\lambda}{\partial p}+\bar\theta^\lambda\bar{\dot\theta}^\lambda \tag{7.79}$$

当我们将式(7.79)和式(7.75)相加时,梯度产生项将被抵消,这表明这些项代表了 $(1/2)(\bar{\theta}^\lambda)^2$ 和 $\overline{\theta^{2}}^\lambda = (\bar{\theta}^\lambda)^2 + \overline{\theta^{*2}}^\lambda$ 之间的“转换”。

请注意 $(1/2)\overline{\theta^{*2}}^\lambda$,即平方的纬向平均是纬向平均的平方和与纬向平均偏离的平方之和。类似地,$\overline{\theta\dot\theta}^\lambda = \bar{\theta}^\lambda\bar{\dot\theta}^\lambda + \overline{\theta^*\dot\theta^*}$。我们得到

$$\frac{\partial}{\partial t}\left(\frac12\,\overline{\theta^{2}}^\lambda\right) + \frac{1}{a\cos\varphi}\frac{\partial}{\partial\varphi}\left[\left(\bar{v}^\lambda\,\frac12\,\overline{\theta^{2}}^\lambda + \overline{v^*\,\frac12\theta^{*2}} + \bar{\theta}^\lambda\,\overline{v^*\theta^*}^\lambda\right)\cos\varphi\right] +$$

$$\frac{\partial}{\partial p}\left(\bar{\omega}^\lambda\,\frac12\,\overline{\theta^{2}}^\lambda + \overline{\omega^*\,\frac12\theta^{*2}} + \bar{\theta}^\lambda\,\overline{\omega^*\theta^*}^\lambda\right) = \overline{\theta\dot\theta}^\lambda \tag{7.80}$$

最后,式(7.80)在整个大气中积分可得到

$$\frac{\mathrm d}{\mathrm dt}\int_M\left(\frac12\,\overline{\theta^{2}}^\lambda\right)\mathrm dM = \int_M\overline{\theta\dot\theta}^\lambda\,\mathrm dM \tag{7.81}$$

该结果表明,总方差仅由于温度与加热率之间的协方差而发生变化。梯度产生项对总方差没有影响。

7.6　有效位能的产生及其向动能的转化

之前我们推导出式(7.19),Lorenz 对静力稳定大气有效位能的近似表达式,为了方便起见,在这里重复:

$$A = \frac{a^2}{2}\int_{-\pi/2}^{\pi/2}\int_0^{2\pi}\int_0^p \frac{\bar{T}}{\Gamma_d-\Gamma}\left(\frac{T'}{T}\right)^2\cos\varphi\,\mathrm dp\,\mathrm d\lambda\,\mathrm d\varphi \tag{7.82}$$

回想一下,在这个方程中,上面一横表示气压面上的全球平均,一撇表示与全球平均的偏离。有效位能是温度在气压面上关于全球平均值方差的积分。在前一节中,我们导出了位温方差的时间变化率方程。我们现在导出由于动能产生和动能转换导致的 A 时间变化率的近似方程。

设下标 GM 表示等压面上的全球平均。也就是说,

$$(\ )_{\mathrm{GM}} \equiv \frac{1}{4\pi a^2}\int_{-\pi/2}^{\pi/2}\int_0^{2\pi}(\ )a^2\cos\varphi\,\mathrm d\lambda\,\mathrm d\varphi \tag{7.83}$$

我们可以证明,对于任意两个量 α 和 β,

$$(\alpha\beta)_{\mathrm{GM}} = (\overline{\alpha}^\lambda\overline{\beta}^\lambda + \overline{\alpha^*\beta^*}^\lambda)_{\mathrm{GM}} \tag{7.84}$$

和

$$\begin{aligned}\left[(\alpha-\alpha_{\mathrm{GM}})(\beta-\beta_{\mathrm{GM}})\right]_{\mathrm{GM}} &= (\alpha\beta)_{\mathrm{GM}} - \alpha_{\mathrm{GM}}\beta_{\mathrm{GM}}\\&= (\overline{\alpha}^\lambda\overline{\beta}^\lambda + \overline{\alpha^*\beta^*}^\lambda)_{\mathrm{GM}} - \alpha_{\mathrm{GM}}\beta_{\mathrm{GM}}\end{aligned} \tag{7.85}$$

作为式(7.85)的一个特例,任意量 α 关于其全球平均的方差为

$$\alpha_{\mathrm{Var}} \equiv (\alpha-\alpha_{\mathrm{GM}})^2_{\mathrm{GM}} = \left[(\overline{\alpha}^\lambda)^2 + \overline{\alpha^{*2}}^\lambda\right]_{\mathrm{GM}} - \alpha_{\mathrm{GM}}^2 \tag{7.86}$$

利用上面介绍的符号,我们可以将式(7.82)给出的有效位能表达式近似为

$$A \approx 2\pi a^2\int_0^p \frac{T_{\mathrm{GM}}}{T_d-T_{\mathrm{GM}}}\frac{T_{\mathrm{Var}}}{T_{\mathrm{GM}}^2}\mathrm dp = 2\pi a^2\int_0^p \frac{T_{\mathrm{GM}}}{T_d-T_{\mathrm{GM}}}\frac{\theta_{\mathrm{Var}}}{\theta_{\mathrm{GM}}^2}\mathrm dp \tag{7.87}$$

我们现在给出了一个基于式(7.87)的 $\mathrm{d}A/\mathrm{d}t$ 方程。式(7.63)和式(7.64)的全球平均分别为

$$\frac{\partial \theta_{\mathrm{GM}}}{\partial t} + \frac{\partial (\omega\theta)_{\mathrm{GM}}}{\partial p} = \dot{\theta}_{\mathrm{GM}} \tag{7.88}$$

和

$$\frac{\partial \omega_{\mathrm{GM}}}{\partial p} = 0 \tag{7.89}$$

由于在 $p=0$ 时 $\omega=0$，从式(7.89)得到

$$\text{对所有的 } p, \omega_{\mathrm{GM}} = 0 \tag{7.90}$$

这个结果允许我们写

$$(\omega\theta)_{\mathrm{GM}} = \omega_{\mathrm{GM}}\theta_{\mathrm{GM}} + [(\omega-\omega_{\mathrm{GM}})(\theta-\theta_{\mathrm{GM}})]_{\mathrm{GM}} = [\omega(\theta-\theta_{\mathrm{GM}})]_{\mathrm{GM}} \tag{7.91}$$

在给定的气压层上，对所有纬度地区的式(7.80)面积加权积分，得到

$$\frac{\partial}{\partial t} \frac{1}{2} \left[(\bar{\theta}^\lambda)^2 + \overline{\theta^{*2}}^\lambda \right]_{\mathrm{GM}} + \frac{\partial}{\partial p} \left\{ \overline{\omega}^\lambda \frac{1}{2} \left[(\bar{\theta}^\lambda)^2 + \overline{\theta^{*2}}^\lambda \right] + \overline{\omega^* \frac{1}{2}\theta^{*2}}^\lambda + \overline{\bar{\theta}^\lambda \overline{\omega^*\theta^*}^\lambda} \right\}_{\mathrm{GM}}$$

$$= (\overline{\bar{\theta}^\lambda \bar{\dot{\theta}}^\lambda + \overline{\theta^*\dot{\theta}^*}^\lambda})_{\mathrm{GM}} \tag{7.92}$$

这里，像往常一样，我们忽略了由于一些气压面与地球表面相交而产生的复杂性。从式(7.86)，我们可以看到

$$\frac{\partial \theta_{\mathrm{Var}}}{\partial t} = \frac{\partial}{\partial t} \left[(\bar{\theta}^\lambda)^2 + \overline{\theta^{*2}}^\lambda \right]_{\mathrm{GM}} - 2\theta_{\mathrm{GM}} \frac{\partial \theta_{\mathrm{GM}}}{\partial t} \tag{7.93}$$

式(7.88)和式(7.92)代入式(7.93)，并使用式(7.85)和式(7.91)，我们发现

$$\frac{\partial}{\partial t}\left(\frac{\theta_{\mathrm{Var}}}{2}\right) = -\frac{\partial}{\partial p}\left\{ \overline{\omega}^\lambda \frac{1}{2}\left[(\bar{\theta}^\lambda)^2 + \overline{\theta^{*2}}^\lambda\right] + \overline{\omega^*\frac{1}{2}\theta^{*2}}^\lambda + \overline{\bar{\theta}^\lambda \overline{\omega^*\theta^*}^\lambda} \right\}_{\mathrm{GM}} + \theta_{\mathrm{GM}}\frac{\partial(\omega\theta)_{\mathrm{GM}}}{\partial p} +$$

$$(\overline{\bar{\theta}^\lambda \bar{\dot{\theta}}^\lambda + \overline{\theta^*\dot{\theta}^*}^\lambda})_{\mathrm{GM}}$$

$$= -\frac{\partial}{\partial p}\left\{ \overline{\omega}^\lambda \frac{1}{2}\left[(\bar{\theta}^\lambda)^2 + \overline{\theta^{*2}}^\lambda\right] + \overline{\omega^*\frac{1}{2}\theta^{*2}}^\lambda + \left[(\bar{\theta}^\lambda \overline{\omega^*\theta^*}^\lambda)_{\mathrm{GM}} - \theta_{\mathrm{GM}}(\omega\theta)_{\mathrm{GM}}\right] \right\}_{\mathrm{GM}} -$$

$$(\omega\theta)_{\mathrm{GM}}\frac{\partial \theta_{\mathrm{GM}}}{\partial p} + \left[(\theta-\theta_{\mathrm{GM}})(\dot{\theta}-\dot{\theta}_{\mathrm{GM}})\right]_{\mathrm{GM}} \tag{7.94}$$

$$= -\frac{\partial}{\partial p}\left\{ \overline{\omega}^\lambda \frac{1}{2}\left[(\bar{\theta}^\lambda)^2 + \overline{\theta^{*2}}^\lambda\right] + \overline{\omega^*\frac{1}{2}\theta^{*2}}^\lambda + \left[(\bar{\theta}^\lambda \overline{\omega^*\theta^*}^\lambda)_{\mathrm{GM}} - \theta_{\mathrm{GM}}(\omega\theta)_{\mathrm{GM}}\right] \right\}_{\mathrm{GM}} -$$

$$\left[\omega(\theta-\theta_{\mathrm{GM}})\right]_{\mathrm{GM}}\frac{\partial \theta_{\mathrm{GM}}}{\partial p} + \left[(\theta-\theta_{\mathrm{GM}})(\dot{\theta}-\dot{\theta}_{\mathrm{GM}})\right]_{\mathrm{GM}}$$

我们可以识别这个方程中的各种过程。垂直传输清晰可见，也可以看到梯度产生和"热的地方更热，冷的地方更冷"。使用式(7.17)近似形式为

$$\frac{\partial \theta_{\mathrm{GM}}}{\partial p} \approx -\frac{\kappa\theta_{\mathrm{GM}}}{p} \frac{\Gamma_d - \Gamma_{\mathrm{GM}}}{\Gamma_d} \tag{7.95}$$

我们把式(7.94)重写为

$$\frac{\partial}{\partial t}\left(\frac{\theta_{\mathrm{Var}}}{2}\right) = -\frac{\partial}{\partial p}\left\{ \overline{\omega}^\lambda \frac{1}{2}\left[(\bar{\theta}^\lambda)^2 + \overline{\theta^{*2}}^\lambda\right] + \overline{\omega^*\frac{1}{2}\theta^{*2}}^\lambda + \left[(\bar{\theta}^\lambda \overline{\omega^*\theta^*}^\lambda)_{\mathrm{GM}} - \theta_{\mathrm{GM}}(\omega\theta)_{\mathrm{GM}}\right] \right\}_{\mathrm{GM}} +$$

$$\left[\omega(\theta-\theta_{\mathrm{GM}})\right]_{\mathrm{GM}}\frac{\kappa\theta_{\mathrm{GM}}}{p}\frac{\Gamma_d - \Gamma_{\mathrm{GM}}}{\Gamma_d} + \left[(\theta-\theta_{\mathrm{GM}})(\dot{\theta}-\dot{\theta}_{\mathrm{GM}})\right]_{\mathrm{GM}} \tag{7.96}$$

式(7.96)的垂直积分得到

$$\frac{\mathrm{d}}{\mathrm{d}t}\left(\int_0^{p_S}\frac{\theta_{\mathrm{Var}}}{2}\mathrm{d}p\right)=\int_0^{p_S}\left[\omega(\theta-\theta_{\mathrm{GM}})\right]_{\mathrm{GM}}\frac{\kappa\theta_{\mathrm{GM}}}{p}\frac{\Gamma_d-\Gamma_{\mathrm{GM}}}{\Gamma_d}\mathrm{d}p+\int_0^{p_S}\left[(\theta-\theta_{\mathrm{GM}})(\dot\theta-\dot\theta_{\mathrm{GM}})\right]_{\mathrm{GM}}\mathrm{d}p \quad (7.97)$$

这里我们写了一个总时间导数 $\mathrm{d}/\mathrm{d}t$,因为我们现在已经在所有三个空间变量上积分。使用式(7.87),我们可以把式(7.97)近似为

$$\frac{\mathrm{d}A}{\mathrm{d}t}=4\pi a^2\int_0^{p_S}\left[\omega\left(\frac{\theta-\theta_{\mathrm{GM}}}{\theta_{\mathrm{GM}}}\right)\right]_{\mathrm{GM}}\frac{\kappa T_{\mathrm{GM}}}{p\Gamma_d}\mathrm{d}p+4\pi a^2\int_0^{p_S}\frac{\left[(\theta-\theta_{\mathrm{GM}})(\dot\theta-\dot\theta_{\mathrm{GM}})\right]_{\mathrm{GM}}T_{\mathrm{GM}}}{\theta_{\mathrm{GM}}^2(\Gamma_d-\Gamma_{\mathrm{GM}})}\mathrm{d}p \quad (7.98)$$

最后,我们注意到

$$\frac{\theta-\theta_{\mathrm{GM}}}{\theta_{\mathrm{GM}}}=\frac{\alpha-\alpha_{\mathrm{GM}}}{\alpha_{\mathrm{GM}}}=\frac{T-T_{\mathrm{GM}}}{T_{\mathrm{GM}}} \quad (7.99)$$

这样

$$\frac{\mathrm{d}A}{\mathrm{d}t}=4\pi a^2\int_0^{p_S}\left[\omega\left(\frac{\alpha-\alpha_{\mathrm{GM}}}{\alpha_{\mathrm{GM}}}\right)\right]_{\mathrm{GM}}\frac{\kappa T_{\mathrm{GM}}}{p\Gamma_d}\mathrm{d}p+4\pi a^2\int_0^{p_S}\frac{\left[(\theta-\theta_{\mathrm{GM}})(\dot\theta-\dot\theta_{\mathrm{GM}})\right]_{\mathrm{GM}}T_{\mathrm{GM}}}{\theta_{\mathrm{GM}}^2(\Gamma_d-\Gamma_{\mathrm{GM}})}\mathrm{d}p$$

$$=\frac{4\pi a^2}{g}\int_0^{p_S}\left[\omega(\alpha-\alpha_{\mathrm{GM}})\right]_{\mathrm{GM}}\mathrm{d}p+4\pi a^2\int_0^{p_S}\frac{\left[\frac{\theta-\theta_{\mathrm{GM}}}{\theta_{\mathrm{GM}}}\frac{T_{\mathrm{GM}}}{\theta_{\mathrm{GM}}}(\dot\theta-\dot\theta_{\mathrm{GM}})\right]_{\mathrm{GM}}}{\Gamma_d-\Gamma_{\mathrm{GM}}}\mathrm{d}p \quad (7.100)$$

为了获得式(7.100)式的第二行,我们使用了 $\Gamma_d=g/c_p$。

回想一下,C 表示动能和非动能之间的转换,因此,通过检查式(7.100),我们可以确定动能(KE)转化为有效位能的比率为

$$C\approx\frac{4\pi a^2}{g}\int_0^{p_S}\left[\omega(\alpha-\alpha_{\mathrm{GM}})\right]_{\mathrm{GM}}\mathrm{d}p \quad (7.101)$$

通过加热,有效位能产生率或破坏率是

$$G\approx 4\pi a^2\int_0^{p_S}\frac{\left[\frac{\theta-\theta_{\mathrm{GM}}}{\theta_{\mathrm{GM}}}\frac{T_{\mathrm{GM}}}{\theta_{\mathrm{GM}}}(\dot\theta-\dot\theta_{\mathrm{GM}})\right]_{GM}}{\Gamma_d-\Gamma_{\mathrm{GM}}}\mathrm{d}p \quad (7.102)$$

注意 $G>0$,如果我们"在热的地方加热,冷的地方冷却"这听起来应该很熟悉。产生有效位能的加热场会破坏熵。

我们可以将式(7.100)总结为

$$\frac{\mathrm{d}A}{\mathrm{d}t}=C+G \quad (7.103)$$

同样地,我们也可以证明

$$\frac{\mathrm{d}K}{\mathrm{d}t}=-C-D \quad (7.104)$$

式中,K 为全球积分动能(例如,用焦耳表示),D 为全球积分耗散率。我们也可以从 $D>0$ 的事实中得出结论,C 是负的。必须将有效位能净转换为动能,以提供被耗散破坏的动能。因为这个转换消耗了有效位能,所以有效位能的生成必须是正的。换句话说,能量必须流动,如图7.6 所示。

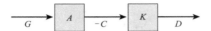

图 7.6 描绘大气环流的能量流示意图。
产生有效位能，然后转化为动能，进而使动能耗散

7.7 涡旋动能、纬向动能和总动能的控制方程

我们现在讨论了涡旋动能、纬向动能和总动能方程。这些方程的推导类似于推导位能方差守恒方程的方法。详情见附录 F。

我们定义了单位质量的涡旋动能为

$$\mathrm{KE} \equiv \frac{1}{2}\left[\overline{(u^*)^{2}}^{\lambda} + \overline{(v^*)^{2}}^{\lambda}\right] \tag{7.105}$$

我们可以证明它满足以下方程：

$$\frac{\partial}{\partial t}\mathrm{KE} + \frac{1}{a\cos\varphi}\frac{\partial}{\partial \varphi}\left\{\overline{v}^{\lambda}\mathrm{KE}\cos\varphi + \frac{1}{2}\left[\overline{v^*(u^{*2}+v^{*2})}^{\lambda}\right] + \overline{v^*\phi^*}^{\lambda}\cos\varphi\right\} +$$

$$\frac{\partial}{\partial p}\left\{\overline{\omega}^{\lambda}\mathrm{KE} + \frac{1}{2}\left[\overline{\omega^*(u^{*2}+v^{*2})}^{\lambda}\right] + \overline{\omega^*\phi^*}\right\} + \overline{\frac{u^*v^*}{a}}^{\lambda}\frac{\partial \overline{u}^{\lambda}}{\partial \varphi} + \overline{\frac{v^*v^*}{a}}^{\lambda}\frac{\partial \overline{v}^{\lambda}}{\partial \varphi} +$$

$$\overline{u^*\omega^*}^{\lambda}\frac{\partial \overline{u}^{\lambda}}{\partial p} + \overline{\omega^*v^*}^{\lambda}\frac{\partial \overline{v}^{\lambda}}{\partial p} \tag{7.106}$$

$$= \left(-\overline{u}^{\lambda}\overline{u^*v^*}^{\lambda} + \overline{v}^{\lambda}\overline{u^*u^*}^{\lambda}\right)\frac{\tan\varphi}{a} - \overline{\omega^*\alpha^*}^{\lambda} + \overline{u^*g\frac{\partial F_u^*}{\partial p}}^{\lambda} + \overline{v^*g\frac{\partial F_v^*}{\partial p}}^{\lambda}$$

梯度产生项出现在式（7.106）的第四行上。它们代表了平均流动能和涡旋动能之间的转换，即当涡旋动量通量"向下梯度"时，即从较高的平均动量到较低的平均动量时，涡旋动能增加。$\omega^*\alpha^*$ 项表示由涡旋有效位能产生的涡旋动能，而涉及 ϕ^* 的项表示"气压做功"的影响。

在式（7.106）中，曲率项的出现可能有些令人惊讶。它们的出现是因为我们用偏离纬向平均的方式来定义涡旋，因此，一个特定的经纬度坐标系隐含在动能的定义中。显然，在每个单位质量的总动能方程中不能有任何曲率项，我们用 K 表示总动能。

我们定义纬向动能 KZ 为

$$\mathrm{KZ} \equiv \frac{1}{2}\left[(\overline{u}^{\lambda})^{2} + (\overline{v}^{\lambda})^{2}\right] \tag{7.107}$$

请注意

$$\overline{K}^{\lambda} = \mathrm{KZ} + \mathrm{KE} \tag{7.108}$$

式（7.108）中的所有三个量都与经度无关。纬向动能满足

$$\frac{\partial}{\partial t}\mathrm{KZ} + \frac{1}{a\cos\varphi}\frac{\partial}{\partial \varphi}\left[\left(\overline{v}^{\lambda}\mathrm{KZ} + \overline{u}^{\lambda}\overline{u^*v^*}^{\lambda} + \overline{v}^{\lambda}\overline{v^*v^*}^{\lambda} + \overline{v}^{\lambda}\overline{\phi}^{\lambda}\right)\cos\varphi\right] +$$

$$\frac{\partial}{\partial p}\left(\overline{\omega}^{\lambda}\mathrm{KZ} + \overline{u}^{\lambda}\overline{\omega^*u^*}^{\lambda} + \overline{v}^{\lambda}\overline{\omega^*v^*}^{\lambda} + \overline{\omega}^{\lambda}\overline{\phi}^{\lambda}\right)$$

$$= \overline{\frac{u^*v^*}{a}}^{\lambda}\frac{\partial \overline{u}^{\lambda}}{\partial \varphi} + \overline{\frac{v^*v^*}{a}}^{\lambda}\frac{\partial \overline{v}^{\lambda}}{\partial \varphi} + \overline{u^*\omega^*}^{\lambda}\frac{\partial \overline{u}^{\lambda}}{\partial p} + \overline{\omega^*v^*}^{\lambda}\frac{\partial \overline{v}^{\lambda}}{\partial p} + \tag{7.109}$$

$$\left(\overline{u}^{\lambda}\overline{u^*v^*}^{\lambda} - \overline{v}^{\lambda}\overline{u^*u^*}^{\lambda}\right)\frac{\tan\varphi}{a} - \overline{\omega}^{\lambda}\overline{\alpha}^{\lambda} + \overline{u}^{\lambda}g\frac{\partial \overline{F_u}^{\lambda}}{\partial p} + \overline{v}^{\lambda}\frac{\partial \overline{F_v}^{\lambda}}{\partial p}$$

请注意,式(7.106)的"梯度产生"项在式(7.109)中出现了相反的符号。它们代表了 KE 和 KZ 之间的转换。加上 KZ 和 KE 的方程,得到了纬向平均总动能的方程:

$$\frac{\partial \overline{K}^\lambda}{\partial t} + \frac{1}{a\cos\varphi}\frac{\partial}{\partial \varphi}\left\{\left[\overline{\overline{v}^\lambda \overline{K}^\lambda} + \frac{1}{2}\overline{\left[\overline{v^*(u^{*2}+v^{*2})^\lambda}\right]} + \overline{u}^\lambda\overline{u^* v^*}^\lambda + \overline{v}^\lambda\overline{v^* v^*}^\lambda + \overline{v}^\lambda\overline{\phi}^\lambda + \overline{\phi^* v^*}^\lambda\right]\cos\varphi\right\} +$$

$$\frac{\partial}{\partial p}\left\{\overline{\omega}^\lambda\overline{K}^\lambda + \frac{1}{2}\overline{\left[\omega^*(u^{*2}+v^{*2})^\lambda\right]} + \overline{u}^\lambda\overline{u^* \omega^*}^\lambda + \overline{v}^\lambda\overline{v^* \omega^*}^\lambda + \overline{\omega}^\lambda\overline{\phi}^\lambda + \overline{\phi^* \omega^*}^\lambda\right\}$$

$$= -\overline{\omega}^\lambda\overline{\alpha}^\lambda - \overline{\omega^* \alpha^*}^\lambda + \overline{u^* g\frac{\partial F_u^*}{\partial p}}^\lambda + \overline{v^* g\frac{\partial F_v^*}{\partial p}}^\lambda + \overline{u}^\lambda g\frac{\partial \overline{F_u}^\lambda}{\partial p} + \overline{v}^\lambda g\frac{\partial \overline{F_v}^\lambda}{\partial p} \tag{7.110}$$

正如预期的那样,曲率项被抵消了;它们不影响纬向平均的总动能。

7.8　能量循环的观测结果

Arpé 等(1986)基于欧洲中期天气预报中心分析,讨论了观测到的大气能量循环。他们给出了能量循环以下方程式:

$$\frac{\mathrm{d}}{\mathrm{d}t}\mathrm{KZ} = -\sum_m \mathrm{CK}(m) + \mathrm{CZ} - \mathrm{DZ} \tag{7.111}$$

$$\frac{\mathrm{d}}{\mathrm{d}t}\mathrm{AZ} = -\sum_m \mathrm{CA}(m) - \mathrm{CZ} + \mathrm{GZ} \tag{7.112}$$

$$\frac{\mathrm{d}}{\mathrm{d}t}\mathrm{KE}(m) = \mathrm{CK}(m) + \mathrm{LK}(m) + \mathrm{CE}(m) - \mathrm{DE}(m) \tag{7.113}$$

$$\frac{\mathrm{d}}{\mathrm{d}t}\mathrm{AE}(m) = \mathrm{CA}(m) + \mathrm{LA}(m) - \mathrm{CE}(m) - \mathrm{GE}(m) \tag{7.114}$$

式中,m 是纬向波数。将涡旋动能和涡旋有效位能定义为纬向波数的函数,并确定了其对单个波的贡献。LK(m)项和 LA(m)项表示由非线性过程引起的波波相互作用。例如,如果存在从较低波数到较高波数的"动能串级",那么 LK(m)将代表从较大尺度到较小尺度的能量流。如果将式(7.111)—(7.114)相加在一起,则结果右侧除 DZ、GZ、DE、GE 外的所有项都将抵消。

直接平均经向环流,如哈得来(Hadley)环流,将 AZ 转化为 KZ,因此与 CZ 的正值相关。

纬向流的斜压不稳定用正 CA 和正 CE 的组合表示;第一个代表 AZ 向 AE 的转换,第二个代表 AE 向 KE 的转换。因此,净效应是将 AZ 转化为 KE。当 AZ 转换为 AE 时,通过与纬向平均温度经向梯度相关的全球温度方差转换,会产生涡旋温度方差。这是本章前面分析的梯度产生过程。当 AE 转化为 KE 时,暖空气上升,冷空气下沉,位温向上传输,大气重心降低。

涡旋有向急流注入动量的趋势,增加其强度,将用 CK 的负值表示。数学上,这个过程用涡旋动能方程中的梯度产生项表示。

如上所述,通过式(7.114)来理解式(7.111)每项的含义是很重要的。但是,同样重要的是要注意到某些项不存在,这意味着某些过程不存在。例如,没有直接将 AZ 转换为 KE(m)的过程。这种转换只能间接发生,分为两个步骤,例如首先是 AZ→AE,然后是 AE→KE。

图 7.7 分别显示了观测到的(北部)冬季和夏季以及两个半球的能量循环。这个图形的安排使得"夏半球"在右边(对于两个季节),而"冬半球"在左边。方框中的数字代表能量的值,方

框之间箭头上的数字表示产生或破坏能量的能量转换或过程。请注意，Arpé 等（1986）分别定义了北半球和南半球的有效位能；如前所述，这并不是严格正确的。

从左边进入 AZ 和 AE 的箭头表示生成（一个箭头离开简单地表示负生成），箭头离开 KE 和 KZ 到右边表示耗散。这些箭头也可以表示半球之间的相互作用。例如，冬季北半球从右边进入 KZ 的箭头显然表明了物理上不可能的负耗散率，但实际上代表了北半球通过与南半球的能量交换而获得的 KZ 增加。

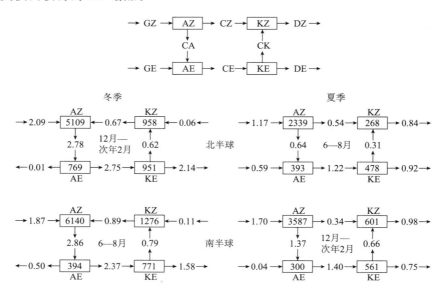

图 7.7　两个半球在冬季（左图）和夏季（右图）的能量循环。给出了 1000 hPa 到 50 hPa 之间的积分。数据是从 00 GMT 初始化的分析中计算出来的。能量单位用 kJ·m⁻² 表示，转换率单位用 W·m⁻² 表示。引自 Arpé 等（1986）。经施韦泽巴特科学出版社（www. schweizerbart. de）授权使用

　　图 7.7 显示，特别是在北半球，大气的能量流在冬季比在夏季要活跃得多。请注意，AZ 比 AE、KZ 或 KE 大几倍。对于北半球冬季，大量生成 AZ；这种能量转化为 AE，通过斜压不稳定产生 KE。涡旋通过将角动量传输到急流中来增加 KZ。Simmons 和 Hoskins（1978）发现，这种情况在生命周期结束时会产生锢囚的斜压涡旋。为了保持有较强急流的热成风平衡，通过加强经向温度梯度，将 KZ 转换回 AZ。同时，KE 和 KZ 均被耗散。这表明平均经向环流总体上是"间接"的；也就是说，如果直接哈得来环流主导能量，没有看到 AZ 向 KZ 的净转换。

　　然而，请注意的是，在夏半球（同时在 12 月—次年 2 月和 6—8 月中），平均经向环流是直接的，而涡旋的活性要少得多。从能量学的角度来看，冬半球以涡旋过程为主，而夏半球以平均经向环流为主。在 CA、CZ、CK 和 CE 四个转换过程中，只有 CZ 的半球值季节性改变符号；其他的在幅度上波动，但没有符号变化。

　　在所有情况下，KE 都由 AE 提供；斜压不稳定是产生涡旋的主要机制。图 7.8 显示了能量转换和平均量的年循环。不同的图分别显示了纬向平均、北半球和南半球的情况。全球平均全年相对稳定，而单个半球表现出较大的季节循环。在每个半球内，冬天在各个方面都比夏天要活跃得多。CZ 季节性改变符号。回想一下，当 CZ 为正时，平均经向环流总体上是直接的，当 CK 为正时，涡旋从急流中获得动能，从而倾向于减弱它（而不是作用于增加急流的动

能)。这个图清楚地表明,夏季和冬季两个半球的能量却截然不同。全球 AZ 是在两个冬至日夏至日之后不久的最大值,在两个春分点秋分点之后不久的最小值。

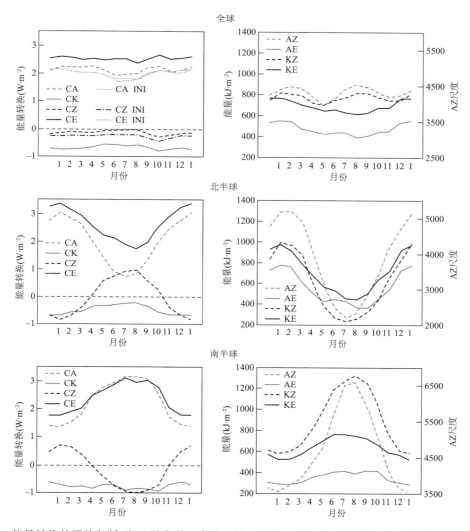

图 7.8　能量转换的平均年循环,以及全球和半球平均量。数据是根据 12 h 的预测和全球平均值计算出来的。同时,还给出了来自初始化分析的数据(标记为"INI"的曲线)。在左边的三个图中,绘制的零线仅供参考。请注意,右边的三个图有两个垂直坐标。引自 Arpé 等(1986)。经施韦泽巴特科学出版社(www.schweizerbart.de)授权使用

　　图 7.9 显示了 1 月和 8 月纬向平均涡旋动能的垂直和经向分布。北半球显示出一个很强的季节性循环,而南半球没有。波数 10 及以上作用很小。

　　图 7.10 再次显示了两个半球的能量和转换平均年循环,但这一次给出了几个不同波数组的信息。波数 10～15 是相当不重要的,而波数 4～9 往往是在能量上最活跃的,正如从斜压不稳定理论所预期的那样。

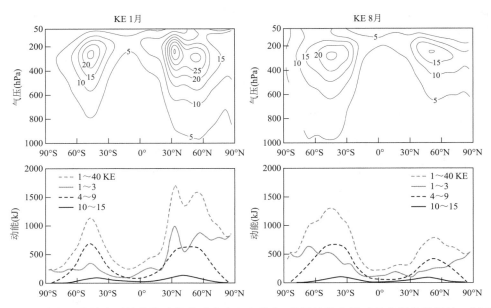

图 7.9 1月和8月纬向平均涡旋动能的垂直和经向分布,以及波数范围对垂直积分的贡献。剖面中的单位为 J·(m²·Pa)⁻¹ = 100 kJ·(m²·bar)⁻¹。引自 Arpé 等(1986)。经施韦泽尔巴特科学出版社(www.schweizerbart.de)授权使用

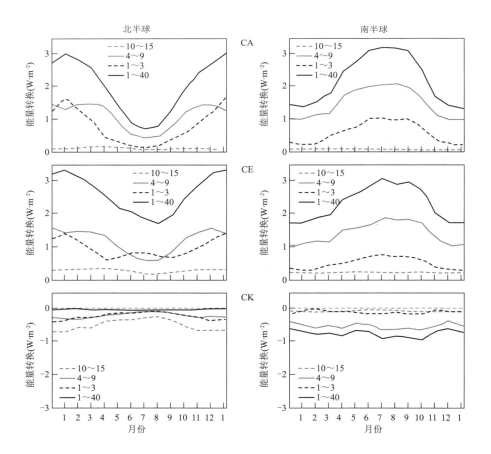

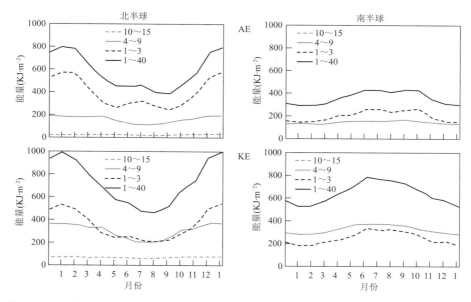

图 7.10 两个半球的能量和转换平均年循环, 以及根据 12 h 预报计算出的波数范围贡献。
引自 Arpé 等 (1986)。经施韦泽巴特科学出版社 (www. schweizerbart. de) 授权使用

7.9 加热的作用

我们已经看到, 只有在温度暖的地方, 加热才会产生有效位能。在低温下的加热实际上会破坏有效位能, 因为它会降低大气中的温度对比。在许多情况下, 加热实际上是对温度下降的一种响应。例如, 大的地面感热通量加热了冬季从大陆输送到暖洋流上的冷空气。同样地, 当高空发生冷却时, 深厚湿对流会加热对流层上层。例如, 由于大尺度的抬升或高空冷空气的水平平流。这些例子说明, 加热并不一定会促进更剧烈的大气环流。

7.10 湿有效位能

Lorenz (1978, 1979) 扩展了有效位能的概念, 允许在向 A 状态过渡的过程中发生湿绝热过程。为了做到这一点, 他必须用一个湿焓来代替干焓 $c_p T$, 湿焓大约为

$$h \approx c_p T - Ll \tag{7.115}$$

与前面一样, 可以表明, 整个大气上的湿焓积分, 加上整个大气上的动能积分, 在湿绝热、无摩擦过程下是不变的。换句话说, 基于式 (7.115), 并对 H 进行适当的重新定义, 式 (7.3) 仍然适用。这个想法可以用来推广对流有效位能的概念, 这是在第 6 章中讨论的 (Randall 和 Wang, 1992)。

对于传统的干有效能量, 我们迄今为止一直称之为有效位能, 涉及相变的过程可以产生或破坏 A。在湿有效能量的情况下, 相态变化没有直接影响, 但由蒸发和降水引起的水汽地面通量可能相当重要 (Lorenz, 1979)。到目前为止, 湿有效能量的概念还没有发展得很多。目前, 进行进一步研究的时机已经成熟。

7.11　小结

我们定义了有效位能和总静力稳定度,并研究了有效位能的产生和转换。最后,我们给出了对大气能量循环的观测结果。

Arpé 等(1986)的观测结果再次提醒我们,在全球大气环流中同时存在的广泛涡旋尺度。所有这些涡旋在相同的平均经向环流存在下都经历了它们的生命周期。涡旋之间复杂的非线性相互作用是第 10 章的主题,其中我们把全球大气环流看作是一种大尺度的湍流。

习题

1. 证明整个大气的质量积分位能在 A 状态低于给定状态。
2. 证明

$$\frac{\partial \theta}{\partial p} = -\frac{\kappa \theta}{p}\frac{\Gamma_d - \Gamma}{\Gamma_d}$$

3. 证明

$$\int_0^{p_S} p^\kappa \theta \, \mathrm{d}p = \frac{1}{1+\kappa}\int_0^\infty p^{1+\kappa}\, \mathrm{d}\theta$$

请注意,右边积分的下限为零。该结果被用于从式(7.9)中推导出式(7.10)。

4. 证明总静力稳定度不能为负值。陈述任意假设。
5. 如第 4 章所讨论的,浅水方程为

$$\frac{\partial h}{\partial t} + \nabla \cdot (h\boldsymbol{V}) = 0$$

$$\frac{\partial \boldsymbol{V}}{\partial t} + (\zeta + f)\boldsymbol{k}\times\boldsymbol{V} + \nabla\left[K + g(h + h_T)\right] = 0$$

式中,$\zeta \equiv \boldsymbol{k}\cdot(\nabla\times\boldsymbol{V})$,$K \equiv \frac{1}{2}(\boldsymbol{V}\cdot\boldsymbol{V})$,$h$ 为水深,h_T 为下边界的高度。

(a)证明系统每个单位面积的有效位能为 $A = (1/2)g\left[\overline{(h_{fs})^2} - (\overline{h_{fs}})^2\right]$,式中 $h_{fs}\equiv h + h_T$ 是自由面的高度,上面一横表示整个区域上的平均值。

(b)证明

$$\frac{\mathrm{d}}{\mathrm{d}t}(A + \overline{hK}) = 0$$

6. (a)对于以式(7.37)开始的讨论中给出的例子,计算给定状态和 A 状态的 θ 方差,并证明这两个方差是相等的。

(b)继续这个例子,假设

$$F_\theta = -\frac{D}{a}\frac{\partial \theta}{\partial \varphi}$$

式中,D 为正扩散系数。推导出有效位能和位温方差的时间变化率表达式,在 $\theta(\varphi)$ 满足式(7.37)的时刻有效。

(c)假设在位温方程中增加一个"加热"项,这样

$$\frac{\partial \theta}{\partial t} = -\frac{1}{a\cos\varphi}\frac{\partial}{\partial \varphi}(F_\theta \cos\varphi) + Q(\varphi)$$

继续使用(b)部分中给出的 F_θ 形式。找到保持稳定状态所需的 $Q(\varphi)$ 形式。绘制 $Q(\varphi)$。求出 $Q(\varphi)$ 的全球平均值。求出 $Q(\varphi)$ 和 θ 的协方差,并讨论。

7. 假设

$$\frac{\mathrm{d}}{\mathrm{d}t}\mathrm{AZ} = \mathrm{GZ} - \frac{\mathrm{AZ}}{\tau_Z} \approx 0$$

$$\frac{\mathrm{d}}{\mathrm{d}t}\mathrm{KE} = \mathrm{CE} - \frac{\mathrm{KE}}{\tau_E} \approx 0$$

通过使用图 7.7 中给出的数值来估计时间尺度 τ_Z 和 τ_E 的值。比较 GZ 和 CE 与 AZ 和 KE 的实际变化率,如图 7.8 所示。

8. 在从给定状态转换到 A 状态时,等压面上 θ 的平均值是否保持不变? 尽可能清楚地解释为什么或为什么不。

第8章 涡旋分类法

8.1 并非所有的涡旋都是波动

本章描述了观测到的涡旋活动气候分布,并提供一些产生静止和瞬变涡旋机制的理论。

如第5章所讨论的,涡旋这一术语用于描述所有随经度变化的大气环流特征。几乎所有的波动都是涡旋,但只有一部分涡旋是波动:波动可以被定义为不传输质量而仅传输能量和动量的过程。与这一定义相一致的是,一个质点在一个小振幅波通过过程中不会发生任何净位移;它沿着一条封闭的路径移动,并返回到它的起点。例如,当小振幅的波浪经过时,一个正在等待的冲浪者轻轻地上下摆动。

然而,我们知道,一个熟练的冲浪者可以冲上一个大振幅的水波。冲浪者可以被看作是一个质量质点,实际上是由大振幅波传输的,这说明大振幅(通常称为有限振幅)波可以传输质量,因此,也可以传输任何"附着"于质量的性质。如果一个波被定义为一个传输能量而不传输质量的过程,那么超过某种极限,大振幅波根本不能称之为真正的波。然而,有限振幅的波注定要"破碎",它们会自毁成湍流。

因为这里定义的波不传输质量,所以它们不能在空间上重新分配附着于质量上的任何性质。这些量的例子包括水汽和其他次要大气成分的混合比、位温(在干绝热过程下)和位涡。质量可以通过其他类型的涡旋来传输,如传播的涡旋(Willoughby,1998;Provenzale et al.,2008;Zhang et al.,2014),但不能通过波来传输。然而,波有能力在不传递质量的情况下,在空间上重新分配动量和能量,因为动量和能量可以通过气压梯度力在流体质点之间交换。

涡旋出现在风、温度、位势高度、地面气压、水汽混合比以及所有其他构成大气环流特征的要素场中。涡旋可以通过多种机制产生(图5.1),包括过山气流,定位于特定经度的加热,以及斜压不稳定和正压不稳定。在加热强迫涡旋的情况下,波动本身可以改变加热也可能不会改变加热。

涡旋本身就是大气环流的重要方面;此外,人们之所以对它们产生兴趣,因为它们可以通过产生通量和通量辐合来影响纬向平均流。第9章讨论了涡旋对纬向平均流的影响。

正如本章所讨论的,大气支持各种各样的波动,包括罗斯贝波、开尔文波、惯性重力波、混合罗斯贝重力波,当然还有声波。波长的范围从地球的周长,到北美的宽度,到几毫米。周期范围从千分之一秒(对于某些声波)到几周(对于某些罗斯贝波)。在这些不同的尺度上,能量和通量的谱分布是复杂而有趣的。

罗斯贝波是由球体上的位涡守恒产生的,通常被称为行星波,因为它们的存在依赖于几何球体的旋转,因此,行星大气和海洋的特征就是如此,尽管它们也发生在恒星中。罗斯贝波相对于平均流向西传播,因此,它们有可能在西风区域内是静止的(相对于地面)。它们可以通过多种方式被激发,包括通过平均流与山脉的相互作用、对流事件和各种类型的不稳定。能量最大的罗斯贝波有非常大的水平尺度。在一定程度上它们在低层被激发,可以向上传播能量。

图 8.1　引自 Morel(1973)的一幅卡通漫画。跳板上的那个人是 Jule Charney。另外三个人可能是 20 世纪 70 年代初麻省理工学院的研究生。经施普林格科学和商业媒体
(Springer Science and Business Media)的友情许可后使用

这种向上传播的罗斯贝波被认为在平流层爆发性增温中起着重要作用。经向传播的罗斯贝波在热带和中纬度之间携带角动量。罗斯贝波将在第 9 章中进一步讨论。

第 6 章对重力波进行了简要的讨论。它们在稳定层结下依赖于浮力的作用,并在许多尺度上发生。波长充分长的重力波受到旋转的显著影响;这些称为惯性重力波。它们可以由许多机制产生,包括地形强迫和对流。正如在第 9 章开始时所讨论的,垂直传播的重力波被认为会产生重要的垂直动量传输,从而影响大尺度环流,特别是在平流层及以上。今天,重力波在全球大气环流中的作用是一个活跃的研究领域。

热带大气是两种特殊的赤道陷波的源地,即混合罗斯贝重力波,也被称为柳井(Yanai)波,它们向西传播;还有向东传播的开尔文波。如后所述,这两种类型的波与驱动准两年振荡的物理机制有关,尽管惯性重力波现在被认为也很重要。开尔文波也被认为在本章后面讨论的其他主要热带现象中发挥了重要作用。观测和理论也处理赤道截获的罗斯贝波,这在大部分程度上类似于中纬度的罗斯贝波。

8.2　薄球形大气中自由和强迫的小振幅振荡

基于法国数学家和天文学家皮埃尔-西蒙·拉普拉斯(Pierre-Simon Laplace)的工作,我们首先将大概介绍一下球体上的小振幅波动(图 8.2),他的名字与许多重要的思想有关。他对球形行星上薄大气自由和强迫振荡的研究非常有先见之明,最初于 1799 年以法语出版;1832年出版了英文译本。这篇有 200 年历史的论文在今天仍然非常重要。这里我们简要概述了他的工作,省略了数学细节。你们可以在 Lindzen(1990)的书中找到关于这个主题更详细的讨论。

拉普拉斯(Laplace)考虑一个没有山脉的球形行星具有高度理想化的基本状态:

图 8.2　皮埃尔-西蒙·拉普拉斯(Pierre-Simon Laplace)(1749—1827 年)的肖像。这幅图片
由塞维利亚大学的路易斯·菲盖尔(Louis Figuier)提供,引自巴黎菲尔涅·黎茹维(Furne Jouvet)
(大约 1873—1877 年)的"The Marvels of Industry, or a Description of the Principal Modern Industries"

$$\overline{\boldsymbol{V}}_h = 0, \overline{\omega} = 0, \frac{\partial \overline{\phi}}{\partial p} = -\overline{\alpha}, p\overline{\alpha} = R\overline{T}(p), p_S = p_0 = 常数 \tag{8.1}$$

式中,$\overline{T}(p)$ 仅是 p 的任意函数,特别是,$\overline{T}$ 并不依赖于纬度。这种简单的基本状态没有经向
温度梯度,也没有平均流。当然,它是这些方程的一个平衡且自一致的解。

线性化的控制方程为

$$\frac{\partial u'}{\partial t} = (2\Omega\sin\varphi)v' - \frac{1}{a\cos\varphi}\frac{\partial \phi'}{\partial \lambda} \tag{8.2}$$

$$\frac{\partial v'}{\partial t} = -(2\Omega\sin\varphi)u' - \frac{1}{a}\frac{\partial \phi'}{\partial \varphi} \tag{8.3}$$

$$\frac{1}{a\cos\varphi}\left[\frac{\partial u'}{\partial \lambda} + \frac{\partial}{\partial \varphi}(v'\cos\varphi)\right] + \frac{\partial \omega'}{\partial p} = 0 \tag{8.4}$$

$$\frac{\partial}{\partial p}\left(\frac{\partial \phi'}{\partial t}\right) + S_p\omega' = -\frac{R}{c_p}\frac{Q}{p} \tag{8.5}$$

式中,

$$S_p \equiv -\frac{\overline{\alpha}}{\overline{\theta}}\frac{\partial \overline{\theta}}{\partial p} \tag{8.6}$$

是静力稳定度(在第 4 章中最先定义),假设它仅依赖于 p,而 Q 是加热。动量方程中的摩擦一
直被忽略。此外,

$$\phi' = gz' + \Phi(\lambda, \varphi, t) \tag{8.7}$$

式中,$\Phi(\lambda, \varphi, t)$ 是由月球和/或太阳产生的外部引力潮汐势。在式(8.7)中,我们认识到,除
了地球的引力外,由于月球和太阳的引力,大气还经历了引力加速。Φ 随 p 的变化可以忽略不
计,因为大气相比较于太阳和月球的距离很薄。请注意,这些方程只对与行星半径 a 相比较薄
的大气有效。

这些解,以及外部施加的热强迫和引力强迫,假设解具有可分离的形式

$$\begin{bmatrix} u' \\ v' \\ \omega' \\ \phi' \\ Q' \\ \Phi' \end{bmatrix} = \sum_n \left\{ \begin{bmatrix} U_n^{\sigma,m}(p) \\ V_n^{\sigma,m}(p) \\ W_n^{\sigma,m}(p) \\ Z_n^{\sigma,m}(p) \\ J_n^{\sigma,m}(p) \\ G_n^{\sigma,m}(p) \end{bmatrix} \Theta_n^{\sigma,s}(\varphi) \right\} \exp \underbrace{\left[\mathrm{i}(m\lambda + \sigma t) \right]}_{\text{位相}} \tag{8.8}$$

式中,$\Theta_n^{\sigma,m}(\varphi)$ 仅为尚未确定的纬度函数,m 为纬向波数,假设为非负的,σ 为频率。根据这个约定,

$$\sigma < 0 \rightarrow \text{向东移动},\sigma > 0 \rightarrow \text{向西移动} \tag{8.9}$$

方程式(8.8)表示每个场是气压的函数,乘以纬度的函数(在所有情况下都是相同的函数),乘以经度和时间的函数。在更真实的基本状态下,这种分离变量解不能满足方程。上标 σ、m 简单地表示与每个模态相关的特定频率和纬向波数。引入下标 n 来标识多个解的可能性,在 n 上的求和表示这些解的叠加。参数 n 有时被称为波型。如前所述,在这一点上,我们不知道用 $\Theta_n^{\sigma,m}(\varphi)$ 表示什么经向结构。它们被称为霍夫(Hough)函数,后面将被讨论。可以证明所有 n 的集合 $\{\Theta_n^{\sigma,s}(\varphi)\}$ 对于 $-\pi/2 \leqslant \varphi \leqslant \pi/2$ 是完备的。这意味着根据霍夫函数的展开可以表示任何经向结构。

经过几页纸的运算导出以下两个方程:

$$F(\Theta_n^{\sigma,m}) = -\varepsilon_n \Theta_n^{\sigma,m} \tag{8.10}$$

$$\frac{\mathrm{d}^2 W_n^{\sigma,m}}{\mathrm{d}p^2} + \frac{S}{gh_n} W_n^{\sigma,m} = -\frac{R}{gh_n c_p} \left(\frac{J_n^{\sigma,m}}{p} \right) \tag{8.11}$$

式中,F 是一个线性算子,定义为

$$F \equiv \frac{\mathrm{d}}{\mathrm{d}\mu} \left(\frac{1-\mu^2}{\upsilon - \mu^2} \frac{\mathrm{d}}{\mathrm{d}\mu} \right) - \frac{1}{\upsilon - \mu^2} \left[\frac{m}{\upsilon} \left(\frac{\upsilon^2 - \mu^2}{\upsilon^2 - \mu^2} \right) + \frac{m^2}{1 - \mu^2} \right] \tag{8.12}$$

$\upsilon \equiv \frac{\sigma}{2\Omega}$ 是无量纲频率;$\mu \equiv \sin\varphi$,因此 $\mathrm{d}\mu \equiv \cos\varphi \mathrm{d}\varphi$。在式(8.10)的右边,我们引入了无量纲量

$$\varepsilon_n \equiv \frac{4\Omega^2 a^2}{gh_n} \tag{8.13}$$

这被称为兰姆(Lamb)参数(或有时称为"陆地常数")。在式(8.11)和式(8.13)中同时出现的量 h_n,可以被称为"分离变量常数",因为它出现在变量的分离过程中。它有长度的单位,被称为等效深度。方程式(8.10)可以称为经向结构方程,式(8.11)可以称为垂直结构方程。方程式(8.10)也被称为拉普拉斯(Laplace)潮汐方程,或 LTE。该拉普拉斯潮汐方程是在大约 200 年前由拉普拉斯导出的。所有关于行星半径、旋转速率和重力的信息都隐藏在参数 ε_n 和 υ 中。拉普拉斯潮汐方程的解是霍夫函数。

在前面的推导中,我们假设基本状态处于静止状态,温度只取决于气压(即高度)。如果使基本状态变得更加真实,例如,如果使用观测到的纬向平均温度和风,那么分离变量是不可能的。

在许多研究中,以及在当前的讨论中,加热振幅 $J_n^{\sigma,m}$ 被视为一个已知的量,因此,式(8.11)只包含一个未知的 $W_n^{\sigma,m}$。只有当 $J_n^{\sigma,m}$ 至少近似为与运动无关时,$J_n^{\sigma,m}$ 假设为已知才有意义。对于由于臭氧吸收太阳辐射造成的加热,这样的假设是合理的(但为近似的)。它将完全不适

合用于对积云的加热。

拉普拉斯潮汐方程是一个二阶常微分方程,因此,需要两个边界条件;这些只是说 $\Theta_n^{\sigma,m}$ 在极点有界,即在 $\mu = -1$ 和 1 有界。垂直结构方程式(8.11)是 $W_n^{\sigma,m}(p)$ 的二阶常微分方程,因此也需要两个边界条件。在我们使用的大气层顶部

$$在 \ p = 0 \ 时 \ W_n^{\sigma,m} = 0 \tag{8.14}$$

是精确的。精确的下边界条件(在没有山脉的情况下)在 $p = p_S(\lambda,\varphi,t)$ 处为 $w \equiv \mathrm{D}z/\mathrm{D}t$。我们使用线性化的下边界条件

$$在 \ p = p_0 \ 处, \frac{\mathrm{D}z'}{\mathrm{D}t} \approx \left(\frac{\partial z'}{\partial t}\right)_p + \omega'\frac{\partial \bar{z}}{\partial p} = 0 \tag{8.15}$$

式中,p_0 是基本状态下 p_S 的时空常数值。因为

$$gz' = \phi' - \Phi \tag{8.16}$$

式中,$\Phi(\lambda,\varphi,t)$ 是已知的,并使用基本状态的静力方程,如表示的

$$g\left(\frac{\partial z}{\partial p}\right)_{p=p_0} = -\bar{\alpha}_0 = -\frac{R\overline{T_0}}{p_0} \equiv -g\frac{H_0}{p_0} \tag{8.17}$$

我们可以将线性化的下边界条件式(8.15)改写为

$$在 \ p = p_0 \ 处, \frac{\partial \phi'}{\partial t} - \omega'g\frac{H_0}{p_0} = \frac{\partial \Phi}{\partial t} \tag{8.18}$$

方程式(8.18)同时涉及 ϕ' 和 ω'。经过一些额外的代数运算来消除 ϕ',我们最终可以完全用 $W_n^{\sigma,m}$ 表示下边界条件为

$$在 \ p = p_0 \ 处, \frac{\mathrm{d}W_n^{\sigma,m}}{\mathrm{d}p} - \frac{H_0}{h_n}\frac{W_n^{\sigma,m}}{p_0} = \frac{\mathrm{i}\sigma}{gh_n}G_n^{\sigma,m} \tag{8.19}$$

注意,引力强迫 $G_n^{\sigma,m}$ 通过垂直结构方程的下边界条件进入方程。热强迫通过垂直结构方程本身进入。在拉普拉斯潮汐方程中没有出现任何一种强迫。

平凡解 $\Theta_n^{\sigma,m} \equiv 0$ 满足了拉普拉斯潮汐方程及其边界条件。非平凡解确实存在,但只适用于特定的参数 υ 和 ε_n。解的方法不同取决于是否包括非零强迫。自由振荡是指没有热或引力强迫的振荡;在这种情况下,"自由"意味着"不被强迫"。因此,根据定义,自由振荡能够在没有强迫的情况下持续存在,尽管它可能受到摩擦的阻尼。自由振荡类似于铃铛发出的声音。对于自由振荡的情况,求解过程如下。

(1)以等效的深度作为特征值,求解垂直结构方程。

(2)以无量纲频率为特征值,求解拉普拉斯潮汐方程。

这是一个双特征值的问题。

大气潮汐是强迫振荡的例子,其中强迫要么是热力的,要么是引力的。一个关键点是,潮汐强迫的频率和纬向波数是已知的。在线性方程的适用范围内,大气响应的频率和纬向波数必须与强迫的相同;即强迫解的频率和纬向波数与强迫的相同。强迫振荡的求解过程是:

(1)将拉普拉斯潮汐方程(经向结构方程)解为等效深度的特征值问题。

(2)基于霍夫函数展开引力和热强迫,分别得到它们的垂直结构 $G_n^{\sigma,m}(p)$ 和 $J_n^{\sigma,m}(p)$。

(3)对于每种波型,求解对强迫响应的垂直结构方程。

这是一个单一的特征值问题。

当然,自由振荡和强迫振荡也有可能共存。我们不在这本书中讨论强迫振荡。有关更多信息,请参见 Lindzen(1990)书的第 9 章。

对于自由振荡的情况,垂直结构方程式(8.11)简化为

$$\frac{\mathrm{d}^2 W}{\mathrm{d}p^2} + \frac{S}{gh}W = 0 \tag{8.20}$$

为了简单起见,这里删除了上标(σ,m)和下标n。当没有引力强迫时,地面边界条件式(8.19)可以简化为

$$在\ p = p_0\ 处, \frac{\mathrm{d}W}{\mathrm{d}p} - \frac{H_0}{h}\frac{W}{p_0} = 0 \tag{8.21}$$

我们也有

$$在\ p = 0\ 处, W = 0 \tag{8.22}$$

如前所述,方程式(8.20)—(8.22)只对特殊的h值有非平凡解,h的特殊值我们用$\hat{h}$表示,对$h \neq \hat{h}$,唯一的解是$W(p) \equiv 0$。为了找到$\hat{h}$和$W(p)$的相应非平凡解,我们必须指定静力稳定度S作为高度的函数。对S_p的不同选择将给出不同的$\hat{h}$和$W(p)$值。

作为一个简单的例子,假设$S=0$。这意味着位温随高度是均匀不变的。然后,我们从式(8.20)发现

$$\frac{\mathrm{d}^2 W}{\mathrm{d}p^2} = 0 \tag{8.23}$$

与上边界条件式(8.22)一致的式(8.23)的一个解是

$$W = Ap \tag{8.24}$$

式中,A是一个任意的常数。在下边界条件式(8.21)中使用式(8.24)给出

$$\hat{h} = H_0 \tag{8.25}$$

这是等熵大气中自由振荡唯一可能的等效深度。对于更一般的层结,可以有许多(无限多个)等效的深度;如前所述,这就是为什么需要下标n。在这个简单的例子中,用于寻找等效深度的程序也可以与其他层结使用。在本章末尾的一个习题中,我们要求您找到等温大气的等效深度。

对于式(8.25)给出的$\hat{h}$,拉普拉斯潮汐方程式(8.10)的非平凡解只有在特殊关系,即υ、m、n之间的频散关系时才存在。霍夫函数由 Longuet-Higgins(1968)制成表格;从 21 世纪的角度来看,看到一张充满数字表格的论文是很奇怪的。在这本书中,我们只考虑了一些极限的情况。首先假设没有旋转,则为$\upsilon = \sigma/(2\Omega) \to \infty$和$\varepsilon \to 0$。我们继续假设$S=0$,因此,式(8.25)适用。对于这种情况,我们发现

$$\upsilon^2 F \to \frac{\mathrm{d}}{\mathrm{d}\mu}\left[(1-\mu^2)\frac{\mathrm{d}}{\mathrm{d}\mu}\right] - \frac{m^2}{1-\mu^2} \tag{8.26}$$

和

$$\upsilon^2 \varepsilon \to \frac{\sigma^2 a^2}{gh} = \frac{\sigma^2 a^2}{gH_0} \tag{8.27}$$

然后,我们就可以将拉普拉斯潮汐方程写为

$$\frac{\mathrm{d}}{\mathrm{d}\mu}\left[(1-\mu^2)\frac{\mathrm{d}\Theta}{\mathrm{d}\mu}\right] + \left(\frac{\sigma^2 a^2}{gH_0} - \frac{m^2}{1-\mu^2}\right)\Theta = 0 \tag{8.28}$$

可以证明式(8.28)解的边界为$\mu \to \pm 1$,当且仅当

$$\frac{\sigma^2 a^2}{gH_0} = n(n+1), n = 1,2,3,\cdots \tag{8.29}$$

这是一个将频率和波数相关的频散方程。变量 $n(n+1)/a^2$ 本质上是总水平波数的平方。为了使 $\sigma=0$，即存在一个静止解，则需要 $n=0$，这意味着没有空间结构——也就是说，一个平凡解。

对于这种没有旋转的情况，特征函数，即式（8.28）的非平凡解，结果是所谓的 n 阶、秩为 m 的连带勒让德函数，表示为

$$\text{对 } n \geqslant m, \Theta_n = P_n^m(\mu) \tag{8.30}$$

换句话说，对于没有旋转的特殊情况，霍夫函数退化为连带勒让德函数。注意，n 和 m 都是整数，这样 $n \geqslant m$。在附录 G 中讨论了 p_n^m。通过结合式（8.30）和式（8.7）中所示的经向结构，我们得到了波的二维水平结构：

$$Y_n^m(\mu, \lambda) = P_n^m(\mu) \exp(im\lambda) \tag{8.31}$$

如附录中所讨论的，这些均为球谐函数。这里 n 是节圆的总数，m 是纬向波数，$n-m$ 是经向方向上的节点数，也称为经向节点数。在这里得到的解是重力外波。它们被称为"外部"，因为它们在垂直上没有节点，也没有垂直传播。等熵大气不能支持重力内波，因为当 θ 随高度均匀变化时，垂直位移的质点不会受重力恢复力作用（参见第 6 章开头的讨论）。层结（即非熵）大气可以支持重力外波和重力内波。

通过重新整理式（8.29），我们可以将重力外波的频率写为

$$\sigma = \pm \frac{\sqrt{n(n+1)gH_0}}{a} \tag{8.32}$$

它们通过二维指数 n 依赖于波的水平尺度，但它们与 m 无关。例如，当 $n=1$ 时，m 可以是 0 或 1（因为所有 m 都允许在 $n \geqslant m \geqslant 0$ 范围内），但两种模态具有相同的频率。我们在下面表明，当旋转存在时，这是不正确的，因为随着旋转，纬向方向（以 m 衡量尺度）在物理上与经向方向变得"不同"。

现在，我们考虑 $\Omega \neq 0$，仍然是一个等熵的大气，而忽略了所有的细节。我们将更直接地得到解，而不使用拉普拉斯潮汐方程或垂直结构方程。我们定义了一个流函数 ψ 和一个速度势 χ，因此

$$u' = -\frac{1}{a}\left(\frac{\partial \psi}{\partial \varphi}\right)_p + \frac{1}{a\cos\varphi}\left(\frac{\partial \chi}{\partial \lambda}\right)_p$$

$$v' = \frac{1}{a\cos\varphi}\left(\frac{\partial \psi}{\partial \lambda}\right)_p + \frac{1}{a}\left(\frac{\partial \chi}{\partial \varphi}\right)_p \tag{8.33}$$

涡度为 $\zeta = \boldsymbol{k} \cdot (\nabla_p \times \boldsymbol{V}_h) = \nabla_p^2 \psi$，散度为 $\delta_p = \nabla_p \cdot \boldsymbol{V}_h = \nabla_p^2 \chi$。我们可以微分水平运动方程来得到

$$\frac{\partial}{\partial t} \nabla_p^2 \psi + \beta v' + f\nabla_p^2 \chi = 0 \tag{8.34}$$

（涡度方程）和

$$\frac{\partial}{\partial t} \nabla_p^2 \chi + \beta u' - f\nabla_p^2 \psi = -g\nabla_p^2 z' \tag{8.35}$$

（散度方程），式中，如前所述，

$$\beta \equiv \frac{2\Omega\cos\varphi}{a} = \frac{1}{a}\frac{\mathrm{d}f}{\mathrm{d}\varphi} \tag{8.36}$$

是科氏力参数随纬度的变化率。我们还可以证明（见本章结尾的习题3），对于等熵大气的特殊情况

$$\frac{\partial z'}{\partial t} + H_0 \nabla_p^2 \chi = 0 \tag{8.37}$$

方程式(8.33)—式(8.37)形成了一个闭合方程组,可以求解 ψ、χ 和 z',以及 u' 和 v'。

如果没有旋转,就没有非平凡的静止解。从式(8.34)和式(8.37)可以明显看出,当大气旋转时,除非 $v'=0$,否则不可能存在静止运动。对于具有 $v'=0$ 的非平凡静止运动,从纬向运动方程式(8.2)可以得到 $m=0$;也就是说,运动必须是纯纬向的(因为 $v'=0$),必须是纬向均匀的。换句话说,对于一个旋转的行星,唯一的静止解是纬向均匀的纬向流。我们确实在地球的大气层和太阳系中的"气态巨星"行星的大气层中看到了持续的纬向流,尽管它们当然不是完全定常的。

Margules(1893)和 Hough(1898)表明,拉普拉斯潮汐方程有两类解,他们将之命名为第一类和第二类的自由振荡。对于小 ε_n 的情况,即弱旋转或大等效深度,式(8.34)和式(8.35)可以通过球谐函数展开得到近似解(Longuet-Higgins,1968)。这些第一类自由振荡(free oscillations of the first class,FOFC)本质上是重力波,满足

$$\chi \approx A_n^m P_n^m(\mu) \mathrm{e}^{\mathrm{i}(m\lambda+\sigma t)},\ \psi \approx \text{常数(非旋转的)} \tag{8.38}$$

和 $\Omega=0$ 得到的频散方程式(8.32)。Haurwitz(1937)导出了一个更准确的第一类自由振荡频率表达式,包括了旋转的影响:

$$\sigma \approx \frac{\Omega m}{n(n+1)} \pm \sqrt{\frac{\Omega^2 m^2}{n^2(n+1)^2} + n(n+1)\frac{gH_0}{a^2}} \tag{8.39}$$

这个频散方程控制着惯性重力波,即由旋转修正的重力波。它可以与式(8.32)进行比较。式(8.39)中的附加项涉及 Ω,对 $\Omega=0$ 则附加项消失。对于大 n,式(8.39)简化为式(8.32),这意味着水平尺度较小的波几乎不受旋转的影响。例如,对于 $n \geqslant 4$,使用式(8.32)而不是式(8.39)所产生的错误小于 1%。从式(8.39)中我们可以看到,向东传播惯性重力波的频率与具有相同 m 和 n 向西传播惯性重力波的频率略有不同。这种差别是因为旋转的影响;毕竟,行星自转赋予了东和西两个词的意义。

第二类自由振荡(free oscillations of the second class,FOSC)也被称为罗斯贝-赫尔维茨(Rossby-Haurwitz)波,或行星波。它们几乎是无辐散的,最初可以通过假设 $\chi =$ 常数(即严格的无辐散)找到近似解。对于无辐散流,涡度方程式(8.34)退化为

$$\frac{\partial}{\partial t} \nabla^2 \psi + \frac{2\Omega}{a^2} \frac{\partial \psi}{\partial \lambda} = 0 \tag{8.40}$$

利用球坐标系中拉普拉斯形式,我们可以将式(8.40)写为

$$\mathrm{i}\sigma \left\{ \frac{1}{a^2 \cos^2\varphi} \left[\cos\varphi \frac{\mathrm{d}}{\mathrm{d}\varphi} \left(\cos\varphi \frac{\partial}{\partial\varphi} \right) - m^2 \right] \right\} \hat{\psi} + \frac{2\Omega \mathrm{i} m}{a^2} \hat{\psi} = 0 \tag{8.41}$$

或者

$$\left\{ \frac{\mathrm{d}}{\mathrm{d}\mu} \left[(1-\mu^2) \frac{\mathrm{d}}{\mathrm{d}\mu} \right] + \left(\frac{2\Omega m}{\sigma} - \frac{m^2}{1-\mu^2} \right) \right\} \hat{\psi} = 0 \tag{8.42}$$

这和式(8.28)非常相似。可以表明,当 $2\Omega m/\sigma = n(n+1)$ 时,式(8.42)存在非平凡解,这应与式(8.29)和式(8.39)进行比较。求解频率,我们得到

$$\sigma \approx \frac{2\Omega m}{n(n+1)} > 0 \tag{8.43}$$

惯性重力波可以向东或向西传播,罗斯贝-赫尔维茨波总是向西传播,纬向相速为 $-2\Omega/[n(n+1)]$。"长"波,m 值小,传播速度更快。这些解的形式取为 $\psi \approx B_n^{\sigma,m} P_n^m(\mu) \mathrm{e}^{\mathrm{i}(m\lambda+\sigma t)}$。方程式(8.43)表明,对于罗斯贝-赫尔维茨波,与纯重力波不同,σ 的解显式地依赖于纬向波数 m。这是很

自然的,因为罗斯贝-赫尔维茨波的存在取决于旋转,从式(8.43)右边分子中的 Ω 因子可以看出。

罗斯贝-赫尔维茨波向西传播是由于地球的曲率,这与科氏力参数随纬度的变化有关。为了证明这一点,我们将式(8.40)改写为

$$\frac{\partial \zeta}{\partial t} = -\beta v \tag{8.44}$$

式中,

$$\beta \equiv \frac{2\Omega\cos\varphi}{a} = \frac{1}{a}\frac{\mathrm{d}f}{\mathrm{d}\varphi} \geq 0 \tag{8.45}$$

我们考虑沿纬度圆的涡旋链,如图 8.3 所示。在 $\zeta<0$ 的西边,$v>0$,我们有 $\beta v>0$,所以我们得到 $\partial\zeta/\partial t<0$。这种情况发生在 $\zeta<0$ 所在地方的西部。同样,$\zeta>0$ 的西边 $v<0$,我们有 $\beta v<0$,所以我们得到 $\partial\zeta/\partial t>0$。这是一个简单方法来理解为什么罗斯贝波相对于平均流向西传播的原因。在所有其他因素相等的情况下,波动在赤道附近向西传播比在高纬度地区传播得更快,在赤道附近 β 大。Grose 和 Hoskins(1979)讨论了罗斯贝波在球面上的传播。

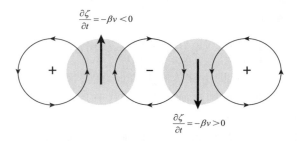

图 8.3 沿纬度圈的涡旋链,说明了罗斯贝波向西传播

Eliassen 和 Machenhauer(1965)和 Deland(1965)对无辐散罗斯贝波理论进行了直接的检验。他们使用球谐函数来分析 500 hPa 的流函数,通过在 24 h 内取差值来分离瞬变波。他们的结果如图 8.4 所示,正如预期的一样显示了向西传播。表 8.1 对相速的观测值和计算值进行了比较,单位为(°)/d。计算相速比观测相速大,特别是对于长波,因为散度(实际上很小但

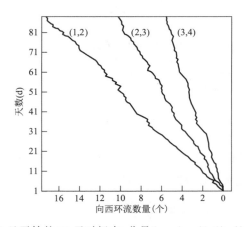

图 8.4 在 1956 年 12 月 1 日开始的 90 天时间内,分量 $(m,n)=(1,2)$、$(2,3)$、$(3,4)$ 在 500 hPa 高度 24 h 倾向场的位相角连续日值。横坐标表示格林尼治子午线第一次通过后围绕地球的向西环流数量,因此,它是度量经向相位传播的。引自 Eliassen 和 Machenhauer(1965)

非零)可以使波速减小。由于忽略了散度的影响,该模式高估了向西的相速。

表 8.1　观测和计算的行星波向西相速比较

m,n	观测相速	计算相速
1,2	70	115
2,3	40	53
3,4	20	28
1,4	20	28
2,5	12	16
3,6	8	9

资料来源:引自 Eliassen 和 Machenhauer(1965)。

注:单位是(°)/d。

计算出的相速适用于无辐散的罗斯贝波。

在地球大气层中,罗斯贝波可以多种方式被激发,包括过山气流(本章后面讨论),中高纬度地区的斜压不稳定,以及积云加热。一旦被激发,波动就可以沿纬向、经向和垂向传播。

8.3　行星波的传播

下面的讨论基于 Charney 和 Drazin(1961)的著名论文。与之密切相关的工作可以在 Dickinson(1968)和 Matsuno(1970)中找到。

如第 4 章所讨论的,位涡方程的准地转形式为

$$\left(\frac{\partial}{\partial t}+\boldsymbol{V}_g\cdot\nabla_p\right)Z_{QG}=0 \tag{8.46}$$

式中,

$$Z_{QG}=\frac{\nabla^2\phi}{f_0}+\beta_0 y+\frac{\partial}{\partial p}\left(\frac{f_0}{S}\frac{\partial\phi}{\partial p}\right) \tag{8.47}$$

是准地转伪位涡(QGPPV),

$$\psi\equiv\frac{\phi}{f_0} \tag{8.48}$$

称为地转流函数,$S\equiv-(\alpha_{bs}/\theta_{bs})(\partial\theta_{bs}/\partial p)$ 是静力稳定度,f_0 和 β_0 分别是科氏力参数及其经向导数的代表值。我们采用"对数压力"坐标

$$z(p)\equiv-\left(\frac{RT_0}{g}\right)\ln\left(\frac{p}{p_0}\right) \tag{8.49}$$

式中,T_0 是一个定常的参考温度,我们定义布伦特-维赛拉(Brunt-Väisälä)频率为

$$N^2\equiv\frac{g}{\theta_{bs}}\frac{\partial\theta_{bs}}{\partial z} \tag{8.50}$$

使用式(8.49)和式(8.50),我们可以将准地转伪位涡改写为

$$Z_{QG}=\nabla^2\psi+\beta_0 y+\frac{1}{\rho_{bs}}\frac{\partial}{\partial z}\left(\rho_{bs}\frac{f_0^2}{N^2}\frac{\partial\psi}{\partial z}\right) \tag{8.51}$$

回想一下

$$v_g=\frac{\partial\psi}{\partial x}\text{ 和 }u_g=-\frac{\partial\psi}{\partial y} \tag{8.52}$$

为了简单起见,这里我们使用笛卡儿坐标。基于纬向平均状态对式(8.46)进行线性化,我们得到

$$\left(\frac{\partial}{\partial t}+\bar{u}^{\lambda}\frac{\partial}{\partial x}\right)Z_{QG}^{*}+v_{g}^{*}\frac{\partial}{\partial y}\overline{Z_{QG}}^{\lambda}=0 \tag{8.53}$$

引入下式所示的可分离变量解

$$\psi^{*}=\mathrm{Re}\{\hat{\psi}(y,z)\,\mathrm{e}^{ik(x-ct)}\} \tag{8.54}$$

$$Z_{QG}^{*}=\mathrm{Re}\{\hat{Z}(y,z)\,\mathrm{e}^{ik(x-ct)}\} \tag{8.55}$$

将式(8.51)、式(8.54)和式(8.55)代入式(8.53),可得

$$(\bar{u}^{\lambda}-c)\hat{Z}+\hat{\psi}\frac{\partial\overline{Z}^{\lambda}}{\partial y}=0 \tag{8.56}$$

式中,

$$\hat{Z}=-k^{2}\hat{\psi}+\frac{\partial^{2}\hat{\psi}}{\partial y^{2}}+\frac{1}{\rho_{bs}}\frac{\partial}{\partial z}\left(\rho_{bs}\frac{f_{0}^{2}}{N^{2}}\frac{\partial\hat{\psi}}{\partial z}\right) \tag{8.57}$$

利用式(8.57),我们可以将式(8.56)重写为

$$\frac{\partial^{2}\hat{\psi}}{\partial y^{2}}+\frac{1}{\rho_{bs}}\frac{\partial}{\partial z}\left(\rho_{bs}\frac{f_{0}^{2}}{N^{2}}\frac{\partial\hat{\psi}}{\partial z}\right)=-\left[\frac{1}{\bar{u}^{\lambda}-c}\frac{\partial\overline{Z_{QG}}^{\lambda}}{\partial y}-k^{2}\right]\hat{\psi} \tag{8.58}$$

这是准地转波动方程一种最常见的形式。在分析它之前,我们将对其进行极大地简化。

当波能传播到更高的层次时,ρ_{bs} 值随之下降。能量密度(单位体积能量)尺度为 $\rho_{bs}(k\psi)^{2}$,如果能量密度随高度恒定,$\hat{\psi}$ 必然随高度按 $1/\sqrt{\rho_{bs}}$ 比例增加。考虑到这种效应,如果我们引入一个 $\hat{\psi}$ 的尺度值,方程就会变得更加简单:

$$\psi\equiv\frac{\sqrt{\rho_{bs}}}{N}\hat{\psi} \tag{8.59}$$

请注意,式中 ψ(没有帽子)表示尺度值;现在 ψ 的含义与式(8.48)中使用的含义不同。我们还注意到:

$$\begin{aligned}\frac{1}{\rho_{bs}}\frac{\partial}{\partial z}\left(\rho_{bs}\frac{f_{0}^{2}}{N^{2}}\frac{\partial\hat{\psi}}{\partial z}\right)&=\frac{f_{0}^{2}}{\rho_{bs}}\frac{\partial}{\partial z}\left[\frac{\sqrt{\rho_{bs}}}{N}\frac{\partial}{\partial z}\left(\frac{\sqrt{\rho_{bs}}}{N}\hat{\psi}\right)-\frac{\sqrt{\rho_{bs}}}{N}\hat{\psi}\frac{\partial}{\partial z}\left(\frac{\sqrt{\rho_{bs}}}{N}\right)\right]\\&=\frac{f_{0}^{2}}{\rho_{bs}}\frac{\partial}{\partial z}\left[\frac{\sqrt{\rho_{bs}}}{N}\frac{\partial\psi}{\partial z}-\psi\frac{\partial}{\partial z}\left(\frac{\sqrt{\rho_{bs}}}{N}\right)\right]\\&=\frac{f_{0}^{2}}{\rho_{bs}}\left[\frac{\partial}{\partial z}\left(\frac{\sqrt{\rho_{bs}}}{N}\right)\frac{\partial\psi}{\partial z}+\frac{\sqrt{\rho_{bs}}}{N}\frac{\partial^{2}\psi}{\partial z^{2}}-\frac{\partial\psi}{\partial z}\frac{\partial}{\partial z}\left(\frac{\sqrt{\rho_{bs}}}{N}\right)-\psi\frac{\partial^{2}}{\partial z^{2}}\left(\frac{\sqrt{\rho_{bs}}}{N}\right)\right]\\&=\frac{f_{0}^{2}}{\rho_{bs}}\left[\frac{\sqrt{\rho_{bs}}}{N}\frac{\partial^{2}\psi}{\partial z^{2}}-\psi\frac{\partial^{2}}{\partial z^{2}}\left(\frac{\sqrt{\rho_{bs}}}{N}\right)\right]\end{aligned} \tag{8.60}$$

将式(8.59)和式(8.60)代入后,我们可以将式(8.58)重写为

$$\frac{\partial^{2}\hat{\psi}}{\partial y^{2}}+\frac{f_{0}^{2}}{N^{2}}\frac{\partial^{2}\hat{\psi}}{\partial z^{2}}=-\left(\frac{f_{0}^{2}}{N^{2}}\frac{n^{2}}{4H_{0}^{2}}\right)\hat{\psi} \tag{8.61}$$

式中,

$$n^{2}\equiv\frac{4N^{2}H_{0}^{2}}{f_{0}^{2}}\left[\frac{1}{\bar{u}^{\lambda}-c}\frac{\partial\overline{Z_{QG}}^{\lambda}}{\partial y}-k^{2}-\frac{f_{0}^{2}}{\sqrt{\rho_{bs}}N}\frac{\partial^{2}}{\partial z^{2}}\left(\frac{\sqrt{\rho_{bs}}}{N}\right)\right] \tag{8.62}$$

被称为折射指数。式中 $H_{0}\equiv RT_{0}/g$,式中 T_{0} 是式(8.49)中使用的参考温度。方程式(8.61)是准地转波动方程的一种形式。当 $n^{2}>0$,ψ 是振荡的(传播的),以及当 $n^{2}<0$ 时,ψ 是"渐逝的"(随距激发源的距离指数衰减)。

式(8.61)—式(8.62)与式(8.58)比较,我们发现式(8.61)的左侧变得更加简单,但折射指数的表达式变得更加复杂。使用一些理想化,我们可以极大地简化式(8.62),而不改变它的基本意义。首先,我们考虑了具有 $T_S(p) \approx T_0 =$ 常数的等温大气特殊情况。这对平流层低层来说是真实的。对于等温大气,$N^2 = g^2/(c_p T_0) =$ 常数和 $\rho_{bs} \sim e^{z/H_0}$,因此,式(8.62)退化为

$$n^2 \approx \frac{4N^2 H_0^2}{f_0^2} \left[\frac{1}{\overline{u}^\lambda - c} \frac{\partial \overline{u}^\lambda}{\partial y} - k^2 \right] - 1 \tag{8.63}$$

对式(8.63)的检查表明,对于 $n^2 > 0$,要有传播解,需要 $\overline{u}^\lambda - c > 0$。现在,我们通过假设相速 c 为零的静止波来进一步简化。正如本章后面讨论的,静止波可以由过山气流或海陆对比来强迫。对于静止波的特殊情况,式(8.63)变成了

$$n^2 = \frac{4N^2 H_0^2}{f_0^2} \left(\frac{1}{\overline{u}^\lambda} \frac{\partial \overline{Z_{QG}}^\lambda}{\partial y} - k^2 \right) - 1 \tag{8.64}$$

为了进一步简化 n^2,我们从式(8.51)中注意到

$$\frac{\partial \overline{Z_{QG}}^\lambda}{\partial y} = \beta_0 - \frac{\partial^2 \overline{u_g}^\lambda}{\partial y^2} - \frac{1}{\rho_{bs}} \frac{\partial}{\partial z} \left(\rho_{bs} \frac{f_0^2}{N^2} \frac{\partial \overline{u_g}^\lambda}{\partial z} \right) \tag{8.65}$$

当 $\overline{u}^\lambda$ 的经向和垂直切变不太强时,

$$\frac{\partial \overline{Z_{QG}}^\lambda}{\partial y} \approx \beta_0 \geqslant 0 \tag{8.66}$$

在式(8.64)中利用式(8.66),我们最终得到

$$n^2 \approx \frac{4N^2 H_0^2}{f_0^2} \left(\frac{\beta_0}{\overline{u}^\lambda} - k^2 \right) - 1 \tag{8.67}$$

从式(8.67)中,我们可以看到以下内容。

(1)传播($n^2 > 0$)要求 $\beta_0/\overline{u}^\lambda > 0$。因为 $\beta_0 > 0$,所以 $\overline{u}^\lambda$ 必须为正值(西风)。静止罗斯贝波不能存在于东风中,只是因为它们相对于空气向西传播,因此,东风无法将它们固定在原地。回想一下,夏半球平流层以东风为主,而冬半球平流层以西风为主。但是,请注意,大的正 $\overline{u}^\lambda$ 也使 $n^2 < 0$。静止波不能沿强西风传播,强西风可以将它们扫向下游。Charney 和 Drazin(1961)的图 8.5 表明了北半球中纬度地区平均的夏季和冬季三个不同波长静止波的 n^2 垂直分布。

(2)即使 $\beta_0/\overline{u}^\lambda > 0$,对于给定的 $\overline{u}^\lambda$,k 较大(即足够短的纬向波长)的波也不能传播。因此,短波被"截获"在其激发层次附近。由于 $\overline{u}^\lambda$ 在中纬度地区的对流层顶附近有一个最大值,即使是在冬天,许多短波也被困在对流层中。只有较长的波才能传播到很高的高度。这表明长波在平流层和中层将比在对流层更占主导。

(3)$\overline{u}^\lambda = 0$ 的层被称为静止波的临界层。这与我们之前在讨论过山气流强迫的重力内波中使用的术语相同。方程式(8.38)表明,在临界层上,$n^2 \to \infty$。假设低于临界层 $\overline{u}^\lambda > 0$,高于临界层 $\overline{u}^\lambda < 0$。然后,对于在下边界激发的波(例如,过山气流),向上传播在临界层将被完全阻断,在临界层以上不会看到波活动。在前文中,我们展示了一个关于垂直传播重力内波的类似结果。传播波动也可以在临界纬度被阻挡,那里 $\overline{u}^\lambda = 0$。正如第 3 章所讨论的,这种临界纬度经常出现在副热带地区。一般来说,我们可以在纬度高度的平面上谈论临界线,沿着 $\overline{u}^\lambda = 0$。如果我们允许 $c \neq 0$,我们会发现临界面是 $\overline{u}^\lambda - c = 0$ 的面。

图 8.6 提供了该理论正确的证据。它显示了北半球夏季和冬季在 500 hPa、100 hPa 和 10 hPa 处的地转位势高度场。在冬天,行星波显然会向上传播到 10 hPa 的高度,而在夏季则不会。

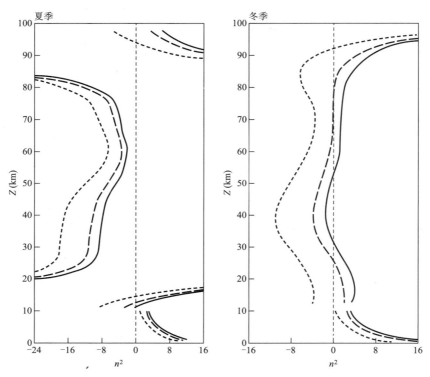

图 8.5 夏季和冬季折射指数的平方,在 $30°N$ 和 $60°N$ 之间平均,对于不同波长 L 的波,短虚线对应 $L=6000$ km,长虚线对应 $L=10000$ km,实线对应 $L=14000$ km。引自 Charney 和 Drazin(1961)。

© 1961 by the American Geophysical Union 授权使用

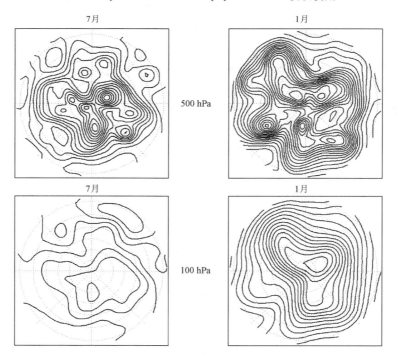

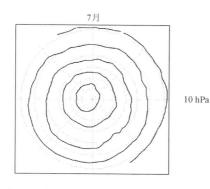
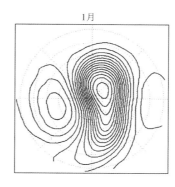

7月　　　　　　　　1月

10 hPa

图 8.6　这些北半球的数据是在国际地球物理年期间收集的。左列是 1958 年 7 月 15 日的位势高度,右列是 1959 年 1 月 15 日的位势高度。绘制的层次分别为 500 hPa、100 hPa 和 10 hPa。引自 Charney(1973),在 Morel(1973)编辑的书中。得到了施普林格科学和商业媒体的友情许可

值得注意的是,在冬季,主导涡旋的明显水平尺度随着高度的增加而增加。这种特征与该理论相一致,该理论预测,较短的模态被困在低层,而较长的模态可以继续向上传播到很高的高度。

Matsuno(1970)利用北半球冬季的观测风计算了纬向波数 1 在纬度高度平面内折射指数和能量流的 $\partial \overline{Z_{QG}}^{\lambda}/\partial \varphi$。他的研究结果如图 8.7 所示。向上传播的波由折射指数的变化指向赤道方向。

8.4　中纬度地区的静止涡旋和瞬变涡旋

Blackmon(1976)讨论了 500 hPa 地转位势高度场中看到的北半球观测到涡旋活动。他使用了 10 年的记录,并考虑了夏季和冬季的情况。数据每天可获得两次,分别为 00Z 和 12Z。

Blackmon 在空间和时间上过滤数据,以分离特定的时空尺度。他将高度场展开为球谐函数 Y_n^m,其中上标 m 表示纬向波数,下标 n 表示二维指数。经向方向上的节点数,即经向节点数为 $n-m \geqslant 0$;请注意,要求 $m \leqslant n$。Blackmon 考虑的 n 最大值是 $n=18$。请注意,$m=18$ 对应经度 $20°$ 的纬向波长,中纬度对应约 1000 km 的波长。

如附录 G 中所讨论的,球谐函数形成了一个完整的正交基,可以用来表示球面上的任意函数:

$$Z(\lambda,\varphi) = \sum_{m=-M}^{M} \left(\sum_{n=|m|}^{M} C_n^m Y_n^m \right) \tag{8.68}$$

式中,C_n^m 是展开系数,M 是一个选择适当的正整数。较大的 M 值允许更详细地表示 $Z(\lambda,\varphi)$。纬向波数为 m,参数 n 为二维指数,如前所述。

Blackmon 根据二维指数定义了三类空间尺度。

尺度 Ⅰ:$0 \leqslant n \leqslant 6$,或"长波";

尺度 Ⅱ:$7 \leqslant n \leqslant 12$,或"中尺度波";

尺度 Ⅲ:$13 \leqslant n \leqslant 18$,或"短波"。

因为 Blackmon 的截断方案是基于二维指数的,所以一个特定的波可以在纬向方向或经向方向上有节点;大多数两者都有。请注意,对于所有的三个尺度,都是满足 $0 \leqslant m \leqslant n$。因

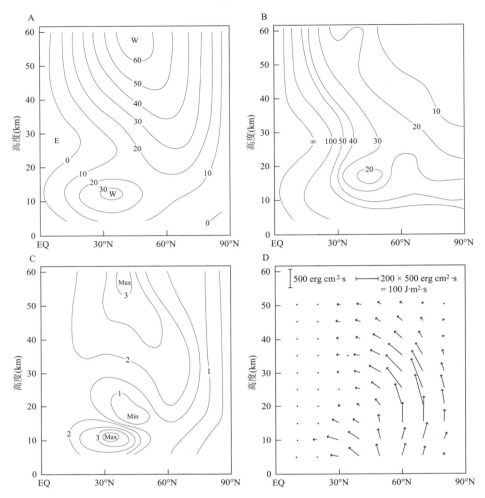

图 8.7　(A)北半球冬季 $\overline{u}^{\lambda}$（以 m·s^{-1} 为单位）的理想分布；(B)位涡的纬度梯度 $\partial\,\overline{Z_{QG}^{\lambda}}/\partial\varphi$，以地球自转速率的倍数表示；(C)$k=0$ 波的折射指数平方 n^2。(D)与纬向波数 1 相关的经向平面上计算的能量流分布。引自 Matsuno(1970)。© American Meteorological Association 授权使用

此,所有这三种尺度都包含 m 值较小的模态,即长纬向尺度。

每组观测时间都可以确定每组波的展开系数。对这组波动使用三个滤波器进行时间滤波:

低通:允许周期不少于 10 天的波动通过;

中通:允许周期在 2.5～6 天之间的波动通过;

高通:允许周期在 1～2 天之间的波动通过。

请注意,一天周期代表了振荡最快的波动,可以由 Blackmon 的研究中使用的一天两次的资料所捕获。

图 8.8B 显示了 9 个冬季平均 500 hPa 的时间平均高度。这里看到的特征是静止波。注意这两个突出的槽,一个靠近北美东海岸,另一个在日本附近。当然,这些相同的特征也可以在第 3 章的图中看到。图 8.8A 显示了冬季没有时间或空间滤波的位势高度的总均方根(RMS)。在北太平洋、北大西洋和西伯利亚上空,有三个主要的"活动中心"。

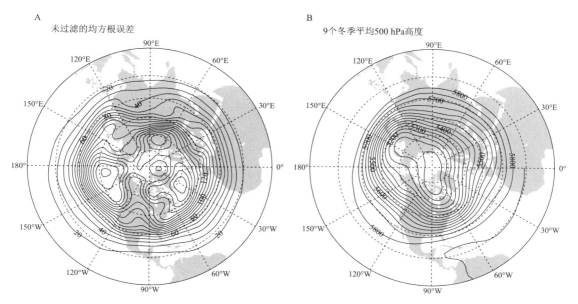

图 8.8　9 个冬季的位势高度图:(A)未经过滤的均方根误差,等值线间隔 10 m;
(B)平均图,等值线间隔 50 m。引自 Blackmon(1976)

　　图 8.9 显示了尺度Ⅰ(图 8.9B)、尺度Ⅱ(图 8.9C)和尺度Ⅲ(图 8.9D)的所有空间尺度(图 8.9A)低通滤波(长周期)的冬季均方根高度。显然,尺度Ⅲ的贡献很小,而尺度Ⅰ和尺度Ⅱ的贡献都很大。尺度Ⅱ的贡献显示了阻塞经常发生区域的最大值。阻塞将在后面进行讨论。

　　图 8.10 与图 8.9 相似,但是针对中通涡旋,即在 2.5～6 天范围内的"天气学"周期。在这一周期范围,大部分活动来自尺度Ⅱ和尺度Ⅲ;长波贡献不大。但是,请注意,等值线间隔小于图 8.9 中使用的等值线间隔,因此,图 8.10 中描述的总活动少于图 8.9 中。在图 8.10 中,在北太平洋和北大西洋看到的强信号与"风暴路径"有关。冬季风暴通常形成在海洋盆地的西部,靠近大陆的东海岸,那里的水平温度梯度很强。风暴向东和向极地移动,形成了在图中看到的路径。本主题将在本章后面进一步讨论。

　　高通涡旋中的功率更小(未显示)。

　　表 8.2 显示,冬季沿着从左下(小 n,低频)到右上(大 n,高频)的"脊"有最大的功率。到目前为止,最大的功率发生在低频,二维指数 n 约为 6。日潮在右下角也很明显,$n=2$。

　　为了简洁起见,这里省略了夏季的相应结果。在夏天,波的振幅大大降低,平均流的强度也大大降低,作用中心向极点移动。和冬天一样,长波和低频波占主导地位。

　　Blackmon 研究的一个结论是,大多数瞬变涡旋的能量位于低频和长波长。这一点已经被熟知很长时间了。例如,Wiin-Nielsen 等(1963)分析了横跨作为选定纬度地区波数函数的纬度圈总热量和动量传输。如图 8.11 所示,最强的贡献来自于小于 5 的纬向波数。对于中纬度地区,这对应于波长超过 4000 km。

　　Chang 等(2002)讨论了图 8.10 中所示的北半球风暴路径观测气候学。来自他们论文的图 8.12 显示,风暴路径与涡旋有效位能向涡旋动能的强转换有关;也就是说,风暴是斜压涡旋。

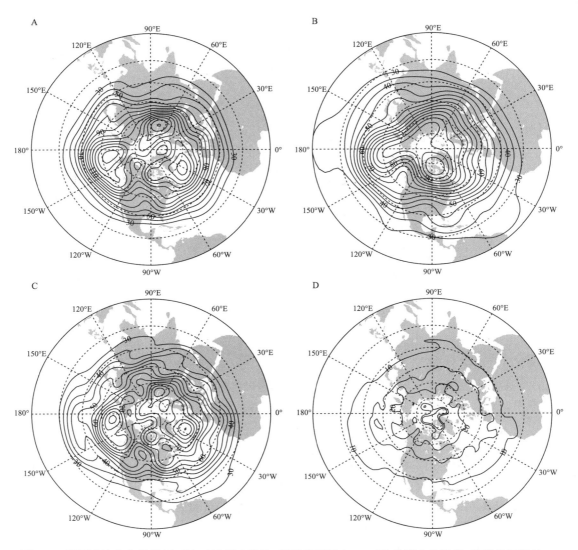

图 8.9　低通滤波均方根图（冬季）：(A)所有涡旋，等值线间隔 10 m；(B)尺度 I 的涡旋，等值线间隔 5 m；
(C)尺度 II 的涡旋，等值线间隔 5 m；(D)尺度 III 的涡旋，等值距间隔 5 m。引自 Blackmon(1976)

8.5　环状模

　　Thompson 和 Wallace(1998,2000)和 Limpasuvan 和 Hartmann(2000)发现，冬季海平面气压的变率主要是由纬向对称结构控制，他们称之为环状模。北半球环状模，或 NAM，已被 Lorenz(1951)注意到，并与北大西洋振荡有关(Walker 和 Bliss,1932；Wallace 和 Gutzler,1981)，这明显影响了欧洲的天气。南半球环状模(SAM)(Rogers 和 van Loon,1982；Hartmann 和 Lo,1998；Thompson et al.,2005)也被称为南极涛动。北半球环状模和南半球环状模均具有垂直均匀(即正压)的垂直结构。在广阔的时间尺度上，它们贡献了各自半球中纬度风和气压(或位势高度)总时间方差的四分之一。

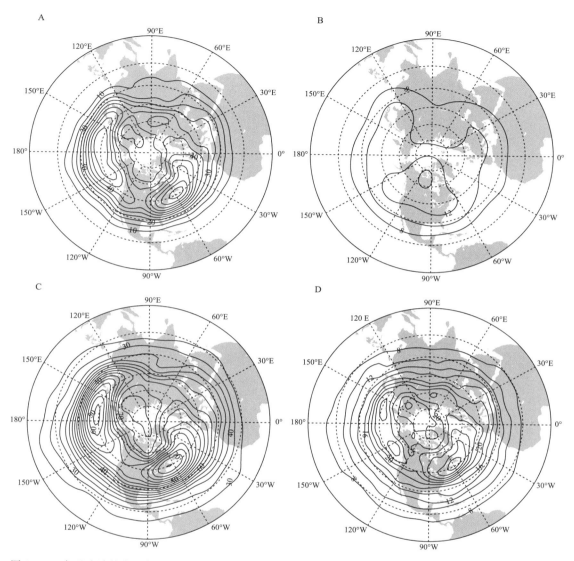

A

B

C

D

图 8.10　中通滤波均方根场图（冬季）：（A）所有涡旋，等值线间隔 5 m；（B）尺度Ⅰ的涡旋，等值线间隔 2 m；（C）尺度Ⅱ的涡旋，等值线间隔 2 m；（D）尺度Ⅲ的涡旋，等值线间隔 2 m。引自 Blackmon（1976）

最近，Thompson 和 Woodworth（2014）和 Thompson 和 Barnes（2014）在南半球的中纬度地区确定了一种斜压环状模（BAM）。斜压环状模的振荡时间约为四周。Thompson 和 Barnes（2014）指出，振荡涉及反馈循环，首先逐渐增加经向温度梯度，其次是瞬变涡旋经向能量通量的增加，然后减少经向温度梯度，从而导致瞬变涡旋经向能量通量减少。

8.6　地形强迫静止波理论

静止波是由锚定在地球表面的机械和/或热效应强迫的。山脉可以通过阻断气流或作为升高的热源来产生波。地理上固定的热强迫也与海陆差异、海面温度梯度等有关。Held

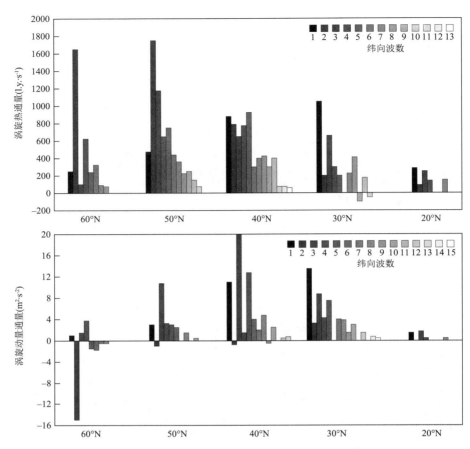

图 8.11 　上图:1962 年 1 月,穿过指定纬度作为波数函数的纬度圈总涡旋热传输。下图:根据 1962 年
1 月的观测结果,指定纬度地区作为纬向波数函数的气压平均涡旋动量传输。在这两个图中,灰度
表示纬向波数。上图中的单位是 l. y. · s^{-1},下图中单位是 $m^2 · s^{-2}$。引自 Wiin-Nielsen 等(1963)

(1983)总结了 Charney 和 Eliassen(1949)的工作,他们研究了地形屏障对中纬度地区静止波
的影响。

表 8.2　以波数和频率为函数的冬季功率

	0	1/15	2/15	3/15	4/15	5/15	6/15	7/15	8/15	9/15	10/15	11/15	12/15	13/15	14/15	15/15
18	51.7	49.8	45.8	39.3	37.0	26.7	21.2	17.3	13.7	10.1	7.2	5.3	4.1	3.4	3.2	3.4
17	68.7	66.5	58.6	48.1	40.1	34.0	27.9	22.1	15.8	11.0	7.6	5.4	4.3	3.1	3.2	3.3
16	98.5	97.5	82.4	69.6	56.5	45.0	34.8	26.0	18.4	12.2	7.9	5.5	4.1	3.3	3.3	3.5
15	141.6	131.0	108.1	85.9	70.3	58.6	75.6	32.3	19.7	11.6	7.3	5.1	4.1	3.3	3.3	3.4
14	210.1	195.5	158.9	122.3	99.5	79.2	53.3	32.3	18.2	10.8	6.9	4.9	3.5	3.3	3.3	3.4
13	302.8	272.5	213.2	164.7	129.0	92.6	56.1	31.6	16.8	9.4	5.7	4.4	3.2	2.9	2.9	3.3
12	502.6	435.2	311.1	225.5	159.9	99.8	53.5	26.8	13.6	8.0	5.3	3.9	3.2	3.0	3.0	3.4
11	746.3	639.7	443.3	290.6	176.5	94.4	43.8	21.1	10.6	6.0	4.1	3.6	3.0	3.0	3.0	3.4
10	1190.1	943.3	545.9	322.8	181.0	80.5	33.6	15.6	8.3	5.4	3.9	3.3	3.0	2.9	3.1	3.6

续表

	0	1/15	2/15	3/15	4/15	5/15	6/15	7/15	8/15	9/15	10/15	11/15	12/15	13/15	14/15	15/15
9	1815.2	1417.6	739.3	323.8	135.8	55.0	23.2	11.4	6.1	4.1	3.1	2.8	2.4	2.7	2.9	3.6
8	3305.7	2175.9	732.7	245.2	104.5	42.0	17.3	9.1	4.3	3.6	2.3	2.6	2.2	2.7	2.5	3.4
7	3732.6	2370.4	698.2	191.2	71.2	29.3	12..9	7.7	3.8	3.6	2.3	2.9	1.9	2.6	2.5	4.3
6	3731.5	2374.2	657.5	149.3	51.0	20.6	9.0	5.8	2.4	2.8	1.3	2.3	1.5	2.4	2.3	4.2
5	3563.5	2192.6	522.5	114.0	39.1	16.2	7.1	4.9	3.4	2.7	2.2	2.2	2.2	2.2	2.6	4.8
4	2553.1	1600.8	420.2	95.1	34.5	13.8	5.7	4.2	2.1	2.6	1.5	2.1	1.5	2.0	2.1	3.8
3	1448.2	992.6	329.2	79.7	27.0	9.4	4.6	3.3	2.1	1.8	1.4	1.5	1.2	1.5	5.3	4.6
2	1115.3	642.0	146.3	41.8	18.5	8.3	3.3	2.3	1.6	1.6	1.1	1.3	1.2	1.4	2.2	3.7
1	294.5	221.7	105.9	45.1	15.8	4.1	2.0	1.7	1.2	1.0	0.9	1.0	1.0	1.1	6.0	12.4
0	168.6	92.6	17.1	4.7	2.5	1.4	1.0	0.8	0.6	0.6	0.6	0.6	0.6	0.6	1.8	3.5

资料来源：改编自 Blackmon(1976)。

注：单位为 $m^2 \cdot rad^{-1} \cdot (15\ d)^{-1}$。

我们首先考虑第 4 章中介绍的浅水方程中位涡守恒，并使用其中讨论的准地转近似；即

$$\left(\frac{\partial}{\partial t} + \boldsymbol{V}_g \cdot \nabla\right) Z_{\text{SWQG}} = -\frac{r\zeta}{h} \tag{8.69}$$

式中，

$$Z_{\text{SWQG}} \equiv \frac{\zeta + f}{h} \tag{8.70}$$

式中，h 是水深，r 是一个非负的瑞利摩擦系数。地转风为 $\boldsymbol{V}_g = (g/f_0)\boldsymbol{k} \times \nabla h_{\text{fs}}$，式中 $h_{\text{fs}} \equiv h_T + h$ 为自由表面的高度，h_T 为地形高度。准地转可以写为

$$\zeta = \frac{g}{f_0} \nabla^2 h_{\text{fs}} \tag{8.71}$$

我们基于一个静止的、地转平衡的、纬向平均状态对方程组进行线性化。我们假设 $\overline{u}^\lambda$ 与位置和时间无关，并且 $\overline{h_T}^\lambda = 0$。基本状态纬向风满足

$$\overline{u}^\lambda = \frac{g}{f_0} \frac{\partial \overline{h}^\lambda}{\partial y} \tag{8.72}$$

为了简单起见，这里我们使用笛卡儿坐标。然后，纬向平均流的位涡梯度将由下式给出

$$\overline{h}^\lambda \frac{\partial}{\partial y} \overline{Z_{\text{SWQG}}}^\lambda = \beta + \frac{f_0^2 \overline{u}^\lambda}{g \overline{h}^\lambda} \tag{8.73}$$

在对式(8.72)和式(8.73)给出的基本状态进行线性化时，我们不仅假设扰动涡度和高度很小，而且 h_T 比 $\overline{h}^\lambda$ 更小，因此，我们可以忽略任何 h_T 和扰动量的乘积。由此，式(8.69)的线性化形式为

$$\left(\frac{\partial}{\partial t} + \overline{u}^\lambda \frac{\partial}{\partial x}\right) Z_{\text{SWQG}}^* + v^* \frac{\partial \overline{Z_{\text{SWQG}}}^\lambda}{\partial y} = -\frac{r\zeta^*}{\overline{h}^\lambda} \tag{8.74}$$

与准地转模式一样，所有的扰动量都可以用 h^* 表示，如下所示：

$$v^* = \frac{g}{f_0} \frac{\partial h_{\text{fs}}^*}{\partial x} \tag{8.75}$$

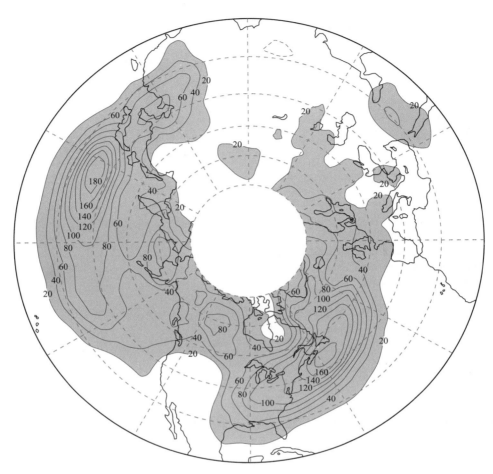

图 8.12 北半球冬季涡旋有效位能转化为涡旋动能的垂直平均率。等值线间隔为 $20\ \mathrm{m^2 \cdot s^{-2} \cdot d^{-1}}$。引自 Chang 等(2002)。© American Meteorological Association 授权使用

$$\zeta^* = \frac{g}{f_0}\,\nabla^2 h_{\mathrm{fs}}^* \tag{8.76}$$

$$\overline{h}^\lambda Z_{\mathrm{SWQG}}^* = \zeta^* - f_0\,\frac{h^*}{\overline{h}^\lambda}$$

$$= \frac{g}{f_0}\,\nabla^2 h_{\mathrm{fs}}^* - f_0\,\frac{h^*}{\overline{h}^\lambda} \tag{8.77}$$

把式(8.73)和式(8.75)—式(8.77)代入,我们可以将式(8.74)重写为

$$\left(\frac{\partial}{\partial t} + \overline{u}^\lambda\,\frac{\partial}{\partial x}\right)\left(\frac{g}{f_0}\,\nabla^2 h_{\mathrm{fs}}^* - f_0\,\frac{h^*}{\overline{h}^\lambda}\right) + \frac{g}{f_0}\,\frac{\partial h_{\mathrm{fs}}^*}{\partial x}\left(\beta + \frac{f_0^2\,\overline{u}^\lambda}{g\overline{h}^\lambda}\right) = -r\,\frac{g}{f_0}\,\nabla^2 h_{\mathrm{fs}}^* \tag{8.78}$$

或者,重新整理后,

$$\frac{\partial}{\partial t}(\nabla^2 h_{\mathrm{fs}}^* - d^{-2} h_{\mathrm{fs}}^*) + \overline{u}^\lambda\,\frac{\partial}{\partial x}(\nabla^2 h_{\mathrm{fs}}^*) + \beta\,\frac{\partial h_{\mathrm{fs}}^*}{\partial x} + r\nabla^2 h_{\mathrm{fs}}^* = -\overline{u}^\lambda d^{-2}\,\frac{\partial h_T}{\partial x} \tag{8.79}$$

式中,d 为变形半径,其定义为

$$d^2 \equiv g\overline{h}^\lambda / f_0^2 \tag{8.80}$$

并且可以解释为重力波受到旋转影响之前移动的距离。"地形强迫"项,包括 $\partial h_T / \partial x$,被放在式(8.79)的右侧,以将其分开。方程式(8.79)可以描述为由地形"强迫"产生的波,它由右边的非均匀项通过数学方式进入方程。在这种强迫情况下,式(8.79)要求一个非零 h^*。均匀的"自由波"解也存在,但它们将受到摩擦项的阻尼,如下所述。

我们假设扰动有这样形式

$$h_{fs}^* = \operatorname{Re}\{\hat{h}\exp[i(kx + ly - \sigma t)]\} \tag{8.81}$$

式中,$\hat{h}$ 是常数,而且地形也满足

$$h_T = \operatorname{Re}\{\hat{h}_T\exp[i(kx + ly)]\} \tag{8.82}$$

在式(8.81)中,我们假设波数 k 和 l 是非负的,这意味着 σ 的符号决定了传播的方向;σ 的正值对应于向东传播。将式(8.81)和式(8.82)代入式(8.79)得到

$$[-\sigma(K^2 + d^{-2}) + k(\bar{u}^\lambda K^2 - \beta) - irK^2]\hat{h}e^{-i\sigma t} = \bar{u}^\lambda d^{-2}k\hat{h}_T \tag{8.83}$$

式中,K 是总波数,它被定义为

$$K^2 \equiv k^2 + l^2 \tag{8.84}$$

我们从式(8.83)中直接看到,用 $\hat{h}$ 度量的波振幅与用 $\hat{h}_T$ 度量的强迫振幅成正比。然而,比例因子却相当复杂。

首先,我们考虑在没有地形强迫情况下存在自由波的特殊情况。然后,式(8.83)简化为一个频散公式,可以写为

$$-\sigma(K^2 + d^{-2}) + k(\bar{u}^\lambda K^2 - \beta) - irK^2 = 0 \tag{8.85}$$

或者

$$\sigma = \frac{k(\bar{u}^\lambda K^2 - \beta) - irK^2}{K^2 + d^{-2}} \tag{8.86}$$

方程式(8.86)是平衡平均流中阻尼自由罗斯贝波的频散方程。波在有限的时间后消失,因为没有强迫来维持它抵消摩擦阻尼。为了了解摩擦是如何导致阻尼的,我们令

$$\sigma = \sigma_0 - i(\tau_f)^{-1} \tag{8.87}$$

式中,

$$\sigma_0 \equiv \frac{k(\bar{u}^\lambda K^2 - \beta)}{K^2 + d^{-2}} \tag{8.88}$$

并且

$$(\tau_f)^{-1} \equiv \frac{rK^2}{K^2 + d^{-2}} \tag{8.89}$$

然后,我们可以将式(8.81)重写为

$$h_{fs}^*(x, y, t) = e^{-\frac{t}{\tau_f}}\operatorname{Re}\{\hat{h}\exp[i(kx + ly - \sigma_0 t)]\} \tag{8.90}$$

周期为 σ_0 的波形解随 e 折倍时间 τ_f 而衰减。换句话说,如前所述,自由波被摩擦消耗掉。

静止波 $\operatorname{Re}\{\sigma\} = 0$。在什么条件下,自由罗斯贝波可以是静止的? 方程式(8.86)表明,静止自由波仅适用于 $\bar{u}^\lambda > 0$。原因是罗斯贝波相对于平均流向西传播,所以要保持波相对于地球表面静止,平均流必须从西到东传播。在这种情况下,静止波的总波数为

$$K^2 = \beta/\bar{u}^\lambda \equiv K_s^2 \tag{8.91}$$

式中,下标 s 表示"静止的"。

有了这些准备,我们现在回到地形强迫情况,并假设一个静止的中性波;即 $\omega = 0$。对于没

有摩擦（$r=0$）的情况，我们从式(8.81)中发现

$$\hat{h} = \frac{\hat{h}_T}{d^2(K^2 - K_s^2)} \tag{8.92}$$

根据式(8.92)，在没有摩擦的情况下，对 $K^2 = K_s^2$ 强迫波而言，有"无限振幅"。这是共振现象，是大家熟知的基础物理。通过增加摩擦力，可以避免无限振幅的情况，即允许 r 是正的。由于有摩擦，式(8.92)被替换为

$$\hat{h} = \frac{\hat{h}_T}{d^2\left(K^2 - K_s^2 - i\dfrac{rK^2}{k\bar{u}^\lambda}\right)} \tag{8.93}$$

方程式(8.93)表明，在数学上，摩擦使振幅变得复杂。显然，只要是 $r>0$，式(8.93)右边的分母就不能变为零。对于 $K^2 = K_s^2$，式(8.93)简化为

$$\hat{h} = \hat{h}_T\left[\frac{ik(\bar{u}^\lambda)^2}{d^2 r\beta}\right] \tag{8.94}$$

图 8.13 显示了在不同的 r 值下，稳定状态波响应的平方振幅如何随纬向风速的变化而变化。当风速接近 20 m·s^{-1} 时，就会发生共振。只有足够强的阻尼才会导致共振附近的平滑现象。

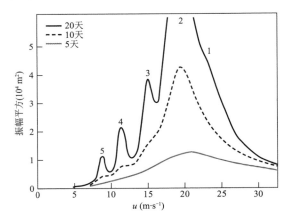

图 8.13 在查尼-伊莱亚森(Charney-Eliassen)模式中，对于不同的瑞利摩擦系数值，作为 $\bar{u}^\lambda$ 函数的均方高度响应。单位为 10^4 m^2。写在曲线上面的整数表示特定纬向波数共振的 $\bar{u}^\lambda$ 值。

引自 Held(1983)。© 1983 by Academic Press Ltd. 授权使用

如图 8.14 所示，尽管查尼-伊莱亚森模式非常简单，但它可以合理地解释 1 月 45°N 处 500 hPa 高度观测到的纬向结构。这一发现明显表明，在冬季观测到的中纬度静止涡旋主要是由地形强迫所造成的。Manabe 和 Terpstra(1974)通过对全球大气环流模式的数值试验，也得出了类似的结论。

图 8.15 分别显示了观测到的纬向和经向对静止波动能贡献的时间纬度剖面，即 $\overline{u^{*2}}^\lambda$ 和 $\overline{v^{*2}}^\lambda$。在冬季，纬向分量在中纬度地区最强，这可以被认为是与刚刚分析的地形强迫波相对应的，尽管当然也有热强迫分量。在夏季，有一个与季风相关的副热带静止涡旋动能的最大值，这将在本章后面进行讨论。

Held 等(2002)对地形和热强迫静止罗斯贝波进行了更详细的讨论。

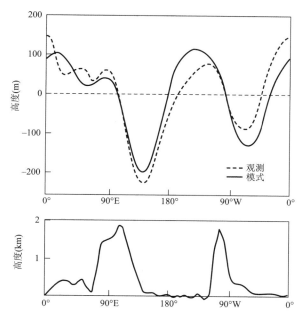

图 8.14　上图:查尼-伊莱亚森模式中作为经度函数的高度响应(实线)和 1 月在
45°N 观测到的气候学 500 hPa 涡旋高度(虚线)。下图显示了所使用的地形。
引自 Held(1983)。© 1983 by Academic Press Ltd. 授权使用

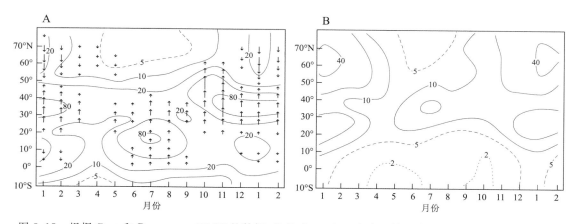

图 8.15　根据 Oort 和 Rasmusson(1971)的数据,北半球 200 hPa 高度上静止波气候平均动能的时间纬度
剖面。(A)纬向风分量;(B)经向风分量,单位为 $m^2 \cdot s^{-2}$。图(A)中的箭头表示静止波产生的纬向动量
经向通量方向和相对大小。引自 Wallace(1983)。© 1983 by Academic Press Ltd. 授权使用

8.7　热带波动

Taroh Matsuno(1966;图 8.16)在他的博士论文中研究了应用于赤道 β 平面的线性化浅
水方程,即以赤道为中心的区域经向足够窄,β 可以视为一个常数。当 Matsuno 开始这项工作
时,他的动机是考查近赤道运动在多大程度上是地转的。然而,在这个过程中,他发现了两类

新的热带波动,而且不久之后就在观测中发现了这种波动。这种类似的波动实际上属于拉普拉斯发现的解,但直到后来人们才意识到这一点(Lindzen,1967)。Matsuno 研究的模式与各种各样的现象有关,包括季风、马登-朱利安(Madden-Julian)振荡、准两年振荡和厄尔尼诺现象。鉴于该模式的极端简单性,这种广泛的适用性是惊人的。

图 8.16　松野太郎(Taroh Matsuno)教授。照片由 Matsuno 教授友情提供

赤道 β 平面上的浅水方程,围绕静止状态线性化,结果为

$$\frac{\partial u}{\partial t} - fv + g\frac{\partial h}{\partial x} = 0$$
$$\frac{\partial v}{\partial t} + fu + g\frac{\partial h}{\partial y} = 0 \qquad (8.95)$$
$$\frac{\partial h}{\partial t} + H\left(\frac{\partial u}{\partial x} + \frac{\partial v}{\partial y}\right) = 0$$

对浅水方程式的解释详见第 4 章。我们在这次讨论中没有考虑地形效应。在式(8.95)中,$f \equiv \beta y$,其中 y 是经向方向上的距离,从赤道的 $y=0$(即 $y = a\varphi$)度量,$\beta \equiv \mathrm{d}f/\mathrm{d}y$ 近似为一个常数值。Matsuno 定义了时间尺度 $T \equiv \sqrt{1/(c\beta)}$ 和长度尺度 $L \equiv \sqrt{c/\beta}$ 。式中 $c \equiv \sqrt{gH}$ 是一个纯重力波的相速。通过这些长度尺度和时间尺度,速度尺度就是简单的 c 。长度 L 可以解释为"赤道变形半径"。对于 $c=10 \text{ m} \cdot \text{s}^{-1}$ 的代表性相速,我们发现 $L=1000 \text{ km}$ 和 $T \approx 1$ 天。利用 T 和 L 无量纲化控制方程,我们得到

$$\frac{\partial u}{\partial t} - yv + \frac{\partial \phi}{\partial x} = 0$$
$$\frac{\partial v}{\partial t} + yu + \frac{\partial \phi}{\partial y} = 0 \qquad (8.96)$$
$$\frac{\partial \phi}{\partial t} + \frac{\partial u}{\partial x} + \frac{\partial v}{\partial y} = 0$$

式中,ϕ 是 gh 的无量纲形式。

作为旁注，我们注意到这些方程实际上可以适用于具有垂直结构的模式（McCreary，1981；Fulton 和 Schubert，1985），因此比人们猜测的更容易适用于真实的大气。作为一个非常简单的例子，考虑一个两层模式，控制方程为

$$\frac{\partial \boldsymbol{V}_1}{\partial t} + f\boldsymbol{k} \times \boldsymbol{V}_1 + \nabla \phi_1 = 0$$

$$\frac{\partial \boldsymbol{V}_3}{\partial t} + f\boldsymbol{k} \times \boldsymbol{V}_3 + \nabla \phi_3 = 0 \tag{8.97}$$

$$\frac{\partial}{\partial t}(\phi_3 - \phi_1) + S\Delta p\omega_2 = 0$$

如图 8.17 所示，下标 1 表示上层，下标 3 表示下层。垂直速度定义在中间，第 2 层。我们用 $\Delta p \equiv p_3 - p_1$ 来表示两层之间的气压厚度，S 是基本状态的静力稳定度。我们设

$$\boldsymbol{V}_d \equiv \boldsymbol{V}_3 - \boldsymbol{V}_1 \tag{8.98}$$

和

$$\phi_d \equiv \phi_3 - \phi_1 \tag{8.99}$$

分别为两层之间的水平风垂直切变（实际上，差值），以及两层之间的厚度。然后式（8.97）意味着

$$\frac{\partial \boldsymbol{V}_d}{\partial t} + f\boldsymbol{k} \times \boldsymbol{V}_d + \nabla \phi_d = 0 \tag{8.100}$$

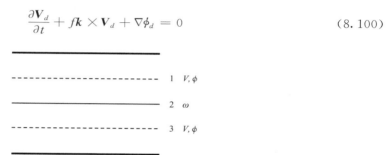

图 8.17　由式（8.97）表示的两层模式示意图

和

$$\frac{\partial \phi_d}{\partial t} + \frac{S\Delta p^2}{2} \nabla \cdot \boldsymbol{V}_d = 0 \tag{8.101}$$

其与浅水方程相同，我们可以把

$$c_i \equiv \Delta p \sqrt{\frac{S}{2}} \tag{8.102}$$

作为从静力稳定度中导出其恢复力的重力波相速。

现在我们又回到关于式（8.96）的讨论中。我们假设解的形式为

$$u = \hat{u}(y)\mathrm{e}^{\mathrm{i}(kx+\sigma t)}$$

$$v = \hat{v}(y)\mathrm{e}^{\mathrm{i}(kx+\sigma t)}$$

$$\phi = \hat{\phi}(y)\mathrm{e}^{\mathrm{i}(kx+\sigma t)} \tag{8.103}$$

如果我们约定 k 取正值，那么 $\sigma > 0$ 对应向西传播，而 $\sigma < 0$ 对应向东传播。代入式（8.96）得到

$$\mathrm{i}\sigma\hat{u} - y\hat{v} + \mathrm{i}k\hat{\phi} = 0$$

$$i\sigma\hat{v} + y\hat{u} + \frac{d\hat{\phi}}{dy} = 0$$

$$i\sigma\hat{\phi} + ik\hat{u} + \frac{d\hat{v}}{dy} = 0 \tag{8.104}$$

我们可以用 $\hat{v}$ 和 $\hat{\phi}$ 来求解关于 $\hat{u}$ 的第一个方程,用这个结果来消除其他两个方程中的 $\hat{u}$。然后,将系统式(8.81)改写为

$$\sigma\hat{u} + k\hat{\phi} = -iy\hat{v}$$

$$\left(ky - \sigma\frac{d}{dy}\right)\hat{\phi} = i(\sigma^2 - y^2)\hat{v}$$

$$(\sigma^2 - k^2)\hat{\phi} = i\left(ky + \sigma\frac{d}{dy}\right)\hat{v} \tag{8.105}$$

在考虑一般情况之前,我们讨论一个特殊的解,称为赤道开尔文波,对于它的经向风同样为零。在式(8.105)中设置 $\hat{v}=0$,我们得到

$$\sigma\hat{u} + k\hat{\phi} = 0$$

$$ky\hat{\phi} - \sigma\frac{d\hat{\phi}}{dy} = 0$$

$$(\sigma^2 - k^2)\hat{\phi} = 0 \tag{8.106}$$

第三个方程意味着对于非平凡解,

$$\sigma = \pm k \tag{8.107}$$

式中,σ 和 k 为非零。随着式(8.107)的应用,系统式(8.106)简化为

$$\hat{\phi} \pm \hat{u} = 0$$

$$\left(-y \pm \frac{d}{dy}\right)\hat{\phi} = 0$$

$$\sigma = \pm k \tag{8.108}$$

式(8.108)中的第二个方程决定了 $\hat{\phi}$ 的经向结构。它的解为

$$\hat{\phi} = e^{\pm y^2/2} \tag{8.109}$$

如果我们选择正号,会得到与赤道距离呈指数增长的解,这是不可接受的,特别是因为赤道 β 平面近似只在赤道附近有用。因此,我们选择负号,它给出一个钟形解,在赤道上最大,离赤道明显衰减。我们现在可以写出赤道开尔文波的解为

$$\hat{u} = e^{-y^2/2}$$

$$\hat{\phi} = e^{-y^2/2}$$

$$\sigma = -k \tag{8.110}$$

请注意,$\sigma = -k$ 意味着向东传播。赤道开尔文波总是向东传播。开尔文波在赤道两侧是对称的。

现在回到一般情况,我们可以消除式(8.105)第二和第三个方程之间的 $\hat{\phi}$ 来得到

$$ky\left(ky\hat{v} + \sigma\frac{d\hat{v}}{dy}\right) - \sigma\frac{d}{dy}\left(ky\hat{v} + \sigma\frac{d\hat{v}}{dy}\right) = (\sigma^2 - k^2)(\sigma^2 - y^2)\hat{v} \tag{8.111}$$

我们可以简化为

$$\frac{d^2\hat{v}}{dy^2} + \left(\sigma^2 - k^2 + \frac{k}{\sigma} - y^2\right)\hat{v} = 0 \tag{8.112}$$

用于消除式(8.105)第二和第三方程之间 $\hat{\phi}$ 的代换仅对 $\sigma^2 - k^2 \neq 0$ 有效,因此,式(8.112)不适

用于开尔文波,因为 $\sigma^2 - k^2 = 0$。

我们期望式(8.112)的解在 $\sigma^2 - k^2 + k/\sigma - y^2 > 0$ 的情况下具有振荡特征,当 $\sigma^2 - k^2 + k/\sigma - y^2 < 0$ 时具有指数特征。由于 $-y^2$ 项,指数特征被保证出现在离赤道足够远的地方,而且,与开尔文波一样,我们需要指数衰减而不是指数增长。因此,作为边界条件,我们使用

$$\text{当 } y \to \pm \infty \text{ 时,} \hat{v} \to 0 \tag{8.113}$$

可以证明,满足这些边界条件存在非平凡解,当

$$\sigma^2 - k^2 + k/\sigma = 2n+1 \text{ 对 } n = 0,1,2,\cdots \tag{8.114}$$

这是一个频散方程。式(8.114)右侧的表达式生成所有的正奇整数,因此,式(8.114)等价于 $\sigma^2 - k^2 + k/\sigma$ 是一个正奇整数的陈述。我们可以通过代换来确认式(8.112)的解是

$$\hat{v}(y) = Ce^{-\frac{1}{2}y^2} H_n(y) \tag{8.115}$$

式中,C 是一个任意的实常数,$H_n(y)$ 是第 n 个埃尔米特(Hermite)多项式,它的形式如下:

$$H_n(y) = (-1)^n e^{y^2} \frac{d^n}{dy^n} e^{-y^2} \tag{8.116}$$

(附录 H)。就像赤道开尔文波一样,因子 $e^{-\frac{1}{2}y^2}$ 确保这些模态在远离赤道时迅速衰减。对于量纲参数的真实值,量纲 e 折倍距离约为 1000 km。

因为解式(8.115)涉及埃尔米特多项式,而且不同的埃尔米特多项式用不同的参数值 n 来区分,我们可以认为赤道波的经向形状是由 n 的值决定的。n 值相同的解将具有相同的经向形状。虽然式(8.114)不适用于开尔文波,只对 n 的非负值有效,但如果我们设置 $n=-1$,则 $\sigma = -k$(开尔文波的频散关系)是式(8.114)的解。因此,开尔文波通常被称为松野模式的 $n = -1$ 解。

频散方程式(8.114)是 σ 的三次方,这意味着每对 (k,n) 有三个 σ。其中两个对应于惯性重力波。它们可以近似为

$$\sigma_{1,2} \approx \pm \sqrt{k^2 + 2n+1} \tag{8.117}$$

第三个根对应于罗斯贝波。它可以近似为

$$\sigma_3 \approx \frac{k}{\sqrt{k^2 + 2n+1}} \tag{8.118}$$

对于特殊情况 $n=0$,可以分解频散方程式(8.114)为

$$(\sigma - k)(\sigma^2 + k\sigma - 1) = 0 \tag{8.119}$$

Matsuno 表明,对于这种情况,这三个根可以解释如下:

$$\text{东传重力波:} \sigma_1 = -\frac{k}{2} - \sqrt{\left(\frac{k}{2}\right)^2 + 1} \tag{8.120}$$

$$\text{西传重力波:} \sigma_2 = \begin{cases} -\frac{k}{2} + \sqrt{\left(\frac{k}{2}\right)^2 + 1} & k < \frac{1}{\sqrt{2}} \text{ 时} \\ k & k \geq \frac{1}{\sqrt{2}} \text{ 时} \end{cases} \tag{8.121}$$

$$\text{罗斯贝波:} \sigma_3 = \begin{cases} -\frac{k}{2} + \sqrt{\left(\frac{k}{2}\right)^2 + 1} & k < \frac{1}{\sqrt{2}} \text{ 时} \\ k & k \geq \frac{1}{\sqrt{2}} \text{ 时} \end{cases} \tag{8.122}$$

注意(当 $n=0$ 时)西传重力波和罗斯贝波并不是真正的不同;对于 $k=1/\sqrt{2}$ 它们是重合的。由于前面讨论的原因,必须在式(8.121)和式(8.122)中丢弃 $\sigma=k$ 根。因此,Matsuno 得出结论,对于 $n=0$,实际上只有两个波:一个向东移动的重力波;以及一个"混合罗斯贝重力波",也被称为柳井波。柳井波特征像 $k<1/\sqrt{2}$ 的重力波,像 $k>1/\sqrt{2}$ 的罗斯贝波。柳井波的频散关系为

$$\sigma = \sqrt{\left(\frac{k}{2}\right)^2 + 1} - \frac{k}{2} \tag{8.123}$$

因为 $H_0(y)=1$,式(8.115)简化为

$$\dot{v}(y) = Ce^{-\frac{1}{2}y^2} \tag{8.124}$$

这表明在柳井波中,经向速度在赤道两侧有相同的符号,在赤道上是最大值。柳井波由一条沿着赤道向西传播的涡旋链组成。它与在热带辐合带纬度附近赤道一侧发现的所谓东风波有些相似,有时也会转变为热带气旋。

与松野模式的各种解相关的频散关系如图 8.18 所示。回想一下,频率的正值对应于向西传播的波,负值对应于向东传播的波。从原点向右向下延伸的虚线表示开尔文波。从原点向上圆弧的实线代表罗斯贝波,σ 为正值。图上部的虚线对应向西传播的惯性重力波,图下部的实线对应向东传播的惯性重力波。以部分实线、部分虚线的曲线表示的向西传播波是柳井波。为 $k<1/\sqrt{2}$ 绘制的这条曲线虚线部分表示柳井波表现得像向西传播重力波的波数。对于 $k>1/\sqrt{2}$,曲线的实线部分代表了柳井波表现得像罗斯贝波的波数。

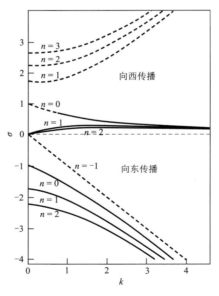

图 8.18　频率随纬向波数的变化。正频率对应于向西传播。标记为 $n=0$、$n=1$ 和 $n=2$(实线)向东传播模态是向东传播的惯性重力波。标记为 $n=3$、$n=2$ 和 $n=2$(虚线)的向西传播模态是向西传播的惯性重力波。标记为 $n=1$ 和 $n=2$(实线)的向西传播模态是罗斯贝波。标记为 $n=-1$(虚直线)的向东传播模态是开尔文波。标记为 $n=0$ 的向西传播波是混合罗斯贝重力波或柳井波。它的表现像重力波,用 $k<1/\sqrt{2}$ 的虚线表示;它的表现像罗斯贝波,用 $k>1/\sqrt{2}$ 的实线表示。引自 Matsuno(1966)

对于 $n=0$,向东传播的惯性重力波和向西传播的柳井波结构如图 8.19A 和图 8.19B 所示。对于纯重力波,风应该垂直于等压线。当旋转占主导地位时,风与等压线平行。所显示的波看起来像赤道附近的纯重力波。对于 $n=0$ 和 $k=1$,柳井波具有罗斯贝波的特征,如下图所示。

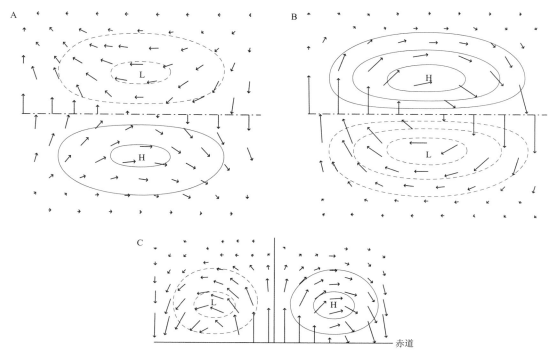

图 8.19　$n=0$ 和 $k=0.5$ 解的气压和速度分布。(A)向东移动的惯性重力波;(B)向西移动的柳井波,对于这个 k 值表现得像惯性波;(C)$n=0$ 和 $k=1$ 的柳井波结构,在这种情况下,柳井波就像罗斯贝波。

对于每种模态,v 在赤道上都是一个最大值,在任何地方都不经过零。这是 $n=0$ 的特征。

引自 Matsuno(1966)

$n=1$ 的解如图 8.20 的左侧所示。$n=2$ 的相应结果显示在图的右侧。回想一下,下标 n 表示的解其经向结构用第 n 阶埃尔米特多项式描述。如图中可以看出,n 值越高对应经向方向上的节点越多。

开尔文波非常简单的结构如图 8.21 所示。速度矢量是纯纬向的,如预期的那样,并且纬向风与气压同位相,就像在重力波中一样。

如果考虑到层结和球面效应的影响,由 Matsuno 发现的赤道陷波对应于拉普拉斯方程的解。Lindzen(1967)提出了一个垂直连续的 Matsuno 分析(即非浅水分析)版本。

松野的理论发现在非常短时间内就被观测证实。Maruyama 和 Yanai(1966)在 Matsuno 预测其存在后不久就观测到了柳井波,Wallace 和 Kousky(1968)在此后不久就发现了开尔文波。Yanai 和 Matsuno 在他们还是学生的时候曾共用一间办公室。

热带波动仍然是许多观测、理论和数值研究的主题(Kiladis et al.,2009)。在一项特别著名的研究中,Wheeler 和 Kiladis(1999)研究了热带射出长波辐射的时空变率。在图 8.22 中,数据被分为跨赤道对称的模态(图 8.22B),如开尔文波,和跨赤道非对称的模态(图 8.22A),

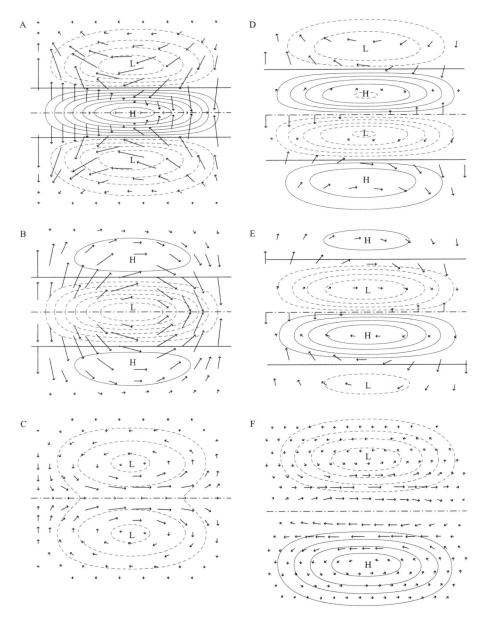

图 8.20 左侧：$n=1$ 解的气压和速度分布。(A)向东传播的惯性重力波。对于每个模态，赤道上的 $u=0$，正如 $n=1$ 的预期；(B)向西传播的惯性重力波；(C)罗斯贝波。右侧：$n=2$ 的相应结果。对于每个模态，u 在赤道两侧是对称的，正如 $n=2$ 的预期。引自 Matsuno(1966)

如混合罗斯贝重力波。通过使用由松野结果驱动的额外过滤程序，Wheeler 和 Kiladis 能够显示各种类型的赤道截获扰动经向传播(图 8.23 和图 8.24)。

松野模式描述了在没有任何强迫就可以存在的自由波，尽管正如下一节所讨论的，他也考虑了静止的强迫解。可以同时观测到干和湿的赤道波，后者通常被描述为"对流耦合"，这可能意味着各种各样的情况。当波动传播穿过热带地区时，它们不可避免地会影响由地面蒸发和

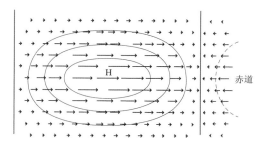

图 8.21　$n=-1$ 和 $k=0.5$ 的气压和速度分布。
这是开尔文波。引自 Matsuno(1966)

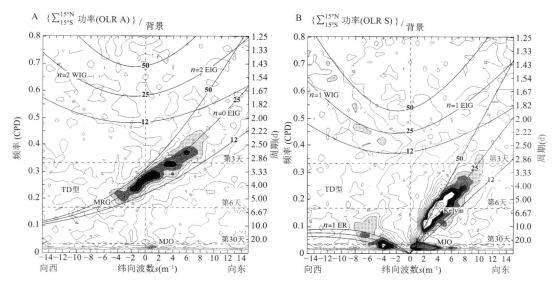

图 8.22　对于跨赤道对称(B)和非对称(A)的模态,作为频率和纬向波数函数的射出长波辐射(outgo-
ing longwave radiation,OLR)变率。向东传播与正波数有关。用虚线表示的方框选择了特定的波动类
型。这些频散图类似于松野使用的频散图,如图 8.18 所示,但约定不同。根据松野的约定,纬向波数
为非负,频率的符号决定纬向传播的方向,而这里显示的图中频率为非负的,纬向波数的符号决定纬向
传播的方向。引自 Wheeler 和 Kiladis(1999)。© American Meteorological Association 授权使用

辐射冷却支持的环境对流。例如,波动可以促进或抑制波动诱导的向上或向下运动区域的对
流活动。对流也会影响到波动。例如,波动诱导的向上运动区域的对流加热减少了那里另外
可能发生的冷却,因此波动感觉到一种"有效静力稳定度",比实际的静力稳定度稍弱,从而降
低了它们的相速。这种类型的相互作用确实代表了波与对流的耦合,但它是偶发耦合,从某种
意义上说松野模式的自由波解即使没有对流(虽然现实世界的波自然会受到对流改变)也可以
存在,而对流没有波动(尽管它受到波动改变)也可以存在。波动的对流激发可以是准随机的,
就像猫在钢琴键上行走时产生的音符一样。

　　我们还可以想象对流与热带涡旋的更基本耦合,其中涡旋的存在本身取决于对流加热。
热带气旋和马登-朱利安振荡基本上与对流相耦合;如果没有它,它们就不可能存在。本章后
面将讨论马登-朱利安振荡。

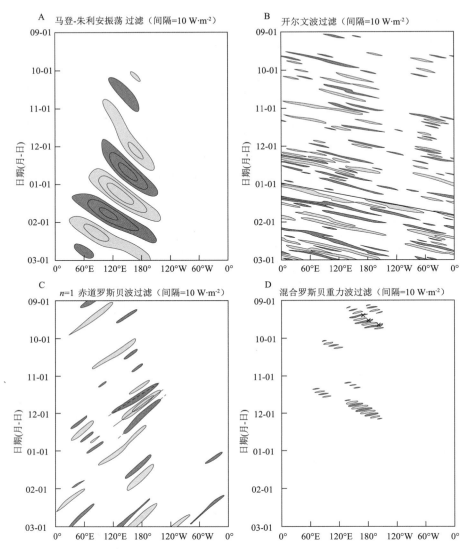

图 8.23　在射出长波辐射中所看到的马登-朱利安振荡（MJO）、开尔文（Kelvin）波、赤道罗斯贝（ER）波和
混合罗斯贝重力（MRG）波的经向传播。忽略了零等值线。通过只包括来自图 8.22 中相应框内波数和频
率的贡献来选择各种模态，这就是滤波的意思。引自 Wheeler 和 Kiladis（1999）。
ⓒ American Meteorological Association 授权使用

8.8　热带大气对静止热源和热汇的响应

前面的讨论涉及"自由波"。松野模式的强迫解也与季风和马登-朱利安振荡的观测紧密
相关，这两者都将在本章后面讨论。出现在 Matsuno（1966）论文末尾的图 8.25 显示了赤道上
由质量源和汇驱动的静止大气环流。让我们从低层气流来考虑这个图。质量汇可以被解释为
一个上升运动的区域，在那里空气在低层辐合——例如，在赤道西太平洋。质量源可以被解释
为一个下沉运动的区域，在那里，空气在低层辐散——例如，在赤道东太平洋。（不幸的是，质

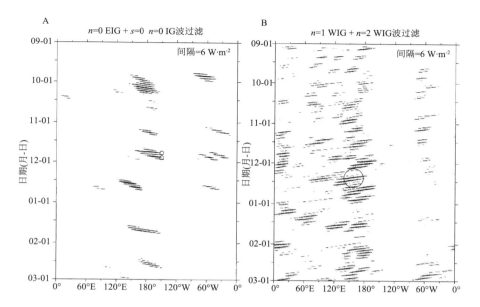

图 8.24 向东和向西传播的惯性重力波纬向传播,如在射出长波辐射中所看到的。忽略了零等值线。
如图 8.23 所示,通过只包括图 8.22 中相应框中的波数和频率贡献来选择各种模态。
引自 Wheeler 和 Kiladis(1999)。© American Meteorological Association 授权使用

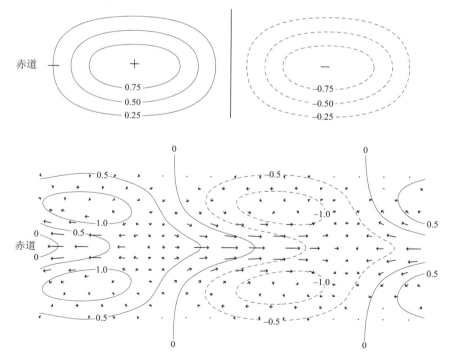

图 8.25 由上图中显示的质量源和汇强迫的静止大气环流形势(下图)。引自 Matsuno(1966)

量汇绘制在东侧,质量源绘制在西侧,但这并不重要,因为解在纬向方向上是周期性的。)该模式预测,低层强西风(当然是从西部)辐合进入上升运动区域,低层东风在低层辐合区域的东侧辐合。东风可以解释为信风和沃克环流的低层分支,这将在本章后面讨论。西风可以解释为"像季风"的西风流入加热地区。本章后面也将讨论季风。

Webster(1972)和Gill(1980)在Matsuno的指导下,开发了静止的热带大气对热源和热汇响应的简单分析模式。由于热带地区的大部分对流加热局限在三个相对较小的陆地区域(非洲、南美和印度尼西亚地区),吉尔(Gill)研究了大气对以赤道为中心相对较小尺度热源的响应。如果大气在某一初始时刻突然被加热,开尔文波就会迅速向东传播,并在加热处的东部产生东风信风。因此,太平洋上的东风信风可能是由印度尼西亚上空对流加热产生的开尔文波造成的。同样,赤道罗斯贝波向西传播,并在加热处以西产生西风。因为最快的罗斯贝波传播速度只有开尔文波速度的三分之一,所以罗斯贝波的影响预计将只达到开尔文波的三分之一。Gill将印度洋上空的西风解释为对印度尼西亚上空对流加热产生的罗斯贝波响应。

Gill(1980)研究了发展成松野模式稳定状态的原始形式,并引入了以质量源和汇形式存在的强迫,以及非常简单的阻尼。对应于式(8.96),我们有

$$\varepsilon u - yv + \frac{\partial \phi}{\partial x} = 0$$

$$yu + \frac{\partial \phi}{\partial y} = 0$$

$$\varepsilon \phi + \frac{\partial u}{\partial x} + \frac{\partial v}{\partial y} = -Q \qquad (8.125)$$

作为一种纯粹的诊断关系,

$$w = \varepsilon \phi + Q \qquad (8.126)$$

风分量 u 和 v 表示对流层低层变量。在式(8.125)和式(8.126)中, ε^{-1} 是一个耗散时间尺度, Q 是一个必须指定的"加热率"。变量 ϕ、w 和 Q 定义在对流层中部。Gill在瑞利摩擦和牛顿冷却形式中包括了耗散,为了简单起见,它假设由 ε^{-1} 给出的时间尺度是相等的。瑞利摩擦是一种简单的摩擦参数化方法,其中速度除以摩擦时间尺度。在式(8.125)的经向动量方程中忽略了摩擦项;解释见Gill(1980)。

Gill主要关注加热在赤道附近是对称或非对称的情况。对称加热的解类似于沃克环流,对流层低层流入加热区,对流层上层流出。沃克环流将在本章后面详细讨论。由于向东传播的开尔文波相速比向西传播的罗斯贝波快三倍,地面东风覆盖的面积比地面西风的要大。

通过使用式(8.125)形成无阻尼情况下的涡度方程,然后将连续方程代入,Gill发现

$$v = yQ \qquad (8.127)$$

这个方程与有时被称为斯维尔德鲁普平衡的方程密切相关,其中"科氏力参数的经向平流",即所谓涡度方程的 β 项,由散度项平衡,散度项用式(8.127)右边的加热率表示。根据式(8.127),在 Q 大于零或小于零的区域,v 穿越赤道会改变符号。在冷却区域($Q<0$),两侧气流流向赤道,在加热区域,它两侧气流远离赤道。

对于 $Q>0$,式(8.127)意味着低层气流向极地运动,上层向赤道运动,这表明在加热区域,如西太平洋,沃克环流产生南北环流,与哈得来环流相反。Geisler(1981)也发现了同样的结果。对于 $Q<0$,低层运动是流向赤道的;这是在副热带高压中看到的,例如在东太平洋。

反对称加热的解包括一个混合罗斯贝重力波和一个罗斯贝波。没有开尔文波响应,因为

开尔文波穿越赤道本质上是对称的。长的混合罗斯贝重力波不传播,因此这种波型的响应主要局限于加热区域。由于罗斯贝波向西传播,在强迫区域的东部没有产生响应。在西面,西风气流进入加热区受到限制,因为罗斯贝波传播缓慢,因此,在向西传播之前就已经耗散了。Gill 将不对称情况解释为哈得来环流的模拟,将对称情况解释为沃克环流的模拟。

对于以赤道为中心的加热,如图 8.26 所示,Gill 发现西侧有强西风,东侧有强东风,结合起来对加热具有较强的纬向辐合。西风可以解释为加热引起的向西传播罗斯贝波的时间平均响应,东风可以解释为加热激发的向东传播开尔文波的时间平均响应。这种组合意味着东西翻转循环,如图 8.26C 所示,以及在加热区的西面伴有一个最小地面气压场,如图 8.26B 中的等值线所示。在本章的后面,我们将讨论沃克环流,类似于图 8.26。

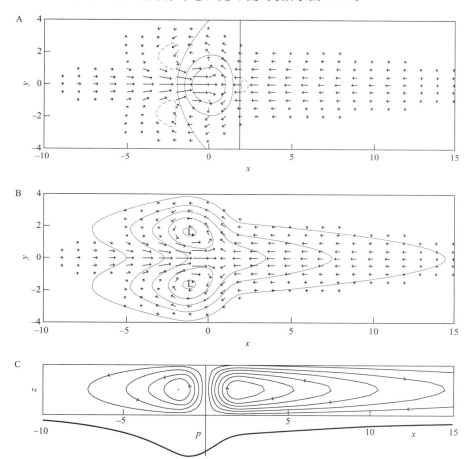

图 8.26　对称情况下在赤道附近加热的吉尔(Gill)模式解。图(A)显示了加热场和低层风场。图(B)显示了扰动气压场,其特征是一般沿赤道为低压,两个气旋略远离赤道。图(C)显示了沿赤道隐含的垂直运动和气压的纬向变化(图(C)非常有名)。引自 Gill(1980)。© Quarterly Journal of Royal Meteorological Society 授权使用

当加热穿越赤道不对称时,如图 8.27 所示,模式产生类似哈得来环流,一边是一个有正加热的低层气旋性环流,另一边是一个低层反气旋环流。当对称和反对称加热相结合时,如图 8.28 所示,该模式产生的大气环流与亚洲夏季季风非常相似,如下一节所讨论的。

虽然 Gill 证明了局地加热产生的热带波动会产生类似观测结果的宽广风场和气压场,但

由于一些限制,他的结果必须谨慎看待。首先,模式对一个指定的基本状态进行线性化,因此,它不能解释基本状态。其次,产生了热带对流层的特定加热而不是预测加热的结果,因此排除了海洋-大气的相互作用和涉及湿对流的反馈。最后,该模式既不包括湿度收支,也不包括云辐射效应。

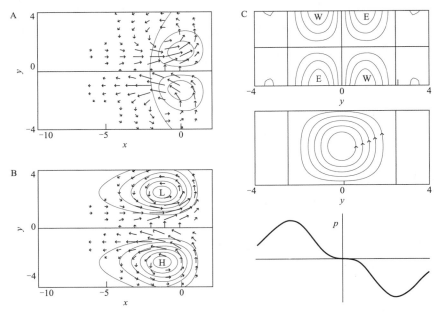

图 8.27 对反对称加热的响应。在左侧,图(A)显示了叠加在低层水平风矢量上的中层垂直速度等值线。图(B)显示了扰动地面气压的等值线,同样与低层水平风场叠加。右边的图显示了与左边图中结果相对应的纬向积分解。右上角图显示了纬向速度的纬度高度分布和平均经向环流的流函数,以及地面气压的经向廓线。引自 Gill(1980)。© Quarterly Journal of Royal Meteorological Society 授权使用

8.9 季风

世界上的许多地方都会发生季风现象。在较早的文献中,根据低层盛行风的显著季节性逆转(Lighthill 和 Pearce,1981)定义季风。从更现代的角度来看,季风可以被看作是一个与海陆差异相关的热强迫静止涡旋。Webster 等(1998)和 Chang 等(2011)给出了全面的概述。

地球上最壮观的季风与地球上最大的亚洲大陆有关。亚洲季风可以用多种方式来定义。地表附近的风在冬季从东北向夏季的西南逆转,如图 8.29 所示。15 m·s⁻¹ 的低层西南风穿过赤道,从东非海岸流入印度海岸,被称为索马里(Somali)急流。它是世界上最强的低空急流之一。世界上还有风场的其他季节性变化,但没有一个具有亚洲季风那么大的地理范围或社会经济影响。

季风的基本触发因素是亚洲大陆和周围海洋的温度差异。青藏高原壮观的地形增强了对流层中层的热异常(图 8.30),青藏高原向上伸展到大约 500 hPa 的高度。与夏季季风有关的"地表"加热实际上发生在对流层中层,因为它位于青藏高原上,远远高于周围的陆地表面,高原中部平均海拔超过 3000 m。观测到的季风区夏季(6—8 月)平均 500 hPa 温度如图 8.31 所

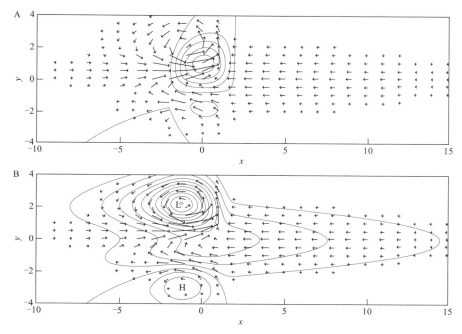

图 8.28 Gill 模式对对称加热和反对称加热综合的响应(引自 Gill(1980))。图(A)表示加热情况,图(B)表示
地面气压。在两个图中都显示了低空风。© Quarterly Journal of Royal Meteorological Society 授权使用

示。一个空气热"岛"位于青藏高原的中心。暖空气位于被太阳加热的山脉地形上。

自然,季风地区的最低地面空气温度发生在最高海拔地区。青藏高原有大面积低地面空
气温度(低于 280 K),阿拉伯半岛有大面积高地面空气温度(高于 305 K)。在高原上的季节性
雪在春末和初夏融化后,其表面和上面的空气被加热到高于周围大气的温度。上升运动平衡
了这种加热,强迫对流层中下层的辐合和高空补偿性的辐散。随着季节性加热的建立,5 月底
在印度南部形成一个槽,随后向北部和西部移动。季风槽是亚洲季风区最突出的特征之一。
它可以横跨印度洋、印度次大陆和阿拉伯海,从孟加拉国一直延伸到阿拉伯半岛。海平面气压
场以季风槽和青藏高原上空的高压区为主导。

由于季风降水在农业上的重要性,以及大量人口生活在亚洲,亚洲夏季季风的爆发是世界
上最受期待的事件之一。爆发可定义为季风季节持续降雨的开始。图 8.32 显示了典型的爆
发日期。印度南端的多云和降水通常在 5 月底开始增加。到 6 月底,几乎整个次大陆都有降
雨。夏季季风的爆发给印度和其他受季风降水影响的地区带来了较低的地表温度,这是由于
云的增加以及伴随降水而来的土壤湿度增加造成的。

季风槽间隙性向北移动,如图 8.33 所示。在某些情况下,热带或温带气旋向北移动加速
了槽的发展(Mooley 和 Shukla,1987)。恒河谷的雨水来自孟加拉湾形成的季风低压,并向北
和向西传播。图 8.33A 显示了一个例子。季风地区的许多地方也有热带气旋的大量降水。
图 8.33B 显示了印度西南海岸几个气象站的平均日降水量总量,并给出了观测到的季风降水
季节内变率。亚洲季风的大部分降水是由西南风流经印度西岸和东南亚以及青藏高原山麓的
强迫造成的(Johnson 和 Houze,1987)。

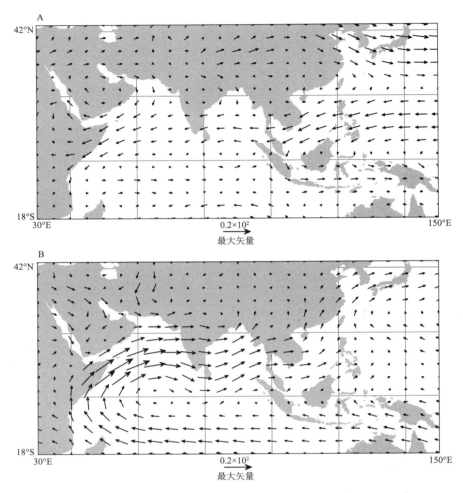

图 8.29　观测的 1 月（A）和 7 月（B）的 850 hPa 风矢量（单位:m·s^{-1}）

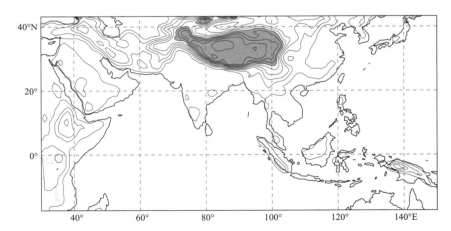

图 8.30　季风区的平均地形高度。将数据平均到 1°×1°,然后进行 9 点平滑。
3000 m 以上的地形用阴影表示

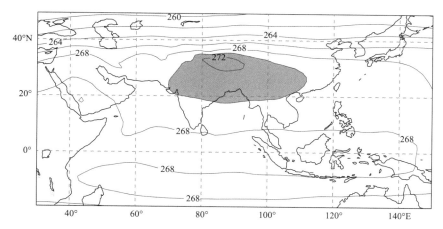

图 8.31　夏季(6—8 月)500 hPa 观测温度的气候平均值。等值线间隔为 2 K;大于 270 K 的值用阴影表示

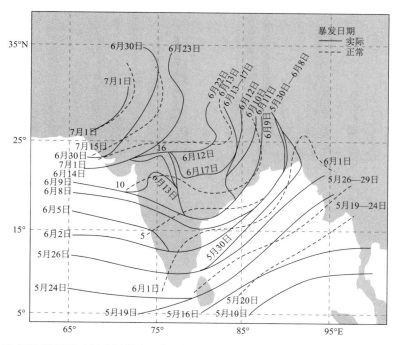

图 8.32　1988 年印度附近亚洲季风爆发日期(实际)和平均值(正常)。引自 Krishnamurti 等(1990)。
经施普林格科学和商业媒体(Springer Science and Business Media)的友情许可后使用

　　图 8.34 显示了整个季风区夏季平均降水。有两个主要的降水最大值,一个在印度西南海岸西部,另一个在南缅甸西部。这两个地区都有明显的岸上气流,这表明海洋是水汽的来源。最小值发生在斯里兰卡和越南东海岸附近。这些区域似乎是在地形雨影中。季风区北部和西部比较干燥,降雨少于 2 mm·d^{-1}。观测到的 850 hPa 风分析表明,这些地区在夏季(6—8月)期间并没有收到来自印度洋多少水汽。只有一小部分季风区接收到超过 20 mm·d^{-1} 的降水。

　　大部分季风地区的降水在许多时间尺度上都有所变化,包括日周期(Johnson,2011)。导

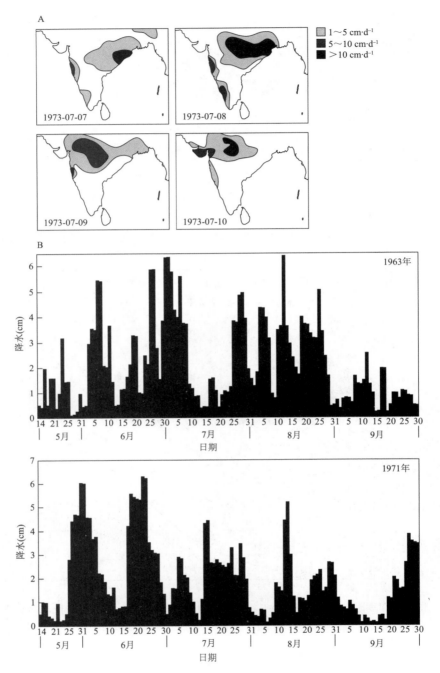

图 8.33 （A)穿越印度次大陆季风低压演变的一个例子。在整个夏季季风期间有许多这样的低压发生；
（B)观测到 1963 年和 1971 年夏季季风季节沿印度西南海岸的日降雨量。引自 Webster(1987)

致与亚洲季风相关的降水个别扰动在任何单一地点都只持续几天。然而，也有被称为显著变
化的"中断"，它们发生在大约 10～20 天和 40～50 天的周期（Webster，1987）。10～20 天的变
化与热带辐合带(intertropical convergence zone，ITCZ)的周期性向北传播有关，它从赤道附

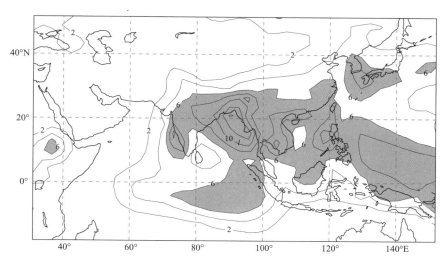

图 8.34　从全球降水气候学项目中观测到的夏季(6—8 月)气候降水率。
等值线间隔为 2 mm · d^{-1}；大于 6 mm · d^{-1} 的值用阴影表示

近开始,在大约 15 天内到达青藏高原山麓,如图 8.35 所示。热带辐合带通常在发展到青藏高原山麓后在南部进行重组,但偶尔也会在高原附近停留 40～50 天的"延长中断"时间。这些延长的中断期(Webster,1987)与 Madden 和 Julian(1972)发现的振荡有关,这将在本章后面讨论。

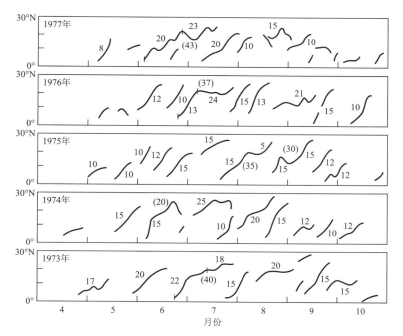

图 8.35　正如从最大云量区和 700 hPa 槽获得的 1973—1977 年夏季印度洋季风槽的平均纬度位置。
数字是指特定云区的生命期,括号表示延长中断期。引自 Webster(1987)、Webster(1983)
以及 Sikka 和 Gadgil(1980)。© 1988 Royal Meteorological Society 授权使用

青藏高原主要通过索马里急流对对流层中层的加热导致对流层中下层的辐合(Yanai et al.,1992)。为了平衡大气低层的辐合,必须有大尺度的上升运动和高层辐散。观测到的季风区夏季(6—8月)平均500 hPa垂直速度如图8.36所示。上升运动最明显的地区是在印度西南部和孟加拉湾上空。这些地区在夏季(6—8月)都有大量的降水。下沉运动最明显的两个地区是在地中海东部和中国北部。这两个地区在夏季(6—8月)都很干燥,降雨量少于2 mm·d^{-1}。面积平均的垂直速度向上,速率约为—10 hPa·d^{-1}。

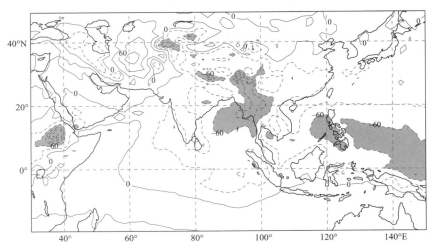

图8.36　观测到的亚洲季风区夏季(6—8月)气候500 hPa垂直速度。等值线间隔为20 hPa·d^{-1}。垂直速度大于负值—60 hPa·d^{-1}的区域用阴影表示

上层辐散与在200 hPa高原上出现的广阔、强反气旋环流有关,如图8.37所示。强的高层东风与热成风关系一致,因为北半球中低对流层温度实际上向北增加(Yanai et al.,1992;Murakami,1987a;Yanai和Li,1993)。赤道的200 hPa风场有较小的北风分量,特别是在该地区的东部。在季风区的南部和北部边缘突然从东风转向西风,在约35°N处的西风高达30 m·s^{-1}。图8.38显示了77.5°E处观测到的纬向风纬度气压剖面。

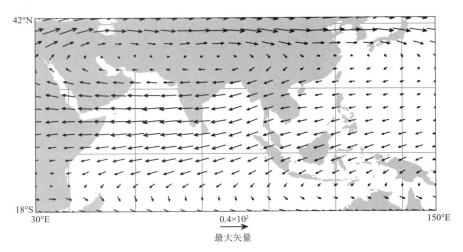

图8.37　夏季(6—8月)气候200 hPa风场。参考矢量为40 m·s^{-1}

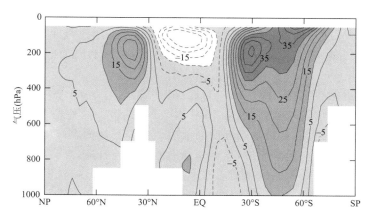

图 8.38　在 77.5°E 北部夏季气候纬向风的纬度气压剖面图。等值线间隔为 5 m·s⁻¹。高原区域被遮挡

这些观测结果表明，季风可以解释为一个局部增强的哈得来环流（Webster，1987），有一个经向低层分支，向一个暖的、对流活跃的上升分支移动，以及一个上层回流，流入一个相对冷的下沉分支。事实上，在北半球夏季，哈得来环流或多或少包含在季风区的经度内。因此，季风是一种将位能转化为动能的直接环流。

观测结果表明，亚洲季风的年际变率较强。Charney 和 Shukla（1981）根据模式研究认为，这些变化是由于"边界条件"的变化，如海面温度（SST）。他们推测，如果这些边界条件能正确地指定，那么就可以进行如月平均季风降水这些量的季节性预测。后来的研究也明显支持了这一想法。降水少的亚洲夏季季风与东太平洋异常增暖的海面温度（厄尔尼诺）有统计相关，而降水多的季风与东太平洋异常寒冷的海面温度相关（Philander，1990）。季风的年际变率也与西藏积雪面积的变化有关（Yanai 和 Li，1994；Barnett et al.，1989）。

8.10　沃克环流

从入门级动力学中回想一下，摩擦倾向于使地面附近的风偏离地转平衡，并沿着气压梯度流动，即向低压流动。其机理如图 8.39 所示。由于空气转向低压，地面低压往往是低层辐合的区域，而地面高压往往是低层辐散的区域。当然，地面附近的辐合必须由高空的辐散来平衡，反之亦然。这样，地面摩擦就会影响对流层上层的风。

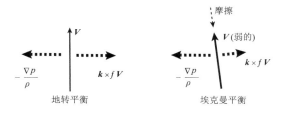

图 8.39　无摩擦（左图）和有摩擦的（右图）的动量平衡。虚线表示力。没有摩擦，就有地转平衡，有摩擦，就有埃克曼平衡。摩擦的影响是使风吹向低压

　　表面风可以通过吹动海水来产生洋流。与通常的近地表风速相比,洋流通常非常慢(每秒几厘米),因此,对于实际目的,当考虑海气动量交换时,可以认为海洋处于静止状态。如第2章所讨论的,海洋直接影响大气的特性是海洋表面温度,它影响向上的长波辐射、感热通量和潜热通量。

　　地表风应力的直接影响是将海水推向与近地表风相同的方向。然后科氏加速度使海流在北半球向右(相对于风)偏转,在南半球向左(相对于风)偏转。这种偏差对海洋环流产生了有趣而重要的影响。特别是,沿赤道从东到西的信风使两个半球的表面海流(即赤道以北的风向右边,赤道南面的风向左边)远离赤道,从而驱动沿赤道的上升流,导致沿赤道的表层水比两边更冷。沿大陆西海岸吹向赤道的风驱动向赤道洋流和上升流。洋流的方向(从两极出发)和上升流都有利于冷水涌升,这与观测相符(图8.40)。

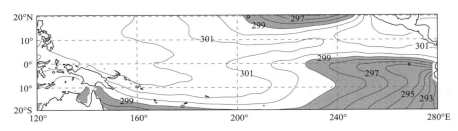

图8.40　热带太平洋海洋表面温度(K)的气候分布。注意沿赤道和整个海盆东部大部分地区的冷水,
以及盆地西部并延伸到横跨赤道北部盆地的暖水

　　考虑一股与北半球海岸线平行的表层风,海岸线在其左侧,就像7月的加利福尼亚高压一样。表层水流向风的右边,也就是说,远离海岸,驱动着海岸的上升流。其结果是出现较冷的表层水。这种上升流发生在两个半球的每个副热带高压附近。这就是为什么副热带高压往往发生在冷水上的原因之一。

　　在信风的推动下,推动着大洋上层的一股向西洋流,导致暖水堆积在每个海盆的西侧。高度集中的从西到东回流,非常靠近赤道,略低于海表,被称为赤道潜流。

　　中纬度地区盛行的西风产生了向赤道漂移,它叠加在大洋上层向东洋流上,而热带地区盛行的东风往往会抵消这种向赤道的漂移,同时推动表层洋流向西移动。因此,上层海洋环流形成了一对巨大的涡流,每个半球都有一个。向极地的洋流,如墨西哥湾流和黑潮,在给定纬度上往往比平均值要暖,而向赤道的洋流,如加利福尼亚(California)洋流和洪堡(Humboldt)洋流,在给定纬度上往往比平均水平要冷。

　　沃克环流,由Bjerknes(1966)命名,是热带太平洋上方大气的东西垂直环流,西侧有上升运动,在所谓的暖池上空,东侧是下沉运动。沃克环流可以看作是一个热激发的静止涡旋。虽然沃克环流是由从东到西的海面温度梯度驱动的,但它也有助于通过稍后讨论的机制维持这种梯度。因此,沃克环流最好被理解为一种海洋-大气耦合现象。它有明显的年际变率。图8.41是沃克环流及其与南半球表面风场的关系示意图(Philander,1990)。南美以西的向赤道流可以看作是流入热带辐合带(通常在该地区的赤道以北),因此,在某种意义上说,它是哈得来环流较低分支的一部分。

　　哈得来环流是根据纬向平均定义的,因此,通过纬度高度平面的运动参与哈得来环流的质点不能通过移动到不同的经度来"逃逸"。相比之下,参与东西沃克环流的质点可以通过移动

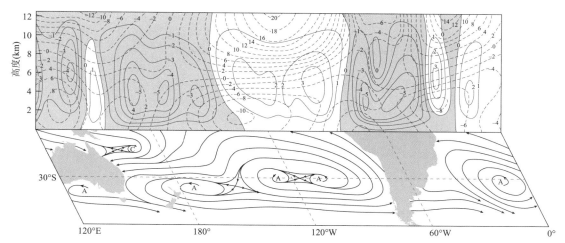

图 8.41　沃克和哈得来环流。前景显示了 1 月对流层低层气流的流线。背景中的垂直剖面显示了 5°S 处的垂直运动（实线）和纬向风分量（虚线），垂直速度小于 0 用阴影表示。引自 Philander(1990)。经爱思唯尔(Elsevier)授权许可后重印

到不同的纬度来逃逸；事实上，鉴于与哈得来环流相关的强经向运动，这种经向逃逸是可以预料到的。因此，我们不应该把沃克环流看作是一个封闭的"赛马场"。我们可以认为哈得来环流和沃克环流是密切相关的。例如，一个气块可能在沃克环流的较低分支向西穿过热带太平洋，上升到暖池上的对流层顶，然后从暖池向极地和向东移动，可能在副热带东太平洋下降。然后，它可以加入信风，并通过边界层重复其向西和向赤道的运动。

Bjerknes(1969)的理论认为，信风向西移动时，冷而干的空气被加热和加湿，直到最终在暖池上经历大尺度的湿绝热上升。如果与邻近的纬度地区没有质量交换，就会形成一个简单的大气环流，其中低层为东风气流，上层为西风气流。当考虑到经向质量交换时，这一简单的图像必须调整，因为绝对的角动量被输出到邻近的纬度地区。在稳定状态条件下，赤道处的角动量通量散度必须与东风的表面风应力相平衡。因此，赤道上的表面东风比沃克环流施加的要强。最终的结果是，热力驱动的沃克环流圈被强加到东风气流的背景上，其强度取决于角动量通量散度的强度。

图 8.42 显示了 1 月观测到的纬向风经度高度剖面。图 8.43 显示，热带太平洋上面 1000 hPa 风（在 10°N 和 10°S 之间）在两个至日（冬至和夏至）季节都有一个向东的分量。东风气流发生在赤道沿线和附近，约 90°W 以西。1 月，赤道太平洋中部上方的东风分量特别强，在 8°N 附近沿热带辐合带明显辐合。7 月，东太平洋有明显的越赤道气流，辐合带已移动至约 10°N。在热带辐合带纬度，两个季节期间信风延伸到中美洲东部。

Lindzen 和 Nigam(1987)使用线性模式表明，海面温度梯度能够迫使热带地区的低层风辐合。他们假设了埃克曼平衡，如图 8.39 所示。他们就静止状态线性化，发现了一个与观测结果定性相似的气压场，尽管风速很强，有点不切实际。Neelin 等(1998)表明，Lindzen 和 Nigam 使用的模式与 Gill(1980)的非常相似。

Newell 等 (1996；以下称 N96)将高层大气研究卫星(Upper Atmosphere Research Satellite, UARS)的水汽数据与欧洲中期天气预报中心再分析数据集的高空风数据进行比较，推断

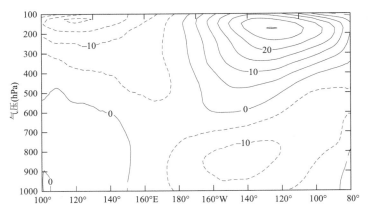

图 8.42　欧洲中期天气预报中心分析的 1 月沿赤道纬向风的经度高度剖面。

等值线间隔为 5 m·s⁻¹

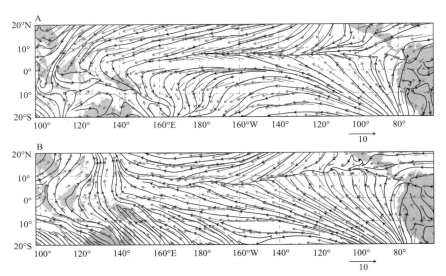

图 8.43　1989 年 1 月(A)和 7 月(B)1000 hPa 热带太平洋的流线和水平风矢量。

单位为 m·s⁻¹

热带大气的水平和垂直运动。他们的研究结果表明,在西太平洋暖池和南太平洋辐合带上有强上升运动的区域。下沉运动的主要区域位于南美洲附近,并向西延伸到赤道以南的日界线,几乎没有季节性运动。为了进行比较,图 8.44 显示了 1 月和 7 月在 300 hPa 处的垂直速度场。南太平洋辐合区在 1 月的数据中更明显,一个大区域的上升运动从 145°E 向东南延伸到160°W。下沉运动横跨赤道,从 160°E 向东延伸。在北半球夏季,赤道北部热带辐合带得到发展。一般的形势是,在热带西太平洋以上升运动为主,而下沉运动发生在热带中东太平洋。东风从南美洲横跨赤道太平洋一直到 170°W。在 160°E 以西,低层风沿赤道非常弱,但东风在5°S 和 5°N 横跨太平洋。

图 8.45 显示了沃克环流的上层分支。在日界线以西,赤道上空的纬向风是东风。上层西风气流发生在上升运动的东部。在北半球,弱西风气流出现在 170°W 和 140°W 之间 15°N 以北。在南半球,西风分量存在于日界线以东 5°S 以南。一种解释是,沃克环流已经迁移到南半

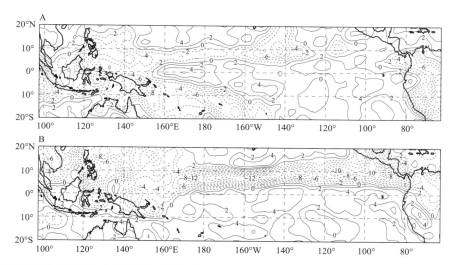

图 8.44　1989 年 1 月(A)和 7 月(B)的欧洲中期天气预报中心再分析数据集在 300 hPa 处的平均垂直速度（单位为 $10^{-2}\,\mathrm{Pa\cdot s^{-1}}$）等值线图。等值线间隔为 $2\times10^{-2}\,\mathrm{Pa\cdot s^{-1}}$；负等值线为虚线

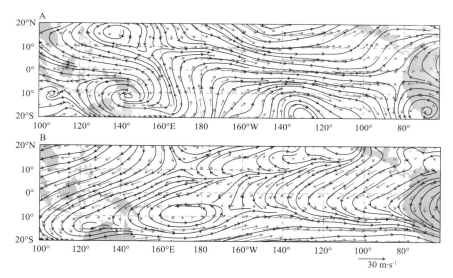

图 8.45　1 月(A)和 7 月(B)在 200 hPa 的热带太平洋流线和水平风矢量

球。对图 8.44B 的重新检查表明,下沉运动主要局限于南半球,并一直向西延伸至 165°E。

　　沃克环流与东西方向的海面温度梯度密切相关,并受到沃克环流本身的影响,因此,它可以被视为大气-海洋耦合现象(Bjerknes,1966,1969)。图 8.40 显示了热带西太平洋的海面温度最大值,因此,该地区被称为热带暖池。如图 8.40 所示,"冷舌"是沿赤道一条相对冷的海水带,从南美洲向西延伸到 160°E 附近。热带对流的分布受海面温度大尺度空间形势的影响,而不是局部海面温度。热带太平洋暖池是一个有明显深对流和强降雨的地区。在图 8.46 中,射出长波辐射(outgoing longwave radiation,OLR)小于 225 $\mathrm{W\cdot m^{-2}}$ 的区域可以被识别为频繁对流的区域(Webster,1994)。射出长波辐射阈值对应于月平均辐射温度 250 K。由于深对流产生的光学厚砧云截获长波,射出长波辐射降低,因此,射出长波辐射的阈值可以作为替代物来推断对流的存在。从图中,我们看到对流发生在整个暖池和南太平洋辐合带(South Pacific convergence zone,SPCZ)。相比之下,穿越赤道冷舌上的射出长波辐射一般大于 275 W·m^{-2},说明那里很少有对流。

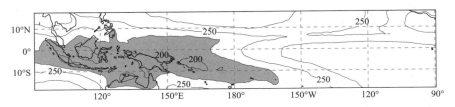

图 8.46 1985—1988 年 1 月的平均热带射出长波辐射。等值线间隔为 25 W·m^{-2}

暖池地区的高、冷、有时明亮的云限制了大气的辐射冷却,但它们也限制了海洋的太阳增暖。Ramanathan 和 Collins(1991)假设卷云作为一个恒温器来调节热带海面温度。他们利用地球辐射收支试验(Earth Radiation Budget Experiment,ERBE)数据推断出了短波和长波云辐射强迫与晴空大气辐射强迫之间的相互关系。他们强调,云的短波效应控制了调节海面温度的长波效应。根据他们的假设,随着海面温度的增加,云的反照率也会增加。同时,由于长波云的辐射效应、对流更强的潜热释放和热带太平洋上更强的海面温度梯度,大气会变暖。这种变暖导致了水汽大尺度通量辐合的扩大。这个过程一直持续下去,直到云的反射率增加到足以冷却表面。对他们研究的一个质疑是,没有包括海洋和大气环流的强度变化。然而,毫无疑问,深厚云系统阻断短波辐射往往会限制暖池中的海面温度。

如图 8.47 所示,在热带东太平洋,边界层的层云拦截阳光,并明显减少进入下面海洋的热通量(Hartmann et al.,1992)。这样,大气就有助于维持东太平洋较冷的海面温度。层云首先形成于冷水上空(Klein 和 Hartmann,1993),所以这里有一个正反馈(Ma et al.,1996)。海洋和大气之间的潜热交换受到表面相对湿度和表面风的影响。对于固定的相对湿度和海面温度,海洋的蒸发冷却随着表面风应力的增加而增加。这些风还通过东太平洋和沿着太平洋东部和中部赤道产生的冷水上升流来影响海面温度的分布。

沃克环流背后的驱动力是纬向加热的变化,通过由下沉/上升运动引起的纬向变化绝热加热/冷却来平衡。在西太平洋的暖水域上,由于大气柱的强对流和辐射变暖而引起的潜热释放与上升运动相关的绝热冷却相平衡(Webster,1987)。在热带东太平洋地区,海面温度相对寒冷,对流并不常见,因此,辐射冷却和下沉之间存在平衡。

Pierrehumbert(1995;以下简称 P95)引入了一个有影响力的哈得来/沃克环流双箱模式。图 8.48 是他的"炉子/散热片"模型示意图。该模型包括冷池和冷池"箱子"的单独能量收支。冷池和暖池的海面温度被认为是那些为模式大气每个箱子和冷池海洋产生能量平衡的标准。模式中没有明确包含暖池的表面能量平衡。假设有一个垂直和水平均匀的递减率,并假设自由对流层的温度廓线在整个热带地区是均匀的。假设冷池自由大气的辐射温度为对流层中层的空气温度。该解是通过首先计算给定海面温度和相对湿度廓线的暖池大气顶部净能量通量得到的。假设暖池上大气顶部的正净辐射通量是通过向冷池的水平能量传输来平衡的。然后,通过假设净绝热冷却一定平衡从暖池输入的能量,来计算冷池的海面温度和辐射温度。

哈得来-沃克环流的质量通量被认为是干下沉引起的绝热变暖和冷池区净辐射冷却之间产生平衡所必需的。结果表明,暖池大气的水平热传输与冷池大气的非绝热冷却以及冷池面

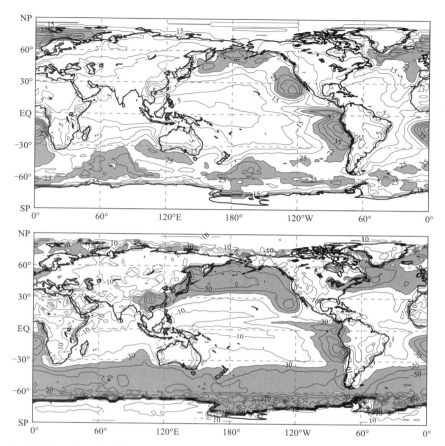

图 8.47　观测到的年平均低云量（%）（上图）和云对地球辐射收支的净影响（W·m^{-2}）（下图）。低云的等值线间隔为 5%；大于 25% 的值用阴影表示。下图的等值线间隔为 10 W·m^{-2}；大于 30 W·m^{-2} 的负值用阴影表示。下图中的负值表示冷却；也就是说，短波反射控制着长波截获。

Norris 和 Leovy（1994）也发表了类似的图

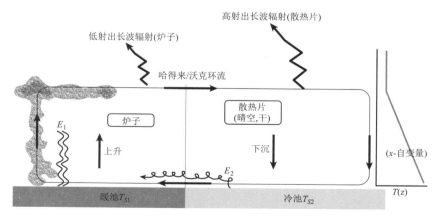

图 8.48　Pierrehumbert（1995）的热带环流"炉子/散热片"模型的示意图。符号 E 和 T_S 分别表示蒸发率和海面温度。下标 1 表示暖池或"炉子"，下标 2 表示冷池或"散热片"。

© American Meteorological Association 授权使用

积与暖池面积的比率成正比。这个面积比是模型的一个规定参数。P95 表明,对于非常小的冷池辐射率值,暖池海面温度无限制地增加,因为冷池不能辐射足够的能量来平衡暖池吸收的能量。由于暖池控制着温度廓线,因此,其平衡海面温度必须随着冷池辐射温度的降低而降低。随着冷池辐射率的增加,暖池就会冷却下来。模拟的冷池和暖池海面温度类似于一系列条件下的现代气候。诊断出的质量通量是真实可信的。

皮尔哈姆波特(Pierrehumbert)模式的一个弱点是,它没有考虑到云辐射效应。Miller(1997;以下简称 M97)扩展了该模式,包括了冷池区域的低云辐射效应。他构建了一个带有上升气流区域、暖池区域和冷池区域的三箱模式。米勒(Miller)的模式包括边界层和自由对流层的能量和水汽平衡方程,以及每个箱子的表面能量收支。米勒假设,按照 Bjerknes(1938)的观点,上升气流区域占据了一个很小的区域,并且暖池区域的递减率是湿绝热的。米勒通过假设穿越暖池和冷池区域的一个均匀自由对流层温度廓线,含蓄地包含了大气动力学(Charney,1963)。米勒的主要发现是,低云作为一个恒温器,减少热带海面温度。虽然低云覆盖着冷池,但它们的冷却效果会延伸到暖池中。

8.11 马登-朱利安振荡

马登-朱利安(Madden-Julian)振荡(MJO)可以被定义为一个缓慢向东越过热带印度洋和西太平洋时保持湿空气和强降水的广阔区域(Madden 和 Julian,1971,1972a)。马登-朱利安振荡的循环周期为 30~60 天(图 8.49),并涉及许多气象变量,包括纬向风、地面气压、温度和湿度。观测结果显示,积云活动的各种度量方法都有相应的振荡(Murakami et al.,1986),包

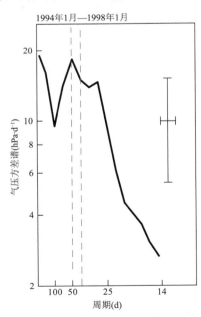

图 8.49　0.4°S,161.0°E 处诺鲁岛站气压的方差谱。纵坐标(方差/频率)为对数的,横坐标(频率)为非线性的。40~50 天的范围由垂直虚线表示。先验的 95% 置信限度和分析的带宽(0.008 d⁻¹)用交叉线段表示。引自 Madden 和 Julian(1994),是基于 Madden 和 Julian(1972a)。

© American Meteorological Association 授权使用

括降水(Hartmann 和 Gross,1988)和射出长波辐射(Weic kmann 和 Khalsa,1990)。马登-朱利安振荡如图 8.50 所示,观测到的位相传播如图 8.51 所示。马登-朱利安振荡在亚马孙盆地或刚果盆地上不会产生强的对流振荡,即使有时在这些经度的风场中观测到马登-朱利安振荡信号。

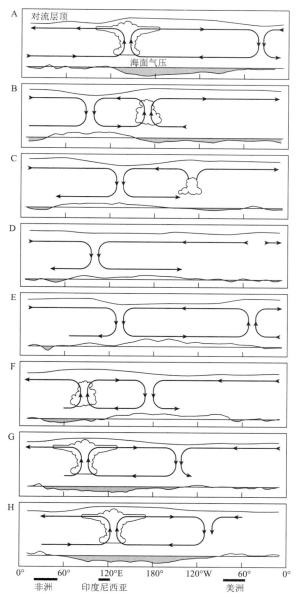

图 8.50　与 40～50 天振荡相关的扰动时间和空间(纬向剖面)变化示意图。日期符号性地用每个图左边的字母表示,并对应于与坎顿(Canton)站气压振荡相关的日期。字母 A 表示坎顿的低压时间,E 表示坎顿的高压时间。其他的字母代表中间的时间。平均气压扰动绘制在每个图的底部,负异常用阴影表示。环流圈是基于平均纬向风扰动。积云和积雨云表示大尺度对流增强区域。相对对流层顶高度显示在每个图的顶部。引自 Madden 和 Julian(1994),基于 Madden 和 Julian(1972a)工作。
© American Meteorological Association 授权使用

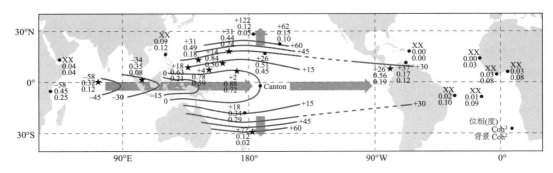

图 8.51 所有观测站和坎顿的地面气压之间 36～50 天交叉谱范围内的平均位相角(以度为单位)、相干
平方和背景相干平方。标图模型在右下角给出。正位相角表示坎顿时间序列在前。星号表示相干平方
在 95% 水平上超过平滑背景的站点。谢米亚(Shemya)(52.8°N,174.1°E)和坎贝尔岛(52.6°S,169.2°E;
未显示)的平均相干平方分别为 0.08 和 0.02。两者都低于它们的平均背景相干平方。达累斯萨拉姆
(0.8°S,39.3°E)的值来自于和瑙鲁的交叉谱。箭头表示传播方向。引自 Madden 和 Julian(1994),改编自
Madden 和 Julian(1972a)。© American Meteorological Association 授权使用

马登-朱利安振荡从印度洋以约 5 m·s⁻¹ 速度向东传播到日界线,此时它与对流脱离耦
合,并将其相速提高到约 12 m·s⁻¹。有时可以在对流层上部的风场中看到全球环形传播,但
在更接近地表的其他要素场很难探测到。嵌入在较宽对流活动区域内的是较小空间和时间尺
度上的扰动(Nakazawa,1988;图 8.52)。在对流活动阶段,可以观测到表面强西风和地面高潜
热通量。

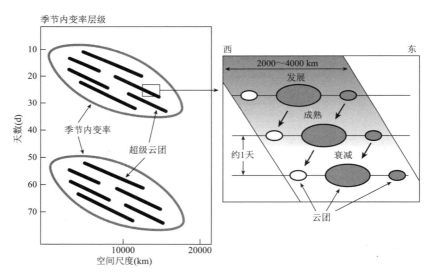

图 8.52 描述大尺度向东传播的云复合体细节示意图(左侧标记有季节内变率(intraseasonal vari-
ability,ISV)的倾斜椭圆)。粗斜线表示更大的复合体或季节内变率中的超级云团(super cloud
clusters,SCC)。右边显示了超级云团的精细结构,其中有较小的云团向西移动,在几天内发展、生
长到成熟和衰减。引自 Nakazawa(1988)

正如 Matsuno(1966)和 Gill(1980)的理论工作所预期的那样,马登-朱利安振荡的最大降
水伴随着低空风,低空风描绘出降水最大值西侧的双气旋,以及东侧纬向更宽的东风。因此,

纬向风场在降水最大值附近低层辐合,并在高空辐散。

由于马登-朱利安振荡的季节内时间尺度——表明季节内天气异常是可以预测的——此外,也因为它与印度夏季季风的明显关系(Yasunari,1979;Krishnamurti 和 Subrahmanyam,1982)、与热带太平洋风暴的可能性(Gray,1979)和厄尔尼诺事件的发生(Lau 和 Chan,1985)有关,因此,马登-朱利安振荡一直成为深入研究的主题。由于热带对流可以迫使罗斯贝波传播到温带,马登-朱利安振荡也可以影响中纬度地区的天气(Rueda,1991)。

全球大气环流模式(global circulation models,GCMs)在模拟马登-朱利安振荡方面存在困难。此外,尽管正在取得进展,但对于产生马登-朱利安振荡的基本物理机制尚未达成共识。理解马登-朱利安振荡的问题可以分为几个有联系的部分。首先,赤道 β 平面上移动热源产生的稳定运动被 Matsuno(1966)和 Gill(1980)的模式描述得很好,以下称为"MG 模式",Hendon 和 Salby(1994)以及 Schubert 和 Masarick(2006)等进行了研究。MG 模式与马登-朱利安振荡的相关性已经被认识了几十年(Chao,1987)。与马登-朱利安振荡相关的低层风形势与图 8.25 所示的以赤道为中心的加热情况非常相似。给定一个真实的运动热源,任何全球大气环流模式都应该能够模拟类似观测到的马登-朱利安振荡风场。

然而,尽管 Matsuno(1966)的赤道波理论未能产生类似马登-朱利安振荡的自由模态,该理论却成功地预测了其他观测到的赤道波(前面提到的东风波可能除外;Kiladis et al.,2009),这意味着马登-朱利安振荡从根本上依赖于松野模式中没有包含的过程。现在人们认为,湿过程对马登-朱利安振荡是必不可少的(Raymond,2001;Grabowski 和 Moncrief,2004;Bony 和 Emanuel,2005),以及由 Fuchs 和 Raymond(2007)创造的湿模态术语,现在被广泛用于描述马登-朱利安振荡(Sugiyama,2009)。干 MG 模式不能描述湿模态。

长波辐射加热和表面蒸发的变化被认为对马登-朱利安振荡很重要(Raymond,2001;Bony 和 Emanuel,2005;Andersen 和 Kuang,2012;Arnold et al.,2013)。全球大气环流模式应该能够模拟它们,至少在定性上是这样,所以它们可能不是阻止许多传统全球大气环流模式模拟马登-朱利安振荡的缺失成分。

马登-朱利安振荡向东传播有利于东侧加湿大气和西侧干燥大气。水汽平流是马登-朱利安振荡的一个关键过程(Maloney,2009;Maloney et al.,2010;Andersen 和 Kuang,2012;Pritchard 和 Bretherton,2014)。经向和垂直平流都有利于使马登-朱利安振荡潮湿的强降水中心西部变得明显干燥;在这种条件下,正水汽距平必须向东移动或被破坏。在模式项中,干燥是由于分辨尺度的平流造成的,而不是参数化的过程。据观测,由于马登-朱利安振荡西侧的平流使空气干燥,因此降水率减小。也许令人惊讶的是,并非所有的模式都模拟了这一过程(Holloway et al.,2013)。Anderson(2012)对超参数化团体大气模式(SP-CAM)的水行星版本进行了数值试验分析,结果发现,如果副热带干空气储层更靠近赤道,马登-朱利安振荡的向东漂移就会加快。

马登-朱利安振荡的风诱导表面热交换(WISHE)理论侧重于东侧的加湿(Emanuel,1987a;Neelin 和 Yu,1994;Yu 和 Neelin,1994)。Neelin 等(1987)和 Emanuel 假设了一个反馈,其中对流的维持和向东传播依赖于"基本状态"东风气流的存在。马登-朱利安振荡东侧的扰动东风增强了基本状态东风,有利于东侧的强蒸发。向西纬向平流可以将蒸发湿润的空气带向对流扰动(Sobel 和 Maloney,2012,2013)。然而,观测到的比湿扰动在 700 hPa 层附近最强(Sherwood,1999;Holloway 和 Neelin,2009)。马登-朱利安振荡需要一个过程,将水汽从表面抬升,并湿润接近 700 hPa 层的空气。马登-朱利安振荡东侧水汽的向上传输是由于全球大气环流模式中的参数化过程造成的。一些无法模拟马登-朱利安振荡的全球大气环流模式无法湿润强降水地区的空气(Thayer-Calder 和 Randall,2009;Kim et al.,2009;Landu 和 Maloney,2011;Mapes 和 Bacmeister,2012;Hung et al.,2013;Kim et al.,2014)。

正如 Thayer-Calder 和 Randall(2009)所讨论的,成功模拟马登-朱利安振荡的一个基本要求是能够在强降水地区产生真实的深厚层次高相对湿度。Chikira(2014)对导致热带对流系统中对流层中层湿度变化的过程进行了深刻的分析。从第 6 章中回顾一下,干静力能和水汽是由下式控制

$$\rho \frac{\partial \bar{s}}{\partial t} = -\rho \bar{\boldsymbol{V}} \cdot \nabla \bar{s} - \widetilde{M} \frac{\partial \bar{s}}{\partial z} + \overline{Q_R} + \rho L \widetilde{C} + D(s_c - \bar{s}) \tag{8.128}$$

$$\rho \frac{\partial \overline{q_v}}{\partial t} = -\rho \bar{\boldsymbol{V}} \cdot \nabla \overline{q_v} - \widetilde{M} \frac{\partial \overline{q_v}}{\partial z} + \rho \widetilde{C} + D[(q_v)_c - \overline{q_v}] \tag{8.129}$$

式中,$\widetilde{M}$ 为环境质量通量(正的向上),$\widetilde{C}$ 为净环境凝结率,D 是向上对流气流中质量的卷出率。

根据第 3 章中解释的理由,我们假设在热带自由大气中,干静力能与时间和水平位置无关。这个假设被用来证明"弱温度梯度近似"。然后,式(8.128)变成

$$0 \approx -\widetilde{M} \frac{\partial \bar{s}}{\partial z} + \overline{Q_R} + \rho L \widetilde{C} + D(s_c - \bar{s}) \tag{8.130}$$

可以重新整理为

$$\widetilde{M} \approx [\overline{Q_R} + \rho L \widetilde{C} + D(s_c - \bar{s})] \left(\frac{\partial \bar{s}}{\partial z}\right)^{-1} \tag{8.131}$$

根据式(8.131),环境质量通量是保持一个恒定的干静力能所需要的。假设 $\partial \bar{s}/\partial z > 0$,环境质量通量向上所需的条件为 $\overline{Q_R} + \rho L \widetilde{C} + D(s_c - \bar{s}) > 0$。这个约束是中肯的,因为向上的环境质量通量会加湿环境。

我们可以使用式(8.131)来消除式(8.129)中的 $\widetilde{M}$。所得到的方程不包含显式的垂直平流项。我们得到

$$\rho \frac{\partial \overline{q_v}}{\partial t} = -\rho \bar{\boldsymbol{V}} \cdot \nabla \overline{q_v} + \frac{\alpha}{L} [\overline{Q_R} + \rho L \widetilde{C} + D(s_c - \bar{s})] - \rho \widetilde{C} + D[(q_v)_c - \overline{q_v}] \tag{8.132}$$

式中,

$$\alpha \equiv -L \frac{\partial \overline{q_v}}{\partial z} \left(\frac{\partial \bar{s}}{\partial z}\right)^{-1} \tag{8.133}$$

这样

$$1 - \alpha \equiv \frac{\partial \bar{h}}{\partial z} \left(\frac{\partial \bar{s}}{\partial z}\right)^{-1} \tag{8.134}$$

从式(8.133)中,我们期望 $\alpha > 0$。从式(8.134)中,我们看到,在大多数热带地区,α 在对流层低层应该大于1,在对流层上层应该接近于零。如果环境用湿绝热递减率变得饱和,则 $\alpha = 1$。

通过合并项,我们可以将式(8.132)重写为

$$\rho \frac{\partial \overline{q_v}}{\partial t} = -\rho \bar{\boldsymbol{V}} \cdot \nabla \overline{q_v} + \frac{\alpha}{L} \overline{Q_R} - (1-\alpha)\rho \widetilde{C} + D\left\{[(q_v)_c - \overline{q_v}] + \frac{\alpha}{L}(s_c - \bar{s})\right\} \tag{8.135}$$

如果卷出发生在 $s_c - \bar{s} = 0$ 的层次,那么我们可以将式(8.135)近似为

$$\rho\frac{\partial \overline{q_v}}{\partial t}\approx-\rho\overline{\boldsymbol{V}}\cdot\nabla\overline{q_v}+\frac{\alpha}{L}\overline{Q_R}-(1-\alpha)\rho\widetilde{C}+D\left[(q_v)_c-\overline{q_v}\right] \tag{8.136}$$

对式(8.136)的检查揭示如下。

（1）辐射冷却变得干燥,辐射加热变得湿润。如果水汽和辐射加热是正相关的,那么辐射可能驱动不稳定,正如 Rammond(2001)所建议的那样。

（2）预计在对流层下部 $\alpha>1$,蒸发到环境中(即 $\widetilde{C}<0$)会使空气干燥。这意味着对流层低层卷出云水和层状云降水的蒸发实际上会产生干燥效应。

（3）当 $\alpha>1$,环境中的凝结(即 $\widetilde{C}>0$)会导致净加湿。然而,如果环境被湿绝热递减率饱和,那么预计为 $\alpha\approx1$,在这种情况下,环境凝结对水汽没有影响。

（4）对于 $0<\alpha<1$,蒸发到卷出云水的环境和降雨会导致水汽方差的增加,这与 Mapes(2000)和 Kuang(2008)的"层状云不稳定"一致。当 $0<\alpha<1$ 时,似乎最有可能出现不稳定。

8.12　小结

在这章中,我们描述了大气中许多涡旋的观测和理论。我们从拉普拉斯的薄球形大气自由和强迫振荡理论开始。有许多解,特别包括惯性-重力波和罗斯贝波。我们利用准地转框架讨论了罗斯贝波的垂直传播。然后我们转向 Matsuno 的赤道陷波理论,它是基于浅水方程,但可以扩展到层结大气。拉普拉斯方程也描述了 Matsuno 发现的波动,但由于球形而存在差异。

我们讨论的大多数涡旋都是"自由模态",从某种意义上说,它们对外部强迫并不响应。季风是一个主要的例外。

涡旋对纬向平均流的影响是下一章的主题。

习题

1. 证明,在等温大气中,静力稳定度随高度的升高而明显增加。

2. 证明,等温大气对于自由振荡只有一个等效的深度,形式为
$$\hat{h}=\gamma H$$
式中, $\gamma\equiv c_p/c_v$ 和 $H=RT/g$。

3. 证明,对于没有加热和重力强迫的静止等熵基本状态,扰动满足
$$\frac{\partial z'}{\partial t}+H_0\nabla_p^2\chi=0$$
对于所有 p,式中 $H_0=R\overline{T}_0/g$,下标 0 表示地面值。这个方程看起来很像浅水连续方程。

4. 证明,具有无辐散近似($\chi=0$)的第二类自由振荡(free oscillation of the second class, FOSC)必须满足
$$\nabla_p\cdot(f\nabla_p\psi)=g\nabla_p^2z'$$
这一结果表明,振荡并不处于精确的地转平衡状态。

5. 证明,当存在定常角速度 $\dot{\lambda}$ 的西风基本纬向气流时,相对于第二类自由振荡地球表面的视示"相速"为

$$-\frac{\sigma}{s} = \dot{\lambda} - \frac{2(\Omega + \dot{\lambda})}{n(n+1)}$$

6. Solberg(1936)表明,拉普拉斯理论有一个特殊的解,其中振荡周期为半天,纬向波数为零。

(a)证明,该解为

$$\Theta_n = A\sin(\sqrt{\varepsilon_n}\mu) + B\cos(\sqrt{\varepsilon_n}\mu)$$

式中,

$$\varepsilon_n = \frac{4\Omega^2 a^2}{gh_n}$$

(b)证明,需要这两个条件

$$\varepsilon_n = \left(\frac{1}{2}n\pi\right)^2, n = 1,2,\cdots \text{ 和 } A/B = \tan\left(\frac{n\pi}{2}\right)$$

确保两极的风保持有限。

7. Matsuno 推导出了"经向结构方程",它控制着赤道陷波(开尔文波除外):

$$\frac{\mathrm{d}^2\hat{v}}{\mathrm{d}y^2} + \left(\sigma^2 - k^2 + \frac{k}{\sigma} - y^2\right)\hat{v} = 0$$

边界条件为

$$\hat{v} \to 0 \text{ 当 } y \to \pm\infty$$

解为

$$\hat{v}(y) = Ce^{-\frac{1}{2}y^2}H_n(y)$$

证明频散方程为

$$\text{对 } n=0,1,2,\cdots, \sigma^2 - k^2 + \frac{k}{\sigma} = 2n+1$$

8. 考虑由周期性山脉上浅水流产生的线性准地转摩擦阻尼罗斯贝波,如查尼和伊莱亚森的模式中一样。假设"浅水"具有均匀的密度 ρ_0。写出共振波存在时山脉对平均流施加的"形式阻力"表达式(即 $K^2 = K_S^2$)。

9. 正如文中所讨论的,Matsuno(1966)发现了赤道开尔文波,它向东传播,没有经向速度分量。也有可能有海洋"沿海"开尔文波,这样洋流到处都与海岸线平行。沿海的开尔文波平行于海岸传播。

考虑北半球的沿海开尔文波。海浪沿着南北向的"西海岸"传播,西部是水,东部是大陆。这种波动是向北传播还是向南传播?包括一个显示高度和流场的空间结构草图。

第 9 章 涡旋的作用

9.1 重力波与平均流的相互作用和非相互作用

我们已经看到了涡旋如何通过涡旋散度和能量转换来影响平均流。然而,尽管在方程式中存在这样的项,但令人惊讶的是一般条件下,涡旋并不影响平均流。几个相关的定理证明了这一发现,可合理地称它们为非相互作用定理。最早的这类想法是由 Eliassen 和 Palm(1961)发表的,本节接下来的讨论是基于他们的论文。同样的材料在 Lindzen(1990)书的第 8 章中以更一般的形式也进行了更详细的讨论。

考虑简化形式的纬向运动方程

$$\frac{\partial u}{\partial t} + u\frac{\partial u}{\partial x} + w\frac{\partial u}{\partial z} = -\frac{1}{\rho}\frac{\partial p}{\partial x} \tag{9.1}$$

我们省略了旋转、曲率、摩擦和经向运动的影响。我们将把式(9.1)应用于由地形上的平均流所强迫的小尺度重力波。我们定义纬向均匀但垂直变化的基本状态和涡旋,为

$$u = \overline{u(z)}^{\lambda} + u^{*}$$
$$w = w^{*}$$
$$p = \overline{p(z)}^{\lambda} + p^{*}$$
$$\rho = \overline{\rho(z)}^{\lambda} + \rho^{*} \tag{9.2}$$

虽然我们在式(9.2)中对纬向平均和与纬向平均的偏差使用我们的表示方法,但实际上,我们只考虑一个孤立的山或山脉。我们将带星号的量(涡旋)解释为具有零均值的小振幅波形扰动。假设平均流对动量通量的响应如下:

$$\overline{\rho}^{\lambda}\frac{\partial \overline{u}^{\lambda}}{\partial t} \sim -\frac{\partial}{\partial z}(\overline{\rho}^{\lambda}\overline{w^{*}u^{*}}^{\lambda}) \tag{9.3}$$

我们感兴趣的是什么决定了波动量通量的散度 $(\partial/\partial z)(\overline{\rho}^{\lambda}\overline{w^{*}u^{*}}^{\lambda})$。

将式(9.2)代入式(9.1)并进行线性化,我们得到

$$\overline{\rho}^{\lambda}\frac{\partial u^{*}}{\partial t} = -\left(\overline{\rho}^{\lambda}\overline{u}^{\lambda}\frac{\partial u^{*}}{\partial x} + \overline{\rho}^{\lambda}w^{*}\frac{\partial \overline{u}^{\lambda}}{\partial z} + \frac{\partial p^{*}}{\partial x}\right) \tag{9.4}$$

我们假设扰动是稳定的,所以

$$\frac{\partial u^{*}}{\partial t} = 0 \tag{9.5}$$

这意味着这些波是中性的,即既不放大也不衰减,而且它们是静止的;也就是说,它们的相速为零。后一种假设是合理的,例如,对于山脉波动。然后,式(9.4)简化为

$$0 = \overline{\rho}^{\lambda}\overline{u}^{\lambda}\frac{\partial u^{*}}{\partial x} + \overline{\rho}^{\lambda}w^{*}\frac{\partial \overline{u}^{\lambda}}{\partial z} + \frac{\partial p^{*}}{\partial x}$$

$$= \frac{\partial}{\partial x}(\overline{\rho}^{\lambda}\overline{u}^{\lambda}u^{*} + p^{*}) + \overline{\rho}^{\lambda}w^{*}\frac{\partial \overline{u}^{\lambda}}{\partial z} \tag{9.6}$$

这是我们将使用的稳定状态运动方程形式。

接下来,我们将式(9.6)乘以 $(\bar{\rho}^\lambda \bar{u}^\lambda u^* + p^*)$ 得到

$$0 = \frac{\partial}{\partial x}\left[\frac{(\bar{\rho}^\lambda \bar{u}^\lambda u^* + p^*)^2}{2}\right] + (\bar{\rho}^\lambda)^2 \bar{u}^\lambda \frac{\partial \bar{u}^\lambda}{\partial z} w^* u^* + \bar{\rho}^\lambda \frac{\partial \bar{u}^\lambda}{\partial z} w^* p^* \qquad (9.7)$$

而我们纬向平均,给出了

$$\frac{\partial \bar{u}^\lambda}{\partial z}\left(\bar{\rho}^\lambda \bar{u}^\lambda \overline{w^* u^*}^\lambda + \overline{w^* p^*}^\lambda\right) = 0 \qquad (9.8)$$

方程式(9.8)可以简化为

$$\bar{\rho}^\lambda \bar{u}^\lambda \overline{w^* u^*}^\lambda + \overline{w^* p^*}^\lambda = 0 \qquad (9.9)$$

假设 $\partial \bar{u}^\lambda / \partial z \neq 0$。方程式(9.9)表明,波动量通量 $\bar{\rho}^\lambda \overline{w^* u^*}^\lambda$ 与波能量通量 $\overline{w^* p^*}^\lambda$ 密切相关。在一个"临界"层上,即 $\bar{u}^\lambda = 0$,波的能量通量一定消失;唯一的另一种可能性是,我们的假设,如没有摩擦的稳定状态,不适用于临界层。对于过山流强迫的波,能量通量当然是向上的,但式(9.9)表明波的向上传播在临界层被阻断,这意味着该波于临界层以上不存在。更详细的分析(Booker 和 Bretherton,1967;Bretherton,1969)表明,在临界层的波阻塞程度实际上取决于里查森数,该数度量了浮力和切变的相对重要性。

方程式(9.9)还表明,能量通量向上的波将在西风中产生向下动量通量,在东风中产生向上动量通量。在任何一种情况下,波都将平均流推向零;也就是说,它对平均流施加阻力。

设 e_E 为与波相关的单位质量总涡能(涡动能、涡内能和涡位能的和)。可以证明 e_E 满足

$$\frac{\partial}{\partial x}\left(\bar{\rho}^\lambda e_E \bar{u}^\lambda + p^* u^*\right) + \frac{\partial}{\partial z}(w^* p^*) = -\bar{\rho}^\lambda u^* w^* \frac{\partial \bar{u}^\lambda}{\partial z} \qquad (9.10)$$

式(9.10)的右边是一个"梯度产生"项,表示将平均状态的动能转换为总涡能 e_E。方程式(9.10)只是意味着,右边的产生项与左侧的传输项平衡。在区域上的积分得到

$$\frac{\partial}{\partial z}\left(\overline{w^* p^*}^\lambda\right) = -\bar{\rho}^\lambda \overline{u^* w^*}^\lambda \frac{\partial \bar{u}^\lambda}{\partial z} \qquad (9.11)$$

这意味着波能通量散度平衡来自或向平均流动能的转换(通过梯度产生)。

通过结合式(9.9)和式(9.11),我们可以证明

$$\bar{u}^\lambda \frac{\partial}{\partial z}\left(\bar{\rho}^\lambda \overline{u^* w^*}^\lambda\right) = 0 \qquad (9.12)$$

因此,当 $\bar{u}^\lambda \neq 0$ 时,波动量通量 $\bar{\rho}^\lambda \overline{u^* w^*}^\lambda$ 与高度无关。这个结果是非常重要的,因为,正如式(9.3)所示,它意味着波动量通量对 $\bar{u}^\lambda(z)$ 没有影响,除了在 $\bar{u}^\lambda = 0$ 临界层上。波的动量通量在临界层上被吸收。从式(9.3)可以看出,$\bar{u}^\lambda$ 在临界层上往往随时间变化,因此,$\bar{u}^\lambda$ 将不同于零。因此,临界层将会移动。

如果我们允许相速 c 是非零,我们会发现 $\bar{u}^\lambda - c$ 处处代替 $\bar{u}^\lambda$。动量将在 $\bar{u}^\lambda = c$ 的临界层上被吸收。

由于式(9.12)告诉我们 $\int_{-\infty}^{\infty} \bar{\rho}^\lambda \overline{u^* w^*}^\lambda \mathrm{d}z$ 与高度无关(其中 $\bar{u}^\lambda \neq 0$),我们从式(9.9)中看到波的能量通量正好与 $\bar{u}^\lambda$ 成正比。或者,我们也可以结合式(9.9)和式(9.12)写成

$$\overline{w^* p^*}^\lambda / \bar{u}^\lambda = 常数 \qquad (9.13)$$

这个量 $\overline{w^* p^*}^\lambda / \bar{u}^\lambda$ 称为波作用。方程式(9.9)可以理解为"波作用加波动量通量=0"。

上面回顾伊莱亚森和帕尔姆的著作发表于 1961 年。直到大约 25 年后,他们的想法对全球大气环流的重要性才得到广泛的重视。自 20 世纪 80 年代中期以来,人们才对重力波动量通量对全球大气环流的影响非常感兴趣;因为波的作用是减缓平均流,这些相互作用被称为重力波拖曳(McFarlane,1987)。最初,大多数讨论都集中在过山气流所强迫的重力波上,但几年后,对流风暴所强迫的重力波重要性也逐渐为人所知(Fovell et al.,1992)。

图 9.1A 显示了 McFarlane(1987)报道的全球大气环流模式中重力波拖曳引起的纬向平均纬向风的减速。在这里,重力波的拖曳是用方法进行参数化,我们将不会讨论方法,基于假设,波是由过山气流产生的。图显示了北方冬季条件下由于地形重力波拖曳引起的纬向平均纬向风的“趋势”。纬向平均纬向风非常强的响应如图 9.1B 所示。为了保持热成风平衡,纬向平均温度必须有相应的变化,如图 9.1C 所示。极地对流层已经急剧变暖,以与较弱的西风急流保持平衡。图 9.1A 和图 9.1B 所示的对重力波拖曳响应使模式结果比没有重力波拖曳的结果更真实,表明重力波拖曳在本质上是一个重要的过程。

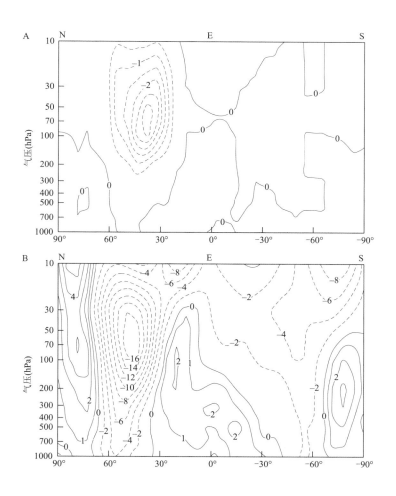

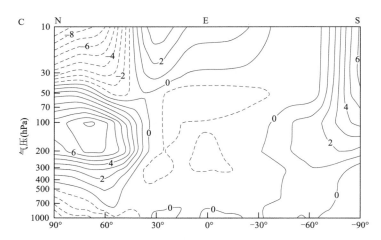

图 9.1 (A)用全球大气环流模式模拟的地形强迫重力波引起的纬向平均纬向流的减速。单位为 $\mathrm{m \cdot s^{-1} \cdot d^{-1}}$；
(B)在全球大气环流模式中引入重力波拖曳引起的纬向平均风(以 $\mathrm{m \cdot s^{-1}}$ 为单位)实际变化，正如通过与控制试验的比较推断一样；(C)在全球大气环流模式中引入重力波拖曳所引起的纬向平均温度(K)实际变化，正如通过
与控制试验的比较推断一样。引自 McFarlane(1987)。© American Meteorological Association 授权使用

9.2　罗斯贝波的角动量传输

在第 8 章中，我们推导了没有平均流情况下的罗斯贝波频散方程。我们现在考虑当平均纬向流存在时会发生什么。为了简单起见，我们考虑了笛卡儿坐标下的纯旋转水平运动。

具有定常纬向气流的线性化涡度方程为

$$\frac{\partial \zeta^*}{\partial t} + \bar{u}^\lambda \frac{\partial \zeta^*}{\partial x} + \beta v^* = 0 \tag{9.14}$$

对于纯旋转流，我们可以用流函数 ψ^* 来表示解：

$$v^* = \frac{\partial \psi^*}{\partial x}, u^* = -\frac{\partial \psi^*}{\partial y}, \zeta^* = \nabla^2 \psi^* \tag{9.15}$$

我们正在寻找解的形式为

$$\psi^* = A\cos(kx + ly - \sigma t) \tag{9.16}$$

式中，A 是一个任意定常"振幅"，量纲为 $\mathrm{m^2 \cdot s^{-1}}$，和往常一样，纬向波数 k、经向波数 l 和频率 σ 是空间和时间上都是常数的实数。这里我们采用频率非负的约定，使 k 和 l 的符号分别决定纬向位相和经向位相传播的方向。将式(9.15)和式(9.16)代入式(9.14)得到

$$-(-\sigma + \bar{u}^\lambda k)(k^2 + l^2) + \beta k = 0 \tag{9.17}$$

或者

$$\sigma - \bar{u}^\lambda k = -\frac{\beta k}{k^2 + l^2} \tag{9.18}$$

纬向相速 c，满足

$$\sigma = kc \tag{9.19}$$

所以式(9.18)也可以被写成

$$c - \overline{u}^{\lambda} = -\frac{\beta}{k^2 + l^2} < 0 \tag{9.20}$$

对于 $\overline{u}^{\lambda} = 0$，我们有 $c < 0$，即位相向西传播，这在第 8 章中讨论过。在任何情况下，位相传播总是相对于平均纬向流向西，因为式(9.20)保证 $c - \overline{u}^{\lambda} < 0$。如果 $\overline{u}^{\lambda}$ 是负的(向东的)，那么 c 必须是更负的。

特殊情况 $c - \overline{u}^{\lambda} = 0$ 发生在临界纬度地区。方程式(9.20)表明，总波数 $\sqrt{k^2 + l^2}$ 在临界纬度附近变得非常大，但这只是一个建议(而不是一个真正的推论)，因为我们假设的解式(9.16)使用了空间和时间定常的纬向和经向波数。

我们可以在式(9.15)中用式(9.16)推导出波动的纬向动量经向通量为

$$v^* = -Ak\sin(kx + ly - \sigma t) \text{ 和 } u^* = Al\sin(kx + ly - \sigma t) \tag{9.21}$$

这样

$$u^* v^* = -A^2 kl\sin^2(kx + ly - \sigma t) \tag{9.22}$$

对经度平均(这相当于在一个纬向波长上的平均)，我们发现

$$
\begin{aligned}
\overline{u^* v^*}^{\lambda} &= -\frac{A^2 l}{2\pi}\int_0^{2\pi}\sin^2(kx + ly - \sigma t)\,\mathrm{d}(kx) \\
&= -\frac{A^2 l}{2\pi}\left[\frac{kx}{2} - \frac{\sin(2kx)}{4}\right]_0^{2\pi} \\
&= -\frac{A^2 kl}{2}
\end{aligned}
\tag{9.23}
$$

相反，群速的经向分量是

$$
\begin{aligned}
c_{gy} &= \frac{\partial \sigma}{\partial l} \\
&= \frac{2\beta kl}{(k^2 + l^2)^2}
\end{aligned}
\tag{9.24}
$$

波能随速度 c_{gy} 而移动。通过比较式(9.23)和式(9.24)，我们发现两者都涉及乘积 kl，这是对经度纬度平面上波动"倾斜"的一个度量。我们可以写为

$$\frac{\overline{u^* v^*}^{\lambda}}{c_{gy}} = -\frac{A^2 (k^2 + l^2)^2}{4\beta} < 0 \tag{9.25}$$

方程式(9.25)表明，纬向动量的经向通量符号总是与波能的经向通量符号相反。如果波能朝向赤道，那么动量通量朝向极地，反之亦然。

这一结果的重要含义是，作为罗斯贝波能量来源的纬度带将倾向于获得西风动量。波动量通量进入西风区域，因此是"上升梯度"。从第 7 章回顾，当动量输送是上升梯度时，涡旋动能方程的梯度产生项将涡旋的动能转化为平均流的动能。如第 7 章所讨论的，可以观测到这种输送，只有当涡旋有动能来源而不是平均流的动能时，它才能随时间的推移而保持。该源可以是来自涡旋有效位能的斜压转换。

当波遇到 $c - \overline{u}^{\lambda} = 0$ 的临界纬度时，波的能量通量被阻断。波的动量通量是从临界纬度附近得出的。因此，该纬度带倾向于获得东风动量，这倾向于保持东风，因此有利于临界纬度的持续存在，尽管该纬度可能向北或向南移动。

9.3 垂直传播的行星波

在什么条件下,行星波传输能量和动量,它们如何影响纬向平均流?从第 4 章回顾一下,在准地转动力学的框架内,准地转伪位涡(quasi-geostrophic pseudopotential vorticity, QGP-PV)控制着动力学。因此,我们应该问一下,涡旋是如何影响准地转伪位涡的。本节中讨论的许多想法起源于 Charney 和 Drazin(1961)、Charney 和 Stern(1962)和 Dickinson(1969)。

从第 4 章和第 8 章中讨论的准地转伪位涡方程中,我们可以证明纬向平均的准地转伪位涡是由下式控制

$$\frac{\partial \overline{Z_{\mathrm{QG}}}^{\lambda}}{\partial t} = -\frac{\partial}{\partial y}(\overline{v_g^* Z_{\mathrm{QG}}^*}^{\lambda}) \tag{9.26}$$

因此,除了加热和摩擦的影响外,纬向平均准地转伪位涡仅由于准地转伪位涡的经向涡旋通量辐合而发生变化。我们可以证明(参见本章结尾的习题),这种通量与动量和温度的经线涡旋通量有关,有趣的方式如下:

$$\overline{v_g^* Z_{\mathrm{QG}}^*}^{\lambda} = \overline{v_g^* \zeta_g^*}^{\lambda} - \frac{\partial}{\partial p}\left(\frac{Rf_0}{pS}\overline{v_g^* T^*}^{\lambda}\right)$$

$$= -\frac{\partial}{\partial y}(\overline{u_g^* v_g^*}^{\lambda}) - \frac{\partial}{\partial p}\left(\frac{Rf_0}{pS}\overline{v_g^* T^*}^{\lambda}\right) \tag{9.27}$$

方程式(9.27)表示,位涡的经向涡旋通量与纬向动量的经向涡旋通量辐合以及与经向涡旋感热通量高度的变化率有关。当我们形成涡旋位涡通量的辐合时,即 $-\partial/\partial y(\overline{v_g^* Z_{\mathrm{QG}}^*}^{\lambda})$,式(9.27)将得到 $\partial/\partial y[-\partial/\partial y(\overline{u_g^* v_g^*}^{\lambda})]$,这影响 $\overline{u}^{\lambda}$ 的经向切变。我们还将得到一个与 $\partial/\partial p[-\partial/\partial y(\overline{v_g^* T^*}^{\lambda})]$ 成比例的项,它影响静力稳定度。

式(9.27)第二行上的表达式看起来像一个通量矢量的辐合。这是伊莱亚森-帕尔姆(Eliassen-Palm)通量矢量的准地转形式,用 $\mathrm{QGEPF} \equiv (0, \mathrm{QGEPF}_\varphi, \mathrm{QGEPF}_p)$ 表示,式中

$$\mathrm{QGEPF}_\varphi = -\overline{u_g^* v_g^*}^{\lambda} \tag{9.28}$$

$$\mathrm{QGEPF}_p = -\frac{Rf_0}{pS}\overline{v_g^* T^*}^{\lambda} \tag{9.29}$$

当准地转伪位涡通量消失时,Eliassen-Palm 通量是无辐散的。在本章的后面,我们将看到这些想法可以被广泛推广。

如第 4 章所述,热力学能量方程的准地转形式为

$$\left(\frac{\partial}{\partial t} + \boldsymbol{V}_g \cdot \nabla\right)\frac{\partial \phi}{\partial p} + S\omega = 0 \tag{9.30}$$

方程式(9.30)可以写为

$$\left(\frac{\partial}{\partial t} + \boldsymbol{V}_g \cdot \nabla\right)\psi_z + \frac{N^2}{f_0}w = 0 \tag{9.31}$$

式中,w 由 $-\omega/(\rho_{\mathrm{bs}}g)$ 定义。式中 $\psi_z \equiv \partial\psi/\partial z$,$z$ 是第 8 章中定义的"log-p"坐标。式(9.31)线性化得到了

$$\left(\frac{\partial}{\partial t} + \overline{u}_g^{\lambda}\frac{\partial}{\partial x}\right)\psi_z^* - v_g^* \frac{\partial \overline{u}_g^{\lambda}}{\partial z} + \frac{N^2}{f_0}w^* = 0 \tag{9.32}$$

这里我们使用了热成风方程。

用式(9.32)乘以 ψ_z^* 给出了温度方差方程的形式:

$$\left(\frac{\partial}{\partial t}+\overline{u}_g^\lambda\frac{\partial}{\partial x}\right)\left[\frac{1}{2}(\psi_z^*)^2\right]-v_g^*\psi_z^*\frac{\partial\overline{u}_g^\lambda}{\partial z}+\frac{N^2}{f_0}w^*\psi_z^*=0 \qquad (9.33)$$

请注意这两个梯度产生项(请参见第 7 章)。我们取式(9.33)的纬向平均,使 $\overline{u}^\lambda(\partial/\partial x)$ 项消失,并重新排列结果,以分离左侧的经向能量通量:

$$\overline{v_g^*\psi_z^*}^\lambda\frac{\partial\overline{u}_g^\lambda}{\partial z}=\frac{\partial}{\partial t}\left[\frac{1}{2}\overline{(\psi_z^*)^2}^\lambda\right]+N^2\frac{\overline{w^*\psi_z^*}^\lambda}{f_0} \qquad (9.34)$$

请注意,$(\overline{w^*\psi_z^*}^\lambda/f_0)_0>0$ 表示两个半球的向上温度通量,同样,$\overline{v_g^*\psi_z^*}^\lambda>0$ 表示两个半球的向极地温度通量。

从第 7 章回想一下,斜压涡旋通过降低平均状态质心的向上温度通量从平均状态的位能转换来获得它们的动能。考虑一个斜压放大波,对于 $\partial/\partial t\left[(1/2)\overline{(\psi_z^*)^2}^\lambda\right]>0$ 和 $(\overline{w^*\psi_z^*}^\lambda/f_0)_0>0$,使式(9.34)右侧为正。方程式(9.34)表明,当 $\partial\overline{u}_g^\lambda/\partial z>0$,即温度向极点减少时,斜压放大涡旋产生向极地方向的温度通量(在两个半球)。这样的温度通量是下降梯度的,所以梯度产生项是正的。

接下来,我们考虑一个形式为 $e^{ik(x-ct)}$ 的中性波,对于 $\partial/\partial t=-c(\partial/\partial x)$,式中 c 是实数。我们将式(9.32)乘以 ψ^*,并取纬向平均得到

$$(\overline{u}_g^\lambda-c)\overline{v_g^*\psi_z^*}^\lambda=N^2\frac{\overline{w^*\psi^*}^\lambda}{f_0} \qquad (9.35)$$

注意,$\overline{w^*\psi^*}^\lambda/f_0>0$ 是指波能在两个半球的向上传播。请记住波传播需要 $\overline{u}_g^\lambda-c>0$。由此可见,向上传播的中性波向极地传递能量。例如,这样的波可能被过山气流激发。

总之,向极地的能量输送是由具有 $\partial\overline{u}_g^\lambda/\partial z>0$ 的斜压放大波或向上传播的中性波产生的。

从第 8 章中回顾一下,准地转涡旋位涡方程是

$$\left(\frac{\partial}{\partial t}+\overline{u}_g^\lambda\frac{\partial}{\partial x}\right)Z_{QG}^*+v_g^*\frac{\partial}{\partial y}\overline{Z_{QG}}^\lambda=0 \qquad (9.36)$$

把式(9.36)应用于中性波得到

$$(\overline{u}_g^\lambda-c)\frac{\partial Z_{QG}^*}{\partial x}+v_g^*\frac{\partial}{\partial y}\overline{Z_{QG}}^\lambda=0 \qquad (9.37)$$

我们用 ψ^* 乘以式(9.37),并取纬向平均得到

$$除了~\overline{u}_g^\lambda=c,\overline{v_g^*Z_{QG}^*}^\lambda=0 \qquad (9.38)$$

也就是说,涡旋准地转伪位涡通量除了在临界线处外都等于 0。从式(9.26)可以得出,中性波不影响 $\overline{Z_{QG}}^\lambda$,除非在临界线上。这是准地转行星波的非相互作用定理,类似于 Eliassen 和 Palm(1961)获得的重力波非相互作用定理。方程式(9.38)表示准地转的 Eliassen 和 Palm 通量是无辐散的,临界线上例外。

参考式(9.27),我们看到 $\overline{v^*q_{QG}^*}=0$ 意味着

$$-\frac{\partial}{\partial y}(\overline{u_g^*v_g^*}^\lambda)+\frac{f_0^2}{\rho_{bs}}\frac{\partial}{\partial z}\left(\frac{\rho_{bs}}{N^2}\overline{v_g^*\psi_z^*}^\lambda\right)=0 \qquad (9.39)$$

我们通过整层大气垂直积分式(9.39)以得到

$$-\int_0^{p_S} \frac{\partial}{\partial y}(\overline{u_g^* v_g^*}^\lambda)\frac{\mathrm{d}p}{g} = f_0^2 \frac{\rho_{\mathrm{bs}}}{N^2}(\overline{v_g^* \psi_z^*}^\lambda)_S \tag{9.40}$$

对于中性波。式(9.40)的左侧表示经向动量通量的垂直积分辐合,右侧表示涡旋经向能量通量的近地面值。回想一下我们之前的结论:向上传播的中性波产生向极地能量通量,即 $\overline{v_g^* \psi_z^*}^\lambda$ > 0。从式(9.40)中可以得出

$$\text{对于向上传播的中性波,} \quad -\int_0^{p_S} \frac{\partial}{\partial y}(\overline{u_g^* v_g^*}^\lambda)\frac{\mathrm{d}p}{g} > 0 \tag{9.41}$$

方程式(9.41)表示垂直积分的经向动量通量辐合趋于加速垂直积分的纬向平均纬向风。换句话说,涡旋动量通量试图增加急流的速度。这一发现与本章前面给出的对罗斯贝波动量传输的讨论相一致。相反,由于波也向极地传输温度,它们倾向于降低经向温度梯度,因此(正如热成风平衡所暗示的)倾向于降低急流的强度。因此,动量通量和热通量对平均流有相反的影响。如果这两个相反的影响被抵消,那么涡旋将对平均流没有净影响。

在西风切变过程中,向上传播的中性波倾向于在地球表面产生向下的动量通量。要了解为什么,让我们简单地考虑笛卡儿坐标中的角动量方程:

$$\frac{\partial M}{\partial t} + \frac{\partial}{\partial x}(uM) + \frac{\partial}{\partial y}(vM) + \frac{1}{\rho_S}\frac{\partial}{\partial z}(\rho_S wM) = -\frac{\partial \phi}{\partial x} \tag{9.42}$$

我们假设在边界层以上没有摩擦。取式(9.42)的纬向平均,我们得到

$$\frac{\partial \overline{M}^\lambda}{\partial t} + \frac{\partial}{\partial y}(\overline{v^* M^*}^\lambda) + \frac{1}{\rho_S}\frac{\partial}{\partial z}(\rho_S \overline{w^* M^*}^\lambda) = 0 \tag{9.43}$$

式中忽略了 $\overline{v}^\lambda$ 与 $\overline{w}^\lambda$ 的 $\overline{M}^\lambda$ 平流;这对中纬度的冬季是合理的。在某种程度上 $\overline{v}^\lambda$ 是地转的,它都消失了。接下来,我们假设 $\partial\overline{M}^\lambda/\partial t = 0$。这就导致了

$$\frac{\partial}{\partial y}(\overline{v^* M^*}^\lambda) = -\frac{1}{\rho_S}\frac{\partial}{\partial z}(\rho_S \overline{w^* M^*}^\lambda) \tag{9.44}$$

将式(9.44)相对于质量进行垂直积分,并使用式(9.41),我们发现

$$\int_0^\infty \frac{\partial}{\partial z}(\rho_S \overline{w^* M^*}^\lambda)\mathrm{d}z > 0 \tag{9.45}$$

我们知道 $\rho_S \overline{w^* M^*}^\lambda$ 必须在高层等于0,所以式(9.45)意味着

$$\text{对向上传播的行星波,} \quad (\rho_S \overline{w^* M^*}^\lambda)_S < 0 \tag{9.46}$$

因此,在向上传播行星波存在的情况下,表面摩擦和/或山脉力矩必须将角动量带到地球表面。另一种解释是,在满足式(9.44)的西风带中,表面摩擦和/或山脉力矩将产生一个向上传播的行星波,如前所述,将使能量向极地传输。

通过比较式(9.41)和式(9.46),我们发现经向动量通量使西风加速,而垂直动量通量使西风减速。角动量沿经线流入高架急流,然后向下流入地球表面。这与第5章中讨论的观测到角动量传输相一致。

9.4 变形的欧拉平均系统

之前,我们讨论了纯重力波和 β 平面上准地转涡旋的非相互作用定理。20世纪70年代

发现,对于更一般的平衡流,可以推导出非相互作用定理。下面的讨论是基于 Andrew 等 (1987)的工作。

球坐标下的纬向平均方程可以写为

$$\frac{\partial \overline{M}^\lambda}{\partial t} + \frac{\overline{v}^\lambda}{a}\frac{\partial \overline{M}^\lambda}{\partial \varphi} + \overline{w}^\lambda\frac{\partial \overline{M}^\lambda}{\partial z} - \overline{F}_x^\lambda a\cos\varphi = -\frac{1}{a\cos\varphi}\frac{\partial}{\partial \varphi}(\overline{v^* M^*}^\lambda \cos\varphi) -$$

$$\frac{1}{\rho_S}\frac{\partial}{\partial z}(\rho_S\overline{w^* M^*}^\lambda) \tag{9.47}$$

$$\frac{\partial \overline{v}^\lambda}{\partial t} + \frac{\overline{v}^\lambda}{a}\frac{\partial \overline{v}^\lambda}{\partial \varphi} + \overline{w}^\lambda\frac{\partial \overline{v}^\lambda}{\partial z} + \overline{u}^\lambda\left(f + \frac{\overline{u}^\lambda\tan\varphi}{a}\right) + \frac{1}{a}\frac{\partial \overline{\phi}^\lambda}{\partial \varphi} - \overline{F}_y^\lambda$$

$$= -\frac{1}{a\cos\varphi}\frac{\partial}{\partial \varphi}\left[\overline{(v^*)^2}^\lambda\cos\varphi\right] - \frac{1}{\rho_S}\frac{\partial}{\partial z}(\rho_S\overline{v^* M^*}^\lambda) - \frac{\overline{(u^*)^2}^\lambda\tan\varphi}{a} \tag{9.48}$$

$$\frac{\partial \overline{\theta}^\lambda}{\partial t} + \frac{\overline{v}^\lambda}{a}\frac{\partial \overline{\theta}^\lambda}{\partial \varphi} + \overline{w}^\lambda\frac{\partial \overline{\theta}^\lambda}{\partial z} - \overline{Q}^\lambda$$

$$= -\frac{1}{a\cos\varphi}\frac{\partial}{\partial \varphi}(\overline{v^* \theta^*}^\lambda\cos\varphi) - \frac{1}{\rho_S}\frac{\partial}{\partial z}(\rho_S\overline{w^* \theta^*}^\lambda) \tag{9.49}$$

$$\frac{1}{a\cos\varphi}\frac{\partial}{\partial \varphi}(\rho_S\overline{v}^\lambda\cos\varphi) + \frac{\partial}{\partial z}(\rho_S\overline{w}^\lambda) = 0 \tag{9.50}$$

$$\frac{\partial \overline{\phi}^\lambda}{\partial z} - \frac{R\overline{\theta}^\lambda}{H}e^{-\frac{\kappa z}{H}} = 0 \tag{9.51}$$

式中,$z \equiv -H\log(p/p_0)$ 是垂直坐标,$w \equiv Dz/Dt$。高度尺度 $H = RT_0/g$,式中 T_0 是一个常数。在式(9.49)中,Q 表示加热过程。在式(9.47)—式(9.51)中,$\rho_{bs}(z) \equiv \rho_0 e^{-\frac{z}{H}}$,式中 ρ_0 是一个常数。为了简单起见,我们假设温度随高度是均匀的,但这个假设并不真正需要。

我们现在假设经向动量方程式(9.48)可以用梯度风平衡来近似;也就是说,

$$\overline{u}^\lambda\left(f + \frac{\overline{u}^\lambda\tan\varphi}{a}\right) + \frac{1}{a}\frac{\partial \overline{\phi}^\lambda}{\partial \varphi} \approx 0 \tag{9.52}$$

第 3 章讨论的热带以外 $\overline{v}^\lambda$ 较小,意味着式(9.48)左侧的前三个项很小。通过忽略摩擦力和式 (9.48)右侧的各种涡旋项,可以得到方程式(9.52)。方程式(9.52)对于以下论点至关重要。

我们定义剩余环流(0、V、W)为

$$V \equiv \overline{v}^\lambda - \frac{1}{\rho_S}\frac{\partial}{\partial z}\left(\frac{\rho_S\overline{v^* \theta^*}^\lambda}{\frac{\partial \overline{\theta}^\lambda}{\partial z}}\right) \tag{9.53}$$

$$W \equiv \overline{w}^\lambda + \frac{1}{a\cos\varphi}\frac{\partial}{\partial \varphi}\left(\cos\varphi\frac{\overline{v^* \theta^*}^\lambda}{\frac{\partial \overline{\theta}^\lambda}{\partial z}}\right) \tag{9.54}$$

在没有涡旋的情况下,$V = \overline{v}^\lambda$,同样,在热带地区之外预计会很小,$W = \overline{w}^\lambda$。替换表明,V 和 W 满足类似于式(9.50)的连续方程。使用式(9.53)和式(9.54)来消除 $\overline{v}^\lambda$ 和 $\overline{w}^\lambda$,而有利于 V 和 W,允许我们将式(9.47)和式(9.49)分别重写为

$$\frac{\partial \overline{M}^\lambda}{\partial t} + \frac{V}{a}\frac{\partial \overline{M}^\lambda}{\partial \varphi} + W\frac{\partial \overline{M}^\lambda}{\partial z} - a\cos\varphi\overline{F}_x^\lambda = \frac{1}{\rho_S}(\nabla \cdot \mathbf{EPF}) \tag{9.55}$$

和

$$\frac{\partial \bar{\theta}^\lambda}{\partial t} + \frac{V}{a}\frac{\partial \bar{\theta}^\lambda}{\partial \varphi} + W\frac{\partial \bar{\theta}^\lambda}{\partial z} - \bar{Q}^\lambda = -\frac{1}{\rho_S}\frac{\partial}{\partial z}\left(\frac{\rho_S\overline{v^*\theta^*}^\lambda\frac{1}{a}\frac{\partial \bar{\theta}^\lambda}{\partial \varphi} + \rho_S\overline{w^*\theta^*}^\lambda\frac{\partial \bar{\theta}^\lambda}{\partial z}}{\frac{\partial \bar{\theta}^\lambda}{\partial z}}\right) \tag{9.56}$$

式中,

$$\mathbf{EPF} \equiv \left[0, (\mathbf{EPF})_\varphi, (\mathbf{EPF})_z\right] \tag{9.57}$$

是 Eliassen-Palm 通量,其分量是

$$(\mathbf{EPF})_\varphi \equiv \rho_S\left(\frac{\partial \overline{M}^\lambda}{\partial z}\frac{\overline{v^*\theta^*}^\lambda}{\frac{\partial \bar{\theta}^\lambda}{\partial z}} - \overline{v^*M^*}^\lambda\right) \tag{9.58}$$

和

$$(\mathbf{EPF})_z \equiv \rho_S\left(-\frac{1}{a}\frac{\partial \overline{M}^\lambda}{\partial \varphi}\frac{\overline{v^*\theta^*}^\lambda}{\frac{\partial \bar{\theta}^\lambda}{\partial z}} - \overline{w^*M^*}^\lambda\right) \tag{9.59}$$

在式(9.58)中,$-\overline{v^*M^*}^\lambda$ 项通常占主导地位,而在式(9.59)中,$-\overline{v^*\theta^*}^\lambda$ 项通常占主导地位。当 **EPF** 指向上时,位温的经向通量得到控制。当 **EPF** 指向经向方向时,纬向动量的经向通量得到控制。从式(9.55)中我们看到 **EPF** 的正散度倾向于使 $\overline{M}^\lambda$ 增加。比较式(9.58)和式(9.59)与准地转形式式(9.28)和式(9.29)。方程式(9.55)—式(9.56)称为变换后的欧拉平均方程。

你应该认识式(9.56)右边 $\partial/\partial z$ 内分子中的项,控制方程 $\bar{\theta}^\lambda$,作为涡旋位温方差方程的梯度产生项,这在第 7 章中讨论过。

前面的推导似乎只是一个代数变换。我们写了式(9.53)和式(9.54),没有任何解释和动机。这一切有什么意义呢?重点是,对于具有 $F_x = F_y = 0$ 和 $Q = 0$ 的稳定线性涡旋,可以证明

$$\nabla \cdot \mathbf{EPF} = 0 \tag{9.60}$$

结果表明,在相同条件下,式(9.56)的涡旋强迫项为零;即,

$$\frac{\partial}{\partial z}\left(\frac{\rho_S\overline{v^*\theta^*}^\lambda\frac{1}{a}\frac{\partial \bar{\theta}^\lambda}{\partial \varphi} + \rho_S\overline{w^*\theta^*}^\lambda\frac{\partial \bar{\theta}^\lambda}{\partial z}}{\frac{\partial \bar{\theta}^\lambda}{\partial z}}\right) = 0 \tag{9.61}$$

方程式(9.61)基本上遵循我们的假设,即 $\overline{M}^\lambda$ 没有变化,并保持梯度风平衡。

对于稳定的线性涡旋情况,在没有摩擦和加热的情况下,我们的方程组简化为

$$\frac{\partial \overline{M}^\lambda}{\partial t} + \frac{V}{a}\frac{\partial \overline{M}^\lambda}{\partial \varphi} + W\frac{\partial \overline{M}^\lambda}{\partial z} = 0$$

$$\overline{u}^\lambda\left(f + \frac{\overline{u}^\lambda\tan\varphi}{a}\right) + \frac{1}{a}\frac{\partial \overline{\phi}^\lambda}{\partial \varphi} = 0$$

$$\frac{\partial \bar{\theta}^\lambda}{\partial t} + \frac{V}{a}\frac{\partial \bar{\theta}^\lambda}{\partial \varphi} + W\frac{\partial \bar{\theta}^\lambda}{\partial z} = 0$$

$$\frac{1}{a\cos\varphi}\frac{\partial}{\partial \varphi}(\rho_S V\cos\varphi) + \frac{\partial}{\partial z}(\rho_S W) = 0$$

$$\frac{\partial \overline{\phi}^\lambda}{\partial z} - \frac{R\bar{\theta}^\lambda}{H}e^{-\frac{\kappa z}{H}} = 0 \tag{9.62}$$

该系统具有以下稳定状态解：

在梯度风平衡中，

M 处于梯度风平衡中 $\dfrac{\partial \overline{M}^\lambda}{\partial t} = 0$

$$V = 0, W = 0 \tag{9.63}$$

$\dfrac{\partial \overline{\theta}^\lambda}{\partial t} = 0$，$\overline{\theta}^\lambda$ 从过去历史或辐射对流平衡中指定。

从 V 和 W 的定义出发，我们可以求解 $V = 0$ 和 $W = 0$ 所暗示的平均经向环流：

$$\rho_s \overline{v}^\lambda = \frac{\partial}{\partial z}\left[\rho_s \frac{\overline{v^* \theta^*}^\lambda}{\frac{\partial \overline{\theta}^\lambda}{\partial z}} \right] \tag{9.64}$$

$$\overline{w}^\lambda = -\frac{1}{a\cos\varphi}\frac{\partial}{\partial \varphi}\left[\cos\varphi \frac{\overline{v^* \theta^*}^\lambda}{\frac{\partial \overline{\theta}^\lambda}{\partial z}} \right] \tag{9.65}$$

为了帮助解释这些结果，假设我们有一个根本没有涡旋的解。"没有涡旋"肯定符合"稳定线性涡旋"，所以前面的论点适用，从式（9.64）和式（9.65）得出结论，平均经向环流在没有涡旋（和加热）的情况下消失。

现在，我们增加稳定的线性涡旋，使 $\nabla \cdot \mathbf{EPF}$ 继续为零。完全相同的 $\overline{M}^\lambda$ 和 $\overline{\theta}^\lambda$ 将满足这些方程式！当然，v 和 w 将不同，也就是说，平均经向环流将不同，因为它取得值必须确保 $V = W = 0$，即满足式（9.64）和式（9.65）。这个平均经向环流是由涡旋驱动的。该系统产生平均经向环流，以防止涡旋破坏梯度风平衡。也许更好的说法是，维持热成风平衡的过程（即地转适应和静力适应）通过使用波诱导的平均经向环流作为工具来完成这一过程。

对这个惊人结果的解释是，如果我们尝试通过应用稳定的线性涡旋强迫修改 $\overline{M}^\lambda$ 和 $\overline{\theta}^\lambda$，使 $\nabla \cdot \mathbf{EPF} = 0$，我们会失望！唯一的结果将是，平均经向环流以 V 和 W 将继续保持为零的方式变化。实际上，涡旋会诱导平均经向环流，完全抵消涡旋对 $\overline{M}^\lambda$ 和 $\overline{\theta}^\lambda$ 的直接影响。

当涡旋不稳定时，剩余环流不同于零，$\overline{M}^\lambda$ 和 $\overline{\theta}^\lambda$ 被涡旋和/或涡旋诱导的平均经向环流联合效应所改变。涡旋和平均经向环流的影响仍然倾向于抵消，但抵消是不完整的。

Edmon 等（1980）利用非相互定理的准地转形式分析了 Oort 和 Rasmussen（1971）的数据。图 9.2 显示了 Eliassen-Palm 通量（箭头）及其散度（等值线），以及剩余环流的流函数。首先，我们考虑北部冬季的结果，如上图所示。在中纬度地区，靠近表面，箭头明显指向上，表明有明显的向极地位温通量。在对流层顶附近，箭头弯曲并变成水平，指向热带，表明有强的向极地涡旋动量通量。请记住，$\nabla \cdot \mathbf{EPF} > 0$ 意味着 $\partial \overline{M}^\lambda / \partial t > 0$；即 $\mathbf{EPF}$ 正散度有利于西风加速。在约 30°N 时，200 hPa 附近的负散度（即辐合）表明，涡旋的净效应是使急流减速。事实上，除了靠近地表外，西风带在整个中纬度地区都在减速。请注意，这种 $\mathbf{EPF}$ 辐合主要是由于通量向上分量随高度的增加而降低造成的，即主要是由于经向温度通量造成的。

冬季的剩余环流（图 9.2B）看起来似乎像从热带延伸到两极的巨大哈得来环流圈。这让人想起在第 5 章讨论的等熵坐标中看到的平均经向环流，这不是巧合。在夏天，哈得来环流圈的北部边缘明显延伸到南半球。显然，剩余环流可以看作是部分由热带加热驱动的。

北方夏季的结果非常相似，除了变化通常较弱和向极地移动以外。进一步分析表明，两个季节瞬变涡旋的贡献主导了静止涡旋的贡献。

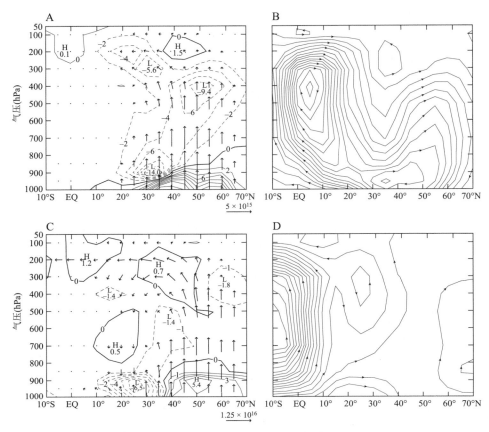

图 9.2 （A)所有涡旋对冬季季节平均 Eliassen-Palm 剖面的贡献。等值线间隔为 $2\times10^{15}\,\mathrm{m}^3$。水平
箭头比例（单位为 m^3)位于右下角；(B)冬季剩余环流的流函数。等值线间隔为 $7.5\times10^{16}\,\mathrm{m}^2 \cdot \mathrm{s} \cdot \mathrm{Pa}$；
(C)与(A)相同,但是针对夏季,且等值线间隔为 $1\times10^{15}\,\mathrm{m}^3$；(D)和(B)一样,但是在夏天。

引自 Edmon 等(1980)。© American Meteorological Association 授权使用

图 9.2 显示了季节平均结果。在本章的其余部分中,我们将讨论三个相当戏剧性的涡旋
和时间平均环流之间随时间变化的相互作用例子,以及一个季节平均相互作用的例子。

9.5 阻塞

阻塞(Berggren et al.,1949;Rex,1950a,1950b)是一种低频、中纬度现象,其特征是一个
几乎静止的反气旋,持续至少几天,有时甚至持续数周。反气旋使西风急流分支,并引导气旋
扰动围绕其自身运动,主要在向极地一侧。阻塞高压附近的气流是强经向的,是早期文献所谓
"低指数"形势的一个例子(Rossby,1939);高指数形势是强纬向的。阻塞高压强度趋于波动,
短暂减弱,然后重新增强。它们在平均意义上几乎保持静止,尽管它们可能在生命史中围绕平
均位置摆动。

阻塞往往在北半球更容易出现,特别是冬季出现在北大西洋东部和北太平洋东部,夏季出
现在亚洲北部。南半球的阻塞确实会发生,最常见的是在新西兰附近。阻塞可以发生在夏季

和冬季,但在冬季更常见。冬季阻塞事件有时似乎与平流层爆发性增温有关(Quiroz,1986),这将在本章后面讨论。这种阻塞的形成可能与罗斯贝波的向上传播有关,罗斯贝波与平流层纬向气流相互作用,产生平流层爆发性增温(Martius et al.,2009;Woolings et al.,2010)。

一次阻塞明显影响天气形势长达一个星期或多个星期,有时与热浪和/或持续干旱有关(Green,1977)。如果可以预测到阻塞的形成和消散,那么就有可能提前几周预测一些天气形势。直到最近,天气预报模式在预测阻塞方面并不是很成功,而且相同的模式产生阻塞的频率比气候模拟模式下观察到的要少。在过去几年中,这种情况显著改善,显然是由于模式分辨率提高的结果。

是什么导致了阻塞性反气旋的形成? 一个简单和被广泛接受的阻塞动力学理论仍然缺乏。正如 Colucci(1985)所讨论的,当特别强的气旋将低位涡(PV)空气从副热带地区(低位涡是常态) 平流进入中纬度地区(低位涡是异常)时,阻塞有时就开始了。图 9.3 显示了一个例子,它引自 Shutts(1986)。在具有低位涡的空气向极地平流的同时,大量的高位涡空气平流到低位涡异常的向赤道一侧位置。因此,该阻塞在位涡方面具有偶极子结构。在阻塞的经度附近,位涡向极地减小,而通常向极地增加。阻塞的反气旋可以称为"切断高压",气旋可以称为"切断低压"。图 9.4 显示了相应的海平面气压和 500 hPa 高度场。偶极子结构在后者中很明显。请注意,西风分裂成高压北部一个较强大的分支,和低压南部一个较弱的分支。

即使阻塞高压嵌入了中纬度冬季环流的乱流中,阻塞高压是怎么可能作为定义明确的、孤立的"对象"持续存在? 对低压的破坏似乎是很自然的;高压的持续存在需要一种解释。Hoskins 等(1985)推测低压被对流破坏,而高压可以存活,因为对流被抑制。观测结果表明,围绕阻塞高压被引导的小尺度瞬变涡旋实际上有助于保持高压(Hansen 和 Chen,1982;Hoskins et al.,1983;Egger et al.,1986;Shutts,1986;Dole,1986;Mullen,1987;Nakamura et al.,1997;Chang et al.,2002;Luo 和 Chen,2006;Ren et al.,2009)。阻塞可能是升尺度能量传输的例子,如第 10 章所讨论的,这在二维湍流的理论基础上是可以预期的。有人认为,地球大气层中的阻塞反气旋非常类似于大红斑,大红斑在木星大气中已经存在了至少几百个地球年。

阻塞几乎静止的特征表明,它们在某种程度上锚定在固定的地理特征上,如地形,尽管 Hu 等(2008)报道了使用纬向对称边界条件的水球行星模式阻塞模拟。Charney 和 DeVore (1979,以后称 CDV)提出了一个涉及地形锚定的理论,他们认为,在地形存在的情况下,大尺度环流可以采用两种平衡态中的任何一种,一种对应于阻塞,另一种对应于更纬向的气流。其基本思想是,对于平均流的某些配置,可以存在由地形共振强迫的静止波。然后,这些波反馈给平均流。在某些条件下,共振波以一种有利于共振波形成的方式改变了平均流;也就是说,这些波产生了一种有利于其自身持续存在的平均流。然而,如果波动不存在,由此产生的平均流就不利于波动的形成。因此,该系统可以存在于两种可能的配置中的任何一种,称为多重平衡。多重平衡的可能存在一直是人们对 CDV 理论继续感兴趣的一个关键原因。因为该理论涉及波与平均流的相互作用,所以它本质上是非线性的。

CDV 理论的一个简化版本如下。假设地形在经度上呈正弦变化;也就是说,

$$h(x) \equiv h_T \cos(K_m x) \tag{9.66}$$

运动由流函数 ψ 描述,它被认为形式是

$$\psi(x,y,t) = -U(t)y + A(t)\cos(K_m x) + B(t)\sin(K_m x) \tag{9.67}$$

我们可以将式(9.67)看作是一个高截断的函数展开式(图 9.5)。回想一下,流函数是由 $u \equiv$

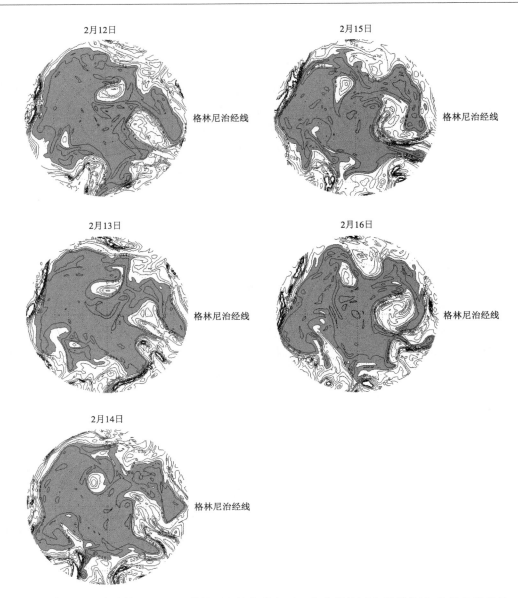

2月12日   格林尼治经线

2月15日   格林尼治经线

2月13日   格林尼治经线

2月16日   格林尼治经线

2月14日   格林尼治经线

图 9.3   1983 年 2 月 5 个连续日，320 K 等熵面上埃尔特尔(Ertel)位涡的四次根等值线，从极地附近的 200 hPa 倾斜到热带地区的 600 hPa。格林尼治经线在每个图的右侧，用"格林尼治经线"表示。等值线间隔为 0.004(PVU)$^{1/4}$。大于 0.044(PVU)$^{1/4}$ 的值用阴影表示。PVU 的定义在图 4.5 的标题中给出。是根据 Shutts(1986)中的图重新绘制的

$-\partial\psi/\partial y$ 和 $v \equiv \partial\psi/\partial x$ 的关系定义的;使用这些公式,我们可以看到式(9.67)描述的气流纬向分量只是简单的 $U(t)$;也就是说,它只取决于时间。波动的 A 部分与地形同位相,在这个意义上,对于 $A>0$,流函数的最大值(对应于脊特征)发生在山上,而对于 $B>0$,波动的 B 部分代表山下游的一个槽。气流的波状经向分量随 x 和 t 而变化:

$$v(x,t) = K_m[-A(t)\sin(K_m x) + B(t)\cos(K_m x)] \qquad (9.68)$$

通过将式(9.67)代入描述有摩擦的罗斯贝波气流非线性涡度方程,CDV 证明了波运动满足

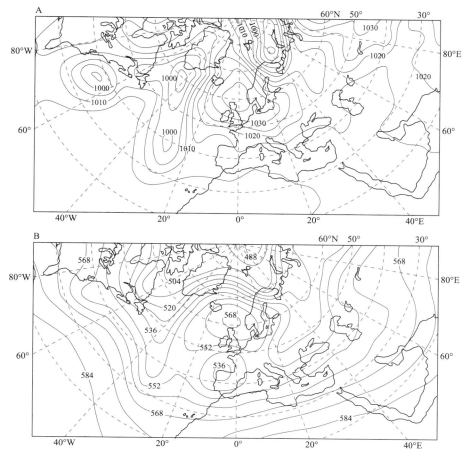

图 9.4 （A）1983 年 2 月 15 日 12 时（世界时）的平均海平面气压场。等值线间隔为 5 hPa。
（B）1983 年 2 月 15 日 12 时（世界时），500 hPa 的高度。等值线间隔为 80 m。引自 Shutts(1986)。
经爱思唯尔（Elsevier）授权许可后重印

$$\frac{1}{K_m}\frac{\mathrm{d}A}{\mathrm{d}t} + \left(\frac{\upsilon}{K_m}\right)A + \left(U - \frac{\beta}{K_m^2}\right)B = 0 \tag{9.69}$$

$$\frac{1}{K_m}\frac{\mathrm{d}B}{\mathrm{d}t} - \left(U - \frac{\beta}{K_m^2}\right)A + \left(\frac{\upsilon}{K_m}\right)B + \left(\frac{f_0 h_T}{K_m^2 H}\right)U = 0 \tag{9.70}$$

而纬向流则服从

$$\frac{\mathrm{d}U}{\mathrm{d}t} = \left(\frac{f_0 h_T K_m}{4H}\right)B - \upsilon(U - U^*) \tag{9.71}$$

在式(9.69)—式(9.70)中，涉及 υ 的项代表摩擦。在式(9.71)中，B 项表示当波与山上的槽取向一致时，山脉对平均流施加地形形式拖曳（或"山脉力矩"），U 项代表对抗摩擦来维持平均流的"动量强迫"。请注意，如果地形的波数 K_m 等于零，则式(9.69)和式(9.70)会"引爆"。这只是意味着在没有地形的情况下没有波解；也就是说，波是地形强迫的。还要注意，式(9.69)和式(9.70)是非线性的，因为它们涉及 A 和 B 与 U 的乘积。这种非线性代表了波-平均流的相互作用。

CDV 考虑了式(9.69)—式(9.71)的平衡（稳态）解。这些平衡可以通过将时间变化率项设置为零，求解作为 U 函数的 A 和 B 得到线性系统式(9.69)—式(9.70)，并通过要求满足式

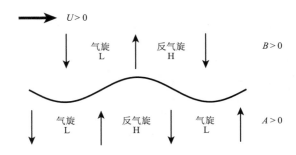

图 9.5　Charney 和 Devore 模式中经向风的 A 和 B 分量与地形之间的关系。地形由中心的波浪
线表示。箭头表示 v 风分量的方向，"向上"对应"南风"。地形上方的箭头为波的 B 分量，下面的
箭头为 A 分量，假设 A 和 B 是正的。表示区域为 $f>0$（北半球）情况的气旋或反气旋

（9.71）的稳定状态形式选择适当的 U 值来找到。图 9.6 显示了一个例子，其中直线表示满足
式（9.71）的 (B,U) 对，而曲线表示满足式（9.69）—式（9.70）的 (B,U) 对。有三个平衡，但可
以证明中间的平衡是不稳定的。大 U 的稳定平衡波振幅小，小 U 的稳定平衡波振幅大。这是
可以理解的，因为式（9.71）的波动项代表了由于山脉力矩对 U 的拖曳。具有大波幅和弱纬向
流的解被解释为阻塞。CDV 认为，如果该模式受到随机强迫，代表天气的随机波动——可能
通过 U^* 的波动表现出来，那么系统可能会在"被阻塞"平衡的邻域和"不被阻塞"平衡的邻域
之间偶尔来回过渡。

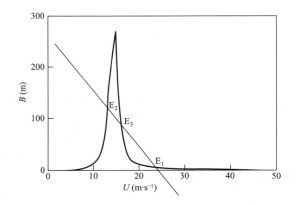

图 9.6　式（9.57）—式（9.58）的平衡解，通过将时间变化率项设为零，求解作为 U 的函数得到 A 和 B 的线性
系统，并通过要求满足式（9.115）选择适当的 U 值来得到。直线表示满足式（9.71）的 (B,U) 对，而峰值
曲线表示满足式（9.69）—式（9.70）的 (B,U) 对。平衡解发生在直线和曲线相交的地方。图中显示
了有三个解，但事实证明中间的一个解是不稳定的。引自 Speranza（1986）。
经爱思唯尔（Elsevier）授权许可后重印

　　Charney 和 Straus（1980）将 CDV 理论扩展到斜压情况，并被许多其他作者进行了研究。
CDV 理论受到了严厉的批评（Tung 和 Rosenthal，1985），部分原因是它的极端理想化限制了
模式的可能行为，表明少量的离散平衡（即二个）是人为的。然而，该理论继续经常被引用为解
释阻塞的重要背景概念，也在研究可能存在多个离散天气条件（O'Kane et al.，2013）。
　　McWilliams（1980）提出，偶极子可能被认为是理想化的阻塞模型。偶极子是非线性涡度
方程的精确解（Flierl，1978）。它们具有偶极子结构，其中一个高压（一个负涡度中心）与相邻

的一个低压(一个正涡度中心)配对。偶极子必须在有限振幅情况下才能存在——没有像"线性"偶极子这样的情况。偶极子的一个有趣阻塞状特性是,它们可以抵抗被扰动的破坏。此外,一个偶极子相对于平均流"移动",在特殊条件下,在存在背景西风的情况下,可以建立一个相对于地球静止的偶极子。

如前所述,我们还没有一个简单的、被广泛接受的阻塞理论。已发现以下问题与阻塞相关。

(1)是什么导致了阻塞性反气旋的形成?

(2)是什么决定了阻塞活动的首选地理位置?

(3)如何针对噪声背景流维持阻塞高压?

(4)即使阻塞嵌在强西风气流中,为什么也几乎静止不动?

(5)是什么导致了阻塞的衰弱?

(6)为什么观测到持久的、准静止的反气旋,而不是持续的、准静止的气旋?

前面的讨论至少对这些问题给出了部分答案。

9.6　平流层爆发性增温

平流层爆发性增温(Stratospheric sudden warmings,SSWs)由 Richard Scherhag(1952,1960)发现,Schoeberl(1978)和 Holton(1980)发表了早期的评论。在平流层爆发性增温中,极地平流层温度在短短几天内就增加了几十个开尔文。正如热成风平衡所预期的那样,通常较强的极地平流层西风带(见第 3 章)显著减弱,有时甚至让位于东风带。如图 9.7 所示,平流层

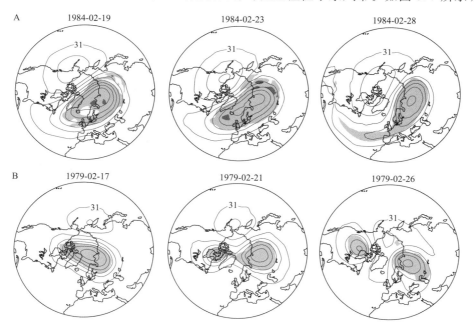

图 9.7　10 hPa 气压面的位势高度(等值线)极射赤面投影图。等值线间隔为 0.4 km,阴影表示位涡大于 4.0 PVU。PVU 的定义在图 4.5 的标题中给出。(A)1984 年 2 月发生的涡旋位移型变暖;(B)1979 年 2 月发生的涡旋分裂型变暖。引自 Charlton 和 Polvani(2007)。

© American Meteorological Association 授权使用

爆发性增温以两种不同的方式出现。有时,极地涡旋只是从极点转移,但在其他情况下,它会分为两部分(Charlton 和 Polvani,2007)。当一个正涡度异常重新移动到极地的位置时,极地涡旋就会被重新建立。

在北半球,主要的平流层爆发性增温比每隔一年一次的发生频率稍多,通常发生在 1 月或 2 月。尽管在 2002 年 9 月发生了一场壮观的南极事件(Newman 和 Nash,2005;Simmons et al.,2005),但南半球他们发生的频率更低。

Matsuno 首先提出(1970,1971;参见 Matsuno 和 Nakamura,1979),平流层爆发性增温是由向上传播到平流层的准静止对流层行星波快速增长触发的。从第 8 章中回顾一下,行星波可以在冬季从对流层传播到平流层,但在夏季不能传播。波活动的快速增强通常与对流层阻塞高压的形成有关(Barriopedro 和 Calvo,2014)。平流层爆发性增温远非"稳定的",所以非相互作用定理不适用。图 9.8 显示了一个复合平流层爆发性增温的生命周期,由许多平流层爆发性增温的平均观测构建。观测到极地平流层变暖,而低纬度地区则冷却。随着极地的变暖,平流层经向温度梯度实际上会逆转,导致通常强西风极地涡旋让位于极地东风!当上面形成东风带时,进一步的波传播被阻断。观测到极地西风带的减速与 Eliassen-Palm 矢量的强辐合相一致。矢量在平流层几乎垂直,表明经向能量通量为主。随着平流层爆发性增温的成熟,暖异常和东风朝对流层向下迁移。最近人们认识到,平流层爆发性增温经常伴随着对流层天气的持续变化(Baldwin 和 Dunkerton,2001;Thompson et al.,2005)。

9.7　准两年振荡

正如 Baldwin 等(2001)所讨论的,热带平流层的纬向风经历了令人惊叹的准两年振荡(quasi-biennial oscillation,QBO),振荡周期约为 26 个月。观测到在热带平流层中有一个空气"环",伸展到所有经度,大约每两年逆转其纬向运动的方向,就像一个巨大的纬向摩天轮,如图 9.9 所示。

准两年振荡是由 Richard Reed 大约在 1960 年发现的(见 Reed,1966 年的早期评论)。早期的证据不足以统计上有意义的方式确定真正振荡的存在,但另外几十年的数据已经清楚地表明,准周期振荡确实存在。振荡很剧烈:风从约 20 m·s^{-1} 的西风转变到约 20 m·s^{-1} 的东风,然后再转变回来。观测到它们从平流层中层向下传播到对流层顶附近。相应的振荡在其他平流层场中可见,而在对流层中则要弱得多。

Lindzen 和 Holton(1968)以及 Holton 和 Lindzen(1972)提出,振荡是由于向上传播的开尔文波和柳井波与平均流的相互作用造成的。最近,有人提出,向东传播和向西传播的重力波起着重要作用,开尔文波和柳井波现在越来越不受到重视。观测到各种不同的波产生的能量向上传播到平流层。因此,波能的来源一定在对流层,并被认为与潜热有关。每种类型的波都可以被一个 $\bar{u}^\lambda - c = 0$ 临界层阻挡。向东传播的波,如开尔文波和向东传播的惯性重力(eastward-propagating inertia-gravity,EIG)波,在西风具有临界层。向西传播的波,如罗斯贝波、柳井波和向西传播的惯性重力(westward-propagating inertia-gravity,WIG)波,可能在东风中有临界层(图 9.10)。

如第 5 章所示,纬向平均角动量方程可以写为

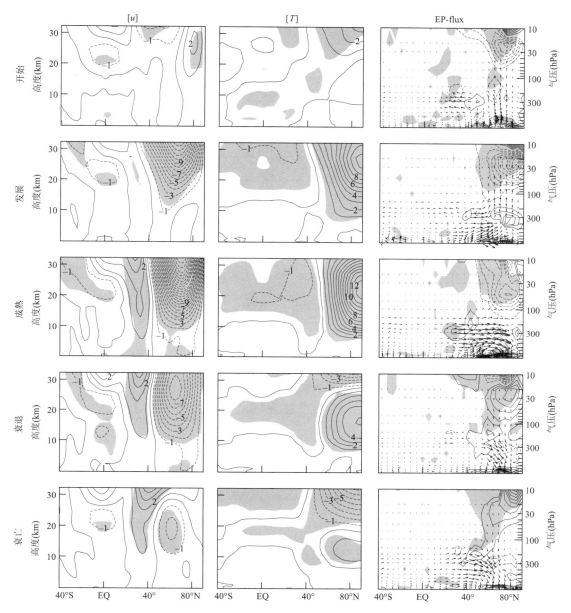

图 9.8　纬向平均纬向风异常（左列）、纬向平均温度异常（中间）、平流层爆发性增温复合生命周期中的 Eliassen-Palm 通量及其散度（右列）。负等值线以虚线表示。零等值线以实线表示。风（温度）等值线间隔为 1 m·s^{-1}（1 K）。以每 0.25 m·s^{-1}·d^{-1} 间隔，Eliassen-Palm 通量散度（除以 $\rho a \cos\varphi$）在右列中呈等值线。右列中的矢量长度与所在列中的顶部图一致。灰色阴影表示具有 95％置信水平的区域（基于 t 统计）。改编自 Limpasuvan 等（2004）。沿海卡罗莱纳大学的 Varavut Limpasuvan 友情地提供了这个图的黑白图。© American Meteorological Association 授权使用

$$\frac{\partial}{\partial t}\left(\overline{\rho_\theta M}^\lambda\right)+\frac{1}{a\cos\varphi}\frac{\partial}{\partial\varphi}\left(\overline{\rho_\theta v M}^\lambda\cos\varphi\right)+\frac{\partial}{\partial\theta}\left(\overline{\rho_\theta\dot\theta M}^\lambda+\overline{F_u}^\lambda a\cos\varphi-\overline{p\frac{\partial z}{\partial\lambda}}^\lambda\right)=0 \qquad (9.72)$$

很容易证明

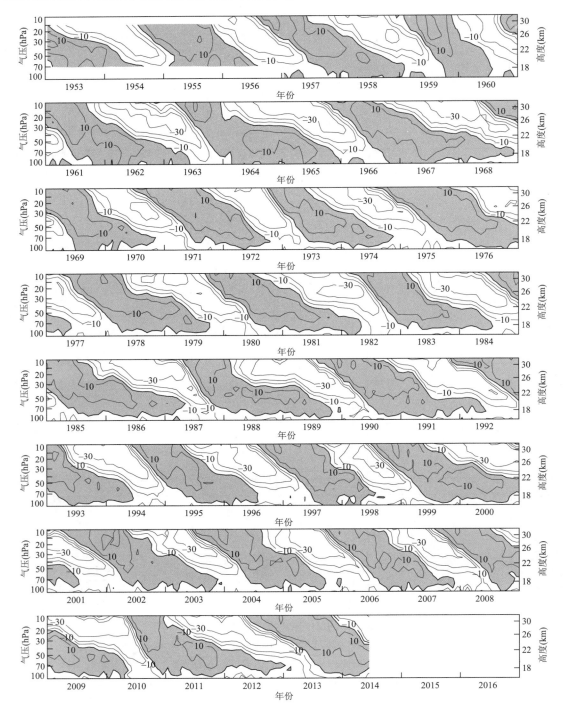

图 9.9　赤道站点月平均纬向风时间高度剖面:坎顿岛,3°S/172°W(1953 年 1 月—1967 年 8 月);甘/马尔迪夫群岛,1°S/73°E(1967 年 9 月—1975 年 12 月);新加坡,1°N/104°E(自 1976 年 1 月起)。等值线间隔为 10 m·s⁻¹,西风用阴影表示。经 Markus Kunze 授权许可后使用。Marquardt(1998)通过更新 Naujokat(1986)出版的一个版本,创建了这个图的早期版本。

引自网站 http://www.geo.fu-berlin.de/en/met/ag/strat/produkte/qbo/

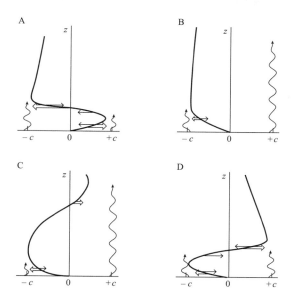

图 9.10　在每个图中,垂直轴是高度,水平轴是风速和/或相速。这些曲线显示了纬向风随高度的变化。标签$+c$ 和$-c$ 分别表示向东相速和向西相速。引自 Plumb(1984)。经施普林格科学和商业媒体(Springer Science and Business Media)的友情许可后使用

$$\overline{p\,\frac{\partial z}{\partial \lambda}}^{\lambda} = \overline{p^{*}\,\frac{\partial z^{*}}{\partial \lambda}}^{\lambda} \tag{9.73}$$

因此

$$由于波动造成的纬向动量向上通量 = -\overline{p^{*}\,\frac{\partial z^{*}}{\partial \lambda}}^{\lambda} \tag{9.74}$$

在这一点上,回忆起等熵坐标下的机械能方程形式是很有用的,它在第 4 章结尾的一个家庭作业问题中陈述,为了方便起见,在这里重复:

$$\left[\frac{\partial}{\partial t}(\rho_{\theta}K)\right]_{\theta} + \nabla_{\theta} \cdot \left[\rho_{\theta}\boldsymbol{V}(K+\phi)\right] + \frac{\partial}{\partial \theta}\left[\rho_{\theta}\dot{\theta}(K+\phi) - z\left(\frac{\partial p}{\partial t}\right)_{\theta} + \boldsymbol{V} \cdot \boldsymbol{F}_{V}\right]$$
$$= -\rho_{\theta}\omega a - \rho_{\theta}\delta \tag{9.75}$$

式(9.75)左侧的项 $(\partial/\partial\theta)\left[-z(\partial p/\partial t)_{\theta}\right]$ 表示通过"气压做功"对能量的垂直输送。因此,波动能量的向上通量由 $-\overline{z^{*}\,(\partial p^{*}/\partial t)}_{\theta}^{\lambda}$ 给出。回想一下以相速 c 纬向传播的中性波 $\partial/\partial t = \left[-c/(a\cos\varphi)\right]\partial/\partial\lambda$。然后,对于这样的一个波,

$$-\overline{z^{*}\left(\frac{\partial p^{*}}{\partial t}\right)}_{\theta}^{\lambda} = \frac{c}{a\cos\varphi}\overline{z^{*}\left(\frac{\partial p^{*}}{\partial \lambda}\right)}_{\theta}^{\lambda} = -\frac{c}{a\cos\varphi}\overline{p^{*}\left(\frac{\partial z^{*}}{\partial \lambda}\right)}_{\theta}^{\lambda} \tag{9.76}$$

这样

$$波动能量的向上通量 = -\frac{c}{a\cos\varphi}\overline{p^{*}\left(\frac{\partial z^{*}}{\partial \lambda}\right)}_{\theta}^{\lambda} \tag{9.77}$$

比较式(9.77)和式(9.74),我们得出结论,对于中性波

$$向上的能量通量 = \frac{c}{a\cos\varphi} \times 向上波动角动量通量 \tag{9.78}$$

因此,对于向东传播的中性波($c>0$),动量通量和能量通量有相同的符号,而对于向西传播的中性波($c<0$),动量通量和能量通量有相反的符号。

特别是,向上传播的开尔文波(即产生向上能量通量的开尔文波)从它们产生的高度向上传输西风动量,并将其沉积在高空。当它们在西风层的底部遇到临界层时,就会产生西风加速度,从而导致西风随着时间的推移而下降,正如在准两年振荡中观测到的那样。向东传播的惯性重力波也会产生类似的效果。

向上传播的柳井波(即产生向上能量通量的柳井波)从产生的高度向上传输东风动量,并将其沉积在高空。当它们在东风的底部遇到临界层时,会产生东风加速度。向西传播的惯性重力波也将产生类似的效应,最近的工作表明,它们实际上对准两年振荡很重要。

Plumb 和 McEwan(1978)在一个充满层结盐水的环形水箱中对准两年振荡进行了一个显著的实验室模拟。在这样的实验中,"向东"和"向西"传播的惯性重力波是由水箱底部的振荡隔膜人为激发的。在给定的层次上,平均流的方向随着时间的推移周期性地逆转,这些逆转向下传播。这些振荡是由波-平均流的相互作用引起的。这个实验室试验的视频可以在互联网上找到。

多年来,全球大气环流模式都未能模拟出准两年振荡。Cariolle 等(1993)做出了一个较令人满意的模拟,Takahashi 和 Shiobara(1995)在一个简化的全球大气环流模式中成功模拟了准两年振荡。最后,Takahashi(1996)使用包含对流层和平流层的完整全球大气环流模式对准两年振荡进行了相当成功的模拟。在 1997 年,欧洲中期天气预报中心模式在气候模拟模态下运行时,开始产生一个准两年振荡,即没有资料同化。模式性能的改进与垂直分辨率的增加有关。对准两年振荡成功的数值模拟,似乎需要高垂直分辨率,可能也需要弱阻尼。

有一些证据表明,木星(Orton et al.,1991,1994;Leovy et al.,1991;Flasar et al.,1999;Flasar et al.,2004)和土星(Fouchet et al.,2008)大气中有类似于准两年振荡的现象。

9.8 等熵坐标中的伊莱亚森-帕尔姆(Eliassen-Palm)定理

当使用等熵坐标表示时,Eliassen-Palm 定理更简单、更通俗、更容易解释。以下的分析是基于 Andrews(1983)、Tung(1986)和 Andrews 等(1987)的工作。角动量方程的倾向项可分为两部分:

$$\frac{\partial}{\partial t}(\overline{\rho_\theta M^\lambda}) = \frac{\partial}{\partial t}(\overline{\rho_\theta^\lambda}\overline{M^\lambda}) + \frac{\partial}{\partial t}(\overline{\rho_\theta^* M^{*\lambda}}) \tag{9.79}$$

在式(9.72)中使用式(9.79),我们得到

$$\frac{\partial}{\partial t}(\overline{\rho_\theta^\lambda}\overline{M^\lambda}) + \frac{1}{a\cos\varphi}\frac{\partial}{\partial\varphi}(\overline{\rho_\theta v M^\lambda}\cos\varphi) = -\frac{\partial}{\partial t}(\overline{\rho_\theta^* M^{*\lambda}})$$
$$+ \frac{\partial}{\partial\theta}\left(\overline{p^*\frac{\partial z^*}{\partial\lambda}}^\lambda - \overline{\rho_\theta\dot\theta M^\lambda} + \overline{F_u^\lambda}a\cos\varphi\right) \tag{9.80}$$

在这里,时间变化率项的"涡旋部分"已经被移到等号右边,原因将很快讨论。我们想推导出式(9.80)的"平流形式",所以我们从式(9.80)中减去 $\overline{M^\lambda}$ 乘以纬向平均连续方程来得到

$$\overline{\rho_\theta^\lambda}\frac{\partial\overline{M^\lambda}}{\partial t} + \frac{1}{a\cos\varphi}\left[\frac{\partial}{\partial\varphi}(\overline{\rho_\theta v M^\lambda}\cos\varphi)\right] - \frac{\overline{M^\lambda}}{a\cos\varphi}\frac{\partial}{\partial\varphi}(\overline{\rho_\theta v^\lambda}\cos\varphi)$$

$$= -\frac{\partial}{\partial t}(\overline{\rho_\theta^* M^*}^\lambda) + \overline{M}^\lambda \frac{\partial}{\partial \theta}(\overline{\rho_\theta \dot\theta}^\lambda) + \frac{\partial}{\partial \theta}\left(\overline{p^* \frac{\partial z^*}{\partial \lambda}}^\lambda - \overline{\rho_\theta \dot\theta M}^\lambda + \overline{F_u^\lambda} a\cos\varphi\right) \quad (9.81)$$

我们还不能结合式(9.81)的经向和垂直导数项来得到平流形式。

为了得到所需的平流形式(还需要几步),我们引入了一个质量加权纬向平均,定义为

$$\hat{A} \equiv \frac{\overline{\rho_\theta A}^\lambda}{\overline{\rho_\theta}^\lambda} \quad (9.82)$$

式中,A 是一个任意的标量。我们注意到,根据这个定义,变量上面加 ∧ 的量与经度无关。使用式(9.82),我们可以写为

$$\rho_\theta A = \overline{\rho_\theta A}^\lambda + (\rho_\theta A)^*$$
$$= \overline{\rho_\theta}^\lambda \hat{A} + (\rho_\theta A)^* \quad (9.83)$$

和

$$\overline{\rho_\theta A B}^\lambda = \overline{\rho_\theta A}^\lambda \overline{B}^\lambda + \overline{(\rho_\theta A)^* B^*}^\lambda$$
$$= \overline{\rho_\theta}^\lambda \hat{A}\overline{B}^\lambda + \overline{(\rho_\theta A)^* B^*}^\lambda \quad (9.84)$$

式中,B 是第二个任意变量。作为式(9.84)的特殊情况,我们可以写为

$$\overline{\rho_\theta v B}^\lambda = \overline{\rho_\theta v}^\lambda \overline{B}^\lambda + \overline{(\rho_\theta v)^* B^*}^\lambda$$
$$= \overline{\rho_\theta}^\lambda \hat{v}\overline{B}^\lambda + \overline{(\rho_\theta v)^* B^*}^\lambda \quad (9.85)$$

$$\overline{\rho_\theta \dot\theta B}^\lambda = \overline{\rho_\theta \dot\theta}^\lambda \overline{B}^\lambda + \overline{(\rho_\theta \dot\theta)^* B^*}^\lambda$$
$$= \overline{\rho_\theta}^\lambda \hat{\dot\theta}\overline{B}^\lambda + \overline{(\rho_\theta \dot\theta)^* B^*}^\lambda \quad (9.86)$$

利用式(9.85)和式(9.86),我们可以将纬向平均连续方程和角动量方程分别重写为

$$\frac{\partial \overline{\rho_\theta}^\lambda}{\partial t} + \frac{1}{a\cos\varphi}\frac{\partial}{\partial \varphi}(\overline{\rho_\theta}^\lambda \hat{v}\cos\varphi) = -\frac{\partial}{\partial \theta}(\overline{\rho_\theta}^\lambda \hat{\dot\theta}) \quad (9.87)$$

和

$$\overline{\rho_\theta}^\lambda \frac{\partial \overline{M}^\lambda}{\partial t} + \frac{1}{a\cos\varphi}\frac{\partial}{\partial \varphi}\left\{\left[\overline{\rho_\theta}^\lambda \hat{v}\overline{M}^\lambda + \overline{(\rho_\theta v)^* M^*}^\lambda\right]\cos\varphi\right\} - \frac{\overline{M}^\lambda}{a\cos\varphi}\frac{\partial}{\partial \varphi}(\overline{\rho_\theta}^\lambda \hat{v}\cos\varphi)$$

$$= -(\overline{\rho_\theta^* M^*}^\lambda) + \overline{M}^\lambda \frac{\partial}{\partial \theta}(\overline{\rho_\theta}^\lambda \hat{\dot\theta}) + \frac{\partial}{\partial \theta}\left[\overline{p^* \frac{\partial z^*}{\partial \lambda}}^\lambda - \overline{\rho_\theta}^\lambda \hat{\dot\theta}\overline{M}^\lambda - \overline{(\rho_\theta \dot\theta)^* M^*}^\lambda + \overline{F_u^\lambda} a\cos\varphi\right]$$

$$(9.88)$$

我们现在可以结合式(9.88)中的经向和垂直导数,得到所需的平流形式。我们还用 $\overline{\rho_\theta}^\lambda$ 除以,经简化和重新排列,获得

$$\frac{\partial \hat{M}}{\partial t} + \frac{\hat{v}}{a}\frac{\partial \overline{M}^\lambda}{\partial \varphi} + \hat{\dot\theta}\frac{\partial \overline{M}^\lambda}{\partial \theta} = -\frac{1}{\overline{\rho_\theta}^\lambda}\frac{\partial}{\partial t}(\overline{\rho_\theta^* M^*}^\lambda) - \frac{1}{\overline{\rho_\theta}^\lambda \cos\varphi}\frac{\partial}{\partial \varphi}\left[\overline{(\rho_\theta v)^* M^*}^\lambda \cos\varphi\right]$$

$$+ \frac{1}{\overline{\rho_\theta}^\lambda}\frac{\partial}{\partial \theta}\left[\overline{p^* \frac{\partial z^*}{\partial \lambda}}^\lambda - \overline{(\rho_\theta \dot\theta)^* M^*}^\lambda + \overline{F_u^\lambda} a\cos\varphi\right] \quad (9.89)$$

这里所有的涡旋项(和摩擦)都归并在右边,其余的项归并在左边。

现在,我们将等熵的 Eliassen-Palm 通量矢量定义为

$$\mathbf{IEPF} \equiv (0, \mathrm{IEPF}_\varphi, \mathrm{IEPF}_\theta)$$

式中，

$$\text{IEPF}_\varphi \equiv -\overline{(\rho_\theta v)^* M^*}^\lambda \quad \text{和} \quad \text{IEPF}_\theta \equiv \overline{p^* \frac{\partial z^*}{\partial \lambda}} - \overline{(\rho_\theta \dot\theta)^* M^*}^\lambda \tag{9.90}$$

经向分量是涡旋角动量通量的负值。垂直分量是"总"垂直涡旋角动量通量的负值，这是由于等熵形式的阻力和与加热相关的垂直质量通量的结合。等熵 Eliassen-Palm 通量的散度由下式给出：

$$\nabla \cdot \mathbf{IEPF} = -\frac{1}{a\cos\varphi}\frac{\partial}{\partial\varphi}\left[\overline{(\rho_\theta v)^* M^*}^\lambda \cos\varphi\right] + \frac{\partial}{\partial\theta}\left[\overline{p^* \frac{\partial z^*}{\partial\lambda}} - \overline{(\rho_\theta \dot\theta)^* M^*}^\lambda\right] \tag{9.91}$$

这里可以理解为经向导数是沿着等熵面取的。使用这些定义，我们可以将式(9.89)写为

$$\frac{\partial \hat M}{\partial t} + \frac{\hat v}{a}\frac{\partial \overline{M}^\lambda}{\partial\varphi} + \dot\theta\frac{\partial \overline{M}^\lambda}{\partial\theta} = \frac{1}{\overline{\rho}_\theta^\lambda}\left[-\frac{\partial}{\partial t}(\overline{\rho_\theta^* M^*}^\lambda) + \nabla\cdot\mathbf{IEPF}\right] + \frac{1}{\overline{\rho}_\theta^\lambda}\frac{\partial}{\partial\theta}(\overline{F}_u^\lambda a\cos\varphi) \tag{9.92}$$

这种推导并不依赖于梯度风平衡或任何其他形式平衡的假设。因此，它比前面提出的结果更为普遍。

我们现在考虑一个没有加热的稳定状态（或时间平均）。然后，将连续方程式(9.87)简化为

$$\text{对没有加热的稳定气流，}\frac{\partial}{\partial\varphi}(\overline{\rho_\theta v}^\lambda \cos\varphi) = 0 \tag{9.93}$$

由于在两极 $\cos\varphi = 0$，我们得出结论

$$\text{对所有的 }\varphi\text{，对没有加热的稳定气流，}\overline{\rho_\theta v}^\lambda = 0 \tag{9.94}$$

由此可见

$$\text{对所有的 }\varphi\text{，对没有加热的稳定气流，}\hat v = 0 \tag{9.95}$$

换句话说，在时间平均内 $\hat v \neq 0$ 是由于非绝热过程造成的，如第 5 章所讨论的。

方程式(9.95)告诉我们，对于没有加热的稳定气流，式(9.92)的经向平流项等于零。由于气流是稳定的，式(9.92)的倾向项也为零。当摩擦也可以忽略不计时，从式(9.92)得出等熵 Eliassen-Palm 通量是无辐散的：

$$\text{对没有加热和摩擦的稳定气流，}\nabla_\theta\cdot\mathbf{IEPF} = 0 \tag{9.96}$$

换句话说，对于在没有加热和摩擦情况下的稳定气流，角动量的纬向平均经向输送仅由于涡旋引起，并由等熵面上的形式阻力所平衡。这个精彩的简单结果几乎非常准确。这就是 Eliassen-Palm 定理。

对于等熵系统，没有必要定义一个"剩余"环流，因为在等熵坐标中看到的真实纬向平均环流是剩余环流。即使存在摩擦，在没有加热的稳定状态下（或时间平均），该环流也会消失。只有在加热时，才能实现等熵坐标下的时间平均经向环流。

在第 4 章中，我们推导出的位涡方程形式为

$$\frac{\partial}{\partial t}(\rho_\theta Z) + \nabla_\theta\cdot\left[\rho_\theta \mathbf{V}_h Z - \mathbf{k}\times\left(\dot\theta\frac{\partial\mathbf{V}_h}{\partial\theta} + \frac{1}{\rho_\theta}\frac{\partial\mathbf{F}_V}{\partial\theta}\right)\right] = 0 \tag{9.97}$$

对式(9.97)进行纬向平均和时间平均，我们发现

$$\frac{\partial}{\partial\varphi}\left\{\left[\overline{\rho_\theta v Z}^{\lambda,t} - \left(\overline{\dot\theta\frac{\partial u}{\partial\theta}}^{\lambda,t} + \frac{1}{\rho_\theta}\frac{\partial\overline{F}_u^{\lambda,t}}{\partial\theta}\right)\right]\cos\varphi\right\} = 0 \tag{9.98}$$

这一结果是由 Haynes 和 McIntyre(1987；他们的方程(3.4))导出的。方程式(9.98)表示，方

括号中的量与纬度无关。两极都是零,因为因子 $\cos\varphi$。因此,在每个纬度都一定是零,这意味着

$$\text{对所有的 }\varphi,\ \overline{\rho_\theta v Z}^{\lambda,t}-\left(\overline{\dot{\theta}\frac{\partial u}{\partial\theta}}^{\lambda,t}+\frac{1}{\rho_\theta}\frac{\partial\overline{F_u}^{\lambda,t}}{\partial\theta}\right)=0 \tag{9.99}$$

方程式(9.99)也可以直接从时间和纬向平均的纬向动量方程中得到。我们可以进一步得出这个结论

$$\text{除了有加热和摩擦外的所有 }\varphi,\ \overline{\rho_\theta v Z}^{\lambda,t}=0 \tag{9.100}$$

将式(9.100)与在准地转情况下导出的式(9.38)进行比较。对式(9.100)的一种解释是,只有在加热和/或摩擦时,位涡的时间平均经向涡旋通量才可以不等于零。涡旋位涡通量消失的条件与等熵 Eliassen-Palm 通量无辐散的条件相同。同样,这一结果与前面讨论的准地转情况相一致。

9.9　布鲁尔-多布森(Brewer-Dobson)环流

布鲁尔-多布森环流是冬季平流层中空气的缓慢向极地漂移。它由 Newell(1963)命名,并在 Butchart(2014)的评论中进行了讨论。这是我们最后的、相当镇静的涡旋与纬向平均流相互作用的例子。

图 9.11 显示了质量环流的等熵流函数,从地面绘制到平流层上层的 800 K。图中显示了赤道平流层下层的上升运动,这是由那里的辐射加热来实现的。向上运动的气流向冬半球极地辐散,在冬半球极地辐合,造成辐射冷却可能产生的缓慢下沉。

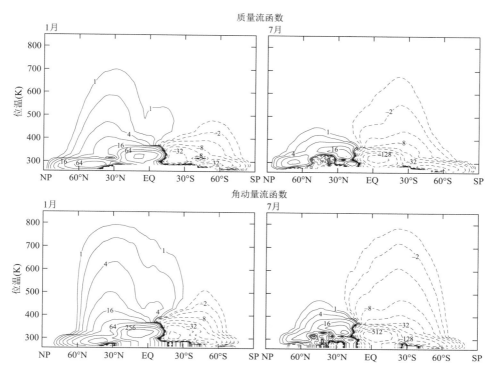

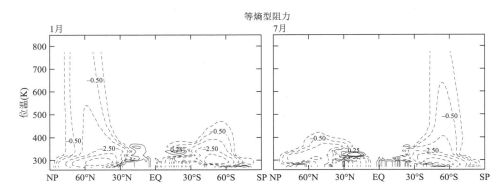

图 9.11　顶部两图:1 月和 7 月等熵质量流函数,绘制到 800 K 层次。等值线为对数间距,
单位为 $10^9 kg \cdot s^{-1}$。中间两图:总角动量传输的流函数。等值线以对数间隔,以哈得来(hadleys)
为单位。底部两图:由于等熵形式的阻力而导致的向下动量通量。等值线间隔为 $10^5 N \cdot m^{-1}$

图 9.11 中的第二排的两个图显示了等熵角动量传输的流函数。在平流层中,角动量流函数的等值线与质量流函数相似。在冬半球,角动量向极地移动到约 60°纬度,在那里经向通量急剧辐合。图 9.11 中第三排的两张图显示,由于等熵形式的阻力,这种辐合由角动量的强向下气流来补偿。

实际上,我们把故事讲得倒过来了。真正的起点是冬半球平流层高纬度地区由于等熵形式阻力而产生的向下动量通量。第 5 章讨论了这种向下动量传输的对流层延续。布鲁尔-多布森环流的经向质量流是由波阻力"引起的";需要角动量向极地方向携带,以补偿波动向下的角动量传输。

9.10　小结

如第 8 章所讨论的,大气涡旋存在于广阔的空间和时间尺度上。本章研究了涡旋与纬向平均流的相互作用。

这些涡旋也会彼此相互作用。第 10 章认为全球大气环流是一种大尺度湍流,具有连续的尺度相互作用范围。

习题

1. 证明

$$\overline{v_g^* Z_{QG}^*}^\lambda = -\frac{\partial}{\partial y}(\overline{u_g^* v_g^*}^\lambda) - \frac{\partial}{\partial p}\left(\frac{Rf_0}{pS}\overline{v_g^* T^*}^\lambda\right)$$

2. 证明对于球面上无辐散的水平运动,涡度通量和角动量通量的散度关系为

$$\overline{v^* \zeta^*}^\lambda \cos\varphi = -\frac{1}{a\cos\varphi}\frac{\partial}{\partial \varphi}(\overline{v^* M^*}^\lambda \cos\varphi)$$

3. 求解 Charney-Devore 模式的一维稳定状态形式为

$$\left(\frac{\upsilon}{K_m}\right)A + \left(U - \frac{\beta}{K_m^2}\right)B = 0$$

$$\left(U - \frac{\beta}{K_m^2}\right)A + \left(\frac{\upsilon}{K_m}\right)B + \left(\frac{f_0 h_T}{K_m^2 H}\right)U = 0$$

$$\left(\frac{f_0 h_T K_m}{4H}\right)B - \upsilon(U - U^*) = 0$$

要做到这一点,你必须为模式的各种参数选择适当的值。解释你的选择。

4. 证明:

$$\psi_z^* = \frac{gT^*}{f_0 T_S}$$

第 10 章   流体动力学湍流

10.1   湍流是由涡旋构成的

湍流是什么？这并不容易定义。本章分几个部分给出答案。

答案是，湍流包含了许多不同大小的相互作用涡旋，这是通过切变不稳定链产生的。为了理解这一概念，我们研究三维小尺度涡旋的动力学。相关的动量方程为：

$$\frac{\partial \boldsymbol{V}}{\partial t} = \boldsymbol{V} \times \boldsymbol{\omega} - \nabla \left(\frac{\boldsymbol{V} \cdot \boldsymbol{V}}{2} \right) - \nabla \left(\frac{\delta p}{\rho_0} \right) + g \frac{\delta \theta}{\theta_0} \boldsymbol{k} + \upsilon \nabla^2 \boldsymbol{V} \qquad (10.1)$$

式中，$\boldsymbol{V}$ 是三维风矢量，$\boldsymbol{\omega}$ 是三维涡度矢量，ρ_0 和 θ_0 分别为密度和位温的参考值；$\delta p \equiv p - p_0$；$\delta \theta \equiv \theta - \theta_0$；$\boldsymbol{k}$ 是指向上的单位矢量，υ 是（分子）运动黏度。$g(\delta \theta / \theta_0) \boldsymbol{k}$ 项代表浮力的影响。在写式（10.1）时，为了简单起见，我们使用了布西内斯克（Boussinesq）近似，而我们忽略了旋转的影响。连续方程相应的布西内斯克形式为

$$\nabla \cdot \boldsymbol{V} = 0 \qquad (10.2)$$

取 $\nabla \cdot$ (10.1) 和利用式（10.2），我们得到了 δp 的诊断方程：

$$\nabla^2 \left(\frac{\delta p}{\rho_0} \right) = \nabla \cdot \left[\boldsymbol{V} \times \boldsymbol{\omega} - \nabla \left(\frac{\boldsymbol{V} \cdot \boldsymbol{V}}{2} \right) + g \frac{\delta \theta}{\theta_0} \boldsymbol{k} + \upsilon \nabla^2 \boldsymbol{V} \right] \qquad (10.3)$$

方程式（10.3）表明，δp 完全由风场和温度场决定；它只起被动作用。因此，通过使用 $\nabla \cdot$ (10.1) 和使用式（10.2）来消除 δp 是很有用的。其结果是：

$$\frac{\partial \boldsymbol{\omega}}{\partial t} = - (\boldsymbol{V} \cdot \nabla) \boldsymbol{\omega} + (\boldsymbol{\omega} \cdot \nabla) \boldsymbol{V} + \nabla \times \left(g \frac{\delta \theta}{\theta_0} \boldsymbol{k} \right) + \upsilon \nabla^2 \boldsymbol{\omega} \qquad (10.4)$$

这是三维矢量涡度方程。式（10.4）的浮力项作用于位于水平面内涡度矢量的那部分。

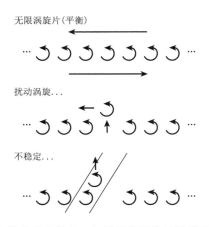

图 10.1   切变不稳定性的基本机理。如果平衡涡旋层被扰动，涡度平流放大扰动

当 υ 足够小时(更准确地说,当雷诺数 ZL^2/υ 足够大时,其中 Z 是涡度尺度,而 L 是最大涡旋的直径),由于切变不稳定,式(10.4)描述的气流变为湍流。切变不稳定的机理如图 10.1 所示。图的上面部分显示了平衡的涡旋层,它被认为在两个方向上延伸到无限远。涡旋层是平衡的,因为每个涡旋由它的邻居向上平流到左边,由它的邻居向下平流到右边,因此,不会发生净垂直运动。然而,如果一个涡旋被向上扰动,就像在中间的图一样,它会被留下的涡旋联合效应带到左边。在向左移后,涡旋经历一个净向上平流,远离涡旋层。这样,初始向上的扰动被放大,因此,平衡涡旋层是不稳定的。底部图中的倾斜线显示了新的切变区,这也是不稳定的。一段时间后,气流变得高度无序。这就是导致湍流的机制。它也适用于二维或三维中的情况。

前面关于切变不稳定性的简化讨论仅指涡度平流,即式(10.4)的 $-(\boldsymbol{V}\cdot\nabla)\boldsymbol{\omega}$ 项,这当然是非线性的。涡度平流是引起切变不稳定的基本过程,也是引起湍流的基本过程。

式(10.4)的浮力项对涡度产生有很大的贡献,因此,可以问它是否代表了湍流产生的第二种机制?答案是"不是真的"。式(10.4)的浮力项是线性的;正如后面所讨论的,湍流本身本质上是非线性的。浮力是湍流的间接来源,但不是作为直接来源。浮力产生高度组织的相干结构,包含强切变区域,如与热相关的涡旋环。这些浮力驱动结构中的切变为切变不稳定奠定了基础。换句话说,浮力创造了一些条件,使湍流可以通过切变不稳定而发展,但浮力本身实际上并不产生湍流。

式(10.4)的 $(\boldsymbol{\omega}\cdot\nabla)\boldsymbol{V}$ 项来自式(10.1)的平流项,代表拉伸和扭曲;它在二维湍流中等于零,对湍流的产生不是必需的。然而,它确实非常明显地影响了三维湍流。该项可以写成

$$(\boldsymbol{\omega}\cdot\nabla)\boldsymbol{V}=|\boldsymbol{\omega}|\frac{\partial\boldsymbol{V}}{\partial s} \tag{10.5}$$

式中,s 是指向涡度矢量方向的曲线坐标(图 10.2)。注意,出现了矢量速度。我们可以将 $|\boldsymbol{\omega}|(\partial\boldsymbol{V}/\partial s)$ 分为两部分:

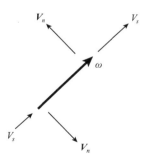

图 10.2　涡度矢量的法向速度分量和切向速度分量,以及与这些速度分量相关的拉伸和扭转过程。较粗的箭头表示涡度矢量,较细的箭头表示各种速度矢量或速度分量

(1)拉伸,$e_s|\boldsymbol{\omega}|(\partial V_s/\partial s)$,式中 V_s 是 $\boldsymbol{\omega}$ 方向上的 $\boldsymbol{V}$ 分量,e_s 是一个平行于 $\boldsymbol{\omega}$ 的单元矢量(图 10.2)。拉伸项当然是一个矢量,它总是指向与涡度矢量相同的方向。正拉伸 $\partial V_s/\partial s>0$ 导致 $\partial\omega/\partial t>0$。涡度场和 $\partial V_s/\partial s$ 有正相关的趋势,因为黏度导致向正涡度区域辐合,并在负涡度区域辐散。这将在下面得到证明。其结果是,拉伸会导致 $|\boldsymbol{\omega}|$ 在平均意义上增加。如下所示,我们也可以说拉伸项导致平方涡度的平均值增加;涡度矢量大小的平方称为涡度拟能(或者,其中的一半)。

（2）扭转，$|\boldsymbol{\omega}|\,(\partial \boldsymbol{V}_n/\partial s)$，式中 $\boldsymbol{V}_n$ 是 $\boldsymbol{V}$ 垂直于 $\boldsymbol{\omega}$ 的（矢量）部分。涡度方程的扭转项总是垂直于涡度矢量。扭转改变了 $\boldsymbol{\omega}$ 的方向，但没有改变它的大小。

在一个体积上积分，涡度拟能是涡度强度的度量，就像动能是风强度的度量一样。为了推导出涡度拟能的时间变化方程，我们用涡度矢量 $\boldsymbol{\omega}$ 点积式(10.4)形成：

$$\frac{\partial}{\partial t}\left(\frac{|\boldsymbol{\omega}|^2}{2}\right)=-\,(\boldsymbol{V}\cdot\nabla)\left(\frac{|\boldsymbol{\omega}|^2}{2}\right)+|\boldsymbol{\omega}|^2\frac{\partial V_s}{\partial s}+\boldsymbol{\omega}\cdot\left[\nabla\times\left(g\,\frac{\delta\theta}{\theta_0}\boldsymbol{k}\right)\right]$$
$$+\upsilon\{\nabla\cdot[\boldsymbol{\omega}\cdot(\nabla\boldsymbol{\omega})]-[(\nabla\boldsymbol{\omega})\cdot\nabla]\cdot\boldsymbol{\omega}\} \tag{10.6}$$

在这里，我们已经揭示了涡旋拉伸对涡度拟能的影响，使用

$$\boldsymbol{\omega}\cdot[(\boldsymbol{\omega}\cdot\nabla)\boldsymbol{V}]=|\boldsymbol{\omega}|^2\frac{\partial V_s}{\partial s} \tag{10.7}$$

你应该练习证明一下。倾斜项在式(10.6)没有任何贡献，因为倾斜项的方向总是垂直于 $\boldsymbol{\omega}$ 的方向。通过类似于我们对第 4 章中动能方程摩擦项的分析，我们将黏度对涡度拟能的影响分为两部分：

$$\boldsymbol{\omega}\cdot[\upsilon\nabla^2\boldsymbol{\omega}]=\upsilon\boldsymbol{\omega}\cdot[\nabla\cdot(\nabla\boldsymbol{\omega})]$$
$$=\upsilon\{\nabla\cdot[\boldsymbol{\omega}\cdot(\nabla\boldsymbol{\omega})]-[(\nabla\boldsymbol{\omega})\cdot\nabla]\cdot\boldsymbol{\omega}\} \tag{10.8}$$

$-\upsilon[(\nabla\boldsymbol{\omega})\cdot\nabla]\cdot\boldsymbol{\omega}$ 项代表涡度拟能的耗散，它总是一个涡度拟能的汇。

现在，我们使用连续方程将式(10.6)重写为通量形式，去掉浮力项，并结合两个通量散度项：

$$\frac{\partial}{\partial t}\left(\frac{|\boldsymbol{\omega}|^2}{2}\right)=\nabla\cdot\left\{-\boldsymbol{V}\,\frac{|\boldsymbol{\omega}|^2}{2}+\upsilon[\boldsymbol{\omega}\cdot(\nabla\boldsymbol{\omega})]\right\}+|\boldsymbol{\omega}|^2\frac{\partial V_s}{\partial s}-\upsilon[(\nabla\boldsymbol{\omega})\cdot\nabla]\cdot\boldsymbol{\omega} \tag{10.9}$$

在稳定状态或时间平均下，式(10.9)的左侧等于零，当我们在整个区域进行空间平均时，右边的通量散度项也等于零，所以我们留下了

$$\int_M\left\{|\boldsymbol{\omega}|^2\frac{\partial V_s}{\partial s}-\upsilon[(\nabla\boldsymbol{\omega})\cdot\nabla]\cdot\boldsymbol{\omega}\right\}\mathrm{d}M=0 \tag{10.10}$$

因为式(10.10)的黏性项是涡度拟能的汇，我们得出结论，平均而言，拉伸项必须是涡度拟能的源；也就是说，

$$\int_M|\boldsymbol{\omega}|^2\frac{\partial V_s}{\partial s}\mathrm{d}M>0 \tag{10.11}$$

第 4 章关于全球大气的能量和熵收支也使用了类似的论点。

回想一下，通过涡旋拉伸的涡度产生率是 $|\boldsymbol{\omega}|\,(\partial V_s/\partial s)$。方程式(10.11)表示，在统计上稳定的湍流中，$|\boldsymbol{\omega}|$ 大于平均值时 $\partial V_s/\partial s$ 倾向为正，$|\boldsymbol{\omega}|$ 小于平均值时 $\partial V_s/\partial s$ 为负。这意味着富人变得更富有——强涡旋被拉伸，并变得更强。

我们得出结论，$(\boldsymbol{\omega}\cdot\nabla)\boldsymbol{V}$ 的净效应是在平均意义上增加 $|\boldsymbol{\omega}|$。然而，动能方程的平流项并不改变区域平均动能。但是，在不改变动能的情况下增加涡度拟能的过程往往将动能谱向更短的尺度转移。要了解原因，请注意，动能与涡度拟能的比值有一个长度的平方单位：

$$\frac{\frac{1}{2}|\boldsymbol{V}|^2}{|\boldsymbol{\omega}|^2}\sim L^2 \tag{10.12}$$

一种解释是，L 是最大能量的涡旋直径。单位动能许多涡度的能量环流集中在相对较小的涡旋中。

　　术语惯性过程指的是动量平流,也包括地球自转的影响,尽管我们在这里忽略了自转。惯性过程通过涡旋拉伸增加 $|\boldsymbol{\omega}|^2$,但不改变 $\frac{1}{2}|\boldsymbol{V}|^2$。因此,它趋于减少 L。在惯性过程下,这种动能从大尺度到小尺度的系统迁移称为动能串级。这个术语让人联想到瀑布,其中一条小溪从悬崖上掉下来,在下降的路上,当水撞击岩石或其他障碍物时,它会反复分裂。动能串级就像动能从大尺度到小尺度的"流动"。由于黏度在小尺度上作用最有效,涡旋拉伸促进了动能耗散。如果黏度能以某种方式消除,动能就会(随着时间的推移)在小尺度上积累,导致一个非常嘈杂的风场。黏度通过消除(耗散)噪声来防止这种积累。

　　稍后,我们将使用术语反串级来描述从小尺度到大尺度的能量转移。

10.2　非线性和尺度相互作用

　　尺度相互作用本质上是非线性的;也就是说,它们只能来自于方程中的非线性项,如拉伸项。为了从数学的角度证明这一点,我们考虑下面简单的例子。假设有两种模态分别为

$$A(x)=\hat{A}e^{ikx} \quad 和 \quad B(x)=\hat{B}e^{ilx} \tag{10.13}$$

式中,模态 A 和 B 的波数分别用 k 和 l 表示。如果我们将 A 和 B 线性结合,例如,如果我们形成

$$\alpha A + \beta B \tag{10.14}$$

式中,α 和 β 是空间常系数,则不产生"新的"波;k 和 l 仍然是唯一存在的波数。相反,如果我们将 A 和 B 相乘,这是一个非线性运算,那么我们生成新的波数 $k+l$:

$$AB = \hat{A}\hat{B}e^{i(k+l)x} \tag{10.15}$$

其他非线性运算,如除法和指数化,也将产生新的波数。

10.3　二维湍流

　　在二维空间中,式(10.4)的拉伸/扭转项为零,因为 $\partial/\partial s$ 为零。由此可见,在二维湍流的惯性过程中,涡度和涡度拟能都是守恒的。当然,动能在惯性过程下也是守恒的。由于在二维湍流的惯性过程中,动能和涡度拟能都是守恒的,因此长度尺度 L 也是守恒的。这意味着动能在无摩擦的二维流动中不会发生串级。

　　当黏度的影响包括在二维湍流中时,它们在最小的尺度上作用最有效,即涡度拟能集中的尺度。因此,摩擦在谱的小尺度端相当有效地消除或"耗散"涡度拟能。为了使涡度拟能的耗散继续,额外的小尺度涡度拟能必须通过涡度拟能从较大尺度向较小尺度的非线性转移来提供。就好像涡度拟能耗散通过非线性项从大尺度到小尺度"拉"涡度拟能。这是一个涡度拟能的串级(瀑布效应)。注意,涡度拟能耗散也倾向于增加 L,增加量超过通过惯性过程的增加(下面讨论)。能量最大的涡旋尺度随着时间的增加而增加。这是一种动能"反串级",将稍后讨论。

图 10.3　用于解释 Fjortoft(1953)对二维运动中不同尺度之间能量和
涡度拟能交换分析中使用的图

我们的结论是,在三维湍流中,动能和涡度拟能串级都被耗散,而在二维湍流中,涡度拟能串级都耗散,但动能几乎守恒,并向更大的尺度迁移。

Fjortoft(1953)研究了二维湍流中尺度之间的能量交换和涡度拟能交换,得到了一些非常基本和著名的结果,可以简单地总结如下。考虑三个等间距的波数,如图10.3所示。我们所说的"等距"是指

$$\lambda_2 - \lambda_1 = \lambda_3 - \lambda_2$$
$$\equiv \Delta\lambda \tag{10.16}$$

涡度拟能 E 是

$$E = E_1 + E_2 + E_3 \tag{10.17}$$

而动能是

$$K = K_1 + K_2 + K_3 \tag{10.18}$$

它可以证明

$$E_n = \lambda_n^2 K_n \tag{10.19}$$

式中,λ_n 是波数,下标 n 表示特定的傅里叶分量。

考虑惯性过程,这样的动能和涡度拟能就会在二维无摩擦的气流中重新分布;也就是说,

$$K_n \rightarrow K_n + \delta K_n \tag{10.20}$$
$$E_n \rightarrow E_n + \delta E_n \tag{10.21}$$

因为动能和涡度拟能在二维惯性过程下都是守恒的,我们有

$$\sum \delta K_n = 0 \tag{10.22}$$
$$\sum \delta E_n = 0 \tag{10.23}$$

从式(10.22)中,我们可以看到

$$\delta K_1 + \delta K_3 = -\delta K_2 \tag{10.24}$$

我们从式(10.19)注意到

$$\delta E_n = \lambda_n^2 \delta K_n \tag{10.25}$$

从式(10.23)和式(10.25)中,我们得到

$$\lambda_1^2 \delta K_1 + \lambda_3^2 \delta K_3 = -\lambda_2^2 \delta K_2$$
$$= \lambda_2^2 (\delta K_1 + \delta K_3) \tag{10.26}$$

在式(10.26)中组合项,我们发现

$$\frac{\delta K_3}{\delta K_1} = \frac{\lambda_2^2 - \lambda_1^2}{\lambda_3^2 - \lambda_2^2} \tag{10.27}$$

使用式(10.16),我们可以简化式(10.27)为

$$\frac{\delta K_3}{\delta K_1} = \frac{\lambda_2 + \lambda_1}{\lambda_3 + \lambda_2} < 1 \tag{10.28}$$

这是第一个结果。

方程式(10.28)表明,转移到较高波数(δK_3)的能量小于转移到较低波数的能量(δK_1)。这一结论同时基于式(10.22)和式(10.23),即动能守恒和涡度拟能守恒。这意味着动能实际上从高波数"迁移"到低波数,即从小尺度到大尺度。这个过程有时被称为反串级。

我们现在对涡度拟能进行了类似的分析。作为第一步,我们从式(10.25)和式(10.28)注意到

$$\frac{\delta E_3}{\delta E_1} = \frac{\lambda_3^2}{\lambda_1^2} \frac{\lambda_2 + \lambda_1}{\lambda_3 + \lambda_2}$$

$$= \frac{(\lambda_2 + \Delta\lambda)^2}{(\lambda_2 - \Delta\lambda)^2} \frac{\lambda_2 - \frac{1}{2}\Delta\lambda}{\lambda_2 + \frac{1}{2}\Delta\lambda} \tag{10.29}$$

为了证明 $\delta E_3 / \delta E_1$ 大于 1，我们证明了它可以写成 $a \cdot b \cdot c$，式中 a、b 和 c 各大于 1。我们可以选择

$$a = \frac{\lambda_2 + \Delta\lambda}{\lambda_2 + \frac{1}{2}\Delta\lambda} > 1, b = \frac{\lambda_2 - \frac{1}{2}\Delta\lambda}{\lambda_2 - \Delta\lambda} > 1, c = \frac{\lambda_2 + \Delta\lambda}{\lambda_2 - \Delta\lambda} > 1 \tag{10.30}$$

结论是，涡度拟能在二维湍流中确实串级到更高的波数。在黏度存在的情况下，这种串级最终导致涡度拟能的耗散。

10.4　准二维湍流

大尺度运动是准二维的，所以我们有理由怀疑它们发生了涡度拟能串级，就像纯二维运动一样。我们考虑了前面推导出的位涡方程：

$$\frac{\partial(\rho_\theta q)}{\partial t} + \nabla_\theta \cdot (\rho_\theta \boldsymbol{V} q) = \nabla_\theta \cdot \left(\rho_\theta \dot{\theta} \frac{\partial \boldsymbol{V}}{\partial \theta} + \boldsymbol{F}\right) \tag{10.31}$$

以及等熵坐标下的连续方程

$$\frac{\partial \rho_\theta}{\partial t} + \nabla_\theta \cdot (\rho_\theta \boldsymbol{V}) + \frac{\partial(\rho_\theta \dot{\theta})}{\partial \theta} = 0 \tag{10.32}$$

式中，ρ_θ 是伪密度。通过将式（10.31）和式（10.32）相结合，我们得到位涡方程的平流形式：

$$\rho_\theta \frac{\partial q}{\partial t} + \rho_\theta \boldsymbol{V} \cdot \nabla_\theta q = q \frac{\partial(\rho_\theta \dot{\theta})}{\partial \theta} + \nabla_\theta \cdot \left(\rho_\theta \dot{\theta} \frac{\partial \boldsymbol{V}}{\partial \theta} + \boldsymbol{F}\right) \tag{10.33}$$

根据式（10.33）的说法，在没有加热和摩擦的情况下，跟随着质点的位涡是守恒的；我们记得，在没有加热的情况下，质点沿着等熵面移动。

在对流层中层潜热随高度增加到最大值，然后从对流层中层到对流层顶是随高度减少的区域，对流层低层产生正位涡异常，在对流层上部产生负异常。

用 q 乘以式（10.33），我们得到

$$\rho_\theta \frac{\partial}{\partial t}\left(\frac{q^2}{2}\right) + \rho_\theta \boldsymbol{V} \cdot \nabla_\theta \left(\frac{q^2}{2}\right) = q^2 \frac{\partial(\rho_\theta \dot{\theta})}{\partial \theta} + q\nabla_\theta \cdot \left(\rho_\theta \dot{\theta} \frac{\partial \boldsymbol{V}}{\partial \theta} + \boldsymbol{F}\right) \tag{10.34}$$

变量 q^2 被称为位涡拟能。方程式（10.34）表明，当加热率随高度增加的地方，往往会局地产生位涡拟能，而当加热率随高度增加而降低时，则被破坏。例如，在对流层中层潜热随高度增加到最大值，然后从对流层中层到对流层顶随高度减少的区域，在对流层低层产生位涡拟能，在对流层上层被破坏。

使用式（10.32），我们可以将式（10.34）转换回通量形式：

$$\frac{\partial}{\partial t}\left(\rho_\theta \frac{q^2}{2}\right) + \nabla_\theta \cdot \left(\rho_\theta \boldsymbol{V} \frac{q^2}{2}\right) = \frac{q^2}{2} \frac{\partial(\rho_\theta \dot{\theta})}{\partial \theta} + q\nabla_\theta \cdot \left(\rho_\theta \dot{\theta} \frac{\partial \boldsymbol{V}}{\partial \theta} + \boldsymbol{F}\right) \tag{10.35}$$

方程式（10.35）意味着

$$在没有加热和摩擦的情况下,\overline{\rho_\theta q^2}^\theta = 常数 \tag{10.36}$$

式中,$\overline{(\quad)}^\theta$ 表示等熵面上的平均。

首先,我们考虑一个不加热的无辐散流(即在等熵面上的无辐散)。对于这个非常特殊的情况,我们可以将式(10.32)写为

$$\frac{D\rho_\theta}{Dt} = 0 \tag{10.37}$$

这意味着伴随着运动 ρ_θ 是定常的。因为

$$\rho_\theta q^2 = \frac{\eta^2}{\rho_\theta} \tag{10.38}$$

式中,η 是绝对涡度,式(10.36)简化为

$$对没有加热和无摩擦的无辐散流而言,\overline{\eta^2}^\theta = 常数 \tag{10.39}$$

因此,在这种极限情况下,

$$L^2 \equiv \frac{\overline{K}^\theta}{\overline{\eta^2}^\theta} = 常数 \tag{10.40}$$

这一结果与我们之前得出的二维湍流结论非常相似。

对于更一般的辐散流,我们可以写为

$$\overline{\eta^2}^\theta < \overline{\left[\frac{(\rho_\theta)_{max}}{\rho_\theta}\right]\eta^2}^\theta \tag{10.41}$$

式中,$(\rho_\theta)_{max}$ 是一个适当选择的 ρ_θ 常数上界。我们可以认为 $(\rho_\theta)_{max}$ 是一个常数。然后,我们可以将式(10.41)重写为

$$\overline{\eta^2}^\theta < (\rho_\theta)_{max} \overline{\left(\frac{\eta^2}{\rho_\theta}\right)}^\theta = (\rho_\theta)_{max} \overline{(\rho_\theta q^2)}^\theta = 常数 \tag{10.42}$$

根据式(10.42)的说法,$\overline{\eta^2}^\theta$ 有一个上界。然后,从式(10.40)中我们看到 L^2 有一个下界。因此,即使是对于辐散运动,动能也不能串级到任意小的尺度上;它倾向于保持在较大的尺度上。这是对全球大气环流"光滑性"的部分解释。

Charney(1971)发现,即使真实的大气运动不是二维的,准地转的约束导致大尺度地转湍流的特征很像理想化的二维湍流,因此位涡拟能串级到更小尺度并被耗散,而动能守恒(不耗散)并反串级到更大尺度。

当动能守恒,而涡度拟能由于耗散而减少时,其效果是 L 一定增加。(我们之前关于 L 保持不变的结论是基于动能和涡度拟能都是不变的假设。)因为可用于涡旋的"空间"总量是固定的(行星没有变大),L 增加的唯一方法就是减少"涡旋数";因此,"涡旋合并"往往发生在二维或地转湍流中。

在理想化的数值模拟中,McWilliams 等(1994)研究表明,通过涡旋合并,纯二维湍流逐渐将自身组织成一个大型气旋-反气旋对(图 10.4)。

据推测,木星上的反气旋大红斑,以及在木星其他地方和太阳系外的其他巨大气体行星上观察到的类似现象,可能是准二维湍流中动能反串级的最终产物。

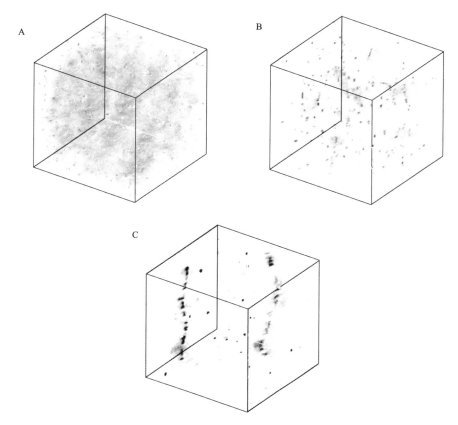

图 10.4　McWilliams 等(1994)在准二维湍流的理想数值模拟中,涡度分布的时间序列。在图(A)中,涡度高度无序。通过涡度拟能耗散和涡旋合并的过程,环流逐渐组织成一对涡旋——一个气旋和一个反气旋,如图(C)所示。在 McWillams 等(1994)文章中可以找到图的彩色版本。感谢加州大学洛杉矶分校的詹姆斯·麦克威廉姆斯(James McWilliams)和科罗拉多大学的杰弗瑞·维斯(Jeffrey Weiss)教授们为这个图提供的帮助

10.5　动能谱的量纲分析

现在我们转向分析有尺度的动能分布,即动能“谱”。我们考虑一个三维湍流。设 ε 为单位质量的动能耗散率,υ 为运动黏度。这些量的物理量纲(附录 B)如下:

$$\varepsilon \sim L^2 T^{-3}$$
$$\upsilon \sim L^2 T^{-1}$$

(10.43)

Kolmogorov(1941)假设,对于局部均匀和各向同性的三维湍流,湍流统计量由 ε 和 υ 决定;根据他的假设,如果知道 ε 和 υ,则不需要其他信息。请注意,ε 是流动的属性,而 υ 是流体的属性。

黏性子域由 ε 和 υ 都很重要的尺度组成。科尔莫哥罗夫(Kolmogorov)进一步假设,存在一个惯性子域——一系列尺度,其中能量既不产生也不耗散,只是“通过”,就像一条高速公路上的一个小镇,除了购买汽油,没有人停下来。惯性子域由大于 λ_k 的均匀各向同性涡旋组成。

黏性子域和惯性子域共同构成了湍流的均匀各向同性分量。惯性子域中的最小尺度,与黏性子域中的最大尺度相同,可以通过从 ε 和 υ 形成的长度来估计:

$$L_k = \left(\frac{\upsilon^3}{\varepsilon}\right)^{\frac{1}{4}} \tag{10.44}$$

这个量被称为科尔莫哥罗夫(Kolmogorov)微尺度。根据式(10.44),如果对给定的 υ(这意味着一种给定的流体)ε 增加,那么 L_k 必须变得更小,但较弱。对于地球的大气层,L_k 的典型值在 $10^{-3} \sim 10^{-2}\,\mathrm{m}$ 之间。

科尔莫哥罗夫假设,对于位于惯性子域内的运动尺度,湍流统计,作为波数的函数,由一个单维参数确定,该参数描述了考虑中的特定流:耗散率 ε。注意,ε 表示发生在惯性子域外部(比惯性子域尺度小)尺度上的耗散。

在地球大气的边界层中,湍流涡旋的尺度为几千米或更小,动能通常在较低的波数(在最大湍流涡旋的尺度上)产生,通过惯性子域迁移到更高的波数,最终在最小尺度上耗散。此过程如图 10.5 所示。我们想在惯性子域中找到 $K(k)$,称为动能谱。这是速度的傅里叶变换平方模量,其单位为单位波数单位质量的能量单位。量纲为:

$$K(k) \sim L^3 T^{-2} \tag{10.45}$$

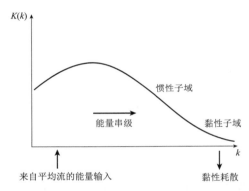

图 10.5 以一种高度理想化的方式,说明了动能通过波数空间的流动示意图,从具有能量源的低波数区域,到耗散掉动能的高波数区域。这张图适用于三维湍流的情况,例如,在边界层中发现的那样

因为惯性子域中的湍流统计仅依赖于 ε,$K(k)$ 只能依赖于 ε 和 k。假设

$$K(k) \sim \alpha \varepsilon^m k^n \tag{10.46}$$

式中,$\alpha \approx 1.5$ 是一个经验确定的无量纲常数,我们发现 $m = 2/3$ 和 $n = -5/3$。换句话说,

$$K(k) \sim \alpha \varepsilon^{2/3} k^{-5/3} \tag{10.47}$$

例如,正如 Lesieur(1995,第 178 页)所讨论的,方程式(10.47)得到了实验室、大气和海洋小尺度湍流测量的充分支持。

如前所述,动能在二维湍流中不串级,而涡度拟能则是。假设在二维湍流中存在一个惯性子域,可能在相当大的尺度上,其中既不产生也不耗散涡度拟能,并且在这个惯性子域中,湍流统计是由涡度拟能耗散率决定的。使用类似于推导式(10.47)的方法,我们可以证明动能谱遵循 k^{-3}。二维湍流的数值模拟支持了这一结论。注意,随着 k 的增加,k^{-3} 比 $k^{-5/3}$ 下降得更快。这意味着二维湍流中高波数的动能比三维湍流中小。这一发现与我们之前的结论一致,即在二维湍流中动能耗散弱,在三维湍流中强。

与用于推导式(10.47)非常相似的分析用来确定比产生动能更长尺度的动能谱。我们假设在从动能源升尺度的惯性子域中,动能谱只取决于源和波数的强度。结论表明,从能量源升尺度,动能谱遵循 $k^{-5/3}$。对于二维或三维湍流都是如此。

在图 10.6 中,这是图 10.5 一个更通用和更精细的版本,显示了四个不同的惯性子域。"低"波数 k_B 表示斜压不稳定作为动能源的尺度。"高"波数 k_C 表示对流作为动能源的尺度。对于 $k > k_C$,

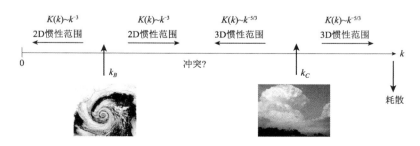

图 10.6　说明量纲分析所暗示的地球大气中动能谱卡通图。斜压不稳定增加了
波数 k_B 的动能,对流增加了波数 k_C 的动能。详情请参见正文

惯性范围是三维的,有 $K(k) \sim k^{-5/3}$ 和一个能量串级到更小的尺度,最终供动能耗散。对于 k 略小于 k_C 的情况,惯性范围是三维的,$K(k) \sim k^{-5/3}$,能量升尺度流动。对于略大于 k_B 的 k,惯性子域是二维的,$K(k) \sim k^{-3}$ 和能量降尺度流动。对于小于 k_B 的 k,能量会升尺度流动,远离斜压能的源。显然,谱的形状必须在 k_B 和 k_C 之间某处发生变化,在那里"冲突?"一词出现在图中。

Lilly(1998)讨论了似乎显示出谱斜率变化的观测结果,如图 10.7 所示。小于 100 km 的尺度,谱遵循 $k^{-5/3}$,大于 100 km 的尺度,谱遵循 k^{-3}。在接近 100 km 的谱中有一个"结"。在几千千米的尺度上可以看到第二个结。图 10.6 和图 10.7 之间的对应关系应该很清楚。

还有另一个复杂性。Rhines(1975)指出,足够大的涡旋会感受到 β 效应,β 效应产生一种"恢复力",抑制构成涡旋质点的大经向偏移。这意味着 β 效应倾向于抵抗超过一定限制的涡旋经向拓宽。实际上,莱恩斯(Rhines)认为,涡旋将开始表现为足够大尺度的罗斯贝波包,因此特征涡旋速度 U 与罗斯贝波的相速相当。量纲分析表明,这种表现发生在

$$k \sim k_\beta \equiv \sqrt{\beta/U} \tag{10.48}$$

这个尺度有时被称为莱恩斯长度或莱恩斯分界线。对于 $k < k_\beta$,由 β 抵制进一步的经向展宽,但经向展宽可以继续。因此,涡旋在纬向方向上被拉长,并最终产生宽度为 k_β^{-1} 的交替纬向急流,就像在木星上看到的那样。近年来,一些数值模式研究已经倾向于支持这一观点(Huang 和 Robinson,1998)。

综上所述,涡度和涡度拟能在二维湍流中是守恒的,而在三维湍流中不是守恒的。动能在二维湍流和三维湍流中的惯性过程下都是守恒的。因为能量和涡度拟能在二维湍流中都是守恒的,二维运动场比三维运动场"有更少的选择"。由于动能在二维湍流中不串级,运动保持光滑,并由"大"涡旋主导。

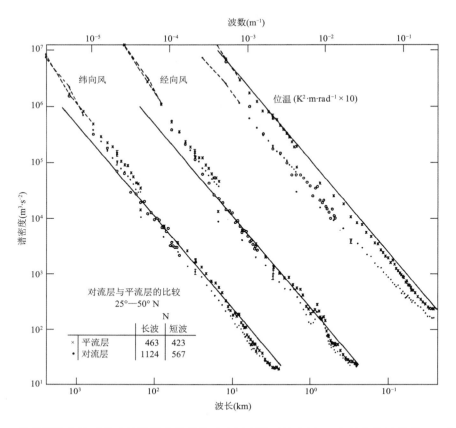

图 10.7　从世界许多地区的飞机数据中获得的对流层顶附近纬向风、经向风和位温的谱。经向风谱
向右移 10 年，位温谱向右移 20 年。这是大气科学中最常被复制的图之一。引自 Lilly(1998)，
在 Nastrom 和 Gage(1985)之后。© American Meteorological Association 授权使用

10.6　动能谱的观测

　　Boer 和 Shepherd(1983)分析了观测结果，以检查动能、涡度拟能和有效位能的谱，以及不同尺度之间的动能交换。根据 Baer(1972)的建议，他们使用与球谐函数相关的二维指数作为尺度的度量，就像 Blackmon 在第 8 章描述的工作中所做的那样。Boer 和 Shepherd 获得的垂直积分谱如图 10.8 所示，仅为动能和涡度拟能。动能谱的斜率作为高度的函数如图 10.9 所示。k^{-3} 的表现是很明显的，特别是在上层。Boer 和 Shepherd 评估了不同尺度之间的动能交换，如图 10.10 所示；Chen 和 Wiin-Nielsen(1978)报告了类似的计算结果。较小的尺度通常会经历向更小尺度的动能串级，正如三维湍流的那样，但较大的尺度会经历反串级，正如二维湍流预期的一样。

　　也有人认为，阻塞高压的形成和维持代表了升尺度能量转移的一个例子。如第 9 章所述，阻塞的形成与副热带位涡平流到中纬度地区有关。执行这次平流的"代理"是一个快速发展的气旋，如在墨西哥湾流上空(Hoskins et al.，1985)那样。此外，正是阻塞与小尺度涡旋的相互作用，允许阻塞保持自己在一个较长的时间内(Shutts，1986)。

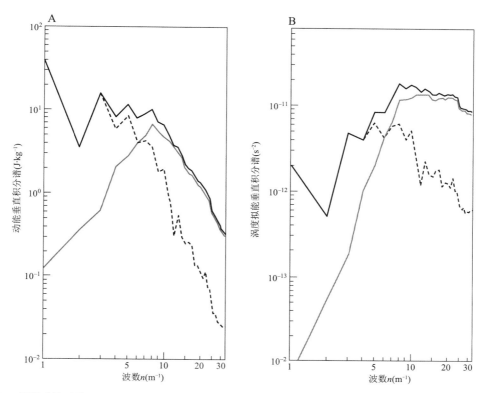

图 10.8　观测到的动能(A)和涡度拟能(B)垂直积分谱。实线表示总的,虚线表示静止的,灰色表示瞬时的。
请注意,这两个轴都是对数的。引自 Boer 和 Shepherd(1983)。
© American Meteorological Association 授权使用

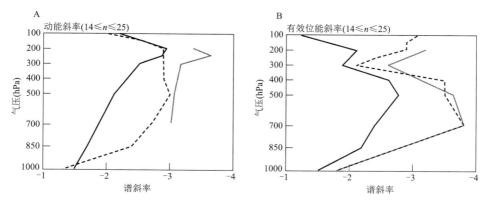

图 10.9　在 14～25 范围内的二维指数拟合动能(A)和有效位能(B)谱线的斜率。灰色实线表示 Baer(1972)
的结果,虚线表示 Chen 和 Wiin-Nielsen(1978)的结果。引自 Boer 和 Shepherd(1983)。
© American Meteorological Association 授权使用

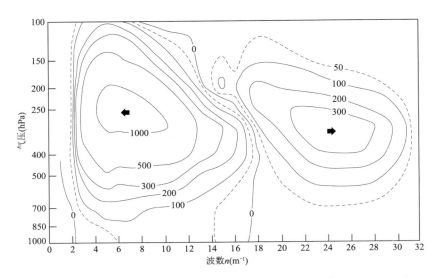

图 10.10　观测到作为高度函数的非线性动能交换。单位为 $10^{-3}\,\mathrm{W}\cdot\mathrm{m}^{-2}$。
引自 Boer 和 Shepherd(1983)。© American Meteorological Association 授权使用

10.7　耗散涡度拟能而不耗散动能

　　Sadourny 和 Basdevant(1985)提出了一种有趣的方法来表示动量方程中准二维地转湍流的影响。问题是,在这种气流中,涡度拟能会耗散,但动能却不会。如何在具有这一特性的动量方程中表述"摩擦"项?

　　为了检验 Sadourny 和 Basdevant 的概念,我们从"不变"形式的运动方程开始,使用等熵坐标:

$$\frac{\partial \boldsymbol{V}}{\partial t} + q\boldsymbol{k} \times (\rho_\theta \boldsymbol{V}) + \nabla \left(\frac{1}{2}\boldsymbol{V} \cdot \boldsymbol{V} + s \right) = 0 \qquad (10.49)$$

式中,q 是位涡,和前面一样。为了以这样方式包括摩擦,而不影响动能,我们引入了一个参数 D,如下所示:

$$\frac{\partial \boldsymbol{V}}{\partial t} + (q - D)\boldsymbol{k} \times (\rho_\theta \boldsymbol{V}) + \nabla \left(\frac{1}{2}\boldsymbol{V} \cdot \boldsymbol{V} + s \right) = 0 \qquad (10.50)$$

我们可以将 $(q-D)$ 解释为一个修正的位涡。当我们取式(10.50)与 $\boldsymbol{V}$ 的点积形成动能方程时,涉及 D 的项就消失了,不管 D 的形式如何。这意味着 D 对动能的倾向没有贡献。

　　我们想选择 D 的形式,使位涡拟能等于零。第一步是取式(10.50)的旋度,并利用连续方程来构造位涡方程:

$$\frac{\mathrm{D}q}{\mathrm{D}t} = \frac{1}{\rho_\theta} \nabla \cdot (D\rho_\theta \boldsymbol{V}) \qquad (10.51)$$

对于 $D \equiv 0$,式(10.51)的右侧也应该等于零。我们假设在整个等熵面(全球)上的平均位涡拟能为

$$Z(\theta) = \frac{1}{S} \iint_S \frac{q^2}{2} \rho_\theta \mathrm{d}S \qquad (10.52)$$

然后,式(10.51)意味着

$$\frac{\mathrm{d}Z(\theta)}{\mathrm{d}t} = -\iint\limits_{S} (D\rho_\theta \boldsymbol{V} \cdot \nabla q)\,\mathrm{d}S \tag{10.53}$$

为了保证 $Z(\theta)$ 的耗散,我们选择了

$$D = \tau \boldsymbol{V} \cdot \nabla q \tag{10.54}$$

式中, $\tau \geqslant 0$ 。通过将式(10.54)代入式(10.53),我们发现

$$\frac{\mathrm{d}Z(\theta)}{\mathrm{d}t} = -\tau \iint\limits_{S} \rho_\theta (V \cdot \nabla q)^2\,\mathrm{d}S \tag{10.55}$$

方程式(10.55)保证了 $Z(\theta)$ 对 $\tau > 0$ 随时间的推移而减小。我们可以通过设置 $\tau = 0$ 来恢复位涡守恒和位涡拟能守恒。从式(10.54)中,我们可以看到

$$q - D = q - \tau(\boldsymbol{V} \cdot \nabla q) \equiv q_{预期} \tag{10.56}$$

在这里 $q_{预期}$ 可以解释为我们预期的 q 值,或通过观测上游,看看 q 的什么值被平流向我们"预期"的 q 值。方程式(10.56)等价为

$$\frac{q_{预期} - q}{\tau} = -\boldsymbol{V} \cdot \nabla q \tag{10.57}$$

因此,该技术被称为预期的位涡方法来参数化动量方程中地转湍流的影响。Sadourny 和 Basdevant(1985)表明,这种方法在数值模式中给出了真实的动能和涡度拟能谱。

这次讨论的重点是,有可能设想耗散位涡拟能而不耗散动能的特定过程。Sadourny 和 Basdevant 提出的特殊方法只是在这里作为一个例子,尽管 Ringler 等(2011)最近曾经采用了这种方法。

10.8　全球大气环流的混合器作用

在某种程度上,全球大气环流的涡旋就像湍流,很自然会问它们是否有"混合"现象,如果是,是哪些? 由湍流混合的变量是一个守恒变量;也就是说,跟随着流体质点它随时间保持不变。线性动量的守恒性不是很好;它受到各种非守恒效应的影响,包括科氏加速度和气压梯度。角动量 $M \equiv a\cos\varphi(u + \Omega a\cos\varphi)$ 有点守恒,因为它不受科氏加速度的影响;然而,可以认为,除非均匀值是零,否则均匀角动量是不可能的,因为极点处有限的角动量意味着那里无限的纬向风和涡度。

因此,我们被引导寻找证据,涡旋混合埃尔特尔(Ertel)位涡,这是跟随流体质点严格守恒的。在没有加热的情况下,质点会停留在其等熵面上,因此,我们预计大尺度湍流是沿等熵面均匀化位涡(和其他守恒变量)的。当我们在第 4 章中讨论纬向平均位涡时,我们注意到,与平流层相比,对流层的位涡是相当均匀的。引自 Sun 和 Lindzen(1994)的图 10.11 显示,在中纬度对流层,纬向平均位涡等值线有平行于纬向平均位温廓线的趋势。

10.9　确定性天气预报的局限性

当我们做天气预报时,我们是在求解一个初值问题。大气的当前状态是"初始条件"。控制方程在时间上被向前积分,以预报大气的未来状态。

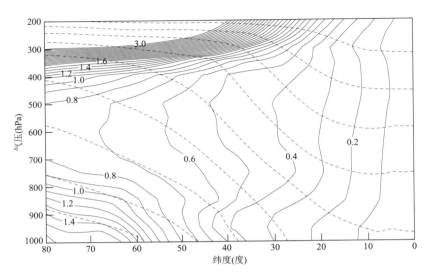

图 10.11　北半球作为气压和纬度函数绘制的位涡(实线)和位温(虚线)。
引自 Sun 和 Lindzen(1994)。© American Meteorological Association 授权使用

原则上是否有可能做出完美(或任意准确)的预报？一般来说,预报误差有三个来源。

(1)大气本身的特性

①量子力学的不确定性原理(对这个问题不重要);

②非线性和不稳定性(非常重要)。如下所述,这些都导致了对初始条件的敏感依赖。

(2)观测系统

①初始条件的不完美测量(例如,不完善的温度计);

②初始条件的空间覆盖范围不完美;

③误差。

(3)模式

①错误的方程;

②不完美的分辨率。

我们关注的是第一个,也是最基本的误差来源,即限制可预报性的大气本身特性。

Lorenz(1963)讨论了"确定性非周期流"的可预报性。如果一个系统的未来演变完全由一组规则决定,则被认为它是确定性的。大气模式(例如,原始方程)是规则集的例子。因此,大气是一个确定性的系统。大气的表现在时间上明显是非周期性的;它以前的历史不会重复。周期性流的可预报性是一个相当无聊的主题。如果大气的表现在时间上是周期性的,天气肯定是可以预报的!

非周期性表现是如何产生的？季节循环和日循环对大气强迫至少大约是周期性的。对于线性系统,周期性强迫总是会导致周期性响应。然而,对于非线性系统,周期性强迫(包括在特殊情况下根本没有强迫)可以导致非周期响应。非周期表现产生于非线性。

Lorenz(1963)研究了一组理想化的非线性对流方程,发现对于某些参数值,所有的稳定状态和周期解都是不稳定的。该模式显示了非周期解;同样,根据定义,周期解是可预报的。Lorenz 小型模式的方程式非常简单:

$$\dot{X} = -\sigma X + \sigma Y$$
$$\dot{Y} = -XZ + rX - Y$$
$$\dot{Z} = XY - bZ \qquad\qquad (10.58)$$

式中,

$$\sigma = 10, b = 8/3 \text{ 和 } r = 24.74 \qquad\qquad (10.59)$$

是在模式运行之前指定的参数。式(10.59)中给出的数值是导致非周期表现的特定选择(不是唯一的)。式(10.58)的一个解如图 10.12 所示。模式的状态被绘制在一个相空间中。大部分时间,解靠近两个"吸引子"中的一个;也就是说,在积分中随机选择的一个点,在其中一个吸引子附近找到解的概率非常高。偶尔,解会从一个吸引子转移到另一个吸引子。部分原因是这个图的出现,这个解有时被称为"蝴蝶吸引子"。

这个例子说明了一个要点,即使是一个简单的非线性系统也可能是不可预测的。缺乏可预测性和复杂的表现并不一定是由于系统本身定义的复杂性。

下面的讨论解释了为什么对确定性可预测性有一个限制。由于大气不稳定,大气的两种略有不同的状态随着时间的推移而彼此不同(图 10.13)。这种差异是在逐个尺度的基础上,导致了对初始条件的敏感依赖。对初始条件表现出敏感依赖性的系统被称为混沌系统。大气状况对其过去历史的敏感依赖表明,中国"蝴蝶翅膀的拍打"可能会在几天后明显改变北美的天气——这是称图 10.12 为蝴蝶吸引子的第二个原因。

有许多种不稳定,几乎作用于所有的空间尺度上。小尺度的切变不稳定作用于米级或更小的尺度上。浮力不稳定,包括积云不稳定,主要发生在几百米到几千米的尺度上。斜压不稳定发生在数千千米的尺度上。

虽然 Lorenz 发现了依赖初始条件敏感的重要性,但他并不是第一个这样做的人;Poincaré(1912)认识到这一现象,甚至讨论了它使得长期天气预报不可能的事实。詹姆斯·克莱克·麦克斯韦(James Clerk Maxwell)在 19 世纪也意识到,由于不稳定,确定性物理定律不一定允许确定性预测(Harman,1998;206—208)。Lorenz 是第一个意识到,对初始条件的敏感依赖现象允许即使在非常简单的系统中也会发生复杂的不可预测表现。他还强调了非线性的重要性,包括不稳定性。

回想一下,小尺度涡旋产生的通量改变更大的尺度。这样,在小尺度上的误差就可以通过非线性过程在更大尺度上产生误差,如第 7 章所述。回想一下,尺度不能在线性系统中相互作用。

我们得出的结论是,是不稳定性和非线性的结合限制了我们对最大运动尺度做出熟练预测的能力。这个概念如图 10.14 所示。不稳定性和非线性都是大气本身的性质,它们导致了确定性可预测的内在限制;我们不能通过改进我们的模式或观测系统来消除或规避它们。我们可以说,对初始条件的敏感依赖施加了一个"可预测性时间"或"可预测性极限",即超过这个极限,天气在原则上是不可预测的。这种极限不是数值天气预报或任何其他特定预测技术的固有极限。它适用于所有的方法。

较小尺度上的误差比较大尺度上的误差快两倍(按比例增长),这仅仅是因为较小尺度环流的固有时间尺度更短。例如,边界层中浮力热力的固有时间尺度可能约为 20 min;雷暴环流,1 h;斜压涡旋,两三天;行星波数 1 是 1~2 周。由于可预测性时间与涡旋周转时间有关,因此,可预测性极限是尺度的函数——较大的尺度通常比较小的尺度更可预测。

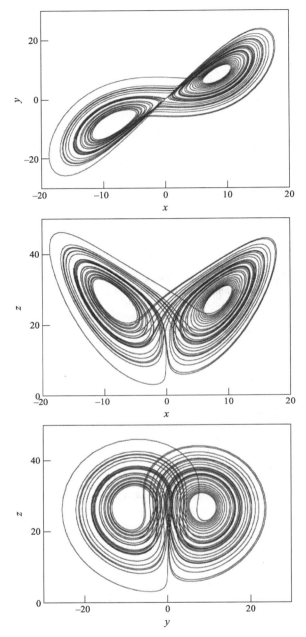

图 10.12   Lorenz(1963)的蝴蝶吸引子,是作为式(10.74)的解得到的。
引自 Drazin(1992)。经剑桥大学出版社(Cambridge University Press)许可后重印

通过添加更多的观测结果来消除较小空间尺度上的误差,增加了熟练预测的范围,其时间增量大约等于最新分辨的较小尺度可预测性时间。因此,将初始误差推向越来越小的空间尺度是一种提高预测的策略,从而产生的获益一直在减少(图 10.15)。

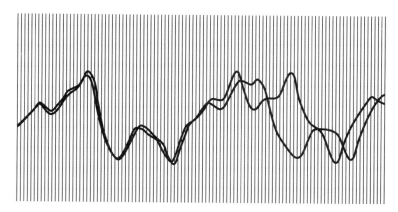

图 10.13　两种天气形势的差异。Lorenz 注意到,从几乎同一点开始的两个数值解相距越来越远,
直到所有的相似性都消失了。引自 Gleick(1987)。经詹姆斯·格雷克(James Gleick)许可后使用

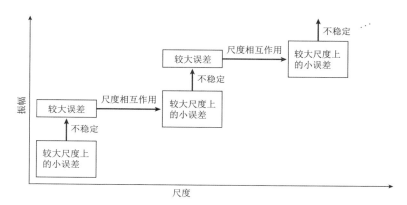

图 10.14　通往混沌的路。说明了不稳定导致误差增长的作用,
以及非线性导致误差从小尺度扩散到大尺度的作用

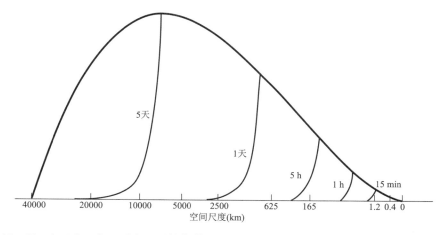

图 10.15　15 min、1 h、5 h、1 天和 5 天的能谱 $E(k)$(上面曲线)和误差能谱(下面曲线)的简化描述,
是从数值研究结果插值得到的。下面曲线与上面曲线交点右侧的上曲线重合。
面积与能量成正比。引自 Lorenz(1969)

下面是这个概念的一个例子。假设我们预测了一个特定房子的温度,并且预测误差随着预测的时间长度呈指数级增长。我们可以写为

$$T_{预报}(t) = T_{真值}(t) + E_0 e^{\lambda t} \tag{10.60}$$

式中,E_0 为初始误差,t 为预测的时间长度,λ 为指数增长率。如果 $E_0 = 0$(没有初始误差),则该误差始终为零。通过减少初始误差,我们可以在给定的预测范围内减少误差,比如 5 天。换句话说,通过减少初始误差,我们可以推迟误差达到某个"参考"值 E_{ref} 的时间。例如,假设

$$E_{ref} = E_0 e^{\lambda t} = \frac{E_0}{2} e^{\lambda(t+\Delta t)} \tag{10.61}$$

使用这个公式,将初始误差切成一半会使误差增长到 E_{ref} 的时间延迟一个 Δt 量,这是用来度量预测技能增加的一个量,并满足

$$\Delta t = \frac{\ln 2}{\lambda} \tag{10.62}$$

Δt 的值越大越是"好的",因为它意味着误差增长更慢;也就是说,一个大的 Δt 需要一个小的误差增长率 λ。

对于较小的空间尺度,增长率预计会更大(更快),而对于较大的空间尺度,增长率预计会更小(更慢)。定性地说,我们可以写为

$$\lambda = \frac{V}{d} \tag{10.63}$$

式中,V 为"涡旋速度尺度",d 为涡旋的线性空间尺度(如半径或"大小")。我们可以将 $1/\lambda$ 解释为在 V 的速度下行驶距离 d 所需的时间,所以它大约是一个气块绕着涡旋旅行一次所需的时间。我们称之为"涡旋周转时间"。代入 Δt 的公式得到

$$\Delta t = \frac{d \ln 2}{V} \tag{10.64}$$

因此,对于固定值 V,一个小的 d 值,预测技能的收益较小。

大多数误差位于小空间尺度上的原因是它们采样不足。为了减少小尺度上的误差,需要增加观测网的密度。在二维空间中,观测数的四倍将观测站之间的平均距离减少了一半。这意味着 d,即被观测网"可分辨"的最小涡旋线性空间尺度减少了 2 倍。

例如,假设我们通过将站点数增加四倍来改进一个初始观测网。这使观测网的成本增加了 4 倍,d 减少了 2 倍。我们获得的预测技能的量为 $(\Delta t)_1$。然后,我们又把站点数增加四倍,观测网成本也增加了 4 倍。预测改善可通过 $(\Delta t)_2 = (1/2)(\Delta t)_1$ 来衡量,即其仅为 $(\Delta t)_1$ 的一半。对观测网的改进越来越昂贵将导致预测技能的改进越来越小。

正如我们将很快讨论的,估计表明,最小空间尺度上的小误差在振幅和尺度上都会增加,从而在大约 2~3 周内显著污染最大尺度(与地球半径相当)。然而,大气表现的某些方面可能在更长的时间尺度上是可以预测的,特别是如果它们由缓慢变化的外部影响所强迫的情况下。一个明显的例子就是季节循环。另一个例子是与长期海面温度异常有关的天气异常统计特征,例如由厄尔尼诺现象引起的天气异常。这一点将在本章后面进一步讨论。

在这一点上,我们可以提供湍流定义的第二部分内容:湍流环流在感兴趣的时间尺度上是不可预测的。例如,中纬度的冬季风暴可以被认为在季节时间尺度上是湍流的涡旋,但在一天的预测方面,它们表现为高度可预测的有序环流。有了这个定义,湍流就在观察者的眼前。

作为一个有趣的类比,我们太阳系行星的轨道,众所周知是高度可预测的。然而,已知太

阳系在更长的时间尺度上是混沌的（Baytgin 和 Laughlin，2008；Laskar，1994；Laskar 和 Gastineau，2009）。如果人们感兴趣的时间尺度是几百万年或更少，那么行星的运动就类似于层流。如果人们感兴趣的时间尺度是数亿年，那么行星的运动就类似于湍流。

10.10　量化可预测的极限

Lorenz(1969)讨论了以下三种确定可预测极限的方法。

10.10.1　动力学方法

在动力学方法中，从相似或不完全相同的初始条件开始，产生两个或两个以上的模式解。这个过程与 Lorenz 偶然发现对初始条件的敏感依赖时所做的过程相似。使用该模式来代替大气；没有使用真实数据。这种方法的问题是①截断误差，②不完美方程，③缺乏非常小尺度的信息。该类型的研究表明，空间尺度为几百千米的小误差的倍增时间约为 5 天，这意味着可预测性的极限约为两周。

动力学方法的最早例子之一是 Charney 等(1966)的研究，他使用了几个全球大气环流模式(global circulation models，GCMs)来研究小扰动的增长。图 10.16 显示了他们通过加利福尼亚大学洛杉矶分校全球大气环流模式早期版本获得的一些结果。均方根温度误差在两个半球增长，但在冬半球增长更快，那里的环流更不稳定。这个误差不会无限地继续增长；在"预测"并不比猜测好的时候，它就会停止增长。这个误差达到了饱和。一个合适的猜测可能包括从这种状态的长期记录中随机选择系统的一种状态，类似于从一个装满许多这样地图的巨大橱柜中随机抽取一张天气图一样。

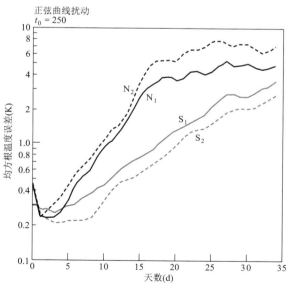

图 10.16　利用两层明兹-荒川(Mintz-Arakawa)模式进行模拟的 1 月均方根温度误差。"N"和"S"分别表示北半球和南半球。下标 1 和 2 表示这两个模式层。引自 Charney 等(1966)。

© American Meteorological Association 授权使用

Shukla(1981,1985)讨论了动力学方法的后一个例子。图 10.17 所示的结果是基于全球大气环流模式的计算,如 Shukla(1985)的报告。该模式用于运行多个模拟,仅在初始条件有非常小的扰动差异。图中左侧的两个图显示了冬季和夏季海平面气压误差的增长和饱和度。冬季的误差比夏季的误差增长得更快。误差在中纬度地区很大,那里的斜压不稳定很活跃,特别是在冬季。在热带地区,这样的误差要小得多。

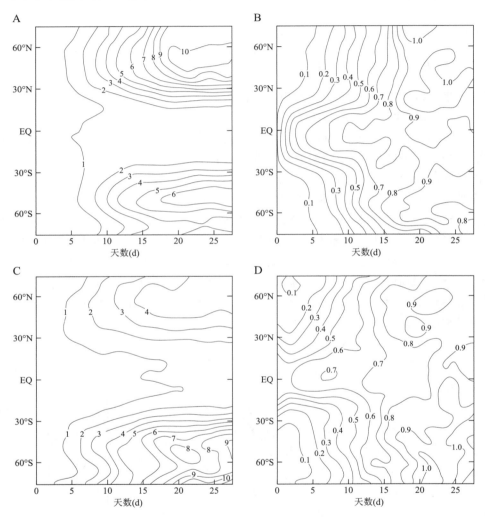

图 10.17　均方根误差的纬向平均(RMSE;左列)和每日海平面气压值的均方根误差与标准差的比率(root-mean-square error/ standard deviation,RMSE/std dev;右列)。在冬季进行 6 对控制和扰动运行的均方根误差(A)和均方根误差与标准差的比率(B);在夏季进行 3 对控制和扰动的运行的均方根误差(C)和均方根误差与标准差的比率(D)。引自 Shukla(1985)。经爱思唯尔(Elsevier)授权许可后重印

　　然而,从第 3 章中回顾一下,热带海平面的气压通常变化不大。这意味着在热带地区出现的一个小误差可能很重要。为了考虑到这个因素,右边的两个图显示了由海平面气压的时间标准差归一化的误差。从这个角度来看,我们可以看到,热带地区的误差实际上比中纬度地区

的误差增长得更快,并在大约相同值(标准化)下饱和。在所有纬度地区,饱和度值都接近于1。这意味着,当误差达到基于逐日变化的时间标准偏差时,误差就会停止增长。

　　图 10.18 引自 Shukla(1981)。对于误差增长的数值试验,类似于上面讨论的,图中显示了误差增长如何随纬向波数而变化。在每个图中,实曲线表示数值模式中误差的增长,虚线表示当使用的"预测"是简单持续时相应的误差增长。我们可以说,当模式预测不比基于持续性的预测更好时,模式就不再有预报技巧了。30 天后,数值模式在较低的波数上仍然有一些技能,这对应于最大的空间尺度。对于更高的波数,模式的技能消失得更快。

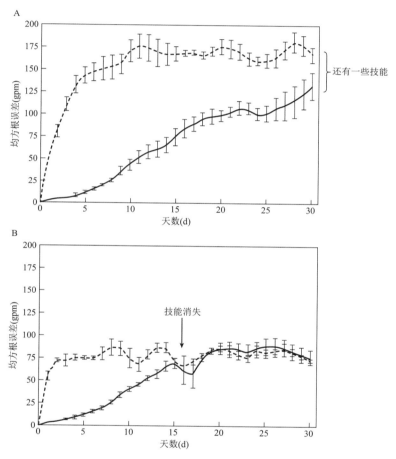

图 10.18　6 对控制和扰动运行的平均均方根误差(实线),以及高度为 500 hPa 纬度带 40°—60°N
的平均均方根误差,(A)波数 0～4 和(B)波数 5～12。虚线是 3 次控制运行的
平均持续性误差。竖条表示误差值的标准偏差。引自 Shukla(1981)。
© American Meteorological Association 授权使用

10.10.2　经验方法

　　在经验方法中,用大气来代替模式;大气本身被用来预测大气。Lorenz(1969)只研究了北半球 200 hPa、500 hPa 和 850 hPa 高度的观测记录。他寻找在一年中同一天的一个月内出现的成对类似状态,或"相似物"。他选择了 1963 年 12 月 30 日和 1965 年 1 月 13 日作为 5 年记录内最好的相似状态。

经验方法的结果表明,在最小分辨尺度上,误差的倍增时间小于 8 天。因此,它们与动力学方法的结果是合理地一致。

以下是经验方法的问题:①很难找到"好的"相似物,因为最小误差约为平均误差的一半;②不可能试验初始误差,因为它是自然给定的;③数据不能用来研究非常小尺度上的误差增长,仅仅因为这些尺度没有被充分观测到。

10.10.3 动力经验方法

动力经验方法是这三种方法中最难理解的。Lorenz(1969)首先设想的基本思想是推导出"误差动能"的时间变化方程(使用模式),然后对误差能量方程进行傅里叶变换,使动能谱出现。关键步骤是明确观测的动能谱到非常小的尺度(约 40 m)。然后利用所得到的半经验方程来得出误差增长的结论。动力经验方法表明,最小尺度上的误差放大最快,很快占主导地位。同样,动力经验方法表明,确定性可预测的极限大约为两到三周。

Lorenz(1982)描述了动力经验方法的一个现代例子。假设我们做了大量的一天和两天预测,如图 10.19 所示。假设 $z_{i,1}$ 是 z 在第 i 天的一天预报,设 $z_{i,2}$ 是 z 在第 i 天(同一天)的两天预报。设 $E_{1,2}$ 为同一天的一天和两天预报之间均方根(RMS)误差,为全球和所有验证日的平均值:

$$E_{1,2}^2 = N^{-1} S^{-1} \sum_{i=1}^{N} \int_S (z_{i,1} - z_{i,2})^2 \, \mathrm{d}S \tag{10.65}$$

这里在面积 S 上积分,在验证日上求和,验证日用下标 i 区分。我们可以将 $E_{1,2}$ 解释为预报的第一天和第二天之间预报误差的平均或典型增长。如果所有的预报都是完美的,$E_{1,2}$ 将为零。如果一天的预报是完美的,但两天的预报不完美,$E_{1,2}$ 将是正的,等等。

一般而言,我们可以计算第 j 天预报和第 k 天预报之间的均方根误差增长,仍然在同一天(即第 i 天)验证,形式为

$$E_{j,k}^2 = N^{-1} S^{-1} \sum_{i=1}^{N} \int_S (z_{i,j} - z_{i,k})^2 \, \mathrm{d}S \tag{10.66}$$

不失一般性,我们假设 $k \geqslant j$。很明显,$E_{j,k}$ 将 j 天预测与 k 天预测进行了比较。如果 $E_{j,k} > 0$,这意味着 k 天预测平均不如 j 天预测那么技能高。当然,这是意料之中的。请注意,$E_{0,k}$ 将"零天预测"与 k 天预测进行比较,零天预测实际上是分析,而不是预测。如果 k 天的预测是完美的,$E_{0,k}$ 将为零。然而,由于可预测性的内在极限和初始条件的不可避免小误差,即使是一个完美的模式也会给出 $k>0$ 的 $E_{0,k} > 0$,此外,$E_{0,k}$ 最初随着 k 的增加而增加,但当 k 天预测并不比猜测好时,它就会"饱和",如图 10.20 所示。即使模式模拟气候是完美的,由于确定性可预测的极限,$E_{0,k}$ 也将不等于零。

图 10.19　长序列的一天和两天预报

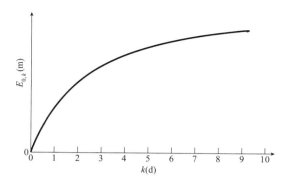

图 10.20　$E_{0,k}$ 随时间的增长。快速的初始增长之后是饱和

当 k 变大时,无论 j 的值是什么,我们期望 $E_{j,k}$ 会饱和。对于 $k \to \infty$,我们可能期望 $E_{j,k}$ "应该"独立于 j。它不是,至少对"小"j(<20)不是。原因是该模式的气候与真实的气候不同。由于模式是从真实数据开始的,当 j 很小时,j 天预测看起来像真实世界。随着 j 的增加,该模式进入了它自己的气候,因此,预测越来越偏离现实世界的状态集合。然而,因为随后将模式的气候与模式本身进行比较,当 j 和 k 都很大时,$E_{j,k}$ 将独立于 j。

图 10.21 所示的一个特例是将 $(k-1)$ 天预测与同一天的 k 天预测进行了比较。例如,对于 $k=10$,$E_{9,10}$ 比较了同一天的 9 天预测和 10 天预测。当然,9 天预测和 10 天预测都相当糟糕,所以,即使它们应该代表同一天的天气,一般来说,它们之间会有很大的不同。因此,如 $k \to \infty$,$E_{k-1,k}$ 并不小。相反,当 $k \to \infty$,我们期望 $E_{k-1,k}$ 接近一个常数,这是模式气候中 z 变率的度量。当 $k-j$ 是一个常数时,其他任何一个 $E_{j,k}$ 也是如此。

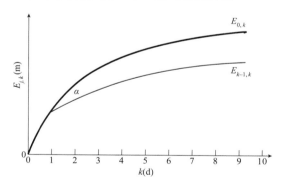

图 10.21　$E_{0,k}$ 和 $E_{k-1,k}$ 随时间的增长。细线从 $k=1$ 开始,
因为对 $k<1$,$E_{k-1,k}$ 没有定义。角度 α 通过减少系统误差来衡量模式的改进程度

对于一个完美的模式,我们会有

$$\lim_{k \to \infty} E_{0,k} = \lim_{k \to \infty} E_{k-1,k} \tag{10.67}$$

因为这个模式的气候将与真正的气候相同。然而,对于一个不完美的模式,我们期望

$$\lim_{k \to \infty} E_{0,k} > \lim_{k \to \infty} E_{k-1,k} \tag{10.68}$$

因为这个模式的气候不同于真正的气候。这是一个关键点。

为了用真实的数据来探索这些想法,Lorenz 选择了 1980 年 12 月 1 日—1981 年 3 月 10 日(100 天)作为验证日期。因为他工作了 100 个验证天,在式(10.66)中 $N=100$。他使用了欧洲中期天气预报中心模式预测和分析的存档资料。由于欧洲中期天气预报中心定期做出 10 天的预测，洛伦兹(Lorenz)有 100 个 1 天预测，100 个 2 天预测，以此类推，达到 100 个 10 天预测。他绘制了 $E_{j,k}$，如图 10.22 所示。每个点代表 100 个对预测的平均。

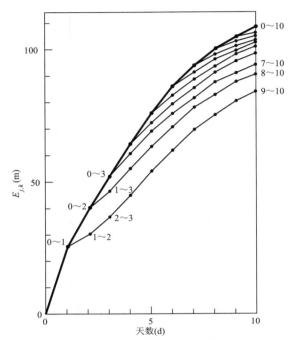

图 10.22　同一天由欧洲中期天气预报中心业务模式制作的 j 天和 k 天预测之间全球均方根 500 hPa 高度差，单位为 m，与 k 相对应绘制。(j,k) 的值显示在一些点的旁边。粗曲线连接了 $E_{0,k}$ 的值。细曲线连接了常数 $k-j$ 的 $E_{j,k}$ 值。引自 Lorenz(1982)

　　图 10.22 中的"细曲线"似乎几乎相互平行，在某种意义上 $\mathrm{d}E/\mathrm{d}k = f(E)$。换句话说，对于任何给定的 E 值，细曲线都有大约相同的斜率。这意味着误差增长率受到误差大小的明显影响；当然，我们知道这不可能是唯一涉及的因素，但它可能是主导因素。

　　Lorenz 想估计完美模式预测中非常小误差的增长率。为了做到这一点，他基本上拟合了欧洲中期天气预报中心预测中误差增长率的曲线。他假设，对于一个完美的模式

$$\frac{\mathrm{d}E}{\mathrm{d}k} = aE - bE^2 \tag{10.69}$$

式中，$E \equiv E_{j,k}$，式中 $k-j=$ 常数，所以每天 $\mathrm{d}E/\mathrm{d}k \approx (E_{j+1,k+1} - E_{j,k})$。第二个指数减去第一个指数对两个 E 都是相同的；这些是细曲线。方程式(10.69)与误差增长率由误差大小决定的假设相一致。对于较小的 E，指数增长率为 a。对于较大的 E，会发生饱和，因此

$$E_{\mathrm{sat}} = a/b \tag{10.70}$$

这意味着 (a/b) 是完美模式的最大误差。从式(10.69)注意到，如果初始误差为零，将不会有误差增长，正如"完美模式"的预期。

　　即使数据不包含真正的小误差，我们想从数据中推断出一个 a，小误差的增长率。我们可以通过将函数 $f(E) = aE - bE^2$ 与 $\mathrm{d}E/\mathrm{d}k$ 进行拟合来实现这一点，和从数据中评估的一样(图 10.23)。在执行这条曲线拟合时，我们可以找到 a 和 b 的"最佳"值。这种计算可以解释为确

定小误差增长率的动力经验方法一个例子,因为同时使用了模式和数据。

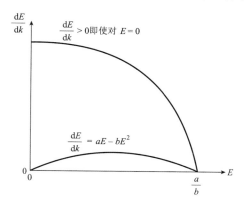

图 10.23　图中说明了误差增长率随误差幅度的预期变化。下面的曲线表示完美模式的预期表现,
上面的曲线表示真实的、不完美模式的预期表现

　　图 10.24 显示了与图 10.22 相同的数据,绘制的方式不同。这些点对应于图 10.22 中的细曲线,因此代表"完美模式"。方块对应于图 10.22 中的粗曲线,因此代表"不完美模式"。本练习的结论是,模式分辨的最小尺度上小误差的倍增时间为 2.4 天。

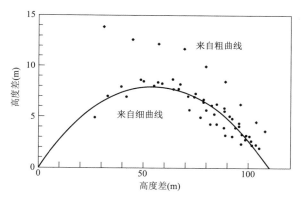

图 10.24　图 10.22 中每条细曲线的每一天全球均方根 500 hPa 高度差($E_{j+1,k+1} - E_{j,k}$)增加与平均高度差($E_{j+1,k+1} - E_{j,k}$)/2 的对比图(点),以 m 为单位,图 10.22 中粗线的每一天($E_{0,k+1} - E_{0,k}$)增加与平均差($E_{0,k+1} - E_{0,k}$)/2 的对比图(方框)。显示了拟合大圆点的抛物线。引自 Lorenz(1982)

　　在另一篇文章中,Lorenz 讨论了后来一组用改进模式做出的性能更好预测,并从观测到的更好初始条件开始。他发现图 10.22 中的粗曲线是向下移动的,但细曲线也是向下移动的。他们之间的差距被缩小成一半。粗曲线的向下移动本身表明,新模式模拟气候比旧模式更真实。或者,这可能意味着分析更真实。细线的向下变化表明,新模式的天气不如旧模式那么活跃。

10.11　集合预报

　　自 1992 年以来,包括欧洲中期天气预报中心和美国国家环境预测中心在内的主要天气预

测中心已经运行集合预报,作为其业务系统的一个关键要素。一个集合预报由基于略微不同的初始条件的多个预报组成。这种方法是有用的,由于 Lorenz 解释的原因,集合成员随时间而发散。对于任何给定的位置,发散程度表明预测的可靠性;较大的发散意味着置信越小。图 10.25 是在国家环境预测中心执行的集合预报示例。

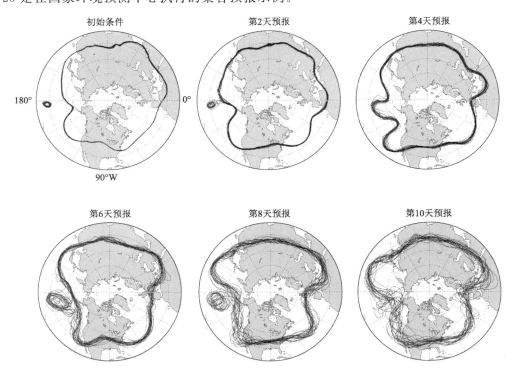

图 10.25 对流层中层一个气压面的两个选定高度等值线形状的实际预测结果,在北极向下看。北美位于每个图的底部中心。所示的预测时间是初始条件(左上角),然后,从上面一行向右,然后从左到右直到底部一行,之后每 2 天,一直到 10 天。这两条粗曲线显示了高度等值线的气候位置,在 10 天内变化很小。在每个图中,粗曲线显示了使用高分辨率模式预测的等值线位置。细曲线显示了在一个预测集合(同一模式的低分辨率版本)中的等值线位置,这些初始条件与控制运行的预测略有不同。出于明显的原因,这些都被称为"面条图"。这个图是由国家环境预测中心的路易斯·乌切利尼(Louis Uccellini)和丹尼斯·格鲁姆(Dennis Grumm)提供的

10.12　大气对海面温度变化的响应

在过去的几十年里,清晰地表明天气在统计意义上以可预测的方式对海面温度和其他地面边界条件的变化作出响应。图 10.26 显示了 Lau(1985)关于这个主题的早期研究例子。图中显示了观测到的海面温度(顶部)以及 200 hPa 和 950 hPa 的模拟纬向风、降水、穿越南太平洋的东西海平面气压梯度、200 hPa 高度的月指数时间变化,以及所谓的"太平洋-北美型"指数,这是用全球大气环流模式进行的两次 15 年模式模拟中获得的。这两次运行分别显示在左侧和右侧的图中。利用一种运行平均,得到了叠加在不同时间序列上的平滑曲线。

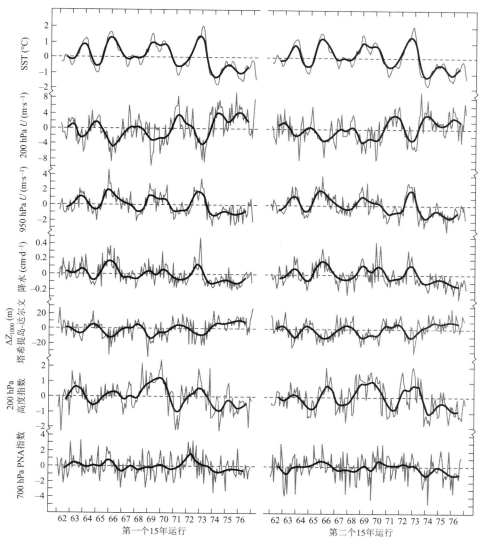

图 10.26　第一个（图的左半部分）和第二个（右半部分）15 年模式运行的海面温度（SST）、200 hPa 和 950 hPa 的纬向风（U）、降水、南太平洋东西海平面气压梯度、200 hPa 高度、700 hPa 太平洋-北美型（PNA）的月指数时间变化。叠加在这些时间序列上的平滑曲线是使用运行平均获得的。引自 Lau(1985)。

© American Meteorological Association 授权使用

　　所施加的海面温度变化在两次运行中完全相同，这仅在其初始条件的扰动有所不同。这里的主要观点是，两次运行给出了非常相似的结果，表明统计数据是由海面温度的逐年变化控制的，可预测性远远超过单个天气事件的确定性可预测极限。

　　Lau 的研究在当时是开创性的，计算成本昂贵，但自 20 世纪 90 年代以来，类似的计算已经成为常规，在大气模式相互比较项目（Atmospheric Model Intercomparison Project，AMIP）的背景下进行（Gates，1992）。今天，大气模式相互比较项目模拟是评估全球大气环流模式性能的一种标准方法。

10.13 气候预测

天气可以定义为大气状态变量的瞬时分布,气候可以定义为相同变量的长期统计特性。海洋、陆地表面、冰冻圈和生物圈影响气候,它们与大气一起,形成了气候系统。气候系统的所有部分都在足够长的时间尺度上相互作用。

如果长期的天气预测是不可能的,那么如何才能考虑气候预测呢?如果对初始条件的所有记忆都被"遗忘"了,那么解决初始值问题的意义是什么?两个因素有可能使季节预测和/或气候变化预测成为可能。首先,该系统具有非常长记忆的分量,尤其是海洋。然而,目前还缺乏完全初始化系统这些分量所需的观察结果。

其次,该系统以统计上可预测的方式应对外力的变化。这意味着我们可以在不解决初始值问题的情况下做出预测!季节循环就是一个很好的例子。如果在给定地点预测夏季和冬季天气的系统差异,那么该预测是基于初值问题的解吗?如果太阳的能量输出显著下降,那么对地球气候普遍冷却的预测会基于初值问题的解吗?这些例子说明,预测可以基于以可预测方式变化的外部强迫(例如,日循环和季节循环,或太阳输出的变化)知识。

"最简单的全球大气环流模式"(Lorenz,1984,1990)由以下方程组描述:

$$\dot{X} = -Y^2 - Z^2 - aX + aF$$
$$\dot{Y} = XY - bXZ - Y + G$$
$$\dot{Z} = bXY + XZ - Z \tag{10.71}$$

这些符号的解释如下:X 表示西风带的强度;Y 和 Z 是行星波列的正弦和余弦分量;F 表示经向加热差异("强迫");G 表示海陆差异(另一个"强迫");a 和 b 是其值被预先设置的参数。

对于 $F = G = 0$,该模式具有平凡的稳定状态解 $X = Y = Z = 0$。对于 $G = 0$,用 $Y = Z = 0$ 找到稳定状态解 $X = F$。然而,这种无涡旋的解可能是不稳定的。不稳定会导致 Y 和 Z 的增长。我们将"大"F(约 8)解释为"冬季",将"小"F(约 6)解释为"夏季"。将式(10.71)与式(10.58)进行比较。

对于固定的 F,可以有一个、二个或三个稳态解,这取决于 G 的值,如图 10.27 所示。这里 $F = 2$,所以这是"超级夏天"。图 10.27 所示的稳定状态解最容易通过固定 X 和求解 G、Y 和 Z 来得到。

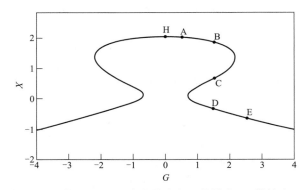

图 10.27 式(10.71)的稳定状态解。纵轴为 X,横轴为 G。
该图是在 $a = 0.25$、$b = 4.0$ 和 $F = 2.0$ 情况下构建的。引自 Lorenz(1984)

　　图 10.28 表明,该模式对初始条件具有敏感的依赖性。所示的三个解是针对相同的外部参数值,但初始条件略有不同。一段时间后,解明显发散。

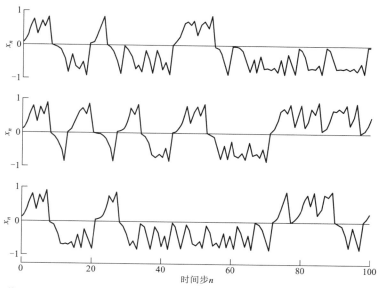

图 10.28　从初值 0.0999(上图)、0.1000(中图)和 0.1001(下图)开始,延续 100 时间步式(10.82)的解。
连接连续点的直线段仅仅是为了使时间顺序更容易看到。这张图说明了对初始条件的敏感依赖性。
引自 Lorenz(1976)。经爱思唯尔(Elsevier)授权许可后重印

　　图 10.29 显示了不同初始条件下两个"夏季"的解。请注意的是,这两个夏天的外观都相当规律,但看起来彼此相差很大,这表明该模式能够产生两种"类型"的夏季:活跃的夏季(图 10.29B)和不活跃的夏季(图 10.29A)。

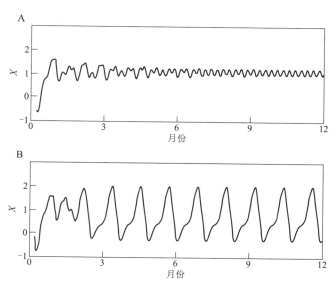

图 10.29　(A)式(10.82)数值解中 X(无量纲)随 t(月)的变化,$a=0.25$、$b=4.0$、$F=6.0$ 和 $G=1.0$
(夏季条件)。初始状态为(2.4、1.0、0)。(B)与图(A)相同,除了初始状态(2.5、1.0、0)不同以外。
引自 Lorenz(1990)

同样,图 10.30 显示了不同初始条件的两个"冬季"解。这两个冬天非常不规则,但看起来大致相同,这表明所有模式的冬季本质上都是相同的;该模式只制作了一"种"冬季。

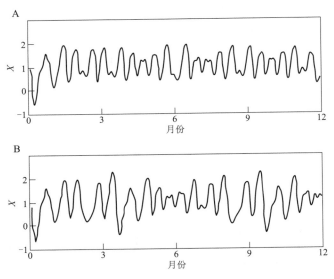

图 10.30　(A)与图 10.29 相同,除了 $F=8.0$(冬季条件)以外。

(B)与图(A)相同,除了初始状态为(2.5、1.0、0)以外。引自 Lorenz(1990)

图 10.31 显示了发生两种不同类型夏季 6 年运行的结果。这个解释非常简单和有趣。冬天很混乱。根据冬末的"初始条件",该模式锁定在一个活跃的夏季或一个不活跃的夏季,这基

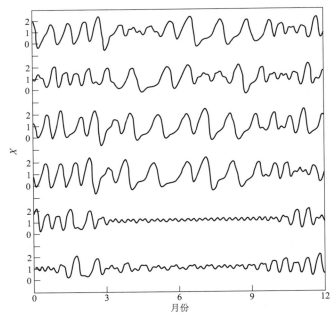

图 10.31　在式(10.71)的 6 年数值解中,X(无量纲)随 t(月)的变化,其中 $a=0.25,b=4.0$,$F=7+2\cos(2\pi t/\tau)$ 和 $G=1.0$,式中 $\tau=12$ 个月。每一行从 1 月 1 日开始,除了第一行外,每行都是前一行的延续。引自 Lorenz(1990)

本上是随机的。当冬天回来时,所有前一个夏季的信息都被非线性混乱抹去。"骰子"在下一年夏天初再次滚动。

我们将 σ 定义为 7—9 月期间 X(无量纲)的标准偏差。活跃的夏季 σ 大,不活跃的夏季 σ 小。我们可以计算每个夏天的一个 σ 值,或者换句话说,计算每年的一个 σ 值。图 10.32 显示了在图 10.31 条件下,式(10.71)100 年数值解中的 σ(无量纲)随年的变化。活跃和不活跃的夏季不规律地间隔交替出现。

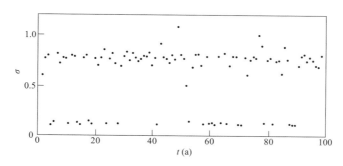

图 10.32　在图 10.31 的条件下,式(10.71)100 年数值解中的 σ(无量纲)随 t(a)的变化,其中 σ 是夏季 X 的标准偏差,即 7—9 月。引自 Lorenz(1990)

10.14　推动吸引子

Palmer(1993,1999)认为,气候系统可以被视为吸引子的集合。例如,一个吸引子可能代表厄尔尼诺状态,另一个可能代表拉尼娜状态。气候本身是一组统计数据,告诉吸引子的样子以及每个被访问的频率。Palmer 认为,缓慢变化的外部强迫可以改变每个吸引子被访问的频率,这就是气候变化的表现方式。例如,一些气候状态可能有频繁和/或持续的厄尔尼诺,而其他状态可能很少有厄尔尼诺。

为了说明这些想法,Palmer 使用了式(10.58)给出的模式修改形式:

$$\dot{X} = -\sigma X + \sigma Y + f_0\cos\theta$$
$$\dot{Y} = -XZ + rX - Y + f_0\sin\theta \qquad (10.72)$$
$$\dot{Z} = XY - bZ$$

式中,f_0 是强迫,它试图在 (X,Y) 平面中沿角 θ 的方向推动 X 和 Y。如果我们设 $f_0=0$,那么式(10.72)将简化为式(10.58)。图 10.33 显示了不同 θ 如何影响 $(X$、$Y)$ 平面上解的概率密度函数(probability density function,PDF)。概率密度函数的最大值是模式的吸引子。随着 θ 的变化,概率密度函数的最大值位置变化不大。这意味着模式的吸引子对 θ 不敏感;然而,随着 θ 的变化,最大值变得越来越强或越弱。这意味着改变强迫会导致一些吸引子被更频繁访问,而其他吸引子被访问更少。此外,还有一些倾向于解被推向强迫作用的方向。

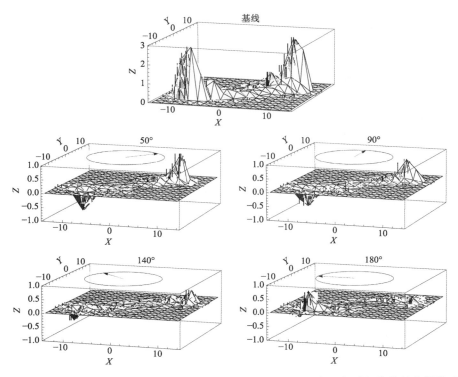

图 10.33　在 Palmer(1999)的(X,Y)平面上,各种施加的强迫对具有运行时间均值的蝴蝶模式状态矢量概率密度函数的影响。引自 Palmer(1999)。© American Meteorological Association 授权使用

10.15　小结

这里是对湍流的一个简洁定义:一个环流是湍流的,某种程度上其可预测性时间短于感兴趣的时间尺度。湍流的根本原因是切变不稳定。涡旋拉伸导致了三维湍流中的动能串级。相比之下,涡度拟能在二维湍流中串级,而动能反串级。莱恩斯(Rhines)尺度限制了湍流涡旋的经向增长,这些涡旋被拉长成一对纬向急流。

确定性的天气预测不可能超过大约两周的。由于持续的边界异常造成的外力强迫,有可能会预测未来一个月或一个季节的一些天气统计特征。这种预测似乎在热带地区最可行,因为它具有有利的信噪比。长期气候异常也是可预测的,只要它们是由本身可预测的外部强迫驱动的,并且对这种强迫的响应足够大,可以探测到由于自然变率和竞争的外部强迫引起的气候噪声。

海洋环流也很乱,但可预测时间比大气长得多;因此,某种程度上来说,海面温度是可预测的,如果天气的统计数据受海面温度的影响,超出了大气本身的可预测性极限,天气的统计特征也是可预测的。

即使是混沌系统也会以统计上可预测的方式应对足够强的外部强迫;因此,夏季预计是温暖的,冬季预计是寒冷的。气候以一种可预测的方式对足够强大的外部强迫做出响应,当然,只要强迫本身是可预测的。第 11 章讨论了全球大气环流对正在逐渐变得更强的外部强迫持

续的和未来的响应。

习题

1. 证明在二维流中,每个单位波数的被动标量方差随 k^{-1} 变化。

2. 证明在二维流中,每个单位波数的位势方差随 k^{-5} 变化。

3. 考虑到 Lorenz 的蝴蝶模式:

$$\dot{X} = -\sigma(X - Y)$$
$$\dot{Y} = -XZ + rX - Y$$
$$\dot{Z} = XY - bZ$$

式中,σ、b 和 r 是常数。假设 $r \geqslant 1$,$b \geqslant 1$ 和 $\sigma \geqslant 1$。求出 X、Y 和 Z 的静止解,并讨论这些解作为 σ、b 和 r 函数的稳定性。其中一个静止解特别简单(您可以通过检查这些方程看到它)。讨论这个最简单平衡的稳定性如何依赖于 σ、b 和 r 值。

4. 找出 Lorenz(1984) 的"最简单可能大气环流模式"的稳定状态解,并分析它们的稳定性。

5. 编程实现 Lorenz(1984) 讨论的"最简单可能的大气环流模式"。该模式的方程式为

$$\dot{X} = -Y^2 - Z^2 - aX + aF$$
$$\dot{Y} = XY - bXZ - Y + G$$
$$\dot{Z} = bXY + XZ - Z$$

使用四阶龙格-库塔(Runge-Kutta)时间差分方案,这在许多数值分析书中都有讨论,时间步长 $\Delta t = 1/30$。按照 Lorenz,我们将一个时间单位解释为对应的四个小时,因此 6 个时间单位对应于一天。因此,时间步长是 4/30 小时。

我们使用了两个稍微不同的模式版本。第一个,我们认为它是"真实世界",使用了 $a = 0.25$、$b = 4$、$F = 8$ 和 $G = 1$。第二个,我们认为是"模式",与第一个相同,除了 $b = 4.01$ 以外。代码以"真实世界"模态设置。

"标准"初始条件为 $X = 2.5$、$Y = 1.0$、$Z = 0$。

(a)证明两个相同的"真实世界"运行给出相同的结果。

(b)做一个测试来证明"真实世界"表现出对初始条件的敏感依赖性。

(c)对"真实世界"进行为期 100 天的模拟,每模拟一天保存一次 X、Y 和 Z 的结果。

从这个"真实世界"天气记录的每一个前 90 天开始,通过运行"模式"进行 10 天的预测。每模拟一天保存一次预测的结果。

生成一个类似于图 10.22 的图,至少有曲线 $E_{0,k}$ 和 $E_{k-1,k}$(你可能想做的不仅仅是这两个)。这里使用 X 作为你研究的变量,就像 Lorenz(1982) 使用 500 hPa 的高度一样。

(d)仍然使用 X 作为你的变量,绘制 dE/dk 与 E,如图 10.24,对于"完美模式"和"不完美模式",估计 a 的值和误差 e 折倍率。

6. 考虑理想化的状态,其中二维大气相对于旋转的地球处于静止状态。想象一下,从这种静止状态开始,绝对涡度在整个大气中混合,使它变得均匀。绘制所得到的纬向风经向分布和单位质量的绝对角动量。比较均匀涡度状态的角动量与静止状态的角动量。

第11章 全球大气环流的未来

我们对全球大气环流的理解非常不完整,但很快会被完善。在过去的几十年里,我们取得了巨大的进步。在过去 20 年左右的时间里,全球大气环流研究已经成为广泛气候研究领域的一个子学科。与此同时,全球大气环流研究的科学基础变得更深、更具智力挑战性。

今天,我们拥有压倒性的证据表明,由于大气中人为温室气体的积累,地球的气候正在迅速变化(Intergovernmental Panel on Climate Change,IPCC,2013;以下称为 IPCC 报告)。自 19 世纪中叶以来,大气中的二氧化碳浓度增加了约 40%。在 20 世纪后半叶,由于长期氯和溴化合物的人为增加,平流层臭氧急剧下降(Douglas et al.,2014)。人类还通过包括燃烧在内的各种过程增加了大气的气溶胶含量,并通过农业、城市建设等方式改变了地表的反照率、粗糙度和其他特性。

由于这些人为引起的变化,全球大气环流在未来几十年及以后将发生显著变化。一些变化已经在观测中变得明显了。通过研究大气环流对正在进行的人为扰动响应,应该有可能更多地了解大气环流是如何工作的。这个简短的结束章总结了一些对未来的趋势和预期。

第 5 次 IPCC 报告 1500 页部分包含了对这个非常热门话题的最新研究评估。在本章中不可能涵盖变化大气环流的所有有趣方面,所以只选择了少数主题。有兴趣的读者应查阅 IPCC 的报告以进行全面的讨论。

正如 Levitus 等(2000,2009,2012)和 Loeb 等(2012)所讨论的,近几十年来,海洋积累热能的速度与地球辐射收支中用卫星导出的约 $0.5 \text{ W} \cdot \text{m}^{-2}$ 不平衡一致。这种增长导致了地球表面和对流层的普遍增温,自 19 世纪中期以来,温度增温高达 0.8 K 左右。近地表增温在冬季最强,在夜间比在白天更大(Vinnikov et al.,2002;Vose et al.,2005)。北极地表空气温度的增温幅度约是全球平均气温增温幅度的两倍(Screen et al.,2012),冬季增幅最大。随着北极增温,夏末北极海冰范围的大幅减少,海冰厚度全年均减少(Stroeve et al.,2014)。

地表上方的对流层也在增温(Karl et al.,2006)。事实上,热带对流层上层的升温速度预计会比表面更快(Lorenz 和 DeWeaver,2007),因为如第 6 章所述,热带递减率受对流的限制,接近饱和湿绝热递减率,较高的温度递减率减小。递减率的降低意味着(干)静力稳定度的增加,从而抑制斜压涡旋。此外,递减率的下降是一种负反馈,它倾向于限制地球温度的变化,因为来自对流层上部的向太空红外辐射相对有效(Bony et al.,2006)。

与此同时,观测到平流层的冷却速度大约是地面增温的两倍(Thompson et al.,2012)。平流层二氧化碳(CO_2)的增加促进了冷却,因为从平流层发射的红外光子可以很容易地逃逸到太空。平流层臭氧浓度的降低也促进了冷却,因为臭氧通过有效地吸收太阳紫外线辐射而使空气变暖。

平流层的冷却和对流层的增温都有利于对流层顶高度的增加(Hoskins,2003;Lu et al.,2009),各种观测结果表明对流层的高度确实在上升(Highwood 和 Hoskins,1998;Highwood et al. 2000;Randel et al.,2000;Seidel et al.,2008;Gettelman et al.,2009;Seidel 和 Randel,2006;Schmidt et al.,2008;Austin 和 Reichler,2008;Son et al.,2009)。热带对流层顶温度正

在下降(Wang et al.，2012)。Lu 等(2009)提出的证据表明,对流层顶高度的增加更多的是由于平流层的冷却,而不是对流层的增温。

因此,情况很复杂:对流层经向温度梯度降低(特别是在北半球),对流层静力稳定度增加,对流层顶高度增加。可能期待每一个因素都影响斜压涡旋活动和哈得来环流的宽度,而这反过来是相联系的,因为哈得来环流的向极地伸展的最大纬度或多或少与斜压涡旋系统的向赤道伸展的最低纬度有一致变化。观测显示,哈得来环流圈已经变宽(Seidel 和 Randel,2007;Hu 和 Fu,2007;Lu et al.，2007,2009;Birner,2010),其中包括抑制降水的副热带下沉气流的向北偏移。观测还显示,至少在北半球西风急流 (Strong 和 Davis,2007;Seidel et al.，2008;Archer 和 Caldeira，2008;Barton 和 Ellis,2009;Fu 和 Lin,2011)和斜压涡旋(Cornes 和 Jones,2011)向极地偏移。

如第 2 章所述,对于典型气流地面温度,饱和水汽压以每开尔文 7% 的比率增加(Held 和 Soden,2006)。如果未来的气候变暖,这一坡度将会变得更大。由于地表面附近的实际水汽压与海洋表面的饱和水汽压密切耦合,一个较温暖的大气将包含更多的水汽。观测结果显示,过去几十年来,大气中的水汽含量呈上升趋势(Trenberth et al.，2005;Wentz et al.，2007;Jin et al.，2007)。

然而,正如在第 2 章中也提到的,全球平均降水率与大气辐射冷却率密切相关。温度、水汽和二氧化碳浓度的增加有利于红外辐射的更强发射,即更明显的辐射冷却。降水率也受到从表面蒸发水汽的可获得能量供应的限制。增加向地球表面的红外辐射向下发射可以促进更快的蒸发,因此与更强的降水一致。

由于这些原因,预计水文循环在更暖的气候下运行得更快,观测表明,这种情况已经发生了。一条特别有趣的证据是基于对海表面盐度的观测。降水弱的副热带盐度上升,降水强的热带盐度下降(Durack 和 Wijffels,2010;Durack et al.，2012)。这些变化与副热带地区更多的蒸发和热带地区更多的降水相一致。如上所述,根据 Durack 等(2012),水文循环的速度以地面加热每开尔文 8% 的快速速率增加,约等于表面饱和水汽压的增长率。

相比之下,大多数模式预测,水文循环的速度将以每开尔文小于 2% 或 3%(Vecchi 和 Soden,2007)的速率在增加,这取决于大气辐射冷却增加的速率(图 11.1)。有人认为,如果降水率的增长速度比大气中的水汽含量要慢得多,那么较弱的哈得来环流和沃克环流将足以满足水文循环的需求(Held 和 Soden,2006)。这一假设是基于降水率是由大气水汽含量乘以环流强度的度量给出的观点。结论是,大气环流在更温暖、更潮湿的气候中运行得更慢(Vecchi 和 Soden,2007;Tokinaga et al.，2012;Hsu 和 Li,2012;Hsu et al.，2013;Kitoh et al.，2013)。有证据表明,全球季风环流正在减弱(Zhou et al.，2008;Annamalai et al.，2013)。相反,l'Heureux 等(2013)报告了最近沃克环流的加强(England et al.，2014)。也有一些证据表明,在一个更暖的世界中,环状模将会有所不同(Thompson et al.，2000;Previdi 和 Liepert,2007)。

正如第 8 章所讨论的,引起马登-朱利安振荡的物理过程仍然存在争议,而且当今的许多全球大气模式很难模拟马登-朱利安振荡。用能够保真模拟当今马登-朱利安振荡的气候变化模式模拟表明,马登-朱利安振荡将在未来更温暖、更潮湿的世界中更加活跃(Schubert et al.，2013;Arnold et al.，2014)。如果这是真的,这将对生活在热带东半球的人产生重大影响。

50 年前,对全球大气环流的研究是一个相对模糊的学术追求。今天,它是一门更成熟的学科,具有社会相关的实际应用,范围从天气预测到气候模拟。在命运的转折中,我们发现全球大气环流正在我们眼前迅速演变,就在我们的科学能够理解和预测这种变化的那一刻。

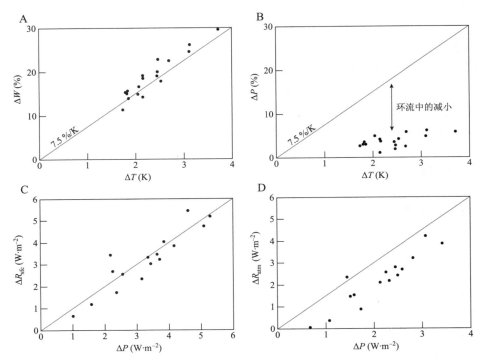

图 11.1　Vecchi 和 Soden(2007)表 1 中列出的每个模式全球平均量变化的散点图,其中必要的数据在存档中可以获得。结果显示,(A)温度与柱状积分水汽(%)散点图;(B)温度与降水(%)散点图;(C)降水(W·m⁻²)与地表净向下辐射散点图;(D)降水(W·m⁻²)与大气净辐射冷却散点图。这些差值是通过减去 21 世纪第一个 10 年和最后 10 年的十年平均值来计算的,与气候模式模拟的一样。
　　图(A)和图(B)再现了 Held 和 Soden(2006)的图 2. a 和图 2. b。引自 Vecchi 和 Soden(2007)

参考文献[*]

Adler, R. F., G. J. Huffman, A. Chang, R. Ferraro, P. Xie, J. Janowiak, B. Rudolf, U. Schneider, S. Curtis, D. Bolvin, A. Gruber, J. Susskind, and P. Arkin. 2003. The Version-2 Global Precipitation Climatology Project (GPCP) Monthly Precipitation Analysis (1979–Present). *J. Hydrometeor.*, **4**, 1147–1167.

Albrecht, B. A., C. S. Bretherton, D. Johnson, W. H. Schubert, and A. S. Frisch. 1995. The Atlantic Stratocumulus Transition Experiment—ASTEX. *Bull. Amer. Meteor. Soc.*, **76**, 889–904.

Alexander, M. A., and C. Deser. 1995. A mechanism for the recurrence of wintertime midlatitude SST anomalies. *J. Phys. Oceanogr.*, **25**, 122–137.

Ambaum, M. 1997. Isentropic formation of the tropopause. *J. Atmos. Sci.*, **54**, 555–568.

Andersen, J. A., 2012. Investigations of the convectively coupled equatorial waves and the Madden-Julian oscillation. Ph.D. thesis, Harvard University.

Andersen, J. A., and Z. Kuang, 2012. Moist static energy budget of MJO-like disturbances in the atmosphere of a zonally symmetric aquaplanet. *J. Climate*, **25**, 2782-2804. doi:http://dx.doi.org/10.1175/JCLI-D-11-00168.1.

Anderson, D.L.T., and J. P. McCreary. 1985. Slowly propagating disturbances in a coupled ocean-atmosphere model. *J. Atmos. Sci.*, **42**, 615–629.

Anderson, J. L. 1995. A simulation of atmospheric blocking with a forced barotropic model. *J. Atmos. Sci.*, **52**, 2593–2608.

Anderson, J. R., and D. E. Stevens. 1987. The presence of linear wavelike modes in a zonally symmetric model of the tropical atmosphere. *J. Atmos. Sci.*, **44**, 2115–2127.

Andrews, D. G. 1983. Finite-amplitude Eliassen-Palm theorem in isentropic coordinates. *J. Atmos. Sci.*, **40**, 1877–1883.

Andrews, D. G., J. R. Holton, and C. B. Leovy. 1987. *Middle Atmosphere Dynamics.* International Geophysics Series, vol. 40. New York: Academic Press, 489 pp.

Añel, J. A., L. Gimeno, L. de la Torre, and R. Nieto. 2006. Changes in tropopause height for the Eurasian region from CARDS radiosonde data. *Naturwissenschaften*, **93**, 603–609. doi:10.1007/s00114-006-0147-5.

Annamalai, H., J. Hafner, K. P. Sooraj, and P. Pillai. 2013. Global warming shifts the monsoon circulation, drying South Asia. *J. Climate*, **26**, 2701–2718. doi:http://dx.doi.org/10.1175/JCLI-D-12-00208.1.

Arakawa, A. 1969. Parameterization of cumulus convection. *Proceedings of the WMO/IUGG Symposium on Numerical Weather Prediction*, Tokyo, November 26– December 4, 1968, Japan Meteor. Agency, **4** (8), 1–6.

Arakawa, A. 2004. The cumulus parameterization problem: Past, present, and future. *J. Climate*, **17**, 2493–2525.

Arakawa, A., and J.-M. Chen. 1987. Closure assumptions in the cumulus parameterization problem. *WMO/IUGG Symposium on Short- and Medium-Range Numerical Weather Prediction*, Tokyo, 107–130.

---

[*]　参考文献沿用原版书中内容，未改动。

Arakawa, A., and M.-D. Cheng. 1993. The Arakawa-Schubert cumulus parameterization. In *The Representation of Cumulus Convection in Numerical Models*, edited by K. Emanuel and D. Raymond. *Meteor. Monogr.*, **24** (46), 1–246.

Arakawa, A., and C. Konor. 2009. Unification of the anelastic and quasi-hydrostatic systems of equations. *Mon. Wea. Rev.*, **137**, 710–726.

Arakawa, A., and W. H. Schubert. 1974. Interaction of a cumulus cloud ensemble with the large-scale environment, Part I. *J. Atmos. Sci.*, **31**, 674–701.

Arakawa, A., and K.-M. Xu. 1990. The macroscopic behavior of simulated cumulus convection and semiprognostic tests of the Arakawa-Schubert cumulus parameterization. *Proceedings of the Indo-U. S. Seminar on Parameterization of Sub-grid Scale Processes in Dynamical Models of Medium-Range Prediction and Global Climate*. Pune, India, August 6–10, pp. 3–18.

Archer, C. L., and K. Caldeira. 2008. Historical trends in the jet streams. *Geophys. Res. Lett.*, **35**, L08803. doi:10.1029/2008GL033614.

Arfken, G., H. Weber, and F. Harris. 2012. *Mathematical Methods for Physicists*, 7th ed. Waltham, MA: Academic Press, 1220 pp.

Aris, R. 1962. *Vectors, Tensors, and the Basic Equations of Fluid Mechanics*. New York: Dover, 286 pp.

Arnold, N. P., Z. Kuang, and E. Tziperman, 2013. Enhanced MJO-like variability at high SST. *J. Climate*, **26**, 988–1001. doi:http://dx.doi.org/10.1175/JCLI-D-12-00272.1.

Arnold, N., M. Branson, M. A. Burt, D. S. Abbot, Z. Kuang, D. A. Randall, and E. Tziperman. 2014. Significant consequences of explicit representation of atmospheric convection at high CO_2 concentration. *Proc. Nat. Acad. Sci. USA*, **111**, 10943–10948.

Arpé, K., C. Brankovic, E. Oriol, and P. Seth. 1986. Variability in time and space of energetics from a long series of atmospheric data produced by ECMWF. *Beitr. Phys. Atmos.*, **59**, 321–355.

Austin, J., and T. J. Reichler. 2008. Long-term evolution of the cold point tropical tropopause: Simulation results and attribution analysis. *J. Geophys. Res.*, **113**, D00B10. doi:10.1029/2007JD009768.

Bacon, S. 1997. Circulation and fluxes in the North Atlantic between Greenland and Ireland. *J. Phys. Oceanogr.*, **27**, 1420–1435.

Baer, F. 1972. An alternate scale representation of atmospheric energy spectra. *J. Atmos. Sci.*, **29**, 649–664.

———. 1974. Hemispheric spectral statistics of APE. *J. Atmos. Sci.*, **31**, 932–941.

———. 1981. Three-dimensional scaling and structure of atmospheric energetics. *J. Atmos. Sci.*, **38**, 53–68.

Baldwin, M. P., and T. J. Dunkerton. 2001. Stratospheric harbingers of anomalous weather regimes. *Science*, **294**, 581–584.

Baldwin, M. P., L. J. Gray, T. J. Dunkerton, K. Hamilton, P. H. Haynes, W. J. Randel, J. R. Holton, M. J. Alexander, I. Hirota, T. Horinouchi, D.B.A. Jones, J. S. Kinnersley, C. Marquardt, K. Sato, and M. Takahashi. 2001. The quasi-biennial oscillation. *Rev. Geophys.*, **39**, 179–229.

Ball, F. K. 1960. Control of inversion height by surface heating. *Quart. J. Roy. Meteor. Soc.*, **86**, 483–494.

Barenblatt, G. I. 2003. *Scaling*. Cambridge: Cambridge University Press, 171 pp.

Barkstrom, B. R. 1984. The Earth Radiation Budget Experiment (ERBE). *Bull. Amer. Meteor. Soc.*, **65**, 1170–1185

Barkstrom, B., E. F. Harrison, G. L. Smith, R. N. Green, J. Kibler, R. Cess, and the ERBE Science Team. 1989. Earth Radiation Budget Experiment (ERBE) archival and April 1985 results. *Bull. Amer. Meteor. Soc.*, **70**, 1254–1262.

Barnett, J. J., 1974. Mean meridional temperature behavior of the stratosphere from November 1970 to November 1971 derived from measurements by the Selective Chopper Radiometer on Nimbus IV. *Quart. J. Roy. Meteor. Soc.*, **100**, 505–530.

Barnett, T. P., 1991. On ENSO physics. *J. Climate*, **4**, 487–515.

Barnett, T. P., L. Bengtsson, K. Arpe, M. Flügel, N. Graham, M . Latif, J. Ritchie, E. Roeckner, U. Schlese, U. Schulzweida, and M. Tyree. 1994. Forecasting global ENSO-related climate anomalies. *Tellus*, **46A**, 367–380.

Barnett, T. P., L. Dümenil, U. Schlese, E. Roeckner, and M. Latif. 1989. The effect of Eurasian snow cover on regional and global climate variations. *J. Atmos. Sci.*, **46**, 661–685.

Barnett, T. P., M. Latif, N. Graham, N., and M. Flugel. 1995. On the frequency-wavenumber structure of the tropical ocean/atmosphere system. *Tellus*, **47A**, 998–1012.

Barriopedro, E., and N. Calvo. 2014. On the relationship between ENSO, stratospheric sudden warmings, and blocking. *J. Climate*, **27**, 4704–4720. doi:http://dx.doi.org/10.1175/JCLI-D-13-00770.1.

Barrow, J. D. 2002. *The Constants of Nature*. New York: Random House, 352 pp.

Barton, N. P., and A. W. Ellis. 2009. Variability in wintertime position and strength of the North Pacific jet stream as represented by re-analysis data. *Int. J. Climatol.*, **29**, 851–862.

Basdevant, C., B. Legras, R. Sadourny, and Me Béland. 1981. A study of barotropic model flows: Intermittency, waves, and predictability. *J. Atmos. Sci.*, **38**, 2305–2326.

Battisti, D. S. 1988. The dynamics and thermodynamics of a warming event in a coupled tropical atmosphere/ocean model. *J. Atmos. Sci.*, **45**, 2889–2919.

Battisti, D. S., and A. C. Hirst. 1989. Interannual variability in the tropical atmosphere/ocean system: Influence of the basic state, ocean geometry and nonlinearity. *J. Atmos. Sci.*, **46**, 1687–1712.

Battisti, D. S., and D. D. Ovens. 1995. The dependence of the low-level equatorial jet on Hadley and Walker circulations. *J. Atmos. Sci.*, **52**, 3911–3931.

Baytgin, K., and G. Laughlin. 2008. On the dynamical stability of the Solar System. *Astrophys. J.*, **683**, 1207–1216.

Bengtsson, L., M. Kanamitsu, P. Kallberg, and S. Uppala. 1982. FGGE 4-dimensional data assimilation at ECMWF. *Bull. Amer. Meteor. Soc.*, **63**, 29–43.

Bennett, A. F. 1978. Poleward heat fluxes in Southern Hemisphere Oceans. *J. Phys. Oceanogr.*, **8**, 785–798.

Benzi, R., S. Patarnello, and P. Santangelo. 1988. Self-similar coherent structures in two-dimensional decaying turbulence. *J. Phys. A: Math Gen.*, **21**, 1221–1237.

Berckmans, J., and T. Woollings, M.-E. Demory, P.-L. Vidale, and M. Roberts. 2013. Atmospheric blocking in a high resolution climate model: Influences of mean state, orography and eddy forcing. *Atmos. Sci. Lett.*, **14**, 34–40.

Berggren, R., B. Bolin, and C. G. Rossby. 1949. An aerological study of zonal motion, its perturbations and breakdown. *Tellus*, **1**, 13–47.

Betts, A. K. 1973. Nonprecipitating cumulus convection and its parameterization. *Quart. J. Roy. Meteor. Soc.*, **99**,178–196.

———. 1982. Saturation point analysis of moist convective overturning. *J. Atmos. Sci.*, **39**, 1484–1505.

———. 1985. Mixing line analysis of clouds and cloudy boundary layers. *J. Atmos. Sci.*, **42**, 2751–2763.

Betts, A. K., and W. Ridgway. 1989. Climatic equilibrium of the atmospheric convective boundary layer over a tropical ocean. *J. Atmos. Sci.*, **46**, 2621–2641.

Beyer, W. H. 1984. 27th ed. Boca Raton, FL: CRC Press, 301–305.

Beyers, N. J., B. T. Miers, and R. J. Reed. 1966. Diurnal tidal motions near the stratopause during 48 hours at White Sands Missile Range. *J. Atmos. Sci.*, **23**, 325–333.

Birner, T. 2010. Recent widening of the tropical belt from global tropopause statistics: Sensitivities. *J. Geophys. Res.*, **115**, D23109. doi:10.1029/2010JD014664.

Bister, M., and K. A. Emanuel. 1998. Dissipative heating and hurricane intensity. *Meteorol. Atmos. Phys.*, **65**, 233–240.

Bjerknes, J. 1938. Saturated-adiabatic ascent of air through dry-adiabatically descending environment. *Quart. J. Roy. Meteor. Soc.*, **64**, 325–330.

——. 1948. Practical application of H. Jeffrey's theory of the general circulation. *Programme et Résumé des Mémoires*. Réunion d'Oslo, Association de Météorolgie, Union de Géodesie et Géophysique International, 13–14.

——. 1966. A possible response of the atmospheric Hadley circulation to equatorial anomalies of ocean temperature. *Tellus*, **18**, 820–829.

——. 1969. Atmospheric teleconnections from the equatorial Pacific. *Mon. Wea. Rev.*, **97**, 163–172.

Blackmon, M. L., 1976. A climatological spectral study of the 500 mb geopotential height of the Northern Hemisphere. *J. Atmos. Sci.*, **33**, 1607–1623.

Blackmon, M. L., Y.-H. Lee, and J. M. Wallace. 1984a. Horizontal structure of 500 mb height fluctuations with long, intermediate and short time scales as deduced from lag-correlation statistics. *J. Atmos. Sci.*, **41**, 961–979.

Blackmon, M. L., Y.-H. Lee, J. M. Wallace and H.-H. Hsu, 1984b. Time variations of 500 mb height fluctuations with long, intermediate, and short time scales as deduced from lag-correlation statistics. *J. Atmos. Sci.*, **41**, 981–991.

Blackmon, M. L., and G. H. White. 1982. Zonal wavenumber characteristics of Northern Hemisphere transient eddies. *J. Atmos. Sci.*, **39**, 1985–1998.

Blade, I., and D. L. Hartmann. 1993. Tropical intraseasonal oscillations in a simple nonlinear model. *J. Atmos. Sci.*, **50**, 2922–2939.

Blazejewski, H., D. L. Cadet, and O. Marsal. 1986. Low-frequency sea surface temperature and wind variations over the Indian and Pacific Oceans. *J. Geophys. Res.*, **91**, 5129–5132.

Boer, G. J., and T. G. Shepherd. 1983. Large-scale two-dimensional turbulence in the atmosphere. *J. Atmos. Sci.*, **40**, 164–184.

Bolster, D., R. E. Hershberger, and R. J. Donnelly. 2011. Dynamic similarity, the dimensionless science. *Physics Today*, **64**, 42–47.

Bony, S., and K. A. Emanuel, 2005. On the role of moist processes in tropical intraseasonal variability: Cloud-radiation and moisture-convection feedbacks. *J. Atmos. Sci.*, **62**, 2770–2789. doi: http://dx.doi.org/10.1175/JAS3506.1.

Bony, S., R. Colman, V. M. Kattsov, R. P. Allan, C. S. Bretherton, J.-L. Dufresne, A. Hall, S. Hallegatte, M. M. Holland, W. Ingram, D. A. Randall, B. J. Soden, G. Tselioudis, and M. J. Webb, 2006. How well do we understand and evaluate climate change feedback processes? *J. Climate*, **19**, 3445–3482.

Booker, J. R., and F. P. Bretherton, 1967. The critical layer for internal gravity waves in a shear flow. *J. Fluid Mech.*, **27**, 513–539.

Bowman, K. P., and P. J. Cohen, 1997. Interhemispheric exchange by seasonal modulation of the Hadley circulation. *J. Atmos. Sci.*, **54**, 2045–2059.

Bowman, K. P., and G. D. Carrie, 2002. The mean-meridional transport circulation of the troposphere in an idealized GCM. *J. Atmos. Sci.*, **59**, 1502–1514.

Branstator, G. 1992. The maintenance of low-frequency atmospheric anomalies. *J. Atmos. Sci.*, **49**, 1924–1946.

———. 1995. Organization of storm track anomalies by recurring low-frequency circulation anomalies. *J. Atmos. Sci.*, **52**, 207–226.

Bretherton, C. S., and C. Schär. 1993. Flux of potential vorticity substance: A simple derivation and uniqueness property. *J. Atmos. Sci.*, **50**, 1834–1836.

Bretherton, F. P., 1969. Momentum transport by gravity waves. *Quart. J. Roy. Meteor. Soc.*, **95**, 213–243.

Broecker, W. S.1992. The great ocean conveyor. In *Global Warming: Physics and Facts*, edited by B. G. Levi, D. Hafemeister, and R. Scribner. New York: American Physical Society, 129–161.

Broecker, W. S., D. M. Peteet, and D. Rind. 1985. Does the ocean-atmosphere system have more than one stable mode of operation? *Nature*, **315**, 21–26.

Brown, R. G., and C. Zhang. 1997. Variability of midtropospheric moisture and its effect on cloud-top height distribution during TOGA COARE. *J. Atmos. Sci.*, **54**, 2760–2774.

Bryan, F. O. 1997. The axial angular momentum balance of a global ocean general circulation model. *Dyn. Atmos. Oceans*, **25**, 191–216.

Bryan, K., 1969. A numerical method for the study of the circulation of the world ocean. *J. Comput. Phys.*, **4**, 347–376.

Bryan, K., and J. L. Sarmiento. 1985. Modeling ocean circulation. *Adv. Geophys.*, **28A**, 433–459.

Bryden, H. L. 1993. Ocean heat transport across 24° N latitude. In *Interactions between Global Climate Subsystems: The Legacy of Hann*, edited by G. A. McBean and M. Hantel. *Geophys. Monogr.*, no. 75, 65–75.

Bukowinksi, M.S.T. 1999. Taking the core temperature. *Nature*, **401**, 432–433.

Bunker, A. F. 1971. Energy transfer and tropical cell structure over the central Pacific. *J. Atmos. Sci.*, **28**, 1101–1116.

Burrows, W. R. 1976. A diagnostic study of atmospheric spectral kinetic energetics. *J. Atmos. Sci.*, **33**, 2308–2321.

Businger, S., and J. A. Businger. 2001. Viscous dissipation of turbulence kinetic energy in storms. *J. Atmos. Sci.*, **58**, 3793–3796.

Butchart, N. 2014. The Brewer-Dobson circulation. *Rev. Geophys.*, **52**. doi:10.1002/2013RG000448.

Caballero, R., and M. Huber. 2010. Spontaneous transition to superrotation in warm climates simulated by CAM3. *Geophys. Res. Lett.*, **37**, L11701.

Cadet, D. L. 1986. Fluctuations of precipitable water over the Indian Ocean during the 1979 summer monsoon. *Tellus*, **38A**, 170–177.

Cadet, D. L., and S. Greco. 1987a. Water vapor transport over the Indian Ocean during the 1979 summer monsoon. Part I: Water vapor fluxes. *Mon .Wea. Rev.*, **115**, 653–663.

———. 1987b. Water vapor transport over the Indian Ocean during the 1979 summer monsoon. Part II: Water vapor budgets. *Mon. Wea. Rev.*, **115**, 2358–2366.

Cai, M., and M. Mak. 1990. Symbolic relation between planetary and synoptic-scale waves. *J. Atmos. Sci.*, **47**, 2953–2968.

Cane, M. A., and S. E. Zebiak. 1985. A theory for El Niño and the Southern Oscillation. *Science*, **228**, 1085–1087.

Clement, A., R. Seager, M. A. Cane, and S. E. Zebiak. 1996. An ocean thermostat. *J. Climate*, **9**, 2190–2196.

Cariolle, D., M. Amodei, M. Deque, J.-F. Mahfouf, P. Simon, and H. Teyssedre. 1993. A quasi-biennial oscillation signal in general circulation model simulations. *Science*, **261**, 1313–1316.

Carissimo, B. C., A. H. Oort, and T. H. Vonder Haar. 1985. Estimating the meridional energy transports in the atmosphere and ocean. *J. Phys. Oceanogr.*, **15**, 82–91.

Carnevale, G. F., J. C. McWilliams, Y. Pomeau, J. B. Weiss, and W. R. Young. 1991. Evolution of vortex statistics in two-dimensional turbulence. *Phys. Rev. Lett.*, **66**, 2735–2737.

Chandrasekhar, V. 1961. *Hydrodynamic and Hydromagnetic Stability*. Oxford: Clarendon Press, 652 pp.

Chang, C. P. 1977. Viscous internal gravity waves and low-frequency oscillations in the tropics. *J. Atmos. Sci.*, **34**, 901–910.

Chang, C. P., and H. Lim. 1988. Kelvin wave–CISK: A possible mechanism for the 30–50 day oscillations. *J. Atmos. Sci.*, **45**, 1709–1720.

Chang, E. K. M., Y. Guo, and X. Xia. 2012. CMIP5 multimodel ensemble projection of storm track change under global warming, *J. Geophys. Res.*, **117**, D23118. doi:10.1029/2012JD018578.

Chang, E. K.M., S. Lee, and K. L. Swanson. 2002. Storm track dynamics. *J. Climate*, **15**, 2163–2183.

Chang, C.-P., Y. Ding, N.-C. Lau, R. H. Johnson, Bin Wang, and T. Yasunari, eds. 2011. *The Global Monsoon System: Research and Forecast*. Hackensack, NJ: World Scientific, 608 pp.

Chang, P., L. Ji, and H. Li. 1997. A decadal climate variation in the tropical Atlantic Ocean from thermodynamic air-sea interactions. *Nature*, **385**, 516–518.

Chao, W. C., 1987. On the Origin of the Tropical Intraseasonal Oscillation. *J. Atmos. Sci.*, **44**, 1940–1949. doi:http://dx.doi.org/10.1175/1520-0469(1987)044<1940:OTOOTT>2.0.CO;2.

Charlton, A. J., and L. M. Polvani. 2007. A new look at stratospheric sudden warmings. Part I: Climatology and modeling benchmarks. *J. Climate*, **20**, 449–469. doi:http://dx.doi.org/10.1175/JCLI3996.1.

Charlton, A. J., L. M. Polvani, J. Perlwitz, F. Sassi, E. Manzini, K. Shibata, S. Pawson, J. E. Nielsen, and D. Rind. 2007. A new look at stratospheric sudden warmings. Pt. 2: Evaluation of numerical model simulations. *J. Climate*, **20**, 470–488. doi:http://dx.doi.org/10.1175/JCLI3994.1.

Charney, J. G. 1948. On the scale of atmospheric motions. *Geophys. Publ. Oslo*, **17**, 1–17.

———. 1963. A note on large-scale motions in the tropics. *J. Atmos. Sci.*, **20**, 607–609.

———. 1971. Geostrophic turbulence. *J. Atmos. Sci.*, **28**, 1087–1095.

———. 1973. Planetary fluid dynamics. In *Dynamic Meteorology*, edited by. P. Morel. Boston: D. Reidel, 97–352

Charney, J. G., and J. G. DeVore. 1979. Multiple flow equilibria in the atmosphere and blocking. *J. Atmos. Sci.*, **36**, 1205–1216

Charney, J. G., and P. G. Drazin. 1961. Propagation of planetary-scale disturbances from the lower into the upper atmosphere. *J. Geophys. Res.*, **66**, 83–109.

Charney, J. G., and A. Eliassen. 1949. A numerical method for predicting the perturbations of the middle latitude westerlies. *Tellus*, **1**, 38–54.

Charney, J. G., R. Fleagle, V. Lally, H. Riehl, and D. Wark.1966. The feasibility of a global observation and analysis experiment. *Bull. Amer. Meteor. Soc.*, **47**, 200–220.

Charney, J. G., and J. Shukla. 1981. Predictability of monsoons. In *Monsoon Dynamics*, edited by J. Lighthill and R. P. Pearce. Cambridge: Cambridge University Press, 99–109.

Charney, J. G., and M. E. Stern. 1962. On the stability of internal baroclinic jets in a rotating atmosphere. *J. Atmos. Sci.*, **19**, 159–172.

Charney, J. G., and D. M. Straus. 1980. Form-drag instability, multiple equilibria and propagating planetary waves in baroclinic, orographically forced planetary wave systems. *J. Atmos. Sci.*, **37**, 1157–1176.

Chen, T.-C., and A. Wiin-Nielsen. 1978. Nonlinear cascades of atmospheric energy and enstrophy in a two-dimensional spectral index. *Tellus*, **30**, 313–322.

Cheng, M.-D., and A. Arakawa. 1990. Inclusion of convective downdrafts in the Arakawa-Schubert cumulus parameterization. Tech. Rep., Dept. of Atmospheric Sciences, UCLA, 69 pp.

Cheng, M.-D., and A. Arakawa. 1997. Inclusion of rainwater budget and convective downdrafts in the Arakawa-Schubert cumulus parameterization. *J. Atmos. Sci.*, **54**, 1359–1378.

Chervin, R. M., and L. M. Druyan. 1984. Influence of ocean surface temperature gradient and continentality on the Walker circulation. Part I: Prescribed tropical changes. *Mon. Wea. Rev.*, **112**, 1510–1523.

Chikira, M. 2014. Eastward propagating intraseasonal oscillation represented by Chikira-Sugiyama cumulus parameterization. Part II: Understanding moisture variation under weak temperature gradient balance. *J. Atmos. Sci.*, **71**, 615–639.

Colucci, S. J. 1985. Explosive cyclogenesis and large-scale circulation changes: Implications for atmospheric blocking. *J. Atmos. Sci.*, **42**, 2701–2717.

———. 1987. Comparative diagnosis of blocking versus nonblocking planetary-scale circulation changes during synoptic-scale cyclogenesis. *J. Atmos. Sci.*, **44**, 124–139.

———. 2001. Planetary-scale preconditioning for the onset of blocking. *J. Atmos. Sci.*, **58**, 933–942.

Colucci, S. J., and T. L. Alberta. 1996. Planetary-scale climatology of explosive cyclogenesis and blocking. *Mon. Wea. Rev.*, **124**, 2509–2520.

Compo, G. P., G. N. Kiladis, and P. J. Webster. 1999. The horizontal and vertical structure of east Asian winter monsoon pressure surges. *Quart. J. Roy. Meteor. Soc.*, **125**, 29–54.

Cornejo-Garrido, A. G., and P. H. Stone. 1977. On the heat balance of the Walker circulation. *J. Atmos. Sci.*, **34**, 1155–1162.

Cornes, R. C., and P. D. Jones. 2011. An examination of storm activity in the northeast Atlantic region over the 1851–2003 period using the EMULATE gridded MSLP data series. *J. Geophys. Res. Atmos.*, **116**, D16110.

Courant, R., and D. Hilbert. 1989. *Methods of Mathematical Physics*, vol.1. New York: Wiley Interscience, 560 pp.

Craig, R. A. 1965. *The Upper Atmosphere: Meteorology and Physics*. New York: Academic Press, 509.

Cripe, D. G., and D. A. Randall. 2001. Joint variations of temperature and water vapor over the midlatitude continents. *Geophys. Res. Lett.*, **28**, 2613–2626.

Croci-Maspoli, M., and H. C. Davies. 2009. Key dynamical features of the 2005/06 European winter. *Mon. Wea. Rev.*, **137**, 664–678.

Crowley, T. J., and G. R. North. 1991. *Paleoclimatology*. New York: Oxford University Press, 339 pp.

Cushman-Roisin, B. 1982. Motion of a free particle on a beta-plane. *Geophys. Astrophys. Fluid Dyn.*, **22**, 85–102.

Cushman-Roisin, B., and J.-M. Beckers. 2011. *Introduction to Geophysical Fluid Dynamics: Physical and Numerical Aspects*. New York: Academic Press, 828 pp.

Danabasoglu, G., J. C. McWilliams, and P. R. Gent. 1994. The role of mesoscale tracer transports in the global ocean circulation. *Science*, **264**, 1123–1126.

Darnell, W. L., W. F. Staylor, S. K. Gupta, and F. M. Denn. 1988. Estimation of surface insolation using sun-synchronous satellite data. *J. Climate*, **1**, 820–835.

Darnell, W. L., W. F. Staylor, S. K. Gupta, N. A. Ritchey, and A. C. Wilber. 1992. Seasonal variation of surface radiation budget derived from International Satellite Cloud Climatology Project C1 data. *J. Geophys. Res.*, **97**, 15741–15760.

Defant, A.1921. Die Zirkulation der Atmosphäre in den gemässigten Breiten der Erde: Grundzüge einer Theorie der Klimaschwankungen. *Geograf. Ann.*, **3**, 209–266.

Del Genio, A. D., and M. S. Yao. 1993. Efficient cumulus parameterization for long-term climate studies: The GISS scheme. In *The Representation of Cumulus Convection in Numerical Models. Meteor. Monogr.* no. 46, 181–184.

Del Genio, A. D., M.-S. Yao, and J. Jonas. 2007. Will moist convection be stronger in a warmer climate? *Geophys. Res. Lett.*, **34**, L16703. doi:10.1029/2007GL030525.

Del Genio, A. D., M.-S. Yao, W. Kovari, and K. K.-W. Lo. 1996. A prognostic cloud water parameterization for global climate models. *J. Climate*, **9**, 270–304.

Deland, R. 1965. Some observations of the behavior of spherical harmonic waves. *Mon. Wea. Rev.*, **93**, 307–312.

Deser, C. 1993. Diagnosis of the surface momentum balance over the tropical Pacific Ocean. *J. Climate*, **6**, 64–74.

Deser, C., M. A. Alexander, and M. S. Timlin. 1996. Upper-ocean thermal variations in the North Pacific during 1970–1991. *J. Climate*, **9**, 1840–1855.

Deser, C., J. J. Bates, and S. Wahl. 1993. The influence of sea surface temperature gradients on stratiform cloudiness along the equatorial front in the Pacific Ocean. *J. Climate*, **6**, 1172–1180.

Deser, C, and M. L. Blackmon. 1993. Surface climate variations over the North Atlantic Ocean during winter: 1900–1989. *J. Climate*, **6**, 1743–1753.

——. 1995. On the relationship between tropical and North Pacific sea surface temperature variations. *J. Climate*, **8**, 1677–1680.

Deser, C, and M. S. Timlin. 1997. Atmosphere-ocean interaction on weekly timescales in the North Atlantic and Pacific. *J. Climate*, **10**, 393–408.

Deser, C., and J. M. Wallace. 1987. El Niño events and their relation to the Southern Oscillation: 1925–1986. *J. Geophys. Res.*, **92**, 14189–14196.

——. 1990. Large-scale atmospheric circulation features of warm and cold episodes in the tropical Pacific. *J. Climate*, **3**, 1254–1281.

DeMott, C. A. and S. R. Rutledge. 1998. The vertical structure of TOGA COARE convection. Part II: Modulating influences and implications for diabatic heating. *J. Atmos. Sci.*, **55**, 2748–2762.

Dickey, J. O., S. L. Marcus, J. A. Steppe, and R. Hide. 1992. The Earth's angular momentum budget on subseasonal time scales. *Science*, **255**, 321–324.

Dickinson, R. E. 1968. Planetary Rossby waves propagating vertically through weak westerly wind wave guides. *J. Atmos. Sci.*, **25**, 984–1002.

——. 1969. Theory of planetary wave-zonal flow interaction. *J. Atmos. Sci.*, **26**, 73–81.

Dijkstra, H. A., and D. J. Neelin. 1995. Ocean-atmosphere interaction and the tropical climatology. Part II: Why the Pacific cold tongue is in the east. *J. Climate*, **8**, 1343–1359.

Dima. I. M., and J. M. Wallace. 2003. On the Seasonality of the Hadley cell. *J. Atmos. Sci.*, **60**, 1522–1526.

Ding, P., and D. A. Randall. 1998. A cumulus parameterization with multiple cloud base levels. *J. Geophys. Res.*, **103**, 11341–11354.

Dole, R. M. 1986. The life cycles of persistent anomalies and blocking over the North Pacific. *Adv. Geophys.*, **29**, 31–69.

Dole, R. M., and M. D. Gordon. 1983. Persistent anomalies of the extratropical Northern Hemisphere wintertime circulation: Geographical distribution and regional persistence characteristics. *Mon. Wea. Rev.*, **111**, 1567–1586.

Dopplick, T. G. 1971a. Global radiative heating of the Earth's atmosphere. Planetary Circulation Project, Dept. of Meteorology, MIT, Report no. 24, 128 pp.

——. 1971b. The energetics of the lower stratosphere including radiative effects. *Quart. J. Roy. Meteor. Soc.*, **97**, 209–237.

Dong, D., R. S. Gross, and J. O. Dickey. 1996. Seasonal variations of the Earth's gravitational field: An analysis of atmospheric pressure, ocean tidal, and surface water excitation. *Geophys. Res. Lett.*, **23**, 725–728.

Douglass, A. R., P. A. Newman, and S. Solomon. 2014. The Antarctic ozone hole: An update. *Physics Today*, **67**, 42–48.

Dove, H. W. 1837. *Meteorologische Untersuchunger*. Berlin: Sandersche Buchhandlung, 344 pp.

Drazin, P. G. 1992. *Nonlinear Systems*. Cambridge: Cambridge University Press, 317 pp.

Durack, P. J., and S. E. Wijffels. 2010. Fifty-year trends in global ocean salinities and their relationship to broad-scale warming. *J. Climate*, **23**, 4342–4362.

Durack, P. J., S. E. Wijffels, and R. J. Matear. 2012. Ocean salinities reveal strong global water cycle intensification during 1950 to 2000. *Science*, **336**, 455–458.

Dutton, J. A. 1976. *The Ceaseless Wind*. New York: McGraw-Hill, 579 pp.

Eastman, R., and S. G. Warren. 2012. A 39-yr survey of cloud changes from land stations worldwide 1971–2009: Long-term trends, relation to aerosols, and expansion of the tropical belt. *J. Climate*, **26**, 1286–1303.

ECMWF (European Centre for Medium Range Weather Forecasts) .1997. ERA Description. *ECMWF Re-analysis Project Report Series*,1, 4.

Edmon, H. J., B. J. Hoskins, and M. E. McIntyre. 1980. Eliassen-Palm cross sections for the troposphere. *J. Atmos. Sci.*, **37**, 2600–2616. (See also Corrigendum, *J. Atmos. Sci.*, **38**, 1115.)

Edouard, S., R. Vautard, and G. Brunet, 1997. On the maintenance of potential vorticity in isentropic coordinates. *Quart. J. Roy. Meteor. Soc.*, **123**, 2069–2094.

Egger, J., and K.-P. Hoinka. 2014. Wave forcing of zonal mean angular momentum in various coordinate systems. *J. Atmos. Sci.*, **71**, 22212229. doi:http://dx.doi.org/10.1175/JAS-D-13-0111.1.

Egger, J., W. Metz, and G. Muller. 1986. Forcing of planetary-scale blocking anticyclones by synoptic-scale eddies. *Adv. Geophys.*, **29**, 183–198.

Ekman, V. W., 1905. On the influence of the earth's rotation on ocean currents. *Ark. Mat. Astron. Fys.*, 11: 52. Eliassen, A., and E. Kleinschmidt Jr. 1957. Dynamic meteorology. In *Handbuch der Physik*, Band 48: *Geophysik II*, 1–154, Berlin: Springer Verlag.

Eliassen, E., and B. Machenhauer. 1965. A study of the fluctuations of the atmospheric planetary flow patterns represented by spherical harmonics. *Tellus*, **17**, 220–238.

Eliassen, A., and E. Palm. 1961. On the transfer of energy in stationary mountain waves. *Geofys. Publ. Oslo*, **22**, 1–23.

Eliassen, A., and E. Raustein. 1968. A numerical integration experiment with a model atmosphere based on isentropic coordinates. *Meteor. Ann.*, **5**, 45–63.

——. 1970. A numerical integration experiment with a six-level atmospheric model with isentropic information surface. *Meteor. Ann.*, **5**, 429–449.

Emanuel, K. A. 1979. Inertial instability and mesoscale convective systems. Part I: Linear theory of inertial instability. *J. Atmos. Sci.*, **36**, 2425–2449.

——. 1982. Inertial instability and mesoscale convective systems. Part II: Symmetric CISK in a baroclinic flow. *J. Atmos. Sci.*, **39**, 1080–1097.

——. 1983a. The Lagrangian parcel dynamics of moist symmetric instability. *J. Atmos. Sci.*, **40**, 2368–2376.

——. 1983b. On assessing local conditional symmetric instability from atmospheric soundings. *Mon. Wea. Rev.*, **111**, 2016–2033.

——. 1987a. An air-sea interaction model of intraseasonal oscillations in the tropics. *J. Atmos. Sci.*, **44**, 2334–2340.

——. 1987b. The dependence of hurricane intensity on climate. *Nature*, **326**, 483–485.

——. 1991. A scheme for representing cumulus convection in large-scale models. *J. Atmos. Sci.*, **48**, 2313–2335.

——. 1994. *Atmospheric Convection*. New York: Oxford University Press, 580 pp.

——. 2005. Increasing destructiveness of tropical cyclones over the past 30 years. *Nature*, **436**, 686–688.

——. 2007. Environmental factors affecting tropical cyclone power dissipation. *J. Climate*, **20**, 5497–5509.

Emanuel, K. A., J. D. Neelin, and C. S. Bretherton. 1994. On large-scale circulations in convecting atmospheres. *Quart. J. Roy. Meteor. Soc.*, **120**, 1111–1143.

Emanuel, K., and D. Raymond, eds. 1993. The representation of cumulus convection in numerical models. *Meteor. Monogr.*, **24** (46).

Emanuel, K., R. Sundararajan, and J. Williams. 2008. Hurricanes and global warming: Results from downscaling IPCC AR4 simulations. *Bull. Amer. Meteor. Soc.*, **89**, 347–367.

England, M. H., S. McGregor, P. Spence, G. A. Meehl, A. Timmermann, W. Cai, A. S. Gupta, M. J. McPhaden, A. Purich, and A. Santoso. 2014. Recent intensification of wind-driven circulation in the Pacific and the ongoing warming hiatus. *Nature Climate Change*, **4**, 222–2227. doi:10.1038/nclimate2106.

Esbensen, S. K., and Y. Kushnir. 1981. The heat budget of the global ocean: An atlas based on estimates from surface marine observations. *Climatic Research Institute Report* no. 29, Oregon State University, Corvallis, OR.

Esbensen, S. K., and M. J. McPhaden. 1996. Enhancement of tropical ocean evaporation and sensible heat flux by mesoscale system. *J. Climate*, **9**, 2307–2325.

Fedorov, A. V., P. S. Dekens, M. McCarthy, A. C. Ravelo, P. B. deMenocal, M. Barreiro, R. C. Pacanowski, and S. G. Philander. 2006. The Pliocene paradox (mechanisms for a permanent El Niño). *Science*, **312**, 1485–1489. doi:10.1126/science.1122666.

Fels, S. B. 1985. Radiative-dynamical interactions in the middle atmosphere. *Adv. Geophys.*, **28A**, 277–300.

Feynman, R. P., R. B. Leighton, and M. Sands. 1963. *The Feynman Lectures on Physics*. Vol. 1: *Mainly Mechanics, Radiation, and Heat*. Reading, MA: Addison-Wesley.

Firestone, J. K., and B. A. Albrecht. 1986. The structure of the atmospheric boundary layer in the central equatorial Pacific during January and February of FGGE. *Mon. Wea. Rev.*, **114**, 2219–2231.

Fjortoft, R. 1953. On the changes in the spectral distribution of kinetic energy for a two-dimensional non-divergent flow. *Tellus*, **5**, 225–230.

Flasar, F. M., and 39 others. 2004. An intense stratospheric jet on Jupiter. *Nature*, **427**, 132–135.

Flatau, M., P. J. Flatau, P. Phoebus, and P. P. Niiler. 1997. The feedback between equatorial convection and local radiative and evaporative processes: The implications for intraseasonal oscillations. *J. Atmos. Sci.*, **54**, 2373–2386.

Flierl, G. 1978. Models of vertical structure and the calibration of two-layer models. *Dyn. Atmos. Oceans*, **2**, 341–382.

Fouchet, T., S. Guerlet, D. F. Strobel, A. A. Simon-Miller, B. Bézard, and F. Flasar. 2008. An equatorial oscillation in Saturn's middle atmosphere. *Nature*, **453**, 200–202. doi:10.1038/nature06912.

Fovell, R., D. Durran, and J. R. Holton. 1992. Numerical simulations of convectively generated stratospheric gravity waves. *J. Atmos. Sci.*, **49**, 1427–1442.

Fowler, L. D., and D. A. Randall. 1994. A global radiative-convective feedback. *Geophys. Res. Lett.*, **21**, 2035–2038.

———. 1996. Liquid and ice cloud microphysics in the CSU general circulation model. Part 3: Sensitivity tests. *J. Climate*, **9**, 561–586.

Fowler, L. D., D. A. Randall, and S. A. Rutledge. 1996. Liquid and ice cloud microphysics in the CSU general circulation model. Part 1: Model description and results of a baseline simulation. *J. Climate*, **9**, 489–529.

Friedson, A. J. 1999. New observations and modeling of a QBO-like oscillation in Jupiter's stratosphere. *Icarus*, **137**, 331–339.

Frierson, D. M. W., J. Lu, and G. Chen. 2007. Width of the Hadley cell in simple and comprehensive general circulation models. *Geophys. Res. Lett.*, **34**, L18804. doi:10.1029/2007GL031115.

Fu, C., and J. O. Fletcher. 1985. The relationship between Tibet-tropical ocean thermal contrast and interannual variability of Indian monsoon rainfall. *J. Climate Appl. Meteor.*, **24**, 841–847.

Fu, Q., C. M. Johanson, S. G. Warren, and D. J. Seidel. 2004. Contribution of stratospheric cooling to satellite-inferred tropospheric temperature trends. *Nature*, **429**, 55–58.

Fu, Q., and P. Lin. 2011. Poleward shift of subtropical jets inferred from satellite-observed lower stratospheric temperatures. *J. Climate*, **24**, 5597–5603.

Fu, R., A. D. Del Genio, W. B. Rossow, and W. T. Liu. 1992. Cirrus-cloud thermostat for tropical sea surface temperatures tested using satellite data. *Nature*, **358**, 394–397.

Fuchs, Ž., and D. J. Raymond, 2007: A simple, vertically resolved model of tropical disturbances with a humidity closure. *Tellus*, **59**A, 344–354.

Fulton, S. R., and W. H. Schubert. 1985. Vertical normal mode transforms: Theory and application. *Mon. Wea. Rev.*, **113**, 647–658.

Fultz, D. 1949. A preliminary report on experiments with thermally produced lateral mixing in a rotation hemispherical shell of liquid. *J. Atmos. Sci.*, **6**,17–33.

——. 1951. Non-dimensional equations and modeling criteria for the atmosphere. *J. Atmos. Sci.*, **8**, 262–267.

——. 1952. On the possibility of experimental models of the polar-front wave. *J. Atmos. Sci.*, **9**, 379–384.

——. 1959. A note on overstability and the elastoid-inertia oscillations of Kelvin, Solberg, and Bjerknes. *J. Atmos. Sci.*, **16**, 199–208.

——. 1991. Quantitative nondimensional properties of the gradient wind. *J. Atmos. Sci.*, **48**, 869–875.

Fultz, D., and Frenzen, P. 1955. A note on certain interesting ageostrophic motions in a rotating hemispherical shell. *J. Atmos. Sci.*, **12**, 332–338.

Fultz, D., and Murty, T. S. 1968. Effects of the radial law of depth on the instability of inertia oscillations in rotating fluids. *J. Atmos. Sci.*, **25**, 779–788.

Ganachaud, A., and C. Wunsch. 2000. Improved estimates of global ocean circulation, heat transport and mixing from hydrological data. *Nature*, **408**, 453–457.

Garcia, R. R., and M. L. Salby. 1987. Transient response to localized episodic heating in the tropics. Part II: Far-field behavior. *J. Atmos. Sci.*, **44**, 499–530.

Gates, W. Lawrence. 1992. AMIP: The Atmospheric Model Intercomparison Project. *Bull. Amer. Meteor. Soc.*, **73**, 1962–1970. doi:http://dx.doi.org/10.1175/1520-0477(1992)073<1962:AT AMIP>2.0.CO;2.

Geisler, J. E. 1981. A linear model of the Walker circulation. *J. Atmos. Sci.*, **38**, 1390–1400.

Geisler, J. E., and E. B. Kraus. 1969. The well-mixed Ekman boundary layer. Supplement, *Deep Sea Res.*, **16**, 73–84.

Gent, P. R., and J. C. McWilliams. 1990. Isopycnal mixing in ocean circulation models. *J. Phys. Ocean.*, **20**, 150–155.

——. 1996. Eliassen-Palm fluxes and the momentum equation in non-eddy-resolving ocean circulation models. *J. Phys. Oceanogr.*, **26**, 2539–2546.

Gettelman, A., T. Birner, V. Eyring, H. Akiyoshi, S. Bekki, C. Brühl, M. Dameris, D. E. Kinnison, F. Lefevre, F. Lott, E. Mancini, G. Pitari, D. A. Plummer, E. Rozanov, K. Shibata, A. Stenke, H. Struthers, and W. Tian. 2009. The tropical tropopause layer 1960–2100. *Atmos. Chem. Phys.*, **9**, 1621–1637. doi:10.5194/acp-9-1621-2009.

Gill, A. E. 1980. Some simple solutions for heat-induced tropical circulation. *Quart. J. Roy. Meteor. Soc.*, **106**, 447–462.

——. 1982a. *Atmosphere-Ocean Dynamics*. New York: Academic Press, 662 pp.

——. 1982b. Studies of moisture effects in simple atmospheric models: The stable case. *Geophys. Astrophys. Fluid Dyn.*, **19**, 119–152.

Gleckler, P. J., D. A. Randall, G. Boer, R. Colman, M. Dix, V. Galin, M. Helfand, J. Kiehl, A. Kitoh, W. Lau, X.-Z. Liang, V. Lykossov, B. McAvaney, K. Miyakoda, S. Planton, and W. Stern. 1995. Interpretation of ocean energy transports implied by atmospheric general circulation models. *Geophys. Res. Lett.*, **22**, 791–794.

Gleick, J. 1987. Chaos: *Making a New Science*. New York: Viking Press, 352 pp.

Goody, R. M., and Y. L. Yung. 1989. *Atmospheric Radiation Theoretical Basis*, 2nd ed. New York: Oxford University Press, 519 pp.

Grabowski, W., and M. W. Moncrieff, 2004. Moisture-convection feedback in the tropics. *Quart. J. Roy. Meteor. Soc.*, **130**, 3081–3104.

Graham, N. E., and W. B. White. 1990. The role of the western boundary in the ENSO cycle: Experiments with coupled models. *J. Phys. Oceanogr.*, **20**, 1935–1948.

Grassl, H. 1990. The climate at maximum entropy production by meridional and atmospheric heat fluxes. *Quart. J. Roy. Meteor. Soc.*, **107**, 153–166.

Gray, W. M. 1979. Hurricanes: Their formation, structure and likely role in the tropical circulation. In *Meteorology over the Tropical Oceans*, edited by D. B. Shaw. Bracknell, Berkshire: Royal Meteorology Society, 156–218.

Green, J.S.A. 1970. Transfer properties of the large-scale eddies and the general circulation of the atmosphere. *Quart. J. Roy. Meteor. Soc.*, **96**, 157–185.

———. 1977. The weather during July 1976: Some dynamical considerations of the drought. *Weather*, **32**, 120–126.

Gregory, D., and P. R. Rowntree. 1990. A mass flux convection scheme with representation of cloud ensemble characteristics and stability-dependent closure. *Mon. Wea. Rev.*, **118**, 1483–1506.

Grell, G. A., Y.-H. Kuo, and R. J. Pasch. 1991. Semiprognostic tests of cumulus parameterization schemes in the middle latitudes. *Mon. Wea. Rev.*, **119**, 5–31.

Grose, W. L., and B. J. Hoskins. 1979. On the influence of orography on large-scale atmospheric flow. *J. Atmos. Sci.*, **36**, 223–234.

Grotjahn , R. 1993. *Global Atmospheric Circulations*. New York: Oxford University Press, 430 pp.

Gu, D., and S. G. H. Philander. 1997. Interdecadal climate fluctuations that depend on exchanges between the tropics and extratropics. *Science*, **275**, 805–807.

Gupta, S. K. 1989. A parameterization of longwave surface radiation from sun-synchronous satellite data. *J. Climate*, **2**, 305–320.

Gupta, S. K., W. L. Darnell, and A. C. Wilber. 1992. A parameterization for longwave surface radiation from satellite data: Recent improvements. *J. Appl. Meteor.*, **31**, 1361–1367.

Gupta, S. K., W. F. Staylor, W. L. Darnell, A. C. Wilber, and N. A. Ritchey. 1993. Seasonal variation of surface and atmospheric cloud radiative forcing over the globe derived from satellite data. *J. Geophys. Res.*, **98**, 20,761–20,778.

Hack, J. J. 1994. Parameterization of moist convection in the National Center for Atmospheric Research Community Climate Model (CCM2). *J. Geophys. Res.*, **99**, 5551–5568.

Hack, J. J., W. H. Schubert, and P. L. Silva Dias. 1984. A spectral cumulus parameterization for use in numerical models of the tropical atmosphere. *Mon. Wea. Rev.*, **112**, 704–716.

Hack, J. J., W. H. Schubert, D. E. Stevens, and H.-C. Kuo. 1989. Response of the Hadley circulation to convective forcing in the ITCZ. *J. Atmos. Sci.*, **46**, 2957–2913.

Haertel, P. T., and R. H. Johnson. 1998. Two-day disturbances in the equatorial western Pacific. *Quart. J. Roy. Meteor. Soc.*, **124**, 615–636.

Han, Y.-J., and S.-W. Lee. 1983. An analysis of monthly mean wind stress over the global ocean. *Mon. Wea. Rev.*, **111**, 1554–1566.

Hansen, A. R., and T.-C. Chen. 1982. A spectral energetics analysis of atmospheric blocking, *Mon. Wea. Rev.*, **110**, 1146–1165.

Haraguchi, P. Y. 1968. Inversions over the tropical eastern Pacific ocean. *Mon. Wea. Rev.*, **96**, 177–185.

Harman, P. M. 1998. *The Natural Philosophy of James Clerk Maxwell*. Cambridge: Cambridge University Press, 2323 pp.

Harshvardhan, D., A. Randall, T. G. Corsetti, and D. A. Dazlich. 1989. Earth radiation budget and cloudiness simulations with a general circulation model. *J. Atmos. Sci.*, **46**, 1922–1942.

Hart, J. E. 1979. Barotropic quasi-geostrophic flow over anisotropic mountains. *J. Atmos. Sci.*, **36**, 1736–1746.

Hartmann, D. L. 1994. *Global Physical Climatology*. New York: Academic Press, 411 pp.

Hartmann, D. L., and J. R. Gross. 1988. Seasonal variability of the 40–50 day oscillation in wind and rainfall in the tropics. *J. Atmos. Sci.*, **45**, 2680–2702.

Hartmann, D. L., and F. Lo. 1998. Wave-driven zonal flow vacillation in the Southern Hemisphere. *J. Atmos. Sci.*, **55**, 1303–1315.

Hartmann, D. L., and M. L. Michelsen. 1989. Intraseasonal periodicities in Indian rainfall. *J. Atmos. Sci.*, **46**, 2838–2862.

———. 1993. Large-scale effects on the regulation of tropical sea surface temperature. *J. Climate*, **6**, 2049–2062.

Hartmann, D. L., M. E. Ockert-Bell, and M. L. Michelson. 1992. The effect of cloud type on the Earth's energy balance: Global analysis. *J. Climate*, **5**, 1281–1304.

Hastenrath, S. 1971. On meridional circulation and heat budget of the troposphere over the equatorial central Pacific. *Tellus*, **23**, 60–73.

———. 1998. Contribution to the circulation climatology of the eastern equatorial Pacific: Lower atmospheric jets. *J. Geophys. Res.*, **D16**, 19433–19451.

Haurwitz, B., 1937. The oscillations of the atmosphere. *Gerlund's Beitr. zur Geophys.*, **51**, 195–233.

———. 1956. The geographical distribution of the solar semidiurnal pressure oscillation. *Meteor. Papers*, New York Univ. College of Engineering, **2** (5).

Haurwitz, B., and S. Chapman. 1967. Lunar air tide. *Nature*, **213**, 9–13.

Hay, G. E. 1953. *Vector and Tensor Analysis*. New York: Dover, 193 pp.

Hayashi, Y. 1970. A theory of large-scale equatorial waves generated by condensation heat and accelerating the zonal wind. *J. Meteor. Soc. Japan*, **48**, 140–160.

Hayashi, Y., and S. Miyahara. 1987. A three-dimensional linear response model of the tropical intraseasonal oscillation. *J. Met. Soc. Japan*, **65**, 843–852.

Hayashi, Y.-Y., and A. Sumi.1986. 30–40-day oscillations simulated in an "aqua planet" model. *J. Meteor. Soc. Japan*, **64**, 451–467.

Haynes, P. H., and M. E. McIntyre. 1987. On the evolution of potential vorticity in the presence of diabatic heating and frictional or other forces. *J. Atmos. Sci.*, **44**, 828–841.

Haynes, P. H., M. E. McIntyre, T. G. Shepherd, C. J. Marks, and K. P. Shine. 1991. On the "downward control" of extratropical diabatic circulations by eddy-induced mean zonal forces. *J. Atmos. Sci.*, **48**, 651–678. doi:http://dx.doi.org/10.1175/1520-0469(1991)048<0651:OTCOED>2.0.CO;2.

Heckley, W. A. 1985. Systematic errors of the ECMWF operational forecasting model in tropical regions. *Quart. J. Roy. Meteor. Soc.*, **111**, 709–738.

Held, I. 1999. Equatorial superrotation in Earth-like atmospheric models. Bernhard Haurwitz Memorial Lecture, AMS.

———. 2000. *The General Circulation of the Atmosphere*. 2000 Program in Geophysical Fluid Dynamics, Woods Hole Oceanographic Institute, Woods Hole, MA. (Available at http://gfd.whoi.edu/proceedings/2000/PDFvol2000.html).

Held, I., and M. Suarez. 1978. A two-level primitive equation atmospheric model designed for climatic sensitivity experiments. *J. Atmos. Sci.*, **35**, 206–229.

Held, I. M. 1983. Stationary and quasi-stationary eddies in the extratropical troposphere: Theory. In *Large-Scale Dynamical Processes in the Atmosphere*, edited by B. J. Hoskins and R. P. Pearce. New York: Academic Press, 397 pp.

Held, I. M., and B. J. Hoskins. 1985. Large-scale eddies and the general circulation of the atmosphere. *Adv. Geophys.*, **28A**, 3–31.

Held, I. M., and A. Y. Hou. 1980. Nonlinear axially symmetric circulations in a nearly inviscid atmosphere. *J. Atmos. Sci.*, **37**, 515–533.

Held, I. M., and B. J. Soden. 2000. Water vapor feedback and global warming. *Ann. Rev. Energy Environ.*, **25**, 441–475.

———. 2006. Robust responses of the hydrological cycle to global warming. *J. Climate*, **19**, 5686–5699. doi:http://dx.doi.org/10.1175/JCLI3990.1.

Held, I. M., M. Ting, and H. Wang. 2002. Northern winter stationary waves: Theory and modeling. *J. Climate*, **15**, 2125–2144

Hendon, H. H., and J. Glick. 1997. Intraseasonal air-sea interaction in the tropical Indian and Pacific Oceans. *J. Climate*, **10**, 647–661.

Hendon, H. H., and B. Liebmann. 1990. The intraseasonal (30–50 day) oscillation of the Australian summer monsoon. J. *Atmos. Sci.*, **47**, 2909–2923.

Hendon, H. H., and M. L. Salby. 1994. The life cycle of the Madden-Julian oscillation. *J. Atmos. Sci.*, **51**, 2225–2237.

Hess, S. L., R. M. Henry, C. B. Leovy, J. A. Ryan, and J. E. Tillman. 1977. Meteorological results from the surface of Mars: Viking 1 and 2. *J. Geophys. Res.*, **82**, 4559–4574.

Hicks, B. B. 1978. Some limitations of dimensional analysis and power laws. *Bound. Layer Meteor.*, **14**, 567–569.

Hide, R. 1969. Dynamics of the atmospheres of the major planets with an appendix on the viscous boundary layer at the rigid boundary surface of an electrically conducting rotating fluid in the presence of a magnetic field. *J. Atmos. Sci.*, **26**, 841–853.

Hide, R, and J. O. Dickey. 1991. Earth's variable rotation. *Science*, **253**, 629–637.

Highwood, E. J., and B. J. Hoskins. 1998. The tropical tropopause. *Quart. J. Roy. Meteor. Soc.*, **124**, 1579.

Highwood, E. J., B. J. Hoskins, and P. Berrisford. 2000. Properties of the Arctic tropopause. *Quart. J. Roy. Meteor. Soc.*, **126**, 1515.

Hirst, A. C. 1986. Unstable and damped equatorial modes in simple coupled ocean-atmosphere models. *J. Atmos. Sci.*, **43**, 606–630.

Holloway, C. E., and J. D. Neelin. 2009. Moisture vertical structure, column water vapor, and tropical deep convection. *J. Atmos. Sci.*, **66**, 1665–1683. doi:http://dx.doi.org/10.1175/2008 JAS2806.1.

Holloway, C. E., S. J. Woolnough, and G.M.S. Lister. 2013. The effects of explicit versus parameterized convection on the MJO in a large-domain high-resolution tropical case study. Part I: Characterization of large-scale organization and propagation. *J. Atmos. Sci.*, **70**, 1342–1369. doi:http://dx.doi.org/10.1175/JAS-D-12-0227.1.

Holton, J. R. 1972. Waves in the equatorial stratosphere generated by tropical heat sources. *J. Atmos. Sci.*, **29**, 368–375.

———. 1992. *An Introduction to Dynamic Meteorology*, 3rd ed. International Geophysics Series, vol. 48. San Diego: Academic Press, 511 pp.

———. 1975. The dynamic meteorology of the stratosphere and mesosphere. *Meteor. Monogr.*, **15** (37), 1–218.

Holton, J. R. 1980. The dynamics of sudden stratospheric warmings. *Ann Rev. Earth Planet. Sci.*, **8**, 169–190.

——. 2004. *An Introduction to Dynamic Meteorology*, 4th ed. New York: Elsevier Academic Press, 535 pp.

Holton, J. R., and R. S. Lindzen. 1972. An updated theory for the quasi-biennial cycle of the tropical stratosphere. *J. Atmos. Sci.*, **29**, 1076–1080.

Holton, J. R., and T. Matsuno. 1984. *Dynamics of the Middle Atmosphere*. Advances in Earth and Planetary Sciences. Tokyo: Terra Scientific, 543 pp.

Hoskins, B. J. 1991. Towards a PV-theta view of the general circulation. *Tellus*, **43**, 27–35.

——. 1996. On the existence and strength of the summer subtropical anticyclones. *Bull. Amer. Meteor. Soc.*, **77**, 1287–1292.

——. 2003. Climate change at cruising altitude? *Science*, **301**, 469–470.

——. 2012. The potential for skill across the range of the seamless weather-climate prediction problem: A stimulus for our science. *Quart. J. Roy. Meteor. Soc.*, **139**, 573–584.

Hoskins, B. J., I. N. James, and G. H. White. 1983. The shape, propagation and mean-flow interaction of large-scale weather systems. *J. Atmos. Sci.*, **40**, 1595–1612.

Hoskins, B. J., and D. J. Karoly. 1981. The steady linear response of a spherical atmosphere to thermal and orographic forcing. *J. Atmos. Sci.*, **38**, 1179–1196.

Hoskins, B. J., M. E. McIntyre, and A. W. Robertson. 1985. On the use and significance of isentropic potential vorticity maps. *Quart. J. Roy. Meteor. Soc.*, **111**, 877–946.

Hoskins, B. J., and R. P. Pearce, eds. 1983. *Large-Scale Dynamical Processes in the Atmosphere*. New York: Academic Press, 397 pp.

Hou, A. Y., R. K. Kakar, S. Neeck, A. A. Azarbarzin, C. D. Kummerow, M. Kojima, R Oki, K. Nakamura, and T. Iguchi. 2014. The global precipitation measurement mission. Bull *Amer. Meteor. Soc.*, **95**, 701–722. doi:http://dx.doi.org/10.1175/BAMS-D-13-00164.1.

Hough, S. S. 1898. On the application of harmonic analysis to the dynamical theory of the tides. Part II: On the general integration of Laplace's dynamical equations. *Phil. Trans. Roy. Soc. A*, **191**, 139–185.

Hsu, Y.-J., and A. Arakawa. 1990. Numerical modeling of the atmosphere with an isentropic vertical coordinate. *Mon. Wea. Rev.*, **118**, 1933–1959.

Hsu, H.-H., and B. J. Hoskins. 1989. Tidal fluctuations as seen in ECMWF data. *Quart. J. Roy. Meteor. Soc.*, **115**, 247–264.

Hsu, H.-H., B. J. Hoskins, and F.-F. Jin. 1990. The 1985/86 intraseasonal oscillation and the role of the extratropics. *J. Atmos. Sci.*, **47**, 823–839.

Hsu, P.-C., and T. Li. 2012. Is "rich-get-richer" valid for Indian Ocean and Atlantic ITCZ? *Geophys. Res. Lett.*, **39**, L13705. doi:10.1029/2012GL052399.

Hsu, P.-C., T. Li, H. Murakami, and A. Kitoh. 2013. Future change of the global monsoon revealed from 19 CMIP5 models. *J. Geophys. Res. Atmos.*, **118**, 1247–1260. doi:10.1002/jgrd .50145.

Hu, Q., and D. A. Randall. 1994. Low-frequency oscillations in radiative-convective systems. *J. Atmos. Sci.*, **51**, 1089–1099.

Hu, Y., and Q. Fu. 2007. Observed poleward expansion of the Hadley circulation since 1979. *Atmos. Chem. Phys.*, **7**, 5229–5236.

Hu, Y., D. Yang, and J. Yang. 2008. Blocking systems over an aqua planet. *Geophys. Res. Lett.*, **35**, L19818.

Huang, H.-P., P. D. Sardeshmuk, and K. M. Weickmann. 1999. The balance of global angular momentum in a long-term atmospheric dataset. *J. Geophys. Res.*, **104**, 2031–2040.

Huang, H.-P., K. Weickmann, and C. Hsu. 2001. Trend in atmospheric angular momentum in a transient climate change simulation with greenhouse gas and aerosol forcing. *J. Climate*, **14**, 1525–1534.

Hung, M.-P., J.-L. Lin, W. Wang, Daehyun Kim, T. Shinoda, and S. J. Weaver. 2013. MJO and convectively coupled equatorial waves simulated by CMIP5 climate models. *J. Climate*, **26**, 6185–6214. doi:http://dx.doi.org/10.1175/JCLI-D-12-00541.1.

Huntley, H. E. 1967. *Dimensional Analysis*. New York: Dover, 158 pp.

Hurrell, J. W. 1995. Decadal trends in the North Atlantic Oscillation regional temperatures and precipitation. *Science*, **269**, 676–679.

Hurrell, J. W., and H. Van Loon. 1997. Decadal variations in climate associated with the North Atlantic Oscillation. *Climatic Change*, **36**, 301–326.

Huang, H.-P., and W. A. Robinson. 1998. Two-dimensional turbulence and persistent zonal jets in a global barotropic model. *J. Atmos. Sci.*, **55**, 611–632.

Huffman, G. J., R. F. Adler, P. Arkin, A. Chang, R. Ferraro, A. Gruber, J. Janowiak, A. McNab, B. Rudolf, and U. Schneider. 1997. The Global Precipitation Climatology Project (GPCP) combined precipitation dataset. *Bull. Amer. Meteor. Soc.*, **78**, 5–20.

Illari, L., 1982. Diagnostic study of the potential vorticity in a warm blocking anticyclone. *J. Atmos. Sci.*, **41**, 3518–3526.

Imbrie, J., and K. P. Imbrie. 1979. *Ice Ages: Solving the Mystery*. Cambridge, MA: Harvard University Press, 224 pp.

Ingersoll, A. P. 1990. Atmospheric dynamics of the outer planets. *Science*, **248**, 308–315.

Inness, P. M., J. M. Slingo, S. J. Woolnough, and R. B. Neale. 2001. Organization of tropical convection in a GCM with varying vertical resolution: Implications for the simulation of the Madden-Julian oscillation. *Climate Dynamics*, **17**, 777–793.

IPCC (Intergovernmental Panel on Climate Change). 2013. *Climate Change 2013: The Physical Science Basis. Contribution of Working Group I to the Fifth Assessment Report of the Intergovernmental Panel on Climate Change*, edited by T. F. Stocker, D. Qin, G.-K. Plattner, M. Tignor, S. K. Allen, J. Boschung, A. Nauels, Y. Xia, V. Bex, and P. M. Midgley. Cambridge: Cambridge University Press, 1535 pp.

Jacchia, L. G., and Z. Kopal. 1951. Atmospheric oscillations and the temperature of the upper atmosphere. *J. Meteorol.*, **9**, 13–23.

Jackson, D. L., and G. L. Stephens. 1995. A study of SSM/I derived precipitable water over the global oceans. *J. Climate*, **8**, 2025–2038.

James, I. N. 1994. *Introduction to Circulating Atmospheres*. Cambridge: Cambridge University Press, 422 pp.

Jarraud, M., and A. J. Simmons. 1983. The spectral technique. *Seminar on Numerical Methods for Weather Prediction*. European Centre for Medium Range Weather Prediction, Reading, England, 1–59.

Jeevanjee, N. 2011. An Introduction to Tensors and Group Theory for Physicists. New York: Birkhäuser, 258 pp.

Jeffreys, H. 1926. On the dynamics of geostrophic winds. *Quart. J. Roy. Met. Soc.*, **52**, 85–104

Jin, F.-F., J. D. Neelin, and M. Ghil. 1994. El Niño on the devil's staircase: Annual subharmonic steps to chaos. *Science*, **264**, 70–72.

Jin, F.-F., L.-L. Pan, and M. Watanabe. 2006a. Dynamics of synoptic eddy and low-frequency flow interaction. Part I: A linear closure. *J. Atmos. Sci.*, **63**, 1677–1694.

———. 2006b. Dynamics of synoptic eddy and low-frequency flow interaction. Part II: A theory for low-frequency modes. *J. Atmos. Sci.*, **63**, 1695–1708.

Jin, S. G., J. U. Park, J. H. Cho, and P. H. Park. 2007. Seasonal variability of GPS-derived zenith tropospheric delay (1994–2006) and climate implications. *J. Geophys. Res. Atmos.*, **112**, D09110.

Johnson, R. H. 1976. The role of convective-scale precipitation downdrafts in cumulus and synoptic-scale interaction. *J. Atmos. Sci.*, **33**, 1890–1910.

————. 2011. Diurnal cycle of monsoon convection. Chap. 15 of Chang et al. (2011).

Johnson, R. H., and R. A. Houze Jr., 1987. Precipitating cloud systems of the Asian monsoon. In Monsoon Meteorology, edited by C.-P. Chang and T. N. Krishnamurti. New York: Oxford University Press, 298–353.

Johnson, R. H., T. M. Rickenbach, S. A. Rutledge, P. E. Ciesielski, and W. H. Schubert. 1999. Trimodal characteristics of tropical convection. *J. Climate*, **12**, 2397–2418.

Jones, T. R., and D. A. Randall. 2011. Quantifying the limits of convective parameterizations. *J. Geophys. Res.*, **116**, D08210. doi:10.1029/2010JD014913.

Julian, P. R., and R. M. Chervin. 1978. Study of the Southern Oscillation and Walker circulation phenomenon. *Mon. Wea. Rev.*, **106**, 1433–1451.

Kållberg, P., P. Berrisford, B. Hoskins, A. Simmons, S. Uppala, S. Lamy-Thépaut, and R. Hine. 2005. ERA-40 Atlas. ERA-40 Project Report Series, no. 19, European Centre for Medium Range Weather Forecasts.

Kang, S. M., C. Deser, and L. M. Polvani. 2013. Uncertainty in climate change projections of the Hadley circulation: The role of internal variability. *J. Climate*, **26**, 7541–7554, doi:10.1175/JCLI-D-12-00788.1.

Kao, C.-Y. J., and Y. Ogura. 1987. Response of cumulus clouds to large-scale forcing using the Arakawa-Schubert cumulus parameterization. J. *Atmos. Sci.*, **44**, 2437–2458.

Karl, T. R., S. J. Hassol, C. D. Miller, and W. L. Murray, eds. 2006. *Temperature Trends in the Lower Atmosphere: Steps for Understanding and Reconciling Differences*. U.S. Climate Change Science Program and the Subcommittee on Global Change Research. Washington, DC: UNT Digital Library. http://digital.library.unt.edu/ark:/67531/metadc12017/.

Kasahara, A., 1974. Various vertical coordinate systems used for numerical weather prediction. *Mon. Wea. Rev.*, **102**, 509–522.

Kato, S. 1966. Diurnal atmospheric oscillation: 1. Eigenvalues and Hough functions. *J. Geophys. Res.*, 71, 3201–3209.

Kelly, M. A. 1998. A simple model of ocean-atmosphere interactions in the tropical climate system. Ph.D. thesis, Colorado State University.

Kelly, M. A., and D. A. Randall. 2001. A two-box model of a zonal atmospheric circulation in the tropics. *J. Climate*, **14**, 3944–3964.

Kelly, M. A., D. A. Randall, and G. L. Stephens. 1999. A simple radiative-convective model with a hydrologic cycle and interactive clouds. *Quart. J. Roy. Meteor. Soc.*, **125**, 837–869.

Kemball-Cook, S. R. and B. C. Weare. 2001. The onset of convection in the Madden-Julian oscillation. *J. Climate*, **5**, 780–793.

Khairoutdinov, M., and K. Emanuel. 2013. Rotating radiative-convective equilibrium simulated by a cloud-resolving model. *J. Adv. Model. Earth Syst.*, **5**, 816–825. doi:10.1002/2013MS000253.

Kiehl, J. T. 1994. On the observed near cancellation between longwave and shortwave cloud forcing in tropical regions. *J. Climate*, **7**, 559–565.

Kiehl, J. T., and K. E. Trenbert. 1997. Earth's annual global mean energy budget. *Bull. Amer. Meteor. Soc.*, **78**, 197–208.

Kiladis, G. N., M. C. Wheeler, P. T. Haertel, K. H. Straub, and P. E. Roundy. 2009. Convectively coupled equatorial waves. *Rev. Geophys.*, **47**, RG2003.

Killworth, P. D., 1983. Deep convection in the world oceans. *Rev. Geophys. Space Phys.*, **21**, 1–26.

Kim, D., K. Sperber, W. Stern, D. Waliser, I.-S. Kang, E. Maloney, W. Wang, K. Weickmann, J. Benedict, M. Khairoutdinov, M.-I. Lee, R. Neale, M. Suarez, K. Thayer-Calder, and G. Zhang. 2009. Application of MJO simulation diagnostics to climate models. *J. Climate*, **22**, 6413–6436.

Kim, D., P. Xavier, E. Maloney, M. Wheeler, D. Waliser, K. Sperber, H. Hendon, C. Zhang, R. Neale, Y.-T. Hwang, and H. Liu. 2014. Process-oriented MJO simulation diagnostic:

Moisture sensitivity of simulated convection. *J. Climate*, **27**, 5379–5395. doi:http://dx.doi.org/10.1175/JCLI-D-13-00497.1.

Kitoh, A. 2004. Effects of mountain uplift on East Asian summer climate investigated by a coupled atmosphere-ocean GCM. *J. Climate*, **17**, 783–802.

Kitoh, A., H. Endo, K. Krishna Kumar, I.F.A. Cavalcanti, P. Goswami, and T. Zhou. 2013. Monsoons in a changing world regional perspective in a global context. *J. Geophys. Res. Atmos.*, **118**, 3053–3065. doi:10.1002/jgrd.50258.

Klein, S. A., and D. L. Hartmann. 1993. The seasonal cycle of low stratiform clouds. *J. Climate*, **6**, 1587–1606.

Klemp, J. B., and D. K. Lilly. 1978. Numerical simulation of hydrostatic mountain waves. *J. Atmos. Sci.*, **35**, 78–107.

Knutson, T. R., and K. N. Weickmann. 1987. 30–60 day atmospheric oscillations: Composite life cycles of convection and circulation anomalies. *Mon. Wea. Rev.*, **115**, 1407–1436.

Koh, T. Y., and R. A. Plumb. 2004. Isentropic zonal average formalism and the near-surface circulation. *Quart. J. Roy. Meteor. Soc.*, **130**, 1631–1654.

Kolmogorov, A. N. 1941. The local structure of turbulence in incompressible viscous fluid for very large Reynolds numbers. *Dok. Akad. Mauk SSSR*, **30**, 301–305.

Konor, C. S., and A. Arakawa. 1997. Design of an atmospheric model based on a generalized vertical coordinate. *Mon. Wea. Rev.*, **125**, 1649–1673.

Konrad, C. E., II, and S. J. Colucci. 1988. Synoptic climatology of 500 mb circulation changes during explosive cyclogenesis. *Mon. Wea. Rev.*, **116**, 1431–1443.

Kraus, E. B., and L. D. Leslie. 1982. The interactive evolution of the oceanic and atmospheric boundary layers in the source regions of the trades. *J. Atmos. Sci.*, **39**, 2760–2772.

Kraus, E. B., and J. S. Turner. 1967. A one-dimensional model of the seasonal thermocline. II: The general theory and its consequences. *Tellus*, **19**, 98–105.

Krishnamurti, T. N., H. S. Bedi, and M Subramaniam. 1989. The summer monsoon of 1987. *J. Climate*, **2**, 321–340.

———. 1990. The summer monsoon of 1988. *Meteorol. Atmos. Phys.*, **42**, 19–37.

Krishnamurti, T. N., and D. Subrahmanyam. 1982. The 30–50 day mode at 850 mb during MONEX. *J. Atmos. Sci.*, **39**, 2088–2095

Krueger, A. J., and R. A. Minzner. 1976. A midlatitude ozone model for the 1976 U.S. standard atmosphere. *J. Geophys. Res.*, **81**, 4477–4481. doi:10.1029/JC081i024p04477.

Krueger, S. K. 1988. Numerical simulation of tropical cumulus clouds and their interaction with the subcloud layer. *J. Atmos. Sci.*, **45**, 2221–2250.

Kuang, Z. 2008. A moisture-stratiform instability for convectively coupled waves. *J. Atmos. Sci.*, **65**, 834–854.

Kunz, A., P. Konopka, R. Müller, and L. L. Pan. 2011. Dynamical tropopause based on isentropic potential vorticity gradients. *J. Geophys. Res.*, **116**, D01110. doi:10.1029/2010JD014343.

Kuo, H. L., 1965. On formation and intensification of tropical cyclones throughout latent heat release by cumulus convection. *J. Atmos. Sci.*, **22**, 40–63.

l'Heureux, M. L., S. Lee, and B. Lyon. 2013. Recent multidecadal strengthening of the Walker circulation across the tropical Pacific. *Nature Climate Change*, **3**, 571–576. doi:10.1038/nclimate1840.

Landu, K., and E. D. Maloney. 2011. Understanding intraseasonal variability in an aquaplanet GCM. *J. Meteor. Soc. Japan*, **89**, 195–210. doi:10.2151/jmsj.2011-302.

Laplace, P. S. 1832. *Mécanique Céleste.* Translated by N. Bowditch. Boston, 4 vols.; pt. 1, bk.4, sec. 3, p. 543.

Larson, K., D. L. Hartmann, and S. A. Klein. 1999. Climate sensitivity in a two-box model of the tropics. *J. Climate*, **12**, 2359–2374.

Laskar, J., 1994. Large-scale chaos in the Solar System. *Astron. Astrophys.*, **287**, L9–L12.

Laskar, J., and M. Gastineau. 2009. Existence of collisional trajectories of Mercury, Mars, and Venus with the Earth. *Nature*, **459**, 817–819.

Latif, M., and T. P. Barnett, 1994. Causes of decadal climate variability over the North Pacific and North America. *Science*, **266**, 634–637.

———. 1996. Decadal climate variability over the North Pacific and North America: Dynamics and predictability. *J. Climate*, **9**, 2407–2423.

Latif, M., R. Kleeman, R., and C. Eckert. 1997. Greenhouse warming, decadal variability, or El Niño? An attempt to understand the anomalous 1990s. *J. Climate*, **10**, 2221–2239.

Lau, K. M., and P. H. Chan. 1985. Aspects of the 40–50 day oscillation during northern winter as inferred from outgoing long wave radiation. *Mon. Wea. Rev.*, **113**, 1889–1909.

Lau, K.-M., and H. Lim, 1982. Thermally driven motions in an equatorial b-plane: Hadley and Walker circulations during the winter monsoon. *Mon. Wea. Rev.*, **110**, 336–353.

Lau, K. M., and L. Peng, 1987. Origin of the low-frequency (intraseasonal) oscillations in the tropical atmosphere. Part I: Basic theory. *J. Atmos. Sci.*, **44**, 950–972.

Lau, K.-M., and C.-H. Sui. 1997. Mechanisms of short-term sea surface temperature regulation: Observations during TOGA COARE. *J. Climate*, **10**, 465–472.

Lau, K.-M., C.-H. Sui, M.-D. Chou, and W.-K. Tao. 1994. An inquiry into the cirrus cloud thermostat effect for tropical sea surface temperatures. *Geophys. Res. Lett.*, **21**, 1157–1160.

Lau, K.-M., H.-T. Wu, and Bony, S. 1997. The role of large-scale circulation in the relationship between tropical convection and sea surface temperature. *J. Climate*, **10**, 381–392.

Lau, N-C. 1985. Modeling the seasonal dependence of the atmospheric response to observed El Niños in 1962–76. *Mon. Wea. Rev.*, **113**, 1970–1996.

———. 1997. Interactions between global SST anomalies and the midlatitude atmospheric circulation. *Bull. Amer. Meteor. Soc.*, **78**, 21–33.

Lau, N.-C., and M. J. Nath. 1991. Variability of the baroclinic and barotropic transient eddy forcing associated with monthly changes in the midlatitude storm tracks. *J. Atmos. Sci.*, **48**, 2589–2613.

Lavin, A., H. L. Bryden, and G. Parrilla. 1998. Meridional transport and heat flux variations in the subtropical North Atlantic. *Global Atmos. Ocean Syst.*, **6**, 269–293.

Legates, D. R. and C. J. Willmott. 1990. Mean seasonal and spatial variability in gauge-corrected global precipitation. *Int. J. Climatol.*, **10**, 111–127.

Leith, C. E. 1968. Diffusion approximation for two-dimensional turbulence. *Phys. Fluids*, **11**, 671–673.

Leovy, C. B., A. J. Friedson, and A. J. Orton. 1991. The quasi-quadrennial oscillation of Jupiter's equatorial stratosphere. *Nature*, **354**, 380–382.

Lesieur, M. 1995. *Turbulence in Fluids*. Dordrecht: Kluwer, 515 pp.

Levitus, S., J. I. Antonov, T. P. Boyer, O. K. Baranova, H. E. Garcia, R. A. Locarnini, A. V. Mishonov, J. R. Reagan, D. Seidov, E. S. Yarosh, and M. M. Zweng. 2012. World ocean heat content and thermosteric sea level change (0–2000 m), 1955–2010. *Geophys. Res. Lett.*, **39**, L10603, doi:10.1029/ 2012GL051106.

Levitus, S., J. I. Antonov, T. P. Boyer, R. A. Locarnini, H. E. Garcia, and A. V. Mishonov. 2009. Global ocean heat content 1955–2008 in light of recently revealed instrumentation problems. *Geophys. Res. Lett.*, **36**, L07608.

Levitus, S., J. Antonov, T. P. Boyer, and C. Stephens. 2000. Warming of the world ocean, *Science*, **287**, 2225–2229.

Lewis, J. S., and R. G. Prinn. 1984. *Planets and Their Atmospheres*. New York: Academic Press, 470 pp.

Li, T., and S. G. H. Philander. 1996. On the annual cycle of the eastern equatorial Pacific. *J. Climate*, **9**, 2986–2998.

———. 1997. On the seasonal cycle of the equatorial Atlantic Ocean. *J. Climate*, **10**, 813–817.

Lilly, D. K. 1968. Models of cloud-topped mixed layers under a strong inversion. *Quart. J. Roy. Meteor. Soc.*, **94**, 292–309.

——. 1972. Numerical simulation studies of two-dimensional turbulence. *Geophys. Fluid Mech.*, **3**, 289–319; **4**, 1–28.

——. 1983. Stratified turbulence and the mesoscale variability of the atmosphere. J. *Atmos. Sci.*, **40**, 749–761.

——. 1998. Stratified turbulence in the atmospheric mesoscales. *Theoret. Comput. Fluid Dyn.*, **11**, 139–153.

Lilly, D. K., and B. F. Jewett. 1990. Momentum and kinetic energy budgets of simulated supercell thunderstorms. *J. Atmos. Sci.*, **47**, 707–726.

Lim, H., and C. P. Chang. 1983. Dynamics of teleconnections and Walker circulations forced by equatorial heating. *J. Atmos. Sci.*, **40**, 1897–1915.

Limpasuvan, V., and D. L. Hartmann. 2000. Wave-maintained annular modes of climate Variability. *J. Climate*, **13**, 4414–4429. doi:http://dx.doi.org/10.1175/1520-0442(2000)013<4414:WMAMOC>2.0.CO;2.

Limpasuvan, V., D.W.J. Thompson, and D. L. Hartmann. 2004. The life cycle of the Northern Hemisphere sudden stratospheric warmings. *J. Climate*, **17**, 2584–2596.

Lin, C., and A. Arakawa. 1997. The macroscopic entrainment processes of simulated cumulus ensemble. Part I: Entrainment sources. *J. Atmos. Sci.*, **54**, 1027–1043.

Lin, X. and R. H. Johnson. 1996. Kinematic and thermodynamic characteristics of the flow over the western Pacific warm pool during TOGA COARE. *J. Atmos. Sci.*, **53**, 695–715.

Lindzen, R. S. 1966. On the theory of the diurnal tide. Mon. Wea. Rev., **94**, 295–301.

——. 1967. Planetary waves on beta planes. *Mon. Wea. Rev.*, **95**, 441–451.

Lindzen, R. S., and J. R. Holton. 1968. A theory of the quasi-biennial oscillation, *J. Atmos. Sci.*, **25**, 1095–1107.

——. 1974. Wave-CISK in the tropics. J. Atmos. Sci., **31**, 156–179.

——. 1990. Dynamics in Atmospheric Physics. Cambridge: Cambridge University Press, 310 pp.

Lindzen, R. S., and A. Y. Hou. 1988. Hadley circulations for zonally averaged heating centered off the equator. *J. Atmos. Sci.*, **45**, 2416–2427.

Lindzen, R. S., and S. Nigam.1987. On the role of sea surface temperature gradients in forcing low-level winds and convergence in the tropics. *J. Atmos. Sci.*, **44**, 2418–2436.

Liu, J., and T. Schneider. 2010. Mechanisms of jet formation on the giant planets. *J. Atmos. Sci.*, **67**, 3652–3672.

Liu, W. T. 1986. Statistical relation between monthly mean precipitable water and surface-level humidity over global oceans. *Mon. Wea. Rev.*, **114**, 1591–1602.

——. 2002. Progress in scatterometer application. *J. Oceanogr.*, **58**, 121–136.

Liu, Z. 1997. Oceanic regulation of the atmospheric Walker circulation. *Bull. Amer. Meteor. Soc.*, **78**, 407–412.

Liu, Z., and B. Huang. 1997. A coupled theory of tropical climatology: Warm pool, cold tongue, and Walker circulation. *J. Climate*, **10**, 1662–1679, 1997.

Loeb, N. G., J. M. Lyman, G. C. Johnson, R. P. Allan, D. R. Doelling, T. Wong, B. J. Soden, and G. L. Stephens. 2012. Observed changes in top-of-the-atmosphere radiation and upper-ocean heating consistent within uncertainty. *Nat. Geosci.*, **5**, 110–113. doi:10.1038/NGEO1375.

Longuet-Higgins, M. S. 1968. The eigenfunctions of Laplace's tidal equations over a sphere. *Phil. Trans. Roy. Soc. A*, **262**, 511–607.

Lord, S. J. 1982. Interaction of a cumulus cloud ensemble with the large-scale environment, Part III: Semi-prognostic test of the Arakawa-Schubert cumulus parameterization. *J. Atmos. Sci.*, **39**, 88–103.

Lord, S. J., and A. Arakawa, 1980. Interaction of a cumulus cloud ensemble with the large-scale environment, Part II. *J. Atmos. Sci.*, **37**, 2677–2692.

Lord, S. J., W. C. Chao, and A. Arakawa. 1982. Interaction of a cumulus cloud ensemble with the large-scale environment. Part IV: The discrete model. *J. Atmos. Sci.*, **39**, 104–113.

Lorenz, E. N. 1951. Seasonal and irregular variations of the Northern Hemisphere sea-level pressure profile. *J. Meteor.*, **8**, 52–29.

——. 1955. Available potential energy and the maintenance of the general circulation. *Tellus*, **7**, 157–167.

——. 1960a. Energy and numerical weather prediction. *Tellus*, **12**, 364–373.

——. 1960b. Generation of available potential energy and the intensity of the general circulation. In *Dynamics of Climate*, edited by R. L. Pfeffer. Oxford: Pergamon, 86–92.

——. 1963. Deterministic nonperiodic flow. *J. Atmos. Sci.*, **20**, 130–141.

——. 1967. *The Nature and Theory of the General Circulation of the Atmosphere*. Geneva: World Meteorological Organization, no. 218, TP115, 161 pp.

——. 1969a. Three approaches to atmospheric predictability. *Bull. Amer. Meteor. Soc.*, **50**, 345–349.

——. 1969b. The predictability of a flow which possesses many scales of motion. *Tellus*, **21**, 289–307.

——. 1976. Nondeterministic theories of climatic change. *Quat. Res.*, **6**, 495–506.

——. 1978. Available energy and the maintenance of a moist circulation. *Tellus*, **30**, 15–31.

——. 1979. Numerical evaluation of moist available energy. *Tellus*, **31**, 230–235.

——. 1982. Atmospheric predictability experiments with a large numerical model. *Tellus*, **34**, 505–513.

——. 1983. A history of prevailing ideas about the general circulation of the atmosphere. *Bull Amer. Meteor. Soc.*, **64**, 730–755.

——. 1984. Irregularity: A fundamental property of the atmosphere. *Tellus*, **36A**, 98–110.

——. 1990. Can chaos and intransitivity lead to interannual variability? *Tellus*, **42A**, 378–389.

——. 1993. *The Essence of Chaos*. Seattle: University of Washington Press, 227 pp.

——. 2001. Driven to extremes. *New Scientist*, **172**, 38–42.

Lorenz, D. J., and E. T. DeWeaver. 2007. Tropopause height and zonal wind response to global warming in the IPCC scenario integrations. *J. Geophys. Res.*, **112**: D10119.

Lorenz, D. J., and D. L. Hartmann. 2003. Eddy-zonal flow feedback in the Northern Hemisphere winter. *J. Climate*, **16**, 1212–1227.

Lorenz, R. D., J. I. Lunine, P. G. Withers, and C. P. McKay. 2001. Titan, Mars and Earth: Entropy production by latitudinal heat transport. *Geophys. Res. Lett.*, **28**, 415–418.

Lu J., C. Deser, and T. Reichler. 2009. Cause of the widening of the tropical belt since 1958. *Geophys. Res. Lett.*, **36**: L03803.

Lu, J., G. A. Vecchi, and T. Reichler. 2007. Expansion of the Hadley cell under global warming. *Geophys. Res. Lett.*, **34**, L06805, doi:10.1029/ 2006GL028443.

Luo, D., and Z. Chen. 2006. The role of land-sea topography in blocking formation in a block-eddy interaction model. *J. Atmos. Sci.*, **63**, 3056–3065. doi:http://dx.doi.org/10.1175 /JAS3774.1.

Ma, C.-C., C. R. Mechoso, A. Arakawa, and J. D. Farrara. 1994. Sensitivity of a coupled ocean-atmosphere model to physical parameterizations. *J. Climate*, **7**, 11883–1896.

Ma, C.-C., C. R. Mechoso, A. W. Robertson, A. Arakawa, 1996. Peruvian stratus clouds and the tropical Pacific circulation: A coupled ocean-atmosphere GCM study. *J. Climate*, **9**, 1635–1645.

MacDonald, A. M., and C. Wunsch, 1996. An estimate of global ocean circulation and heat fluxes. *Nature*, **382**, 436–439.

Madden, R., and P. R. Julian, 1971. Detection of a 40–50 day oscillation in the zonal wind in the tropical Pacific. *J. Atmos. Sci.*, **28**, 1109–1123.

——. 1972a. Description of global scale circulation cells in the tropics with a 40–50 day period. *J. Atmos. Sci.*, **29**, 1109–1123.

——. 1972b. Further evidence of global-scale 5-day pressure waves. *J. Atmos. Sci.*, **29**, 1464–1469.

——. 1994. Observations of the 40–50-day tropical oscillation: A review. *Mon. Wea. Rev.*, **122**, 814–837.

Malguzzi, P., 1993. An analytical study on the feedback between large- and small-scale eddies. *J. Atmos. Sci.*, **50**, 1429–1436.

Maloney, E. E., and D. L. Hartmann. 1998. Frictional moisture convergence in a composite life cycle of the Madden-Julian oscillation. *J. Climate*, **11**, 2387–2403.

Maloney, E. D. 2009. The moist static energy budget of a composite tropical intraseasonal oscillation in a climate model. *J. Climate*, **22**, 711–729.

Maloney, E. D., A. H. Sobel, and W. M. Hannah. 2010. Intraseasonal variability in an aquaplanet general circulation model. *J. Adv. Model. Earth Syst.*, **2**, 5. doi:10.3894/JAMES.2010.2.5.

Manabe, S., and K. Bryan. 1969. Climate calculation with a combined ocean-atmosphere model. *J. Atmos. Sci.*, **26**, 786–789.

Manabe, S., and F. Möller. 1961. On the radiative equilibrium and heat balance of the atmosphere. *Mon. Wea. Rev.*, **89**, 503–532.

Manabe, S., J. Smagorinsky and R. F. Strickler. 1965. Simulated climatology of a general circulation model with a hydrologic cycle. *Mon. Wea. Rev.*, **93**, 769–797.

Manabe, S., and R. J. Stouffer. 1988. Two stable equilibria of a coupled ocean-atmosphere model. *J. Climate*, **1**, 841–866.

Manabe, S., and R. F. Strickler, 1964. Thermal equilibrium of the atmosphere with a convective adjustment. *J. Atmos. Sci.*, **21**, 361–385.

Manabe, S., and T. Terpstra. 1974. The effects of mountains on the general circulation of the atmosphere as identified by numerical experiments. *J. Atmos. Sci.*, **31**, 3–42.

Manabe, S., and R. T. Wetherald. 1967. Thermal equilibrium of the atmosphere with a given distribution of relative humidity. *J. Atmos. Sci.*, **24**, 241–259.

Mapes, Brian E. 2000. Convective inhibition, subgrid-scale triggering energy, and stratiform instability in a toy tropical wave model. *J. Atmos. Sci.*, **57**, 1515–1535. doi:http://dx.doi.org/10.1175/1520-0469(2000)057<1515:CISSTE>2.0.CO;2.

Mapes, B. E., and J. T. Bacmeister. 2012. Diagnosing tropical biases and the MJO using patterns in MERRA's analysis tendencies. *J. Climate*, **25**, 6202–6214.

Margules, M. 1893. *Luftbewegungen in einer Rotierended Spharoidschale* (II. Teil). Sitzungsber. *Kais. Akad. Wiss. Wien, Math.-Nat. Cl.* **102**, Abt. IIA, 11–56. Air motion in a rotating spherical shell. Translated by B. Haurwitz. NCAR Tech. Note NCAR. TN-156+STR.

Marquardt, C. 1998. Die tropische QBO und dynamische Prozesse in der Stratosphäre. Ph.D. thesis, Met. Abh. FU-Berlin, Serie A, Band 9/Heft 4, Verlag Dietrich Reimer Berlin, 260 S.

Martius, O., L. M. Polvani, and H. C. Davies. 2009. Blocking precursors to stratospheric sudden warming events. *Geophys. Res. Lett.*, **36**, L14806.

Maruyama, T., and M. Yanai. 1967. Evidence of large-scale wave disturbances in the equatorial lower stratosphere. *J. Meteor. Soc. Japan*, **45**, 196–199.

Masuda, K. 1988. Meridional heat transport by the atmosphere and the ocean: Analysis of FGGE data. *Tellus*, **40A**, 285–302.

Matsuno, T. 1966. Quasi-geostrophic motions in the equatorial area. *J. Meteor. Soc. Japan*, **44**, 25–43.

Matsuno, T. 1970. Vertical propagation of stationary planetary waves in the winter Northern Hemisphere. *J. Atmos. Sci.*, **27**, 871–883.

Matsuno, T. 1971. A dynamical model of the stratospheric sudden warming. *J. Atmos. Sci.*, **28**, 1479–1494.

Matsuno, T., and K. Nakamura, 1979: The Eulerian- and Lagrangian-mean meridional circulations in the stratosphere at the time of a sudden warming. *J. Atmos. Sci.*, **36**, 640–654.

McCreary, J. P. 1981. A linear stratified ocean model of the equatorial undercurrent. *Phil. Trans. Roy. Soc. A*, **298**, 603–635.

McFarlane, N. A. 1987. Effect of orographically excited gravity wave drag on the general circulation of the lower stratosphere and troposphere. *J. Atmos. Sci.*, **44**, 1775–1800.

McWilliams, J. C. 1980. An application of equivalent modons to atmospheric blocking. *Dyn. Atmos. Oceans*, **5**, 43–66.

———. 1984. The emergence of isolated coherent vortices in turbulent flow. *J. Fluid Mech.*, **146**, 21–43.

McWilliams, J. C., G. R. Flierl, V. D. Larichev, and G. M. Reznik. 1981. Numerical studies of barotropic modons. *Dyn. Atmos. Oceans*, **5**, 219–238.

McWilliams, J. C., J. B. Weiss, and I. Yavneh. 1994. Anisotropy and coherent vortex structures in planetary turbulence. *Science*, **264**, 410–413.

Mechoso, C. R., A. W. Robertson, N. Barth, M. K. Davey, P. Delecluse, P. R. Gent, S. Ineson, S. B. Kirtman, M. Latif, H. Le Treut, T. Nagal, J. D. Neelin, S.G.H. Philander, J. Polcher, P. S. Schopf, T. Stockdale, M. J. Suarez, L. Terray, O. Thual, and J. J. Tribbia. 1995. The seasonal cycle over the tropical Pacific in coupled ocean-atmosphere general circulation models. *Mon. Wea. Rev.*, **123**, 2825–2838.

Meehl, G. A., G. N. Kiladis, K. M. Weickmann, M. Wheeler, D. S. Gutzler, and G. P. Compo. 1996. Modulation of equatorial subseasonal convective episodes by tropical-extratropical interaction in the Indian and Pacific Ocean regions. *J. Geophys. Res.*, **101**, 15033–15049.

Meehl, Gerald A., Aixue Hu, Julie M. Arblaster, John Fasullo, Kevin E. Trenberth. 2013. Externally forced and internally generated decadal climate variability associated with the interdecadal Pacific oscillation. *J. Climate*, **26**, 7298–7310. doi:http://dx.doi.org/10.1175/JCLI-D-12-00548.1.

Merilees, P. E., and T. Warn, 1972. The resolution implications of geostrophic turbulence. *J. Atmos. Sci.*, **29**, 990–991.

———. 1975. On energy and enstrophy exchanges in two-dimensional non-divergent flow. *J. Fluid Dyn.*, **69**, 625–630.

Miller, R. L., 1997. Tropical thermostats and low cloud cover. *J. Climate*, **10**, 409–440.

Miller, R. L., and X. Jiang. 1996. Surface energy fluxes and coupled variability in the tropics of a coupled general circulation model. *J. Climate*, **9**, 1599–1620.

Mitchell, H. L., and J. Derome. 1983. Blocking-like solutions of the potential vorticity equation: Their stability at equilibrium and growth at resonance. *J. Atmos. Sci.*, **40**, 2522–2536.

Mo, K., J. O. Dickey, and S. L. Marcus. 1997. Interannual fluctuations in atmospheric angular momentum simulated by the National Centers for Environmental Prediction medium range forecast model. *J. Geophys. Res.*, **102**, 6703–6713.

Mooley, D. A., and J. Shukla. 1987. Variability and forecasting of the summer monsoon rainfall over India. In *Monsoon Meteorology*, edited by C.-P. Chang and T. N. Krishnamurti. New York: Oxford University Press, 26–59.

Moorthi, S., and M. J. Suarez. 1992. Relaxed Arakawa-Schubert: A parameterization of moist convection for general circulation models. *Mon. Wea. Rev.*, **120**, 978–76.

Morel, P., ed. 1973. *Dynamic Meteorology*. Boston: D. Reidel, 622 pp.

Moura, A. D., and J. Shukla. 1981. On the dynamics of droughts in northeast Brazil: Observations, theory, and numerical experiments with a general circulation model. *J. Atmos. Sci.*, **38**, 2653–2675.

Mullen, S. L. 1987. Transient eddy forcing of blocking flows. *J. Atmos. Sci.*, **44**, 3–22.

Murakami, T. 1987a. Effects of the Tibetan Plateau. In *Monsoon Meteorology*, edited by C. P. Chang and T. N. Krishnamurti. New York: Oxford University, 235–270.

———. 1987b. Intraseasonal atmospheric teleconnection patterns during the Northern Hemisphere summer. *Mon. Wea. Rev.*, **115**, 2133–2154.

Murakami, T., L. X. Chen, A. Xie, and M. L. Shrestha. 1986. Eastward propagation of 30–60 day perturbations as revealed from outgoing longwave radiation data. *J. Atmos. Sci.*, **43**, 961–971.

Nakajima, K., and T. Matsuno. 1988. Numerical experiments concerning the origin of cloud clusters in the tropical atmosphere. *J. Meteor. Soc. Japan*, **66**, 309–329.

Nakamura, H. 1994. Rotational evolution of potential vorticity associated with a strong blocking flow configuration over Europe. *Geophys. Res. Lett.*, **21**, 2003–2006.

Nakamura, H., M. Nakamura, and J. L. Anderson. 1997. The role of high- and low-frequency dynamics in blocking formation. *Mon. Weather Rev.*, **125**, 2074–2093.

Nakazawa, T. 1986. Intraseasonal variations in OLR in the tropics during the FGGE year. *J. Meteor. Soc. Japan*, **64**, 17–34.

———. 1988. Tropical super clusters within intraseasonal variations over the western Pacific. *J. Meteor. Soc. Japan*, **66**, 823–839.

Nastrom, G. D., and K. S. Gage. 1985. A climatology of aircraft wavenumber spectra observed by commercial aircraft. *J. Atmos. Sci.*, **42**, 950–960.

Naujokat, B. 1986. An update of the observed quasi-biennial oscillation of the stratospheric winds over the tropics. *J. Atmos. Sci.*, **43**, 1873–1877.

Neelin, J. D., Battisti, D. S., Hirst, A. G., Jin, F.-F., Wakata, Y., Yamagata, T., Zebiak, S. E. 1998. ENSO theory, *J. Geophys. Res.*, **103**, 14261–14,290.

Neelin, J. D., and H. A. Dijkstra. 1995. Ocean-atmosphere interaction and the tropical climatology. Part I: The dangers of flux correction. *J. Climate*, **8**, 1325–1342.

Neelin, J. D., and I. M. Held. 1987. Modeling tropical convergence based on the moist static energy budget. *Mon. Wea. Rev.*, **115**, 3–12.

Neelin, J. D., I. M. Held, and K. H. Cook. 1987. Evaporation-wind feedback and low-frequency variability in the tropical atmosphere. *J. Atmos. Sci.*, **44**, 2241–2248.

Neelin, J. D., and F.-F. Jin. 1993. Modes of interannual tropical ocean-atmosphere interaction—a unified view. II: Analytical results in the weak coupling limit. *J. Atmos. Sci.*, **50**, 3504–3533.

Neelin, J. D., F.-F. Jin, and M. Latif. 1994. Dynamics of coupled ocean-atmosphere models: The tropical problem. *Ann. Rev. Fluid Mech.*, **26**, 617–659.

Neelin, J. D., M. Latif, M.A.F. Allaart, M. A. Cane, U. Cubasch, W. L. Gates, P. R. Gent, M. Ghil, C. Gordon, N. C. Lau, C. R. Mechoso, G. A. Meehl, J. M. Oberhuber, S.G.H. Philander, P. S. Schopf, K. R. Sperber, A. Sterl, T. Tokioka, J. Tribbia, and S. E. Zebiak. 1992. Tropical air-sea interaction in general circulation models. *Clim. Dyn.*, **7**, 73–104.

Neelin, J. D., and J.-Y. Yu. 1994. Modes of tropical variability under convective adjustment and the Madden-Julian oscillation. Part I: Analytical theory. *J. Atmos. Sci.*, **51**, 1876–1894.

Newell, R. E. 1963. Transfer through the tropopause and within the stratosphere. *Quart. J. Roy. Meteor. Soc.*, **89**, 167–204. doi:10.1002/qj.49708938002.

Newell, R. E., J. W. Kidson, D. G. Vincent and G. J. Boer. 1975. *The General Circulation of the Tropical Atmosphere*, vol. 2. Cambridge, MA: The MIT Press, 371 pp.

Newell, R. E., Y. Zhu, E. V. Browell, W. G. Read, J. W. Waters. 1996. Walker circulation and tropical upper tropospheric water vapor. *J. Geophys. Res.*, **101**, D1, 1961–1974.

Newman, P. A., and E. R. Nash. 2005. The unusual Southern Hemisphere stratosphere winter of 2002. *J. Atmos. Sci.*, **62**, 614–628. doi:http://dx.doi.org/10.1175/JAS-3323.1.

Newton, C. W. 1971. Mountain torques in the global angular momentum balance. *J. Atmos. Sci.*, **28**, 623–628.

———. 1972. Southern Hemisphere general circulation in relation to global energy and momentum balance requirements. *Meteor. Monogr.*, **35**, 215–246.

Nieto Ferreira, R. 1994. On the dynamics of the formation of multiple tropical disturbances. Atmospheric Science Paper No. 559, Dept. of Atmospheric Science, Colorado State University.

Niiler, P. P. 1975. Deepening of the wind-mixed layer. *J. Marine Res.*, **33**, 405–422.

Niiler, P. P., and E. B. Kraus. 1977. One-dimensional models of the upper ocean. In *Modelling and Prediction of the Upper Layers of the Ocean*, edited by E. B. Kraus. New York: Pergamon Press, 143–172.

Nitta, T. 1975. Observational determination of cloud mass flux distributions. *J. Atmos. Sci.*, **32**, 73–91.

Norris, J. R., and C. B. Leovy. 1994. Interannual variability in stratiform cloudiness and sea surface temperature. *J. Climate*, **7**, 1915–1925.

North, G. R., T. L. Bell, and R. F. Cahalan. 1982. Sampling errors in the estimation of empirical orthogonal function. *Mon. Wea. Rev.*, **110**, 669–706.

O'Gorman, P., and T. Schneider. 2008. The hydrological cycle over a wide range of climates simulated with an idealized GCM. *J. Atmos. Sci.*, **65**, 524–535.

O'Kane, T. J., J. S. Risbey, C. Franzke, I. Horenko, and D. P. Monselesan. 2013. Changes in the metastability of the midlatitude Southern Hemisphere circulation and the utility of nonstationary cluster analysis and split-flow blocking indices as diagnostic tools. *J. Atmos. Sci.*, **70**, 824–842. doi:http://dx.doi.org/10.1175/JAS-D-12-028.1.

Ohmura, H. and Ozuma, A. 1997. Thermodynamics of a global-mean state of the atmosphere: A state of maximum entropy increase. *J. Climate*, **10**, 441–445.

Oort, A. H. 1983. Global atmospheric circulation statistics, 1958–1973. *NOAA Prof. Paper* 14, 180 pp.

——. 1985. Balance conditions in the Earth's climate system. *Adv. in Geophys.*, **28A**, 75–98.

——. 1989. Angular momentum cycle in the atmosphere-ocean-solid earth system. *Bull. Amer. Meteor. Soc.*, **70**, 1231–1242.

Oort, A. H., and E. M. Rasmusson. 1971. Atmospheric circulation statistics. NOAA Prof. Paper, no. 5, U. S. Dept. of Commerce, Washington, DC, 323 pp.

Oort, A. H., and T. H. VonderHaar. 1976. On the observed annual cycle in the ocean-atmosphere heat balance over the Northern Hemisphere. *J. Phys. Oceanogr.*, **6**, 781–800.

Oort, A. H., and J. J. Yienger. 1996. Observed interannual variability in the Hadley circulation and its connection to ENSO. *J. Climate*, **9**, 2751–2767.

Ooyama, K. 1971. A theory on parameterization of cumulus convection. Special issue, *J. Meteor. Soc. Japan*, **49**, 744–756.

Orton, G. S., et al. 1991. Thermal maps of Jupiter: Spatial organization and time-dependence of stratospheric temperatures, 1980 to 1990. *Science*, **252**, 537–542.

Orton, G. S., A. J. Friedson, P. A. Yanamandra-Fisher, J. Caldwell, H. B. Hammel, K. H. Baines, J. T. Bergstrahl, T. Z. Martin, R. A. West, G. J. Veeder Jr., D. K. Lynch, R. Russell, M. E. Malcom, W. F. Golisch, D. M. Griep, C. D. Kaminski, A. T. Tokunaga, T. Herbst, and M. Shure. 1994. Spatial organization and time dependence of Jupiter's tropospheric temperatures, 1980–1993. *Science*, **265**, 625–631.

Paldor, N., and P. D. Killworth. 1988. Inertial trajectories on a rotating earth. *J. Atmos. Sci.*, **45**, 4013–4019.

Palmén, E., and C. W. Newton. 1969. *Atmospheric Circulation Systems*. New York: Academic Press, 603 pp.

Palmer, T. N. 1993. Extended range atmospheric prediction and the Lorenz model. *Bull. Amer. Meteor. Soc.*, **74**, 49–65.

——. 1999. A nonlinear dynamical perspective on climate prediction. *J. Climate*, **12**, 575–591.

Palmer, T. N., and D.L.T. Anderson. 1994. The prospects for seasonal forecasting: a review paper. *Quart. J. Roy. Meteor. Soc.*, **120**, 755–793.

Paltridge, G. W. 1975. Global dynamics and climate change: A system of minimum entropy exchange. *Quart. J. Roy. Meteor. Soc.*, **101**, 475–484.

Pan, D.-M., and D. A. Randall. 1998. A cumulus parameterization with a prognostic closure. *Quart. J. Roy. Meteor. Soc.*, **124**, 949–981.

Pan, H.-L., and W.-S. Wu. 1995. Implementing a mass flux convection parameterization package for the NMC medium-range forecast model. *NMC Office Note*, no. 409, 40 pp. (Available from the U. S. National Center for Environmental Prediction, 5200 Auth Road, Washington, DC 20233).

Pauluis, Olivier, Arnaud Czaja, Robert Korty. 2010. The global atmospheric circulation in moist isentropic coordinates. *J. Climate*, **23**, 3077–3093. doi:http://dx.doi.org/10.1175/2009 JCLI2789.1.

Pauluis, O. M., and A. A. Mrowiec. 2013. Isentropic analysis of convective motions. *J. Atmos. Sci.*, **70**, 3673–3688. doi:http://dx.doi.org/10.1175/JAS-D-12-0205.1.

Peixóto, J. P. 1965. On the role of water vapor in the energetics of the general circulation of the atmosphere. *Portugalie Physica*, **4**, 135–170.

———. 1970. Water vapor balance of the atmosphere from five years of hemispheric data. *Nordic Hydrology*, **2**, 120–138.

Peixóto, J. P., and A. H. Oort. 1983. The atmospheric branch of the hydrological cycle and climate. In *Variations in the Global Water Budget*, edited by A. Street-Perrott et al. Boston: D. Reidel, 5–65.

———. 1992. *Physics of Climate.* New York: Springer-Verlag and American Institute of Physics, 520 pp.

Pennell, S. A., and K. L. Seitter. 1990. On inertial motion on a rotating sphere. *J. Atmos. Sci.*, **47**, 2032–2034.

Philander, S. G. 1990. *El Niño, La Niña, and the Southern Oscillation.* New York: Academic Press, 293 pp.

Philander, S.G.H., D. Gu, D. Halpern, G. Lambert, N.-C. Lau, T. Li, and R. Pacanowski. 1996. Why the ITCZ is mostly north of the equator. J. *Climate*, **9**, 2958–2972.

Philander, S.G.H., W. Hurlin, A. D. Siegal. 1987. A model of the seasonal cycle in the tropical Pacific ocean. *J. Phys. Oceanogr.*, **17**, 1986–2002.

Philander, S.G.H., R. C. Pacanowski, M.-C. Lau, and M. J. Nath. 1992. Simulation of ENSO with a global atmospheric GCM coupled to a high-resolution tropical Pacific Ocean GCM. *J. Climate*, **5**, 308–329.

Philander, S.G.H., T. Yamagata, and R. C. Pacanowski. 1984. Unstable air-sea interactions in the tropics. *J. Atmos. Sci.*, **41**, 604–613.

Phillips, N. A. 1966. The equations of motion for a shallow rotating atmosphere and the "traditional approximation." *J. Atmos. Sci.*, **23**, 626–628.

Pierrehumbert, R. T. 1995. Thermostats, radiator fins, and the local runaway greenhouse. *J. Atmos. Sci.*, **52**, 1784–1806.

Pierrehumbert, R. T., and P. Malguzzi. 1984. Forced coherent structures and local multiple equilibria in a barotropic atmosphere. *J. Atmos. Sci.*, **41**, 246–257.

Platzman, G. W. 1960. The spectral form of the vorticity equation. *J. Meteor.*, **17**, 635–644.

Plumb, R. A. 1984. The quasi-biennial oscillation. In *Dynamics of the Middle Atmosphere*, edited by J. R. Holton and T. Matsuno. Boston: D. Reidel, 217–251.

Plumb, R. A. and D. McEwan, 1978. The instability of a forced standing wave in a viscous stratified fluid: A laboratory analogue of the quasi-biennial oscillation. *J. Atmos. Sci.*, **35**, 1827–1839.

Poincaré, H. 1912. *Science et Méthode.* Paris: Flammarion. English translation: *Science and Method.* South Bend, IN: St. Augustine's Press, 288 pp.

Ponte, R. M., D. Stammer, and J. Marshall. 1998. Oceanic signals in observed motions of the Earth's pole of rotation. *Nature*, **391**, 476–479.

Previdi, M., and B. G. Liepert. 2007. Annular modes and Hadley cell expansion under global warming. *Geophys. Res. Lett.*, **34**, L22701, doi:10.1029/ 2007GL031243.

Pritchard, M. S., and Christopher S. Bretherton. 2014. Causal evidence that rotational moisture advection is critical to the superparameterized Madden–Julian Oscillation. *J. Atmos. Sci.*, **71**, 800–815. doi:http://dx.doi.org/10.1175/JAS-D-13-0119.1.

Provenzale, A., A. Babiano, A. Bracco, C. Pasquero, and J. B. Weiss. 2008. Coherent vortices and tracer transport. In *Transport and Mixing in Geophysical Flows*, vol. 744 in *Lecture Notes in Physics*, edited by Jeffrey B. Weiss and Antonello Provenzale. Berlin: Springer-Verlag.

Quiroz, R. S. 1986. The association of stratospheric warmings with tropospheric blocking. *J. Geophys. Res.*, **91**, 1723–1736.

Ramanathan, V., R. D. Cess, E. F. Harrison, P. Minnis, B. R. Barkstrom, E. Ahmad, and D. Hartmann. 1989. Cloud-radiative forcing and climate: Results from the Earth Radiation Budget Experiment. *Science*, **243**, 57–63.

Ramanathan, V., and J. A. Coakley, Jr. 1978. Climate modeling through radiative-convective models. *Rev. Geophys. Space Phys.*, **6**, 465–489.

Ramanathan, V., and W. Collins. 1991. Thermodynamic regulation of ocean warming by cirrus clouds deduced from observations of the 1987 El Niño. *Nature*, **351**, 27–32.

Randall, D. A. 1984. Buoyant production and consumption of turbulence kinetic energy in cloud-topped mixed layers. *J. Atmos. Sci.*, **41**, 402–413.

———. 2013. Beyond deadlock. *Geophys. Res. Lett.*, **40**, 1–7, doi:10.1002/2013GL057998.

Randall, D. A., J. A. Abeles, and T. G. Corsetti. 1985. Seasonal simulations of the planetary boundary layer and boundary-layer stratocumulus clouds with a general circulation model. J. Atmos. Sci., **42**, 641–676.

Randall, D. A., Curry, D. Battisti, G. Flato, R. Grumbine, S. Hakkinen, D. Martinson, R. Preller, J. Walsh, and J. Weatherly. 1998. Status of and outlook for large-scale modeling of atmosphere-ice-ocean interactions in the Arctic. *Bull. Amer. Meteor. Soc.*, **79**, 197–219.

Randall, D. A., P. Ding, and D.-M. Pan. 1997. The Arakawa-Schubert parameterization. In *The Physics and Parameterization of Moist Atmospheric Convection*, edited by R. K. Smith. Dordrecht: Kluwer Academic, 281–296.

Randall, D. A., Harshvardhan, and D. A. Dazlich. 1991. Diurnal variability of the hydrologic cycle in a general circulation model. *J. Atmos. Sci.*, **48**, 40–62.

Randall, D. A., Harshvardhan, D. A. Dazlich, and T. G. Corsetti, 1989. Interactions among radiation, convection, and large scale dynamics in a general circulation model. *J. Atmos. Sci.*, **46**, 1943–1970.

Randall, D. A., M. Khairoutdinov, A. Arakawa, and W. Grabowski. 2003. Breaking the cloud-parameterization deadlock. *Bull. Amer. Meteor. Soc.*, **84**, 1547–1564.

Randall, D. A., and D.-M. Pan. 1993. Implementation of the Arakawa-Schubert parameterization with a prognostic closure. In *The Representation of Cumulus Convection in Numerical Models*, edited by K. Emanuel and D. Raymond. *Meteor. Monogr.*, **24** (46), 1–246.

Randall, D. A., D.-M. Pan, and P. Ding. 1997. Quasi-equilibrium. In *The Physics and Parameterization of Moist Atmospheric Convection*, edited by R. K. Smith. Dordrecht: Kluwer Academic, 359–385.

Randall, D. A., and M. J. Suarez. 1984. On the dynamics of stratocumulus formation and dissipation. *J. Atmos. Sci.*, **41**, 3052–3057.

Randall, D. A., and J. Wang. 1992. The moist available energy of a conditionally unstable atmosphere. *J. Atmos. Sci.*, **49**, 240–255.

323

Randall, D. A., K.-M. Xu, R. J. C. Somerville, and S. Iacobellis. 1996. Single-column models and cloud ensemble models as links between observations and climate models. *J. Climate*, **9**, 1683–1697.

Randel, W. J., F. Wu, and D. J. Gaffen. 2000. Interannual variability of the tropical tropopause from radiosonde data and NCEP reanalyses. *J. Geophys. Res.*, **105**, 15509.

Rao, Y. P. 1976. Southwest monsoon. *Monograph 1/76*, India Meteorological Department, Pune, India.

Rasmusson, E. M. 1987. Tropical Pacific variations. *Nature*, **327**, 192.

Rasmusson, E. M., and T. H. Carpenter. 1983. The relationship between eastern equatorial Pacific sea surface temperatures and rainfall over India and Sri Lanka. *Mon. Wea. Rev.*, **111**, 517–528.

Rasmusson, E. M., and J. M. Hall. 1983. El Niño, the great equatorial Pacific Ocean warming event of 1982–1983. *Weatherwise*, **36**, 166–175.

Raval, A., and V. Ramanathan. 1989. Observational determination of the greenhouse effect. *Nature*, **342**, 758–761.

Raymond, D. J. 2000. The Hadley circulation as a radiative-convective instability. *J. Atmos. Sci.*, **57**, 1286–1297.

——. 2001. A new model of the Madden-Julian oscillation. *J. Atmos. Sci.*, **58**, 2807–2819.

Raymond, D. J., and A. M. Blyth. 1986. A stochastic mixing model for non-precipitating cumulus clouds. *J. Atmos. Sci.*, **43**, 2708–2718.

Reynolds, R. W., and T. M. Smith. 1994. Improved global sea surface temperature analyses using optimum interpolation. *J. Climate*, **7**, 929–948.

Reed, R. J. 1966. The present status of the 26-month oscillation. *Bull. Amer. Meteor. Soc.*, **46**, 374–387.

Reed, R. J., and M. J. Oard. 1969. A comparison of observed and theoretical diurnal tidal motions between 30 and 60 kilometers. *Mon. Wea. Rev.*, **97**, 456–459.

Ren, H.-L., F.-F. Jin, J.-S. Kug, J.-X. Zhao, and J. Park, 2009. A kinematic mechanism for positive feedback between synoptic eddies and NAO. *Geophys. Res. Lett.*, **36**, L11709, doi:10.1029/2009GL037294.

Rennó, N. O., K. A. Emanuel, and P. H. Stone. 1994. Radiative-convective model with an explicit hydrologic cycle, 1, Formulation and sensitivity to model parameters. *J. Geophys. Res.*, **99**, 14429–14442.

Rex, D. F. 1950a. Blocking action in the middle troposphere and its effect upon regional climate. Part I: An aerological study of blocking action. *Tellus*, **2**, 196–211.

——. 1950b. The effect of Atlantic blocking action upon European climate. *Tellus*, **3**, 199–212.

Rhines, P. 1975. Waves and turbulence on a b-plane. *J. Fluid Mech.*, **69**, 417–443.

Riehl, H., and J. S. Malkus. 1958. On the heat balance in the equatorial trough zone. *Geophysica*, **6**, 503–537.

Ringler, T. D., D. Jacobsen, M. Gunzburger, L. Ju, M. Duda, and W. Skamarock. 2011. Exploring a multiresolution modeling approach within the shallow-water equations. *Mon. Wea. Rev.*, **139**, 3348–3368. doi:10.1175/MWR-D-10-05049.1.

Robinson, T. D., and D. C. Catling. 2013. Common 0.1 bar tropopause in thick atmospheres set by pressure-dependent infrared transparency. *Nat. Geosci.*, **7**, 12–15. doi:10.1038/ngeo2020.

Roebber, P. J. 2009. Planetary waves, cyclogenesis, and the irregular breakdown of zonal motion over the North Atlantic. *Mon. Wea. Rev.*, **137**, 3907–3917. doi:http://dx.doi.org/10.1175/2009MWR3025.1.

Rogers, J. C., and Harry Van Loon. 1982. Spatial variability of sea level pressure and 500 m height anomalies over the Southern Hemisphere. *Mon. Wea. Rev.*, **110**, 1375–1392.

Romps, D. M. 2012. Weak pressure gradient approximation and its analytical solutions. *J. Atmos. Sci.*, **69**, 2835–2845.

Rosen, R. D., D. A. Salstein, T. M. Eubanks, J. O. Dickey, and J. A. Steppe. 1984. An El Niño signal in atmospheric angular momentum and Earth rotation. *Science*, **225**, 411–414.

Rosenlof, K. H. 1986. Walker circulation with observed zonal winds, a mean Hadley cell, and cumulus friction. *J. Atmos. Sci.*, **43**, 449–467.

Rossby, C. G. 1939. Relations between variations in the intensity of the zonal circulation and the displacements of the semi-permanent centers of action. *J. Mar. Res.*, **2**, 38–55.

———. 1941. The scientific basis of modern meteorology. In *Climate and Man*. Yearbook of Agriculture. Washington, DC: U.S. Government Printing Office, 599–655.

———. 1947. On the distribution of angular velocity in gaseous envelopes under the influence of large-scale horizontal mixing processes. *Bull. Amer. Meteor. Soc.*, **28**, 53–68.

Robinson, W. A. 1991. The dynamics of low-frequency variability in a simple model of the global atmosphere. *J. Atmos. Sci.*, **48**, 429–441.

Rueda, V.O.M. 1991. Tropical-extratropical atmospheric interactions. Ph.D. thesis, University of California, Los Angeles.

Rutledge, S. A., and R. A. Houze, Jr. 1987. A diagnostic modeling study of the trailing stratiform region of a midlatitude squall line. *J. Atmos. Sci.*, **44**, 2640–2656.

Sadourny, R., and C. Basdevant. 1985. Parameterization of subgrid scale barotropic and baroclinic eddies in quasi-geostrophic models: Anticipated potential vorticity method. *J. Atmos. Sci.*, **42**, 1353–1363.

Sakai, K., and W. R. Peltier. 1997. Dansgaard-Oeschger oscillations in a coupled atmosphere-ocean climate model. *J. Climate*, **10**, 949–970.

Salathé, E. P., Jr., and D. L. Hartmann. 1997. A trajectory analysis of tropical upper-tropospheric moisture and convection. *J. Climate*, **10**, 2533–2547.

Salby, M. L., and R. R. Garcia. 1987. Transient response to localized episodic heating in the tropics. Part I: Excitation and short-time near-field behavior. *J. Atm. Sci.*, **44**, 458–498.

Salby, M. L., R. R. Garcia, and H. Hendon. 1994. Planetary-scale circulations in the presence of climatological and wave-induced heating. *J. Atmos. Sci.*, **51**, 2344–2367.

Saltzman, B. 1970. Large-scale atmospheric energetics in the wavenumber domain. *Rev. Geophys. Space Phys.*, **8**, 289–302.

Santer, B. D., R. Sausen, T. M. L. Wigley, J. S. Boyle, K. AchutaRao, C. Doutriaux, J. E. Hansen, G. A. Meehl, E. Roeckner, R. Ruedy, G. Schmidt, and K. E. Taylor. 2003. Behavior of tropopause height and atmospheric temperature in models, reanalyses, and observations: Decadal changes. *J. Geophys. Res.*, **108**, 4002. doi:10.1029/2002JD002258.

Saravanan, R. 1990. Mechanisms of equatorial superrotation: Studies with two-level models. Ph.D. thesis, Princeton University.

Sasamori, T. 1982. Stability of the Walker circulation. *J. Atmos. Sci.*, **39**, 518–527.

Satoh, M., and Y.-Y. Hayashi. 1992. Simple cumulus models in one-dimensional radiative convective equilibrium problems. *J. Atmos. Sci.*, **49**, 1202–1220

Saunders, P. M., and B. A. King. 1995. Oceanic fluxes on the WOCE A11 section. *J. Phys. Oceanogr.*, 25, 1942–1958.

Savijärvi, H. I. 1988. Global energy and moisture budgets from rawinsonde data. *Mon. Wea. Rev.*, **116**, 417–430.

Sawyer, J. S. 1949. The significance of dynamic instability in atmospheric motions. *Quart. J. Roy. Meteor. Soc.*, **75**, 364–374.

———. 1965. The dynamical problems of the lower stratosphere. *Quart. J. Roy. Meteor. Soc.*, **91**, 407–416.

Scherhag, R. 1952. Die explosionsartigen Stratosphärenerwärmungen des Spätwinters 1951/52. *Ber. Deutsch. Wetterdienst* **38**, 51–63.

———. 1960. Stratospheric temperature changes and the associated changes in pressure distribution. *J. Meteor.*, **17**, 575–582.

Schey, H. M. 2004. *Div, Grad, Curl, and All That: An Informal Text on Vector Calculus*, 4th ed. New York: W. W. Norton, 163 pp.

Schilling, H.-D. 1982. A numerical investigation of the dynamics of blocking waves in a simple two-level model. *J. Atmos. Sci.*, **39**, 998–1017.

Schmidt, T., J. Wickert, G. Beyerle, and S. Heise. 2008. Global tropopause height trends estimated from GPS radio occultation data. *Geophys. Res. Lett.*, **35**, L11806, doi:10.1029/2008 GL034012.

Schneider, E. K. 1977. Axially symmetric steady-state models of the basic state for instability and climate studies. Part II: Nonlinear calculations. *J. Atmos. Sci.*, **34**, 280–296.

Schneider, E. K., and R. S. Lindzen. 1977. Axially symmetric steady-state models of the basic state for instability and climate studies. Part I: Linearized calculations. *J. Atmos. Sci.*, **34**, 263–279.

Schneider, T. 2006. The general circulation of the atmosphere. *Ann. Rev. Earth Planet. Sci.*, **34**, 655–688.

Schneider, T., and A. H. Sobel, eds. 2007. *The Global Circulation of the Atmosphere*. Princeton, NJ: Princeton University Press, 385 pp.

Schoeberl, M. R. 1978. Stratospheric warmings: Observations and theory. *Rev. Geophys.*, **16**, 5221–538.

Schopf, P. S., and M. J. Suarez. 1988. Vacillations in a coupled ocean-atmosphere model. *J. Atmos. Sci.*, **45**, 549–566.

Schubert, J. J., B. Stevens, and T. Crueger. 2013. The Madden-Julian oscillation as simulated by the MPI Earth System Model: Over the last and into the next millennium. *J. Adv. Model. Earth Syst.*, **5**, 71–84.

Schubert, W. H. 1976. Experiments with Lilly's cloud-topped mixed layer model. *J. Atmos. Sci.*, **33**, 436–446.

Schubert, W. H., Paul E. Ciesielski, C. Lu, and R. H. Johnson. 1995. Dynamical adjustment of the trade wind inversion layer. *J. Atmos. Sci.*, **52**, 2941–2952.

Schubert, W. H., and M. T. Masarik. 2006. Potential vorticity aspects of the MJO. *Dyn. Atmos. Oceans*, **42**, 127–151.

Schubert, W. H., J. S. Wakefield, E. J. Steiner, and S. K. Cox. 1979. Marine stratocumulus convection. Part I: Governing equations and horizontally homogeneous solutions. *J. Atmos. Sci.*, **36**, 1286–1307.

———. 1979. Marine stratocumulus convection. Part II: Horizontally inhomogeneous solutions. *J. Atmos. Sci.*, **36**, 1308–1324.

Schulman, L. L. 1973. On the summer hemisphere Hadley cell. *Quart. J. Roy. Meteor. Soc.*, **99**, 197–201.

Sclater, J. G., C. Jaupart, and D. Galson. 1980. The heat flow through oceanic and continental crust and the heat loss of the Earth. *Rev. Geophys. Space Phys.*, **18**, 269–311.

Screen, J. A., C. Deser, and I. Simmonds. 2012. Local and remote controls on observed Arctic warming. *Geophys. Res. Lett.*, **39**, L10709, doi:10.1029/2012GL051598.

Seager, R., and R. Murtugude. 1997. Ocean dynamics, thermocline adjustment and regulation of tropical SST. *J. Climate*, **10**, 521–534.

Seidel, D. J., Q. Fu, W. J. Randel, and T. J. Reichler. 2008. Widening of the tropical belt in a changing climate. *Nat. Geosci.*, **1**, 21–24. doi:10.1038/ngeo2007.38.

Seidel, D. J., and W. J. Randel. 2006. Variability and trends in the global tropopause estimated from radiosonde data. *J. Geophys. Res.*, **111**, D21101. doi:10.1029/2006JD007363.

———. 2007. Recent widening of the tropical belt: Evidence from tropopause observations. *J. Geophys. Res.*, **112**, D20113. doi:10.1029/2007JD008861.

Seidel, D. J., R. J. Ross, J. K. Angell, and G. C. Reid. 2001. Climatological characteristics of the tropical tropopause as revealed by radiosondes. J. Geophys. Res. **106**, 7857. doi:10.1029/2000JD900837.

Seitter, K. L., and H.-L. Kuo. 1983. The dynamical structure of squall-line type thunderstorms. *J. Atmos. Sci.*, **40**, 2831–2854. doi:

Sellers, P. J., R. E. Dickinson, D. A. Randall, A. K. Betts, F. G. Hall, J. A. Berry, C. J. Collatz, A. S. Denning, H. A. Mooney, C. A. Nobre, and N. Sato. 1997. Modeling the exchanges of energy, water, and carbon between the continents and the atmosphere. *Science*, **275**, 502–509.

Sherwood, S. C. 1996. Maintenance of the free-tropospheric tropical water vapor distribution. Part I: Clear regime budget. J. Climate, **9**, 2903–2918.

———. 1999: Convective precursors and predictability in the tropical western Pacific. *Mon. Wea. Rev.*, **127**, 2977–2991.

Shinoda, T., H. H. Hendon, and J. Glick. 1998. Intraseasonal variability of surface fluxes and sea surface temperature in the tropical western Pacific and Indian Oceans. *J. Climate*, **11**, 1685–1702.

Showman, A., and L. Polvani. 2010. The Matsuno-Gill model and equatorial superrotation. *Geophys. Res. Lett.*, **37**, L18811.

Shukla, J. 1981. Dynamical predictability of monthly means. *J. Atmos. Sci.*, **38**, 2547–2572.

———. 1985. Predictability. *Adv. Geophys.*, **28B**, 87–122.

Shukla, J., and D. A. Paolino. 1983. The Southern Oscillation and long-range forecasting of the summer monsoon rainfall over India. *Mon. Wea. Rev.*, **111**, 1830–1837.

Shutts, G. J. 1983. The propagation of eddies in diffluent jet-streams: Eddy vorticity forcing of "blocking" flow fields. *Quart. J. Roy. Meteor. Soc.*, **109**, 737–761.

———. 1986. A case study of eddy forcing during an Atlantic blocking episode. *Adv. Geophys.*, **29**, 135–162.

Sikka, D. R., and S. Gadgil. 1980. On the maximum cloud zone and the ITCZ over Indian longitudes during the southwest monsoon. *Mon. Wea. Rev.*, **108**, 1840–1853.

Simmons, A., M. Hortal, G. Kelly, A. McNally, A. Untch, and S. Uppala. 2005. ECMWF analyses and forecasts of stratospheric winter polar vortex breakup: September 2002 in the Southern Hemisphere and related events. *J. Atmos. Sci.*, **62**, 668–689. doi:http://dx.doi.org/10.1175/JAS-3322.1.

Simmons, A. J., and B. J. Hoskins. 1978. The life cycles of some nonlinear baroclinic waves. *J. Atmos. Sci.*, **35**, 414–431.

Sjoberg, J. P., T. Birner. 2012. Transient tropospheric forcing of sudden stratospheric warmings. *J. Atmos. Sci.*, **69**, 3420–3432.

Slingo, J. M., K. R. Sperber, J. S. Boyle, J.-P. Ceron, M. Dix, B. Dugas, W. Ebisuzaki, J. Fyfe, D. Gregory, J.-F. Gueremy, J. Hack, A. Harzallah, P. Inness, A. Kitoh, W. K.-M. Lau, B. McAvaney, R. Madden, A. Matthews, T. N. Palmer, C.-K. Park, D. A. Randall, and N. Renno. 1996. Intraseasonal oscillations in 15 atmospheric general circulation models: Results from an AMIP diagnostic subproject. *Climate Dyn.*, **12**, 325–357.

Smith, R. K., ed. 1998. *The Physics and Parameterization of Moist Atmospheric Convection.* Dordrecht: Kluwer Academic.

Sobel, A. H., J. Nilsson, and L. M. Polvani. 2001. The weak temperature gradient approximation and balanced tropical moisture waves. *J. Atmos. Sci.*, **58**, 3650–3665.

Sobel, A., and E. Maloney, 2012: An idealized semi-empirical framework for modeling the Madden–Julian oscillation. *J. Atmos. Sci.*, **69**, 1691–1705.

Sobel, A., and E. Maloney, 2013: Moisture modes and the eastward propagation of the MJO. *J. Atmos. Sci.*, **70**, 187-192. doi: http://dx.doi.org/10.1175/JAS-D-12-0189.1.

Soden, B. J., and I. M. Held. 2006. An assessment of climate feedbacks in coupled ocean-atmosphere models. *J. Climate*, **19**, 3354–3360. doi:http://dx.doi.org/10.1175/JCLI3799.1.

Solberg, P. H. 1936. Le mouvement d'inertie de l'atmosphère stable et son role dans la theorie des cyclones. In *Proces Verbaux de l'Association de Météorologie*, International Union of Geodesy and Geophysics, 6th General Assembly, Edinburgh, **2**, 66–82.

Spence, T. W., and D. Fultz. 1977. Experiments on wave-transition spectra and vacillation in an open rotating cylinder. *J. Atmos. Sci.*, **34**, 1261–1285.

Speranza, A. 1986. Deterministic and statistic properties of Northern Hemisphere, middle latitude circulation: Minimal theoretical models. *Adv. in Geophys.*, **29**, 199–225

Sohn, B.-J. 1994. Temperature-moisture biases in ECMWF analyses based on clear sky longwave simulations constrained by SSMI and MSU measurements and comparisons to ERBE estimates. *J. Climate*, 7, 1707–1718.

Son, S.W., L. M. Polvani, E. W. Waugh, T. Birner, H. Akiyoshi, R. R. Garcia, A. Gettelman, D. A. Plummer, and E. Rozanov. 2009. The impact of stratospheric ozone recovery on tropopause height trends. *J. Climate*, **22**, 429–445. doi:http://dx.doi.org/10.1175/2008JCLI2215.1.

Soong, S.-T., and W.-K. Tao. 1980. Response of deep tropical cumulus clouds to mesoscale processes. *J. Atmos. Sci.*, **37**, 2016–2034.

Stacey, F. D., and P. M. Davis. 2008. *Physics of the Earth*. Cambridge: Cambridge University Press, 532 pp.

Stan, C., and D. A. Randall. 2007. Potential vorticity as a meridional coordinate. *J. Atmos. Sci.*, **64**, 621–633.

Starr, V. P. 1948. An essay on the general circulation of the Earth's atmosphere. *J. Meteor.*, **5**, 39–43.

Stephens, G. L., and D. O'Brien, 1993. Entropy and climate, I: ERBE observations of the entropy production of the earth. *Quart. J. Roy. Meteor. Soc.*, **119**, 1212–152.

Stern, W., and K. Miyakoda. 1995. Feasibility of seasonal forecasts inferred from multiple GCM simulations. *J. Climate*, **8**, 1071–1085.

Stockdale, T. N., D.L.T. Anderson, J.O.S. Alves, and M. A. Balmaseda. 1998. Global seasonal rainfall forecasts using a coupled ocean-atmosphere model. *Nature*, **392**, 370–373.

Stommel, H. 1961. Thermohaline convection with two stable regimes of flow. *Tellus*, **13**, 224–230.

Stone, P. H. 1972. A simplified radiative-dynamical model for the static stability of rotating atmospheres. *J. Atmos. Sci.*, **29**, 405–418.

———. 1973. The effects of large-scale eddies on climatic change. *J. Atmos. Sci.*, **30**, 521–529.

———. 1978. Constraints on dynamical transports of energy on a spherical planet. *Dyn. Atmos. Oceans*, **2**, 123–139.

Stone, P. H., and R. M. Chervin. 1984. Influence of ocean surface temperature gradient and continentality on the Walker circulation. Pt. 2: Prescribed global changes. *Mon. Wea. Rev.*, **112**, 1524–1534.

Strong, C., and R. E. Davis. 2007. Winter jet stream trends over the Northern Hemisphere. *Quart. J. Roy. Meteor. Soc.*, **133**, 2109–2115.

Stroeve, J. C., T. Markus, L. Voisvert, J. Miller, and A. Barrett. 2014. Changes in Arctic melt season and implications for sea ice loss. *Geophys. Res. Lett.*, **41**, 1216–1225. doi:10.1002/2013 GL058951.

Strutt, J. W. ("Lord Rayleigh"). 1916. On the dynamics of revolving fluids. *Proc. Roy. Soc.*, **A93**, 447–453.

Stull, R. B. 1988. *An Introduction to Boundary Layer Meteorology.* Dordrecht: Kluwer Academic, 666 pp.

Suarez, M., A. Arakawa, and D. A. Randall. 1983. Parameterization of the planetary boundary layer in the UCLA general circulation model: Formulation and results. *Mon. Wea. Rev.,* **111**, 2224–2243.

Suarez, M., and D. Duffy. 1992. Terrestrial superrotation: a bifurcation of the general circulation. *J. Atmos. Sci.,* **49**, 1541–1554.

Suarez, M. J., and P. S. Schopf. 1988. A delayed action oscillator for ENSO. *J. Atmos. Sci.,* **45**, 3283–3287.

Sugiyama, M. 2009. The moisture mode in the quasi-equilibrium tropical circulation model. Part I: Analysis based on the weak temperature gradient approximation. *J. Atmos. Sci.,* **66**, 1507–1523, doi:10.1175/2008JAS2690.1.

Sui, C.-H., and K.-M. Lau. 1992. Multiscale phenomena in the tropical atmosphere over the western Pacific. *Mon. Wea. Rev.,* **120**, 407–430.

Sun, D. Z. 1997. El Nino: A coupled response to radiative heating? *Geophys. Res. Lett.,* **24**, 2031–2034.

Sun, D.-Z., and R. S. Lindzen. 1994. A PV view of the zonal mean distribution of temperature and wind in the extratropical troposphere. *J. Atmos. Sci.,* **51**, 757–772.

Sun, D.-Z., and Z. Liu. 1996. Dynamic ocean-atmosphere coupling: A thermostat for the tropics. *Science,* **272**, 1148–1150.

Swanson, K. 2001. Blocking as a local instability to zonally varying flows. *Quart. J. Roy. Meteor. Soc.,* **127**, 1–15.

Takahashi, M. 1996. Simulation of the stratospheric quasi-biennial oscillation using a general circulation model. *Geophys. Res. Lett.,* **23**, 661–664.

Takahashi, M., and M. Shiobara. 1995. A note on a QBO-like oscillation in a 1/5 sector three-dimensional model derived from a GCM. *J. Meteor. Soc. Japan,* **73**, 131–137.

Taylor, E. S. 1974. *Dimensional Analysis for Engineers.* Oxford: Clarendon Press, 162 pp.

Taylor, G. I. 1950a. The formation of a blast wave by a very intense explosion. I: Theoretical discussion. *Proc. Roy. Soc. A,* **201**, 159–174.

———. 1950b. The formation of a blast wave by a very intense explosion. II: The atomic explosion of 1945. *Proc. Roy. Soc. A,* **201**, 175–186.

Thayer-Calder, K., and D. A. Randall, 2009: The Role of Convective Moistening in the Formation and Progression of the MJO. *J. Climate,* **66**, 3297–3312.

Thomas, R. A., and P. J. Webster. 1997. The role of inertial instability in determining the location and strength of near-equatorial convection. *Quart. J. Roy. Meteor. Soc.,* **123**, 1445–1482.

Thompson, D.W.J., M. P. Baldwin, and S. Solomon. 2005. Stratosphere-troposphere coupling in the Southern Hemisphere. *J. Atmos. Sci.,* **62**, 708–715. doi:http://dx.doi.org/10.1175/JAS-3321.1.

Thompson, D.W.J., and E. A. Barnes. 2014. Periodic variability in the large-scale southern hemisphere atmospheric circulation. *Science,* **343**, 641–645.

Thompson, D.W.J., D. J. Seidel, W. J. Randel, C.-Z. Zou, A.H. Butler, C. Mears, A. Osso, C. Long, R. Lin. 2012. The mystery of recent stratospheric temperature trends. *Nature,* **491**, 692–697. doi:10.1038/nature11579.

Thompson, D.W.J., and J. M. Wallace. 1998. The Arctic Oscillation signature in the wintertime geopotential height and temperature fields. *Geophys. Res. Lett.,* **25**, 1297–1300.

———. 2000. Annular modes in the extratropical circulation. Part I: Month-to-month variability. *J. Climate,* **13**, 1000–1016. doi:http://dx.doi.org/10.1175/1520-0442(2000)013<1000:AMITEC>2.0.CO;2.

Thompson, D.W.J., J. M. Wallace, and G. C. Hegerl. 2000. Annular modes in the extratropical circulation. Part II: Trends. *J. Climate*, **13**, 1018–1036. doi:http://dx.doi.org/10.1175/1520-0442(2000)013<1018:AMITEC>2.0.CO;2.

Thompson, D.W.J., and J. D. Woodworth. 2014. Barotropic and baroclinic annular variability in the Southern Hemisphere. *J. Atmos. Sci.*, **71**, 1480–1493.

Thual, O., and J. C. McWilliams. 1992. The catastrophe structure of thermohaline convection in a two-dimensional fluid model and a comparison with low-order box models. *Geophys. Astrophys. Fluid Dyn.*, **64**, 67–95.

Tiedtke, M. 1989. A comprehensive mass flux scheme for cumulus parameterization in large-scale models. *Mon. Wea. Rev.*, **117**, 1779–1800.

———. 1993. Representation of clouds in large-scale models. *Mon. Wea. Rev.*, **121**, 3040–3061.

Tokinaga, H., S.-P. Xie, C. Deser, Y. Kosaka, and Y. M. Okumura. 2012. Slowdown of the Walker circulation driven by tropical Indo-Pacific warming. *Nature*, **491**, 439–443, doi:10.1038/nature11576.

Townsend, R. D., and D. R. Johnson. 1985. A diagnostic study of the isentropic zonally averaged mass circulation during the first GARP global experiment. J. Atmos. Sci., **42**, 1565–1579.

Trenberth, Kevin E. 1990. Recent observed interdecadal climate changes in the Northern Hemisphere. *Bull. Amer. Meteor. Soc.*, **71**, 988–993.

Trenberth, K. E., and J. M. Caron. 2001. Estimates of meridional atmosphere and ocean heat transports. *J. Climate*, **14**, 3433–3443.

Trenberth, K. E., J. M. Caron, and D. P. Stepaniak. 2001. The atmospheric energy budget and implications for surface fluxes and ocean heat transports. *Clim. Dyn.*, **17**, 259–276.

Trenberth, K. E., J. R. Christy, and J. G. Olson. 1987. Global atmospheric mass, surface pressure, and water vapor variations. *J. Geophys. Res.*, **92**, 14815–14826.

Trenberth, K. E., J. T. Fasullo, and M. A. Balmaseda. 2014. Earth's energy imbalance. *J. Climate*, **27**, 3129–3144.

Trenberth, Kevin E., John T. Fasullo, Jeffrey Kiehl. 2009. Earth's global energy budget. *Bull. Amer. Meteor. Soc.*, **90**, 311–323. doi:http://dx.doi.org/10.1175/2008BAMS2634.1.

Trenberth, K. E., J. Fasullo, and L. Smith. 2005. Trends and variability in column-integrated water vapor. *Clim. Dyn.*, **24**, 741–758.

Trenberth, K. E., and C. J. Guillemot. 1995. Evaluation of the global atmospheric moisture budget as seen from analyses. *J. Climate*, **8**, 2255–2272.

Trenberth, K. E., and J. G. Olson. 1988. An evaluation and intercomparison of global analyses from the National Meteorological Center and the European Centre for Medium Range Weather Forecasts. *Bull. Amer. Meteor. Soc.*, **69**, 1047–1057.

Trenberth, K. E., and A. Solomon. 1994. The global heat balance: Heat transports in the atmosphere and ocean. *Clim. Dyn.*, **10**, 107–134.

Trenberth, K. E., D. P. Stepaniak, and J. M. Caron. 2000. The global monsoon as seen through the divergent atmospheric circulation. *J. Climate*, **13**, 3969, 399.

———. 2002. Accuracy of atmospheric energy budgets. *J. Climate*, **23**, 3343–3360.

Troup, A. J. 1965. The "Southern Oscillation. *Quart. J. Roy. Meteor. Soc.*, **91**, 490–506.

Tselioudis, G., W. B. Rossow, and D. Rind. 1992. Global patterns of cloud optical thickness variation with temperature. *J. Climate*, **5**, 1484–1495.

Tung, K. K. 1986. Nongeostrophic theory of zonally averaged circulation. Part I: Formulation. *J. Atmos. Sci.*, **43**, 2600–2618.

Tung, K.-K., and A. J. Rosenthal. 1985. The nonexistence of multiple equilibria in the atmosphere: Theoretical and observational considerations. *J. Atmos. Sci.*, **42**, 2804–2819.

Tziperman, E., and B. Farrell. 2009. Pliocene equatorial temperature: Lessons from atmospheric superrotation. *Paleoceanography*, **24**, PA1101.

Uppala, S. M., et al. 2005. The ERA-40 re-analysis. *Quart. J. Roy. Meteor. Soc.*, **131**, 2961–3012. doi:10.1256/qj.04.176.

Valdes, P. J., and B. J. Hoskins. 1989. Linear stationary wave simulations of the time-mean climatological flow. *J. Atmos. Sci.*, **46**, 2509–2527.

Vallis, G. K. 2006. *Atmospheric and Oceanic Fluid Dynamics*. Cambridge: Cambridge University Press, 745 pp.

Vautard, R., and B. Legras. 1988. On the source of midlatitude low-frequency variability. Part II: Nonlinear equilibration of weather regimes. *J. Atmos. Sci.*, **45**, 2845–2867.

Vecchi, G. A., and B. J. Soden. 2007. Global warming and the weakening of the tropical circulation. *J. Climate*, **20**, 4316–4340. doi: http://dx.doi.org/10.1175/JCLI4258.1.

Veronis, G. 1969. On theoretical models of the thermohaline circulation. *Deep-Sea Res.*, **16**, 301–323.

Vinnikov, K. Y., A. Robock, and A. Basist. 2002. Diurnal and seasonal cycles of trends of surface air temperature. *J. Geophys. Res.*, **107**, 4641. doi:10.1029/2001JD002007.

Vonder Haar, T. H., and A. H. Oort. 1973. A new estimate of annual poleward energy transport by Northern Hemisphere oceans. *J. Phys. Oceanogr.*, **2**, 169–172.

von Storch, H., and F. Zwiers. 1998. *Statistical Analysis in Climate Research*. Cambridge: Cambridge University Press, 528 pp.

Vose, R. S., D. R. Easterling, and B. Gleason. 2005. Maximum and minimum temperature trends for the globe: An update through 2004. *Geophys. Res. Lett.*, **32**, L23822.

Wahr, J. M., and A. H. Oort. 1984. Friction-and mountain-torque estimates from global atmospheric data. *J. Atmos. Sci.*, **41**, 190–204.

Waliser, D. E., and N. E. Graham. 1993. Convective cloud systems and warm-pool sea surface temperatures: Coupled interactions and self-regulation. *J. Geophys. Res.*, **98**, 12881–12893.

Waliser, D. E, K. M. Lau, and J. H. Kim. 1999. The influence of coupled sea surface temperatures on the Madden-Julian oscillation: A model perturbation experiment. *J. Atmos. Sci.*, **56**, 333–358.

Waliser, D. E., and R.C.J. Somerville. 1994. Preferred latitudes of the intertropical convergence zone. *J. Atmos. Sci.*, **51**, 1619–1639.

Walker, G. T., and E. W. Bliss. 1932. World weather V. *Mem. Roy. Meteor. Soc.*, **4**, 53–84.

Wallace, J. M. 1971. Spectral studies of tropospheric wave disturbances in the tropical western Pacific. *Rev. Geophys.*, **9**, 557–612.

——. 1983. The climatological mean stationary waves: Observational evidence. In *Large-Scale Dynamical Processes in the Atmosphere*, edited by B. J. Hoskins and R. P. Pearce. New York: Academic Press, 397 pp.

——. 1992. Effect of deep convection on the regulation of tropical sea surface temperature. *Nature*, **357**, 230–231.

Wallace, J. M., and D. S. Gutzler. 1981. Teleconnections in geopotential height field during the Northern Hemisphere winter. *Mon. Wea. Rev.*, **109**, 784–812.

Wallace, J. M., and F. R. Hartranft. 1969. Diurnal wind variations, surface to 30 kilometers. *Mon. Wea. Rev.*, **97**, 446–455.

Wallace, J. M., and V. E. Kousky. 1968. Observational evidence of Kelvin waves in the tropical stratosphere. *J. Atmos. Sci.*, **25**, 900–907.

Wallace, J. M., T. P. Mitchell, and C. Deser. 1989. The influence of sea-surface temperature on surface wind in the eastern equatorial Pacific: Seasonal and interannual variability. *J. Climate*, **2**, 1492–1499.

Wang, B. 1988. Dynamics of tropical low-frequency waves: An analysis of the moist Kelvin wave. *J. Atmos. Sci.*, **45**, 2051–2064.

Wang, B., and J. Chen. 1989. On the zonal-scale selection and vertical structure of equatorial intraseasonal waves. *Quart. J. Roy. Meteor. Soc.*, **115**, 1301–1323.

Wang, B., and X. Xie.1998. Coupled modes of the warm pool climate system. Part I: The role of air-sea interaction in maintaining Madden-Julian oscillation. *J. Climate*, **11**, 2116–2135.

Wang, J., and D. A. Randall. 1994. The moist available energy of a conditionally unstable atmosphere. II: Further analysis of the GATE data. *J. Atmos. Sci.*, **51**, 703–710.

Wang, J. S., D. J. Seidel, and M. Free. 2012. How well do we know recent climate trends at the tropical tropopause? *J. Geophys. Res. Atmos.*, **117**, D09118.

Warren, B. A. 1983. Why is no deep water formed in the North Pacific? *J. Marine Res.*, **41**, 327–347.

Washington, W. M., and G. A. Meehl. 1989. Climate sensitivity due to increased CO_2: Experiments with a coupled atmosphere and ocean general circulation model. *Clim. Dyn.*, **4**, 1–38.

Washington, W. M., and C. L. Parkinson. 1986. *An Introduction to Three-Dimensional Climate Modeling.* Mill Valley, NY: University Science Books, 422 pp.

Weaver, A. J., and E. S. Sarachik. 1991. The role of mixed boundary conditions in numerical models of the ocean's climate. *J. Phys. Oceanogr.*, **21**, 1470–1493.

Webster, P. J. 1972. Response of the tropical atmosphere to steady local forcing. *Mon. Wea. Rev.*, **100**, 518–541.

——. 1981. Monsoons. *Scientific American*, **245** (2), 108–118.

——. 1983. Mechanisms of monsoon low-frequency variability: Surface hydrological effects. *J. Atmos. Sci.*, **40**, 2110–2124.

——. 1987. The variable and interactive monsoon. In *Monsoons*, edited by J. S. Fein and P. L. Stephens. New York: Wiley, 269–330.

——. 1994. The role of hydrological processes in ocean-atmosphere interactions. *Rev. Geophys.*, **32**, 427–476.

Webster, P. J., V. O. Magana, T. N. Palmer, J. Shukla, R. A. Tomas, M. Yanai, and T. Yasunari. 1998. Monsoons: Processes, predictability, and the prospects for prediction. *J. Geophys. Res.*, **103**, 14,451–14,510.

Webster, P. J., and S. Yang. 1992. Monsoon and ENSO: Selectively interactive systems. *Quart. J. Roy. Meteor. Soc.*, **118**, 877–926.

Weickmann, K. M., and S.J.S. Khalsa. 1990. The shift of convection from the Indian Ocean to the western Pacific Ocean during a 30–60 day oscillation. *Mon. Wea. Rev.*, **118**, 964–978.

Weller, R. A., and S. P. Anderson. 1996. Surface meteorology and air-sea fluxes in the western equatorial Pacific warm pool during the TOGA coupled ocean-atmosphere response experiment. *J. Climate*, **9**, 1959–1990.

Wentz, F. J., L. Ricciardulli, K. Hilburn, and C. Mears. 2007. How much more rain will global warming bring? *Science*, **317**, 233–235.

Wheeler, M., and G. N. Kiladis. 1999. Convectively coupled equatorial waves: Analysis of clouds and temperature in the wavenumber-frequency domain. *J. Atmos. Sci.*, **56**, 374–399.

White, A. A., and R. A. Bromley. 1995. Dynamically consistent, quasi-hydrostatic equations for global models with a complete representation of the Coriolis force. *Quart. J. Roy. Meteor. Soc.*, **121**, 399–418.

Whitehead, J. A. 1995. Thermohaline ocean processes and models. *Ann. Rev. Fluid Mech.*, **27**, 89–113.

Whitlock, C. H., T. P. Charlock, W. F. Staylor, R. T. Pinker, I. Laszlo, R. C. DiPasquale, and N. A. Ritchey. 1993. WCRP surface radiation budget shortwave data product description: Version 1. 1. *NASA Technical Memorandum* 107747.

Wielicki, B. A., B. R. Barkstrom, B. A. Baum, T. P. Charlock, R. N. Green, D. P. Kratz, R. B. Lee, III, P. Minnis, G. L. Smith, T. Won, D. F. Young, R. D. Cess, J. A. Coakley Jr., D. A. H. Crommelynck, L. Donner, R. Kandel, M. D. King, A. J. Miller, V. Ramanathan, D. A. Randall, L. L.

Stowe, and R. M. Welch. 1998. Clouds and the Earth's Radiant Energy System (CERES): Algorithm overview. *IEEE Trans. Geosci. Remote Sens.* **36**, 1127–1141.

Wielicki, B. A., B. R. Barkstrom, E. F. Harrison, R. B. Lee III, G. L. Smith, and J. E. Cooper. 1996. Clouds and the Earth's Radiant Energy System (CERES): An Earth observing system experiment. *Bull. Amer. Meteor. Soc.*, **77**, 853–868.

Wiin-Nielsen, A. 1967. On the annual variation and spectral distribution of atmospheric energy. *Tellus*, **19**, 540–559.

——. 1972. A study of power laws in the atmospheric kinetic energy spectrum using spherical harmonic functions. *Meteor. Ann.*, **6**, 107–124.

Wiin-Nielsen, A., J. A. Brown, and M. Drake. 1963: On atmospheric energy conversions between the zonal flow and the eddies. *Tellus*, **15**, 261–279.

Wilczek, F. 2005: On absolute units. I: Choices. *Physics Today*, **58** (October).

——. 2006a: On absolute units. II: Challenges and responses. *Physics Today*, **59** (January).

——. 2006b: On absolute units. III: Absolutely not? *Physics Today*, **5** (May).

Abramowitz, M., and I. A. Segun, 1970: *Handbook of Mathematical Functions.* New York: Dover, 1046 pp.

Williams, G. P. 1988. The dynamical range of global circulations—I. *Clim. Dyn.*, **2**, 205–260.

Willoughby, H. E. 1998. Tropical cyclone eye thermodynamics. *Mon. Wea. Rev.*, **126**, 3053–3067.

Wong, T., G. L. Stephens, and P. W. Stackhouse Jr., and F.P. J. Valero. 1993. The radiative budgets of a tropical mesoscale convective system during the EMEX-STEP-AMEX experiment. 1. Observations. *J. Geophys. Res.*, **98**, 8683–8693.

Woollings, T., A. Charlton-Perez, S. Ineson, A. G. Marshall, and G. Masato. 2010. Associations between stratospheric variability and tropospheric blocking. J. Geophys. Res. Atmos., **115**, D06108.

Woollings, T., B. Hoskins, M. Blackburn, and P. Berrisford. 2008. A new Rossby wave-breaking interpretation of the North Atlantic Oscillation. *J. Atmos. Sci.*, **65**, 609–626.

Woolnough, S., J. Slingo, and B. Hoskins. 2000. The relationship between convection and surface fluxes on intraseasonal timescales. *J. Climate*, **13**, 2086–2104.

Wrede, R. C. 1972. *Introduction to Vector and Tensor Analysis.* New York: Dover, 418 pp.

Wyant, P. H., A. Mongroo, and S. Hammed. 1988. Determination of the heat-transport coefficient in energy-balance climate models by extremization of entropy production. *J. Atmos. Sci.*, **45**, 189–193.

Xie, P., and P. A. Arkin. 1996. Analyses of global monthly precipitation using gauge observations, satellite estimates, and numerical model predictions. *J. Climate*, **9**, 840–858.

Xie, S.-P., and S.G.H. Philander. 1994. A coupled ocean-atmosphere model of relevance to the ITCZ in the eastern Pacific. *Tellus*, **46A**, 340–350.

Xu, K.-M., and A. Arakawa. 1992. Semiprognostic tests of the Arakawa-Schubert cumulus parameterization using simulated data. *J. Atmos. Sci.*, **49**, 2421–2436.

Xu, K.-M., and K. A. Emanuel. 1989. Is the tropical atmosphere conditionally unstable? *Mon. Wea. Rev.*, **117**, 1471–1479.

Xu, K.-M., and D. A. Randall. 1996. Explicit simulation of cumulus ensembles with the GATE Phase III data: Comparison with observations. *J. Atmos. Sci.*, **53**, 3710–3736.

Yamagata, T., and Y. Hayashi. 1984. A simple diagnostic model for the 30–50 day oscillation in the tropics. *J. Met. Soc. Japan*, **62**, 709–717.

Yamagata, T., and Y. Masumoto. 1989. A simple ocean-atmosphere coupled model for the origin of warm El Niño Southern Oscillation event, *Philos. Trans. R. Soc. A*, **329**, 225–236.

Yanai, M., and C. Li. 1993. Mechanism of heating and the boundary layer over the Tibetan Plateau. *Mon. Wea. Rev*, **122**, 305–323.

————. 1994. Interannual variability of the Asian summer monsoon and its relationship with ENSO, Eurasian snow cover and heating. In *Proceedings of the International Conference on Monsoon Variability and Prediction*, International Centre for Theoretical Physics, Trieste, Italy, May 9–13.

Yanai, M., C. Li, and Z. Song. 1992. Seasonal heating of the Tibetan Plateau and its effects on the Asian summer monsoon. *J. Meteor. Soc. Japan*, **70**, 319–351.

Yanai, M., and T. Maruyama. 1966. Stratospheric wave disturbance propagating over the equatorial Pacific. *J. Meteorol. Soc. Japan*, **44**, 227–243.

Yang, J., and J. D. Neelin. 1993. Sea-ice interaction with the thermohaline circulation. *Geophys. Res. Lett.*, **20**, 217–220.

Yasunari, T. 1979. Cloudiness fluctuations associated with the Northern Hemisphere summer monsoon. J. Met. Soc. Japan, **57**, 227–242.

Yeh, T.-C., and Y.-X. Gao. 1979. *The Meteorology of the Qinghai-Xizang (Tibet) Plateau*. Beijing: Science Press, 278 pp.

Yu, J.-Y., and J. D. Neelin. 1994. Modes of tropical variability under convective adjustment and the Madden-Julian oscillation. Part II: Numerical results. *J. Atmos. Sci.*, **51**, 1895–1914.

Zebiak, S. E., and M. A. Cane. 1987. A model of El Niño Southern Oscillation. *Mon. Wea. Rev.*, 115, 2262–2278.

Zent, A. P. 1996. The evolution of the Martian climate. *American Scientist*, **84**, 442–451.

Zhang, G. J., and N. A. McFarlane. 1995. Sensitivity of climate simulations to the parameterization of cumulus convection in the Canadian Climate Centre general circulation model. *Atmos.-Ocean*, **33**, 407–446.

Zhang, G. J., and M. J. McPhaden. 1995. The relationship between sea surface temperature and latent heat flux in the equatorial Pacific. *J. Climate*, **8**, 589–605.

Zhang, Y., J. M. Wallace, and D. S. Battisti. 1997. ENSO-like interdecadal variability: 1900–1993. *J. Climate*, **10**, 1004–1020.

Zhang, Z., W. Wang, and B. Qiu. 2014. Oceanic mass transport by mesoscale eddies. *Science*, **345**, 322–324. doi:10.1126/science.1252418.

Zhou, T., L. Zhang, and H. Li. 2008. Changes in global land monsoon area and total rainfall accumulation over the last half century. *Geophys. Res. Lett.*, **35**, L16707. doi:10.1029/2008 GL034881.

附录 A 矢量、矢量微积分和坐标系

A.1 物理定律和坐标系

在目前的讨论中,我们将一个坐标系定义为一个描述空间中位置的系统。坐标系是人类的发明,因此不是物理学的一部分,尽管它们可以用于物理学的讨论。任何物理定律都应该以一种对我们选择的坐标系不变的形式来表示;当我们从球坐标切换到笛卡儿坐标时,我们当然不期望物理定律发生改变!因此,我们应该能够在不参考任何坐标系的情况下表达物理定律。然而,理解物理定律如何在不同的坐标系中表达,特别是当我们从一个坐标系变化到另一个坐标系时,各种量如何"转换"是很有用的。

A.2 标量、矢量和张量

张量是一个定义而不参考任何特定坐标系的量。张量只是"客观存在",无论我们碰巧是在球坐标,在笛卡儿坐标,或者其他什么,意义都是相同的。因此,张量正是我们用公式表示物理定律所需要的。

与张量相关的方向数称为张量的秩。原则上,秩可以任意大,但在大气科学中很少发现秩高于 2 的张量。最简单的一种张量,称为 0 秩的张量,是一个标量,它用单个数字表示——本质上是一个没有方向的幅度。标量的一个例子是温度。并不是所有由单个数字表示的量都是标量,因为并不是所有的标量定义都没有参考任何特定的坐标系。一个不是标量的(单个)数的例子是风的经向分量,它是根据一个特定的坐标系来定义的,即球坐标。

无论使用什么坐标系来描述问题中的非标量,标量都用完全相同的方式表示。例如,如果有人告诉你柯林斯堡的温度,你就不必问他们使用的是球坐标还是其他坐标系,因为它根本没有任何区别。

矢量是秩为 1 的张量;一个矢量可以用一个大小和一个方向来表示。风矢量就是一个例子。在大气科学中,矢量通常是三维的或二维的,但原则上它们有任意数量的维度。一个标量可以被认为是一维空间中的一个矢量。

一个矢量可以在一个特定的坐标系中用一个有序的数字列表来表示,称为矢量的分量。分量只对特定的坐标系有意义。根据定义,或多或少,描述矢量所需的分量数量等于矢量"嵌入"的维数。

我们可以定义指向每个坐标方向的单位矢量,然后我们可以将该矢量写为每个单位矢量乘以与单位矢量相关的分量。一般来说,单位矢量指的方向取决于位置。

单位矢量总是无量纲的;请注意,这里我们使用量纲这个词来指代物理量,如长度、时间和质量。因为单位矢量是无量纲的,所以矢量的所有分量都必须具有与矢量本身相同的量纲。

空间坐标可能具有长度的量纲,也可能没有长度的量纲。在熟悉的笛卡儿坐标系中,三个坐标(x,y,z)都有长度的量纲。在球坐标(λ,φ,r)中,其中λ是经度,φ是纬度,r是离开原点的距离,前两个坐标是无量纲的角度,第三个坐标以长度为单位。

当我们从一个坐标系变为另一个坐标系时,一个任意的矢量$\boldsymbol{V}$根据下式变换

$$\boldsymbol{V}' = \{\boldsymbol{M}\}\boldsymbol{V} \tag{A.1}$$

式中,$\boldsymbol{V}$是第一坐标系中矢量的表示(即,$\boldsymbol{V}$是第一坐标系中矢量的分量列表),$\boldsymbol{V}'$是第二坐标系中矢量的表示,$\{\boldsymbol{M}\}$是一个旋转矩阵。用于将矢量从一个坐标系转换为另一个坐标系的旋转矩阵是上述两个坐标系的特征;它对于所有矢量都是相同的。

变换规则式(A.1)实际上是矢量定义的一部分;也就是说,通过定义,矢量必须通过形式式(A.1)的规则从一个坐标系转换到另一个坐标系。因此,并非所有的有序数字列表都是向量。列表(月球质量,从柯林斯堡到丹佛的距离)不是矢量。

设$\boldsymbol{V}$是表示大气中质点的三维速度矢量。$\boldsymbol{V}$的笛卡儿表示和球坐标表示分别为

$$\boldsymbol{V} = \dot{x}\boldsymbol{i} + \dot{y}\boldsymbol{j} + \dot{z}\boldsymbol{k} \tag{A.2}$$

$$\boldsymbol{V} = \dot{\lambda}r\cos\varphi\,\boldsymbol{e}_\lambda + r\dot{\varphi}\boldsymbol{e}_\varphi + \dot{r}\boldsymbol{e}_r \tag{A.3}$$

式中的"点"表示拉格朗日时间导数,即跟随移动质点的时间导数;$\boldsymbol{i}$、$\boldsymbol{j}$和$\boldsymbol{k}$是笛卡儿坐标系中的单位矢量;$\boldsymbol{e}_\lambda$、$\boldsymbol{e}_\varphi$和$\boldsymbol{e}_r$是球坐标系中的单位矢量。方程式(A.2)和(A.3)都描述了相同的矢量$\boldsymbol{V}$;也就是说,$\boldsymbol{V}$的意思与被选择来表示它的坐标系无关。

在大气科学中很重要的秩2张量是动量通量。动量通量,也称为应力,相当于单位面积的力,有一个大小和"两个方向"。其中一个方向与力矢量本身相关,另一个与垂直于单位面积的矢量有关。动量通量张量可以写成$\rho\boldsymbol{V}\otimes\boldsymbol{V}$,式中$\rho$是空气的密度,$\boldsymbol{V}$是风矢量,$\otimes$是外积或二元乘积,输入为两个矢量,输出为一个秩为2的张量。

与矢量一样,秩为2的张量可以在特定的坐标系中表示;也就是说,该张量的"分量"可以根据特定的坐标系来定义。秩为2的张量分量可以以二维矩阵的形式排列,相比之下,而矢量的分量可以形成一个有序的一维列表。当我们从一个坐标系变为另一个坐标系时,一个秩为2的张量根据下式变换

$$\boldsymbol{T}' = \{\boldsymbol{M}\}\boldsymbol{T}\{\boldsymbol{M}\}^{-1} \tag{A.4}$$

式中,$\boldsymbol{T}$是第一坐标系中秩为2的张量表示,$\boldsymbol{T}'$是第二坐标系中同一张量的表示,$\{\boldsymbol{M}\}$是式(A.1)中引入的矩阵,$\{\boldsymbol{M}\}^{-1}$是它的逆。请注意,我们使用sans serif Myriad粗字体来表示张量。

A.3 微分算子

几个熟悉的微分算子定义可以不参考任何坐标系。这些算子比$\partial/\partial x$更基本,式中x是一个特定的空间坐标。以下是大气科学(以及大多数其他物理分支)最常需要的与坐标无关的算子:

梯度,用∇A表示,式中A为任意标量 （A.5）

散度,用$\nabla\cdot\boldsymbol{Q}$表示,式中$\boldsymbol{Q}$是一个任意矢量 （A.6）

旋度,用$\nabla\times\boldsymbol{Q}$表示 （A.7）

拉普拉斯,由$\nabla^2 A\equiv\nabla\cdot(\nabla A)$给出 （A.8）

注意,梯度和旋度是矢量,而散度是一个标量。梯度算子的"输入"为标量,而散度和旋度算子

作用向量。

在二维运动的讨论中,通常可以方便地引入一个叫作雅可比算子,表示为

$$J(\alpha,\beta) \equiv \boldsymbol{k} \cdot (\nabla \alpha \times \nabla \beta)$$
$$= \boldsymbol{k} \cdot \nabla \times (\alpha \nabla \beta) \qquad (A.9)$$
$$= - \boldsymbol{k} \cdot \nabla \times (\beta \nabla \alpha)$$

在这里,梯度算子被理解为可以在二维空间中产生矢量,α 和 β 是任意标量,$\boldsymbol{k}$ 是一个垂直于二维曲面的单位矢量。式(A.9)的第二行和第三行可以通过使用本附录后面给出的向量恒等式来导出。

不参考任何坐标系的梯度算子定义是

$$\nabla A \equiv \lim_{S \to 0} \left(\frac{1}{V} \oint_S \boldsymbol{n} A \, \mathrm{d}S \right) \qquad (A.10)$$

式中,S 是体积 V 的边界曲面,$\boldsymbol{n}$ 是 S 上的向外法线。这里使用的术语体积和边界曲面有以下广义含义。在三维空间中,"体积"字面意思是一个体积,而"边界曲面"字面意思是一个曲面。在二维空间中,"体积"表示一个面积,"边界曲面"表示围绕该区域边界的曲线。在一维空间中,"体积"表示曲线,"边界曲面"表示曲线的端点。式(A.10)中的极限是 1,其边界表面的体积和面积缩小的极限是零。

例如,考虑一个平面上的笛卡儿坐标系(x,y),单位矢量 $\boldsymbol{i}$ 和 $\boldsymbol{j}$ 分别在 x 和 y 方向上。考虑一个宽度为 Δx 和高度为 Δy 的"箱子",如图 A.1 所示。我们可以写为

$$\nabla A \equiv \lim_{(\Delta x, \Delta y) \to 0} \left\{ \frac{1}{\Delta x \Delta y} \left[A\left(x_0 + \frac{\Delta x}{2}, y_0\right) \Delta y \boldsymbol{i} + A\left(x_0, y_0 + \frac{\Delta y}{2}\right) \Delta x \boldsymbol{j} - \right. \right.$$
$$\left. \left. A\left(x_0 - \frac{\Delta x}{2}, y_0\right) \Delta y \boldsymbol{i} - A\left(x_0, y_0 - \frac{\Delta y}{2}\right) \Delta x \boldsymbol{j} \right] \right\}$$
$$= \frac{\partial A}{\partial x} \boldsymbol{i} + \frac{\partial A}{\partial y} \boldsymbol{j} \qquad (A.11)$$

这是我们所期望的答案。

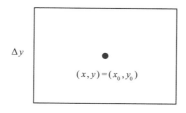

图 A.1　图中说明了平面二维空间中的一个矩形箱子,中心为(x_0,y_0),宽度 Δx,高度 Δy

不参考任何坐标系的散度和旋度算子定义是

$$\nabla \cdot \boldsymbol{Q} \equiv \lim_{S \to 0} \left(\frac{1}{V} \oint_S \boldsymbol{n} \cdot \boldsymbol{Q} \, \mathrm{d}S \right) \qquad (A.12)$$

$$\nabla \times \boldsymbol{Q} \equiv \lim_{S \to 0}\left(\frac{1}{V}\oint_{S}\boldsymbol{n} \times \boldsymbol{Q}\mathrm{d}S\right) \tag{A.13}$$

对于这些算子,也可以通过类似于式(A.11)的练习来进行。你可能想自己尝试一下,看看你是否理解。

最后,二维曲面上的雅可比可以定义为

$$J(A,B) = \lim_{A \to 0}\left(\oint_{C}A\,\nabla\,B \cdot \boldsymbol{t}\mathrm{d}l\right) \tag{A.14}$$

式中,$\boldsymbol{t}$ 是与边界曲线 C 相切的单位矢量。

A.4　矢量恒等式

许多有用的恒等式都与散度、旋度和梯度算子联系起来。以下大部分的恒等式可以在任何数学参考手册中找到,例如 Beyer(1984)。和前面一样,我们设 α 和 β 是任意标量;我们设 $\boldsymbol{V}$、$\boldsymbol{A}$、$\boldsymbol{B}$ 和 $\boldsymbol{C}$ 是任意矢量;我们设 $\boldsymbol{T}$ 是秩 2 的任意张量。然后,

$$\nabla \times (\nabla\alpha) = 0 \tag{A.15}$$

$$\nabla \cdot (\nabla \times \boldsymbol{V}) = 0 \tag{A.16}$$

$$\boldsymbol{A} \times \boldsymbol{B} = -\boldsymbol{B} \times \boldsymbol{A} \tag{A.17}$$

$$\nabla \cdot (\alpha\boldsymbol{V}) = \alpha(\nabla \cdot \boldsymbol{V}) + \boldsymbol{V} \cdot \nabla\alpha \tag{A.18}$$

$$\nabla \cdot (\boldsymbol{A} \times \boldsymbol{B}) = (\nabla \times \boldsymbol{A}) \cdot \boldsymbol{B} - (\nabla \times \boldsymbol{B}) \cdot \boldsymbol{A} \tag{A.19}$$

$$\nabla \times (\alpha\boldsymbol{V}) = \nabla\alpha \times \boldsymbol{V} + \alpha(\nabla \times \boldsymbol{V}) \tag{A.20}$$

$$\boldsymbol{A} \cdot (\boldsymbol{B} \times \boldsymbol{C}) = (\boldsymbol{A} \times \boldsymbol{B}) \cdot \boldsymbol{C} = \boldsymbol{B} \cdot (\boldsymbol{C} \times \boldsymbol{A}) \tag{A.21}$$

$$\boldsymbol{A} \times (\boldsymbol{B} \times \boldsymbol{C}) = \boldsymbol{B}(\boldsymbol{C} \cdot \boldsymbol{A}) - \boldsymbol{C}(\boldsymbol{A} \cdot \boldsymbol{B}) \tag{A.22}$$

$$\nabla \times (\boldsymbol{A} \times \boldsymbol{B}) = \boldsymbol{A}(\nabla \cdot \boldsymbol{B}) - \boldsymbol{B}(\nabla \cdot \boldsymbol{A}) - (\boldsymbol{A} \cdot \nabla)\boldsymbol{B} + (\boldsymbol{B} \cdot \nabla)\boldsymbol{A} \tag{A.23}$$

$$\nabla(\boldsymbol{A} \cdot \boldsymbol{B}) = (\boldsymbol{A} \cdot \nabla)\boldsymbol{B} + (\boldsymbol{B} \cdot \nabla)\boldsymbol{A} + \boldsymbol{A} \times (\nabla \times \boldsymbol{B}) + \boldsymbol{B} \times (\nabla \times \boldsymbol{A}) \tag{A.24}$$

$$J(\alpha,\beta) \equiv \boldsymbol{k} \cdot (\nabla\alpha \times \nabla\beta) = \boldsymbol{k} \cdot \nabla \times (\alpha\nabla\beta) = -\boldsymbol{k} \cdot \nabla \times (\beta\nabla\alpha) = -\boldsymbol{k} \cdot (\nabla\beta \times \nabla\alpha) \tag{A.25}$$

$$\nabla^{2}\boldsymbol{V} \equiv (\nabla \cdot \nabla)\boldsymbol{V} = \nabla(\nabla \cdot \boldsymbol{V}) - \nabla \times (\nabla \times \boldsymbol{V}) \tag{A.26}$$

$$\nabla \cdot (\boldsymbol{A} \otimes \boldsymbol{B}) = (\boldsymbol{A} \cdot \nabla)\boldsymbol{B} + (\boldsymbol{B} \cdot \nabla)\boldsymbol{A} \tag{A.27}$$

$$\nabla \cdot (\alpha\boldsymbol{T}) = (\nabla\alpha) \cdot \boldsymbol{T} + \alpha(\nabla \cdot \boldsymbol{T}) \tag{A.28}$$

在式(A.27)中,$\boldsymbol{A} \otimes \boldsymbol{B}$ 表示两个矢量的外积,它得到一个秩为 2 的张量。

作为式(A.23)特例的一个有用结果是

$$\boldsymbol{e}_{r} \cdot \nabla \times (\boldsymbol{e}_{r} \times \boldsymbol{V}) = \nabla \cdot \boldsymbol{V} \tag{A.29}$$

式中,$\boldsymbol{e}_{r}$ 是指向上的单位矢量,$\boldsymbol{V}$ 是水平速度矢量。也就是说,$\boldsymbol{e}_{r} \times \boldsymbol{V}$ 的旋度在垂直方向 $\boldsymbol{e}_{r}$ 上的投影等于 $\boldsymbol{V}$ 的散度。同样,式(A.19)的一个有用特例是

$$\nabla \cdot (\boldsymbol{e}_{r} \times \boldsymbol{V}) = -(\nabla \times \boldsymbol{V}) \cdot \boldsymbol{e}_{r} \tag{A.30}$$

这意味着 $\boldsymbol{e}_{r} \times \boldsymbol{V}$ 的散度等于负 $\boldsymbol{V}$ 旋度在 $\boldsymbol{e}_{r}$ 上的投影。

式(A.24)的一个特例是

$$\frac{1}{2}\nabla(\boldsymbol{V} \cdot \boldsymbol{V}) = (\boldsymbol{V} \cdot \nabla)\boldsymbol{V} + \boldsymbol{V} \times (\nabla \times \boldsymbol{V}) \tag{A.31}$$

这个恒等式用于写具有替代形式的动量方程平流项。

恒等式(A.26)表示,矢量的拉普拉斯是矢量散度的梯度减去矢量旋度的旋度。例如,这种关系可以使用在动量扩散的参数化中。

A.5　球坐标

显然,球坐标在地球物理学中具有特殊的重要意义。球坐标中的单位矢量用指向东的 $\boldsymbol{e}_\lambda$,指向北的 $\boldsymbol{e}_\varphi$,从原点指向外的 $\boldsymbol{e}_r$(在地球物理学中,从地球中心向外)表示。

梯度、散度和旋度算子可以在球坐标中表示如下:

$$\nabla A = \left(\frac{1}{r\cos\varphi}\frac{\partial A}{\partial \lambda}, \frac{1}{r}\frac{\partial A}{\partial \varphi}, \frac{\partial A}{\partial r}\right) \tag{A.32}$$

$$\nabla \cdot \boldsymbol{V} = \frac{1}{r\cos\varphi}\frac{\partial V_\lambda}{\partial \lambda} + \frac{1}{r\cos\varphi}\frac{\partial}{\partial \varphi}(V_\varphi \cos\varphi) + \frac{1}{r^2}\frac{\partial}{\partial r}(V_r r^2) \tag{A.33}$$

$$\nabla \times \boldsymbol{V} = \left\{\frac{1}{r}\left[\frac{\partial V_r}{\partial \varphi} - \frac{\partial}{\partial r}(rV_\varphi)\right], \frac{1}{r}\frac{\partial}{\partial r}(rV_\lambda) - \frac{1}{r\cos\varphi}\frac{\partial V_r}{\partial \lambda}, \frac{1}{r\cos\varphi}\left[\frac{\partial V_\varphi}{\partial \lambda} - \frac{\partial}{\partial \varphi}(V_\lambda \cos\varphi)\right]\right\}$$
$$\tag{A.34}$$

$$\nabla^2 A = \frac{1}{r^2 \cos\varphi}\left[\frac{\partial}{\partial \lambda}\left(\frac{1}{\cos\varphi}\frac{\partial A}{\partial \lambda}\right) + \frac{\partial}{\partial \varphi}\left(r^2 \cos\varphi \frac{\partial A}{\partial \varphi}\right)\right] \tag{A.35}$$

$$J(A,B) = \frac{1}{a^2 \cos\varphi}\left(\frac{\partial A}{\partial \lambda}\frac{\partial B}{\partial \varphi} - \frac{\partial B}{\partial \lambda}\frac{\partial A}{\partial \varphi}\right) \tag{A.36}$$

式中,A 是任意标量,$\boldsymbol{V}$ 是任意向量。如果 $\boldsymbol{V}$ 被分成一个水平矢量和一个垂直矢量,如在 $\boldsymbol{V} = \boldsymbol{V}_h + V_r \boldsymbol{e}_r$ 中,那么式(A.34)可以写为

$$\nabla \times (\boldsymbol{V}_h + V_r \boldsymbol{e}_r) = \nabla_r \times \boldsymbol{V}_h + \boldsymbol{e}_r \times \left[\frac{1}{r}\frac{\partial}{\partial r}(r\boldsymbol{V}_h) - \nabla_r V_r\right] \tag{A.37}$$

作为式(A.34)应用的一个例子,涡度的垂直分量是

$$\zeta = \frac{1}{r\cos\varphi}\left[\frac{\partial V_\varphi}{\partial \lambda} - \frac{\partial}{\partial \varphi}(V_\lambda \cos\varphi)\right] \tag{A.38}$$

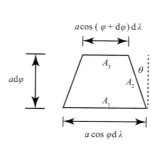

图 A.2　一小块球面,经向宽度为 $a\cos\varphi \mathrm{d}\lambda$,纬向高度为 $a\mathrm{d}\varphi$

对于大气围绕地球自转轴的纯固体旋转情况,我们有

$$V_\lambda = \dot{\lambda} r\cos\varphi \text{ 和 } V_\varphi = 0 \tag{A.39}$$

式中,$\dot{\lambda}$ 独立于 φ。代换得到

$$\zeta = -\frac{1}{r\cos\varphi}\frac{\partial}{\partial\varphi}(\dot\lambda r\cos^2\varphi) = 2\dot\lambda\sin\varphi \qquad (A.40)$$

更棘手的第二个例子是考虑如何从式（A.10）中导出式（A.32）的二维形式。图 A.2 说明了这个问题。这里的 r 已经被地球的半径 a 所取代。图中所示的角度 θ 是随着经度的变化，与球坐标相关的单位向量 $\boldsymbol{e}_\lambda$ 和 $\boldsymbol{e}_\varphi$ 的逐渐旋转而产生的；定义 ∇A 面积元中心的 $\boldsymbol{e}_\lambda$ 和 $\boldsymbol{e}_\varphi$ 方向与面积元东西壁上的各自方向不同。对图 A.2 的分析显示，θ 满足

$$\begin{aligned}
\tan\theta &= -\frac{1}{2}\frac{[a\cos(\varphi+\mathrm{d}\varphi)-a\cos\varphi]\mathrm{d}\lambda}{a\,\mathrm{d}\varphi}\\
&\rightarrow -\frac{1}{2}\left(\frac{\partial}{\partial\varphi}\cos\varphi\right)\mathrm{d}\lambda\\
&= \frac{1}{2}\sin\varphi\mathrm{d}\lambda\\
&\approx \sin\theta
\end{aligned} \qquad (A.41)$$

角度 θ 是"微分"或大小无穷小。然而，这在式（A.32）的推导中是需要的。在式（A.10）中的线积分可以表示为

$$\begin{aligned}
\frac{1}{\text{面积}}\oint A\boldsymbol{n}\,\mathrm{d}l &= \frac{1}{a^2\cos\varphi\mathrm{d}\lambda\mathrm{d}\varphi}\left[-\boldsymbol{e}_\varphi A_1 a\cos\varphi\mathrm{d}\lambda + \boldsymbol{e}_\lambda A_2 a\mathrm{d}\varphi\cos\theta + \boldsymbol{e}_\varphi A_2 a\mathrm{d}\varphi\sin\theta\right.\\
&\quad\left. + \boldsymbol{e}_\varphi A_3\cos(\varphi+\mathrm{d}\varphi)\mathrm{d}\lambda - \boldsymbol{e}_\lambda A_4 a\mathrm{d}\varphi\cos\theta + \boldsymbol{e}_\varphi A_4 a\mathrm{d}\varphi\sin\theta\right]\\
&= \boldsymbol{e}_\lambda\frac{(A_2-A_4)\cos\theta}{a\cos\varphi\mathrm{d}\lambda} + \\
&\quad \boldsymbol{e}_\varphi\left\{\frac{[A_3 a\cos(\varphi+\mathrm{d}\varphi)-A_1 a\cos\varphi]\mathrm{d}\lambda + (A_2+A_4)\sin\theta a\,\mathrm{d}\varphi}{a^2\cos\varphi\mathrm{d}\lambda\mathrm{d}\varphi}\right\}
\end{aligned} \qquad (A.42)$$

请注意，这里已经输入了角度 θ。我们设 $\cos\theta\rightarrow 1$ 和 $\sin\theta\rightarrow\frac{1}{2}\sin\varphi\mathrm{d}\lambda$ 来获得

$$\begin{aligned}
\frac{1}{\text{面积}}\oint A\boldsymbol{n}\,\mathrm{d}l &= \boldsymbol{e}_\lambda\frac{(A_2-A_4)}{a\cos\varphi\mathrm{d}\lambda} + \boldsymbol{e}_\varphi\left\{\left[\frac{A_3 a\cos(\varphi+\mathrm{d}\varphi)-A_1 a\cos\varphi}{a\cos\varphi\mathrm{d}\varphi}\right] + \frac{A_2+A_4}{2}\frac{\sin\varphi}{a\cos\varphi}\right\}\\
&\rightarrow \boldsymbol{e}_\lambda\frac{1}{a\cos\varphi}\frac{\partial A}{\partial\lambda} + \boldsymbol{e}_\varphi\left[\frac{1}{a\cos\varphi}\frac{\partial}{\partial\varphi}(A\cos\varphi) + \frac{A\sin\varphi}{a\cos\varphi}\right]\\
&= \boldsymbol{e}_\lambda\frac{1}{a\cos\varphi}\frac{\partial A}{\partial\lambda} + \boldsymbol{e}_\varphi\frac{1}{a}\frac{\partial A}{\partial\varphi}
\end{aligned} \qquad (A.43)$$

这与式（A.32）的二维形式相一致。

对于式（A.33）—（A.36），也可以给出类似的（但更直接的）推导。

我们可以证明球坐标下的单位矢量有如下关系：

$$\begin{aligned}
\nabla\cdot\boldsymbol{e}_\lambda &= 0\\
\nabla\cdot\boldsymbol{e}_\varphi &= -\frac{\tan\varphi}{r}\\
\nabla\cdot\boldsymbol{e}_r &= \frac{2}{r}
\end{aligned} \qquad (A.44)$$

$$\begin{aligned}
\nabla\times\boldsymbol{e}_\lambda &= \frac{\boldsymbol{e}_\varphi}{r} + \frac{\tan\varphi}{r}\boldsymbol{e}_r\\
\nabla\times\boldsymbol{e}_\varphi &= -\frac{\boldsymbol{e}_r}{r}\\
\nabla\times\boldsymbol{e}_r &= 0
\end{aligned} \qquad (A.45)$$

最后,在处理球坐标下的动量方程时,以下关系是有用的:

$$(\boldsymbol{V}_h \cdot \nabla)\boldsymbol{e}_\lambda = -\frac{u\sin\varphi}{r}\boldsymbol{e}_\varphi + \frac{u\cos\varphi}{r}\boldsymbol{e}_r$$

$$(\boldsymbol{V}_h \cdot \nabla)\boldsymbol{e}_\varphi = \frac{u\sin\varphi}{r}\boldsymbol{e}_\lambda + \frac{v\sin\varphi}{r}\boldsymbol{e}_r \qquad (\mathrm{A.46})$$

$$(\boldsymbol{V}_h \cdot \nabla)\boldsymbol{e}_r = -\frac{\boldsymbol{V}_h}{r}$$

式中,$\boldsymbol{V}_h = u\boldsymbol{e}_\lambda + v\boldsymbol{e}_\varphi$ 是水平风矢量。

A.6　小结

这个简短的概述主要是为了让那些偶尔学习这些概念、但可能暂时没有考虑过它们的学生进行复习。参考文献提供了更多的信息。相关资源也可以在网络上找到。

附录 B   量纲分析、尺度分析和相似理论

B.1   量纲和单位

据我们所知,大自然可以用长度、时间、质量和电荷的四个"量纲"或"基本量"来描述。其中,"量纲"一词是用来指独立的自然方面,在某种意义上说它们是不可相互转换的。长度不能被重新调整为质量。时间不能被重新调整为电荷。

所有的物理量都可以作为这四个量纲的组合来度量。例如,速度是长度除以时间,能量可以表示为质量乘以长度平方除以时间平方。

温度是一个例外;关于它是否应该作为一个独立于质量、长度和时间的基本量,一直存在争论(Huntley,1967)。它是一个分子运动的统计,可以根据单位质量的能量来定义。在大气科学中,温度通常被视为第五个基本量。

单位与量纲不同。各种基本量是用单位来度量的,这可以用非常任意的方式来定义。例如,长度可以用米、英尺、弗隆或亨利八世脚的大小来测量。如今,科学家们几乎总是使用公制或国际单位系统(Système International d'Unités,SI,系统国际单位)。

定义自然或基本单位是可能的(Barrow,2002;Wilczek,2005,2006a,2006b),但这些单位不方便在大气科学中使用。

以下讨论的起点是,物理定律必须独立于单位的选择。例如,牛顿定律 $F=ma$,即力等于质量乘以加速度,无论使用英国单位还是系统国际单位,都必须表示相同的物理现象。

有些定义是必要的。

(1)物理量:物理系统的一种概念属性,可以用一个或多个标准用数值表示。例如:地球的半径。

(2)基本量:为描述问题任意选择的一组量(以下称为 q),但受制于为量选择的测量单位可以独立分配的约束。基本量有时被称为基础量。例如:长度、时间、质量。

(3)量纲:派生物理量与选择基本量的关系。例如:速度=长度/时间。

(4)标准:为交流目的而采用的任意参考措施。例如:计量器。

(5)单位:任意部分或多个标准,用来避免不方便的大(或小)数字。例如:千米(km)。

(6)外来标准:与特定问题无关的标准。例如:国王亨利八世脚的长度,除了他去鞋店,与其他是无关的。

(7)外来单位:基于外来标准的单位。例如:1英里(mile)=5280英尺(ft)。

(8)无量纲量:用问题衍生单位表示的量(不用无关单位)。没有一个本质上是无量纲的量。一个量是无量纲的,或者不仅仅是关于一个特定的问题。例如:罗斯贝数。

(9)量纲分析:通过形成无量纲群,从问题中去除外来信息的过程。

(10)无量纲化:将有量纲方程组转换为只包含无量纲量的系统。

(11)尺度分析,有时称为尺度化:使用有量纲参数的选择数值来比较无量纲方程组中各项

的数量级。只有在已知控制方程时,才能进行尺度分析。

(12)相似系统:那些无量纲量值相同的系统,即使有量纲量可能明显不同。例如:风洞。

(13)相似理论:基于描述物理系统的无量纲参数之间存在函数关系的假设理论。这些函数本身必须根据经验来确定。当期望的函数不能从控制方程中导出时,相似理论可以是有用的。

B. 2　方程中有量纲和无量纲量的一致使用

不同量纲的量加减是没有意义的。长度不能和质量相加。因此,一个方程中的所有项都必须具有相同的量纲。这就是对量纲同质的要求。

指数必须是无量纲的,因为它是某物理量本身乘以的次数(纯数)。

同样,(输入到)数学函数的参数必须是无量纲的。例如包括指数、对数和三角函数。你可以取 2 的正弦,但你不能取 2 m 的正弦。

把有量纲量看作对数的参数也是常见的,即使表达式没有意义。例如,您可能会看到

$$\frac{1}{\theta}\frac{D\theta}{Dt} = \frac{D}{Dt}(\ln\theta)$$

式中,θ 是位温。正确的(但较长的)表达是

$$\frac{1}{\theta}\frac{D\theta}{Dt} = \frac{D}{Dt}\left[\ln\left(\frac{\theta}{\theta_{\text{ref}}}\right)\right]$$

式中,θ_{ref} 是一个定常的参考值。为了方程具有数学意义,有必要包括 θ_{ref}。

B. 3　白金汉（Buckingham）派（π）定理

量纲分析的基本定理是由于白金汉给出的,这里没有证明,陈述如下:

> 白金汉派定理:
>
> 如果方程
>
> $$\phi(q_1, q_2, \cdots, q_n) = 0 \tag{B.1}$$
>
> 是 q_i 之间的唯一关系,如果它适用于 $q_1, q_2, \cdots, q_n$ 测量单位的任意选择,那么式(B.1)可以写成形式为
>
> $$\phi(\pi_1, \pi_2, \cdots, \pi_m) = 0 \tag{B.2}$$
>
> 式中,$\pi_1, \pi_2, \cdots, \pi_m$,是 q 的独立无量纲乘积。
>
> 此外,如果 k 是表示 q 的维数所需基本量的最小数,那么
>
> $$m = n - k \tag{B.3}$$
>
> 因为 $k > 0$,式(B.3)意味着 $m < n$。根据式(B.3),无量纲乘积的数量是有量纲参数的数量减去基本量的数量。

式(B.2)的另一种表达方式是

$$\phi(\pi_1, \pi_2, \cdots, \pi_m; 1, \cdots, 1) = 0 \tag{B.4}$$

式中,在参数列表中出现 1 的总数是 k。显然,1 不包含关于 π 之间函数关系的信息,所以我们

可以省略它们，就像在式(B.2)中所做的那样。在式(B.4)中，1清楚地表示"外来"信息，这些信息通过q的外来单位引入问题。通过删除外来信息，我们不会改变问题本身；我们只是将其简化为其本质而已。

q可以通过检查控制方程（如果已知）或通过对物理系统的检查来选择。

假如基本量的单位可以独立分配，q的量纲可以根据能任意选择的基本量来确定。有必要选择足够的基本量，以确保在所有情况下都可以形成无量纲的组合。

下面是量纲分析的一个例子。我们考虑实验室池中的浅流体热对流，没有平均流或旋转。线性化的控制方程是

$$\left(\frac{\partial}{\partial t}-\upsilon\nabla^2\right)u'=-\frac{\partial}{\partial x}\left(\frac{p'}{\rho_0}\right)$$

$$\left(\frac{\partial}{\partial t}-\upsilon\nabla^2\right)v'=-\frac{\partial}{\partial y}\left(\frac{p'}{\rho_0}\right)$$

$$\left(\frac{\partial}{\partial t}-\upsilon\nabla^2\right)w'=-\frac{\partial}{\partial z}\left(\frac{p'}{\rho_0}\right)+g\alpha T'$$

$$\frac{\partial u'}{\partial x}+\frac{\partial v'}{\partial y}+\frac{\partial w'}{\partial z}=0$$

$$\left(\frac{\partial}{\partial t}-\kappa\nabla^2\right)T'=-w'\Gamma$$

式中，x、y、z为空间坐标，u、v、w为速度矢量的对应分量，T为温度，p为压力，ρ_0为定常的参考状态密度，g为重力加速度，α为热膨胀系数，υ为分子黏性，κ为分子传导率，$\Gamma\equiv\frac{\partial\overline{T}}{\partial z}$为平均状态下温度随高度升高的比率。上面一横表示平均状态，一撇表示与平均状态的偏离。

通过对方程的检查，我们看到问题的六个有量纲参数是

$$g,\Gamma,h,\upsilon,\kappa,\alpha$$

式中，g是重力，Γ是递减率，h是流体的深度，υ是分子的黏度，κ是分子的导热率，α是度量单位温度变化引起热膨胀量的参数。这六个参数由实验室设计确定，如水池的深度和对流流体（水、空气、油等）的选择。我们没有在列表中包括因变量u、v、w、p或T，因为它们是解的一部分，因此依赖于列出的参数。我们在列表中没有包含ρ_0，因为它只出现在p'/ρ_0的组合中，所以我们只认为p'/ρ_0是因变量之一。

我们选择长度(L)、时间(T)和温度(Θ)作为基本量。有三个基本量和六个有量纲的参数，所以π定理告诉我们，我们应该能够消除$6-3=3$条外来信息。q的量纲如表B.1所示。作为我们相关的（非无关的）长度单位，我们选择h。在形成乘积时，我们系统地消除了我们一套量中的"长度"，如表B.2所示。作为时间单位，我们使用$h^2\upsilon^{-1}$。（我们也可以取$h^2\kappa^{-1}$。）再次形成乘积，我们得到的结果如表B.3所示。显然，要完成这个程序，我们只需形成乘积$\Gamma\alpha h$。最终结果如表B.4所示。所有在一起，然后表B.4的"量"这一列中我们有三个1。这意味着正如π定理所承诺的那样，三个无关的信息已被消除。但我们有三个无量纲的组合

$$gh^3\upsilon^{-2}\equiv x_1 \tag{B.5}$$

344

表 B.1 在无量纲化控制热对流方程中使用有量纲量的量纲

量	量纲		
	L	T	Θ
g	1	-2	0
α	0	0	-1
Γ	-1	0	1
h	1	0	0
υ	2	-1	0
κ	2	-1	0

表 B.2 表 B.1 的数据,消除了长度的量纲

量	量纲		
	L	T	Θ
gh^{-1}	0	-2	0
α	0	0	-1
Γh	0	0	1
1	0	0	0
υh^{-2}	0	-1	0
κh^{-2}	0	-1	0

表 B.3 表 B.2 的数据,消除了时间的量纲

量	量纲		
	L	T	Θ
$gh^3\upsilon^{-2}$	0	0	0
α	0	0	-1
Γh	0	0	1
1	0	0	0
1	0	0	0
$k\upsilon^{-2}$	0	0	0

表 B.4 表 B.3 的数据,消除了所有的有量纲量

量	量纲		
	L	T	Θ
$gh^3\upsilon^{-2}$	0	0	0
$\alpha\Gamma h$	0	0	0
1	0	0	0
1	0	0	0
1	0	0	0
$k\upsilon^{-1}$	0	0	0

$$\kappa \upsilon^{-1} \equiv Pr \tag{B.6}$$

和

$$\Gamma \alpha h \equiv x_2 \tag{B.7}$$

注意

$$Ra = Pr x_1 x_2 \tag{B.8}$$

这样,我们也可以把 Pr、Ra 和 x_1(比如)看作是我们的三种组合。

Chandrasekhar(1961)表明,只有两个无量纲组合对对流问题很重要,即 Pr 和 Ra。那么,为什么我们找到三个?在控制方程中,g 和 α 只出现在组合 $g\alpha$ 中,所以它们不必单独包含在我们的 q 列表中。因为这将 q 的数量减少了 1,而不减少基本量的数量,π 定理告诉我们,无量纲组合的数量也会减少 1。启示是,如果有量纲量只以某种组合出现在方程中,我们不应该单独输入有量纲量。

B.4 尺度分析

在大气科学和海洋学中,尺度分析被非常广泛地用于证明各种近似,可以帮助求解控制方程。尺度分析总是从一组控制方程开始。

下面是一个重要的例子。准地转理论是由 Charney(1948)通过尺度分析推导出的。现在,我们按照 Charney 的思路,对运动方程进行一个简单的尺度分析。我们可以用简化的形式把运动方程写成

$$\frac{\mathrm{D}\boldsymbol{V}}{\mathrm{D}t} + f\boldsymbol{k} \times \boldsymbol{V} = -\nabla_p \phi \tag{B.9}$$

式中,$\boldsymbol{V}$ 是水平风矢量。为了简单起见,我们省略了摩擦力。式(B.9)中包含的三项足以描述贯穿大部分大气层的大尺度水平风场演变。

我们可以通过一个简单的、几乎是机械的程序来无量纲化式(B.9),如下所示。我们假设 U 是一个速度尺度并写为

$$\boldsymbol{V} = U\hat{\boldsymbol{V}}$$

式中,克拉符号表示一个无量纲变量。类似地,我们假设 L 是一个长度尺度。然后,我们可以构建一个时间尺度为 $T = L/U$,并写为

$$t = T\hat{t} = \left(\frac{L}{U}\right)\hat{t} \text{ 和}$$

$$\frac{\mathrm{D}}{\mathrm{D}t} = \frac{1}{T}\frac{\mathrm{D}}{\mathrm{D}\hat{t}} = \frac{U}{L}\frac{\mathrm{D}}{\mathrm{D}\hat{t}}$$

最后,我们假设 $f = f_0\hat{f}$,式中 f_0 是科氏力参数的一个适当选择代表性(有量纲)值。注意,为了无量纲化式(B.9),我们不需要质量或温度的尺度。

将各种量代入式(B.9),我们可以将其重写为

$$\frac{U^2}{L}\frac{\mathrm{D}\hat{\boldsymbol{V}}}{\mathrm{D}\hat{t}} + f_0\hat{f}\boldsymbol{k} \times U\hat{\boldsymbol{V}} = -\nabla_p \phi$$

除以 $f_0 U$,我们发现

$$Ro \frac{\mathrm{D}\hat{\boldsymbol{V}}}{\mathrm{D}\hat{t}} + \hat{f}\boldsymbol{k} \times \hat{\boldsymbol{V}} = -\frac{\nabla_p \phi}{f_0 U} \tag{B.10}$$

式中，$Ro \equiv U/(f_0 L)$ 是（无量纲的）罗斯贝数。方程式（B.10）是式（B.9）的无量纲形式。

在将有量纲方程式（B.9）转换为无量纲形式的式（B.10）时，我们没有改变任何东西。要解决的问题仍然保持不变。然而，无量纲化删除了无关的信息，这也简化了事情。无量纲化也揭示了物理上重要的无量纲参数，如罗斯贝数。如果我们对控制瑞利对流的方程进行无量纲化，瑞利和普朗特数的出现方式与罗斯贝数出现的方式大致相同。

如前所述，如果两个系统的无量纲参数具有相同的值，即使它们的有量纲参数差异很大，那么就说它们都是"相似的"。最熟悉的例子是风洞，其中小型模型被用来研究更大的、全尺寸飞机的空气动力学特性。也可以建造有关大气的实验室类似物。上述简化和不完整的尺度分析表明，为了成为大气的有用模拟，实验室系统必须设计成具有与大气相同的罗斯贝数。一个更完整的尺度分析将揭示几个额外的无量纲参数重要性。

无量纲化是尺度分析的第一步。第二步是选择尺度的数值，使对感兴趣的问题而言，无量纲因变量的量级为 1。例如，为了研究地球大气中的中纬度大尺度运动，我们将选择 U 为 10 m·s^{-1}，L 为 10^6 m，f_0 为 10^{-4} s^{-1}，因为这些大小大约适合中纬度的大尺度运动。

使用这些尺度，我们发现 $Ro = 0.1$。这意味着式（B.10）的（前导）加速度项比科氏力项小一个数量级。为了满足该方程，科氏力项必须与唯一剩下的项相平衡，它代表气压梯度力。然后，式（B.10）简化为

$$\hat{f}\boldsymbol{k} \times \hat{\boldsymbol{V}} = -\frac{\nabla_p \phi}{f_0 U}$$

这是地转平衡的表达式。由于 $\nabla_p \sim 1/L$，我们可以得出结论，在气压面上 ϕ 的水平变化，由 $\delta\phi$ 表示，满足

$$\delta\phi \sim f_0 UL$$

因此，尺度分析允许我们推导出 $\delta\phi$ 的数量级。

所得出的结论取决于我们对有量纲尺度 U、L 和 f_0 数值的选择。如果我们对不同的气象现象感兴趣，如边界层中的单个湍流涡旋，我们就会对尺度做出不同的选择，得出不同的结论。

B.5　相似理论

尺度分析利用描述物理系统的方程组。不幸的是，在许多情况下，这些方程并不清楚。

例如，当风靠近地球表面运动时，会产生阻力。我们可以假设存在（即有可能找到）一个"公式"，告诉我们如何计算给定风速、温度递减率、地面（或海洋）粗糙度，以及其他几个有量纲量的阻力。我们不知道如何从运动方程和其他科学的基本物理原理中推导出这个公式，但我们相信这个公式是存在的。

相似理论的目的是通过假设找到这样的公式，这可以被描述为受启发的猜测。我们首先列出基本控制方程中包括边界条件出现的有量纲参数。一般来说，这些参数将包括空间坐标和时间、地球的自转速率和重力加速度等因子。有量纲参数的列表可能会很长，特别是考虑到原则上可以包括关于地球地形等详细信息。

作为第一步，为了使列表更短，我们可以假设，通常有充分的理由说，一些有量纲量与手头

的问题无关。例如,珠穆朗玛峰的高度与空气流过堪萨斯城时所经历的阻力无关。作为一个不那么可笑的例子,我们可能会在搜索阻力公式时使用的有量纲参数列表中省略水汽密度。

在确定了一个相当短的有量纲参数列表后,我们然后进行无量纲化,π 定理告诉我们,这个过程将产生一个更短的无量纲参数列表。然后我们断言感兴趣的无量纲组合之间存在函数关系。如果参数的数量足够小,那么我们将合理地希望通过经验找到函数关系。这正是在著名的莫宁-奥布霍夫相似理论的发展中所做的,该理论根据地球表面的平均风和温度廓线,为确定动量和感热的表面通量提供了非常有用的经验公式。

作为第二个例子,与前一节的讨论有关,我们可以想象两个实验室对流实验,其中 h、υ、κ、ga 和 Γ 都不同。我们想找到一个公式,将对流池中向上的热通量与问题的无量纲参数联系起来,即 Pr 和 Ra。我们不知道如何从第一原理中推导出这样的公式。一个相似的假设可能是,如果无量纲参数 Pr 和 Ra 在两个实验中相同,那么(无量纲)热通量也将是相同的。

这被证明是真的。如果许多“相似”实验的合适无量纲热通量以无量纲形式绘制,则所有数据整齐地落在曲线家族上。例如,对于一个给定的 Pr 值,我们可以绘制实验确定的无量纲热通量与 Ra 的图。对于 Pr 的每个值,数据都落在有序的曲线上。相似理论实际上并没有给出我们曲线的形状。这些形状必须根据经验来确定,但至少相似理论告诉我们该寻找什么。如果我们以有量纲形式绘制相同的数据,就会产生一组“分散的”点;没有明显的顺序。

G. I. Taylor(1950a,1950b)提供了一个著名的相似性分析例子,他分析了核爆炸。利用他(强大的)直觉,他为表 B.5 中所示的问题选择了 q。使用表中的 5 个有量纲参数,可以用三个基本量,长度、时间和质量来描述,泰勒使用量纲分析来确定以下两个无量纲参数:

$$\frac{\rho_0 R^5}{Et^2} \ 和 \ \frac{p_0 R^3}{E} \tag{B.11}$$

表 B.5　泰勒(G. I. Taylor)在其核爆炸分析中使用的有量纲量

符号	定义	代表性值或第一猜测
R	波前半径	$10^2 \mathrm{m}$
t	时间	$10^{-2} \mathrm{s}$
p_0	环境压力	$10^5 \mathrm{Pa}$
ρ_0	环境密度	$1 \mathrm{kg \cdot m^{-3}}$
E	释放能量	$10^{14} \mathrm{J}$

然后他就可以断言

$$\frac{\rho_0 R^5}{Et^2} = f\left(\frac{p_0 R^3}{E}\right) \tag{B.12}$$

式中,f 是需要通过经验来确定的函数。但实际上,他做的结果比这个更好。

根据表 B.5 第三列中给出的数值,包括对 E 值的“第一猜测”,泰勒估计

$$\frac{\rho_0 R^5}{Et^2} = 1$$

$$\frac{p_0 R^3}{E} = 10^{-3}$$

因为第二个参数远小于 1,泰勒得出结论,它在物理上是不相关的。第二个参数涉及环境气压,因此,这相当于(合理的)假设,即与内部压力巨大的核火球相比,相对较小的环境气压无关

紧要。这种相似性假设使泰勒得出结论,式(B.12)可以被替换为

$$\frac{\rho_0 R^5}{E t^2} = A = 常数$$

式中,A 预计将接近于 1。这就意味着

$$R^5 = \left(\frac{AE}{\rho_0}\right) t^2 \qquad (B.13)$$

因子 AE/ρ_0 预计与时间无关,因为 A 是一个常数,而 ρ_0 和 E 都与时间无关。泰勒通过已发表(未分类)爆炸杂志照片证实 R^5 与 t^2 成比例增加。然后,他通过假设 $A=1$ 来估计 E。他的估计是准确的,但那时政府还没有解密爆炸中释放的能量,这让政府很尴尬。

B.6　小结

量纲推理在大气科学和工程学中很常见。它有几种不同的方式被使用。

质量、长度、时间和温度足以描述在大气科学大多数工作中使用的物理量。白金汉 π 定理指出,如果一个物理问题仅使用无量纲组合表示,那么它可以最简明地描述。量纲分析可以用来识别这种组合。

尺度分析更进一步,通过使用所选择的量纲尺度,即以单位表示的数值,来确定描述物理系统无量纲化方程的主导项。对感兴趣的问题选择尺度使得无量纲未知量的数量级为 1 阶。尺度分析总是从已知的控制方程开始。

最后,利用相似理论来寻找描述物理系统特征的无量纲参数之间经验关系。当所寻求的公式不能从第一原理中推导出时,就使用相似理论。

相似系统是那些相关的无量纲参数取相同值的系统。相似系统的概念与尺度分析和相似性理论都有关。

图 B.1 总结了量纲分析、尺度分析和相似理论之间的逻辑关系。

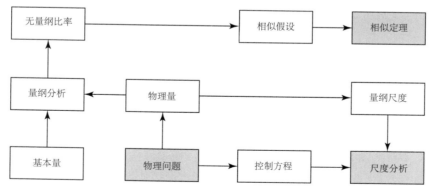

图 B.1　试图总结本文所讨论的各种主题之间逻辑联系。所有的问题都来自于物理问题,端点是相似理论和尺度分析

附录 C　为什么耗散率是正的？

如第 4 章所示，单位质量的动能耗散率为

$$\delta \equiv -\alpha(\boldsymbol{F} \cdot \nabla) \cdot \boldsymbol{V} \tag{C.1}$$

我们将证明

$$\delta \geqslant 0 \tag{C.2}$$

为了简单起见，我们考虑应用于一些大气小体积中的笛卡儿坐标系。我们命名坐标$(x、y、z)$，其相应的速度分量为$(u、v、w)$。我们可以将应力张量写成一个矩阵：

$$\boldsymbol{F} = \begin{bmatrix} 0 & F_{v,x} & F_{w,x} \\ F_{u,y} & 0 & F_{w,y} \\ F_{u,z} & F_{v,z} & 0 \end{bmatrix} \tag{C.3}$$

例如，$F_{u,y}$是y方向上u动量通量。矩阵的对角线元素被设置为零，因为它们代表"正常应力"（如气压），而耗散只由切变应力引起，切变应力使流体要素"变形"，就像面团被揉捏时变形一样。可以表明，应力张量必须围绕其对角线保持对称；即$F_{v,x} = F_{u,y}$、$F_{w,x} = F_{u,z}$和$F_{w,y} = F_{v,z}$。如果这不成立，应力将对一个无穷小的空气质点施加有限力矩。利用这个对称性，我们可以将式(C.3)重写为

$$\boldsymbol{F} = \begin{bmatrix} 0 & F_{u,y} & F_{u,z} \\ F_{u,y} & 0 & F_{v,z} \\ F_{u,z} & F_{v,z} & 0 \end{bmatrix} \tag{C.4}$$

我们可以将散度算子重写为一个行矢量；也就是说，

$$\nabla \cdot = \begin{bmatrix} \dfrac{\partial}{\partial x} & \dfrac{\partial}{\partial y} & \dfrac{\partial}{\partial z} \end{bmatrix} \tag{C.5}$$

我们发现

$$\nabla \cdot \boldsymbol{F} = \left(\frac{\partial F_{v,x}}{\partial y} + \frac{\partial F_{w,x}}{\partial z} \right)\boldsymbol{i} + \left(\frac{\partial F_{u,y}}{\partial x} + \frac{\partial F_{w,y}}{\partial z} \right)\boldsymbol{j} + \left(\frac{\partial F_{u,z}}{\partial x} + \frac{\partial F_{v,z}}{\partial y} \right)\boldsymbol{k} \tag{C.6}$$

式中，$\boldsymbol{i}$、$\boldsymbol{j}$和$\boldsymbol{k}$分别是x、y和z方向上的单位向量。将式(C.5)应用于式(C.4)获得式(C.6)，这说明了张量的散度如何以及为什么是矢量。类似地，

$$\boldsymbol{F} \cdot \boldsymbol{V} = (F_{v,x}v + F_{w,x}w)\boldsymbol{i} + (F_{u,y}u + F_{w,y}w)\boldsymbol{j} + (F_{u,z}u + F_{v,z}v)\boldsymbol{k} \tag{C.7}$$

是由于"隔壁"空气的摩擦做功而产生的动能（矢量）通量。例如，$F_{u,z}u$是作用在z方向的能量交换矢量的分量（因此，乘以$\boldsymbol{k}$），是由于u动量通过摩擦所做功在z方向的传输。

耗散率$-\alpha(\boldsymbol{F} \cdot \boldsymbol{V}) \cdot \boldsymbol{V}$可以构造如下。我们开始写为

$$\boldsymbol{F} \cdot \nabla = \begin{bmatrix} 0 & F_{v,x} & F_{w,x} \\ F_{u,y} & 0 & F_{w,y} \\ F_{u,z} & F_{v,z} & 0 \end{bmatrix} \begin{bmatrix} \dfrac{\partial}{\partial x} \\[2mm] \dfrac{\partial}{\partial y} \\[2mm] \dfrac{\partial}{\partial z} \end{bmatrix}$$

$$= \left[\left(F_{v,x} \frac{\partial}{\partial y} + F_{w,x} \frac{\partial}{\partial z} \right) \boldsymbol{i} \left(F_{u,y} \frac{\partial}{\partial x} + F_{w,y} \frac{\partial}{\partial z} \right) \boldsymbol{j} \left(F_{u,z} \frac{\partial}{\partial x} + F_{v,z} \frac{\partial}{\partial y} \right) \boldsymbol{k} \right] \qquad (C.8)$$

我们称 $\boldsymbol{F} \cdot \nabla$ 为"算子",因为它可以形成点积来对矢量微分。和 $\boldsymbol{V}$ 形成点积,我们得到

$$(\boldsymbol{F} \cdot \nabla) \cdot \boldsymbol{V} = \left(F_{v,x} \frac{\partial}{\partial y} + F_{w,x} \frac{\partial}{\partial z} \right) u + \left(F_{u,y} \frac{\partial}{\partial x} + F_{w,y} \frac{\partial}{\partial z} \right) v + \left(F_{u,z} \frac{\partial}{\partial x} + F_{v,z} \frac{\partial}{\partial y} \right) w$$

$$= F_{u,y} \left(\frac{\partial v}{\partial x} + \frac{\partial u}{\partial y} \right) + F_{u,z} \left(\frac{\partial w}{\partial x} + \frac{\partial u}{\partial z} \right) + F_{v,z} \left(\frac{\partial w}{\partial y} + \frac{\partial v}{\partial z} \right) \qquad (C.9)$$

如前所述,我们利用应力张量的对称性得到了式(C.9)的第二行。

为了完成耗散率是非负的证明,我们必须用风的分量来表示应力。空气是牛顿流体的一个例子,其应力与运动的空间导数(称为应变)成正比,如下所示:

$$F_{v,x} = F_{u,y} = -\mu \left(\frac{\partial v}{\partial x} + \frac{\partial u}{\partial y} \right) \qquad (C.10)$$

$$F_{w,x} = F_{u,z} = -\mu \left(\frac{\partial w}{\partial x} + \frac{\partial u}{\partial z} \right) \qquad (C.11)$$

$$F_{w,y} = F_{v,z} = -\mu \left(\frac{\partial w}{\partial y} + \frac{\partial v}{\partial z} \right) \qquad (C.12)$$

式中,μ 是正的,是几乎恒定的分子黏度,这是"物质特性",而不是运动场的性质。方程式(C.10)—(C.12)被称为应力应变关系。作为一个例子,式(C.11)表示,u 向上增加("应变")往往有利于应力 $F_{u,z}$ 的负(向下)值。动量流从"快"到"慢",因此倾向于使动量随时间均匀化。专业说法是,这样的通量是"下梯度"。将式(C.10)—(C.12)代入式(C.9)的第二行,我们发现

$$(\boldsymbol{F} \cdot \nabla) \cdot \boldsymbol{V} = -\mu \left[\left(\frac{\partial v}{\partial x} + \frac{\partial u}{\partial y} \right)^2 + \left(\frac{\partial w}{\partial x} + \frac{\partial u}{\partial z} \right)^2 + \left(\frac{\partial w}{\partial y} + \frac{\partial v}{\partial z} \right)^2 \right] \qquad (C.13)$$

它建立了式(C.2)。它还表明,耗散只发生在切变时,如在具有涡度的流中;在均匀或纯辐散(即无旋转)流中,耗散率为零。

附录 D   垂直坐标变换

我们考虑两个垂直坐标,分别用 z 和 ζ 表示。虽然 z 符号表示高度,但这里没有这样的暗示;z 和 ζ 完全可以是任何变量,只要它们随高度单调变化。

假设有一个规则告诉我们如何计算给定值 z 的 ζ,反之亦然。例如,我们可以定义 $\zeta \equiv z - z_S(x,y,t)$,式中 $z_S(x,y,t)$ 是 z 沿地球表面的分布。

我们考虑任意一个因变量 A 随自变量 x 的变化,如图 D.1 所示。我们的目标是关联 $\left(\dfrac{\partial A}{\partial x}\right)_\zeta$ 和 $\left(\dfrac{\partial A}{\partial x}\right)_z$。参照图 D.1,我们可以写

$$
\begin{aligned}
\frac{A_3 - A_1}{x_3 - x_1} &= \frac{A_2 - A_1}{x_3 - x_1} + \frac{A_3 - A_2}{x_3 - x_1} \\
&= \frac{A_2 - A_1}{x_2 - x_1} + \frac{A_3 - A_2}{\zeta_3 - \zeta_2} \frac{\zeta_3 - \zeta_2}{x_3 - x_1} \\
&= \frac{A_2 - A_1}{x_2 - x_1} + \frac{A_3 - A_2}{\zeta_3 - \zeta_2} \frac{\zeta_1 - \zeta_2}{x_2 - x_1} \\
&= \frac{A_2 - A_1}{x_2 - x_1} - \frac{A_3 - A_2}{\zeta_3 - \zeta_2} \frac{\zeta_2 - \zeta_1}{x_2 - x_1}
\end{aligned}
\tag{D.1}
$$

当增量变小时,取极限,我们得到

$$
\left(\frac{\partial A}{\partial x}\right)_\zeta = \left(\frac{\partial A}{\partial x}\right)_z - \left(\frac{\partial A}{\partial \zeta}\right)_x \left(\frac{\partial \zeta}{\partial x}\right)_z
\tag{D.2}
$$

同样,水平梯度满足

$$
\nabla_\zeta A = \nabla_z A - \left(\frac{\partial A}{\partial \zeta}\right)_x (\nabla \zeta)_z
\tag{D.3}
$$

自然,如果自变量是时间而不是水平坐标,前面推导的方式完全相同。类似的恒等式也适用于其他算子。例如,对于任意一个水平矢量 $\boldsymbol{H}$,我们可以写为

$$
\nabla_r \times \boldsymbol{H} = \nabla_\theta \times \boldsymbol{H} + \frac{\partial \boldsymbol{H}}{\partial r} \times \nabla_\theta r
\tag{D.4}
$$

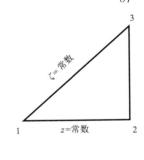

图 D.1   用于推导定常 ζ 面上的导数与定常 z 面上的
导数关系规则的示意图

在前述的例子中,使用 $\zeta \equiv z - z_s(x,y,t)$,式(D. 3)简化为

$$\nabla_\zeta A = \nabla_z A - \frac{\partial A}{\partial \zeta} \nabla z_s \tag{D. 5}$$

作为第二个例子,我们设 ζ 为气压,A 为位势,用 ϕ 表示。然后,式(D. 3)变成

$$\nabla_p \phi = \nabla_z \phi - \frac{\partial \phi}{\partial p} \nabla_z p$$

$$= -\frac{\partial \phi}{\partial p} \nabla_z p$$

$$\approx \alpha \nabla_z p \tag{D. 6}$$

第三行是静力极限,式中 $\alpha = RT/p$ 是比容。

作为第三个例子,再次使用静力学方程,我们可以写为

$$\nabla_p \varphi = \nabla_\theta \phi - \frac{\partial \phi}{\partial p} \nabla_\theta p$$

$$\approx \nabla_\theta \phi + \alpha \nabla_\theta p$$

$$= \nabla_\theta \phi + \frac{RT}{p} \nabla_\theta p \tag{D. 7}$$

利用

$$T = \theta \left(\frac{p}{p_0} \right)^{R/c_p} \tag{D. 8}$$

我们可以证明

$$\frac{\nabla_\theta p}{p} = \frac{c_p}{R} \frac{\nabla_\theta T}{T} \tag{D. 9}$$

在式(D. 7)中使用式(D. 9)给出

$$\nabla_p \phi = \nabla_\theta (c_p T + \phi) \tag{D. 10}$$

附录 E　湿绝热递减率

如第 4 章所述,湿静力能,

$$h \equiv c_p T + gz + Lq_v \tag{E.1}$$

在湿绝热过程中近似守恒。饱和湿静力能为

$$h_{\text{sat}} \equiv c_p T + gz + Lq_{\text{sat}}(T, p) \tag{E.2}$$

式中,$q_{\text{sat}}(T, p)$ 是饱和混合比,正如表示的,这取决于温度和气压。式(E.2)对高度微分给出

$$\frac{\partial h_{\text{sat}}}{\partial z} = c_p \frac{\partial T}{\partial z} + g + L\left[\left(\frac{\partial q_{\text{sat}}}{\partial T}\right)_p \frac{\partial T}{\partial z} + \left(\frac{\partial q_{\text{sat}}}{\partial p}\right)_T \frac{\partial \bar{p}}{\partial z}\right] \tag{E.3}$$

式中,

$$\gamma \equiv \frac{L}{c_p}\left(\frac{\partial q_{\text{sat}}}{\partial T}\right)_p \tag{E.4}$$

使用平均状态的温度和气压进行评估。无量纲参数 γ 是正的,量级为 1。利用静力方程,我们可以重新排列式(E.3)为

$$\frac{\partial h_{\text{sat}}}{\partial z} = c_p\left\{(1+\gamma)\frac{\partial T}{\partial z} + \frac{g}{c_p}\left[1 - L\left(\frac{\partial q_{\text{sat}}}{\partial p}\right)_T \bar{\rho}\right]\right\} \tag{E.5}$$

在没有混合和辐射加热的情况下,饱和湿静力能由饱和气块保持守恒。因此,在式(E.5)中设置 $\partial h_{\text{sat}}/\partial z = 0$ 可以使我们得到湿绝热递减率的表达式:

$$\begin{aligned} \Gamma_m &\equiv -\left(\frac{\partial T}{\partial z}\right)_{\text{湿绝热}} \\ &= \frac{g/c_p}{1+\gamma}\left[1 - L\left(\frac{\partial q_{\text{sat}}}{\partial p}\right)_T \rho\right] \end{aligned} \tag{E.6}$$

为了更进一步,我们需要 $(\partial q_{\text{sat}}/\partial p)_T$ 和 γ 的公式。

饱和混合比定义为

$$q_{\text{sat}}(T, p) \equiv \frac{(\rho_v)_{\text{sat}}}{\rho_d} \tag{E.7}$$

式中,$(\rho_v)_{\text{sat}}$ 为饱和水汽密度,ρ_d 为干空气密度。水汽和干空气均遵循状态方程,温度相同,但气体常数不同:

$$p_d = \rho_d R_d T \text{ 和 } e = \rho_v R_v T \tag{E.8}$$

式中,e 是水汽压,$R_v \approx 462\ \text{J} \cdot \text{kg}^{-1} \cdot \text{K}^{-1}$。当我们取式(E.8)中两个方程的比值时,温度抵消了,我们发现

$$\frac{e}{p_d} = \frac{\rho_v R_v}{\rho_d R_d} \tag{E.9}$$

相当于

$$\begin{aligned} q &\equiv \frac{\rho_v}{\rho_d} \\ &= \frac{\varepsilon e}{p_d} \end{aligned} \tag{E.10}$$

式中，

$$\varepsilon \equiv \frac{R_d}{R_v} \approx 0.622 \tag{E.11}$$

在整个对流层，$p_d \gg e$，所以我们可以将式(E.10)近似为

$$q \approx \frac{\varepsilon e}{p} \tag{E.12}$$

类似地

$$q_{\text{sat}}(T, p) \approx \frac{\varepsilon e_{\text{sat}}(T)}{p} \tag{E.13}$$

从式(E.13)，我们可以看到

$$\left(\frac{\partial q_{\text{sat}}}{\partial p}\right)_T \approx -\frac{q_{\text{sat}}(T, p)}{p} < 0 \tag{E.14}$$

和

$$\gamma \equiv \frac{L}{c_p}\left(\frac{\partial q_{\text{sat}}}{\partial T}\right)_p$$
$$= \frac{L\varepsilon}{c_p p}\frac{\mathrm{d}}{\mathrm{d}T}e_{\text{sat}}(T) \tag{E.15}$$

克劳修斯-克拉珀龙(Clausius-Clapeyron)方程近似为

$$\frac{\mathrm{d}}{\mathrm{d}T}e_{\text{sat}}(T) \approx \frac{Le_{\text{sat}}(T)}{R_v T^2} \tag{E.16}$$

代入式(E.15)得到

$$\gamma \equiv \frac{L}{c_p}\left(\frac{\partial q_{\text{sat}}}{\partial T}\right)_p$$
$$= \frac{L^2 q_{\text{sat}}}{c_p R_v T^2} \tag{E.17}$$

然后，我们可以将式(E.6)重写为

$$\Gamma_m = \Gamma_d \left[\frac{1 + \dfrac{Lq_{\text{sat}}}{R_d T}}{1 + \dfrac{L^2 q_{\text{sat}}}{c_p R_v T^2}}\right] \tag{E.18}$$

式中，

$$\Gamma_d = -\left(\frac{\partial T}{\partial z}\right)_{\text{干绝热}}$$
$$= \frac{g}{c_p} \tag{E.19}$$

是干绝热递减率。式(E.18)的分母大于分子，尽管在低温下 $\Gamma_m \to \Gamma_d$，因此，$\Gamma_m < \Gamma_d$。例如，当气压为 1000 hPa，温度为 288 K 时，我们发现 $\Gamma_m = 4.67$ K·km^{-1}。随着温度的升高，湿绝热递减率减小。

附录 F　涡旋动能和纬向动能

涡旋动能、纬向动能和纬向平均总动能方程的推导方法类似于推导位能方差守恒方程的方法，为了简洁起见，在这里省略。

我们定义了单位质量的涡旋动能

$$\mathrm{KE} \equiv \frac{1}{2}\left[\overline{(u^*)^2}^{\lambda} + \overline{(v^*)^2}^{\lambda}\right] \tag{F.1}$$

和纬向动能为

$$\mathrm{KZ} \equiv \frac{1}{2}\left[(\bar{u}^{\lambda})^2 + (\bar{v}^{\lambda})^2\right] \tag{F.2}$$

由此可见

$$\overline{K}^{\lambda} = \mathrm{KZ} + \mathrm{KE} \tag{F.3}$$

式(F.3)中的所有三个量都与经度无关。

为了推导出控制 KE 和 KZ 的方程，我们从通量形式的纬向和经向运动方程开始：

$$\frac{\partial u}{\partial t} + \frac{1}{a\cos\varphi}\frac{\partial}{\partial\lambda}(uu) + \frac{1}{a\cos\varphi}\frac{\partial}{\partial\varphi}(vu\cos\varphi) + \frac{\partial}{\partial p}(\omega u)$$

$$= \frac{uv\tan\varphi}{a} + fv - \frac{1}{a\cos\varphi}\frac{\partial\phi}{\partial\lambda} + g\frac{\partial F_u}{\partial p} \tag{F.4}$$

$$\frac{\partial v}{\partial t} + \frac{1}{a\cos\varphi}\frac{\partial}{\partial\lambda}(uv) + \frac{1}{a\cos\varphi}\frac{\partial}{\partial\varphi}(vv\cos\varphi) + \frac{\partial}{\partial p}(\omega v)$$

$$= -\frac{u^2\tan\varphi}{a} - fu - \frac{1}{a}\frac{\partial\phi}{\partial\varphi} + g\frac{\partial F_v}{\partial p} \tag{F.5}$$

我们还需要质量的连续方程：

$$\frac{1}{a\cos\varphi}\frac{\partial u}{\partial\lambda} + \frac{1}{a\cos\varphi}\frac{\partial}{\partial\varphi}(v\cos\varphi) + \frac{\partial\omega}{\partial p} = 0 \tag{F.6}$$

式(F.4)—(F.6)的纬向平均为

$$\frac{\partial\bar{u}^{\lambda}}{\partial t} + \frac{1}{a\cos\varphi}\frac{\partial}{\partial\varphi}\left[(\bar{v}^{\lambda}\bar{u}^{\lambda} + \overline{v^*u^*}^{\lambda})\cos\varphi\right] + \frac{\partial}{\partial p}(\bar{\omega}^{\lambda}\bar{u}^{\lambda} + \overline{\omega^*u^*}^{\lambda})$$

$$= (\bar{v}^{\lambda}\bar{u}^{\lambda} + \overline{v^*u^*}^{\lambda})\frac{\tan\varphi}{a} + f\bar{v}^{\lambda} + g\frac{\partial\overline{F_u}^{\lambda}}{\partial p} \tag{F.7}$$

$$\frac{\partial\bar{v}^{\lambda}}{\partial t} + \frac{1}{a\cos\varphi}\frac{\partial}{\partial\varphi}\left[(\bar{v}^{\lambda}\bar{v}^{\lambda} + \overline{v^*v^*}^{\lambda})\cos\varphi\right] + \frac{\partial}{\partial p}(\bar{\omega}^{\lambda}\bar{v}^{\lambda} + \overline{\omega^*v^*}^{\lambda})$$

$$= -(\bar{u}^{\lambda}\bar{u}^{\lambda} + \overline{u^*u^*}^{\lambda})\frac{\tan\varphi}{a} - f\bar{u}^{\lambda} - \frac{1}{a}\frac{\partial\bar{\phi}^{\lambda}}{\partial\varphi} + g\frac{\partial\overline{F_v}^{\lambda}}{\partial p} \tag{F.8}$$

和

$$\frac{1}{a\cos\varphi}\frac{\partial}{\partial\varphi}(\bar{v}^{\lambda}\cos\varphi) + \frac{\partial\bar{\omega}^{\lambda}}{\partial p} = 0 \tag{F.9}$$

我们使用纬向平均连续方程式(F.9)将式(F.7)和式(F.8)转换为平流形式：

$$\frac{\partial \overline{u}^\lambda}{\partial t} + \frac{\overline{v}^\lambda}{a} \frac{\partial \overline{u}^\lambda}{\partial \varphi} + \overline{\omega}^\lambda \frac{\partial \overline{u}^\lambda}{\partial p} + \frac{1}{a\cos\varphi} \frac{\partial}{\partial \varphi}(\overline{v^* u^*}^\lambda \cos\varphi) + \frac{\partial}{\partial p} \overline{\omega^* u^*}^\lambda$$

$$= (\overline{v}^\lambda \overline{u}^\lambda + \overline{v^* u^*}^\lambda)\frac{\tan\varphi}{a} + f\overline{v}^\lambda + g \frac{\partial \overline{F_u}^\lambda}{\partial p} \tag{F.10}$$

$$\frac{\partial \overline{v}^\lambda}{\partial t} + \frac{\overline{v}^\lambda}{a} \frac{\partial \overline{v}^\lambda}{\partial \varphi} + \overline{\omega}^\lambda \frac{\partial \overline{v}^\lambda}{\partial p} + \frac{1}{a\cos\varphi} \frac{\partial}{\partial \varphi}(\overline{v^* v^*}^\lambda \cos\varphi) + \frac{\partial}{\partial p} \overline{\omega^* v^*}^\lambda$$

$$= - (\overline{u}^\lambda \overline{u}^\lambda + \overline{u^* u^*}^\lambda)\frac{\tan\varphi}{a} - f\overline{u}^\lambda - \frac{1}{a} \frac{\partial \overline{\phi}^\lambda}{\partial \varphi} + g \frac{\partial \overline{F_v}^\lambda}{\partial p} \tag{F.11}$$

接下来，我们将式(F.10)乘以 $\overline{u}^\lambda$，将式(F.11)乘以 $\overline{v}^\lambda$，结果相加得到

$$\frac{\partial}{\partial t}\mathrm{KZ} + \frac{\overline{v}^\lambda}{a} \frac{\partial}{\partial \varphi}\mathrm{KZ} + \overline{\omega}^\lambda \frac{\partial}{\partial p}\mathrm{KZ} + \frac{\overline{u}^\lambda}{a\cos\varphi} \frac{\partial}{\partial \varphi}(\overline{v^* u^*}^\lambda \cos\varphi) +$$

$$\frac{\overline{v}^\lambda}{a\cos\varphi} \frac{\partial}{\partial \varphi}(\overline{v^* v^*}^\lambda \cos\varphi) + \overline{u}^\lambda \frac{\partial}{\partial p} \overline{\omega^* u^*}^\lambda + \overline{v}^\lambda \frac{\partial}{\partial p} \overline{\omega^* v^*}^\lambda$$

$$= \overline{u}^\lambda (\cancel{\overline{v}^\lambda \overline{u}^\lambda} + \overline{v^* u^*}^\lambda)\frac{\tan\varphi}{a} - \overline{v}^\lambda (\cancel{\overline{u}^\lambda \overline{u}^\lambda} + \overline{u^* u^*}^\lambda)\frac{\tan\varphi}{a} -$$

$$\frac{\overline{v}^\lambda}{a} \frac{\partial \overline{\phi}^\lambda}{\partial \varphi} + g\overline{v}^\lambda \frac{\partial \overline{F_v}^\lambda}{\partial p} + g\overline{u}^\lambda \frac{\partial \overline{F_u}^\lambda}{\partial p} \tag{F.12}$$

我们使用式(F.9)返回到通量形式，并抵消式(F.12)指明的项来获得

$$\frac{\partial}{\partial t}\mathrm{KZ} + \frac{1}{a\cos\varphi} \frac{\partial}{\partial \varphi}(\overline{v}^\lambda \mathrm{KZ}\cos\varphi) + \frac{\partial}{\partial p}(\overline{\omega}^\lambda \mathrm{KZ}) +$$

$$\frac{\overline{u}^\lambda}{a\cos\varphi} \frac{\partial}{\partial \varphi}(\overline{v^* u^*}^\lambda \cos\varphi) + \frac{\overline{v}^\lambda}{a\cos\varphi} \frac{\partial}{\partial \varphi}(\overline{v^* v^*}^\lambda \cos\varphi) + \overline{u}^\lambda \frac{\partial}{\partial p} \overline{\omega^* u^*}^\lambda + \overline{v}^\lambda \frac{\partial}{\partial p} \overline{\omega^* v^*}^\lambda \tag{F.13}$$

$$= (\overline{u}^\lambda \overline{v^* u^*}^\lambda - \overline{v}^\lambda \overline{u^* u^*}^\lambda)\frac{\tan\varphi}{a} - \frac{\overline{v}^\lambda}{a} \frac{\partial \overline{\phi}^\lambda}{\partial \varphi} + g\overline{v}^\lambda \frac{\partial \overline{F_v}^\lambda}{\partial p} + g\overline{u}^\lambda \frac{\partial \overline{F_u}^\lambda}{\partial p}$$

我们可以处理式(F.13)第二行上的项如下：

$$\frac{\overline{u}^\lambda}{a\cos\varphi} \frac{\partial}{\partial \varphi}(\overline{v^* u^*}^\lambda \cos\varphi) + \frac{\overline{v}^\lambda}{a\cos\varphi} \frac{\partial}{\partial \varphi}(\overline{v^* v^*}^\lambda \cos\varphi) + \overline{u}^\lambda \frac{\partial}{\partial p} \overline{\omega^* u^*}^\lambda + \overline{v}^\lambda \frac{\partial}{\partial p} \overline{\omega^* v^*}^\lambda$$

$$= \frac{1}{a\cos\varphi} \frac{\partial}{\partial \varphi}[(\overline{u}^\lambda \overline{v^* u^*}^\lambda + \overline{v}^\lambda \overline{v^* v^*}^\lambda)\cos\varphi] - \frac{\overline{v^* u^*}^\lambda}{a} \frac{\partial \overline{u}^\lambda}{\partial \varphi} - \frac{\overline{v^* v^*}^\lambda}{a} \frac{\partial \overline{v}^\lambda}{\partial \varphi} + \tag{F.14}$$

$$\frac{\partial}{\partial p}(\overline{u}^\lambda \overline{\omega^* u^*}^\lambda + \overline{v}^\lambda \overline{\omega^* v^*}^\lambda) - \overline{\omega^* u^*}^\lambda \frac{\partial \overline{u}^\lambda}{\partial p} - \overline{\omega^* v^*}^\lambda \frac{\partial \overline{v}^\lambda}{\partial p}$$

最后，我们写为

$$\frac{\overline{v}^\lambda}{a} \frac{\partial \overline{\phi}^\lambda}{\partial \varphi} = \frac{\overline{v}^\lambda \cos\varphi}{a\cos\varphi} \frac{\partial \overline{\phi}^\lambda}{\partial \varphi}$$

$$= \frac{1}{a\cos\varphi} \frac{\partial}{\partial \varphi}(\overline{v}^\lambda \overline{\phi}^\lambda \cos\varphi) - \frac{\overline{\phi}^\lambda}{a\cos\varphi} \frac{\partial}{\partial \varphi}(\overline{v}^\lambda \cos\varphi)$$

$$= \frac{1}{a\cos\varphi} \frac{\partial}{\partial \varphi}(\overline{v}^\lambda \overline{\phi}^\lambda \cos\varphi) + \overline{\phi}^\lambda \frac{\partial \overline{\omega}^\lambda}{\partial p} \tag{F.15}$$

$$= \frac{1}{a\cos\varphi} \frac{\partial}{\partial \varphi}(\overline{v}^\lambda \overline{\phi}^\lambda \cos\varphi) + \frac{\partial \overline{\omega}^\lambda \overline{\phi}^\lambda}{\partial p} - \overline{\omega}^\lambda \frac{\partial \overline{\phi}^\lambda}{\partial p}$$

$$= \frac{1}{a\cos\varphi} \frac{\partial}{\partial \varphi}(\overline{v}^\lambda \overline{\phi}^\lambda \cos\varphi) + \frac{\partial \overline{\omega}^\lambda \overline{\phi}^\lambda}{\partial p} + \overline{\omega}^\lambda \overline{\alpha}^\lambda$$

代回式(F.13)并组合一些项，我们发现

$$\frac{\partial}{\partial t}KZ + \frac{1}{a\cos\varphi}\frac{\partial}{\partial\varphi}\left[(\overline{v}^\lambda KZ + \overline{u}^\lambda\overline{v^*u^*}^\lambda + \overline{v}^\lambda\overline{v^*v^*}^\lambda + \overline{v^\lambda\phi}^\lambda)\cos\varphi\right]+$$

$$\frac{\partial}{\partial p}(\overline{\omega}^\lambda KZ + \overline{u}^\lambda\overline{\omega^*u^*}^\lambda + \overline{v}^\lambda\overline{\omega^*v^*}^\lambda + \overline{\omega^\lambda\phi}^\lambda)$$

$$= \frac{\overline{v^*u^*}^\lambda}{a}\frac{\partial\overline{u}^\lambda}{\partial\varphi} + \frac{\overline{v^*v^*}^\lambda}{a}\frac{\partial\overline{v}^\lambda}{\partial\varphi} + \overline{\omega^*u^*}^\lambda\frac{\partial\overline{u}^\lambda}{\partial p} + \overline{\omega^*v^*}^\lambda\frac{\partial\overline{v}^\lambda}{\partial p} +$$

$$(\overline{u}^\lambda\overline{v^*u^*}^\lambda - \overline{v}^\lambda\overline{u^*u^*}^\lambda)\frac{\tan\varphi}{a} - \overline{\omega^\lambda\alpha}^\lambda + g\overline{v}^\lambda\frac{\partial\overline{F}_v^\lambda}{\partial p} + g\overline{u}^\lambda\frac{\partial\overline{F}_u^\lambda}{\partial p}$$

(F.16)

这是纬向动能方程。

为了推导涡旋动能方程，我们回到运动方程。我们使用连续方程式(F.6)，将式(F.4)—(F.5)转换为平流形式：

$$\frac{\partial u}{\partial t} + \frac{u}{a\cos\varphi}\frac{\partial u}{\partial\lambda} + \frac{v}{a}\frac{\partial u}{\partial\varphi} + \omega\frac{\partial u}{\partial p} = \frac{uv\tan\varphi}{a} + fv - \frac{1}{a\cos\varphi}\frac{\partial\phi}{\partial\lambda} + g\frac{\partial F_u}{\partial p} \qquad (F.17)$$

$$\frac{\partial v}{\partial t} + \frac{u}{a\cos\varphi}\frac{\partial v}{\partial\lambda} + \frac{v}{a}\frac{\partial v}{\partial\varphi} + \omega\frac{\partial v}{\partial p} = -\frac{u^2\tan\varphi}{a} - fu - \frac{1}{a}\frac{\partial\phi}{\partial\varphi} + g\frac{\partial F_v}{\partial p} \qquad (F.18)$$

我们分别从式(F.17)式(F.18)中减去式(F.10)和式(F.11)，得到

$$\frac{\partial u^*}{\partial t} + \frac{u}{a\cos\varphi}\frac{\partial u^*}{\partial\lambda} + \left(\frac{v}{a}\frac{\partial u}{\partial\varphi} - \frac{\overline{v}^\lambda}{a}\frac{\partial\overline{u}^\lambda}{\partial\varphi}\right) + \left(\omega\frac{\partial u}{\partial p} - \overline{\omega}^\lambda\frac{\partial\overline{u}^\lambda}{\partial p}\right)-$$

$$\left[\frac{1}{a\cos\varphi}\frac{\partial}{\partial\varphi}(\overline{v^*u^*}^\lambda\cos\varphi) + \frac{\partial}{\partial p}\overline{\omega^*u^*}^\lambda\right]$$

$$= \frac{uv\tan\varphi}{a} - \frac{(\overline{v}^\lambda\overline{u}^\lambda + \overline{v^*u^*}^\lambda)\tan\varphi}{a} + fv^* - \frac{1}{a\cos\varphi}\frac{\partial\phi^*}{\partial\lambda} + g\frac{\partial F_u^*}{\partial p} \qquad (F.19)$$

$$\frac{\partial v^*}{\partial t} + \frac{u}{a\cos\varphi}\frac{\partial v^*}{\partial\lambda} + \left(\frac{v}{a}\frac{\partial v}{\partial\varphi} - \frac{\overline{v}^\lambda}{a}\frac{\partial\overline{v}^\lambda}{\partial\varphi}\right) + \left(\omega\frac{\partial v}{\partial p} - \overline{\omega}^\lambda\frac{\partial\overline{v}^\lambda}{\partial p}\right)-$$

$$\left[\frac{1}{a\cos\varphi}\frac{\partial}{\partial\varphi}(\overline{v^*v^*}^\lambda\cos\varphi) + \frac{\partial}{\partial p}\overline{\omega^*v^*}^\lambda\right]$$

$$= -\frac{u^2\tan\varphi}{a} - \frac{(\overline{u}^\lambda\overline{u}^\lambda + \overline{u^*u^*}^\lambda)\tan\varphi}{a} - fu^* - \frac{1}{a}\frac{\partial\phi^*}{\partial\varphi} + g\frac{\partial F_v^*}{\partial p} \qquad (F.20)$$

展开非线性项，我们得到

$$\frac{\partial u^*}{\partial t} + \frac{\overline{u}^\lambda + u^*}{a\cos\varphi}\frac{\partial u^*}{\partial\lambda} + \frac{\overline{v}^\lambda + v^*}{a}\frac{\partial}{\partial\varphi}(\overline{u}^\lambda + u^*) + (\overline{\omega}^\lambda + \omega^*)\frac{\partial}{\partial p}(\overline{u}^\lambda + u^*)-$$

$$\left(\frac{\overline{v}^\lambda}{a}\frac{\partial\overline{u}^\lambda}{\partial\varphi} + \overline{\omega}^\lambda\frac{\partial\overline{u}^\lambda}{\partial p}\right) - \left[\frac{1}{a\cos\varphi}\frac{\partial}{\partial\varphi}(\overline{v^*u^*}^\lambda\cos\varphi) + \frac{\partial}{\partial p}\overline{\omega^*u^*}^\lambda\right] \qquad (F.21)$$

$$= \left[(\overline{u}^\lambda + u^*)(\overline{v}^\lambda + v^*) - (\overline{v}^\lambda\overline{u}^\lambda + \overline{v^*u^*}^\lambda)\right]\frac{\tan\varphi}{a} + fv^* - \frac{1}{a\cos\varphi}\frac{\partial\phi^*}{\partial\lambda} + g\frac{\partial F_u^*}{\partial p}$$

$$\frac{\partial v^*}{\partial t} + \frac{\overline{u}^\lambda + u^*}{a\cos\varphi}\frac{\partial v^*}{\partial\lambda} + \frac{\overline{v}^\lambda + v^*}{a}\frac{\partial}{\partial\varphi}(\overline{v}^\lambda + v^*) + (\overline{\omega}^\lambda + \omega^*)\frac{\partial}{\partial p}(\overline{v}^\lambda + v^*)-$$

$$\left(\frac{\overline{v}^\lambda}{a}\frac{\partial\overline{v}^\lambda}{\partial\varphi} + \overline{\omega}^\lambda\frac{\partial\overline{v}^\lambda}{\partial p}\right) - \left[\frac{1}{a\cos\varphi}\frac{\partial}{\partial\varphi}(\overline{v^*v^*}^\lambda\cos\varphi) + \frac{\partial}{\partial p}\overline{\omega^*v^*}^\lambda\right] \qquad (F.22)$$

$$= \left[-(\overline{u}^\lambda + u^*)^2 + (\overline{u}^\lambda\overline{u}^\lambda + \overline{u^*u^*}^\lambda)\right]\frac{\tan\varphi}{a} - fu^* - \frac{1}{a}\frac{\partial\phi^*}{\partial\varphi} + g\frac{\partial F_v^*}{\partial p}$$

重新排列和简化：

358

$$\left(\frac{\partial}{\partial t}+\frac{\bar{u}^{\lambda}}{a\cos\varphi}\frac{\partial}{\partial\lambda}+\frac{\bar{v}^{\lambda}}{a}\frac{\partial}{\partial\varphi}+\bar{\omega}^{\lambda}\frac{\partial}{\partial p}\right)u^{*}+$$

$$\left(\frac{u^{*}}{a\cos\varphi}\frac{\partial}{\partial\lambda}+\frac{v^{*}}{a}\frac{\partial}{\partial\varphi}+\omega^{*}\frac{\partial}{\partial p}\right)u^{*}+\frac{v^{*}}{a}\frac{\partial\bar{u}^{\lambda}}{\partial\varphi}+\omega^{*}\frac{\partial\bar{u}^{\lambda}}{\partial p}-$$

$$\left[\frac{1}{a\cos\varphi}\frac{\partial}{\partial\varphi}\left(\overline{v^{*}u^{*}}^{\lambda}\cos\varphi\right)+\frac{\partial}{\partial p}\overline{\omega^{*}u^{*}}^{\lambda}\right]\tag{F.23}$$

$$=\left[\left(\bar{u}^{\lambda}v^{*}+u^{*}\bar{v}^{\lambda}+v^{*}u^{*}\right)-\overline{v^{*}u^{*}}^{\lambda}\right]\frac{\tan\varphi}{a}+fv^{*}-\frac{1}{a\cos\varphi}\frac{\partial\phi^{*}}{\partial\lambda}+g\frac{\partial F_{u}^{*}}{\partial p}$$

$$\left(\frac{\partial}{\partial t}+\frac{\bar{u}^{\lambda}}{a\cos\varphi}\frac{\partial}{\partial\lambda}+\frac{\bar{v}^{\lambda}}{a}\frac{\partial}{\partial\varphi}+\bar{\omega}^{\lambda}\frac{\partial}{\partial p}\right)v^{*}+$$

$$\left(\frac{u^{*}}{a\cos\varphi}\frac{\partial}{\partial\lambda}+\frac{v^{*}}{a}\frac{\partial}{\partial\varphi}+\omega^{*}\frac{\partial}{\partial p}\right)v^{*}+\frac{v^{*}}{a}\frac{\partial\bar{v}^{\lambda}}{\partial\varphi}+\omega^{*}\frac{\partial\bar{v}^{\lambda}}{\partial p}-$$

$$\left[\frac{1}{a\cos\varphi}\frac{\partial}{\partial\varphi}\left(\overline{v^{*}v^{*}}^{\lambda}\cos\varphi\right)+\frac{\partial}{\partial p}\overline{\omega^{*}v^{*}}^{\lambda}\right]\tag{F.24}$$

$$=\left[-\left(2\bar{u}^{\lambda}u^{*}+u^{*}u^{*}\right)+\overline{u^{*}u^{*}}^{\lambda}\right]\frac{\tan\varphi}{a}-fu^{*}-\frac{1}{a}\frac{\partial\phi^{*}}{\partial\varphi}+g\frac{\partial F_{v}^{*}}{\partial p}$$

现在,我们把式(F.23)乘以 u^{*} ,式(F.24)乘以 v^{*} :

$$\left(\frac{\partial}{\partial t}+\frac{\bar{u}^{\lambda}}{a\cos\varphi}\frac{\partial}{\partial\lambda}+\frac{\bar{v}^{\lambda}}{a}\frac{\partial}{\partial\varphi}+\bar{\omega}^{\lambda}\frac{\partial}{\partial p}\right)\frac{u^{*2}}{2}+$$

$$\left(\frac{u^{*}}{a\cos\varphi}\frac{\partial}{\partial\lambda}+\frac{v^{*}}{a}\frac{\partial}{\partial\varphi}+\omega^{*}\frac{\partial}{\partial p}\right)\frac{u^{*2}}{2}+\frac{u^{*}v^{*}}{a}\frac{\partial\bar{u}^{\lambda}}{\partial\varphi}+u^{*}\omega^{*}\frac{\partial\bar{u}^{\lambda}}{\partial p}-$$

$$u^{*}\left[\frac{1}{a\cos\varphi}\frac{\partial}{\partial\varphi}\left(\overline{v^{*}u^{*}}^{\lambda}\cos\varphi\right)+\frac{\partial}{\partial p}\overline{\omega^{*}u^{*}}^{\lambda}\right]$$

$$=u^{*}\left[\left(\bar{u}^{\lambda}v^{*}+u^{*}\bar{v}^{\lambda}+v^{*}u^{*}\right)-\overline{v^{*}u^{*}}^{\lambda}\right]\frac{\tan\varphi}{a}+fu^{*}v^{*}-\frac{u^{*}}{a\cos\varphi}\frac{\partial\phi^{*}}{\partial\lambda}+u^{*}g\frac{\partial F_{u}^{*}}{\partial p}$$

$$\tag{F.25}$$

$$\left(\frac{\partial}{\partial t}+\frac{\bar{u}^{\lambda}}{a\cos\varphi}\frac{\partial}{\partial\lambda}+\frac{\bar{v}^{\lambda}}{a}\frac{\partial}{\partial\varphi}+\bar{\omega}^{\lambda}\frac{\partial}{\partial p}\right)\frac{v^{*2}}{2}+$$

$$\left(\frac{u^{*}}{a\cos\varphi}\frac{\partial}{\partial\lambda}+\frac{v^{*}}{a}\frac{\partial}{\partial\varphi}+\omega^{*}\frac{\partial}{\partial p}\right)\frac{v^{*2}}{2}+\frac{v^{*}v^{*}}{a}\frac{\partial\bar{v}^{\lambda}}{\partial\varphi}+v^{*}\omega^{*}\frac{\partial\bar{v}^{\lambda}}{\partial p}-$$

$$v^{*}\left[\frac{1}{a\cos\varphi}\frac{\partial}{\partial\varphi}\left(\overline{v^{*}v^{*}}^{\lambda}\cos\varphi\right)+\frac{\partial}{\partial p}\overline{\omega^{*}v^{*}}^{\lambda}\right]\tag{F.26}$$

$$=v^{*}\left[-\left(2\bar{u}^{\lambda}u^{*}+u^{*}u^{*}\right)+\overline{u^{*}u^{*}}^{\lambda}\right]\frac{\tan\varphi}{a}-fu^{*}v^{*}-\frac{v^{*}}{a}\frac{\partial\phi^{*}}{\partial\varphi}+gv^{*}\frac{\partial F_{v}^{*}}{\partial p}$$

接下来,我们使用纬向平均连续方程式(F.4),转换为代表平均纬向风平流项的式(F.25)和式(F.26)通量形式,并使用涡旋连续方程,

$$\frac{1}{a\cos\varphi}\frac{\partial u^{*}}{\partial\lambda}+\frac{1}{a\cos\varphi}\frac{\partial}{\partial\varphi}\left(v^{*}\cos\varphi\right)+\frac{\partial\omega^{*}}{\partial p}=0\tag{F.27}$$

同样重写代表涡旋风平流项。取结果的纬向平均,我们得到

$$\frac{1}{2}\frac{\partial}{\partial t}\overline{u^{*}u^{*}}^{\lambda}+\frac{1}{2}\frac{1}{a\cos\varphi}\frac{\partial}{\partial\varphi}\left[\left(\overline{v^{*}}^{\lambda}\overline{u^{*}u^{*}}^{\lambda}+\overline{v^{*}u^{*2}}^{\lambda}\right)\cos\varphi\right]+\frac{1}{2}\frac{\partial}{\partial p}\left(\overline{\omega^{*}}^{\lambda}\overline{u^{*}u^{*}}^{\lambda}+\overline{\omega^{*}u^{*2}}^{\lambda}\right)$$

$$=-\frac{\overline{v^{*}u^{*}}^{\lambda}}{a}\frac{\partial\bar{u}^{\lambda}}{\partial\varphi}-\overline{\omega^{*}u^{*}}^{\lambda}\frac{\partial\bar{u}^{\lambda}}{\partial p}+$$

$$(\overline{u}^\lambda \, \overline{v^* u^*}^\lambda + \overline{u^* u^*}^\lambda \overline{v}^\lambda + \overline{u^* v^* u^*}^\lambda) \frac{\tan\varphi}{a} + f \overline{v^* u^*}^\lambda - \overline{\frac{u^*}{a\cos\varphi} \frac{\partial \phi^*}{\partial \lambda}}^\lambda + \overline{u^* g \frac{\partial F_u^*}{\partial p}}^\lambda \quad (\text{F.28})$$

$$\frac{1}{2} \frac{\partial}{\partial t} \overline{v^* v^*}^\lambda + \frac{1}{2} \frac{1}{a\cos\varphi} \frac{\partial}{\partial \varphi} \Big[(\overline{v}^\lambda \, \overline{v^* v^*}^\lambda + \overline{v^* v^* v^*}^\lambda) \cos\varphi \Big] + \frac{1}{2} \frac{\partial}{\partial p} (\overline{\omega}^\lambda \, \overline{v^* v^*}^\lambda + \overline{\omega^* v^{*2}}^\lambda)$$

$$= - \frac{\overline{v^* v^*}^\lambda}{a} \frac{\partial \overline{v}^\lambda}{\partial \varphi} - \overline{\omega^* v^*}^\lambda \frac{\partial \overline{v}^\lambda}{\partial p} - (2\overline{u}^\lambda \, \overline{v^* u^*}^\lambda + \overline{u^* u^* v^*}^\lambda) \frac{\tan\varphi}{a} \quad (\text{F.29})$$

$$- f \overline{v^* u^*}^\lambda - \overline{\frac{v^*}{a} \frac{\partial \phi^*}{\partial \varphi}}^\lambda + \overline{v^* g \frac{\partial F_v^*}{\partial p}}^\lambda$$

现在,我们把式(F.28)和式(F.29)相加得到

$$\frac{\partial}{\partial t} \text{KE} + \frac{1}{a\cos\varphi} \frac{\partial}{\partial \varphi} \Big\{ \Big[\overline{v}^\lambda \text{KE} + \frac{1}{2} \overline{v^* (u^{*2} + v^{*2})}^\lambda \Big] \cos\varphi \Big\} + \frac{\partial}{\partial p} \Big[\overline{\omega}^\lambda \text{KE} + \frac{1}{2} \overline{\omega^* (u^{*2} + v^{*2})}^\lambda \Big]$$

$$= - \frac{\overline{v^* u^*}^\lambda}{a} \frac{\partial \overline{u}^\lambda}{\partial \varphi} - \frac{\overline{v^* v^*}^\lambda}{a} \frac{\partial \overline{v}^\lambda}{\partial \varphi} - \overline{\omega^* u^*}^\lambda \frac{\partial \overline{u}^\lambda}{\partial p} - \overline{\omega^* v^*}^\lambda \frac{\partial \overline{v}^\lambda}{\partial p} +$$

$$(- \overline{u}^\lambda \, \overline{v^* u^*}^\lambda + \overline{u^* u^* v^*}^\lambda) \frac{\tan\varphi}{a} - \overline{\frac{u^*}{a\cos\varphi} \frac{\partial \phi^*}{\partial \lambda}}^\lambda - \overline{\frac{v^*}{a} \frac{\partial \phi^*}{\partial \varphi}}^\lambda + g \overline{u^* \frac{\partial F_u^*}{\partial p}}^\lambda + g \overline{v^* \frac{\partial F_v^*}{\partial p}}^\lambda \quad (\text{F.30})$$

最后,通过类似于式(F.15),我们可以将式(F.30)的气压梯度项重写为

$$\overline{\frac{u^*}{a\cos\varphi} \frac{\partial \phi^*}{\partial \lambda}}^\lambda + \overline{\frac{v^*}{a} \frac{\partial \phi^*}{\partial \varphi}}^\lambda = \frac{1}{a\cos\varphi} \frac{\partial}{\partial \varphi} (\overline{v^* \phi^*}^\lambda \cos\varphi) + \frac{\partial}{\partial p} \overline{\omega^* \phi^*}^\lambda + \overline{\omega^* \alpha^*}^\lambda \quad (\text{F.31})$$

将式(F.31)代入式(F.30)得到

$$\frac{\partial}{\partial t} \text{KE} + \frac{1}{a\cos\varphi} \frac{\partial}{\partial \varphi} \Big[\Big(\overline{v}^\lambda \text{KE} + \frac{1}{2} \overline{v^* (u^{*2} + v^{*2})}^\lambda + \overline{v^* \varphi^*}^\lambda \Big) \cos\varphi +$$

$$\frac{\partial}{\partial p} \Big[\overline{\omega}^\lambda \text{KE} + \frac{1}{2} \overline{\omega^* (u^{*2} + v^{*2})}^\lambda + \overline{\omega^* \varphi^*}^\lambda \Big]$$

$$= - \frac{\overline{v^* u^*}^\lambda}{a} \frac{\partial \overline{u}^\lambda}{\partial \varphi} - \frac{\overline{v^* v^*}^\lambda}{a} \frac{\partial \overline{v}^\lambda}{\partial \varphi} - \overline{\omega^* u^*}^\lambda \frac{\partial \overline{u}^\lambda}{\partial p} - \overline{\omega^* v^*}^\lambda \frac{\partial \overline{v}^\lambda}{\partial p} + \quad (\text{F.32})$$

$$(- \overline{u}^\lambda \, \overline{v^* u^*}^\lambda + \overline{u^* u^* v^*}^\lambda) \frac{\tan\varphi}{a} - \overline{\omega^* \alpha^*}^\lambda + g \overline{u^* \frac{\partial F_u^*}{\partial p}}^\lambda + g \overline{v^* \frac{\partial F_v^*}{\partial p}}^\lambda$$

所有的传输项,包括压力做功项,都被组合在式(F.32)的第二和第三行上。第四行上的项代表梯度产生项,即平均流动能和涡旋动能之间的转换。当涡旋动量通量为“下梯度”时,即从高平均动量到低平均动量时,这种转换增加了涡旋动能。[$\omega^* \alpha^*$]项表示涡旋动能与涡旋有效位能之间的转换。

出现 KZ 和 KE 方程中(可能令人惊讶的)曲率项,是因为我们根据与纬向平均的偏离定义“涡旋”,因此,经纬度坐标系在 KE 的定义中是隐含的。当我们将 KZ 和 KE 的方程相加来得到纬向平均总动能[K]方程时,曲率项被抵消:

$$\frac{\partial \overline{K}^\lambda}{\partial t} +$$

$$\frac{1}{a\cos\varphi} \frac{\partial}{\partial \varphi} \Big\{ \Big[\overline{v}^\lambda \overline{K}^\lambda + \frac{1}{2} \overline{v^* (u^{*2} + v^{*2})}^\lambda + \overline{u}^\lambda \overline{v^* u^*}^\lambda + \overline{v}^\lambda \overline{v^* v^*}^\lambda + \overline{v}^\lambda \overline{\phi}^\lambda + \overline{v^* \phi^*}^\lambda \Big] \cos\varphi \Big\} +$$

$$\frac{\partial}{\partial p} \Big[\overline{\omega}^\lambda \overline{K}^\lambda + \frac{1}{2} \overline{\omega^* (u^{*2} + v^{*2})}^\lambda + \overline{u}^\lambda \overline{\omega^* u^*}^\lambda + \overline{v}^\lambda \overline{\omega^* v^*}^\lambda + \overline{\omega}^\lambda \overline{\phi}^\lambda + \overline{\omega^* \phi^*}^\lambda \Big]$$

$$= -\overline{\omega'\alpha'}^{\lambda-\lambda} - \overline{\omega^*\alpha^*}^\lambda + g\overline{u^*\frac{\partial F_u^*}{\partial p}}^\lambda + g\overline{v^*\frac{\partial F_v^*}{\partial p}}^\lambda + g\overline{u}^\lambda\frac{\partial \overline{F}_u^\lambda}{\partial p} + g\overline{v}^\lambda\frac{\partial \overline{F}_v^\lambda}{\partial p} \qquad (\text{F.33})$$

附录 G 球谐函数

球谐函数是方便表示地球表面地球物理量分布的函数。

我们寻找拉普拉斯微分方程的解，

$$\nabla^2 S = 0 \tag{G.1}$$

在三维空间中。∇^2 算子可以在球坐标中展开为

$$\nabla^2 S = \frac{1}{r^2} \frac{\partial}{\partial r} \left(r^2 \frac{\partial S}{\partial r} \right) + \nabla_h^2 S = 0 \tag{G.2}$$

式中，r 是离开原点的距离，$\nabla_h^2 S$ 是 r 为常数的情况下二维表面上的拉普拉斯，即在球面上。我们稍后显示 $\nabla_h^2 S$ 的形式。对式(G.2)的检查表明，S 应该与 r 的幂成正比。我们写为

$$S = r^n Y_n \tag{G.3}$$

这里我们假设 S 的径向依赖性是"可分离的"，因为 Y_n 是独立于半径的。它们被称为 n 阶球谐函数。下标 n 附在 Y_n 上，提醒我们它对应于 S 径向依赖性中的一个特定指数。

为了使 S 在 $r \rightarrow 0$ 时保持有界，我们需要 $n \geqslant 0$。由于 $n=0$ 意味着 S 与半径无关，我们认为 n 必须是一个正整数。使用 $(1/r^2)(\partial/\partial r)[r^2(\partial S/\partial r)] = [n/(n+1)/r^2]S$，根据式(G.3)，我们可以将式(G.2)重写为

$$\nabla_h^2 Y_n + \frac{n(n+1)}{r^2} Y_n = 0 \tag{G.4}$$

在继续分离变量之前，重要的是要指出，式(G.4)中出现的所有量都有意义，而不需要二维球面上的任何特定坐标系。我们将使用经纬度坐标，但我们不需要它们来写式(G.4)。

此时，我们与三角函数进行了一个类比。假设我们有一个在平面上定义的"双周期"函数 $W(x,y)$，具有通常的笛卡儿坐标 x 和 y。作为一个特例，我们假设

$$W(x,y) = A\sin(kx)\cos(ly) \tag{G.5}$$

式中，A 是一个任意的常数。在笛卡儿坐标系中，W 的二维拉普拉斯是

$$\nabla_h^2 W = \left(\frac{\partial^2}{\partial x^2} + \frac{\partial^2}{\partial y^2} \right) W$$
$$= -(k^2 + l^2) W \tag{G.6}$$

比较式(G.4)和式(G.6)，我们发现它们非常相似。特别是，式(G.4)中的 $n(n+1)/r^2$ 对应于式(G.6)中的 (k^2+l^2)。这表明 $n(n+1)$ 与球体上的"总水平波数"成正比。

现在我们写"水平拉普拉斯"为

$$\nabla_h^2 S = \frac{1}{r^2\cos\varphi} \frac{\partial}{\partial \varphi} \left(\cos\varphi \frac{\partial S}{\partial \varphi} \right) + \frac{1}{r^2\cos^2\varphi} \frac{\partial^2 S}{\partial \lambda^2} \tag{G.7}$$

使用熟悉的球坐标系，其中 r 是径向坐标，λ 是经度，φ 是纬度。然后我们可以重写式(G.4)为

$$\frac{1}{\cos\varphi} \frac{\partial}{\partial \varphi} \left(\cos\varphi \frac{\partial Y_n}{\partial \varphi} \right) + \frac{1}{\cos^2\varphi} \frac{\partial^2 Y_n}{\partial \lambda^2} + n(n+1) Y_n = 0 \tag{G.8}$$

$1/r^2$ 的因子在式(G.8)中已被抵消，因此，r 不再出现。然而，它的指数 n 仍然可见，就像柴郡猫的微笑一样。

接下来,我们将 $Y_n(\lambda,\varphi)$ 分离出经度相关部分和纬度相关部分;也就是说,

$$Y_n(\lambda,\varphi) = \Lambda(\lambda)\Phi(\varphi) \tag{G.9}$$

式中,要确定 $\Lambda(\lambda)$ 和 $\Phi(\varphi)$。将式(G.9)代入式(G.8),我们发现

$$\frac{\cos^2\varphi}{\Phi}\left[\frac{1}{\cos\varphi}\frac{\mathrm{d}}{\mathrm{d}\varphi}\left(\cos\varphi\frac{\mathrm{d}\Phi}{\mathrm{d}\varphi}\right) + n(n+1)\Phi\right] = -\frac{1}{\Lambda}\frac{\mathrm{d}^2\Lambda}{\mathrm{d}\lambda^2} \tag{G.10}$$

式(G.10)的左侧不包含 λ,右边不包含 φ,所以两边都必须是一个常数 c。然后,解的经向结构控制方程为

$$\frac{\mathrm{d}^2\Lambda}{\mathrm{d}\lambda^2} + c\Lambda = 0 \tag{G.11}$$

因此,$\Lambda(\lambda)$ 必须是经度的三角函数;也就是说,

$$\Lambda = A_S\exp(\mathrm{i}m\lambda),\text{式中 } m = \sqrt{c} \tag{G.12}$$

而 A_S 是一个任意复常数。周期条件 $\Lambda(\lambda+2\pi) = \Lambda(\lambda)$ 表示 $\sqrt{c}$ 必须是一个整数,我们用 m 表示。我们称 m 为纬向波数。注意,m 是无量纲的,可以是正的或负的。

请注意,m 只对特定的球坐标系有意义。这样,m 不如 n 基本,它来自于三维函数 S 的径向依赖性,并且具有独立于任何特定球坐标系的意义。

决定解经向结构的 $\Phi(\varphi)$ 方程为

$$\frac{1}{\cos\varphi}\frac{\mathrm{d}}{\mathrm{d}\varphi}\left(\cos\varphi\frac{\mathrm{d}\Phi}{\mathrm{d}\varphi}\right) + \left[n(n+1) - \frac{m^2}{\cos^2\varphi}\right]\Phi = 0 \tag{G.13}$$

请注意,纬向波数 m 出现在这个经向结构方程中,与径向指数 n 一样。经度和半径的依赖性消失,但纬向波数和径向指数仍然可见。

为了方便起见,我们定义了一个新的自变量来度量纬度,

$$\mu \equiv \sin\varphi \tag{G.14}$$

所以 $\mathrm{d}\mu \equiv \cos\varphi\mathrm{d}\varphi$。然后我们可以把式(G.13)写为

$$\frac{\mathrm{d}}{\mathrm{d}\mu}\left[(1-\mu^2)\frac{\mathrm{d}\Phi}{\mathrm{d}\mu}\right] + \left[n(n+1) - \frac{m^2}{1-\mu^2}\right]\Phi = 0 \tag{G.15}$$

方程式(G.15)比式(G.13)更简单,因为式(G.15)不涉及自变量的三角函数。这种额外的简单性是为了使用式(G.14)。式(G.15)的解称为连带勒让德函数,用 $P_n^m(\mu)$ 表示,形式为

$$P_n^m(\mu) = \frac{(2n)!}{2^n n!(n-m)!}(1-\mu^2)^{\frac{m}{2}}\left[\mu^{n-m} - \frac{(n-m)(n-m-1)}{2(2n-1)}\mu^{n-m-2} + \right.$$
$$\left.\frac{(n-m)(n-m-1)(n-m-2)(n-m-3)}{2\times4\times(2n-1)(2n-3)}\mu^{n-m-4} - \cdots\right] \tag{G.16}$$

下标 n 和上标 m 只是"标记",提醒我们 n 和 m 在式(G.15)中作为参数出现,分别表示 $S(\lambda,\varphi,r)$ 的径向指数和纬向波数。式(G.16)中的持续求和直到尽可能包括 μ 的所有非负幂。因此,括号中的因子是 $n-m$ 自由度的多项式,所以我们必须要求

$$n \geq m \tag{G.17}$$

替代可以用来证明当 $n \geq m$ 时连带勒让德函数确实是式(G.15)的解。

鉴于式(G.16)中 $(1-\mu^2)^{m/2}$ 前导因子,对偶数 m 的完整函数 $P_n^m(\mu)$ 是 μ 的多项式,但不是奇数 m 的。函数 $P_n^m(\mu)$ 被称为"n 阶"和"秩为 m"。图 G.1 给出了一些连带勒让德函数的例子,您可能希望检查它们与式(G.16)的一致性。可以表明,连带勒让德函数是相互正交的,即

$$\int_{-1}^{1} P_n^m(\mu) P_l^m(\mu) \mathrm{d}\mu = 0, \text{对 } n \neq l, \text{和} \int_{-1}^{1} [P_n^m(\mu)]^2 \mathrm{d}\mu = \frac{2}{2n+1} \frac{(n+m)!}{(n-m)!} \quad \text{(G.18)}$$

因此,这些函数

$$\sqrt{\frac{2n+1}{2} \frac{(n-m)!}{(n+m)!}} P_n^m(\mu), n = m, m+1, m+2, \cdots \quad \text{(G.19)}$$

对 $-1 \leqslant \mu \leqslant 1$ 是相互正交。

参考式(G.9),我们看到特定的球谐函数可以写成

$$Y_n^m(\mu, \lambda) = P_n^m(\mu) \exp(im\lambda) \quad \text{(G.20)}$$

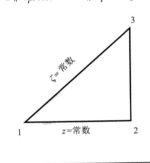

图 G.1　选定连带勒让德函数的代数形式和图

它是 μ 的连带勒让德函数与经度三角函数的乘积。请注意,任意常数已被设置为 1。

图 G.2 显示了映射在经纬度平面上的低阶球谐函数例子。图 G.3 给出了 $n=5$ 和 $m=0$, $1, 2, \cdots, 5$ 的类似图,绘制在展开的球体上。图 G.4 显示了一些映射到三维伪球体上的低阶球谐函数,其中伪球体表面的局部半径为 1 加上球谐函数局部值的常数倍。

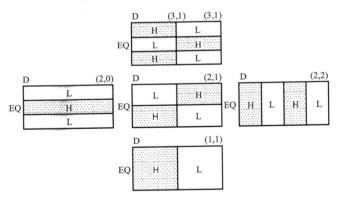

图 G.2　映射到平面上的低分辨率球谐函数例子。每个图中的水平方向表示经度,垂直方向表示纬度。每个图括号中的数字是按顺序排列的 n 和 s 适当值。回想一下,经向方向上的节点数为 $n-s$。每个图中的阴影表示要素场的符号(所有符号都可以任意翻转)。你可能会认为"白色"是负的,"点状的"是正的。引自 Washington 和 Parkinson(1986)

利用连带勒让德函数的正交条件式(G.18)和三角函数的正交性质,我们可以证明

$$\int\limits_{-1}^{1}\int\limits_{0}^{2\pi} P_n^m(\mu)\exp(im\lambda)P_l^m(\mu)\exp(im'\lambda)\,\mathrm{d}\lambda\mathrm{d}\mu = 0 \quad 除非\ n=1\ 和\ m=m \qquad (G.21)$$

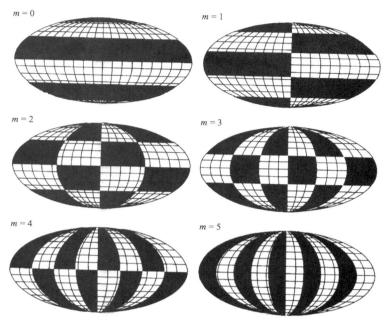

图 G.3 具有 $n=5$ 和 $m=0,1,2,\cdots,5$ 的球谐函数正负交替形式。引自 Baer(1972)。
© American Meteorological Association 授权使用

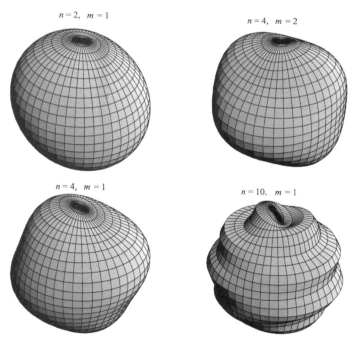

图 G.4 选择的球谐函数映射到三维伪球上,其中伪球表面的
局部半径为 1 加上球谐函数局部值的常数倍

球谐函数的平方球体表面平均值为

$$\frac{1}{4\pi}\int_{-1}^{1}\int_{0}^{2\pi}[P_n^m(\mu)\exp(im\lambda)]^2\,\mathrm{d}\lambda\mathrm{d}\mu = \frac{1}{2(2n+1)}\frac{(n+m)!}{(n-m)!} \quad 对\ s\neq0 \qquad (G.22)$$

对于特殊情况 $m=0$,对应的值为 $1/(2n+1)$。

对于给定的 n,式(G.22)给出的平均值随 m 变化很大,这对数据的解释不方便。因此,习惯上使用半正则化的连带勒让德函数来代替 $P_n^m(\mu)$,用 $\hat{P}_n^m(\mu)$ 表示。当 $m=0$ 时,这些函数与 $P_n^m(\mu)$ 相同。对于 $m>0$,半正则化函数定义为

$$\hat{P}_n^m(\mu) = \sqrt{2\frac{(n-m)!}{(n+m)!}}P_n^m(\mu) \qquad (G.23)$$

对于任何 n 和 m,$\hat{P}_n^m(\mu)\exp(im\lambda)$ 平方面上的平均值为 $(2n+1)^{-1}$。

可以证明球谐函数会形成一个完整的正交基,因此可以用来表示经纬度的任意函数 $F(\lambda,\varphi)$:

$$F(\lambda,\varphi) = \sum_{m=-\infty}^{\infty}\sum_{n=|m|}^{\infty}F_n^m Y_n^m(\lambda,\varphi) \qquad (G.24)$$

式中,Y_n^m 是展开系数。注意,求和的范围在从负值到正值,在 n 上求和是为了取 $n-|m|\geqslant0$。

式(G.24)中的求和范围是无穷项,但在实际中,当然,我们必须在有限项之后截断,这样式(G.24)被取代为

$$\overline{F} = \sum_{m=-M}^{M}\sum_{n=|m|}^{N(m)}F_n^m Y_n^m \qquad (G.25)$$

这里的上面一横提醒我们,这个求和被截断了。超过 n 的求和范围高达 $N(m)$,这必须以某种方式指定。在 m 上的求和范围从 $-M$ 到 M。可以证明这确保了最终结果是真实的;这是你应该自己证明的一个重要结果。

$N(m)$ 的选择确定了所谓的截断过程。有两种常用的截断过程。第一个被称为菱形,取为

$$N(m) = M+|m| \qquad (G.26)$$

第二个被称为"三角形",取为

$$N(m) = M \qquad (G.27)$$

三角形截断具有以下优点。要进行球谐变换,需要采用球坐标系 (λ,φ)。当然,也有无限多这样的系统。原则上没有理由必须按照传统的方式选择坐标,以便坐标系的两极与地球的旋转两极重合。因此,选择一个特定的球坐标系是任意的。

假设我们选择两个不同的球坐标系(以任意的方式相互倾斜),在这两个系统中执行三角截断展开,然后绘制结果。它可以表明,这两个地图将是相同的。这意味着所使用的球坐标系的任意方向对所得的结果没有任何影响。所使用的坐标系在末端"消失"。三角截断在今天被广泛使用,部分原因是因为这种良好的特性。

图 G.5 显示了一个基于 500 hPa 高度数据的例子,最初数据在 2.5°的经纬度网格上提供。图中显示了仅用几个球谐函数(左上)、另外几个(右上)、一个中等数(左下)和全 2.5°分辨率表示的数据样子。严重截断的平滑效果明显可见。

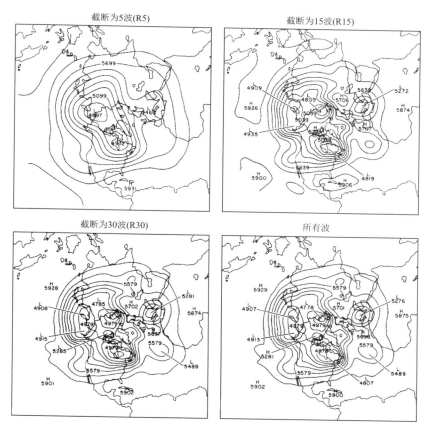

图 G.5 显示了最初在 2.5°经纬度网格上提供的 500 hPa 位势高度(m)数据形势的各种水平截断影响。
引自 Washington 和 Parkinson(1986)

附录 H 埃尔米特(Hermite)多项式

埃尔米特多项式的定义为

$$H_n(y) \equiv (-1)^n e^{y^2} \frac{d^n}{dy^n}(e^{-y^2}), \text{对} \ n \geqslant 0 \qquad (H.1)$$

图 H.1 给出了前六个埃尔米特多项式的代数形式和图形。请注意,偶数的埃尔米特多项式是偶函数,而奇数的埃尔米特多项式是奇函数。

埃尔米特多项式关于 e^{-y^2} 正交:

$$\text{对} \ n \neq m, \int_{-\infty}^{\infty} H_n(y) H_m(y) e^{-y^2} dy = 0 \qquad (H.2)$$

$$\text{对} \ n = m, \int_{-\infty}^{\infty} H_n(y) H_m(y) e^{-y^2} dy = 2^n n! \sqrt{\pi} \qquad (H.3)$$

两个有用的递归关系是

$$\text{对} \ n \geqslant 1, \frac{d}{dy} H_n(y) = 2n H_{n-1}(y) \qquad (H.4)$$

和

$$H_{n+1}(y) = 2y H_n(y) - 2n H_{n-1}(y) \qquad (H.5)$$

我们假设

$$\psi_n(y) \equiv \frac{e^{-y^2} H_n(y)}{\sqrt{2^n n! \pi^{\frac{1}{2}}}} \qquad (H.6)$$

$\psi_n(y)$ 满足

$$\left\{ \frac{d^2}{dy^2} + \left[(2n+1) - y^2 \right] \right\} \psi_n = 0 \qquad (H.7)$$

这可以通过替代来验证。注意,对于 $n \geqslant 0$,出现在式(H.7)中的表达式 $2n+1$ 将生成所有的正奇整数。

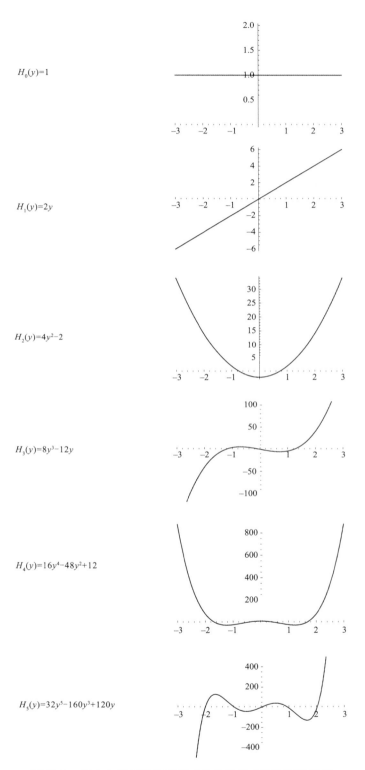

$H_0(y)=1$

$H_1(y)=2y$

$H_2(y)=4y^2-2$

$H_3(y)=8y^3-12y$

$H_4(y)=16y^4-48y^2+12$

$H_5(y)=32y^5-160y^3+120y$

图 H.1　前六个埃尔米特多项式的代数形式和绘制的图形

索　引

说明:主题词有子项时,表示在该子项方面的具体应用,主项在该页不一定出现、子项一定出现。例如,主项"大气"、子项"角动量"、页码114-115:表示在第114-115页出现了"角动量"一词。

A

A 状态,151-155,157,173-175

阿尔佩(Arpé K.),169

阿拉斯加州巴罗,137,138

阿留申低压,35

埃尔米特(hermite)多项式,368-369

埃尔特尔(Ertel)位涡,80,246,273

埃克曼平衡,219

爱德华 N. 洛伦兹(Edward N. Lorenz),69,88,151-153,154,155,158,173,274,276,277,279

安徒生(Andersen J. A.),229

B

巴斯德万特(Basdevant C.),272,273

白金汉(Buckingham)派(π)定理,343,349

薄大气近似,74

饱和混合比,354

饱和水汽压,17,52

北半球,189,190,196;阻塞,244;能量循环,169-170,174;能量传输,105;不稳定,125;山脉力矩,113;海平面气压,29-30;平流层爆发性增温,249;静止波,199;表面气压,18,58;温度,30,47;风,33,34,35,37,40-41

北半球环状模,192

北冰洋,48

北极,6,14,48

变换规则,336

变形半径,196

变形的欧拉平均系统,240

标量,335

表面风应力,113-114

表皮温度,18-19

波:作用,234;阻塞,244;重力外波,182;自由,197,206-208;惯性重力,176,177,183,203,204,205,206,209;开尔文,176,177,202-205,207,208,210,211;混合罗斯贝重力(柳井),176,177,204,205,206,210-211,254;共振,245;罗斯贝(行星),21,176-177,183-184,187,197,205,206,210,211,229;罗斯贝-赫尔维茨,183;静止,187,189,193-195;热带,199-200。另请参见涡旋

波数,169,171,173,180,182,207,264,265

补偿下沉,143

不可压缩性,84-85

不渗透性定理,80

不稳定,147-149,151,152,158,231,260-261,275,292。另请参见静力稳定性

布尔(Boer G. J.),270,271

布杰克内斯(Bjerknes J.),140,141,220,221

布莱克蒙(Blackmon M. L.),189,190-191

布鲁尔-多布森环流,45,257-258

布伦特-维萨拉(Brunt-Väisälä)频率,124,185

部分夹卷率,144

C

参考状态,151

查德拉塞卡(Chandrasekhar V.),346

查尼-伊莱亚森(Charney-Eliassen)模式,198,